제2판

공항운영관리론

이강석

THE THEORY OF AIRPORT
OPERATION & MANAGEMENT

박영사

제2판

머리말

급변하는 세계항공질서의 변화 속에 항공운송의 3가지 큰 축인 공항(AIRPORT), 항공사(AIRLINE), 이용자(USER)의 틀에서 공항은 항공산업의 발달과 더불어 21세기 최첨단 항공시스템을 구비함으로써 국제성을 지향하는 항공운송산업에서 허브화의 역할을 수행하는 핵심기지라고 할 수 있다. 공항은 국가측면에서는 사회간접자본으로 인프라스트럭처를 구성하여 전 산업 분야에 미치는 파급효과는 매우 클 뿐 아니라 세계적으로는 한 나라를 대표하는 관문역할을 수행하며 고객의 다양한 욕구를 충족시키는 종합 서비스산업으로 변화하고 있다.

세계 각국은 과거 공항을 공공적인 측면에서 바라보는 시각에서 이제는 공항의 민영화를 통한 공항의 운영체제에 대한 변화를 모색하면서 공항을 효율적으로 운영하여 안전한 교통수단의 제공 및 수익창출을 위해 노력하는 수익적인 측면도 상당부분 고려하고 있는 실정이다. 또한 변화하는 국제환경은 공항 운영의 변화뿐만 아니라 공항에서 근무하는 공항의 근무자들도 국제경쟁력을 갖추기 위해 공항전반에 걸친 지식이 요구되고 있다. 그러므로 공항에 종사하는 각 분야의 전문가들은 공항의 전반적인 운영내용을 이해하고 있어야 하며, 공항의 선진화를 위해 새로운 기술과 아이디어를 창출해야 한다.

본 저서는 항공운항, 항공교통, 항공경영 및 항공을 전공하는 학생들뿐만 아니라 공항에서 공항운영에 관련된 내용을 공부하고자 하는 분들에게 보다 충실한 내용을 습득할 수 있는 길잡이가 되었으면 하는 바람이며 이에 대한 교육을 담당하는 여러분들에게도 항공운송시스템의 주요부문 중의 하나인 공항분야의 운영 및 관리에 대한 교육과 관련하여 이론과 사례분석을 통해 공항운영관리의 폭넓은 지식을 전수할 수 있도록 하는 것이다.

본서는 대학에서 한 학기동안의 교재로 활용할 수 있도록 공항운영관리의 최신연구를 포함하여 스마트공항의 혁신적인 내용을 다루고 있으나 급격하게 변화하는 항공운송시장에서 공항산업의 변화에 대하여 지속적인 보완 노력을 진행할 것이다.

특히 공항운영관리론은 항공분야와 공항분야의 실습을 진행하는 대학의 공항분야 공항운영실습 교과목을 위해 항공·공항융합운영실습 매뉴얼과 함께 활용하면 더욱 효과적일 것이다.

본서의 구성체계는 5개 부와 25개 장으로 편성되었다.

[제1부] 항공·공항산업의 역사

[제2부] 공항의 운영 및 계획

[제3부] 공항운영의 변화와 소유 및 운영

[제4부] 항공안전 및 항공보안산업

[제5부] 공항혁신과 스마트공항경영

이 책의 내용 중 미흡한 부분에 대해서는 독자 여러분들의 아낌없는 조언을 부탁하며 이 책이 공항운영관리에 대한 이해를 돕는 데 편안한 길잡이가 되기를 바란다. 이 저서의 개정판 집필을 위해 도와준 한서대학교 항공교통물류학과 박서현, 안석민, 이시형, 이재환 학생에게 감사를 전하며 항상 웃음을 잃지 않고 묵묵한 내조로서 마음을 편안하게 해주는 아내 현아와 기쁨의 아들 원재, 사랑스러운 딸 상은이에게 사랑과 감사의 마음을 전하고자 한다.

저자 씀

차례

PART 1 항공·공항산업의 역사

Chapter 1 항공·공항산업의 역사

section 01 항공의 변천사

1. 세계 항공 역사 4
2. 공항의 역사 13

section 02 국내항공 및 공항의 변천사

1. 국내 항공 역사 14
2. 국내 공항의 변천사 18
3. 지방 공항 역사 19

Chapter 2 국제항공 관련 기구 및 조직

section 01 국제민간항공기구(ICAO)

1. ICAO의 설립과 구성원 22
2. ICAO의 목적 및 조직 23
3. ICAO의 법인격 29

section 02 국제항공운송협회(IATA)

1. 국제항공운송협회(IATA)의 설립 및 목적 29
2. IATA의 회원 및 조직 30
3. IATA 운송회의와 운임결정 기능 32
4. IATA의 운송절차와 대리점 규칙 및 수송원가 32
5. 사무국 33

section 03 정부 간의 지역협력기관

1. 유럽민간항공회의(ECAC) 34
2. 라틴 아메리카 민간항공위원회(LACAC) 34
3. 아프리카 민간항공위원회(AFCAC) 34
4. 아랍민간항공이사회(ACAC) 35
5. 유럽항공안전기구(EUROCONTROL) 35

section 04 항공회사 간의 지역협력기관

1. 아시아·태평양 항공기업협회(AAPA, 전 OAA) 35
2. 유럽 항공기업협회(AEA) 36
3. 아랍 항공기업기구(AACO) 36
4. 아프리카 항공기업협회(AAFRA) 37
5. 미국 항공운송협회(ATA) 37

section 05 부정기 항공회사 간의 협력기관

1. 국제항공기업 협회(IACA) 37
2. 미국 항공기업협회(NACA) 38

PART 2 공항의 운영 및 계획

Chapter 3 공항의 의미

section 01 공항의 개요

1. 공항의 정의(Definition of Airport) ··· 42
2. 공항의 기능(The Function of the Airport) ··· 43
3. 공항(비행장)의 종류 ··· 49
4. 각국의 공항 분류 ··· 51

section 02 공항 현황

1. 국내 공항의 현황 ··· 53
2. 세계 속의 한국의 공항 ··· 91

Chapter 4 공항계획(Airport Planning)

section 01 공항계획

1. 항공법의 공항개발 기본계획 수립 ··· 93
2. 공항계획의 종류 ··· 96
3. 공항 후보지 선정 ··· 111

section 02 공항기본계획(Airport Master Planning)

1. 공항기본계획의 목적 ··· 113
2. 계획의 등급 ··· 114
3. 공항기본계획의 요소(FAA의 규정) ··· 114
4. 항공수요 ··· 120

Chapter 5 공항의 에어사이드

section 01 공항의 운영을 통한 구분

1. 공항시설법상의 공항시설 구분 ··· 128
2. 항공기이동지역(Airside) ··· 132

section 02 기타 항공운항지역

1. 대기 장소(Holding Bays) ··· 139
2. 계류장(Aprons) ··· 140
3. 활주로 장애물 제한 ··· 143

Chapter 6 활주로 수용능력

section 01 활주로 용량

1. 활주로 용량의 정의 ··· 146
2. 용량과 지연 ··· 147
3. 활주로 용량을 결정하는 요소 ··· 150
4. 활주로 수용능력 산정기준 ··· 152
5. 활주로 용량평가 기법제시 ··· 154
6. 활주로 용량 적용사례 ··· 159

section 02 국내공항 활주로 용량 적용

1. 항공기 등급분류 ··· 161
2. 항공기 혼합률 ··· 163
3. 공항 기상 ··· 163
4. 시간당 기본용량 ··· 165
5. 연간사용률 산정 P*(Percent of year) ··· 169

Chapter 7 공항의 랜드사이드(Landside)

section 01 공항의 랜드사이드(일반업무지역, Landside) 구분

1. Landside 체계 ······ 175
2. Landside 시스템의 활용과 시설 ······ 178
3. 설계 고려사항 ······ 179
4. 여객터미널 시설분류 ······ 180

section 02 여객터미널 구성 및 계획

1. 여객터미널체계 ······ 182
2. 터미널 계획 ······ 186
3. 터미널의 개념 ······ 187
4. 터미널 이용시설의 배정방법과 운영 ······ 191

Chapter 8 공항보조시설 및 기타시설

section 01 공항보조시설 구성 및 특성

1. 공항의 주요시설과 보조시설 ······ 193
2. 공항보조시설 구성 및 특성 ······ 194

section 02 공항 접근교통시설

1. 공항의 접근교통시스템 ······ 200
2. 접근교통 이용자 및 교통수단의 선택 ······ 201
3. 공항의 접근성 평가 및 분석 ······ 205
4. 접근성평가 방법 ······ 206
5. 주차시설 ······ 208

PART 3

공항운영의 변화와 소유 및 운영

Chapter 9 공항의 소유 및 운영주체

section 01 공항운영체제

1. 공항관리 및 운영구조 ······ 213
2. 공항운영형태 ······ 214
3. 지방공공단체의 관리방법 ······ 215
4. 공단체제에 의한 관리방법 ······ 215

section 02 공항의 소유와 운영의 변화

1. 공항의 소유와 운영의 변화 ······ 219
2. 공항운영의 변화 배경 ······ 220
3. 공항운영의 변화 추세 ······ 222
4. 공항운영의 변화를 통해 얻는 장점 ······ 224
5. 공항운영의 변화를 통해 파생 가능한 위험요소 ······ 225

section 03 공항운영 변화의 유형

1. 정부소유와 운영 ······ 228
2. 정부소유와 일부 서비스 관련 민간운영 ······ 228
3. 정부소유와 민간관리 ······ 229
4. 민간소유와 운영 ······ 230
5. 공항운영 형태의 특성 비교 ······ 233

section 04 공항운영 준비

1. 공항 허가 ······ 239
2. 공항운영 제한요소 ······ 240
3. 공항유지보수 ······ 243

Chapter 10 활주로 운용 및 항공기 접근

section 01 활주로 운영등급

1. 활주로 운영등급 정의 ··· 250
2. 분류기준(ICAO) ··· 250
3. 활주로 운용등급 결정 ··· 252
4. 분류에 따른 기상치의 적용 ··· 252

section 02 항공기 접근 범주

1. 항공기 접근범주(Approach Category)의 정의 ··· 255
2. 분류기준(ICAO, FAA 기준 동일) ··· 255
3. 항공기 접근범주 등급의 분류원칙 ··· 256
4. 분류에 따른 효과 ··· 257

Chapter 11 첨두시간(Peak Time)과 운항계획

section 01 첨두시간과 운항계획

1. 첨두시간 도입의 필요성 ··· 258
2. 첨두시간(Peak Time) 산출방법 ··· 259
3. 첨두시간의 속성 ··· 263
4. 수요수준 변화의 의미 ··· 264

section 02 항공사의 운항계획 정책에 영향을 미치는 요소와 제약조건

1. 항공기 활용도와 신뢰성 ··· 265
2. 장거리 운항계획의 활주로 사용권(Slots) ··· 265
3. 청사와 승무원에 대한 제약요소 ··· 266
4. 단거리 노선의 편의성과 인력 및 항공기 가용성 ··· 267
5. 항공사의 운항계획 ··· 267

section 03 국제항공운송협회(IATA)의 운항계획 정책

1. 국제항공운송협회(IATA)의 정책 ··· 269
2. 착륙료에 대한 요율정책 ··· 270
3. 항공사의 시장성 및 계절변화폭 ··· 271

Chapter 12 공항의 소음 및 환경

section 01 공항의 환경문제

1. 대기오염 문제 ··· 274
2. 폐기물분야 ··· 278
3. 항공기 소음문제 ··· 278
4. 각국의 소음대책 ··· 281

section 02 국내 소음문제

1. 국내의 소음규제 관련법 ··· 285
2. 국내 소음 대책 ··· 289

Chapter 13 항공교통관제(Air Traffic Control)

section 01 항공교통관제체제

1. 차세대 항공교통관제시스템 ··· 291
2. 항공교통관제업무 ··· 292
3. 항공로 ··· 300
4. 항공교통 분리 ··· 302

section 02 항공교통 관제시설

1. 항공교통관제 자동화체제 ··· 304
2. 항공보안시설 ··· 306
3. 항공등화 ··· 310

Chapter 14 공항의 지상조업(Ground Handling)

section 01 지상조업의 이해

1. 지상조업의 정의 ······ 315
2. 지상조업 업무범위 ······ 315
3. 지상조업의 종류 ······ 320
4. 지상조업 장비 ······ 325

section 02 지상조업 책임

1. 지상조업의 책임부서 ······ 329
2. 외국공항의 지상조업 특성 비교 ······ 330
3. 국내공항과 외국공항의 지상조업특성 비교 ······ 331
4. 국내공항의 지상조업 경쟁력 향상 방안 ······ 332

Chapter 15 여객청사관리(Passenger Terminal Management)

section 01 여객청사

1. 여객청사의 운용효율성 ······ 334
2. 여객청사의 기능 ······ 336
3. 여객청사관리 ······ 336
4. 직접여객 서비스 ······ 337
5. 항공사와 관련된 대 여객 서비스 ······ 340

section 02 항공사와 관련된 운영기능

1. 운항관리(Flight Dispatch) ······ 340
2. 운항통제 ······ 343

section 03 정부의 요구조건

1. 공항당국의 기능 ······ 346
2. VIP의 처리(Processing Very Important Persons) ······ 347

3. 여객정보 제공시스템 ········ 347
4. 공간구성과 인접성 ········ 349
5. 순환의 지원 ········ 349

Chapter 16 항공화물관리(Air Cargo Management)

section 01 항공화물의 발달

1. 화물운송의 성장 이유 ········ 350
2. 항공화물의 장점 ········ 351
3. 항공화물 운송대상 품목 ········ 351
4. 항공화물 운임 ········ 352

section 02 항공화물의 흐름

1. 화물관련 조직 간의 관계 ········ 352
2. 화물터미널 내 화물흐름 ········ 353
3. 수출화물 흐름 ········ 354
4. 수입화물 흐름 ········ 358
5. 환적화물 흐름 ········ 359
6. 화물터미널의 시설 ········ 359

PART 4 항공안전 및 항공보안산업

Chapter 17 항공안전(Aviation Safety)

section 01 항공기 안전사고

1. 항공기 사고의 특성 ········ 366
2. 구조 및 소방 대응지역 ········ 367

3. 소방 및 구조활동 ········· 368
4. 구조 및 소방시설의 위치 ········· 369

section 02 **공항비상계획**

1. 공항비상계획의 개요 ········· 372
2. 공항비상계획의 책임 ········· 373
3. 공항비상계획의 대응조치 ········· 374
4. 비상계획 훈련 ········· 375

section 03 **항공기사고 처리**

1. 항공기 사고처리 개요 ········· 375
2. 보고절차 ········· 375
3. 비상사태 발생 후 조치절차 ········· 376

Chapter 18 **항공·공항보안산업**(Aviation and Airport Security Industry)

section 01 **항공보안의 개요**

1. 항공보안의 역사 ········· 378
2. 보안의 개념 ········· 380
3. 항공보안의 개념 ········· 382
4. 항공보안 관련 국제협약 ········· 387
5. 각국의 항공보안관련 제도 ········· 387

section 02 **보안계획의 구조**

1. 보안계획 수립 과정 ········· 389
2. 책임과 조직 ········· 390
3. 항공이동지역 보안절차 ········· 391
4. 여객터미널 보안절차 ········· 394
5. 화물터미널 보안절차 ········· 396
6. 보안장비와 시스템 ········· 396

7. 보안운영 ········· 398

section 03 항공보안산업

1. 항공보안산업의 현황 ········· 399
2. 한국의 항공보안장비 개발현황 ········· 406
3. 전 세계 항공보안산업의 발전방향 ········· 408
4. 한국의 항공보안산업 발전방향 ········· 413
5. 미래의 해외 보안장비 시장 ········· 414

section 04 항공·공항보안 전문인력 양성

1. 항공·공항보안 전문인력 양성 및 운용현황 ········· 416
2. 항공·공항보안 전문인력 교육 ········· 417
3. 항공·공항보안 인력 전문성 강화 ········· 421
4. 드론과 PAV산업과 안전 및 보안 ········· 423

PART 5 공항혁신과 스마트공항경영

Chapter 19 공항경영(Airport Business)

section 01 공항의 비용과 수입 구조

1. 공항비용의 구조 ········· 432
2. 항공이용료와 가격 정책 ········· 437

section 02 공항의 성과측정

1. 성과측정의 필요성 ········· 445
2. 성과측정의 각종 지표 ········· 447

Chapter 20 공항용량과 지연

section 01 용량과 지연

1. 공항용량의 정의와 특성 ···· 450
2. 용량과 지연 분석의 접근방법 ···· 452
3. 비행장과 지연 ···· 453

section 02 활주로 용량 산출

1. 용량산출의 매개변수 ···· 457
2. 활주로 용량 산출의 시간당 용량 ···· 459
3. 활주로의 지연계산 ···· 462
4. 연간 서비스량 ···· 466
5. 주기장 Gate 능력 ···· 470
6. 유도로 능력 ···· 473

Chapter 21 스마트공항과 셀프백드롭시스템

section 01 스마트공항화를 위한 과제

1. 초격차공항을 위한 인천공항 스마트공항 추진 ···· 475
2. 스마트공항 구현을 위한 인천공항 TOP 과제 ···· 477

section 02 셀프백드롭시스템의 구현

1. 셀프백드롭시스템(Self Bag Drop(SBD))의 이해 ···· 480
2. 해외공항별 셀프백드롭시스템의 동향 ···· 482
3. 셀프백드롭시스템의 정책 방향 ···· 494
4. 한국의 셀프백드롭시스템 현황 ···· 494
5. 셀프백드롭시스템의 국산화 ···· 496

section 03 전 세계 주요공항의 셀프백드롭 적용현황

1. 싱가폴 창이공항의 셀프백드롭 운영 ···· 500

2. 미국 시카고오헤어공항의 셀프백드롭 운영 ······ 504

Chapter 22 수하물처리시스템(Baggage Handling System)

section 01 수하물처리시스템(BHS)의 의미

1. 수하물처리시스템의 정의 ······ 508
2. 수하물처리시스템의 필요성 ······ 508
3. 수하물처리시스템의 흐름 ······ 509
4. 수하물처리시스템 처리과정 ······ 510

section 02 수하물처리시스템(BHS)의 연계

1. 수하물처리시스템의 정보 ······ 511
2. 공항운영시스템 분야별 기술 ······ 513

section 03 BHS 부문별 기술

1. 수하물 처리 단계별 기술 ······ 519
2. 환승시스템 ······ 520
3. 조기수하물 처리 시스템(EBS) ······ 521
4. 도착시스템 ······ 523

Chapter 23 공항마케팅

section 01 마케팅의 정의와 마케팅 개념

1. 마케팅의 의미 ······ 525
2. 공항 마케팅 ······ 526
3. 공항 마케팅과 고객 ······ 529
4. 공항마케팅 측면에서의 마케팅 믹스 ······ 530

section 02 공항민영화를 통한 공항운영 변화 형태

1. 공항마케팅 개념과 배경 ······ 532

2. 공항 마케팅의 특성 ······ 537

3. 공항운영의 변화 추세 ······ 538

section 03 **공항마케팅의 전략**

1. 공항선택의 주요요소 ······ 540

2. 공항의 마켓 포지셔닝 전략 ······ 543

3. 다양한 공항의 마켓 포지셔닝 전략 기준(More Positioning Criteria) ······ 546

4. 공항개발을 위한 파트너에 대한 인정 ······ 548

5. 공항기업으로서 새로운 마케팅 패러다임의 변화 ······ 548

6. 저비용 공항: 공항기업을 위한 진화 통로 ······ 549

7. 공항 제휴 ······ 551

Chapter 24 **버티포트와 UAM**

section 01 **버티포트의 개요 및 정의**

1. 버티포트 및 UAM의 정의 ······ 554

2. 버티포트 시설의 구성 ······ 555

section 02 **국가별 사례 및 연구**

1. 국가별 사례 ······ 562

2. 버티포트 설계 및 규정에 관한 국가별 연구 동향 ······ 564

section 03 **버티포트 발전 방향**

1. 버티포트 입지 선정 ······ 569

2. 버티포트 수용량 고려 ······ 570

3. 버티포트 운영 절차 ······ 571

Chapter 25 공항과 공항도시

section 01 공항도시

1. 공항도시의 개념 ······ 573
2. 공항복합도시와 공항클러스터 ······ 578

section 02 공항도시(Airport City)로서의 역할 및 공항 마케팅 노력

1. 공항도시로서의 역할 ······ 587
2. 국내 공항도시로의 발전을 위해 필요한 마케팅 측면의 노력 ······ 588
3. 공항경제권 ······ 589

부록 1 국제민간항공조약원문 및 번역본 ······ 594
부록 2 국제민간항공협약 부속서 ······ 685
부록 3 국제항공업무통과협정 ······ 687

제2판

공항운영관리론

THE THEORY OF AIRPORT
OPERATION & MANAGEMENT

PART 1

항공 · 공항산업의 역사

Chapter 1　항공 · 공항산업의 역사
Chapter 2　국제항공 관련 기구 및 조직

Chapter 1 항공 · 공항산업의 역사

section 01 항공의 변천사

1. 세계 항공 역사[1]

레오나르도 다빈치(Leonardo da Vinci, 1452~1519)는 새를 과학적으로 관찰하여 공중으로 뜨는 힘과 공기 저항을 연구하여 나사의 원리를 이용한 헬리콥터 모형과 새와 같이 날개를 퍼덕여서 날 수 있는 오니토퍼(Ornithoper : 날개치기)를 설계하고, 모형을 만들어 실험하였다. 1783년 11월 21일 프랑스 파리에서 열기구에 의한 최초의 유인비행이 이루어졌으며, 이때 몽골피에(Montgolfier) 형제, 물리학자 드 로제(Pilatre de Rozier), 아를란드(The Marquis d'Arlandes) 등 4명이 약 500m 높이로 8km(5mile)를 25분간 비행하였다. 이륙동력으로는 양털과 짚을 태운 열기를 이용하였다. 1799년 영국의 조지 케일리경(Baronet, Sir George Cayley, 1773~1857)은 최초의 모형 글라이더 구조를 디자인하였고, 1804년에 최초로 모형 글라이더를 날렸다. 동력항공기에 의한 최초의 비행은 1903년 미국의 라이트형제에 의해서 이루어졌다. 1903년 12월 17일 노스캐롤라이나주(North Carolina)의 키티호크(Kitty Hawk)에서 라이트형제는 복엽기를 제작하여 59초 동안 260m를 나는 데 성공하였다. 그러나 실제로 항공기가 교통수단으로 사용된 것은 제1차 세계대전 당시 항공기가 전쟁 수행과정에서 적진의 정찰, 적진지에 폭탄투하 및 군수물자 수송의 중요한 수단으로 이용되었

1) 유광의, 이강석(2023) 공저, 항공산업론, 대왕사, 인용

을 때라고 보인다. 제1차 세계대전이 종료되고 군용항공기의 민간부분으로서의 전용 및 상업항공운송의 개발이 서서히 대두되기 시작했다. 국가적 차원의 노력은 미국보다 유럽에서 보다 적극적이었으며 이는 미국의 육상운송시스템은 전쟁에 의한 파손이 없었던 반면 유럽의 전쟁에 의한 육상교통시스템의 파손이 심했고 항공운송에 대한 국가 사이의 경쟁의식이 강했기 때문이다. 1909년 7월 25일에는 프랑스의 루이 블레리오(Louis Bleriot)가 블레리오 X1(Bleriot X1) 단엽기로 32분 동안 40km의 영불해협을 횡단함으로써, 장거리 비행을 성공하였다. 그러나 미국에서는 민간인 및 민간 기업을 중심으로 항공활동이 거대한 국토를 중심으로 활발하게 이루어졌으며 항공기를 사용한 최초의 수송은 1913년에 설립된 STA사에 의해 이루어졌다. 세계최초의 정기항공운송사업도 1914년 미국 플로리다주의 템피에서 시작되었다. 1918년 3월 20일부터는 오스트리아의 빈과 우크라이나의 키에프 간에 세계 최초의 국제우편비행이 개시되었다. 국제선의 정기운송사업은 1919년에 IATA의 전신인 국제항공운수협회(The International Air Transportation Association)가 설립되었으며 국제민간항공운수업의 질서를 위해 파리국제항공조약이 체결되어 영공주권주의가 확립되었다. 1919년, 독일의 융커스(Junkers)사가 개발한 전금속제의 저익단엽기인 F－13을 사용하여 처음으로 본격적인 민간수송기를 개발하여 정기항공노선에 취항시켰다. 유럽선진국에서는 국영항공사가 설립되거나 민간소유지만 정부지원을 받는 항공사들이 형성되어 여객운송을 담당하기 시작하였다. 미국 우정국은 1918년에 뉴욕－필라델피아－워싱턴간의 항공우편서비스를 개시하였고 그 후 항공과 철도의 혼합으로 뉴욕－샌프란시스코 간의 대륙횡단 항공우편서비스도 실시하였다. 1918년 3월 20일부터는 오스트리아의 빈과 우크라이나의 키에프 간에 세계 최초의 국제우편비행이 개시되었다. 1920년 초에 접어들면서 프랑스·독일·네덜란드·영국·스위스가 선봉이 되어 유럽에서는 본격적인 여객운송을 위한 항공사의 설립이 시도되기 시작하였다. 벨기에·스웨덴 등도 항공사의 설립을 시작했으며 콜롬비아、오스트레일리아、뉴질랜드 등도 항공여객운송 서비스를 시작하였다. 이 시기에 사용된 항공기들은 독일의 Junker사와 네덜란드의 Fokker사의 3발기들이 지배적이었으며 미국의 Ford사도 3발기를 개발하여 참여하였으나 성공적이지 못하였다. 그 후에 무선통신장비의 활용이 확대되었고 공항의 조명시설이 개발되었으며 저시정 상태에서도 항공기가 이착륙할 수 있는 기술적 방안도 모색되었다. 1925년에 Kelly Act라고 불리는 상업항공법(Air Commerce Act)에 의하여 항공우편산업을 민간에 이양하여 상업항공의 발전이 가능하게 되고, 1926년에는 상업항공법(Air Commerce Act)에 의하여 정부지원 아래 민간항로 개발과 항공보안시설 개발을 추진하고 항공기 조종사 운항시설 등이 등록 검사 허가를 받도록 하는 조치를 취했으며, 항공기의 안전비행고도를 지정하는 등의 항공교통규칙을 정하여 지금의 연방항공법(FAR : Federal Aviation Regulation)의 전신인 민간항공법(CAR : Civil Aviation Regulation)을 제정했다. 또한 같은 해에 플로리다주에 Embry－Riddle Aeronautical University라는 사립종합항공대학교가 설립되어 민간항공발전에 기여함은 물론, 항공교육 프로그램이 정규대학의 독립적인 교과과정으로 발전하는 계기가 되었고, 항공발전을 위한 Guggenheim Fund가 설립되어 항공기 개발을 지원했다.

1920년대에 설립한 주요 항공사로서는 러시아 아에로플로트(Aeroflot, 1923년), 미국 팬암항공(Pan American World Airways, 1926), 브라질항공(Varig, 1926), 트랜스월드항공(TWA, 1930), 스위스항공(Swiss Air, 1931), 프랑스항공(Air France, 1933), 아메리칸항공(American Airlines, 1934), 유나이티드항공(United Airlines, 1934), 영국항공(British Airways, 1935) 등이 설립되었다. 1920년대에도 항공기 제조기술에 대한 많은 연구와 성과가 있었지만, 1930년대 들어서야 항공기 제조기술이 새로운 항공기의 출현으로 한층 더 발전하는 결과가 속속 나타났다. 대표적인 예로 1933년 보잉사가 개발한 B247 항공기는 그때까지 항공사가 주로 사용하던 3발기들에 비해 획기적인 성능개선을 이룩한 작품이었다. B247은 최초의 현대식 항공기로서 쌍발기였고, 전체가 금속으로 이루어졌으며, 순항속도는 시간당 150마일을 운항할 수 있었고, 10명의 승객을 탑승시킬 수 있는 수송능력을 갖추었다. 1930년대 전반에는 미국의 주요 여객수송항공사들이 설립된 시기였으며 1926년 설립된 팬암항공(Pan Am World Airways)에 이어 1927년에 노스웨스트항공(Northwest Airlines), 1930년에는 트랜스월드항공(TWA)이 설립되었고, 1934년에는 아메리칸항공(American Airlines)과 유나이티드항공(United Airlines) 등이 설립되었다. 1933년 2월 8일, 미국의 보잉사(Boeing Company)에서 최초로 완전 금속제 저익단엽(Low wing monoplane) 쌍발민간여객기로써 10인승 Boeing 247을 개발하였다. 더글러스사는 DC－1과 DC－2에 이어 1936년에 DC－3를 생산하였다. DC－3는 항공사상 가장 수명이 긴 항공기가 되었는데, DC－3는 1,300대 이상 생산되었고, 군용 수송기로도 적절하게 사용될 수 있음이 인정되어 미국 육군항공대에 의해 C－47로 개명되어 운용되었으며, 아직도 운행 중이다. 1930년에는 지브랄타(Gibraltar), 한국, 중국 등에서도 최초의 항공여객운송이 있었고, 1931년에는 온두라스, 로데지아, 태국, 베트남 등에서 항공사가 설립되었다. 1932년 인도의 부호 타타(J.R.D. Tata)는 최초의 퍼스트 클래스 항공 서비스를 인도에서 제공했으며, 같은 해에는 터키에서도 항공기 운항을 시작했고, 1934년에는 과테말라에서도 상업항공 서비스가 개시되었다. 1920년대와 1930년대의 20년간 항공운송분야는 눈부신 발전을 이룩하여 이 시기를 항공산업에서 황금시대라고 부른다. 세계 각국에서 상업항공운송이 시작되었을 뿐 아니라, 공항건설과 항공로 개발 및 항공보안시설의 개선도 괄목할 만하게 이루어졌다. 세계 최초의 항공관제센터는 미국 뉴저지주의 뉴왁(Newark) 공항에 설립되었으며, 무선통신 관제장비를 갖춘 공항으로는 미국의 클리블랜드(Cleveland) 공항이 있었다. 이 시기에는 일반항공(general aviation)도 민항의 발전에 일조를 하였다. 1920년대는 항공인의 관심이 대양 횡단이었으나, 1930년대에는 세계 일주 비행이었다. 일례로 와일리 포스트(Wiley Post)는 세계일주 단독비행을 록히드(Lockheed)의 Vega 단발기인 Winnie Mae로 8일 만에 성공시켰다. 그러나 항공사들은 항공운항에 따른 경제적 손실로 인하여 활발한 투자를 하지는 못했다. 그 결과로 미국에서는 상업항공운송의 안정적 발전을 위하여 1938년에 민간항공법(Civil Aeronautics Act)을 통과시켰다. 이 법에 의하여 항공로의 개발과 운영에 대한 책임은 연방항공청(FAA : Federal Aviation Administration)의 전신인 민간항공기구(CAA : Civil Aeronautics Authority)가 지도록 했으며, 민간항공위원회(CAB : Civil Aeronautics Board)도 설립되어 항공운송산업의 규제 시스템이 형성됨으로써 항공운송산업의 건전한 발전의 기반이 되었다. 유럽에서는 이미 형성된 항공사들이 서비스를 확대해 나갔다. 1930년대 후반부터 근대적 조건을 갖춘 상업용 항공기로서 미국 더글러스사는 안전성과 쾌적성이 크게 향상된 DC-3(1935년)을 개발하였고 1940년대에는 경제성과 생산성이 우수한 DC-4(1942년)를 개발하였다. 제2차 대전 중에 진보된 수송기, 공항, 항공로, 항행안전시설, 항공통신, 기상관측 등 각종 항공기술은 전쟁이 끝나면서 군용으로부터 민간항공용으로 이용되었다. DC-6B와 DC-7은 근래까지도 피스톤기로서는 최우수 항공기로 간주되고 있으며 당시에는 대서양이나 태평양 횡단을 위한 장거리 국제선용의 주력기로서 활약하였다. 제1차 세계대전 이후 발전된 민간항공은 제2차 세계대전에서 중요한 역할을 하게 되었다. 미국의 민간항공기 제작사들은 군용항공기 수요의 폭증으로 방대한 조직개편과 확장을 하게 될 뿐만 아니라, 자동차 제작회사까지 참여시켰고, 정부는 항공기 제작사의 시설확장을 지원했다. 경쟁관계에 있던 항공기제작사들은 시설을 공동으로 사용하게 되었으며, 미국의 더글라스사는 장거리 고성능수송기인 DC-4를 개발하였고, 미국의 록히드사는 Constellation을 개발하였다. 또한 군사ㆍ방위목적을 위하여 기존의 공항시설을 개량했고, 새로운 공항들도 건설되었는데, 이들 중 상당수가 전쟁 후 민간공항으로 전환되었다. 항공기제작에 대한 정부와 민간의 공동노력은 항공기 자체뿐만 아니라 항공운항기반시설에 있어 기술적인 측면의 급속한 발전을 이룩하는데 도움이 되었다. 항공기 기술 측면에서 가장 주목할 점은 제트엔진의 개발이다. 제트엔진의 기본 개념은 영국의 Frank Whittle과 독일의 Hans Von Ohain에 의해 1930년대부터 개발되었는데, 1939년에 독일의 Heinkel-178과 1941년 영국의 Gloster 28/29는 제트엔진으로 추력을 얻어 비행한 초기의 항공기였다. 미국에서는 General Electric사가 Whittle 제트엔진을 토대로 하여 1942년에 Bell XP-59A에 제트엔진을 장착했었다. 더불어 전쟁은 무선통신시설·항공안전시설·계기비행·공항시설 등의 개선에도 기여했다. 전쟁은 민간항공사의 정기운항을 감축 또는 중단시키게 했으며, 이를 군용으로 전용했는데, 미국의 팬암사(Pan Am Airways)나 영국의 임페리얼 항공사(Imperial Airways)는 대표적인 군업무 수행 항공사였다. 독일에서는 전쟁 전에 이미 유럽 최대의 항공사가 된 Lufthansa도 전쟁목적 수행을 하게 되었다.

전쟁이 끝난 후에 항공운송산업에는 다음과 같은 다섯 가지의 주요변화가 이루어졌다. 첫째, 헬리콥터·경비행기의 발전과 더불어 대형·고속·장거리 상업용 항공기가 발달하였다. 둘째, 국제항공운송업에 대한 정치적 태도가 변화하였다. 셋째, 미국항공사가 전 세계로 확장하였다. 넷째, 공항이 대규모로 개발되었다. 다섯째, 국영항공사들의 확장과 신생독립국의 국영항공사 설립이 이루어졌다. 2차 세계대전이 끝나자 전쟁 중에 생산된 군용 수송기들이 민간항공시장에 밀려들어 왔다. DC-3과 DC-2는 전 세계의 항공사들에 의해 구입되어 항공여객운송시장의 재건에 기여했다. 항공운송시상의 공급능력 확대와 전후 항공운송수요의 증대는 괄목할 만하게 증가된 수송실적의 원인이 되었다. 항공사들은 개량된 항공기 성능을 이용하여 장거리 국제노선이 서비스를 늘렸을 뿐만 아니라 전쟁 중에 개선된 헬리콥터는 단거리노선에 투입되기도 했다. 훈련된 인력자원, 풍부한 부품, 항공기 운항경험 등은 전쟁이 남겨 준 것으로 전후 민간항공 발전에 발판을 제공했으나, 초기의 항공사들은 적절한 이윤을 얻지는 못하였다. 대형 항공기를 구입한 항공사들은 높은 운영비를 상쇄할 만한 수입을 얻지 못하였다. 군용기의 민간이용에 의해 항공사들은 과다한 운항비용을 지출해야만 했으며, 이와 같은 경제적 손실에 대한 정부보조가 이루어졌다. 제2차 세계대전 후 나타난 또 하나의 중요한 변화는 국제항공운송의 규제에 관한 협의이다. 1944년 미국의 주도로 세계 53개국의 대표들이 시카고에 모여 국제항공운송사업의 질서 있는 발전을 위한 국제협약 마련을 논의하게 되었다. 참가국의 입장차이로 완벽한 성과를 거두지는 못하였으나, 국제민간항공기구(ICAO : International Civil Aviation

Organization)의 설립에 대한 합의와 국제항공운송을 원활하게 하기 위한 기술적 협조에 대한 합의를 얻어내었다. 시카고협약의 결과로 국제민간항공기구(ICAO)는 1947년 설립되어 국제연합(UN)의 전문기구가 되었다. 그러나 국가 간 항공수송에 따르는 경제적인 문제에 대해서는 일반적 합의를 얻지 못했다. 따라서 국제항공운송과 관련된 경제적 문제(대표적인 것으로 운임과 공급량 문제)는 관련되는 두 나라 사이에 별도의 항공협정을 맺어 처리하는 수밖에 없게 되었다. 최초 양국 사이의 항공협정은 1946년 버뮤다에서 미국과 영국간의 항공협정이며, 버뮤다협정은 이후의 양국 간 항공협정의 표본이 되었다. 제2차 세계대전 후 나타난 새로운 현상 중 하나는 미국항공사들의 급속한 성장이다. 전쟁 전까지는 유럽에 비해 상대적으로 뒤져 있던 미국의 항공여객운송업은 1938년 설립된 민간항공위원회(CAB)의 협조와 장려, 항공운송에 적합한 거대한 영토, 전쟁 중 발전된 항공기술 등을 토대로 제2차 세계대전 후 본격적 성장기를 맞게 되었다. CAB는 대도시와 소도시간의 Feeder 노선운항을 위한 지역항공사(local－service carriers), 전세기운항을 위한 보조항공사, 수요가 적은 지역을 위한 Commuter Carriers 등을 승인해 주었으며, 대형 항공사와 지역항공사에 대해서 연방정부차원의 지원도 해 주었다. 많은 항공사들이 국제운송에 참여했는데, 특히 팬암은 5개의 대륙에 서비스를 제공하는 국제항공사로 성장하여 1946년에는 전 세계에 항공운송 서비스를 제공하는 유일의 단일항공사가 되었다. 전후에 신공항의 건설과 공항시설 개선도 대대적으로 이루어졌는데, 미국은 특히 1946년의 Federal Airport Act에 의하여 5억 달러의 자금을 7년 동안 공항 시스템의 개선에 투자하기로 했다. 1950년대에 들어서 약소국 또는 신생독립국에서도 항공사의 신규설립이 활발해져서 항공운송 서비스가 전 세계로 확산되기 시작하였다. 1948년에 이스라엘항공사가 설립되었고, 1950년에는 Garuda 인도네시아항공사가 설립되었으며, 아프리카의 여러 나라에서도 신규항공사 설립이 많이 있었다. 신규항공사의 설립과 함께 항공기의 성능개량도 지속적으로 이루어졌다. 영국은 터보 제트 및 터보 프롭항공기를 민간에 도입했는데, British Airway의 전신인 BOAC는 1952년에 최초로 터보 제트항공기(de Havilland Comet)를 런던－요하네스버그노선에 투입하였다. 이때의 터보제트항공기는 시속 500마일의 순항속도와 6명의 여객이 탑승할 수 있는 탑승용량을 갖춘 최초의 제트항공기로 Jet－Age의 선구자였다. 1954년 7월에 미국 보잉사의 B－707 장거리용 제트여객기가 첫 시험비행을 하였고 1958년 10월에 팬암항공사(Pan American)가 뉴욕－파리 간 대서양 횡단노선에 취항하였다. 그러나 1954년 2대의 Comet 항공기가 지중해 상공에서 폭파되고, 3주일 후에 또 한 대가 비행 중 폭발하게 됨으로써 동 기종은 철수되었다. 소련은 두 번째로 제트항공기를 항공여객운송에 투입하였다. 1956년 Aeroflot항공사는 TU-104 제트항공기를 Moscow-Omsk-Irkutsk 항로에 투입하였는데, 동 항공기는 50인의 여객탑승용량을 보유하며, 동 노선에 비행시간을 기존의 15시간에서 7시간으로 단축시켰다. 미국은 1958년에 이르러서야 제트항공기를 민간항공사에 도입하였다. 즉 보잉사의 제트여객기인 Boeing 707이 1958년 북대서양 상공을 비행하기 시작한 것이다. 그로부터 2년 후 더글러스사는 DC-8 제트항공기를 선보였는데, 미국의 Boeing 707과 DC-8은 비록 영국의 Comet나 소련의 TU-104보다는 늦었지만 탑승용량 측면에서 월등히 우수하고(탑승용량 170인) 운영상의 경제적 이점이 탁월하여 본격적인 제트여행의 시대를 개막한 주역이라 할 수 있다. 대형 항공사들이 제트항공기를 도입함에 따라 프로펠러기는 전세항공사가 싼 값에 구입할 수 있게 되어 이를 계기로 관광산업도 발전하게 되는 효과를 얻게 되었고, 신생독립국이나 약소국 항공사들도 프로펠러기를 싼 값에 도입하여 항공사의 규모를 손쉽게 확장할 수 있었다. 항공사의 발전이나 항공기의 성능개선에 비해 항공기반시설의 획기적 발전은 이 시기에 이루어지지 않았다. 항공기 운항감독이나 대규모 공항에서의 정밀착륙 시스템을 위해 레이더가 도입되는 등 항공관제 시스템의 개선이 있었지만, 이는 항공기 사고방지나 항공기 지연운항문제를 해결하지 못했다. 예를 들면, 'Black Wednesday'라 불리는 1954년 9월 4만 5천명의 승객이 뉴욕에서 수 시간이나 지연을 겪은 사건이나, 1956년 6월 그랜드캐넌에서 TWA의 Super Constellation과 United의 DC-7이 충돌하여 모든 승객이 사망한 사건 등이 지적된다. 이러한 사건들은 정부로 하여금 항공관제 시스템을 개선하도록 하는 계기가 되었다. 1958년 미국에서는 미국항공역사에 중대한 일이 이루어졌다. 즉 항공운송 시스템의 안전성 확보와 효율성 향상을 위하여 1938년에 제정된 Civil Aeronautics Act를 대신할 Federal Aviation Act가 국회를 통과하게 되고, 이 법에 의하여 Federal Aviation Agency (FAA)가 별도의 정부기관으로 설립되었다(1958년 11월 1일). FAA는 민간 및 군 항공에 관한 모든 사항을 통제하는 기구로서 항로운영에 관한 업무, 항공운항기반시설의 획득·개발·운영에 관한 업무, 항공교통규칙에 관한 업무 등을 책임지게 되었으며, FAA의 안전규정은 Federal Aviation Regulation(FAR)이라고 명명되어 적용되었다. FAA는 FAR과 관련된 연구·개발업무의 수행, 조종사·정비사·정비시설 등에 관한 인·허가업무를 책임지게 되었다. 항공기안전에 관한 규제는 FAA가 담당하고 있었지만, 민간항공위원회(CAB)가 담당하도록 되어 있었다. 1960년대는 본격적인 제트항공기시대의 시작이라고 특징지을 수 있다. 1958

년부터 상업적 이윤을 보장할 수 있는 제트항공기의 취항이 시작되었으나, 1958년에 취항한 제트기의 수는 15대에 불과했고, 1961년에야 413대를 취항함으로써 제트기시대는 1960년대에 본격화되었다 할 수 있다. 유럽의 영국과 프랑스는 중·단거리용 제트항공기를 개발하였으며, 대기업들은 회사간부들이 이용하기 위한 회사소유의 자가용 항공기를 도입하기 시작했다. 1962년, 초음속 여객기는 영국과 프랑스는 콩코드(Concorde) 개발에 착수하여 1969년 3월2일에 시험비행을 성공하고 영국항공(British Airways)과 프랑스항공(Air France)의 콩코드가 1976년 1월 21일부터 대서양(런던－뉴욕, 파리－뉴욕) 노선에 취항하기 시작하였다. 제트항공기의 도입은 항공사와 공항운영자에게 두 가지 새로운 문제를 던져 주었다. 첫째, 기존의 공항시설이 제트항공기, 특히 대형 제트항공기의 처리에 부적합함이 지적되었다. 활주로의 길이, 유도로의 폭, 연료저장능력 등이 제트항공기의 운영요건을 만족시킬 수 없는 공항이 많았다. 둘째, 초기의 제트항공기는 소음이 심해서 공항주변 거주민으로부터 많은 불평이 있었다. 또한 제트기가 주로 이용됨으로써 공항시설과 항로시설을 현대화할 필요가 발생하였다. 1970년 1월 22일 뉴욕－런던 노선에서 팬암항공사(Pan American)의 Boeing 747 점보제트(Jumbo－Jet)기의 취항 이후 맥도널드 더글러스사(McDonald Douglas)의 DC－10, 록히드사의 L－1011, 유럽의 A－300 등 넓은 동체를 가진 대형(Wide Body) 제트기들이 등장하여 대량수송 체계로 발전하면서 항공운송산업에 새로운 전기를 마련하였다. 대형 점보제트기(Wide Body)의 출현은 항공운송산업의 획기적 비용절감을 가능하게 했고, 이는 항공여행의 대중화를 가능하게 했다. 1960년대의 제트항공기는 Narrow, Body였으나, 1970년대 팬암항공사에 의해 보잉 747이 항공운공 서비스에 투입되는 것을 시점으로 하여 400~500명의 탑승용량을 갖춘 대형 Wide Body항공기가 속속 취항했다. 보잉사는 1971년에 NEW Boeing 747을 내놓았고, 더글러스사는 DC－10, 록히드사는 L－1011 등의 Wide Body 항공기를 선보였으며, 도입으로 항공기 좌석공급이 과잉되는 현상이 나타나기도 했지만, 항공사는 대형 Wide Body 항공기가 효율적이고 경제적임을 인식하여 WIde Body 항공기의 도입을 적극적으로 추진했으며, 이로 인하여 좌석 킬로미터당 운영비가 급격히 감소하게 되었다. 그러나 1974년의 오일 쇼크는 항공사로 하여금 10배 이상의 연료비를 부담하게 하여 항공사들은 혹독한 시련을 겪어야 했고, 1976년에는 초음속 제트항공기 콩코드가 영국 런던과 바레인을 운항하는 첫 비행을 했다. 시속 2,300Km의 속도와 125명의 탑승용량을 갖춘 콩코드기는 영국과 프랑스의 기술적 승리였으나 경제적으로는 실패작으로 판명되었다. 월등한 순항속도로 인해 비행시간을 획기적으로 단축시킬 수 있지만, 각국의 Sonic Boom에 대한 규제가 적은 자석용량에 의한 항공사의 도입기피 등으로 콩코드기는 대량보급에 실패했다. 상당한 기간 동안 콩코드기 외에는 획기적으로 성능이 개선된 항공기의 출현은 없었다. 1970년대 중반부터 미국의 포드 행정부는 미국경제에 대한 정부의 규제체제를 개혁하려는 시도를 했으며, 미간항공위원회(CAB)가 개혁대상으로 떠올랐다. 규제완화가 논의되고 있는 동안 CAB는 서서히 경제적 규제를 완화하기 시작했으며, 항공사들도 규제완화를 지지하는 자세를 취했었다. CAB는 할인요금을 인정해 주고 신규노선을 허락해 주는 등의 항공자유화조치를 취했다. 항공사들도 규제완화를 옹호했고, 항공운송산업은 전반적으로 이윤을 얻었다. 미국정부는 지방도시에 대해서는 10년 동안 정부지원 하에 EAS(Essential Air Service)를 지원하고 규제완화에 의해 실직할 수도 있는 항공운송산업 종사자들에 대한 지원 대책을 마련해 줌으로써 항공운송산업 규제완화조건을 모두 갖추었다. 미국의 항공운송산업 규제완화조치는 두 단계로 이루어졌다. 1977년 11월 항공화물에 대한 규제완화가 1978년 10월 항공여객에 대한 규제완화 등의 2단계로 항공운송산업 규제완화가 완료되었으며, CAB는 1984년 해제되었다. 규제완화로 항공운송사들은 항로확장·요금인하 등을 자유롭게 할 수 있게 되어 급격하고 무질서해 보이는 변화가 발생했으며, 세계항공여행의 여건이 급변하는 원인이 되었다. 항공사들은 시장 확장에 치열한 경쟁을 하게 되었고, 공급과잉 노선이 속출했다. 경제적으로 효율적인 항공기 개발이 이루어졌으나, 항공사들은 값비싼 항공기의 구입으로 이윤획득에 어려운 여건이 되었다. 규세완화로 경제적 이윤을 강조한 항공기의 개발이 이루어졌다. 보잉사는 B−757, B−767 등의 신형 항공기를 선보였는데, 이 항공기들은 엔진성능 향상으로 연료효율성 향상을 이룩하였으며, 수요가 많지 않은 장거리노선에 논스톱 서비스를 제공하는 데 있어 B−747보다 훨씬 효과적이었다. 규제완화에 의한 공급확대는 1980년대 전반에 탑승률을 낮추었으나 1980년대 후반부터는 60~61%로 약간 상승한 후 안정적으로 되었다. 또한 1980년대 전반에는 항공수요의 증가가 많지 않아 신형항공기의 구입활동이 주춤했으나, 1980년대 후반에는 항공수요의 급증에 힘입어 항공사들은 이 기간에 새로운 항공기를 많이 확보하였다, 규제완화조치로 항공운송사업에 신규로 진출한 항공사들은 낮은 운영비와 낮은 요금정책으로 기존의 항공사와 경쟁하였고, 이는 항공운송산업 전반의 요금수준을 낮추는 데 기여했으며, 이 과정에서 많은 항공사들이 도산·병합되는 시련을 겪어야만 했다. 1990년대 이후 메이저항공사들은 세계화의 물결에 따라 합병과 국제적 제휴 등으로 경제력 확보에 노력하였는데, 2000년대에는 소수의 거대

항공사 그룹들이 세계적 네트워크 지배력을 바탕으로 상호 경쟁하는 시장특성이 고착되어 가고 있다고 보는 견해도 있다. 또한 한편으로는 낮은 운임을 적용하는 항공사들이 니치 마켓(niche market)에서 성공하는 사례를 보여 제휴에 의한 거대화, Hub & Spoke 중심의 노선망이 유일한 생존양식이 아니라는 것도 증명되었다. 미국의 Southwest, 유럽의 Ryan Air, 아시아(말레이시아)의 Air Asia 등은 매우 성공적인 저비용항공사로서 이들 항공사의 비즈니스 모델을 LCC(Low Cost Carrier)라 칭하고, 기존의 메이저항공사 서비스와 대비하여 설명하는 것이 일반화되었다. 즉 전통적인 메이저항공사 서비스에 비하여 상당히 간소한 서비스와 단순한 네트워크를 특성으로 하여 낮은 운임 서비스로 시장을 확대하는 데 성공하는 항공사들이 주요대륙에서 새로운 경향을 형성해 가고 있는 것이다.

2. 공항의 역사

가. 공항의 발달

1차 대전이 끝날 무렵 유럽에서는 중소 규모의 항공사들이 20여개나 설립되었고, 미주지역 역시 내셔널항공 등 10여개의 항공사가 설립되어 있었지만 이들이 본격적인 상업화에 뛰어든 것은 아니었다. 이 시기에 공항은 이륙과 착륙에 필요한 활주로와 격납고, 그리고 사무실이 전부일 정도로 기본적인 시설만을 갖추고 있을 뿐이었다. 당시에는 여객수요가 많지 않았기 때문에 더더욱 그 형태는 기본적일 수밖에 없었다. 예를 들어, 1911년에 개항한 샌프란시스코 공항은 전원식 활주로와 주차장, 목조로 된 사무실과 식당만을 갖추고 있었고 비행장의 경계는 목재로 된 말뚝이 경계선을 나타내고 있었다. 여객청사 역시 점심 식사용 식당과 비행장 사무실이 함께 사용되는 목조로 된 건물이었으며, 비행장 스탭진은 15명뿐이었다. 1920년대 암스테르담 스키폴공항은 전원식 목가적 공항이었고 제1차 세계대전 종전 후 KLM 항공사가 스키폴과 함부르크 구간을 운항하였을 때에도 목조로 된 식당과 호텔 등의 건물과 격납고가 있었을 뿐이었다. 영국의 게트위크 공항 역시 여객청사로 사용하기 위한 2층 목조건물과 기초적인 부대시설이 전부였고 1936년에 이르러서야 오늘날 탑승교와 같은 형태의 로딩브릿지(Loading Bridge)를 최초로 사용하게 되었다. 1940, 50, 60년대에 걸쳐 신형비행기가 속속 등장하며 민간운송용 시대를 선도하였다, 이렇게 새로운 기종이 등장하면서 항공운송 능력은 기하급수적으로 배가되었고 장거리 수송, 대량 수송, 신속한 수송체계가 확립되자 많은 이용객들이 생겨났으며, 이에 따라 공항의 시설도 근대화가 시작되었다. 항공기의 대형화가 이루어지면서 활주로의 길이는 3,500m 이상이 필요하게 되었고, 대형 항공기가 주기할 수 있는 계류장이 필요하게 되면서 공항시설의 확장이 불가피해졌다. 따라서 공항의 시설은 지속적으로 확장되었으며, 실질적인 여객청사를 갖추어 여행자들의 편의시설도 마련하게 되었다. 1969년 12월 2일 B-747이 시애틀-뉴욕 간 장거리 시험비행에 성공하여 전 세계 민간항공계는 "점보시대"를 맞이하게 되었다. 1회에 400여명을 수송할 수 있는 B-747은 공항의 시설개선을 더욱 요구하였고 결과적으로 항공기의 발달과 공항의 시설확대는 상호공존하며 발전해 나아가는 시대에 접어들게 되었던 것이다. 1970년대에 들어서면서 전 세계의 항공사가 운영하는 모든 항공기의 기종은 제트추진에 의한 항공기로 완전히 교체되어 본격적인 제트여객기 시대를 맞이하였다. 특히 B-747 점보기의 보급률은 세계 어느 국가를 막론하고 최고를 나타내는 등 항공기가 점차 대형화되고 고속화됨으로써 대량수송과 장거리 수송에 일대 혁신을 가져왔다. 뿐만 아니라, 해외여행의 자유화 조치에 따른 항공여행의 대중화시대, 그리고 세계의 지구촌화 시대를 개막시키기에 이르렀다. 1987년도 ICAO 연차보고서에 의하면 전 세계에는 육상 및 해상비행장, 헬리포트 등 약 35,000여개의 비행장이 있는 것으로 집계되어 있다. 이와 같은 현상은 항공여행의 대중화에 의해 비롯된 결과였다. 미래 항공여객 수요증가의 기대와 함께 현재 전 세계 공항들은 공항 이용객을 유치하기 위하여 여객편의시설의 고급화, 항공기 안전운항의 확보에 노력하고 있다. 공항에 내한 이익집단은 더욱 높은 수준의 서비스를 요구함에 따라 현대적 공항의 기능과 역할은 더욱 다양하게 되었다. 그래서 공항을 전문적으로 관리, 운영하는 전문조직이 속속 발주되었고, 공항운영은 과학화되었으며, 그 발전 속도는 더욱 가속화되었다. 이와 같이 발전을 거듭해온 오늘날의 공항은 사회 전체적으로도 다양한 기능과 역할을 수행하고 있다.

section 02 국내항공 및 공항의 변천사

1. 국내 항공 역사

1913년 우리나라에 동력비행기가 첫 선을 보인 것은 일본해군 기술장교가 서울의 용산에 위치한 조선군 연병장에서 "나라하라 4호" 비행기로 공개 비행 행사를 가진 것이 그 효시를 이루게 되었다. 1916년 10월 초에는 일본인 오자끼가 한국을 방문하여 한국인에 대한 최초의 유료비행을 함으로써 한국인들은 근대과학의 부산물인 비행기를 처음으로 인식하게 되었다. 1922년 12월 10일 12시 22분 안창남은 뉴포트 15형 단발쌍엽 1인승 비행기 "금강호"로 여의도에서 5만여 명의 관중이 지켜보는 비행을 하였다. 1924년 조선총독부는 체신국 감리과 내에 항공담당관을 설치하여 1925년 12월에 니시오에게 지원금을 주고 조선항공연구소를 설립한 후 1927년 6월 1일부터 일본 항공법을 그대로 적용 시행하였다. 1926년, 우리나라 사람으로 항공사업을 처음 시작한 사람은 1923년 12월에 장백호를 몰고 고국을 방문한 이기연 조종사로써 경성항공사업사를 설립하였으나 그 이듬해 9월에 경상북도 점촌에서 비행기 추락사고로 순직함으로서 항공사업도 소멸하였다. 1930년 5월 15일 신용욱은 여의도에 조선비행학교를 설립하였다. 또한 신용욱은 조선비행학교를 운영하는 한편, 일본 나까지마 비행기 제작소에서 만든 지도리식 4인승 쌍엽기(雙葉機)를 도입하여 1930년 9월부터 서울 상공을 일주 또는 인천 왕복 유료비행을 실시하였다. 탑승요금은 서울상공일주 10분에 5원, 인천왕복 20분에 10원으로 당시 쌀 1가마 13원에 비하면 상당히 고가이면서도 대성황을 이루었으나 당시에 보험제도가 없어 승객들에게 "불행한 사태가 일어나 사망하여도 이의 없다"는 문서상의 각서를 받고 탑승을 하게 하여 그때마다 시비가 일어 비행이 중단되기도 하였다. 이 유료비행은 신용욱이 조선항공사업사를 설립하기 직전인 1935년까지 계속하였다. 1936년 10월, 조종사 출신인 신용욱은 조선항공사업사를 창설하고 민간항공운송사업을 시작하여 서울－이리 간 정기항로를 개설하고 지도리식 쌍발기 5인승으로 주2회 운항하였다. 이후 조선항공사업사는 서울－이리－광주 간을 정기운항하였으며 동해안 어선 탐지업을 제2차 세계대전이 발발할 때까지 계속하였다. 1946년 3월 1일 신용욱은 조선항공사업사를 모체로 대한국제항공사를 설립한 후 1948년 10월에 대한국민항공사(KNA : Korea National Airlines)를 창설함으로써 본격적인 민간항공시대를 열었다. 1948년 10월 10일, 대한국민항공사는 교통부로부터 서울－강릉, 서울－광주－ 제주, 서울－옹진, 서울－부산 간의 국내선 면허를 받고 미국 스틴슨 항공기 3대(5인승)를 도입하여 우선 서울－부산 간의 여객수송을 1948년 10월 30일에 시작하였다. 1949년 2월 1일에는 서울－강릉, 서울－광주－제주, 서울－옹진 간 3개 노선에도 취항시켰다. 1952년에 민간항공분야의 개척을 위한 교육기관의 필요성이 요구되어 6.25 전쟁 중임에도 부산 초량동에 교통부 산하 교통고등학교 2년제 특설 항공과(조종과, 기관과,

통신과)를 설치하고 이듬해인 1953년 2월1일에는 특설항공과를 분리하여 3년제 국립항공학교를 설립하고 그해 국립항공대학으로 개편하여 본격적인 교육이 이루어졌다. 그 후 1958년 1월에는 조종관제과, 기관기체과, 통신과, 전자과로 확대하였다. 국립항공대학은 각과별 실습실, 영사실, 도서관, 훈련용 비행장을 설치하고 훈련용 비행기 Piper 1대, L−16 2대, 발동기 15대를 확보하고 1956년에 98명, 1957년 60명, 1958년 61명, 1959년 70명을 각각 배출하였다. 1953년 12월 25일부터 1954년 1월 3일까지 서울−홍콩 간을 임시 운항하여 국제선 운항에 성공을 거두고 1954년 7월 2일 한·영 잠정 항공협정 체결로 1954년 8월 29일부터는 DC−4 항공기로 서울−대만−홍콩 간을 주1회 운항함으로써 우리나라 민간항공 사상 처음으로 동남아 국제노선의 최초 취항이 이루어졌다. 1958년 미국 FAA(연방항공국)의 항공법 전문가가 초청되어 작성한 초안을 기초로 항공법이 작성되었다. 교통부 초안이 사전심의를 거쳐 1960년 11월 국무회의에서 의결되어 국회에 제출됨으로써 1961년 1월 11일에 제38차 민의원을 통과하고 2월 22일에 참의원을 통과, 1961년 3월 7일 정부에 의하여 법률 제591호로 공포, 우리나라 항공행정과 항공운송사업의 바탕이 된 독자적인 새로운 항공법은 1961년 3월 7일부터 시행하였다. 1961년 10월에 관광공로국 항공과로 개편한 후 1963년 9월에 항공국으로 승격하였다. 1950년대 후반에는 민간항공 운송량이 꾸준히 증가하는 양상을 보였다. 1957년 국제선 여객은 입국 10,446명, 출국 11,396명이었고 1958년에는 입국 12,178명, 출국 12,125명이었다. 그리고 1959년에는 입국 12,302명, 출국 12,763명을 수송하였고, 국내선 여객의 경우에는 1957년부터 1959년까지 각각 55,963명, 45,090명, 67,562명을 수송하였다. 1960년 7월 1일 교통부는 국무원령 제17호로 항공보안시설보수소 및 서울항공관제소를 설치하고 1961년 10월 2일에는 서울과 부산에 지방항공관리국을 신설한 후 1963년 9월 1일에 법률 제1395호로 관광공로국 항공과를 항공국으로 승격시키면서 항정과와 기술과를 설치하고 동년 12월 16일에는 기술과를 운항과와 시설과로 분리하여 3개과로 개편하여 강력한 행정기능을 발휘, 정부 간 각종 국제회의와 2국간 항공협정체결 및 개정회담 등 한국의 민항공 발전을 위한 방향으로 추진되어왔다.

1962년 3월14일 국가재건최고회의에서 의결되고 3월23일 제정 공포된 대한항공공사법(법률 제1040호)과 4월 26일 제정 공포된 동법 시행령에 의하여 1962년 6월 15일과 6월 18일에 창립총회가 개최되고 6월 19일에 등기를 마침으로써 대한항공공사(KAL : KOREA AIRLINES CO. LTD)가 설립되었다. 1963년 12월 28일 대한항공공사는 일본항공과 상무협정을 맺고 다음해인 1964년 2월 28일 정부승인과 함께 한일 정기항공노선을 개설하였으며, 3월 17일 오전 1시 20분 F-27 항공기로 여의도 비행장에서 서울-오사카 한일 노선을 취항하는 성과를 올렸으며, 그 후 1965년 9월 1일 부산-후쿠오카, 1968년 7월 25일 서울-동경노선을 취항하였다. 1969년 7월 20일 대한항공공사가 민간기업인 (주)대한항공에 이양되자 서울-포항 노선의 신설을 시발로 국내선이 급격히 확장되기 시작했다. 급속하게 확장된 국내 노선망은 운영과정에서의 문제가 발생하여 몇 차례 조정되기는 했지만 1971년 말에 이르러 15개 도시, 17개 노선에 취항하는 순환 노선망을 형성할 수 있게 되었다. 1979년 3월, 민영화 10주년을 맞은 대한항공은 급격한 사세의 신장으로 국제 노선망이 급격히 확장되어 15개국 23개 도시에 취항하였으며, 연간 수송실적은 여객의 경우 1978년에 비해 4.5배에 달하는 315만 7천명, 화물은 25배에 달하는 8만 5천 톤을 수송하였다. 이는 1979년 국제민간항공기구(ICAO) 가입국 145개국 중 국제선 총 수송 실적 순위에서 10위에 해당하는 것이었다. 이로써 대한항공은 민영화 10년 만에 세계 유수의 항공사들과 어깨를 나란히 할 만큼 급신장을 이루었다. 1980년대 제2민항의 설립을 모색되었고, 정부의 제2민항 허가 방침이 발표되자 (주)서울항공으로 1988년 2월 17일 설립등기를 마쳤으며 2월 20일에는 사업을 위한 면허취득을 위하여 교통부에 정기 및 부정기 항공운송면허와 노선면허 신청서를 제출했다. 이에 교통부는 2월 24일 (주)서울항공에 국내·국제 정기 및 부정기 항공운송사업 면허와 서울-부산, 서울-제주 등 국내 5대 노선에 대한 노선면허를 발급하였다. 서울항공은 정부의 정책적 지원에 힘입어 1988년 8월 8일 사명을 (주)아시아나항공으로 바꾸고 면허 조건시의 기한 만료일인 1988년 12월 23일 서울-부산, 서울-광주 노선에 취항함으로써 국내선 운항을 개시했다. 2001년 3월 29일 인천국제공항이 개항되었다. 인천국제공항의 건설 사업비는 5조 6,323억 원이 투입되어 활주로 2본, 여객터미널 1개동, 화물터미널 3개동이 신축되었다. 2001년 9월 25일부터 10월 5일까지 캐나다 몬트리올 ICAO본부에서 개최된 제33차 ICAO 총회에서 우리나라는 이사국에 진출하였다. 169개 회원국과 31개 기관, 단체 등 총 1,130명이 참가한 ICAO 총회에 우리나라는 총 25명의 대표단을 파견하여 활발한 활동을 벌였으며, 이사국 투표에서 총 109표를 획득하여 이사국에 선출되었다. 2002년 1월 14일 김포공항 등 국내 16개 공항을 관리, 운영하는 한국공항공단은 한국공항공사법(법률 제6607호)이 제정 공포되어 3월2일에 시행령(대통령령 제17538호)로 주식회사형 한국공항공사로 새롭게 출범하였다.

2. 국내 공항의 변천사

1916년 3월에 일본육군이 여의도에 비행기 착륙장을 건설하면서 국내 최초의 비행장이 개설되었으며 1929년 4월 1일 일본에 의해 동경－대련 간 항로가 개설되면서 여의도 비행장을 중간기착지로 하는 대구, 평양, 신의주, 청진, 함흥, 울산과 더불어 정식비행장으로 개장되었다. 정식비행장으로 승격함과 동시 여의도비행장에는 사무실 및 대합실 70평이 신축되었고 나침반 수정대, 풍향풍속표지계량기, 전화기 등 기초적인 시설이 갖추어졌다. 1930년, 군이 아닌 체신국이 처음으로 비행장을 건설한 곳은 약 60,000평 부지의 울산비행장을 건설 운용함으로서 시작하였으며, 여의도 비행장은 육군으로부터 비행장면(飛行場面)만을 재산이전보관 방식으로 체신국이 관리하기 시작하였으며 1937년경부터는 군의 요청과 민간항공 개척의 추이에 따라 비행장의 신설이 계속 되었다. 1939년 9월 9일에는 항공위원회가 발족되어 비행장건설기준을 제정하여 갑종, 을종, 특수 등 3단계별로 면적, 주변 환경, 활주로의 크기 개수, 통신시설, 야간조명, 기상관측시설 등 충족조건을 제시하였다. 현재의 김포비행장은 여의도비행장을 대신할 김포의 구릉 지대를 후보지로 확정하여 70여 만 평 규모의 동양에서 제일 큰 비행장을 건설한다는 취지로 지하 1층 지상 2층 연건평 2,000평(재정상 준공은 500평)의 대규모 공사에 착공하여 1944년 5월 완공하였다. 1949년 9월에 한·미간 김포비행장 운영협정이 체결되어 미군측이 김포비행장의 시설을 확장하고 항공요원 양성을 전담하였다. 그러나 6.25전쟁으로 1951년 3월에 주한 유엔군 사령부에서 미 공군의 군사적 목적으로 징발하여 전쟁 중인 1951년에 2,468m×45m 규모의 활주로가 미군에 의해 새로 건설되었다. 1954년 1월에 항공기상대를 설치하고 1950년 8월에 임시국제공항으로 지정되었던 부산 수영비행장의 기능을 1954년 4월에 여의도 비행장으로 이전 지정하여 1956년 5월 24일에 청사를 약 340평으로 확장하였으나 1958년 1월 30일에는 국제공항의 기능을 김포공항으로 지정함으로써 군전용 비행장으로 사용하다 1971년 1월 31일 여의도 비행장은 개장 54년 만에 폐지되었다. 1952년부터 민간항공기도 운항이 가능하였고 전쟁 후 1954년 4월 5일부터는 미 제5공군 전용의 김포비행장 활주로 일부를 사용하다가 1957년 9월 10일 국무회의에서 김포비행장을 국제공항으로 지정할 것을 의결하고 1957년 9월 19일부터 운용을 개시했다. 1958년 1월에는 관리권을 3단계에 걸쳐 대한민국정부에 이양한다는 협정을 체결함과 아울러 활주로 확장공사를 완공하였다. 1958년 1월 30일 교통부는 여의도 공항의 기능을 김포국제공항으로 이전하며 여의도공항은 군전용 비행장으로 사용한다고 발표하였다. 그리고 3월 10일 교통부는 여의도공항에 이착륙하던 국제선을 김포국제공항으로 이전하여 우리나라 항공운송사업은 여의도시대를 마감하고 김포시대를 열었다. 1958년 1월에 김포국제공항으로 지정된 그해 8월 주한 경제조정관실(OEC : Office of Economic Coordinator for Korea)에 주한 항공기술고문단이 설치되어 교통부와 공동으로 김포공항의 이관조치와 확장사업의 계획에 착수하였다. 1960년까지 계속된 이 확장사업을 추진하기 위해 1958년 9월 30일에는 교통부, 국방부, 유엔군사령부, 유솜(USOM), 미 공군, 미 8군 공동으로 유엔군산하에 김포국제공항 종합개발위원회를 설치하였다. 이 확장계획에 의하여 1958년 11월 3일부터 3주 동안 임시로 여의도공항을 사용하고 활주로 공사를 하였다. 공항청사의 확장공사는 5차에 걸쳐 총 공사비 9억 7천 5백만 환을 투입하여 국제선과 국내선을 동시에 수용하는 계획으로 1차 년도 1959년에 3억 환의 공사비로 446평의 청사를 신축하고 2,468m×45m의 활주로를 보강한데 이어 2차 년도인 1960년에 종합청사 632평을 증축했다. 이 종합청사는 1961년에 717평을 증축하고, 12월에 278평의 관제탑을 준공한데 이어 1962년에는 종합청사 771평을 증축하는 등 계속 확장하였다. 또한 1960년 12월에는 계기착륙장치, 고촉광접근등을 설치하고 안양 무선표지소도 함께 준공하였다. 1963년에는 종합청사 208평을 증축하고 발전실 232평과 보일러 2대를 신설하고 1965년에는 주차장 및 정면도로 4,259평을 포장하였으며 1966년에는 종합청사 163평 증축, 유도로 2,479평, 정면도로 5,731평을 보강하였다. 1969년에 활주로 확장공사를 시작하여 1971년 10월에 2,468m를 3,200m로 연장 완공하였을 뿐만 아니라, 1971년 4월 20일에는 국내선 청사(지하 1층 지상 4층)를 준공하였고, 1973년 12월에는 국제선 종합청사(현 국내선 청사)의 확장도 마무리하여 1960년 당시 청사 연면적 3,300평에서 6,380평으로 약 2배로 늘어났다. 1981년 7월부터 1982년 2월까지 기본계획을 수립하고 1983년 10월부터 확장사업에 착수하여 신 활주로 확장공사, 확장지역 용지매입에 따른 주민 522가구의 이주, 신 국제선청사(현재 국제선 2청사)건설, 계류장 확장공사 등을 착공하였다. 공사착공 4년 3개월만인 1987년 12월에 역사적인 완공을 보게 되었으며 3개월여의 시험운용기간을 거쳐 1988년 4월 20일 김포국제공항 확장공사의 준공식을 가졌다.

3. 지방 공항 역사

김해국제공항은 1940년 일본 육군비행장으로 개설된 부산 수영비행장으로 출발했다.

광복 후 1946년에는 미군에서 한국 민간인 수송을 위하여 C-47 항공기 8대를 투입하여 김포비행장을 기점으로 서울-대구-부산 간 노선을 주2회 운항하고 1948년 10월 30일부터는 대한국민항공사(KNA)에서 서울-부산 간 항공노선을 운항함으로써 비행장으로서의 면모를 갖추게 되었다. 6. 26전쟁 중이던 1950년 8월에는 수영비행장을 임시 국제공항으로 지정하여 운영하여 왔으나 전쟁이 끝난 후 여의도비행장이 임시 국제공항으로 지정되었다. 1953년 12월에는 수영비행장을 기점으로 광주, 군산, 대구, 제주 간 노선을 부정기로 운항하였고, 1957년 12월 17일에 항공통신소를 설치하였다. 다음해인 1958년 1월 30일에 수영비행장은 대통령령에 따라 부산비행장으로 명칭이 바뀌어 운영한 후 1963년 9월 30일에 교통부에서 부산비행장을 국제공항으로 승격시켰다. 제주국제공항은 1942년 1월에 일본 육군비행장으로 개장한 후 1946년 미 군정청이 민간인 수송을 위하여 C-47 항공기를 취항한 것이 민간항공기의 첫 취항이었다. 이후 1949년 2월 1일부터 대한국민항공사(KNA)에서 28인승 쌍발기 2대를 도입하여 부정기 운항을 개시한 후 6.25전쟁이 끝난 후 보수공사를 하면서 1958년 1월 30일 제주비행장을 설치하고, 동년 3월에는 여객청사와 활주로 보수공사를 완공하였다. 그 후 1968년 4월 26일에 제주국제공항으로 승격하여 제주도는 우리나라 제일의 관광지로 각광을 받기 시작하였고 관광자원의 개발과 지역발전에 커다란 역할을 담당하게 되었다. 광주 비행장은 1946년 미군이 한국 민간인을 수송하면서 개설한 후 1948년 11월 16일에 비행장은 상무대에, 사무실은 학동에 위치하여 운영하고 6.25전쟁 중 파괴된 비행장은 1956년에 보수가 완료된 후 1957년 10월에 서울-광주 간 주 2회 운항으로 재개, 1958년 1월 30일에 광주 비행장 직제가 공포되어 원활한 비행장 관리운영이 시작되었다. 그 후 1964년 1월 10일에 상무대에서 현재의 위치(광주광역시 광산구 신촌동)로 이전하였다. 강릉비행장은 1948년 8월 15일에 미 공군으로부터 한국공군이 인수 운영 중 다른 비행장과 마찬가지로 6.25전쟁으로 소실된 비행장 시설을 1956년 2월에 보수 완료하고 1958년 1월 30일에 다른 비행장과 같이 직제가 공포되어 정식 비행장으로 설치되었다. 대한민국 최초의 공항은 1016년 여의도에 세워진 육군 간이 비행착륙장이었다. 1924년 정식비행장으로 승격되면서 민간항공기와 군항공기가 공동으로 이용했다고 한다. 여의도 비행장에서 곡예비행을 하기도 하였으며 그 후 우리나라 최초의 여류비행사인 권기옥여사가 임시정부의 추천을 받아 중국 항공학교에 1기로 입학하면서 최초의 여류비행사이자 독립운동가로서 활약을 하였다. 여의도비행장은 국내 최초의 민간항공사인 대한국민공사(KNA)가 첫 취항을 개시하면서 1948년부터 민간비행장으로 운영되었고

1958년 민간항공업무가 김포공항으로 이전되면서 군 전용비행장으로 사용되었다. 1971년에 여의도비행장을 폐쇄되어 지금은 여의도공원으로 조성되었다. 김포공항은 1939년 일본군이 활주로를 건설하면서 시작되었으며 태평양전쟁이 발발하기 직전 김포공항을 카미카제 특공대 훈련장으로 활용하였다. 1942년에 김포비행장으로 개설되었고 광복 후 미군이 사용하다가 1949년에 한국과 미국사이에 운영협정이 체결되었지만 6.25전쟁으로 대부분의 비행장 시설이 파괴되었다. 전쟁 중에는 국제연합군사령부 관할의 군용비행장이었고 1957년에 긴급보수공사로 일부가 국제공항으로 사용되었으며 해방 후 김포공항의 관할권은 미군으로 이양되었고 김포공항은 1958년 3월 대통령령으로 국제공항으로 지정되었다. 그 후 2001년 3월에 인천국제공항이 개항하면서 현재는 국내선과 단거리 국제선 일부를 운영 중에 있다. 인천국제공항은 1992년에 착공하여 8년 4개월의 공사를 마치고 2001년 3월 29일에 개항하였으며 2013년에는 전세계 가장 아름다운 공항 2위에 선정되었고 국제공항협회(ACI)에서 주관하는 공항서비스평가(ASQ)에서 12년 연속 세계1위를 차지하고 있어 공항시설과 공항서비스 측면에서 세계최고라고 할 수 있다. 우리나라는 8개의 국제공항과 7개의 국내공항이 있는데 규모면에서는 인천국제공항, 김포공항, 김해공항 순으로 규모가 크다고 할 수 있다. 2001년 3월 29일에 인천국제공항이 개항한 이래 대한민국 공항은 2016년 10월에 100주년을 맞이하였다. 김포공항에 이어 대한민국 대표공항으로 발돋움 하는 인천국제공항은 수도권신공항 개념으로 출발하였다. 수도권신공항의 당위성이 대두하던 1980년대는 국제사회에서 대한민국의 위상이 상승하고 있었으며 1986년 아시안게임 개최를 전후하여 국제선 수송실적이 세계 10위권에 도달하였으며 1988년 서울 올림픽을 계기로 개방화와 국제화가 본격화 되면서 대한항공과 아시아나항공의 복수민항공의 시대가 열리게 되었다.

Chapter 2 국제항공 관련 기구 및 조직[1)]

section 01 국제민간항공기구(ICAO)

1. ICAO의 설립과 구성원

ICAO(International Civil Aviation Organization, 영어) 또는 OACI(Organisation de l'aviation civile Internationale, 프랑스어)는 1944년 12월에 시카고 회의에서 체결된 국제민간항공조약을 근거로 설립된 국제기구이며, 현재는 국제연합의 산하전문기구의 하나이다. 국제항공운송에 필요한 원칙과 기술 및 안전에 대해 연구하고 있으며 국제항공운항의 원칙과 기술을 체계화하며 안전하고 질서 있는 발전을 보장하기 위해 국제항공운송의 계획과 개발을 촉진한다. 본사는 캐나다 퀘벡주 몬트리올에 위치하고 있다. 시카고 조약 제2부에 ICAO의 설립 및 운영에 관하여 규정하고 있으며, ICAO의 가입 및 탈퇴는 모두 시카고 조약의 가입·탈퇴를 전제로 이루어지는 등, 시카고 조약과는 불가분의 관계에 있다.

1947년 4월 4일, 국제민간항공조약이 발효될 때까지 ICAO도 잠정적 기구로 탄생해서 준비되어 오다가, 정식으로 발족된 국제민간항공기구에 흡수되었다.

국제민간항공기구는 시카고 조약 체약국으로 구성되며, 다음의 3종류 국가로 구분된다.

(1) 시카고 조약 서명국으로서 비준서의 기탁을 한 국가 : 제2차 세계대전 당시 미국과 영국을 위시한 연합국의 대부분이며, 이들 국가는 비준서를 미국정부에 기탁

1) 이강석·홍순길 공저(2015), 신항공법정해, 동명사, 인용

함으로써 시카고 조약의 당사국이 되며, 또한 국제민간항공기구의 구성원이 된다(조약 제91조).

(2) 시카고 조약 서명국 이외의 연합국 및 중립국으로서 시카고 조약에 가입수속을 한 국가 : 시카고 조약은 연합국 및 중립국에 대해서는 그 가입이 무조건 개방되어 있어, 미국정부에 가입통고만으로 시카고 조약 체약국이 되며 ICAO의 구성원이 된다(조약 제92조).

(3) 위 (1), (2) 이외의 국가들이며, 일본·독일·한국과 같은 제2차 세계대전의 패전국, 또는 대전 후 독립을 한 나라들이다. 제2차 세계대전 후 독립한 신흥국가들이 시카고 조약에 가입하기 위해서는, UN의 승인을 받고 ICAO 총회로부터 5분 4 투표로 총회가 정하는 조건에 따라야 한다.

시카고 회의에서 ICAO의 성격에 대하여 국제항공을 관리, 감독하는 강력한 관리기관으로 해야 한다는 영국의 주장과, 하늘의 자유를 기본으로 국제항공의 질서유지 및 발전을 목적으로 정보의 교환, 기술적 협력의 촉진을 위한 기관으로 해야 한다는 미국의 주장이 대립되었으나, 결국 미국의 주장이 대폭적으로 반영되었다. 그 결과 ICAO는 국제항공의 안전 및 건전한 발전을 목적으로 한 각국 정부의 국제협력 기관으로서 설립되었으며, 2019년 현재 193개국이 가입하였다. 우리나라는 1953년 12월 13일에 가입되었다.

현재 ICAO의 본부는 캐나다 정부와의 협약에 의해 몬트리올에 두고 있으며, 조약 제45조의 개정에 의해 총회에서 체약국의 5분의 3 이상의 결의로 본부를 타 장소로 이전할 수 있게 되었다.

2. ICAO의 목적 및 조직

ICAO의 설립목적은 시카고 조약의 기본원칙인 기회균등을 기반으로 하여 국제항공운송의 건전한 발전을 도모하는 데 있으며, i) 국제민간항공의 발달 및 안전의 확립도모, ii) 능률적·경제적 항공운송의 실현, iii) 항공기술의 증진, iv) 체약국의 권리존중, v) 국제항공기업의 기회균등 보장 등에 그 목적을 두고 있다.

ICAO의 국제항공에 있어서 수행임무를 보면 다음과 같다(시카고 조약 제44조).

① 국제민간항공의 안전 및 건전한 발전의 확보

② 평화적 목적을 위한 항공기의 설계 및 운항기술의 장려

③ 국제민간항공을 위한 항공로, 공항 및 항행안전시설의 발달 장려

④ 안전, 정확, 능률, 경제적인 항공수송에 대한 제국가간의 요구에 대응

⑤ 불합리한 경쟁으로 인한 경제적 낭비의 방지

⑥ 체약국 권리의 반영 및 국제항공에 대한 공정한 기회부여와 보장

⑦ 체약국의 차별대우의 지양

⑧ 국제항공의 비행안전의 증진도모

⑨ 국제민간 항공의 모든 부문에서의 발달의 촉진

ICAO의 조직은 총회, 상설집행 기관인 이사회, 이사회의 보조기관인 상설항공 위원회, 항공운송 위원회, 법률 위원회, 공동유지 위원회, 재정 위원회, 지역항공 회의, 본부 사무국 및 지역 사무소의 각 기관으로 구성되어 있으며, 본부를 몬트리올에 두고 있다.

가. 총회(Assembly)

총회는 ICAO의 최고의결 기관이며, 주 임무는 총회의 의장 및 기타 임원의 선출, 이사국의 선출, 이사회의 보고서 심사, 연차예산의 표결, 이사회에의 권한위임, 시카고 조약의 개정의 심의 및 체약국에의 권고 등의 업무를 수행한다. 총회는 모든 체약국의 대표자로 구성하며, 매 3년마다 개최되고 필요시 특별총회를 개최한다.

특별총회는 이사회가 소집, 또는 체약국의 총수의 5분의 1 이상으로부터 사무총장에 대해 소집요청이 있을 때 언제든지 개최할 수 있다. 총회회합의 정족수를 구성하기 위해서는 체약국의 과반수를 필요로 한다.

총회의 결정은 이 조약에 특별한 규정이 없는 한 투표의 과반수에 의해 행해진다. 총회에서 각 체약국은 1국 1표의 투표권을 갖는다.

나. 이사회(Council)

이사회는 총회에 대해 책임을 지는 상설기관으로서 ICAO의 임무 수행 상 가장 중요한 조직이다. 이사회는 3년마다 총회가 선출한 36개국으로 구성된다. 이사회 구성원의 선거에 있어 총회는 다음의 배분에 의해 선출되어야 한다.

① 항공운송에 있어 가장 중요한 나라(PART Ⅰ, 11개국)

② ① 또는 ③에 포함되지 않은 나라로서 국제민간항공을 위한 시설의 설치에 최대의 공헌을 한 나라(PARTⅡ, 12개국)

③ ① 또는 ②에 포함되지 않은 나라로서 이사회 구성을 지역적으로 구성하기 위해 특정지역을 대표하는 나라(PART Ⅲ, 13개국)

이사국에 공석이 생긴 경우 총회는 가능한 한 신속하게 보충하여야 하며, 보충하기 위해 이사국으로서 선출된 체약국은 전임 이사국의 잔임 기간에만 재임한다.

대한민국은 2022년 10월 4일 이사국(Part III) 선거에서 투표에 참여한 175개 국가 중 **총 151표**를 얻어 이사국 8연임에 성공하였다.

* Part III 이사국 당선국 : 대한민국(151표), UAE(161표), 카타르(160표), 에티오피아(154표) 가나(150표), 자메이카(149표), 짐바브웨(148표), 칠레(146표), 적도기니(145표), 모리타니아(143표), 볼리비아(138표), 루마니아(138표), 말레이시아(136표), 엘살바도르(132표)

** 역대 대한민국 득표수 : ‘01년 109표, ’04년 125표, ‘07년 124표, ’10년 141표, ‘13년 156표, ’16년 146표, ‘19년 164표

표 2-1 ICAO 第41차 총회 선출 36개 이사국 현황(2022년)

구분	ICAO 이사국
PART Ⅰ (10개국)	호주, 브라질, 캐나다, 중국, 프랑스, 독일, 이탈리아, 일본, 영국, 미국
PART Ⅱ (12개국)	아르헨티나, 오스트리아, 이집트, 아이슬란드, 인도, 멕시코, 나이지리아, 사우디아라비아, 싱가포르, 남아프리카공화국, 스페인, 베네수엘라
PART Ⅲ (14개국)	대한민국, 아랍에미리트, 적도 기니, 말레이시아, 볼리비아, 칠레, 카타르, 엘살바도르, 에티오피아, 가나, 자메이카, 모리타니, 루마니아, 짐바브웨

주: 40차 이사국과의 차이점: 러시아의 PART Ⅰ에서의 미선정(퇴출).

출처: ICAO 41차 총회 내용 참고

이사회 의장은 이사회가 3개년의 임기를 갖고 선출하며, 반드시 이사회를 구성하는 이사국의 대표로부터 선출해야 할 필요는 없다. 그러나 이사회를 구성하는 이사국의 대표자가 의장으로 선출되었을 때에는, 이로 인하여 생기는 공석을 그 대표자가 속하는 이사국이 별도로 보충하여야 한다.

이사회의 의장은 중립성이 요구되며, 의장으로 선출된 후로는 자국을 대표하지 못한다. 또, 이사회 의장은 그 책임수행에 있어 국제민간항공기구 이외에 어떠한 국가로부터

도 지시를 구하거나 받을 수도 없으며, 각 체약국은 자국민이 이사회 의장으로서 그 책임을 수행함에 있어 어떠한 압력도 가해서는 아니 된다.

한편, 이사회 의장은 투표권을 갖고 있지 않으며, 이사회의 대표자로서 이사회가 정하는 임무는 그 이사회를 대신하여 수행한다. 그리고 이사회 의장에 재당선할 수 있다.

이사회의 결정은 이사국의 과반수 승인을 필요로 하며, 이사회는 특정사항에 관한 권한을 그 구성원으로 된 위원회에 위임할 수 있다.

당해 위원회의 결정에 대해서는 이해관계가 있는 체약국은 이사회에 의견을 제출할 수 있으며, 이사국은 자국이 당사국인 분쟁에 관해서는 이사회가 행하는 결정에 대해 투표권을 행사하지 못한다. 그리고 이사국이 아닌 체약국은 자국의 이해관계에 특히 영향이 있는 문제에 관해, 이사회 및 위원회가 행하는 심의에 투표권이 없이 참가할 수 있다.

이사회의 임무는 의무적 임무와 임의적 임무로 나누어진다. 의무적 임무는 연차보고의 총회제출, 총회 및 조약으로 부과된 임무 및 의무의 이행, 조약위반의 보고, 국제표준 및 권고방식의 채택, 부속서의 개정 및 심의, 체약국이 의뢰한 제 문제의 심의 등이며, 임의적 임무는 지역적 항공운송 위원회의 창설, 항공운송 및 항공기술에 관한 조사 등이다.

국제민간항공기구의 이사회가 일반적으로 중요시되는 것은 이사회의 기능이 광범위하여 탄력적이며, 국제민간항공기구의 실력 있는 기구로서의 국제항공의 질서 있는 발전과 안정성의 향상을 위해 중요한 역할을 하고 있기 때문이다.

다. 항공위원회(Air Navigation Commission)

항공위원회는 항공 기술면의 이론 및 실제에 대한 적당한 자격 및 경험이 있는 자로서, 이사회가 임명한 15인의 위원으로 구성된다. 위원회의 임무는 조약 부속서의 수정을 심의하고 그 채택을 이사회에 권고하는 것과, 국제항공의 발달에 필요한 정보의 수집 및 체약국에 통지할 내용을 이사회에 조언하는 것이다. 위원장은 이사회가 임명한다.

라. 항공운송 위원회(Air Transport Committee)

이사국의 대표자 중에서 이사회가 선출한 위원으로 구성되며, 주로 항공수송의 경제면, 통계 및 간이화(facilitation)를 담당한다. 현재는 12명의 위원으로 구성되어 있다.

마. 공동유지 위원회

제1회 총회의 결의에 따라 설치된 위원회이며, 항행안전 시설의 유지를 위한 기술적·재정적 원조에 관련해서 이사회를 보좌하는 것을 그 목적으로 한다. 위원은 이사회가 매년 선출하는 9명의 위원으로 구성되며, 의제에 따라 이해관계가 있는 체약국은 이사회 의장의 초청으로 투표권의 행사 없이 이 위원회에 참가할 수 있다.

특히, 일국에 전속되어 있지 않는 항행안전시설에 관해 그 시설과 관계가 있는 각국간의 연락 및 조정을 담당한다.

바. 법률위원회(Legal Committee)

국제항공수송의 법률면을 담당하는 위원회로서, 각 체약국의 법률전문가로 구성된다. 조약초안의 심의, 법률문제에 대한 이사회에의 조언, 항공에 대한 국제법상의 문제에 대한 국제기관과의 협력이 주된 임무이다. 주요 국제항공 다자간 조약의 체결 및 가입현황은 [표 2-2]와 같다.

표 2-2 주요 국제항공 다자간 조약(협약) 체결 및 가입국 현황

번호	협 약 명	지 역	연 도	가입국 수	비 고
1	국제민간항공조약	시카고	1994	188	
2	국제항공업무 통과협정	시카고	1944	121	
3	로마조약(지상 제3자 손해배상)	로 마	1952	47	
4	몬트리올 협약(지상 제3자 손해배상)	몬트리올	1978	9	미발효
5	바르샤바 협약(국제항공 운송인의 책임)	바르샤바	1929	151	
6	헤이그 의정서(국제항공 운송인의 책임)	헤이그	1955	135	
7	과달하라 협약(국제항공 운송인의 책임)	과달하라	1961	82	
8	과테말라 의정서(국제항공 운송인의 책임)	과테말라	1971	7	미비준
9	몬트리올 제1추가 의정서(일부규칙의 통일에 관한 협약)	몬트리올	1975	48	
10	몬트리올 제2추가 의정서(일부규칙의 통일에 관한 협약)	몬트리올	1975	49	
11	몬트리올 제3추가 의정서(일부규칙의 통일에 관한 협약)	몬트리올	1975	21	미비준
12	몬트리올 제4추가 의정서(일부규칙의 통일에 관한 협약)	몬트리올	1975	53	
13	동경협약(국제항공 범죄규제)	동 경	1963	178	

번호	협 약 명	지 역	연 도	가입국 수	비 고
14	헤이그 협약(항공기 불법납치 방지)	헤이그	1970	177	
15	몬트리올 협약(국제항공 안전에 대한 불법적 행위억제를 위한 협약)	몬트리올	1971	180	
16	몬트리올 협약보완(국제민간항공의 공항에서 불법행위 억제에 관한 의정서)	몬트리올	1988	147	
17	탐색목적의 플라스틱 폭발물의 표지에 관한 협약	몬트리올	1991	107	
18	몬트리올 협약(국제항공운송에 관한 규칙)	몬트리올	1999	54	
19	케이프타운 협약(이동장비에 대한 국제적 관심)	케이프타운	2001	4	미비준
20	케이프타운 항공기 의정서(항공기에 장비에 관한 특정문제에 관한 의정서)	케이프타운	2001	4	미비준

출처 : 2019년 ICAO 40차 총회 회의자료

사. 재정 위원회(Finance Committee)

이사회가 선출하는 7명의 위원으로 구성되는 위원회이다. 이 위원회는 재정적 사항에 관해 이사회를 보좌할 것을 그 임무로 하고 있다.

아. 사무국

사무국은 이사회가 임명하는 사무총장 및 기타의 직원으로 구성되며, 각종의 위원회 등에 의해 조직되고 있다. 사무총장은 이사회에 의해 임명되는 수석 행정관이며 사무국을 통일하는 책임을 갖는다. 사무총장, 기타 국제민간항공기구의 직원의 임명, 훈련 및 봉급, 제반수당, 그리고 근무조건은 이사회가 총회에서 정하는 규칙 및 시카고 조약의 규정에 따라 결정하며, 또한 이사회는 사무총장 기타의 직원을 체약국의 국민으로부터 고용하며, 그 역무를 이용할 수 있다.

직원은 그 책임의 수행에 관해 국제민간항공기구 이외의 여하한 당국으로부터라도 지시를 구하거나, 또는 지시를 받아서는 아니 된다.

각 체약국은 직원의 책임에 관해 국제적 성격을 충분히 존중하고, 자국민이 국제민간항공기구의 직원으로서 그 책임을 수행하는 데 있어 어떠한 압력을 가하는 일이 없도록 하여야 한다. 이것은 사무국 직원의 중립성을 정한 것이며, 사무국의 직원이 그 책임을 수행함에 있어 자국의 이익을 펀드는 것을 방지하기 위한 것이다.

사무총장 및 기타의 직원에 대해서는 다른 공적 국제기구에 상당하는 직원에 부여되어 있는 면제 및 특권이 부여되어 있다.

3. ICAO의 법인격

ICAO는 법인격(法人格)을 갖는다. 시카고 조약 제47조에서 「국제민간항공기구는, 각 체약국 내에서 임무수행에 필요한 법률과 양립하는 완전한 법인격을 부여받고 있다」고 규정하고 있다. 법률상의 행위능력이라 하는 것은, 계약을 체결하고 동산이나 부동산을 취득하거나 처분하여 소송을 행하는 능력으로서, ICAO는 그러한 능력을 가진 당해국가의 헌법이나 국내법에 저촉되지 않는 한, 관계국가에서 법인격을 갖는다.

또한, ICAO는 UN의 전문기관이기 때문에 전문기관으로서의 특권을 향유한다. UN의 전문기관으로서는 「전문기관의 특권 및 면제에 관한 조약」의 적용이 되며, 이 조약의 당사국에서는 ICAO는 준외교 기관으로서의 특권과 면제, 법인격을 갖게 된다.

section 02 국제항공운송협회(IATA)[2]

1. 국제항공운송협회(IATA)의 설립 및 목적

IATA(International Air Transport Association)는 세계 각국의 항공기업(31개국의 57개 항공회사가 참여)이 1945년 4월, 쿠바의 아바나에서 세계 항공회사 회의를 개최해서 제2차 대전 후의 항공수송의 비약적인 발전에 의해 예상되는 여러 가지 문제에 대처하고, 국제항공수송사업에 종사하는 항공 회사 간의 협조강화를 목적으로 설립된 순수민간의 국제협력단체인데, 항공운임의 결정, 운송규칙의 제정 등이 주된 임무이며 준공공적 기관으로서의 격을 갖고 있다. 기능적으로는 1919년 헤이그에서 설립된 구 IATA[3]를 계승한 것으로 볼 수 있다.

국제항공운송협회 제1회 총회는 1945년 10월 캐나다 몬트리올에서 개최되고, 초대

2) 이강석·홍순길 공저(2015), 신항공법정해, 동명사, 인용

3) 구 IATA(1919년) : International Air Traffic Association, 국제항공운송협회.

사무총장에는 당시 영국의 항공국장 윌리엄 히드레드(Wiliam Hidred)가 임명되었다. 동협회는 정관에서 그 변경을 하지 않는 한 본부는 국제민간항공기구의 소재지에 둘 것을 결정하였다(정관 제2조). 따라서 캐나다의 연방의회는 1945년 12월 국제항공운송협회에 관한 특별법을 제정하고, 동 협회를 캐나다 법인으로 법인격을 부여하였다.

IATA의 목적은 첫째, 세계의 제국민의 복지를 위하여 안전, 확실 및 경제적인 항공수송의 발달을 촉진함과 동시에, 이와 관련되는 제 문제의 해결, 둘째, 국제민간항공 운송에 종사하고 있는 민간항공기업의 협력기관으로서 협력을 위한 제수단의 제공, 셋째, ICAO, 기타 국제기관과의 협력의 도모 등 세 가지로 대별될 수 있다. 이 중에서도 가장 중요한 것이 항공기업간의 협력이다. 이러한 목적에 따라 항공기업간에 통일적으로 사용해야 할 각종의 표준방식을 설정하는 공적을 남겼다. 이 중에는 표준운송약관, 항공권, 화물운송장, 복수 항공기업간의 연대운송협정, 판매 대리점과의 표준계약, 표준 지상업무 위탁계약 등이 포함된다.

2. IATA의 회원 및 조직

IATA의 회원은 정회원(Active Member)과 준회원(Associate Member)으로 구분된다. 회원은 ICAO 가맹국의 국적을 가진 항공기업 만이 IATA의 회원이 될 수 있다. 국제항공운송에 종사하고 있는 항공회사는 정회원, 국내항공 운송에 종사하고 있는 항공회사는 준회원이 될 수 있다. 회원자격에 변경이 있는 경우에는 새로운 자격을 취득한 후 6개월 이내에, 이사회에 새로운 회원이 되기 위한 신청을 하지 않는 한 자동적으로 회원의 자격을 잃는다.

IATA는 원래 정기 항공기업의 단체로 발족했지만, 1975년에 개최된 캐나다 회의에서 특별법 및 정관을 개정함으로서 최근에 급속하게 발달하고 있는 부정기 항공기업도 IATA의 회원이 될 수 있게 하였다. 2019년 현재 140개국 287개의 항공회사가 IATA 회원으로 가맹하고 있다. 국적별로는 북남미 21개국, 유럽 23개국, 아프리카 34개국, 중동 16개국, 아시아 9개국, 대양주 2개국이다.

IATA의 조직은 최고기관인 연차총회(Annual General Meeting), IATA의 실질적인 운영을 맡고 있는 이사회(Executive Committee), 각 분야에서 활동하고 있는 4개의 상설 위원회(기술·재무·법무·운송), IATA의 가장 중요한 기능인 항공운송에 관한 제조건(여객운임, 화물

운임 등)을 가맹 항공회사가 협의하여 결정하는 운송회의(Traffic Conference), 그리고 항공기업간의 금전적 대차관계의 정산을 하는 청산소(Clearing House) 및 사무국으로 구성된다.

2019년 6월 1일 IATA연차총회가 서울 삼성동 코엑스에서 개최되면서 세계 140여 개국 287개항공사 관계자들이 참석하였으며 대한항공의 조원태 한진그룹회장을 서울 연차총회의 의장으로 선출됨과 동시에 총회에서 IATA집행위원회 위원으로 선임되었다. 이 위원회는 전세계 항공사 CEO중 전문지식과 경륜을 바탕으로 선출된 31명의 위원과 사무총장으로 구성된다. IATA의 활동방향을 설정하고 산하기관의 활동을 감독하며 사무총장 선임, 연간예산, 회원사 자격 등을 심사하고 승인하는 최고정책심의의결기구이다. 특히 독일의 루프트한자그룹 CEO인 카르스텐슈포어(Carsten Spohr)회장이 임기 1년의 78대 집행위원장으로 선임되었다.

총회는 각 항공회사의 회장이나 사장 급이 매년 1회 모여서 각 위원회의 활동결과를 보고받으며, 예산의 승인, 위원의 임명 등을 관장한다. 이사회는 21개사의 대표가 연 3회 회합을 갖고 중요사항을 심의 결정한다. 이사회의 주 임무는 협회의 운영, 자금 및 재산의 관리, 협회의 대표 및 신회원의 승인, 총회에서 위탁된 권한범위 내에서의 방침결정, 사무총장 및 상설 위원회의 임명, 운송회의 규칙 및 청산소의 규칙결정, 총회 의제의 결정, 예산원안의 작성 등이다. 각 상설 위원회의 주 임무를 보면 법률위원회(Legal Committee)는 공법 및 사법조약, 다국 간 조약, 국제항공에 영향을 주는 현행 및 입법과정에 있는 국내법, 배상문제, 기타 항공수송의 발달에 수반하여 야기될 수 있는 제반 법률문제를 관장한다. 기술위원회(Technical Committee)는 항공기 운항, 의료, 기재의 통일화, 통신, 기상, 감항성 및 정비와, 공항, 항공로, 항행원조, 안전, 소음, 공해, 기타 제반 기술사항을 관장하며, 문제별·지역별로 소위원회를 운영한다. 또한, 항공기 및 각종 설비의 제조업자, 공항당국, 정부 등을 포함한 회의를 개최한다. 사무국은 몬트리올에 있지만 지역 사무소가 리오데자네이로, 런던, 제네바, 나이로비, 방콕에 있다. 재무위원회(Financial Committee)는 회원 항공기업의 회계규칙의 통일, 통화, 조세, 보험, 감사, 통계, 환율, 수입금 결제 등과 항공수송의 발달로 생기는 잠재적인 재무 및 경제문제를 관장한다. 사무국은 몬트리올에 있다. 문제별로 소위원회를 설정하지만 특히 주목할 것은 수입회계 절차의 표준화와 제네바에 있는 청산소이다. 각 항공회사는 연대운송 협정(Interline Traffic Agreement)을 체결하여 상호 항공권과 화물 운송장의 대리판매를 하지만, 운송회사로부터 발매회사에 대한 수입금의 청구는 표준절차에 따라 제네바의 청산소에서 매월 1회 정산한다. 따라서, 각 회원 항공회사는 청산소에서 매월 1회의 송금만으로 100개 사가 넘는 타 항공 회사와의 정산이 이루어진다. 운송위원회(Traffic Committee)는 항공운송업계의 장기적 및 단기적 상업 활동에 관한 사항, 운송회의 권한에 관한 사항, 상업적 절차의 통일, 기타 이사회가 위촉하는 영업 및 운송에 관한 사항을 관장한다. 사무국은 제네바에 있다. 각 위원회는 25명으로 구성되며 그 임기는 2년이다.

3. IATA 운송회의와 운임결정 기능

운송회의는 IATA 항공회사의 영업제도에 관한 협의를 하는 장소이다. 이 회의에서 결정한 것은 자치권을 갖기 때문에 IATA의 다른 기관이 간섭할 수 없는데, 그 운송회의의 결정을 결의(Resolution)라고 부르며, 이는 정회원이 투표하여 결정한다. 그리하여 회원 항공회사에 대하여 강제 구속력을 갖는다. 협정내용은 i) 운임 및 서비스의 조건, ii) 운송절차의 규칙, iii) 대리점 규칙으로 대별된다. 이들 협정은 각국 정부의 인가를 얻어서 발효되고, 사무국은 제네바에 있다. 그리고 지역 사무소는 몬트리올, 뉴욕, 싱가포르에 있다. IATA의 가장 중요한 기능은 여객운임, 화물요율, 기내 서비스의 내용 등, 항공수송에 관한 제조건을 결정하는 데 있다. 이들 운송조건은 IATA 조직의 하나인 운송회의에서 가맹항공회사가 서로 협의하여 결정한다. 운송회의는 세계를 3개의 지구로 분할하며, 각 지구는 i) 북미, 중미, 남미를 관할하는 제1지구, ii) 유럽, 중동, 아프리카를 관할하는 제2지구, iii) 동남아, 극동, 오스트레일리아 및 남태평양 지역을 관할하는 제3지구의 3개의 지구별 운송회의로 나뉘어 운영한다.

운송회의에서 협의하여 결정한 사항은 관계국 정부의 인가를 얻어 정식으로 발효된다. 특히, 2국간 항공협정은 관계국 정부의 인가를 국제항공 운임의 발효조건으로 규정하고 있으며, 대부분의 국가가 IATA의 운임결정 기능을 정식으로 인정하고 있다.

4. IATA의 운송절차와 대리점 규칙 및 수송원가

운송절차 규칙은 예약, 여객 항공권과 화물운송장의 발행 등 오늘날 세계의 어디서나 예약을 하고, 항공권을 구입해서 통일된 기준으로 설정된 항공운임을 지불하게 국제적인 항공수송의 절차를 규정한 것이다. 현재 미국을 위시한 각국은 BSP(은행집중 결제방식)를 도입하고 있는데, 이는 은행이 표준 항공권을 항공회사를 대신해서 여행 대리점에 배부하고, 대리점이 발행한 항공권의 대금을 은행이 수금해서 은행은 입금확인 후 당해 항공회사에 송금하는 제도이다. 이러한 제도의 도입으로 항공회사는 자사의 항공권을 대리점에 개별적으로 배부하고, 수금하는 복잡한 절차를 밟을 필요가 없어졌으며, 미사용 항공권의 관리나 도난의 위험이 경감되는 효과를 가져왔다. IATA 항공회사는 IATA가 임명한 여객 및 화물 대리점만을 이용할 수 있다. IATA 대리점의 자격요건, 임명절차, 권리의무, 벌칙 등은 모두 IATA 운송회의의 결의형태로 규정화되어 있다. 이들 규정을 운용하기 위하여 IATA는 지역별 대리점 위원회를 개최하고 있으며, 이 위원회가 승인한 대리점은 IATA 사무총장과 대리점 계약을 체결함으로서 각 항공회사로부터 발매 항공권이나 운송장에 대해 소정의 대리점 수수료를 받는다. 운송회의의 하부조직으로 원가위원회가 있다. 운항경비는 각 항공회사의 경영방식에 따라 다르지만, 원가위원회에서는 각사의 원가자료를 기초로 하여 이것을 IATA 기준으로 산정한 후, 가중평균해서 항공운송업계의 평균수송 원가를 설정하여 운임결정의 기초자료로 제출하는 역할을 한다. 일반적으로 좌석당 또는 톤당 운항경비는 운항량의 증가와 함께 저하되지만, 노선망의 적절한 조합으로 이것이 저하되지 않도록 조정한다.

5. 사무국

국제항공운송협회에는 협회의 사무를 원활히 행하기 위해 사무총장을 책임자로 하는 사무국이 있으며, 각종의 위원회 등에 따라 조직화되어 있다. 사무국원은 모두가 유급의 직원이며, 회원으로부터 중립성이 요구된다. 사무국은 몬트리올에 있는 협회의 본부에 있으며, 1967년의 통상총회의 결정에 의해 그 분실이 제네바에 설치되어, 사무국은 사실상 몬트리올과 제네바로 구분되어 있다. 그 밖에 협회사무소가 뉴욕·워싱턴·리우데자네이루·부에노스아이레스·런던·나이로비·싱가포르·방콕 등에 설치되어 있다.

section 03 정부 간의 지역협력기관

1. 유럽민간항공회의(ECAC)

ECAC(European Civil Aviation Conference)는 1953년에 개최된 유럽외상회의의 초청에 의해, 1954년 4월 유럽항공 운송협력 회의(Conference on Coordination of Air Trans-port in Europe)의 결의로 설립되었다. 또, ECAC는 유럽 내 국가로서, 1954년의 유럽항공 운송회의의 구성국이 전원일치로 가입을 승인한 경우 가입할 수 있다.

회의의 주 임무는 유럽지역의 항공수송의 발전을 목적으로 해서 1956년에 "유럽 내의 부정기 항공업무의 상업적 권리에 관한 다수국간 협정"의 채택, 1960년에 "수입 항공기의 감항 증명에 관한 다수국간 협정"의 채택, 1975년에 "북대서양 charter 항공에 관한 항공 당사국간 협정"의 채택 및 1982년 8월 1일에 발효한 "미국과 유럽 12개국과의 북대서양 운임에 관한 각서" 등 많은 성과를 거두었다. 현재 본부는 파리에 있다.

2. 라틴 아메리카 민간항공위원회(LACAC)

LACAC(Latin American Civil Aviation Commission)는 1973년에 설립되었으며, 라틴 아메리카 지역에서의 민간항공에 대한 협력촉진을 목적으로 하고 있다. 이 회의는 라틴 아메리카의 제국을 구성원으로 한다. 정기총회는 2년에 1회 개최되고, 하부기관으로서 이사회가 있으며 본부는 리마에 있다.

3. 아프리카 민간항공위원회(AFCAC)

AFCAC(African Civil Aviation Commission)는 1969년에 구성국간의 국제항공의 질서 있는 발전과 상호협력을 목적으로 설립되었다. 이 위원회는 아프리카 통일기구의 전문기관으로써의 지위를 갖고 있다. 정기 전체회(ordinary plenary session)는 2년에 1회 개최되며, 이사회는 매년 1회 개최된다.

동위원회는 1975년에 "부정기 항공의 규칙을 위한 공동정책"을 채택했으며, 이 밖에도 구성국의 항공회사를 위한 항공요원의 훈련을 목적으로 한 훈련계획을 채택하였다. 본부는 다카르(Dakar)에 있다.

4. 아랍민간항공이사회(ACAC)

ACAC(Arab Civil Aviation Council)는 1965년 아랍연맹(Arab Union) 이사회의 결정에 의해 아랍지역에서의 항공운송의 발전을 목적으로 설립되었다. 이 위원회는 아랍연맹 및 국제민간 항공기구와의 협력 하에 아랍지역의 항공에 관한 제 절차의 통일화를 추진하고 있다. 이것은 아랍연맹의 전문기관으로서의 지위를 갖고 있으며 본부는 라바트(Rabat)에 있다.

5. 유럽항공안전기구(EUROCONTROL)

EUROCONTROL(European Organization for the Safety of Air Navigation)은 1963년에 설립된 기구로서 현재는 벨기에, 프랑스, 서독, 아일랜드, 룩셈부르크, 네덜란드, 영국의 7개국으로 구성된다. 이 기구는 참가국의 각 지역에서 항공기의 안전운항에 대한 협력을 목적으로 하며, 구성국가의 일정한 고도이상의 영공의 항공관제를 공동으로 실시하고 있다. 상설기관으로서는 안전운항 상설위원회와 항공관제 서비스 기관이 있으며, 본부는 브뤼셀에 있다.

section 04 항공회사 간의 지역협력기관

1. 아시아·태평양 항공기업협회(AAPA, 전 OAA)

OAA(Orient Airlines Association)는 1966년에 아시아 지역에 있는 항공기업 6사의 사장이 마닐라에 모여서, 지역 내 항공의 발전을 위해 제문제를 조사하고, 협력·조정할 목적으로 동양 항공기업 조사회(OARB : Orient Airlines Research Bureau)를 설립하였다. 그리고 1970년에 OAA로 명칭을 변경하였다. 이 협회는 지역 내의 광범위한 협력을 이루고 있는데, 회원은 일본, 한국, 대만 홍콩, 필리핀, 태국, 말레이시아, 싱가포르, 인도네시아, 오스트레일리아의 국제정기 항공회사 12개사로 구성되어 있다. 본부는 마닐라에 있으며 사장회(Assembly of Presidents)와 이사회(Executive Committee)가 있고 그 하부에 기술, 보안, 영업, 통계의 4개 위원회가 있다.

기술위원회는 운항의 안전, 기재의 공동구입, 또는 공동사용 등의 문제를 담당하며, 보안 위원회는 공항보안 시설, 하이재킹의 방지, 항공권류의 위조방지 등을 담당하고, 영업위원회는 시장의 개발, 수입의 개선, 특수화물의 취급 등을 담당하고 있다. 그밖에 조사 소위원회와 원가 소위원회 등이 있다. 최근에는 지역을 확대하여 아시아·태평양 항공사 협회(AAPA : Association of Asia Pacific Airlines)로 명칭을 변경하였다.

2. 유럽 항공기업협회(AEA)

AEA(Association of European Airlines)는 1952년에 네덜란드 항공, 스위스 항공, 벨기에 항공, 영국항공 및 스칸디나비아 항공에 의하여, 통계 또는 항공의 경제면의 연구를 목적으로 설립된 항공조사 기관으로서의 유럽 항공기업 조사회(EARB : European Airlines Research Bureau) 설치로부터 비롯하였다. 그 후 1974년에 그 활동범위를 회원 항공 기업 간의 상업, 기술 및 정책면에 있어서의 상호협조로까지 확장하면서 명칭도 현재의 AEA로 변경하였으며, 유럽의 유력한 항공회사를 회원으로 계속 영입하고 있다. 본부는 브뤼셀에 있으며 회원은 유럽의 19개 국제정기 항공회사로 구성되어 있다. 사장회의(Assembly of Chairmen)와 3명으로 구성된 이사회(Committee of Three Chairmen)의 하부에 정책, 경제, 기술의 3개 위원회가 있다. 회원에게는 월별 유럽항공 수송통계 및 연도별 항공수송을 분석한 경제자료가 제공된다. 1979년 미국에서의 DC-10 형기의 감항증명 효력정지 사건에 대하여는 회원 항공회사가 공동보조를 맞추어 대처하는 등 활발한 활동을 하고 있다.

3. 아랍 항공기업기구(AACO)

AACO(Arab Air Carrier's Organization)는 1968년에 아랍항공 기업 간의 협력과 조정을 목적으로 설립되었으며, 본부는 베이루트에 있다. 회원은 아랍연맹 구성국의 12개 정기 항공회사로 구성되어 있다. 이 단체는 연차총회(annual general meeting)와 그밖에 기술, 운송, 교육, 기내식 서비스 등 6개의 상설위원회가 있다.

4. 아프리카 항공기업협회(AAFRA)

AAFRA(Association of African Airlines)는 1968년에 아프리카의 15개 항공기업이 주축이 되어 항공기업 상호간의 협력, 아프리카 지역의 관광촉진 및 국제회의에서의 공동보조를 목적으로 설립되었으며, 본부는 나이로비에 있다. 회원은 아프리카 통일기구(Organization of African Unity)의 회원국에 속하는 국제 정기항공 회사로 구성되어 있다. 총회(General Assembly), 이사회 외에 기술, 운송, 재무, 법무 등의 4개 상설위원회가 있다.

5. 미국 항공운송협회(ATA)

ATA(Air Transport Association of America)는 1936년에 설치되었으며, 사무국은 워싱턴에 있다. 회원은 미국 및 캐나다의 정기 항공회사인 26개사이다. 이 협회는 미국의 국내단체로써 성격이 강하며, 캐나다항공회사는 2개사만이 참가하고 있다.

section 05 부정기 항공회사 간의 협력기관

1. 국제항공기업 협회(IACA)

IACA(International Air Carrier Association)는 1972년에 설립된 Charter 전문 항공회사의 단체이다. 동 협회는 1973년에 정관을 개정하여 정기 항공회사도 Charter 항공을 운영하면 회원이 될 수 있도록 하였다. 이 협회의 목적은 Charter 항공의 필요성을 넓게 홍보하고 또한 Charter 항공의 질적개 선을 촉진함에 있다. 회원은 정회원(Active Member)과 준회원(Associate Member)으로 대별되며, 정회원은 국제 Charter 항공을 전문으로 하는 항공회사로서 국제민간 항공기구의 가맹국에 속한 국가의 항공회사로 한정하고 있다. 기관으로서는 총회, 상설위원회 이외에 연수회를 두고 있으며, 본부는 제네바에 있다.

2. 미국 항공기업협회(NACA)

NACA(National Air Carrier Association)는 사무국을 워싱턴에 두고 있는 미국의 부정기 항공 회사 간의 협회로서 16개사로 구성되어 있다.

MEMO

PART 2

공항의 운영 및 계획

Chapter 3　공항의 의미
Chapter 4　공항계획
Chapter 5　공항의 에어사이드
Chapter 6　활주로 수용능력
Chapter 7　공항의 랜드사이드
Chapter 8　공항보조시설 및 기타시설

Chapter 3 공항의 의미

section 01 공항의 개요

공항의 정의는 공항을 바라보는 시각에 따라 다르게 정의할 수 있으나 그 개념은 동일하다. 공항의 정의는 여러 학자들의 정의나 국제규정에서의 공항정의를 인용하기도 하지만, 국내 항공법에는 공항의 정의를 다음과 같이 하고 있다.

1. 공항의 정의(Definition of Airport)

공항이라 함은 공항시설을 갖춘 공공용 비행장으로서 국토교통부장관이 그 명칭·위치 및 구역을 지정·고시한(항공법 2조 5항) 복합 산업체로서 서로 다른 이질적 요소와 활동들이 모여 승객과 화물의 공중 및 지상수송의 상호 변환을 원활하게 하는 하나의 광장이다. 국내 항공법에서 정의한 것과 마찬가지로 국제규정(ICAO, FAA 문서) 상에서도 공항의 정의를 다음 표와 같이 하고 있으며 약간의 상이한 차이는 있으나 기본 내용은 동일하다고 볼 수 있다.

표 3-1 공항의 정의

구 분	기관별 공항의 정의
공항 시설법	항공기의 이륙(수) 및 착륙(수)를 위하여 사용되는 육지 또는 수면의 시설로서 항공기의 이·착륙(수) 및 여객·화물의 운송을 위한 시설과 부대시설, 지원시설 등이 포함
국제민간항 항공기구 (ICAO)	항공기의 이·착륙이나 지상이동을 위해 일부 또는 전체가 사용되는 건물, 시설물, 장비 등이 포함된 육지나 수상의 일정구역(건물, 시설 및 장비 포함)
미국연방항 공청 (FAA)	여객이나 화물을 항공기에 싣거나 내리기 위해 정기적으로 이용되어지는 착륙지역 (Landing area)

가. 공항관련 용어 정의(공항시설법 제2조)

- 비행장(Airfield): 항공기의 이륙(이수를 포함)·착륙(착수를 포함)을 위하여 사용되는 육지 또는 수면을 말한다.
- 공항(Aerodrome, Airport) : 공항시설을 갖춘 공공용 비행장으로서 국토교통부장관이 그 명칭·위치 및 구역을 지정 고시한 것을 말한다
- 공항시설(Airport Facilities): 항공기의 이륙·착륙 및 여객·화물의 운송을 시설과 그 부대시설 및 지지시설로서 공항구역 안에 있는 시설과 공항구역 밖에 있는 시설 중 대통령령이 정하는 시설로서 국토교통부장관이 지정한 시설을 말한다.
- 공항구역(Airport Area): 공항으로 사용되고 있는 지역과 공항의 확장 또는 신설을 목적으로 국토의 계획 및 이용에 관한 법률 제30조 및 제43조의 규정에 의하여 도시계획시설로 결정되어 국토교통부장관이 공항개발예정구역으로 고시한 지역을 말한다.

2. 공항의 기능(The Function of the Airport)

가. 공항의 기능

공항은 매우 다양한 기능을 지니는 종합적이고 광범위한 사회간접자본(SOC)이며, 항공운송서비스(Air Transport Service)가 실제적으로 이루어지는 현장으로 운송수단인 항공기를 이용하여 여객과 화물을 집하·분배하는 곳으로서 다양한 항공서비스를 구성하는 관련

기관이나 개인이 포함되는 시스템이라고 볼 수 있다.

공항의 주요 기능은 여러 가지 방법으로 나눌 수 있겠으나, 여기서는 크게 고유기능과 파생기능으로 분류하기로 한다.

1) 공항의 고유 기능

(1) 항공기 운항기지 : 여객 및 화물운송을 위해 이·착륙할 수 있는 장소와 시설을 제공하는 것으로 필요시설은 다음과 같다.

기본시설 : 활주로(Runway), 착륙대(Landing Strip), 유도로(Taxiway), 계류장(Apron)

항행보조시설 : 항공관제시설, 항행보조무선시설, 항공등화시설

항공기 정비 및 지상조업시설 : 격납고, 정비공장, 기내식시설, 동력시설, 급유시설, 저유시설

(2) 여객 운송기지로서의 공항 : 공항 서비스의 주요 대상이 여객이기 때문에 이들에게 항공여행의 기점과 종점 역할을 하는 항공여행서비스를 제공하는 기능으로 필요시설은 다음과 같다.

항공기 탑승 및 하기 수속을 위한 시설

식당, 매점 등 서비스 시설

수하물 처리시설(Baggage Handling System)

사무실 및 관리시설

세관(Customs) 및 출입국관리(Immigration), 동식물검역(Quarantine), 즉 CIQ 시설이라고 함.

(3) 화물 운송기지로서의 공항 : 공항화물은 공항화물터미널(화물운송설비 및 장비, 화물보관창고, 통관시설 등으로 구성)에서 주요 서비스를 제공하는 것으로 필요시설은 다음과 같다.

항공운송설비 및 장비

화물보관창고

화물통관시설

2) 공항의 파생기능

(1) 공익기능 : 불특정 다수의 이용자를 대상으로 공익의 목적으로 사용

(2) 경제발전 촉진기능 : 지역 경제의 기초가 되는 사회간접자본의 기능

(3) 사회·문화적 기능 : 다양한 지식, 기술, 정보 등을 포함하는 인간의 사고나 행동의 범위를 세계적 규모로 확대하는 기능

(4) 타 교통수단 기술개발 촉진 기능 : 항공운송서비스와 경쟁관계에 있는 철도나 고속버스의 속도를 향상하고 설비나 서비스를 개선

(5) 과학·기술 선도 기능 : 전자, 통신, 기계, 건축, 토목 등 모든 분야의 첨단과학이나 기술이 공항에 투어되며, 특히 항공관제 및 항행시스템, 기상정보, 공항운영시스템 등과 같은 공항관련 기술 분야는 기타 다른 분야의 연구와 기술을 선도하는 기능

(6) 기타 기능 : 국가의 관문 역할 및 비상시 전략적 목적으로 활용

표 3-2 공항의 기능 분류

구분	공항의 주요기능
공항의 고유기능	항공기 운항, 여객 및 화물 운송
공항의 파생기능	공익기능, 경제발전촉진, 사회문화적 기능, 교통기술개발촉진, 과학기술선도, 국가관문역할 및 비상시 군사목적전용

나. 공항의 주요활동

공항구역 내에서의 실질 활동은 국가에 따라서, 그리고 동일 국가 내에서도 공항에 따라서 다르다. 공항은 본질적으로 항공기가 수송한 승객과 화물의 수속을 위한 관련 건물 또는 청사와 함께 항공기를 위한 하나 또는 그 이상의 활주로가 있다. 세계적으로 공항의 대부분은 활주로, 유도로, 계류장, 청사와 관련 시설을 소유하고 운영한다. 공항구역 내에서는 필수 운영서비스, 지상조업서비스, 구내 영업활동 등 다양한 시설과 서비스를 제공한다.

1) 공항의 필수 운영서비스와 공항시설

공항의 서비스는 항공기와 공항이용자들의 안전 확보와 관련이 있으며 공항에서 항공기의 접근과 착륙을 지원하는 항공교통관제업무와 항공기상업무, 항공통신업무, 경찰업무, 공항보안업무, 수색 및 구조업무를 포함한 소방업무 그리고 활주로와 청사유지업무를 포함한다.

가) 항공교통관제업무(Air Traffic Control Service) 제공

항공교통관제(Air Traffic Control) 업무와 관련된 항공기상 및 항공통신업무는 정부당국에서 수행하고 있다. 이와 관련한 비용은 다음과 같은 2가지 방법으로 처리되고 있다.

첫째, 공항에서는 항공교통관제 업무와 관련된 비용을 공항당국에 전가하지 않으며, 공항당국도 항공교통관제 사용자에게 어떤 비용도 부과하지 않는다. 따라서, 공항당국입장에서는 어떠한 수익도 발생하지 않는다. 예를 들면, 포르투갈 리스본 공항당국인 ANA는 항공교통관제업무를 담당하고 있으나 공항관리업무와 운항업무는 완전하게 분리되어 있고, 공항당국도 항공교통관제와 관련한 비용이나 수익에 관여하지 않고 있다. 특히 영국공항공단인 BAA(히드로, 게트윅, 글라스고우)[1], 암스테르담, 프랑크푸르트, 제노바, 밀라노, 로마, 비엔나공항도 동일하다.

둘째, 항공교통관제 업무가 정부당국에 의해 수행되는 다른 공항에서는 이러한 서비스 비용을 공항당국에 부과하고 있고 공항당국은 이러한 비용을 보전하기 위하여 공항 사용료에 관련 항공교통관제나 운항관련 비용을 포함시키고 있다. 이들 공항의 회계에서는 항공교통관제업무 제공과 관련하여 발생한 비용 숫자 등을 볼 수 있다. 예를 들면 항공교통관제업무를 직접 담당하고 있는 소규모 공항그룹인 이스트미들랜드, 저지, 스톡홀름공항에서 찾아볼 수 있다.

나) 항공보안업무(Aviation Security Service) 제공

경찰관련 문제와 항공보안 관련 문제는 공항업무 중 상당히 비중있는 부분을 점하고

1) 영국의 영국공항공단(BAA : British Airports Authority)은 BAAplc(British Airports Authority Public Limited Corporation)로 전환됨

있다. 대규모 공공장소에서 필요한 경찰관련 문제를 해결하기 위한 정상적인 경찰업무와 항공보안 관련 문제를 해결하기 위해서는 별도로 승객 및 화물 검사 접근통제 등에 전문적인 지식을 갖추고 있는 항공보안 요원이 필요하며 특히 항공보안업무는 경찰업무라기보다는 항공보안으로 분류되지만 이 두 업무 사이의 구분은 매우 불분명해서 동일하게 취급되기도 한다. 예를 들면, 아일랜드 더블린공항은 경찰과 보안업무를 모두 제공하고 관련비용도 부담하는 공항이며 벨파스트공항도 이와 유사하게 업무를 처리하고 있으나 일부 항공보안업무는 개인회사에 아웃소싱을 하고 있으며, 벨파스트공항의 부가적인 항공보안문제 때문에 야기되는 추가적인 조치와 관련된 비용을 보전하기 위해 정부로부터 보조금을 지원받는다. 스위스 제네바공항과 대부분의 영국공항은 국립경찰과 함께 공항당국이 총비용을 시불하는 공항식원이나 빈산회사를 활용하고 있다. 네덜란드 암스테르담 스키폴공항, 덴마크 코펜하겐공항, 독일의 뒤셀도르프공항, 프랑크푸르트공항, 포르투갈의 리스본공항은 항공보안 책임을 1개 이상의 조직에 맡기고 있으며, 국립경찰업무는 따로 비용을 징수하지 않는다. 프랑스와 이태리, 오스트리아 빈 및 기타 유럽공항에서는 경찰 및 보안업무가 국립경찰에 의해 최소 또는 무료의 비용으로 경찰업무와 항공보안업무가 수행된다.

다) 별도의 공항운영서비스

공항운영분야인 계류장 서비스, 소방 및 구조업무, 청소 및 유지보수업무 등에 있어서 공항별로 상이하지는 않다. 계류장 서비스 중 “follow me" 업무나 항공기 유도, 제설작업 등은 거의 공항운영자에 의해 수행되고 있으며, 소방 및 구조 활동도 일부 공항을 제외하고 공항당국에 의해 수행되고 있다. 긴급환자수송업무도 큰 규모의 공항이 자체 능력을 보유하고 있는 반면, 소규모의 공항은 지방자치단체에 의뢰하는 경향이 있다. 최근 공항의 청소나 유지보수업무는 전문가가 많이 필요하므로 외부 전문용역회사에 아웃소싱을 하는 경향이 있다. 예를 들면, 이탈리아 공항에서는 이 업무가 국가에 의해 무료로 수행되고 있으며, 반면에 마르세유, 보르도, 리스본공항에서는 공항당국이 이 업무를 수행하는 전문회사에 비용을 지불하고 있다.

2) 지상조업서비스(Ground Handling Service)

공항에서의 지상조업은 항공기와 직접 관련을 맺고 있는데, 여기에는 청소, 전원공급, 화물의 탑재 및 하기, 급유(Fueling), 제빙(De-icing) 등이 포함된다. 어떤 조업활동은 수송량과 직접 관련을 맺고 있으며, 각 청사를 통해 항공기로 이동되는 승객, 수하물, 화물 등의 수속처리의 각 단계를 포함한다. 예를 들면 전문지상조업체가 담당하고 있는 공항은 암스테르담, 코펜하겐, 더블린, 게트윅, 제노바, 히드로, 마르세유, 니스공항 등이 포함된다. 일부 영국공항과 Bordeaux, Lisbon, Stockholm 등이 공항에서 필요로 하는 제한된 범위의 지상조업업무를 제공하고 있다. 그러나 이러한 업무에 깊이 관여하고 있는 공항들도 있는데 뒤셀도르프, 파리, 프랑크푸르트, 로마, 비엔나공항 등이 여기에 속한다. 독일공항과 비엔나공항에서는 모든 램프 지상조업이 공항당국에 의해 제공되며, 프랑크푸르트공항에서는 승객과 화물의 수속이 공항당국과 항공사에 의해 처리되고 있고, 뒤셀도르프, 비엔나공항에서는 화물수속을 공항당국이 처리하고 있다. 비엔나공항에서는 승객수속을 항공사와 공항당국(오스트리아 항공사를 용역업체로 하청계약)에서 처리하고 있고, 여러 이탈리아 공항에서 지상조업은 공항당국에 의해 제공되고 있다.

3) 구내영업(Concession)

유럽공항에서는 구내영업시설은 각 사업 분야의 전문 구내영업자가 담당한다. 공항당국은 이들 사업자들에게서 영업권리료나 임대료를 징수한다. 그러나 몇몇 공항들은 일부 혹은 전체 영업시설을 직접운영하기도 한다. 이러한 시설이나 서비스의 대부분은 공항당국이 직접 운영하거나 중앙 혹은 지방정부, 항공사, 전문대리인, 민간회사 등의 제3자가 운영한다. 유럽의 거의 모든 공항은 여러 가지 형태의 서비스 제공에 공항운영자가 직접 관여하고 있다. 예를 들면 아일랜드 공항공단인 에어리안타는 더블린을 포함한 모든 공항에서 면세매점을 운영한다. 이탈리아 로마공항에서는 면세매점과 식당들을 공항당국이 직접운영하며, 반면에 다른 상점과 바는 구내업자들이 경영한다. 독일의 뒤셀도르프에서는 공항당국이 오직 면세점(Duty-free Shop)만을 운영한다. 네덜란드 암스테르담 스키폴공항에서는 모든 식음료시설을 공항당국이 실제로 일부분을 소유하고 있는 회사에 제공한다. 상당한 수의 공항당국이 직접운영하고 있는 유일한 영업시설은 주차장으로 네덜란드 암스테르담 스키폴공항, 프랑스 니스공항, 이탈리아 로마공항, 오스트리아 비엔나공항, 아일랜드 더블린공항, 독일의 뒤셀도르프공항, 프랑크푸르트공항, 스위스 제네바공항, 포르투갈 리스본공항, 영국의 맨체스터공항 등이 주차장 시설을 직접 운영하고 있고, 나머지 유럽공항은 임대를 주고 있다. 일상적인 상점이나 식당, 바. 렌터카 부스 등 이외에도 일부 큰 규모의 공항은 승객을 위해 청사 내 또는 공항구역에서 다양한 종류의 서비스를 제공하고 있는데, 가장 눈에 띄는 사례로는 프랑크푸르트공항의 극장, 볼링장, 디스코텍, 미용실, 슈퍼마켓, 회의장 및 호텔 등이 있으며, 보통 구내영업으로 임대하고 있다.

3. 공항(비행장)의 종류

가. 사용 목적에 따른 분류

비행장의 종류로서 그 비행장을 이용하는 목적에 따라 민간항공용과 군 항공용으로 구별된다. 국내에서는 민간항공기가 운항하는 민간공항과 군용기가 사용하는 군 항공용 공항이 있으나 지방공항들은 민간항공기와 군 항공기가 공동으로 사용하고 있다.

1) 민간항공용 공항(Civil Aviation Airport)

일반인에게 항공서비스를 제공하는 곳으로 민간항공용 비행장은 설치 관리자가 국토교통부장관(우리나라의 경우)이나 지방 공공단체 또는 개인이 되는 등의 여러 가지 형태가 있으나, 이러한 민간항공용 비행장은 모두 항공법의 적용을 받는다.

2) 군 항공용 공항(Military Airport)

군용비행장은 국가안보와 같은 특수한 목적을 달성하기 위해서 사용되어지는 시설로 항공법의 비행장에 관한 규정에는 적용되지 않는다. 군항공용 비행장은 전적으로 군항공기의 사용에 제공하고 있으나, 대중의 편리와 그 지역의 개발을 촉진하기 위해 국토교통부장관이 국방부장관과 협의하여 군용비행장을 공공의 사용목적으로 제공할 수 있다.

나. 항공기의 종류 및 등급에 의한 구분

비행장은 이용하는 항공기의 종류와 그 등급에 따라 구분한다. 비행장의 종류는 회전익 항공기가 사용하는 것에 따라 일반적 비행장과 회전익 항공기만 사용하는 헬리포트(Heliport)로 구분한다. 그러나 일반적인 비행장에 있어서는 고정익 항공기 및 회전익 항공기 등이 모두 사용할 수 있으나 헬리포트는 회전익 항공기만 전용하는 비행장이다. 또한, 각종 비행장 착륙대의 등급은 육상 비행장, 육상 헬리포트에 있어서는 활주로의 길이에 의하여, 수상 비행장, 수상 헬리포트에 있어서는 착륙대의 길이에 의해 결정된다. 우리나라의 경우 항공법에서는 시행규칙 제221

표 3-3 착륙대의 등급별 규격

비행장의 종류	착륙대의 등급	활주로 및 착륙대의 길이
육상 비행장	A	2,550m 이상
	B	2,150m 이상 2,550m 미만
	C	1,800m 이상 2,150m 미만
	D	1,500m 이상 1,800m 미만
	E	1,280m 이상 1,500m 미만
	F	1,080m 이상 1,280m 미만
	G	900m 이상 1,080m 미만
	H	500m 이상 900m 미만
	J	100m 이상 500m 미만
수상 비행장	4	1,500m 이상
	3	1,200m 이상 1,500m 미만
	2	800m 이상 1,200m 미만
	1	800m 미만

비고 : 활주로 또는 착륙대의 길이를 적용함에 있어서 육상비행장의 경우에는 활주로 길이를, 수상비행장의 경우 착륙대의 길이를 기준으로 한다. 공항시설 및 비행장 설치기준(제2조, 제3조 및 제16조 관련) [별표 1] [시행 2024.8.14.] [국토교통부령 제1381호, 2024.8.14., 일부개정]

조에 착륙대 등급을 다음과 같이 구분하고 있다. 『영 제16조 제2항 제3호』의 규정에 의한 착륙대의 등급은 육상비행장에 있어서는 활주로의 길이에 따라, 수상비행장에 있어서는 착륙대의 길이에 따라 별표 20과 같이 구분한다.

다. 공공용 비행장과 비공공용 비행장

비행장의 종류에는 이용하는 목적에 따라 공공용 비행장과 비공공용 비행장으로 구별하며, 공공용과 비공공용 비행장은 불특정 다수의 항공기가 이용하는 비행장이며, 비공공용 비행장은 특정 항공기를 대상으로 하고 있지만, 비공공용이라도 계약에 의해 비행장 설치자가 소유한 항공기 이외의 항공기도 사용하는 경우가 있으므로 그 한계는 명확하지 않다. 그러나 공공용 비행장은 공공성을 확보하기 위해 항공법이 정하는 여러 가지의 규정을 적용받고 있다. 그리고 공공용 비행장은 체약상 국제항공노선에 필요한 비행장과 국내항공노선에 필요한 비행장으로 구분하여, 공항(Airport)이라는 용어를 사용한다.

4. 각국의 공항 분류

가. 영국(United Kingdom)

영국에서는 1978년 항공정책에 대한 지침을 수립하면서 새로운 항공정책에 따라, 모든 공항을 관문공항, 지역공항, 지방공항, 경비행장의 4종류로 나누었다.

1) 관문공항(Gateway International Airports)

장거리 및 국제선 운항에 사용되는 공항, 대륙횡단 국제선 및 장거리 국내선을 포함하는 공항

2) 지역공항(Regional Airports)

지역의 항공수송 수요를 지원하는 공항으로 국제 관문공항과 연결되는 단거리 국제선, 전세 운항기 및 국내선이 운항하는 공항

3) 지방공항(Local Airports)

3급 운송업무(좌석 수 25인 이하의 정기운항편)에 사용되는 공항으로 지방수요에 대한 개인비행, 연방정부 및 일부 전세편과 관련된 경비행기가 운항하는 공항

4) 일반항공공항(General Aviation Airports)

주로 경비행기 운항과 관련한 공항

나. 미국(United States of America)

미국은 1982년 공항 및 항로개선법(Airport and Airway Improvement Act)에 의해 통합공항시스템계획(NPIAS : National Plan of Integrated Airport System)이 수립되었고 NPIAS 에서는 공항을 서비스 제공 형태에 따라 다음과 같이 분류하고 있다.

1) 상업용 공항(Commercial Service Airport)

공공소유로 연간 2,500명 이상이 이용하고 정기여객기가 취항하는 상업목적의 공항

주공항(Primary) : 연간 10,000명 이상 승객을 처리하는 공항

보조공항(Nonprimary) : 연간 2,500명 이상 10,000명 이하 승객을 처리하는 공항

2) 상업목적의 서비스를 제공하지 않는 일반항공용 공항

지원공항(Reliever) : FAA에 의해서 지정된 공항으로 상업용 공항에서 혼잡이 발생하였을 때 이를 대체할 수 있는 기능과 지역사회에 대해서 좀 더 많은 항공 서비스를 제공하는 공항이다. 개인소유의 공항은 지원공항으로 분류된다.

공공용개인소유공항(Privately Owned Public－Use) : 이 공항은 연간 2,500명 또는 그 이상의 승객을 처리하고 정기여객기가 취항하나 상업용 공항의 요건을 충족시키지 못하므로 일반항공공항으로 분류되는 공항이다.

기타 일반항공 공항(Other General Aviation) : 이 공항은 일반항공사용자의 요구를 충족할 목적으로 대부분 설치된 공항이다(사용자들은 유상여객 또는 유상화물을 운송하지 않으며 군 운용 아닌 목적으로 비행하는 사람들이다).

다. 일본(Japan)

일본의 항공법에서는 공항을 공공용과 비공공용의 육상비행장과 육상 헬리포트로 분류하고 있다. 1956년 제정된 공항정비법에서 그 종류를 제1종 공항, 제2종 공항, 제3종 공항으로 분류하였다.

1) 제1종 공항

국제항공노선에 대한 서비스를 제공하기 위해 필요한 공항으로 일본의 관문공항역할을 담당한다.

2) 제2종 공항

주요 국내 항공노선 서비스를 제공하기 위해 필요한 공항으로서 지역별로 분산되어 있는 공항들이다.

3) 제3종 공항

지방의 항공수요를 담당하기 위한 공항으로서 주로 국내선 항공서비스 위주로 운영

되는 공항들이다.

표 3-4 공항의 종류

공항의 분류기준	공항의 종류
목적으로 구분한 공항 기준	민간공항(Civil Airport), 군용공항(Military Airport)
소유권으로 구분한 공항기준	민간소유(Privately Owned Airport) 공공소유(Public Owned Airport)
규모로 구분한 공항기준	대형공항(Large Airport), 중형공항(Midium Airport), 소형공항(Small Airport)
기능 및 용도로 구분한 공항기준	허브공항(Hub Airport), 관문공항(Gateway Airport), 거점공항(Focus Airport), 지역공항(Regional Airport), 지방공항(Local Airport), 지원공항(Support Airport), 경비행장(General Aviation Airport)

section 02 공항 현황

1. 국내 공항의 현황

우리나라에는 현재 민간항공 운송서비스를 제공하는 16개 공항이 있으며 7개 국제공항과 9개 국내공항이 있다. 대부분의 지방공항은 국방부 소유로서 민간항공서비스를 위해 공동으로 사용하고 있다. 김해, 대구, 광주, 청주, 강릉, 사천, 예천, 원주는 공군소속이고, 속초는 육군소속, 목포, 포항은 해군소속, 군산은 미공군 소속이다. 한국공항공사는 김포, 제주, 울산, 여수, 양양공항의 관리·유지보수 책임을 지고 있으며 인천국제공항은 인천국제공항공사가 담당하고 있다.

각 공항의 운용 현황은 다음과 같다.

그림 3-1 우리나라 국제, 국내공항 위치

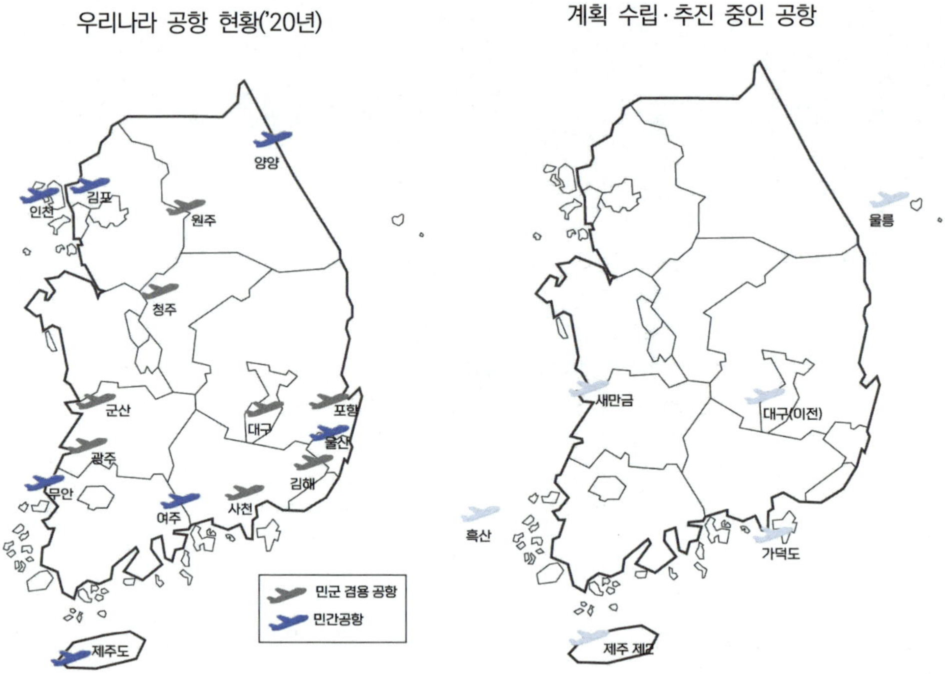

- 제6차 공항개발종합계획(안)에 따른 공항 분포(2021~2025년)

비고 : 포항공항 → 포항경주공항 / 군산공항 → 새만금국제공항과 통합예정

가. 인천국제공항

1) 위치

○ 행정구역 : 인천광역시 중구 운서동 2172－1(서울시청에서 서쪽으로 52㎞)

○ 지리적 위치 : 북위 37°27′ 45″ 동경 126°26′ 21″ , 해발 7.0m

2) 연혁

○ 1990년 6월 14일: 신공항 건설입지 선정(영종도)

○ 1991년 12월 24일: 기본설계 완료

○ 1992년 6월 16일: 신공항 기본계획 고시

○ 1992년 11월 12일: 부지조성공사 착공

○ 1996년 3월 19일: 신공항 명칭 확정(인천국제공항)

○ 1996년 5월 23일: 여객터미널 기공

○ 1997년 1월 12일: 활주로공사 착공

○ 1997년 12월 26일: 항공보안시설공사 착수

○ 1997년 12월 31일: 교통 센터 착공

○ 1999년 2월 1일: 인천국제공항공사 설립

○ 1999년 7월 21일: 개별 시운전 착수

○ 2000년 2월 26일: 시험 비행 착수

○ 2000년 6월 30일: 주요 기본시설 준공

○ 2000년 7월 1일: 종합 시운전 시행

○ 2000년 11월 20일: 인천국제공항 고속도로 개통

○ 2001년 3월 29일: 인천국제공항 개항

3) 시설현황

그림 3-2 인천국제공항 제1 · 2 여객터미널

출처: 인천국제공항공사

표 3-5 인천국제공항 시설현황

<table>
<tr><th colspan="2" rowspan="2">공항명 / 구분</th><th colspan="2">인천국제공항</th></tr>
<tr><th>국내</th><th>국제</th></tr>
<tr><td rowspan="10">시설현황</td><td>소재지</td><td colspan="2">인천 중구 운서동</td></tr>
<tr><td>부지(㎡)</td><td colspan="2">56,668,000</td></tr>
<tr><td>활주로(m)</td><td colspan="2">제1, 2, 4활주로 3,750 X 60
제3 활주로 4,000 X 60</td></tr>
<tr><td>계류장(㎡)</td><td colspan="2">5,634,000</td></tr>
<tr><td>여객터미널(㎡)</td><td colspan="2">제1터미널 508,537
탑승동 166,000
제2터미널 734,620</td></tr>
<tr><td>주차장(㎡)</td><td colspan="2">T1 장기 17,932/단기 4,722
T2 장기 6,422/단기 3,725</td></tr>
<tr><td rowspan="2">화물터미널(㎡)</td><td colspan="2">362,681(물류개발)</td></tr>
<tr><td>-</td><td>362,681</td></tr>
<tr><td>항행안전시설</td><td colspan="2">15R/33L, 15L/33R(2017 4.27 운항), 16L/34R ILS(CAT-Ⅲ)
VHF/UHF 송수신기, VCCS, PDC/D-ATIS, ATIS, ASR/SSR, ARTS, ASDE, ADS-B, VOR/DME, MLAT</td></tr>
<tr><td></td><td colspan="2"></td></tr>
<tr><td rowspan="10">수용능력</td><td>운항횟수(회/년)</td><td colspan="2">600,000</td></tr>
<tr><td>동시주기(대)</td><td colspan="2">242(여객159/화물39/제빙25/정비11/격리1)</td></tr>
<tr><td rowspan="2">여객(만명/년)</td><td colspan="2">10,600</td></tr>
<tr><td>300</td><td>6,900</td></tr>
<tr><td>동시주차(대)</td><td colspan="2">39,334</td></tr>
<tr><td rowspan="2">화물(만톤/년)</td><td colspan="2">630</td></tr>
<tr><td>-</td><td>500</td></tr>
<tr><td>운항항공기</td><td colspan="2">A320, A330, A350, A380, B737, B747, B767, B777, B787 등</td></tr>
<tr><td>최저착륙시정</td><td colspan="2">RVR 75m</td></tr>
<tr><td></td><td colspan="2"></td></tr>
<tr><td rowspan="6">2023 운항현황</td><td rowspan="2">운항실적(편/년)</td><td colspan="2">337,299</td></tr>
<tr><td>3,175</td><td>334,124</td></tr>
<tr><td rowspan="2">여객(명/년)</td><td colspan="2">56,131,064</td></tr>
<tr><td>367,296</td><td>55,763,768</td></tr>
<tr><td rowspan="2">화물(톤/년)</td><td colspan="2">3,600,288</td></tr>
<tr><td>6,997</td><td>3,593,291</td></tr>
<tr><td colspan="2" rowspan="2">비고</td><td colspan="2">5단계 최종확장사업 : 2026~2030(예정)/ 5조 9,000억 원</td></tr>
<tr><td colspan="2">2001.3.29 개항</td></tr>
</table>

나. 김포국제공항

1) 위치

○ 행정구역 : 서울특별시 강서구 과해동 274(서울시청에서 서쪽으로 17㎞)

○ 지리적 위치 : 북위 37°33′ 15″ 동경 126°47′ 59″, 해발 17.7m

2) 연혁

○ 1939년: 일제 강점기에 일본군이 활주로 건설 시작(1,317×16m)

○ 1942년: 김포비행장 건설공사 준공
- 일본군 가미카제 특공대 훈련장으로 사용

○ 1949년 6월: 한국, 미국 간 「잠정 항공수송협정」 체결

○ 1949년 9월: 한국, 미국 간 김포비행장 운영협정 체결
- 항공요원 양성 전담

○ 1951년 3월: 6.25 전쟁 중 유엔군사령부에서 징발 운영
- 미군이 활주로 새로 건설(2,468×45m)

○ 1954년 4월: 한국 측에서 김포비행장 활주로 일부 사용 시작

○ 1958년 1월 30일: 김포국제공항으로 지정(대통령령 제1319호)
- 공항관리권을 단계적으로 미공군에서 한국 측에 이양 협정 체결
- 여의도공항의 국제공항기능을 인수 운영

※ 여의도 비행장
- 1916년 3월 일본 육군에 의해 건설
- 1954년 1월 임시 국제공항으로 지정
- 1958년 1월 공항기능 김포공항으로 합류(군 전용비행장 전환)
- 1971년 1월 개장 54년 만에 폐쇄

○ 1959년: 김포공항 종합청사 신축(국제·국내선)
- 청사면적: 1,539㎡ 신축,
  활주로 보강: 2,468×45m

○ 1971년: 활주로 연장(2,468×45m → 3,200×45m)

○ 1972년 4월~1980년 8월: 1단계 확장사업 시행 (건설교통부 731억 원)

- 국제선 1청사(70천㎡), 화물청사 (14천㎡) 신축
- 유도로 신설(154천㎡), 계류장 확장 (260천㎡)

○ 1980년 5월 30일: 국제공항관리공단 설립('80.7.1 김포국제공항 인수운영)

○ 1982년~1987년: 2단계 확장사업 시행(건설교통부 2,259억 원)

- 활주로 연장: 3,200×45m → 3,600×45m
- 활주로 신설: 3,200×60m
- 계류장 확장: 454천 → 936천㎡
- 국제선 제2청사: 70천 → 165천㎡
- 주차장 확장 : 113천 → 171천㎡

※ 1987년 4월 1일: 신 활주로 개통('88.4.20 국제선 제2청사 개관)

○ 1991년~1992년: 국내선 청사 증축(공단 150억 원)

- 증축 : 9,800㎡
- 개량 : 9,100㎡
- 동력동 증축 : 1,300㎡

○ 1991년~1996년: 김포공항 확장 정비(공단 1,155억 원)

- 미국 항공화물청사 증축 : 18,282㎡
- 항공유 송유관(2.5㎞) 및 저장탱크(22.5만 배럴) 설치
- 지하철 5호선 연결통로(676m, 개통 : '96. 3. 20)

○ 1995년~1998년 2월: 국내선청사 증축 및 국내선 화물청사 신축 (공단 334억 원)

- 국내선청사 증축: 9,398㎡, 탑승교 1기 증설
- 국내선 화물청사 신축: 7,899㎡

○ 1996년~1998년 10월: 국제선 1청사 증축(공단 108억 원)

- 증축 : 3,168㎡

○ 2001년 3월 29일: 국제선 업무 인천국제공항으로 이관

3) 시설현황

그림 3-3 김포국제공항 전경

출처: 한국공항공사 홈페이지

표 3-6 김포국제공항 시설현황('23.12월 기준)

<table>
<tr><th colspan="2" rowspan="2">공항명
구분</th><th colspan="2">김포국제공항</th></tr>
<tr><th>국내</th><th>국제</th></tr>
<tr><td rowspan="10">시설현황</td><td>소재지</td><td colspan="2">서울 강서 하늘길 76</td></tr>
<tr><td>부지(㎡)</td><td colspan="2">8,440,923</td></tr>
<tr><td>활주로(m)</td><td colspan="2">3,600x45
3,200x60</td></tr>
<tr><td>계류장(㎡)</td><td colspan="2">1,215,527</td></tr>
<tr><td rowspan="2">여객터미널(㎡)</td><td colspan="2">167,628</td></tr>
<tr><td>88,443</td><td>79,185</td></tr>
<tr><td>주차장(㎡)</td><td colspan="2">351,269</td></tr>
<tr><td rowspan="2">화물터미널(㎡)</td><td colspan="2">119.551</td></tr>
<tr><td>30,363</td><td>89,188</td></tr>
<tr><td>항행안전시설</td><td colspan="2">14R : ILS(CAT-Ⅲb)
14L/32R/32L : ILS(CAT-Ⅰ)</td></tr>
<tr><td rowspan="10">수용능력</td><td>운항횟수(회/년)</td><td colspan="2">250,000</td></tr>
<tr><td>동시주기(대)</td><td colspan="2">132(일반73/소형59)</td></tr>
<tr><td rowspan="2">여객(만명/년)</td><td colspan="2">4,020</td></tr>
<tr><td>3,527</td><td>493</td></tr>
<tr><td>동시주차(대)</td><td colspan="2">10,496</td></tr>
<tr><td rowspan="2">화물(만톤/년)</td><td colspan="2">121.5</td></tr>
<tr><td>60.7</td><td>60.8</td></tr>
<tr><td>운항항공기</td><td colspan="2">A320, A321, A330, B737, B767, B777 등</td></tr>
<tr><td>최저착륙시정</td><td colspan="2">RVR 75m</td></tr>
<tr style="display:none"></tr>
<tr><td rowspan="6">'23 운항현황</td><td rowspan="2">운항실적(편/년)</td><td colspan="2">134,560</td></tr>
<tr><td>116,560</td><td>18,000</td></tr>
<tr><td rowspan="2">여객(명/년)</td><td colspan="2">23,424,158</td></tr>
<tr><td>20,208,251</td><td>3,215,907</td></tr>
<tr><td rowspan="2">화물(톤/년)</td><td colspan="2">185,570</td></tr>
<tr><td>139,145</td><td>46,425</td></tr>
<tr><td colspan="2" rowspan="2">비고</td><td colspan="2">국제선 : 2001년 3월 29일
인천 이전(예비기능)</td></tr>
<tr><td colspan="2">1957년 9월 국제공항지정</td></tr>
</table>

다. 김해국제공항

1) 위 치

○ 행정구역: 부산광역시 강서구 대저2동 2350번지(부산시청에서 27㎞)

○ 지리적 위치: 북위 35°10′ 46″ 동경 128°56′ 27″, 해발 4m

2) 연 혁

○ 1940년: 일제 강점기 일본육군이 부산수영비행장 개설

○ 1946년: 미군정청이 서울(김포)－대구－부산 간 노선을 주2회 운항

○ 1948년 10월: 대한국민항공사(KNA)에서 서울－부산 항공노선 운항 (최초의 민간항공기 취항)

○ 1950년 8월~1954년 4월: 6.25 전쟁 중 임시 국제공항으로 지정운영

○ 1958년 1월 30일: 부산수영비행장을 부산비행장으로 명칭변경 운영

○ 1963년 9월 30일: 부산수영국제공항 승격

○ 1969년~1973년: 김해 군기지 건설
  - 활주로: 2,740×45m, 평행유도로 : 2,740×23m

○ 1976년 8월 1일 : 부산국제공항에서 김해공항으로 이전
  - 활주로: 2,740×45m
  - 계류장: 100천㎡
  - 국제선여객청사: 19천㎡
  - 국내선여객청사: 6천㎡

○ 1976년 10월 4일: 부산국제공항에서 김해국제공항으로 개칭

○ 1983년 5월 9일: 한국공항공단 부산지사 설립('83.5.16 김해국제공항 인수 운영)

○ 1987년~1999년: 김해국제공항 확장(건설교통부 2,634억 원)
  - 계류장: 45천㎡
  - 국내선여객청사: 34천㎡
  - 국내선 여객청사 탑승장 증축(2,752㎡) 및 연결 고가도로(338m) 설치('95. 1월 완료)

– 활주로 신설: 3,200×60m('99. 12월 완료)

○ 1991년~1994년: 국내선 화물청사 신축 등(공단 96억 원)

– 화물청사: 7,047㎡, 계 류 장: 34,328㎡

– 주 차 장: 7,610㎡, 동력동 증축 : 1,300㎡

○ 1996년~1998년: 계류장 및 유도로 확장공사(공단 52억 원)

– 연약지반개량 및 계류장 포장(29,079㎡)

– 주기능력: 19대 → 20대

○ 1995년~1998년: 관제탑 신축(건설교통부 100억 원)

– 연면적: 6,325㎡(지하 1층, 지상 14층, 높이 62.6m)

○ 2000년 3월 23일: 신 활주로 준공

– 활주로: 3,200×60m

○ 1997년~2004년: 국제선 청사 등 신축(건설교통부)

– 국제선 여객청사: 38,800㎡, 계류 : 118,000㎡

3) 시설현황

그림 3-4 김해국제공항 전경

출처: 한국공항공사 홈페이지

표 3-7 김해국제공항 시설현황('23.12월 기준)

<table>
<tr><th colspan="2" rowspan="2">공항명 / 구분</th><th colspan="2">김해국제공항</th></tr>
<tr><th>국내</th><th>국제</th></tr>
<tr><td rowspan="10">시설현황</td><td>소재지</td><td colspan="2">부산 강서 공항진입로 108</td></tr>
<tr><td>부지(㎡)</td><td colspan="2">3,697,435</td></tr>
<tr><td>활주로(m)</td><td colspan="2">2,743x46 3,200x60</td></tr>
<tr><td>계류장(㎡)</td><td colspan="2">404,782</td></tr>
<tr><td rowspan="2">여객터미널(㎡)</td><td colspan="2">109,974</td></tr>
<tr><td>37,935</td><td>72,039</td></tr>
<tr><td>주차장(㎡)</td><td colspan="2">191,684</td></tr>
<tr><td rowspan="2">화물터미널(㎡)</td><td colspan="2">28,063</td></tr>
<tr><td>9,685</td><td>18,378</td></tr>
<tr><td>항행안전시설</td><td colspan="2">36L : ILS(CAT-II)
36R : ILS(CAT-I)
18L/R : 선회접근(비정밀)</td></tr>
<tr><td rowspan="9">수용능력</td><td>운항횟수(회/년)</td><td colspan="2">152,000(민항 118,000)</td></tr>
<tr><td>동시주기(대)</td><td colspan="2">43(일반40/소형3)</td></tr>
<tr><td rowspan="2">여객(만명/년)</td><td colspan="2">1,899</td></tr>
<tr><td>1,269</td><td>630</td></tr>
<tr><td>동시주차(대)</td><td colspan="2">6,776</td></tr>
<tr><td rowspan="2">화물(만톤/년)</td><td colspan="2">35.2</td></tr>
<tr><td>19.4</td><td>15.8</td></tr>
<tr><td>운항항공기</td><td colspan="2">A320, A321, A21N, A220, B738</td></tr>
<tr><td>최저착륙시정</td><td colspan="2">RVR 350m</td></tr>
<tr><td rowspan="6">'23 운항현황</td><td rowspan="2">운항실적(편/년)</td><td colspan="2">82,185</td></tr>
<tr><td>43,896</td><td>38,289</td></tr>
<tr><td rowspan="2">여객(명/년)</td><td colspan="2">13,694,710</td></tr>
<tr><td>7,173,197</td><td>6,521,513</td></tr>
<tr><td rowspan="2">화물(톤/년)</td><td colspan="2">113,703</td></tr>
<tr><td>42,653</td><td>71,050</td></tr>
<tr><td colspan="2" rowspan="2">비고</td><td colspan="2">'48.10. 취항</td></tr>
<tr><td colspan="2"></td></tr>
</table>

라. 제주국제공항

1) 위 치

○ 행정구역: 제주도 제주시 용담2동 2002번지(제주시청에서 2.9㎞)

○ 지리적 위치: 북위 35°30′ 29″ 동경 126°29′ 42″ , 해발 36m

2) 연 혁

○ 1942년 2월:	일본 군기지로 건설
○ 1945년 8월:	미군정청 비행장 인수
○ 1946년:	미군정청이 서울(김포)－광주－제주 노선을 주2회 운항
○ 1948년 5월:	민간항공기 취항 개시
○ 1958년 5월:	제주비행장 설치
○ 1968년 4월 26일:	국제공항 승격
○ 1968년 12월:	활주로 연장 1,575×30m 및 청사 신축(236㎡)
○ 1979년~1983년:	제주국제공항 확장(국고 559억 원)
	－ 활주로: 3,000×45m(신설), 2,000×45m(보강)
	－ 여객청사: 30천㎡
	－ 계류장: 90천㎡
	－ 주차장: 19.5천㎡
○ 1985년 9월 6일:	한국공항공단 제주지사 설립
	('85.9.1 제주국제공항 인수 운영)
○ 1991년~1992년:	국내선 여객청사 증축(공단 167억 원)
	－ 여객청사: 15천㎡
	－ 화물청사 개량: 2.2천㎡
	－ 계류장 확장: 34천㎡
○ 1992년~1995년:	유도로 신설 등(공단 329억 원)
	－ 부지 매입 : 50,427㎡
	－ 유도로 신설 : 3,500×45m

- 주차장 확장: 19천㎡
- 고가도로 확장 및 보강: 1식

○ 1996년~2000년: 화물터미널 신축 등

- 화물터미널 신축: 17,234㎡
- 계류장 확장: 91,150㎡
- 유도로 확장: 3,640×45m
- 주차장 확장: 14,840㎡

3) 시설현황

그림 3-5 제주국제공항 전경

출처: 한국공항공사 홈페이지

표 3-8 제주국제공항 시설현황

<table>
<tr><th colspan="2" rowspan="2">구분 \ 공항명</th><th colspan="2">제주국제공항</th></tr>
<tr><th>국내</th><th>국제</th></tr>
<tr><td rowspan="11">시설현황</td><td>소재지</td><td colspan="2">제주 제주시 공항로 2</td></tr>
<tr><td>부지(㎡)</td><td colspan="2">3,497,380</td></tr>
<tr><td>활주로(m)</td><td colspan="2">3,180X45
1,900X45</td></tr>
<tr><td>계류장(㎡)</td><td colspan="2">449,393</td></tr>
<tr><td rowspan="2">여객터미널(㎡)</td><td colspan="2">125,867</td></tr>
<tr><td>75,900</td><td>49,967</td></tr>
<tr><td>주차장(㎡)</td><td colspan="2">175,934</td></tr>
<tr><td rowspan="2">하물터미널(㎡)</td><td colspan="2">17,830</td></tr>
<tr><td>15,908</td><td>1,922</td></tr>
<tr><td>항행안전시설</td><td colspan="2">07 : ILS(CAT-Ⅱ)
25 : ILS(CAT-Ⅰ)</td></tr>
<tr><td colspan="3"></td></tr>
<tr><td rowspan="10">수용능력</td><td>운항횟수(회/년)</td><td colspan="2">189,000</td></tr>
<tr><td>동시주기(대)</td><td colspan="2">42(일반40/소형2)</td></tr>
<tr><td rowspan="2">여객(만명/년)</td><td colspan="2">3,175</td></tr>
<tr><td>2,740</td><td>435</td></tr>
<tr><td>동시주차(대)</td><td colspan="2">4,249</td></tr>
<tr><td rowspan="2">화물(만톤/년)</td><td colspan="2">33.5</td></tr>
<tr><td>31.8</td><td>1.7</td></tr>
<tr><td>운항항공기</td><td colspan="2">A320, A321, A330, A220, AT75, A21N,
B737, B738, B739, B767, B777</td></tr>
<tr><td>최저착륙시정</td><td colspan="2">RVR 300m</td></tr>
<tr><td colspan="3"></td></tr>
<tr><td rowspan="6">'23 운항현황</td><td rowspan="2">운항실적(편/년)</td><td colspan="2">167,086</td></tr>
<tr><td>158,952</td><td>8,134</td></tr>
<tr><td rowspan="2">여객(명/년)</td><td colspan="2">29,096,271</td></tr>
<tr><td>27,901,266</td><td>1,195,005</td></tr>
<tr><td rowspan="2">화물(톤/년)</td><td colspan="2">202,609</td></tr>
<tr><td>190,753</td><td>11,856</td></tr>
<tr><td colspan="2" rowspan="2">비고</td><td colspan="2">'49.2. 취항</td></tr>
<tr><td colspan="2"></td></tr>
</table>

마. 대구공항

1) 위치

○ 행정구역: 대구광역시 동구 지저동 400－1번지(대구시청에서 7㎞)

○ 지리적 위치: 북위 35°53′ 27″ 동경 128°39′ 40″, 해발 35.4m

2) 연혁

○ 1952년: 활주로 완공

○ 1954년 11월 2일: 대한국민항공사(KNA)에서 서울－대구 간 최초 운항

○ 1958년: 공군 대구기지 창설

○ 1961년 4월 1일: 부산비행장 대구사무소 설치

○ 1962년 7월 4일: 대구비행장 설치(각령 제864호)

○ 1969년 3월: 대한항공 취항(F－27)

○ 1969년 12월 26일: 여객청사 신축

- 청 사: 1,077㎡
- 주차장: 3,270㎡

○ 1980년 1월 8일: B－727취항(대구－제주)

○ 1981년~1982년: 공항확장(KAL 선투자 6억 원)

- 청사 증축: 1,534천㎡
- 계류장 보강: 5,223㎡
- 주차장 보강: 3,270㎡

○ 1986년~1988년: 대구비행장 민항시설 이전(건설교통부 55억 원)

- 여객청사: 3,426㎡
- 계류장: 9,100㎡
- 주차장: 7,560㎡

※ 1988년 9월 12일: 이전 개관

○ 1990년 6월 28일: 한국공항공단 대구지사 설립

○ 1991년~1992년: 여객청사 증축(공단 86억 원)

- 여객청사: 4,300m²
- 계류장 확장: 6,032m²
- 주차장 확장: 7,170m²
- 탑승교 설 : 1식

○ 1994년 7월~1994년 11월 22일: 국제선 전세기 취항을 위한 사무실 및 장비설치(공단 7억 원)
- 사무실 증축 : 560m²
- 장비설치: X-RAY 2대, CRT 4대, 카운터 8개 등

○ 1996년~1997년 2월: 국제선 청사 증축(공단 8.6억 원)
- 증축 : 664m², 개량: 825m²

○ 1995년~2001년: 국제선 청사 신축(건설교통부 838억 원)
- 국제선 청사 신축: 13,482m²
- 계류장 확장: 22,547m²
- 주차장 확장: 85,694m²

3) 시설현황

[표 3-9] 대구, 청주국제공항 시설현황 참조

그림 3-6 대구국제공항 전경

출처: 한국공항공사 홈페이지

바. 청주공항

1) 위치

○ 행정구역: 충북 청원군 북일면 입상리 산 50－1번지

○ 지리적 위치: 북위 36°43′ 동경 127°30″, 해발 58m

2) 연혁

○ 1978년 9월 1일: 공군비행장 개장(제3579부대)

○ 1984년 10월 ~ 1985년 12월: 청주공항 기본설계 완료

○ 1988년 12월 ~ 1990년 12월: 청주공항 실시설계

○ 1991년 4월 2일: 용지매입 위탁협약 체결(청주시 청원군)

○ 1992년 3월 6일: 기공식

○ 1992년 9월 30일: 청주공항 기능정립 방침 결정

- 중부권 거점공항으로서의 기능수행
- 김포공항의 보조공항 및 유사시 수도권 대체공항 기능담당
- 국제화물 공항으로서의 발전

○ 1996년 12월 20일: 청주공항 건설공사 준공

○ 1997년 1월 15일: 한국공항공단 청주지사 설립

○ 1997년 4월 28일: 청주국제공항 개항

○ 2000년 4월 ~ 9월: 계류장 확장공사 등(13억 원)

○ 2000년 5월 ~ 8월: 청주공항 신축 등(5억 7천만 원)

3) 시설현황

그림 3-7 청주국제공항 전경

출처: 한국공항공사 홈페이지

표 3-9 대구, 청주국제공항 시설현황

구분 \ 공항명		대구		청주	
		국내	국제	국내	국제
시설현황	소재지	대구 동구 공항로 221		충북 청주시 청원구 내수읍 오창대로 980	
	부지(㎡)	171,308		1,909,645	
	활주로(m)	2,755x45 2,743x45		2,744x60 2,744x45	
	계류장(㎡)	51,182		120,390	
	여객터미널(㎡)	27,178		29,926	
		12,038	15,140	13,644	16,282
	주차장(㎡)	41,635		164,404	
	화물터미널(㎡)	844		2,257	
				1,667	590
	항행안전시설	31L/13R : ILS(CAT-Ⅰ) 31R : LLZ/DME 13L : 선회접근(비정밀)		24R/06L : ILS(CAT-Ⅰ) 06R/24L : PAR(정밀)	
수용능력	운항횟수(회/년)	141,000		141,000	
	동시주기(대)	11		21(일반13/소형8)	
	여객(만명/년)	375		441	
		257	118	289	152
	동시주차(대)	1,631		5,267	
	화물(만톤/년)	1.8		3.8	
				3.3	0.5
	운항항공기	A320, A321, B738		A320, A321, A220, B738	
	최저착륙시정	RVR 730m		RVR 730m	
'18 운항현황	운항실적(편/년)	20,244		22,547	
		13,210	7,034	18,892	3,655
	여객(명/년)	3,302,107		3,695,812	
		2,187,104	1,115,003	3,173,779	522,033
	화물(톤/년)	22,077		20,724	
		11,314	10,763	16,209	4,515
비고		'61.4.1. 취항		'97.4.28. 개항	

사. 양양공항

1) 위　치

○ 행정구역 : 대한민국 강원도 양양군 손양면 공항로 201

○ 지리적 위치 : 북위 38° 3′ 40″ 동경 128° 40′ 8″

2) 연　혁

○ 1986년 8월:	영동, 호남권 신국제공항 건설 추진 (무안국제공항, 양양국제공항 건설지 내정)
○ 1994년 8월:	기본조사 설계완료
○ 1997년 1월:	양양국제공항 기공
○ 2001년 12월:	양양국제공항 완공
○ 2002년 4월 2일:	양양국제공항 개항(강릉공항, 속초공항 기능 통합)
○ 2006년 8월 7일:	제주항공 양양 – 김포 신규취항
○ 2009년 8월:	코리아익스프레스에어, 양양 – 김포 시범운항 코리아익스프레스에어, 양양 – 김해 시범운항
○ 2009년 11월:	코리아익스프레스에어, 양양 – 김포 정기취항 코리아익스프레스에어, 양양 – 김해 정기취항
○ 2010년 7월 16일:	이스트아시아에어라인, 김해 – 양양 신규취항
○ 2011년 8월 4일:	트랜스아시아항공 양양 – 타이베이(도원) 전세기 취항 현대 면세점 개장
○ 2012년 1월 23일:	중국남방항공, 양양 – 하얼빈 전세기 취항[2]
○ 2012년 3월 2일:	중국남방항공, 양양 – 하얼빈 재취항
○ 2012년 5월 3일:	코리아익스프레스에어, 양양 – 김포 신규취항 코리아익스프레스에어, 양양 – 광주 신규취항 코리아익스프레스에어, 양양 – 김해 신규취항
○ 2012년 6월 23일:	중국남방항공, 양양 – 다롄 신규취항
○ 2013년 8월 31일:	준야오항공, 양양 – 상하이(푸동) 신규취항

○ 2013년 12월 4일: 진에어, 양양 – 상하이(푸동) 신규취항
○ 2016년 5월 3일: 코리아익스프레스에어, 양양 – 제주 신규취항
○ 2018년 1월 31일: 아시아나항공, 양양 – 원산 임시 전세기 운항
○ 2018년 2월 1일: 대한항공, 인천 – 양양 올림픽 전세편 신규취항
○ 2018년 9월: 코리아익스프레스에어, 양양 – 무안 신규취항
○ 2019년 11월 22일: 플라이 강원, 양양 – 제주 신규취항
○ 2019년 12월 22일: 플라이 강원, 양양 – 타이베이 신규취항
○ 2019년 12월 31일: 코리아익스프레스에어, 양양 출발 모든 노선 중단

3) 시설현황

[표 3–10] 양양, 무안, 광주, 여수공항 시설현황 참조

그림 3-8 양양국제공항 전경

출처: 한국공항공사 홈페이지

아. 무안공항

1) 위　치

○ 행정구역: 대한민국 전라남도 무안군 망운면 공항로 970-260

○ 지리적 위치: 북위 34°59′ 29.06″ 동경 126°22′ 58.13″

2) 연　혁

○ 1986년 8월:	영동, 호남권신국제공항 건설추진 (무안국제공항, 양양국제공항, 건설지내정)
○ 1994년 8월:	기본조사 설계 완료
○ 1999년:	무안국제공항 기공
○ 2007년 11월 8일:	무안국제공항 개항, 목포공항 노선 이전
○ 2007년 12월 18일:	외국항공사의 3·4 자유권을 보장하는 일방자유화공항인 자유공항(free airport)으로 지정
○ 2008년 5월 28일:	광주공항 국제선 노선 이전
○ 2010년 7월 1일:	무안 - 서울(김포) 단항, 무안 - 제주 신규취항
○ 2013년 7월 25일:	무안 - 마닐라 신규취항
○ 2013년 9월 21일:	무안 - 기타큐슈 부정기편 신규취항
○ 2014년 10월 26일:	무안 - 톈진 신규취항
○ 2014년 11월 1일:	티웨이항공, 무안 - 제주 신규취항
○ 2015년 8월 1일:	무안 - 니가타 부정기편 신규취항
○ 2016년 3월 27일:	무안 - 상하이(푸둥) 신규취항(주7회)
○ 2017년 4월:	무안 - 상하이(푸둥) 단항
○ 2017년 7월 26일:	무안 - 칼리보 신규취항
○ 2017년 9월 30일:	코리아익스프레스에어, 무안 - 돗토리 전세편 신규취항
○ 2018년 1월 5일:	코리아익스프레스에어, 무안 - 와카야마 전세편 신규취항

○ 2018년 3월 28일: 중국동방항공, 무안 – 상하이(푸둥) 재취항
○ 2018년 4월 30일: 제주항공, 무안 – 오사카(간사이) 신규취항
○ 2018년 5월 1일: 제주항공, 무안 – 다낭 신규취항
○ 2018년 5월 2일: 제주항공, 무안 – 방콕 신규취항
○ 2018년 5월 13일: 코리아익스프레스에어, 무안 – 기타큐슈 신규취항
○ 2018년 5월 18일: 코리아익스프레스에어, 무안 – 마쓰모토 신규취항
○ 2018년 7월 27일: 제주항공, 무안 – 타이베이 신규취항
○ 2018년 11월 2일: 티웨이항공, 무안 – 기타큐슈 정기편 취항
○ 2018년 12월 22일: 티웨이항공, 무안 – 오이타 신규 취항
○ 2019년 3월 31일: 제주항공, 무안 – 도쿄(나리타), 블라디보스토크, 마카오 신규취항
○ 2019년 7월 1일: 제주항공, 무안 – 후쿠오카(주4회) 신규 취항
○ 2019년 8월 21일: 제주항공, 무안 – 연길(주2회) 신규 취항

3) 시설현황

[표 3-10] 양양, 무안, 광주, 여수공항 시설현황 참조

그림 3-9 무안국제공항 전경

출처: 한국공항공사 홈페이지

자. 광주공항

1) 위　치

○ 행정구역: 광주광역시 광산구 신촌동 704－13번지(광주시청에서 11.7㎞)

○ 지리적 위치: 북위 35°07′ 30″ 동경 126°48′ 42″, 해발 12.8m

2) 연　혁

○ 1946년: 미군정청에서 서울－광주－제주 간 운항

○ 1948년 11월 16일: 교통부 광주비행장 개설(광주시 학동)

○ 1949년 2월 10일: 대한국민항공사(KNA)에서 서울－광주－제주 취항

○ 1958년 1월 30일: 비행장 직제공포(대통령령 제1341호)

○ 1964년 1월 10일: 비행장 이전(상무대→현재)

○ 1964년 12월 30일: 여객청사 신축(480㎡)

○ 1965년 7월 23일: 유도로 및 계류장 포장(6,588㎡)

○ 1965년 12월 25일: 여객청사 신축(236㎡ 6억)

○ 1971년 10월 20일: 시설확장

　－ 계류장: 9,604㎡, 여객청사: 2,760㎡, 주차장: 4,125㎡

○ 1980년~1982년: 시설확장 및 보강(선투자 5억 원)

　－ 청사증축 : 1,477㎡

　－ 계류장 및 유도로 보강: 13,000㎡

○ 1984년 6월 25일~7월 30일: 유도로 보강 : 3,148㎡(KAL 선투자 1.3억 원)

○ 1985년 7월~1986년 5월: 확장공사(20억 원, KAL선투자 9.7억 원 포함)

　－ 청　사 : 3,821㎡, 주차장: 4천㎡→7천㎡

※ 1986년 6월 11일 확장 준공식

○ 1990년 6월 28일: 한국공항공단 광주지사 설립

○ 1990년 11월 30일: 시설확장 및 보강(AAR 선투자 5억 원)

　－ 계류장 확장(2,833㎡) 및 보강(11,585㎡)

– 주차장: 1,228㎡

○ 1991년~1995년: 시설확장(국고 319억 원)

– 계류장 확장: 16천㎡ → 44.3천㎡

– 여객청사: 3.8천㎡ → 10.2천㎡

– 주 차 장: 13.7천㎡ → 31.2천㎡

– 기존청사 개량: 3,821㎡

– 군시설 이전: 1식

※ 1994년 11월 18일 개관

○ 1995년 6월: 국제선 정기노선 운항(광주–방콕, 광주–오사카)

○ 1995년 12월: 화물터미널 준공(구 청사 개량)

○ 1998년 1월: 국제선 정기노선 폐지

○ 1999년~2001년: 복수 활주로 건설(공군 : 410억 원)

3) 시설현황

[표 3–10] 양양, 무안, 광주, 여수공항 시설현황 참조

그림 3-10 광주공항 전경

출처: 한국공항공사 홈페이지

차. 여수공항

1) 위　치

○ 행정구역: 전남 여수시 율촌면 신풍리 979번지(여수시청에서 21㎞)

○ 지리적 위치: 북위 34°50′ 13″ 동경 127°37′ 04″, 해발 20m

2) 연　혁

○ 1971년 5월: 활주로 및 계류장 완성

○ 1971년 8월 25일: 가 청사 신축

○ 1972년 7월 5일: 여수비행장 설치(대통령령 제6277호)

○ 1976년 6월 9일: 정기노선 폐지

○ 1977년 7월 8일: 정기노선 운항재개(서울-여수-제주)

○ 1984년 4월 ~ 1986년 8월: 비행장 확장(국고 39억 원)

- 활주로 확장: 1,200×30m→1,500×30m
- 계류장 확장: 4,450㎡ → 7,500㎡
- 여객청사: 392㎡ → 1,500㎡
- 주 차 장: 300㎡ → 3,500㎡

○ 1988년~1990년: 여수공항 확장(건설교통부 18억 원)

- 항공기 안전위해지역 용지보상: 19.6천㎡
- 주민이주(20동)
- 구 활주로 보강 : 1,200×30m
- LOC/DME 설치

○ 1990년 6월 28일: 한국공항공단 여수지사 설립

○ 1992년 11월 30일: 활주로 보강(공단 8억 원)

- 활주로 및 계류장 보강: 56.3천㎡
- 활주로 연장: 50×50m

○ 1994년 11월 15일: 유도로 신설 및 계류장 확장(공단 3.3억 원)

- 유도로 신설: 2,070㎡(1개소 → 2개소)

– 계류장 확장: 8,870㎡ → 13,590㎡

○ 1995년~2002년: 활주로 신설 등(건설교통부)

– 활주로 신설: 2,100m×45m

– 여객터미널: 9,500㎡

3) 시설현황

그림 3-11 여수공항 전경

출처: 한국공항공사 홈페이지

표 3-10 양양, 무안, 광주, 여수공항 시설현황('23.12월 기준)

구분	공항명	양양 국내	양양 국제	무안 국내	무안 국제	광주(군)	여수(군)
시설현황	소재지	강원 양양 손양 공항로 201		전남 무안 망운 공항로 970-260		광주 광산 상무대로 420-25	전남 여수 율촌 여순로 386
시설현황	부지(㎡)	2,488,500		2,747,000		150,599	1,330,930
시설현황	활주로(m)	2,500x45		2,800x45		2,835x45 2,835x45	2,100x45
시설현황	계류장(㎡)	72,385		113,094		44,300	41,868
시설현황	여객 터미널(㎡)	26,130		26,130		10,561	13,328
시설현황	여객 터미널(㎡)	10,083	16,047	10,083	16,047		
시설현황	주차장(㎡)	21,695		94,890		38,300	28,382
시설현황	화물 터미널(㎡)	-		3,112		2,765	-
시설현황	항행안전 시설	15 : 선회접근(비정밀) 33 : ILS(CAT-I)		01/19 : ILS(CAT-I)		04R : ILS(CAT-I) 2L : LLZ/DME (비정밀) 04L/22R : PAR(정밀)	17/35 : ILS(CAT-I)
수용능력	운항횟수(회/년)	37,000		141,000		141,000	56,000
수용능력	동시주기(대)	24(일반7/소형17)		50(일반6/소형44)		5(일반5)	5(일반5)
수용능력	여객 (만명/년)	317		431		294	270
수용능력	여객 (만명/년)	207	110	292	139		
수용능력	동시주차(대)	767		2,618		1,263	916
수용능력	화물(만톤/년)	-		3.3		5.6	-
수용능력	운항 항공기	B738		B738		A320, A321, A220, B737	A321, B737
수용능력	최저착륙시정	RVR 550		RVR 550		RVR 730	RVR 550
'23 운항현황	운항실적 (편/년)	1,233		1,484		13,277	4,484
'23 운항현황	운항실적 (편/년)	654	579	0	1,484		
'23 운항현황	여객 (명/년)	158,848		233,337		2,050,378	599,144
'23 운항현황	여객 (명/년)	103,261	55,587	0	233,337		
'23 운항현황	화물 (톤/년)	1,417		2,724		9,549	2,558
'23 운항현황	화물 (톤/년)	559	858	0	2,724		
비고		'02.4.3. 취항		'07.11.8. 개항		'49.2.10. 취항	'04.11.5. 신활주로개통
비고							'72.5. 취항

카. 울산공항

1) 위　치

○ 행정구역: 울산광역시 북구 송정동 522번지(울산시청에서 7㎞)
○ 지리적 위치: 북위 35°35′ 04″ 동경 129°21′ 05″, 해발 10m

2) 연　혁

○ 1970년 10월 23일: 울산비행장 설치
○ 1970년 11월 20일: 비행장 건설완료 및 운항 개시(서울-울산)
- 활 주 로: 1,500×30m
- 여객청사: 590㎡
- 계 류 장: 4,500㎡
○ 1973년 1월 23일: 휴 항
○ 1973년 8월 15일: 노선 폐지
○ 1974년 6월 5일: 비행장 폐지(내무부로 관리전환)
○ 1984년 3월~1984년 6월: 비행장 시설확장(KAL선투자 17억 원)
- 활주로 보강: 1,500×30m
- 계 류 장: 8,230㎡
- 여객청사: 983㎡
- 주 차 장: 6,140㎡
○ 1984년 7월 5일: 울산비행장 설치(대통령령 제1460호)
○ 1984년 7월 21일: 재취항(F-27, 서울-울산)
○ 1988년~1990년: 시설보강(건설교통부 22억 원)
- 계류장 보강: 10,000㎡
- 회전부 보강: 1,500㎡
- LOZ/DME 및 PAPI 설치
○ 1990년 6월 28일: 한국공항공단 울산지사 설립
○ 1995년 9월 15일~12월 26일: 활주로 확장공사

– 1,500×30m → 2,000×45m

○ 1996년 9월: 청사증축

– 여객청사: 983㎡ → 1,197㎡(214㎡ 증축)

○ 1991년~1997년: 공항확장

– 주 차 장: 26,857㎡

– 계 류 장: 34,219㎡

– 여객청사: 8,652㎡

– 동 력 동: 992㎡

3) 시설현황

[표 3–11] 울산, 포항, 사천, 군산, 원주공항 시설현황 참조

그림 3-12 울산공항 전경

출처: 한국공항공사 홈페이지

타. 포항공항

1) 위 치

○ 행정구역: 경북 포항시 남구 동해면 도구리 402-1(포항시청에서 6.5㎞)

○ 지리적 위치: 북위 35°59′ 03″ 동경 129°25′ 00″, 해발 20m

2) 연 혁

○ 1970년 2월 13일: 비행장 설치(민항시설 설치: 가건물 150㎡)

○ 1970년 3월 13일: 서울-포항 노선 대한항공 취항(F-27, YS-11)

○ 1973년 9월 16일: 휴 항

○ 1986년 5월~1986년 10월: 임시시설물 설치(KAL기부채납 2.8억 원)
- 계 류 장: 6,000㎡
- 여객청사: 585㎡ (가건물)
- 주 차 장: 858㎡

○ 1986년 7월 1일: 서울-포항 재취항

○ 1988년 5월~1991년 8월: 민항시설 이전 설치(건설교통부 67억 원)
- 계 류 장 : 11,000㎡
- 여객청사 : 1,765㎡
- 주 차 장: 6,750㎡

○ 1990년 6월 28일: 한국공항공단 포항지사 설립

○ 1994년 12월 27일: 여객청사 확장 (공단 1.5억 원)
- 여객청사 증축 : 195㎡

○ 1996년 ~ 2001년: 공항 장애산봉(인덕산) 절취

○ 2000년: 활주로 및 유도로 보강공사 (1.8억 원)

○ 1997년 ~ 2002년: 여객청사 신축 등 (건설교통부)

3) 시설현황

[표 3-11] 울산, 포항, 사천, 군산, 원주공항 시설현황 참조

파. 사천공항

1) 위　치

○ 행정구역: 경남 사천시 사천읍 구암리 1720－1번지(진주시청에서 20㎞)

○ 지리적 위치: 북위 35°59′ 03″ 동경 129°25′ 00″, 해발 20m

2) 연　혁

○ 1939년: 일본군 건설

○ 1945년~1949년: 유엔군 운영

○ 1951년: 초등훈련 비행전대 창설

○ 1964년 6월: 공군 비행학교 개칭

○ 1968년 5월: 공군 훈련비행단으로 승격

○ 1970년 2월 13일: 사천비행장 설치(대통령령 제4598호)

○ 1973년 8월 15일: 휴항

○ 1973년 10월~1974년 10월: 민항시설 공사
- 활 주 로: 1,120×30m
- 계 류 장: 1,600㎡
- 주 차 장: 100㎡

○ 1986년 7월~1986년 12월: 민항시설공사(KAL기부채납 5.4억 원)
- 계 류 장 : 5,100㎡
- 여객청사 : 1,024㎡
- 주 차 장 : 1,800㎡

○ 1990년 6월 28일: 한국공항공단 사천지사 설립

○ 1991년~1994년: 공항시설 확장(국고 6.5억 원, 공단 83억 원)
- 계 류 장 : 5,240㎡
- 여객청사 : 3,575㎡
- 주 차 장 : 14,600㎡

3) 시설현황

[표 3-11] 울산, 포항, 사천, 군산, 원주공항 시설현황 참조

그림 3-13 사천공항 전경

출처: 한국공항공사 홈페이지

하. 군산공항

1) 위 치

○ 행정구역: 전북 군산시 옥서면 선연리 385번지(군산시청에서 21.6㎞)

○ 지리적 위치: 북위 35°54′ 06″ 동경 126°37′ 06″, 해발 8.8m

2) 연 혁

○ 1938년: 일본군 창설

○ 1945년~1949년: 유엔군 운영

○ 1971년 3월~1974년 3월: 서울-군산 노선 취항

○ 1974년 3월 10일: 휴 항

○ 1991년 11월~1992년 12월: 민항시설공사(국고 14억 원, 전북 12억 원, 공단 62억 원)

- 유 도 로: 960×23m
- 계 류 장: 4,968㎡
- 여객청사: 2,033㎡
- 주 차 장: 4,621㎡
- 진입도로: 1.9㎞×10m

※ 1991년 12월 7일: 기공식, 1992년 12월 14일 : 개항식

○ 1992년 11월 24일: 한국공항공단 군산지사 설립

○ 1994년 12월~1995년 12월: 계류장 및 주차장 확장(공단 11억 원)

- 계류장: 4,968㎡ → 13,758㎡
- 주차장: 4,621㎡ → 10,421㎡

○ 1996년 4월 27일~1996년 6월 26일: 항공기 운항중단

- 미 공군 활주로 보수공사

○ 1995년 12월~1996년 10월: 여객청사 확장공사(공단 5억 원)

- 2,033㎡ → 2,546㎡

○ 2000년 4월~7월: 계류장 및 유도로 보강공사(2천 8백만 원)

3) 시설현황

[표 3-11] 울산, 포항, 사천, 군산, 원주공항 시설현황 참조

그림 3-14 군산공항 전경

출처: 한국공항공사 홈페이지

거. 원주공항

1) 위　치

○ 행정구역: 강원도 횡성군 횡성읍 곡교리 106번지
○ 지리적 위치: 북위 37°26′ 30″ 동경 127°57′ 48″, 해발 99.7 ~ 101m

2) 연　혁

○ 1961년 12월 1일: 여의도기지에서 공지합동교육대로 창설
○ 1975년 10월 31일: 횡성기지 설치
○ 1988년 8월 1일: 제 8전투비행단으로 승격
○ 1993년 1월~11월: 건설교통부 및 국회건설교통위원회에 항공노선 개설 건의(강원도 및 원주상공회의소)
○ 1995년 2월 3일: 원주비행장 민항시설 설치사업 지시 (건설교통부 → 한국공항공단)
○ 1995년 7월 21일: 설계용역 완료
○ 1995년 11월 2일: 공사 착공
○ 1996년 12월 30일: 준　공
○ 1997년 2월 28일: 공항 개항 및 항공기 취항

3) 시설현황

그림 3-15 원주공항 전경

출처: 한국공항공사 홈페이지

표 3-11 울산, 포항, 사천, 군산, 원주공항 시설현황

구분		울산	포항경주(군)	사천(군)	군산(주한미군)	원주(군)
시설현황	소재지	울산 북구 산업로 1103	포항 남구 동해면 일월로 18	사천시 사천대로 1971	군산시 옥서면 산동길 2	강원 횡성군 횡성로 38
	부지(㎡)	919,977	2,479,009	45,299	142,803	16,429
	활주로(m)	2,000x45	2,133x46	2,744x46 2,744x46	2,745x45 2,454x23	2,743x45
	계류장(㎡)	33,480	32,617	13,140	13,758	6,590
	여객 터미널(㎡)	8,886	11,707	4,712	3,014	1,671
	주차장(㎡)	26,530	17,327	9,893	15,888	4,412
	화물터미널(㎡)	–	–	–	–	–
	항행안전 시설	36: ILS (CAT-I) 18: VOR/DME	10: PAR 28: VOR/TAC	24R: ILS (CAT-I) 06L: LLZ/DME 24L/06R: VOR/DME (비정밀)	18/36: ILS (CAT-I)	03/21: PAR
수용능력	운항횟수(회/년)	56,000	141,000	141,000	141,000	118,000
	동시주기(대)	4	5	2	2	1
	여객(만명/년)	241	357	92	52	28
	동시주차(대)	552	532	308	519	177
	화물(만톤/년)	–	–	–	–	–
	운항 항공기	A320, A220, B738	B738	A320, B738	B738	B738
	최저착륙 시정	RVR 800m	RVR 1,200m	RVR 1,400m	RVR 800m	RVR 2,000m
'23 운항현황	운항실적(편/년)	2,982	2,053	1,490	1,124	1,379
	여객(명/년)	380,511	253,703	189,778	172,939	205,279
	화물(톤/년)	1,552	1,149	475	880	1,080
비고		'70.11. 취항	'70.3. 취항	'69.11. 취항	'92.12. 취항	'97.2. 취항

2. 세계 속의 한국의 공항

가. 공항 처리실적(이착륙회수) 상위 20개 공항(2022년)

항공기 운항횟수에 의한 순위는 국내선이 발달한 미국의 공항들이 Top9을 모두 차지하고 있다. 애틀란타공항은 미국 대형항공사인 델타항공의 허브기지로서 미국의 중심공항이며, 시카고 오헤어공항은 미국의 허브항공사인 유나이티드항공과 아메리칸항공의 모기지로 사용되고 있다. 서부의 중심공항인 로스앤젤레스 공항이 6위를 차지하고 있으며 댈러스포트워스공항은 북미 자유무역협정의 중심지로 미 남부의 중심공항이며 3위를 차지하고 있다.

표 3-12 공항 처리실적(이착륙회수) 상위 20개 공항(2022년)

순위	공 항 명	국가	2022년	증가율(%)
1	Atlanta(ATL)	미국	724,145	2.3
2	Chicago(ORD)	미국	711,561	4.0
3	Dallas/Fort Worth(DFW)	미국	656,676	0.7
4	Denver(DEN)	미국	607,786	4.6
5	Las Vegas(LAS)	미국	581,116	19.4
6	Los Angeles(LAX)	미국	556,913	9.9
7	Charlotte(CLT)	미국	505,589	-2.8
8	Miami(MIA)	미국	458,478	18.2
9	New York(JFK)	미국	448,847	54.4
10	Istanbul(IST)	튀르키예	425,890	52.0
11	Amsterdam(AMS)	네덜란드	422,307	47.9
12	New Delhi(DEL)	인도	421,479	28.7
13	Phoenix(PHX)	미국	418,856	2.6
14	Paris-Charles de Gaulle(CDG)	프랑스	409,121	59.8
15	Newark(EWR)	미국	401,422	42.2
16	Seattle(SEA)	미국	401,351	7.2
17	Houston(IAH)	미국	399,805	1.0
18	Tokyo(HND)	일본	388,104	41.5
19	Mexico City(MEX)	멕시코	387,450	18.2
20	Frankfurt(FRA)	독일	382,211	45.9

출처 : 한국항공협회, 포켓항공현황(2022), p.43 참조

나. 여객운송처리실적 상위 20개 공항(2022년)

여객처리 실적으로서도 애틀란타공항과 로스엔젤레스공항 등 국내선 항공여객의 비중이 높은 미국의 공항들이 Top6에 위치하고 있다. 아랍에미레이트의 두바이공항이 5위를, 일본 도쿄 하네다공항이 16위를 차지하고 있지만, 국내선 위주의 공항이다. 시카고 오헤어공항은 4위를 차지하고 있으며 유럽의 관문공항인 런던 히드로 공항은 국제선 비율이 90% 이상으로 8위를 차지하고 있다. 유럽의 대형 공항들인 파리(샤를드골)공항, 암스테르담(스키폴)공항이 10위권에 있지만, 국내선보다 국제선 여객비중이 90%를 상회하는 국제허브공항이다. 이는 상대적으로 유럽 내의 철도와 도로가 발달하여 국내선 항공여객이 미국에 비해 적은 편이기 때문이다. 우리나라의 제주국제공항은 45위를 기록했으며 15.1%의 높은 증가율을 보이고 있다.

표 3-13 여객운송처리실적 상위 20개 공항(2022년)

순위	공 항 명	국가	2022년	증가율(%)
1	Atlanta(ATL)	미국	93,699,630	23.8
2	Dallas/Fort Worth(DFW)	미국	73,362,946	17.4
3	Denver(DEN)	미국	69,286,461	17.8
4	Chicago(ORD)	미국	68,340,619	26.5
5	Dubai(DXB)	UAE	66,069,981	127.0
6	Los Angeles(LAX)	미국	65,924,298	37.3
7	Istanbul(IST)	튀르키예	64,289,107	43.8
8	London(LHD)	영국	61,614,230	217.7
9	New Delhi(DEL)	인도	59,490,074	60.2
10	Paris-Charles de Gaulle(CDG)	파리	57,474,033	119.4
11	New York(JFK)	미국	55,287,711	79.6
12	Las Vegas(LAS)	미국	52,694,312	32.5
13	Amsterdam(AMS)	네덜란드	52,472,188	105.8
14	Miami(MIA)	미국	50,684,396	35.9
15	Madrid(MAD)	스페인	50,602,864	109.8
16	Tokyo(HND)	일본	50,334,354	92.3
17	Orlando(MCO)	미국	50,178,499	24.4
18	Frankfurt(FRA)	독일	48,918,482	97.1
19	Charlotte(CLT)	미국	47,758,605	10.3
20	Mexico City(MEX)	멕시코	46,258,521	28.3

출처 : 한국항공협회, 포켓항공현황(2024), p.44 참조

Chapter 4

공항계획(Airport Planning)

section 01 공항계획

공항계획의 개념은 항공수요를 충족시키기 위한 공항개발을 목적으로 주변지역개발과 다른 교통수단 및 다른 공항의 조화를 고려한 종합적인 공항개발 기본계획의 지침을 설정하는 것이다. 이러한 공항기본계획을 위해서는 공항수요, 부지선정, 공항계획 및 재무계획을 바탕으로 수립되는 것이다. 국내 항공법에서는 공항개발을 효과적으로 수행하기 위하여 공항기본계획을 수립하도록 명시하고 있다.

1. 항공법의 공항개발 기본계획 수립

가. 공항시설법

제4조(공항개발 기본계획의 수립)

① 국토교통부장관은 공항 또는 비행장을 개발하려면 공항 또는 비행장의 개발에 관한 기본계획(이하 "기본계획"이라 한다)을 수립하여야 한다. 다만, 공항시설 또는 비행장시설의 개량에 관한 사업 등 대통령령으로 정하는 경미한 개발사업의 경우에는 기본계획을 수립하지 아니할 수 있다.

② 국토교통부장관은 기본계획을 수립하거나 제4항에 따라 기본계획을 변경할 때에는 항공기의 안전운항을 방해할 수 있는 공항 또는 비행장 주변의 장애물(관계 법령에 따라

행위허가를 받았거나 허가를 받을 필요가 없는 건축물 또는 구조물로서 그 공사에 착수한 건축물 또는 구조물을 포함한다)에 대하여 국토교통부령으로 정하는 바에 따라 항공기의 안전운항에 지장이 없도록 제거 여부를 검토하여야 한다. <신설 2023. 4. 18.>

③ 기본계획에는 다음 각 호의 사항이 포함되어야 한다. <개정 2023. 4. 18.>

1. 공항 또는 비행장의 현황 분석
2. 공항 또는 비행장의 수요전망
3. 공항·비행장개발예정지역 및 장애물 제한표면

3의2. 존치장애물(장애물 제한표면 높이 이상의 장애물 중 제2항에 따른 검토 결과 제거하지 아니하는 것으로 결정된 장애물을 말한다. 이하 같다) 현황

4. 공항 또는 비행장의 규모 및 배치
5. 건설 및 운영계획
6. 재원조달계획
7. 환경관리계획
8. 그 밖에 공항 또는 비행장 개발 및 운영 등에 필요한 사항

④ 국토교통부장관은 기본계획 내용 중 새로운 활주로의 건설 등 대통령령으로 정하는 중요한 사항을 변경하려면 대통령령으로 정하는 바에 따라 기본계획을 변경하여야 한다. <개정 2023. 4. 18.>

⑤ 기본계획의 수립 또는 제4항에 따른 기본계획의 변경에 관하여는 제3조제4항부터 제6항까지의 규정을 준용한다. 이 경우 "종합계획"은 "기본계획"으로 본다. <개정 2023. 4. 18.>

⑥ 국토교통부장관은 기본계획을 수립하거나 제4항에 따라 기본계획을 변경하였을 때에는 대통령령으로 정하는 바에 따라 그 내용을 고시하여야 한다. 이 경우 지형도면의 고시에 관하여는 「토지이용규제 기본법」 제8조에 따른다. <개정 2023. 4. 18.>

⑦ 국토교통부장관은 제6항에 따라 기본계획을 고시(변경 고시를 포함한다. 이하 같다)한 경우에는 그 기본계획을 관계 특별시장·광역시장·도지사(이하 "시·지사"라 한다)·특별자치시장·특별자치도지사에게 송부하여 14일 이상 일반인에게 공람시켜야 한다. <개정 2023. 4. 18.>

나. 공항시설법 시행령

제7조제4항

국토교통부장관은 법 제4조제6항에 따라 기본계획을 수립하거나 변경하였을 때에는 다음 각 호의 구분에 따라 해당 사항을 각각 관보에 고시하여야 한다. <개정 2023. 10. 18.>

1. 기본계획을 수립한 경우: 법 제4조 제3항에서 규정한 다음 각 호의 사항
   1) 공항 또는 비행장의 현황 분석
   2) 공항 또는 비행장의 수요전망
   3) 공항·비행장개발예정지역 및 장애물 제한표면
   3의2) 존치장애물(장애물 제한표면 높이 이상의 장애물 중 제2항에 따른 검토 결과 제거하지 아니하는 것으로 결정된 장애물을 말한다. 이하 같다) 현황
   4) 공항 또는 비행장의 규모 및 배치
   5) 건설 및 운영계획
   6) 재원조달계획
   7) 환경관리계획
   8) 그 밖에 공항 또는 비행장 개발 및 운영 등에 필요한 사항

다. 항공법 시행규칙(삭제 요)

제261조(기본계획의 내용) 법 제92조제7호에서 "기타 국토교통부령이 정하는 사항"이라 함은 다음 각 호와 같다. <개정 1995.7.14>

1. 공항이용에 필요한 관련교통계획
2. 공항안의 상·하수도·가스·전력·통신 등의 개략적 시설 계획
3. 기타 공항건설에 필요한 사항

2. 공항계획의 종류

가. 공항시스템 계획

공항 시스템의 상위 시스템은 항공 시스템으로서 항로, 공항, 항공사, 항공기, 경항공기, 여객 및 운영환경 등 수많은 시스템으로 구성된다. 공항 시스템 계획은 이상적으로 항공 시스템 계획에 통합되어야 하며, 항공 시스템의 발전을 도모하는 프로그램으로서 목표와 정책을 실현하는 하나의 과정이다.

공항시스템 계획에서는 국가적 차원에서 장단기 수요에 대비한 항공시설의 수요를 파악하고 기존 공항의 확장과 신공항의 건설 등을 계획하여 각 공항의 역할을 결정하는 등 정부 관계기관에서 정부의 정책이 반영된 종합계획을 작성한다.

- 공항시스템 계획의 목적은
- 공항시스템을 현재와 미래의 수요에 대비하여 정상적이고 시기적절하게 개발하며,
- 공항의 신설과 확장에 있어 주변 환경을 보호하고,
- 장·단기적 수요에 맞도록 계획 전체의 틀을 잡고,
- 토지이용과 공역계획을 최적화시키며,
- 장기적 재정계획 수립과 정부 예산사용의 우선순위를 결정하는 것 등이다.

1) 국토교통부 제6차 공항개발 종합계획(2021년~2025년)[1]

국토교통부 제6차 공항개발 종합계획을 살펴보면서 정부의 공항에 대한 계획을 분석하고 항공·공항융합운영에 대한 지식 함양에 도움을 주고자 종합계획을 재정리하였다.

가) 계획의 개요

① 수립목적 : 공항개발 사업의 체계적이고 효율적인 추진

② 수립주체 : 국토교통부장관

③ 대상기간 : 2021년~2025년

④ 대상공항 : 전국 공항

1) "국토교통부 제6차 공항개발 종합계획" 국토교통부 홈페이지 참고

⑤ 근거법률 : 공항시설법 제3조

* 국토교통부장관은 공항개발사업을 체계적이고 효율적으로 추진하기 위하여 5년마다 공항개발 중장기 종합계획을 수립하여야 함

⑥ 주요내용 : 항공수요의 전망, 권역별 공항 또는 일정 규모 이상의 비행장 개발에 관한 중장기 기본계획, 투자 소요 및 재원 조달방안 등

나) 전국공항 위치도

그림 4-1 공항의 위치

다) 제6차 공항개발 종합계획 고찰

(1) 정책목표 및 추진전략

□ 국정철학, 상위계획, 국민참여단 활동 결과 등을 종합 및 정책 비전의 설정

표 4-1 정책비전 및 추진전략

정책 비전	**포용**과 **혁신**으로 도약하는 **사람 중심 공항** 구현			
추진 전략	포용적 공항 생태계 조성	국가와 지역경제 성장 견인	혁신성장 동력 확보로 미래 대비	안전을 최우선으로 공항을 관리
핵심 과제	① 지속가능한 친환경 탄소중립 공항 조성 ② 공항소음의 체계적 관리와 고도 제한의 효율적 운영 ③ 사람 중심의 공항 접근 교통체계 확부	① 지역과 함께 발전하는 공항 생태계 조성 ② 해외공항 수출 경쟁력 확보로 새로운 시장 개척 ③ 인천공항 개발을 통한 국토 경쟁력 강화 ④ 신공항 개발로 지역 균형발전 지원	① 미래 공항 이슈를 반영한 공항정책 장기비전 마련 ② 스마트 공항 구축으로 공항 서비스 개선 및 신산업 육성 ③ 미래 수요에 대비한 항공 인프라 혁신 ④ 차세대 공항기술의 선제적 확보 추진	① KASS 등 정밀위치 제공으로 최고수준의 안전확보 ② 노후 항행안전시설 현대화 ③ 안심할 수 있는 공항이용·근로환경 조성 ④ 공항시설의 체계적인 유지관리 ·성능개선 추진

(2) 유관 계획과의 정합성 검토

그림 4-2 유관계획과의 정합성 검토

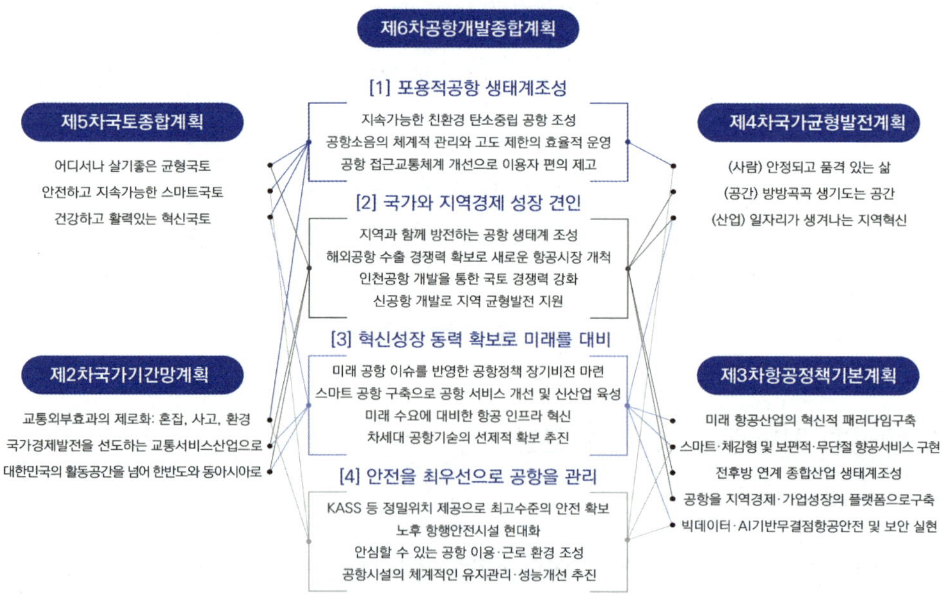

그림 4-3 인천공항의 에너지 및 온실가스 감축 사용량 및 감축 목표

◆ 에너지사용량 절감 목표

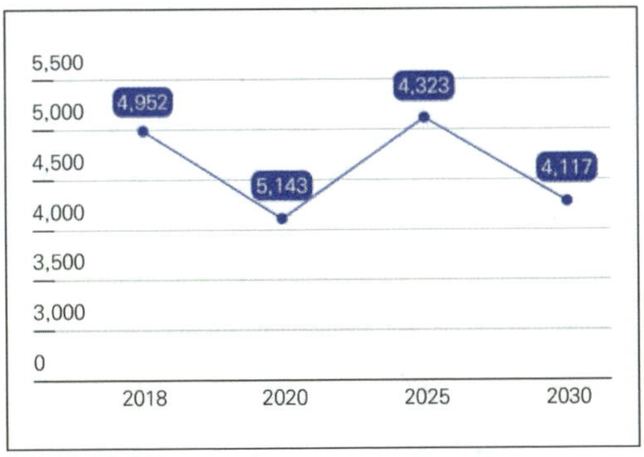

구분	사용량(목표)	'18년 대비 절감량
2018	4,952	
2020	4,117	-835
2025	5,143	191
2030	4,323	-629

25년 증감 사유 : 공항 시설 추가 및 면적 증가, 설비용량 증가 고려

◆ 온실가스 감축 목표

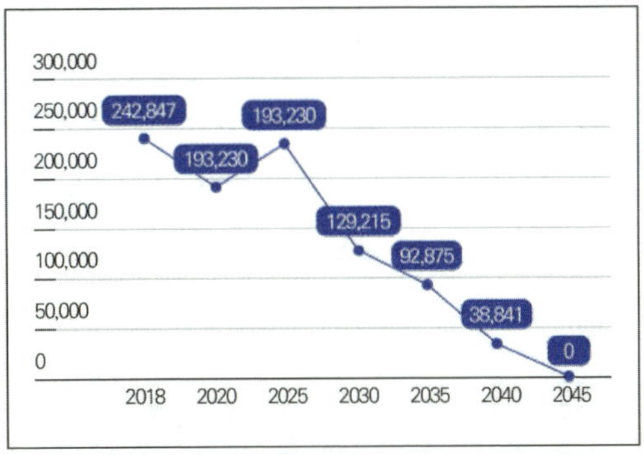

구분	배출량(목표)	'18년 대비 절감량
2018	242,847	
2020	193,230	-49,617
2025	239,616	-3,231
2030	129,215	-113,632
2035	92,875	-149,972
2040	38,841	-204,006
2045	0	-242,847

25년 증감 사유 : 공항 시설 추가 및 면적 증가, 설비용량 증가 고려

첫째, 공항의 지속가능성과 친환경성 제고를 위한 전략은 '탄소중립 공항 2050 로드맵'에 기반하여 각 사업 단계별(계획-설계 및 건설-운영 및 유지관리) 추진과제를 구체화하였다. 에너지 효율 향상, 친환경 에너지 인프라 구축, 미래기술 상용화, 순환경제 확대 등은 국가 탄소중립 정책 및 국토교통부의 녹색건축 활성화 정책과 일맥상통한다. 이는 인천국제공항의 친환경 공항 모델 추진과도 연계되며, 해당 모델은 향후 타 공항에서도 사용될 수 있는 대표적인 공항 모델로서 벤치마킹될 수 있다([그림 4-4]).

둘째, 공항과 지역사회의 상생발전을 위한 전략은 국토균형 발전계획 및 지역 발전투자 협약제도와 맥락을 같이 한다. 공항과 주변 지역의 유기적 연계개발, 주민 지원사업의 확대, 지역기업 우대 등의 계획은 국토교통부의 도시재생 뉴딜정책, 산업부의 지역혁신 플랫폼과도 부합하며, 지역경제 성장의 거점으로서 공항의 기능을 강화한다.

셋째, 스마트 공항 및 미래형 교통 인프라 구축은 디지털플랫폼 정부 구현 및 K-스마트시티 추진계획과 정합성을 지닌다. 생체정보를 활용한 비대면 출입국 시스템, 빅데이

터 기반의 운영 효율화, UAM 및 드론 교통관리체계 구축 등은 정부의 디지털 전환 정책과 연계되어 있으며, 국토부의 UAM 로드맵, 과기정통부의 6G·AI기반 융합기술 육성과도 방향을 같이 한다.

넷째, 공항 안전 및 인프라 현대화는 항공정책 기본계획 및 국토안전관리 기본계획과 조화를 이룬다. KASS를 활용한 정밀위치 정보 제공, 차세대 감시시스템 및 통신 인프라 확충, 노후 항행안전시설 현대화는 국가 항공안전 체계 강화와도 일치하며, 기후변화와 감염병 등 외부 위협에 대응하기 위한 공항 방역체계 고도화 역시 보건복지부의 감염병 대응 로드맵과 연계 가능하다.

종합적으로, 제6차 공항개발 중장기 계획은 단순히 항공 분야에 국한된 발전 전략이 아닌, 국가 전체의 지속가능성, 지역 균형발전, 디지털 대전환, 안전 강화를 아우르는 다분야적 종합계획으로 설계되어, 타 부처의 유관 정책 및 계획과의 정합성을 적극 고려하였다. 이를 통해 국가 경쟁력 강화를 위한 항공 인프라의 전략적 투자와 효율적 운영이 가능하며, 미래 공항 생태계 전반에 걸친 협력적 거버넌스 기반을 마련하는 데 기여할 것이라 기대된다.

(3) 전국 공항 분포

현재 우리나라에는 총 15개의 공항이 운영 중이며, 이 중 국제공항은 8개, 국내공항은 7개로 나뉜다. 국제공항은 인천, 김포, 김해, 제주, 청주, 대구, 무안, 양양공항이며, 국내공항은 광주, 울산, 여수, 포항, 군산, 사천, 원주공항이다. 공항을 그 소유 주체에 따라 분류하면, 민간 공항은 7개, 민·군 겸용 공항은 8개로 구분된다. 민간 공항에는 인천, 김포, 제주, 울산, 여수, 무안, 양양공항이 있으며, 민·군 겸용 공항에는 김해, 광주, 청주, 대구, 포항, 군산, 사천, 원주공항이 포함된다. 항공 수요를 분산시키고, 지역 균형 잡힌 발전을 위해 총 6개의 신공항 건설 및 이전 사업을 추진 중에 있으며, 이에는 울릉공항, 흑산공항, 제주 제2공항, 새만금 신공항, 대구공항의 이전, 가덕도 신공항이 포함된다.

우리나라의 공항은 기능과 역할에 따라 중추공항, 거점공항, 일반공항으로 구분된다. 중추공항은 국가를 대표하는 관문공항으로, 인천국제공항이 유일한 중추공항으로 지정되어 있으며, 이는 글로벌 항공시장과 동북아 허브 기능을 수행한다. 거점공항은 권역 내 주요 항공 수요를 담당하는 공항으로, 김포, 청주, 김해(가덕도 신공항 예정), 대구, 새만금, 무안, 제주공항 및 제주 제2공항 예정지 등이 해당한다. 일반공항은 비교적 규모가 작고 지

표 4-2 공항현황

구분		공항명
기능별(15)	국제(8)	인천, 김포, 김해, 제주, 대구, 청주, 무안, 양양
	국내(7)	광주, 울산, 여수, 포항, 군산, 사천, 원주
소유 주체별(15)	민간(7)	인천, 김포, 제주, 울산, 여수, 무안, 양양
	민·군 겸용(8)	김해, 광주, 청주, 대구, 포항, 군산, 사천, 원주

역 내 국내선 수요를 처리하는 공항으로, 원주, 양양, 울산, 포항, 사천, 울릉, 광주, 여수, 군산, 흑산공항 등이 존재한다.

표 4-3 공항의 성격 및 세부 기능

구분	성격	세부 기능	비고
중추공항(1)	글로벌 항공시장에서 국가를 대표	전세계 항공 시장을 대상으로 하며, 동북아 지역의 허브	국제선 출도착 등 국가 또는 권역별 관문공항 기능 수행
거점공항(9)	권역 내 거점	권역을 중심으로 국내선 및 국제선 수요 처리	
일반공항(10)	주변지역 수요 담당	주변 지역의 국내선 수요 위주 처리	-

표 4-4 공항의 분포

구분	중부권	동남권		서남권		제주권
중추(1)	인천	-		-		-
거점(9)	김포 청주	가덕 김해	대구	새만금 무안		제주 제주 제2공항
일반(10)	원주 양양	울산 포항	사천 울릉	광주 여수	군산 흑산	-

이처럼 국내공항은 역할과 권역에 따라 체계적으로 운영되며, 항공 수요 변화와 지역 발전에 대응하기 위한 신공항 건설 및 기능 재조정도 지속적으로 이루어지고 있다.

(4) 공항계획 투자실적

공항시설 투자 계획은 최근 5년(2016년~2020년)간 약 9.2조 원이었으나, 실제 투자액은 약 4.6조로 계획 대비 50%의 수준임을 알 수 있으며, 울릉공항, 흑산공항, 제주 제2공항 등 신공항 개발에 대한 사업의 지연 등으로 인해 해당 기간 내의 투자 규모가 일부 조

표 4-5 투자 실적(단위: 억 원)

구분		2016	2017	2018	2019	2020	계
계		16,527 (100%)	15,923 (100%)	4,621 (100%)	3,969 (100%)	5,082 (100%)	46,125 (100%)
정부		112 (0.7%)	58 (0.4%)	38 (0.8%)	99 (2.5%)	322 (6.3%)	629 (1.4%)
공항공사	인천	14,714 (89.0%)	13,134 (82.5%)	1,529 (33.1%)	2,362 (59.5%)	3,659 (72.0%)	35,400 (76.7%)
	한국	1,701 (10.3%)	2,731 (17.1%)	3,054 (66.1%)	1,508 (38.0%)	1,101 (21.7%)	10,096 (21.9%)

정되었다.

재원에 대한 분담은 인천공항공사와 한국공항공사 양 공항공사가 98.6%를, 국가가 1.4%를 각각 분담하여 투자하고 있었으며, 2018년 인천공항 제2터미널이 개항하기 전까지 매년 1조 이상의 투자를 진행하고 있었다. 이후 김포공항 터미널의 리모델링, 청주공항 주차빌딩 및 터미널의 확충 등 시설 개선을 중심으로 한 투자가 이어지고 있다.

라) 정책환경 분석

(1) 세계 사회환경 분석

중국과 일본 간 아시아 역내 정치·경제 주도권 경쟁 심화하고 중국은 일대일로[2] 전략을 통해 영향력을 확대하고 있으며, 일본은 과거 아베노믹스[3]와 평화헌법 개정을 통한 정치·경제 영향력 강화 추진한 바 있다. 유라시아 이니셔티브[4]를 기반으로 역내 정치·경제 협력을 통한 교류 확대 전망이다. 세계 경제위기에도 불구하고 관광산업은 지속적으로 성장하였으며, 앞으로 관광 트랜드 변화[5]가 예상되며 관광 소비 지출 감소로 인해 단거리 여행객이 증가하고 중국인 해외 여행객과 고령화에 따른 55세 이상 여행객이 늘어날 전망

2) 일대일로'(One Belt and One Road)': 중국에서 유럽에 이르는 지역을 육로와 해로로 연결, 연선(沿線) 국가들과 경제협력 확대 추진 정책

3) 아베노믹스: 2~3%의 인플레이션 목표, 무제한 금융완화, 마이너스 금리 정책'을 통해 일본 경제를 장기침체에서 탈피시키겠다는 경제정책

4) 세계 최대 단일 대륙이자 거대 시장인 유라시아 역내 국가 간 경제협력을 통해 경제활성화 및 일자리 창출의 기반을 만들고, 유라시아 국가들로 하여금 북한에 대한 개방을 유도함으로써 한반도 긴장을 완화해 통일의 기반을 구축한다는 박근혜 대통령의 구상

5) OECD, Tourism Trends and Policies 2014

이다. 중국을 비롯한 아시아 국가들의 국민 소득이 높아져 역내 여가·오락·쇼핑을 위한 이동이 증가될 것으로 전망된다. 아세안(ASEAN)[6]의 사회·문화·경제통합이 진전됨에 따라 아시아지역 통행량이 늘어날 전망이다. 미국, 유럽, 일본 등 항공 선진국들은 항공 시스템 중장기 발전 계획 수립·추진을 통해 기술개발을 가속화 중이며 항공기 운용 시스템의 효율을 높이고 공항·공역용량을 극대화하고 있다. 미국은 차세대항공교통계획수립, 유럽은 미래항공기본계획수립, 일본은 항공교통시스템혁신계획을 수립하고 있다. 삶의 질 향상 추구로 공항 주변 소음에 대한 관심이 지속 증가하고 있으며 공항 주변 고도 제한, 항공기 소음 문제와 관련한 갈등 관리의 중요성이 점차 증대하고 있다.

나) 세계 항공여건 분석

국가 간 여객 운송은 17세기 항구를 시작으로 철도(19c), 도로(20c)에서 21세기에는 공항 중심으로 변화 중이며 공항중심의 운송변화는 연결성, 이동성, 유연성을 증가시킨다. 도시 집중 가속화에 따라 도시 간 이동이 점차 확대하고 있으며[7] 대도시·메가도시 비율이 점차 증가[8]하고, 특히 하루 1만 명 이상이 장거리 항공 노선을 이용하는 항공메가도시 수가 증가할 전망[9]이다.

중국의 1인당 항공 여행 횟수는 2014년 0.3회에서 2034년 1.09회로 현 유럽수준에 이를 전망[10]하고 있으며 1인당 항공여행 수(2014): 북미 1.63, 유럽 1.21, 중국 0.30, 인도 0.07회이다. 아태 지역 내 저비용항공사(LCC : Low cost carrier)의 점유율은 2015년 3.4%에서 2030년 25.2%[11]로 성장을 예상하고 있으며 지역 내 LCC점유율(2015)은 북미 30.8%, 유럽 39.5%[12]이다. 전세계 항공기는 2015년 19,000여대에서 향후 20년간 32,600대가 늘

6) 아세안(ASEAN): 동남아시아 지역의 경제적 사회적 기반 확립을 목적으로 1967년 설립. 2014년 10개국(필리핀、말레이시아、싱가포르、인도네시아、타이、브루나이、베트남、라오스、미얀마、캄보디아)등 가입

7) 자료: AEROPORTS DE PARIS, 2015, Airbus, Global Market Forecast 2014－2033, 2015 재인용
주: 대도시(5백만 명 이상～천만 명) 비율: 전체 도시의 3.4%('00)에서 2030년 5.2% 증가 예상 메가도시(천만 명 이상) 비율: 전체 도시의 4.2%('00)에서 2030년 8.6%('30)로 증가 전망. 항공메가도시(하루 1만 명 이상이 장거리 항공 노선을 이용) 수: 47개('13)에서 91('34)개로 증가 전망

8) AEROPORTS DE PARIS, 2015

9) Airbus, Global Market Forecast 2014－2033, 2015

10) Airbus, Global Market Forecast 2015－2034, 2015

11) CAPA, Centre for Aviation with data provided by OAG, (국내선＋국제선), 2015

그림 4-4 대도시와 항공메가도시 변화

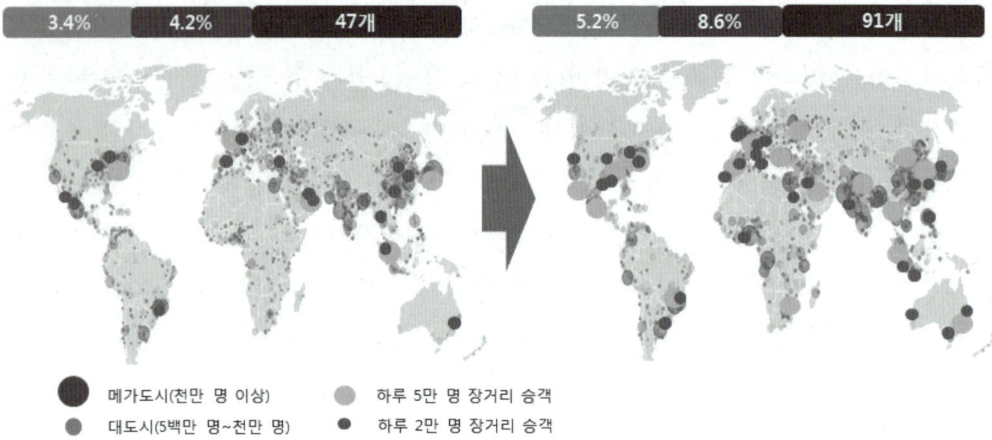

자료: AEROPORTS DE PARIS, 2015 Airbus, Global Market Forecast 2014-2033, 2015 인용

어나(항공기 대체 13,100대 포함) 2034년 38,500여대에 이를 전망[13]이라 하며 늘어나는 항공기의 약 39%(12,596대)를 아태 지역에서 도입할 예정이며 70%(22,900대)가 협동체 항공기(narrow body, single aisle)이다. 지연과 혼잡 문제 해소를 위해 공항 수용능력 확대 추진 중이고 중국은 베이징 제2공항을 건설 중(~2019)이며, 일본은 2020년 도쿄올림픽 준비를 목적으로 도쿄 하네다·나리타공항 투자 확대 중이다. 싱가포르, 태국, 말레이시아 등 동남아지역 주요 공항도 확장 중이다.

공항을 기반으로 한 경제활동이 점차 늘어남에 따라 공항 복합도시 개발이 활성화되며 공항 내외 지역에 서비스 산업 등이 발달함에 따라 지역 발전이 촉진되고 공항–복합도시–도심 간 연계 교통체계도 발달한다. 대도시 주요 공항과 도심 간 도로·철도망 연결 체계가 발달함에 따라 공항 이용객들의 이동 편의성이 지속 향상되며 철도망이 발달된 유럽에서는 철도 분담률 약 15%이고 아시아는 7%이다.[14] 항공시장 확대를 위해 아세안 지역 등에서 역내·외 항공자유화를 추진 중이며 중국은 아세안 지역과 다자간 항공자유화 협정을 체결하였고, 일본은 아세안 8개국과 양자 간 항공자유화 협정 체결('13년 기준)하였다.

12) CAPA, Centre for Aviation with data provided by OAG, 2015

13) Airbus, Global Market Forecast, 2015

14) Ayham Shakra, Passenger Terminal Conference, 2015

바) 주요국 공항개발 정책

(1) 미국

미국은 공항 인프라의 양적인 확대보다 질적인 향상에 초점을 맞춰 공항을 개발하고 있다. 올바른 방향성으로 공항을 개발하기 위해 미연방항공청은 공항개발 종합계획인 국가통합공항체계(NPIAS; National Plan of Integrated Airport Systems)를 계획하고 있으며, 특히 안전, 인프라, 혁신 책임의 4대 분야에서 9대 추진전략을 제시하고 있다. 공항개발에 있어 계획된 규모는 총 16,350개의 공항에 약 350억$(한화 약 49조)에 달하는 공항개발사업을 진행할 것이라고 하며, 공항의 재건축, 시설의 표준화 그리고 수용능력의 확장 및 노후된 터미널의 개선 등 운영 및 투자에 집중[15]하고 있다.

(2) 중국

중국은 전국 민간공항 배치계획(2008년~2020년)에 따라 공항 인프라를 확대하고 있다. 2019년에는 2006년과 비교했을 때 97개의 공항을 추가적으로 건설하여, 총 234개의 공항을 운영 중에 있으며[16], 일대일로(一帶一路) 구상과 연계하여 공항 인프라의 확대를 이어가고 있다. 추가적으로 중국의 경우 국내외 공항시설에 대한 대대적인 투자를 계획 및 진

그림 4-5 중국의 일대일로

15) 재원 다각화의 일환으로 공항에 대한 민영화 프로그램 시범 추진 중

행 중[17])에 있으며, 이는 독립국가연합 지역을 거쳐 유럽까지 이어지는 내륙공항과 아프리카, 중동을 지나 유럽으로 향하는 해안공항을 대상으로 한다.

(3) 영국

영국은 히드로 공항의 국제적인 연결성을 강화하고, 총 59개의 공항과 지역사회 간의 다양한 연계사업을 통해 공항의 사회·경제적 역할 강화에 초점을 둔 공항개발을 진행하고 있다. 특히 Aviation2050을 통한 7대 주요 정책목표(국제적 위상과 연결성 강화, 지속가능한 성장, 지역발전과 지역 연결성, 여객 서비스, 안전과 보안, 일반항공 지원, 혁신과 신기술)를 제시하고 있으며 추진전략 또한 제시 중에 있다(표 4-6 참고).

표 4-6 Aviation2050을 통한 7대 주요 정책목표, 추진전략

정책목표	추진전략
① 국제적 위상과 연결성 강화	· 국제표준 선도 · 신흥공업국과의 국제노선 확대 항공기 산업 시장 자유화 추진 등
② 지속가능한 성장	· 공항개발 및 운영과 관련한 기관의 파트너쉽 구축 확대 · 지역사회 참여 및 이익 공유체계 개선 소음 · 환경오염 규제의 강화 등
③ 지역발전과 지역 연결성	· 히드로 국내노선 확대 · 공공서비스의무(PSO) 확대 지속 · 공항과 지역사회 · 경제 · 교통 연계 강화 등
④ 여객 서비스	· 고객헌장 제정, 취약계층 지원강화 · 출입국 서비스 개선 등
⑤ 안전과 보안	· 리스트 기반 안전관리체계 구축 · 안전 관련 기술 혁신, 비용 절감, 위험요소 완화 등
⑥ 일반항공 지원	· 항공기 종류별 맞춤형 관련 규제 완화 추진 등
⑦ 혁신과 신기술	· 디지털 혁신, 하이브리드 전기 항공기 개발 · 무인항공교통관리(UTM) 관련 기술개발 규제시스템 구축에 대한 필요성의 강조

16) 공항 수 추이 : ('06) 147개 → ('14) 202개 → ('19) 234개

17) 독립국가연합 지역을 거쳐 유럽까지 이어지는 선상에 위치한 내륙공항과 인도를 거쳐 아프리카, 중동, 유럽까지 이어지는 선상에 위치한 해안공항 대상

(4) 일본

일본은 공항정책의 기본방향을 '정비'에서 '운영'으로 변화하고 있다[18]. 97개의 공항을 운영 중에 있는 일본은, 공항 배치가 완료 단계에 진입했으며, 공항의 정비가 아닌 공항의 운영에 초점을 두고 제도와 정책을 운용 중에 있다. 해당 정책의 대표적인 예시로는 지방의 적자 공항에 있어 정부에서 공항 경영개혁을 추진하고 있다는 점과 LCC 시작의 확대를 통해 항공산업 전반의 활성화를 추진하고자 한다[19]는 내용에 있다. 아울러 수도권 공항의 기능을 강화하고자 하고 있으며, 인천국제공항과 나리타·하네다 공항의 역내 경쟁이 여전히 치열할 것이라 전망하고 있다.

표 4-7 일본 공항정책 방향

정책목표	추진과제
① 수도권 공항 기능강화	· 나리타 / 하네다 중심의 수도권 공항 수용능력 확대 등
② 기타 공항 기능강화	· 간사이와 오사카(이타미) 관리·운영 효율화 (신간사이공항 주식회사 경영 통합) · 주부공항 인프라 및 노선 확대 · 후쿠오카와 나하는 에어사이드 중심의 용량 확대 등
③ 공항경영 개혁	· 중앙정부 중심의 공항 관리·운영 체계에서 공항-지역사회 연계 강화로 전환 · 민간 등의 참여를 통한 운영 다각화 등

사) 우리나라 항공여건 분석

2025년 현재 대한민국의 항공산업은 코로나19 이후 빠르게 회복하며 과거 수준을 넘는 항공 수요를 보이고 있다. 인천국제공항의 2025년 1분기 운송·재무 실적에 따르면, 1분기에만 1,860만 명의 국제선 승객을 처리하며 개항 이후 분기 기준 최고 기록을 경신하였고[20], 연간 여객 수는 7,300만 명에서 7,660만 명 수준까지 도달할 것으로 전망된다. 이러한 항공 수요의 증가는 공항 인프라 확장, 혼잡 완화 대책, 운영 효율화 등 다양한 과제를 동반하고 있다. 특히 성수기 및 연휴 기간에는 인천공항을 비롯한 주요 공항에서 혼잡 문

18) * '03년부터 도로·항만·공항정비 장기계획을 사회자본정비 중점계획으로 일원화
* 국내 공항 대부분 적자운영(재정부담) → 민자유치 통한 적자해소 및 운영 효율화 집중

19) Airside와 Landside를 모두 민간에게 위탁하는 등 운영 효율성 도모

20) 인천국제공항공사, 2025년 1분기 운송·재무 실적

제가 심화되고 있어 공항 당국은 수용능력 확대와 교통체계 개선에 나서고 있다.

항공시장의 규모 또한 확대되고 있다. 2025년 기준 한국 항공 시장의 규모는 약 41억 8천만 달러로 추산되며, 2030년까지 연평균 2.42%의 성장률을 기록해 47억 1천만 달러에 이를 것으로 예측된다. 이는 중산층 확대, 전 세계적인 여행 수요 회복, 연료 효율이 높은 신형 항공기의 도입 등에 기인한다. 실제로 대한항공은 보잉 787－9 Dream Liner 등 차세대 항공기를 순차적으로 도입하고 있으며, 티웨이항공은 유럽 및 미주 노선의 취항을 통해 저비용항공사의 장거리 시장 진입을 시도하고 있다. 이러한 흐름은 기존 대형 항공사와 저비용항공사 간의 경쟁을 재편하고, 소비자 선택의 폭을 넓히는 효과를 가져오고 있다.

또한 인천공항과 지방공항 간 접근성을 개선하는 교통체계 구축에 대한 요구도 꾸준히 제기되고 있다. 부산에서 인천공항까지 리무진버스를 이용할 경우 5시간이 소요되고, 광주는 3시간 40분에 달한다. 전국 공항의 평균 접근 시간은 점차 감소하고 있지만, 여전히 무안공항 88분, 울산공항 81분 등 일부 지방공항은 이용권역 내 접근성이 낮아 여객 이용 활성화에 제약으로 작용하고 있다. 이러한 접근성 문제 해결은 공항 이용률 제고와 지역 간 균형 발전을 위해 반드시 해결되어야 할 과제다.

대한항공의 아시아나항공 인수로 항공사 간 구조 재편이 본격화되었으며, 이는 규모의 경제 실현과 허브공항 경쟁력 강화라는 측면에서 긍정적 평가를 받고 있다. 다만 중소항공사나 신생 저비용항공사의 시장 진입과 생존은 더 어려워질 수 있어, 항공산업 전반의 균형 있는 발전을 위한 정책적 고려가 필요하다. 외국인 관광객 유입도 빠르게 회복되고 있다. 2025년 외국인 입국자 수는 약 1,873만 명에 달할 것으로 보이며, 중국의 단체관광 제한 완화 등으로 인해 중국인 관광객의 비중이 다시 증가하고 있다. 이는 국제선 노선 확장과 직결되며, 항공사와 공항의 노선 전략 수립에도 영향을 미치고 있다.

이처럼 대한민국은 항공 수요의 회복과 구조적 변화 속에서 인프라 확충, 인력 양성, 접근성 개선, 항공사 경쟁력 강화 등 다방면에서 균형 있는 발전 전략이 필요한 시점이며, 이를 기반으로 글로벌 항공 시장에서 지속 가능한 경쟁력을 갖추기 위한 노력이 지속되어야 한다.

아) 장래 항공수요 전망

여객은 2015년부터 2035년까지 국내선은 연평균 2.5%, 국제선은 연평균 4.2% 성장

표 4-8 여객, 화물, 운항횟수 전망(단위 : 천 회)

구 분		2015	2020	2025	2030	2035
여객	국내선	2,846	3,603	4,271	4,659	4,652
	국제선	6,183	8,432	10,324	12,493	14,116
화물	국내선	576	801	1,000	1,177	1,176
	국제선	3,519	4,690	5,594	6,636	7,492
운항횟수	국내선	356	487	592	645	645
	국제선	386	516	627	765	865

주1) 국내선은 출·도착이 중복 반영되어 있기 때문에 반값을 취하여 보정함

주2) 화물은 수하물 포함

할 것으로 전망되며 인구변화 등에 따라 성장 속도는 점차 둔화될 것으로 예상된다.

국내선 성장률은 4.8%(2015~2020), 3.5%(2020~2025), 1.8%(2025~2030), 0.0% (2030~2035)이며 국제선 성장률은 6.4%(2015~2020), 4.1%(2020~2025), 3.9%(2025~2030), 2.5%(2030~2035)이다.

화물은 2015년부터 2035년까지 국내선은 연평균 3.6%, 국제선은 연평균 3.9% 성장할 것으로 전망된다.

그림 4-6 여객, 화물, 추이(단위: 만 명)

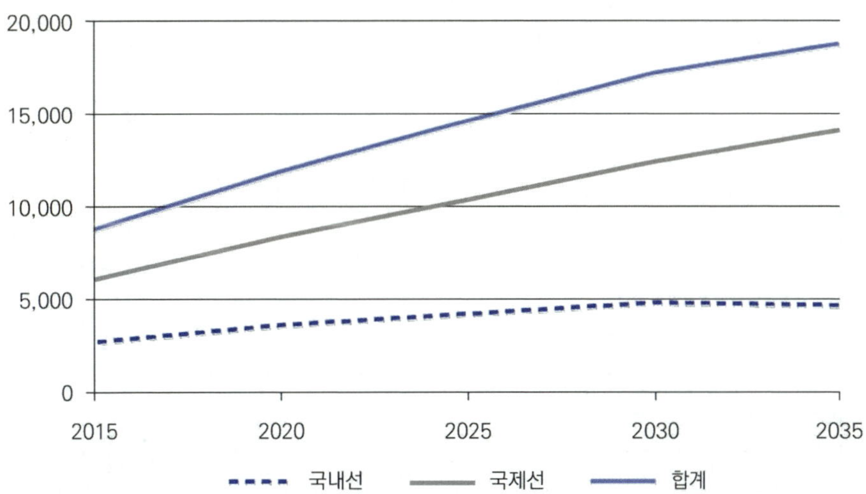

(1) 부문별 항공수요 전망

표 4-9 국내선 항공수요전망(단위 : 천 인, %)

구분	2015	2020	2025	2030	2035	연평균 증가율
합계	56,814	72,066	85,418	93,186	93,042	2.5
인천	561	640	704	741	730	1.3
김포	19,134	24,344	28,866	31,678	31,610	2.5
청주	1,611	1,958	2,257	2,445	2,445	2.1
김해	6,424	7,933	8,802	9,327	9,268	1.8
대구	1,696	2,011	2,277	2,432	2,410	1.8
울산	561	564	557	540	530	-0.3
울릉			859	925	968	-
광주	1,605	1,957	2,223	2,328	2,289	1.8
여수	414	424	425	415	407	-0.1
흑산		766	802	883	895	-
제주	24,244	30,652	36,287	40,000	40,000	2.5
기타	565	818	1,360	1,473	1,490	4.0

표 4-10 국내선 운항횟수(단위 : 천 회, %)

구분	2015	2020	2025	2030	2035	연평균 증가율
합계	365.2	486.6	592.0	644.8	644.8	2.9
인천	4.8	5.5	6.0	6.3	6.2	1.3
김포	122.5	154.1	182.7	200.5	200.1	2.5
청주	10.3	12.6	14.5	15.7	15.7	2.1
김해	44.1	54.3	60.3	63.9	63.5	1.8
대구	11.6	13.8	15.6	16.7	16.5	1.8
울산	5.0	5.0	4.9	4.8	4.7	-0.3
울릉			21.5	23.1	24.2	-
광주	12.3	14.9	17.0	17.8	17.5	1.8
여수	5.5	5.6	5.6	5.5	5.4	0.0
흑산		19.2	20.1	22.1	22.4	-
제주	144.1	194.0	229.7	253.2	253.2	2.9
기타	5.0	7.7	14.2	15.4	15.6	6.0

표 4-11 국제선 각 공항여객횟수(단위 : 천 인, %)

구분	2015	2020	2025	2030	2035	연평균 증가율
합계	61,832	84,324	103,241	124,927	141,158	4.2
인천	48,720	65,970	80,969	98,901	112,551	4.3
김포	4,030	4,450	4,779	4,986	5,119	1.2
청주	508	644	771	888	1,059	3.7
김해	5,958	8,039	10,068	12,809	14,598	4.6
대구	332	449	640	943	1,234	6.8
제주	1,994	4,363	5,503	5,770	5,874	5.6
기타	291	409	512	631	722	4.7

표 4-12 국제선 각 운항횟수(단위 : 천 회, %)

구분	2015	2020	2025	2030	2035	연평균 증가율
합계	388.0	516.0	627.4	764.5	864.7	4.1
인천	300.6	395.6	479.9	590.9	673.0	4.1
김포	20.4	22.1	23.8	24.8	25.5	1.1
청주	3.8	4.8	5.8	6.6	7.9	3.7
김해	43.6	55.8	69.9	88.9	101.4	4.3
대구	2.7	3.6	5.2	7.6	10.0	6.7
제주	14.7	30.9	39.0	40.9	41.7	5.3
기타	2.2	3.1	3.8	4.7	5.4	4.6

3. 공항 후보지 선정

가. 개략적인 부지규모 결정

부지규모를 결정짓는 기준은 다음과 같은 요소이며 이러한 기준에 근거하여 대략적인 부지규모를 설정한다.

① 활주로의 길이

② 활주로의 방향(Wind Coverage)

③ 활주로의 수

나. 후보지 예비조사

① 주변지역의 개발형태(소음문제 등)

② 대기 및 기상조건(안개, 아지랑이 및 연기 등)

③ 지상 접근교통

④ 확장을 위한 토지확보 가능성

⑤ 인접공항 및 공역 이용성(대형공항 간 직선거리 100km 이상 분리되어야 함)

⑥ 주변 장애물(항공법규와 ICAO 규정)

⑦ 경제적 건설

⑧ 공급시설의인입성(상수, 가스, 항공유, 전력, 하수처리장, 소각장, 비상발전설비 등)

⑨ 수요발생지와 접근성(도심에서 20~40km 범위에 위치)

⑩ 토지이용 계획

다. 환경영향평가

① 신공항의 개발과 기존 공항의 확장에서 환경요인이 심층 고려되어야 함

② 미국에서는 공항 및 항로개선법(1982)과 환경정책법(1969)이 요구조건

③ 한국에서는 환경영향평가법의 요구조건

④ 항공기 소음은 공항개발에서 가장 심각한 환경문제

라. 후보지 비교검토

이 단계에서 실내조사 및 현장조사 결과를 활용하여 후보지의 수를 제거시킴

마. 개략적 계획수립

① 장애물 조사를 포함한 현지조사

② 각 후보지에 대한 개략적인 공항배치계획 수립

③ 접근도로/도심과의 통신/주변지역의 통제계획/공항수면기간중의 지가 상승률/예상되는 단계별 경비지출 등을 포함한 건설비와 운영경비를 개략적으로 산출

바. 최종평가

몇 개의 후보지가 비슷한 수준으로 평가되었다면, 결론에 도달하기 전에 여러 요인에 대한 가중치를 두고 평가해야 한다. 예를 들면 경제성분석과 같은 내용으로 사업에 대한 분석을 해보고 예상되는 공항수명기간에 대한 경비를 분석함으로써 사업의 필요성과 후보지 선정에 지침이 되도록 한다.

사. 보고 및 건의

도면 등 각종자료가 포함된 포괄적인 보고서를 작성하며, 이보고서에는 후보지의 조사 및 평가결과, 장단점 분석에 의한 후보지별 순위와 특정 후보지의 선정사유 및 향후에 조치를 하는 건의사항 등이 포함되어야 한다.

section 02 공항기본계획(Airport Master Planning)

- 기존 시설의 대규모 확장과 신공항건설에 사용
- FAA의 기본계획의 목표 : 정적으로 타당한 방법에 의거 항공수요를 충족시키는 미래의 공항개발에 대한 지침을 제공하고, 또한 그 사회에 존재하는 항공, 환경 및 사회경제적 이슈를 해결하는 것

1. 공항기본계획의 목적

① 공항의 향후 개발과 공항주변의 토지이용계획에 대한 효과적인 도식적 보고서를 제공

② 계획에 입안된 개발의 시행, 특히 단기 수행프로그램을 위한 실현성 있는 스케줄을 작성

③ 시행공정을 지원하기 위한 실현성 있는 재정 계획을 제안

④ 공공의 이해를 위하여 설득력 있고 솔직한 방법으로 계획이 시·도 및 정부의 규정을 만족시키고, 사회적 이슈를 적절히 설명

⑤ 상호 토의에 참고하기 위하여 정책과 미래 항공수요에 대한 지출, 차입, 토지이용통제(토지의 용도지정, 개발규정 및 항행에 지장이 될 수 있는 장애물 설치 제한) 등에 대한 이론적 보고서를 작성

⑥ 계획절차를 계속하기 위한 골격의 작성과 단계를 결정

2. 계획의 등급

① 미국에서의 공항계획은 다른 교통수단 및 포괄적 토지이용 계획에 조화되고, 전반적인 교통수요에 부합되며, 여러 단계의 정부절차에 의해 수행된다.

② 한국의 공항계획은 중앙정부가 매 5년마다 공항개발 중장기 기본계획을 일괄적으로 수립하며, 국토교통부 공항당국에서 전국차원의 통합된 시스템 계획을 수립하고, 또한 각 공항에 대한 기본계획을 작성하며, 이 결과를 이용하여 지방항공청 및 공항공사는 실시설계와 공사시행 및 공항운영을 담당한다.

3. 공항기본계획의 요소(FAA의 규정)

① 조직 및 사전계획

② 기존상태와 이슈의 현황조사

③ 항공수요 추정

④ 소요시설 분석 및 개념개발

⑤ 공항 후보지 선정

⑥ 환경적 절차 및 분석

⑦ 모의분석(Simulation)

⑧ 공항계획

⑨ 시행계획

가. 현황조사

현황조사는 기존시설의 특성과 규모를 공항계획자가 완전히 이해할 수 있을 정도의

자료를 수집하는 것이다. 모든 가능성이 있는 후보지에 대하여 계획자는 다음과 같은 자료를 필요로 한다.

① 후보지의 물리적, 환경적 특성
② 가까운 인근에 어떤 기존 공항의 존재여부(특성, 규모, 교통량)
③ 공역구조와 그 지역에서 항공교통관제 상태
④ 항공보안시설 이용성 및 위치
⑤ 후보지 및 후보지 영향지역의 현재 및 예정된 토지이용계획
⑥ 공급시설, 학교, 병원 및 기타 사회간접자본의 위치
⑦ 예정하고 있는 공항개발계획

나. 항공수요 추정

보통 5년 10년 및 20년 후의 여객수요는 물론 항공기 운항횟수와 화물수요를 연간 및 피크시간 단위로 추정할 필요가 있다.

다. 시설 소요분석

① 수요와 시설용량 분석
② 시설소요
③ 공역 및 항공교통관제
④ 대안의 검토

라. 공항후보지 선정

기본계획 과정에서 FAA 후보지 선정 분석에 대한 최소한의 요건

① 운영용량 : 공역, 장애물, 기상
② 개발 잠재력 : 기상, 가용 토지의 크기, 건설 적합성
③ 지상 접근 : 수요지와의 거리, 지역의 고속도로 시설, 대중교통 형태, 주차가능성
④ 개발 경비 : 지형, 지가, 토질 및 암석의 상태, 기상, 토지의 가치, 공급시설의 이용가능성
⑤ 환경 문제 : 항공기 소음, 생태계에 미치는 영향, 공기오염, 수로변경 영향, 지역 토지이용의 변경, 위협받는 생체의 종족 또는 문화재

⑥ 사회경제적 요인 : 직장과 주거지역의 이전, 고용패턴의 변화, 세원의 변경, 새로운 공공서비스 요건

⑦ 광역계획과의 일치 : 토지이용에 미치는 영향, 지역 및 광역수준에 포괄적인 토지이용과 교통계획에 미치는 영향

마. 환경적 절차 및 분석

환경영향에 대한 고려사항

① 소음

② 사회경제적 영향

③ 인공 환경에 대한 영향

④ 공기오염

⑤ 수질오염

⑥ 생물군계

⑦ 기타 고려사항 : 범람원, 해안지역, 해안방벽 등

바. 배치계획

공항배치 시 고려사항

① 활주로의 수 및 방향

② 유도로의 수 및 형태

③ 계류장의 크기 및 형태

④ 사용 가능한 토지의 면적 및 형태

⑤ 지형 및 지질조건

⑥ 항행 장애물(장애구릉, 인공 장애물)

⑦ 공항부지 내 토지이용 상 상호 접근성

⑧ 주변의 토지이용

⑨ 공항의 단계별 개발 규모와 시기

⑩ 기상

⑪ 계획된 공항시설의 크기와 등급

사. 기본계획에 필요한 자료

1) 수요 및 교통

- 최근 10년 이상의 연간 여객 수, 항공기 운항횟수
- 최근 5년 이상의 월별 여객 수, 운항횟수
- 최근 5년 기간 중 피크 10일의 시간당 여객 수 또는 피크 월의 평균일의 피크시간 여객 수 또는 연간 피크시간 40번째까지의 여객 수
- 현재 및 미래 15년 이상의 항공기 혼합율 등

① 환경자료

- 지역의 계획 규정
- 지역 및 국가의 소음 규정 등

② 물리적 기준

- 기상자료
- 공항주변 약 30km 지역의 지형
- 기존 접근교통 방법의 서술 및 분포
- 공항 시설 및 건물에 대한 자료 등

③ 일반자료

- 공항부지 주변의 기타교통 및 주요개발계획
- 상업, 관광, 산업 및 정부시행 개발계획

④ 항행

- 홀딩스택, 접근, 오접근, 이륙 및 상승 절차 등

⑤ 재정

⑥ 건설

그림 4-7 공항기본계획 - 준비 단계

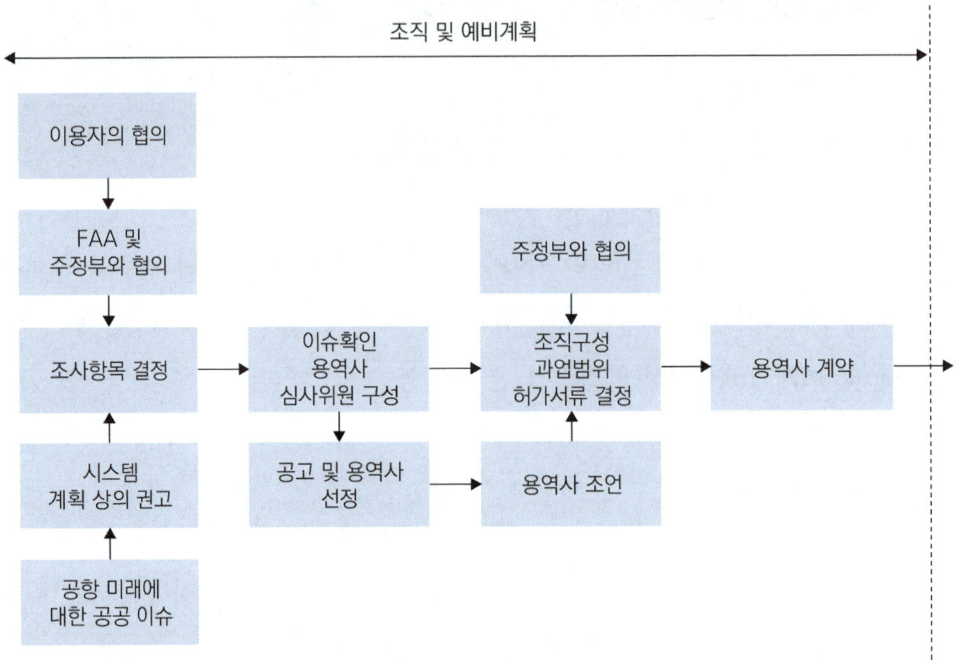

그림 4-8 공항기본계획 - 1단계

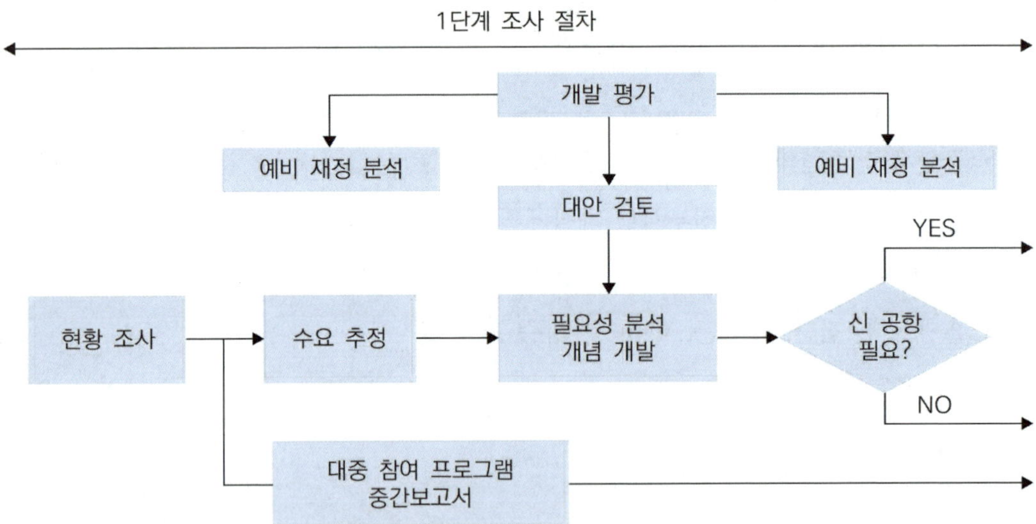

그림 4-9 공항기본계획 - 2단계

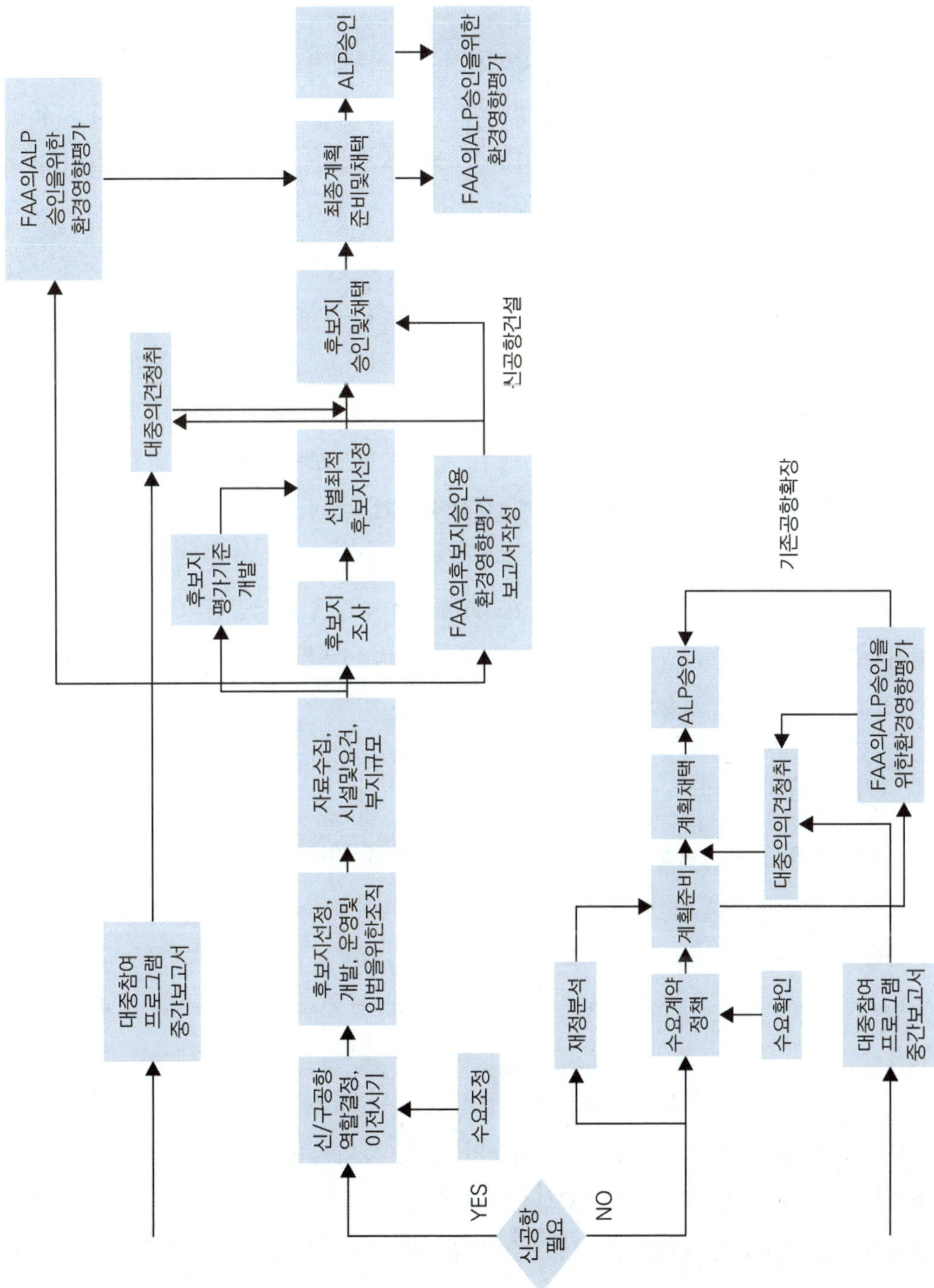

4. 항공수요

공항계획은 수요추정과 이에 따른 시설규모의 결정으로 시작되며, 공항을 계획하기 위해 여러 가지 항목별로 수요를 추정해야 한다. 항공분야에서는 여러 가지 사유로 수요추정을 하고 있는바, 광범위하고 거시적인 수요추정이 항공기 및 장비 제작회사, 항공사업자 및 정부조직 등에 의하여 항공장비/여행추이/관제요건 등에 대한 시장조사를 위하여 시행되고 있다. 또한 미시적 추정은 특정지역 및 공항에서 이런 필요성을 도출하기 위하여 수요가 추정된다. 공항계획과정 초기부터 이와 같은 두 가지 수준을 고려해야 한다. 거시적 수요추정은 국가 또는 수도권 등의 수요추정이고 총여객마일/총탑승여객수/항공기 운항횟수 등을 주로 추정한다. 미시적 추정은 각 공항별 또는 특정 노선별 추정이고, 공항계획을 위하여 그 공항의 출발도착여객수, 출발도착 교통량, 항공기 운항횟수 등 다양한 내용을 다룬다. 수요는 보통 연간 수요를 추정하고, 이를 다시 공항계획을 위하여 피크시간 수요로 분해시킨다. 거시적인 수요추정에서는 지형, 경제, 산업 및 지역특성 등과 관련하여 전체 공항시스템을 검토하는 것이고, 미시적 추정은 지역공항의 예상수요를 검토하여 적정수준의 서비스를 제공하기 위한 Airside, Landside 및 터미널시설 등 필요한 개발규모를 산출하기 위하여 사용된다.

가. 수요예측방법

항공수요를 예측하는 방법으로는 크게 주관적 견해를 사용하는 방법과 과거자료를 이용하여 예측에 필요한 경험적 법칙을 적용하여 분석하는 방법으로 나누어 볼 수 있다. 전자는 정성적 방법(Qualitative Method)에 해당되고 후자는 정량적 방법(Quantitative Method)으로써 시계열 분석(Time-series Projection)과 인과분석법(Causal Method)으로 대표된다.

정성적 방법은 자료가 불충분하거나 신뢰할 수 없는 경우와 분석시간이 부족한 경우 유용하게 사용될 수 있는 방법으로 최근의 경제·사회적 동향과 수요의 패턴을 반영하여 수요를 예측할 수 있는 장점이 있으나 예측이 주관에 치우쳐 그에 따른 논리성 미약의 단점을 가지고 있다. 상대적으로 정량적 방법은 과거자료에 포함된 정보를 이용하여 예측에 필요한 경험적 법칙을 추정함으로써 객관적 예측이 가능하지만, 사회·경제여건의 변화를 반영하기 어려운 단점이 있다. 또한, 일반적으로 과거에 대한 정보가 존재하고 이 정보의

표 4-13 정성적 방법과 정량적 방법의 비교

구 분	정성적 방법	정량적 방법
특 징	• 최근의 수요동향, 경제적 · 사회적 여건 변화 등에 근거하여 주관적인 사고를 바탕으로 수요를 예상	• 과거자료를 바탕으로 수학적(통계적) 기법을 이용하여 결과를 산출
장 점	• 최근의 동향이나 변화를 민첩하게 반영 • 데이터로 표현할 수 없는 사실까지 활용 가능 • 상대적으로 신속한 예측가능	• 수학적인 근거를 갖고 있기 때문에 외부의 이해와 동의를 얻기 용이
단 점	• 과학적 근거의 결여 • 상세하고 장기적인 문제에 관한 예측 곤란	• 데이터가 불완전한 경우 결과의 왜곡 가능성 • 정책변수나 사회경제적 여건의 변화 반영이 미흡

대표적 분석기법	• 경영자의 판단
	• 시장연구방법
	• 델파이 기법
		• 시계열분석
		• 인과분석법
		  - 회귀분석
		  - 중력모형

양적인 자료화가 가능하며 과거의 패턴이 미래에도 지속된다는 조건이 만족될 때 적용할 수 있다는 제한이 있다.

정성적 방법과 정량적 방법은 세부 방법에 따라 다시 구체적으로 분류할 수 있다

1) 정성적 방법

제시하는 주체와 분석방법에 따라 경영자의 판단(Executive Judgement), 시장연구방법(Market Research), 델파이 기법(Delphi Techniques)등으로 세분된다.

가) 경영자의 판단

경영자의 판단은 항공사에서 가장 광범위하게 이용되고 있는 방법의 하나로 해당시장에 대한 축적된 경험과 지식을 바탕으로 수요를 예측하는 것인데 실제로는 주로 정량적인 예측기법을 수정하고 이를 현실에 맞게 적용하는데 많이 사용된다. 비록 과학적인 방법이라 할 수는 없지만 수요관련 요인을 파악하고 있는 경영자가 시장에 대한 최근의 수요동향, 경제적·사회적 여건의 변화 등을 고려하여 수요를 예측하는 것이 단기적인 경우 오히려 미래 실제치에 근접할 수 있다. 이 때문에 많은 항공사들은 자료에 기반한 예측보다 일부 중요 중역 또는 경영자의 평가와 수정안을 중시한다.

나) 시장조사기법

시장 및 산업조사에 의한 항공수요 예측은, 여러 소비자들과 산업부문들의 항공교통 이용에 대하여 실증적으로 조사하고 항공운송시장의 특성을 분석하는 것을 그 목적으로 한다. 항공운송시장의 특성에 대한 조사결과는 사회경제적 변화에 대한 전망과 더불어 앞으로의 항공교통 발전 방향을 제시하는데 도움을 줄 수 있다. 일반적으로 시장조사기법은 조사 집단에 속한 사람의 직업, 소득 및 교육 등의 수준과 항공수요의 특성을 분석하는 방법을 통하여 수요를 예측하게 된다. 실증적인 시장조사기법은 개발도상국들처럼 항공교통의 수요자들이 특수한 계층에 속한 사람들이 더 효과적으로 이용될 수 있다. 예를 들어 관공서나 몇몇 산업체, 일부 관광여행사들이 항공교통의 주수요자들인 경우, 앞으로 이들의 항공수요 변화전망만 조사하면 항공수요의 예측은 보다 쉽게 이루어질 수 있기 때문이다. 항공사에서 실시하는 시장조사는 주로 자사 승객의 욕구와 특성을 파악하기 위하여 사용되는데 그 결과는 인구와 경제예측지표와 함께 미래의 항공수요를 예측하는데 이용된다. 시장조사방법에는 승객에 대한 설문조사, 호텔과 여행업계의 분석, 회사업무여행자에 대한 각 기업체의 태도분석, 상업적 거래의 분석 등이 포함된다. 특히 데이터가 미흡하거나 신뢰할 수 없는 경우에 시장분석법이 효과적이므로 신설노선 또는 화물수송량이 적은 노선의 항공화물수요예측에서는 다른 기법에 비하여 상대적으로 시장연구방법이 유리하다고 볼 수 있다.

다) 델파이 기법

델파이 기법은 직관적 예측방법의 하나로서, 해당 분야 전문가들의 의견이나 판단을 종합하여 미래를 예측하는 기법이다. 이 방법은 먼저 예측하고자 하는 주제를 구체화한 질문지를 작성하고 이에 관련된 전문가들을 선정하여 수요성장에 대한 예측치를 요구한다. 그리고 1차 응답 내용을 정리하여 종합예측치를 얻은 후 최초의 응답자들에게 알려주어 수정 후 예측치의 동의 또는 합의에 이르는 과정을 거친다. 국제항공운송협회(International Air Transport Association; IATA)가 이 방법에 의한 지역별 수요예측을 매년 발표하고 있다. 이 외에도 미래에 일어날 수 있는 여러 상황의 순서를 가설적으로 전개시키고 주관적 확률을 도입하는 방법으로 인과분석과 함께 많이 사용되는 시나리오(Scenario) 기법이 있다. 이 방법은 인과분석에서 필요한 독립변수의 예측값을 가정에 따라 여러 가지로 나누어 사용하고 다양한 결과를 얻게 된다. 예를 들어 항공여객수요가 경제성장률에 의해 영향을 받을 때 향후 경제성장률을 고성장, 저성장등 다양하게 적용하여 상황에 따라 여러 가지 결과를 산출할 수 있다.

2) 정량적 방법

정량적 예측방법은 과거에 대한 정보가 존재하고 이를 양적으로 나타낼 수 있으며 과거의 패턴이 미래에도 지속될 것이라는 가정이 성립할 때 적용된다. 정량적 예측을 위해 설정되는 모형에는 예측값이 예측의 대상이 되고 있는 과거의 자료나 오차에 의해서만 의존한다고 가정하는 시계열분석 모형과 예측될 변수가 하나 또는 그 이상의 변수들과 인과관계를 갖는다고 가정하는 인과분석 모형이 있다.

가) 시계열 분석

시계열분석을 통한 예측은 그 변수의 과거 행태 내지 관측치로부터 일정한 패턴을 발견하여 미래에도 그러한 패턴이 특성을 잃지 않고 반복될 것이라는 가정 하에서 모형을 확립하여 예측하는 방법이다. 즉 시계열모형은 항공여객수요를 예측하기 위하여 단지 과거 항공여객수요의 변동 내용과 변동 유형을 활용하게 된다. 이처럼 단순한 방법이 예측에서는 아주 유용한 방법이 되는 경우가 많다. 시계열 분석에서 미래 예측을 수행하는 기본방법론은 우선 과거 관측치들의 장기적 추세나 변동의 유형을 활용하는 전통적인 방법에서 유래한 것으로 관측치들의 변동내용을 가장 비슷하게 재현할 수 있는 수리적 함수모형을 찾아낸 다음 장기적 변동방향, 즉 추세치를 찾는 것이다. 확립된 시계열모형은 특정한 자료의 집합에 모형이 얼마나 적합한가에 전적으로 평가된다.

시계열 분석에는 선형, 지수곡선형, 포물선형, 로지스틱곡선형, 콤페르츠곡선형등이 있는데 항공사 수요예측에는 일반적으로 선형 추세분석(Linear trend projection), 지수형 추세분석(Exponential trend projection), 포물선형 추세분석(Parabolic trend projection) 기법이 많이 이용되고 있다.

(1) 선형 추세분석

선형추세 예측은 시간의 경과에 따라 변화하는 수송량의 추세를 선형이 가장 잘 나타내주고 수송량은 각 기간에 동일한 양으로 증가한다는 가정 하에 진행된다. 이 기법은 시계열 자료에 가장 잘 부합되는 직선을 구하는 것으로서, 다른 수학적 기법을 이용할 수도 있지만 일반적으로 최소자승법을 이용하여 직선을 그리게 된다. 추정식은 다음과 같이 나타낼 수 있다.

$$Y = a + bT$$

Y: 수송량, T : 기간, a : 상수, b : 증가수

이 식은 여객수 a로 시작하여 매년(T) b만큼 수송량이 증가하는 것을 나타내고 있다. 추세예측법은 단순하여 이용하기 쉬운 장점이 있으나 자료에 큰 변동없이 어떤 규칙성을 보이는 경우에만 사용될 수 있다.

(2) 지수형 추세분석

지수형 추세분석은 교통량 증가율이 일정한 경우에 해당된다. 증가량의 절대값은 해가 갈수록 증가하지만 전년대비 증가율은 일정한 경우에 이와 같이 나타나기 때문이다. 즉, 지수함수형을 방정식으로 표현하면 다음과 같다.

$$Y = a(1+b)^T \Rightarrow \log Y = \log a + T\log(1+b)$$

Y: 수송량, T : 기간, a : 초기수송실적, b : 평균성장률

(3) 포물선형 추세분석

포물선형 추세분석은 데이터가 선형보다는 한 점을 기점으로 방향이 전환되는 곡선의 형태를 보일 경우 유용하게 사용될 수 있다.

$$Y = a + bT + cT^2$$

Y: 수송량, T : 기간, a, b, c : 상수

(4) 로지스틱 곡선형과 콤페르츠 곡선형

몇 개의 항공노선 또는 항공시장은 몇 년간 급격한 성장을 이룬 후 일정수준에 도달하면 수송량의 성장이 정체되는 경우가 있는데 이러한 안정수준은 어떤 의미에서 시장이 성숙단계에 도달한 것이라고 가정되곤 한다. 만약 이러한 현상이 발생하는 경우 과거 수송량 추세는 로지스틱 곡선이나 콤페르츠 곡선처럼 상한에 점차로 근접해 가는 성장곡선

이 적합하다. 이 두 개의 곡선은 모두 S자형을 그리며, 시장이 성숙단계에 가까워지면 수송량의 성장이 절대적으로도 상대적으로도 체감해 간다. 그러나 실제적으로 항공 운송수요의 경향이 이러한 형태를 보이는 경우는 매우 드물다.

$$Y = \frac{k}{1 + me^{aT}} \quad \text{(Logistic Trend, 로지스틱형)}$$

$$Y = ab^{-cT} \text{ 또는 } \log Y = \log a - c^{T}\log b \quad \text{(Gompertz Trend, 성장한계곡선)}$$

Y: 수송량, T : 기간, a, b, c, m, k : 상수

나) 인과분석

시계열분석에 의한 항공여객수요예측방법은 다양한 경제적, 사회적 그리고 운영상의 조건들이 수송량의 증가에 미치는 영향을 고려하지 못한다. 그러나 인과모형에 의한 예측방법은 수송수요와 이에 영향을 미치는 중요한 요소나 변수사이에 인과관계가 존재한다고 보고 있다.

따라서 인과분석은 과거의 자료에서부터 이들 간의 인과적 연관성을 추정하여 미래에도 그러한 관련성이 지속될 것이라는 가정 하에 미래값을 예측하는 방법으로서 인과분석모델(Causal Models)에 의한 수요예측에서는 중력모형(Gravity Model)과 회귀분석모형(Regression Model)을 이용할 수 있다.

(1) 중력모형

중력모형(Gravity Model)은 도시와 도시 간 또는 공항과 공항간의 노선수요를 예측하는데 주로 사용된다. 이 모형은 기본적으로 두 지역 간의 항공교통량이 이들 지역인구의 곱에 비례하고, 이들 지역 간의 거리에 반비례한다는 가정에서 출발한다.

$$Yij = K(PiPj/Dij)$$

Yij : 두 도시 i 와 j 간의 수송량, K : 상수

Pi 및 Pj : 두 도시의 인구, Dij : 두 도시간의 거리

등식의 분자인 인구는 교통량을 발생시키는 변수들이고, 분모인 두 도시간의 거리는

교통량의 발생을 억제하는 변수가 된다. 이 등식은 간단한 인과모형으로 인구의 크기와 거리를 교통량의 흐름에 영향을 미치는 독립변수로 설정하고 있다. 중력모형이 발전되어 감에 따라 교통량을 발생시키는 요인과 억제하는 요인들이 수정되면서 모형은 더욱 복잡하여지고 있다. 예를 들어 단순한 인구수를 수정하여 구매력, 인구에 대한 경제활동 특성 등을 고려하는 방법 등이 사용되고 있다.

(2) 회귀분석모형

회귀분석(Regression Analysis)은 하나의 변수인 종속변수가 하나 또는 그 이상의 변수인 독립변수에 어떻게 의존하고 있는가를 분석하거나 고정된 값을 취하는 독립변수를 통하여 종속변수의 모평균값을 추정하고 예측하는 것이다. 회귀분석모형은 독립변수의 수에 따라 단순회귀분석모형과 다중회귀분석모형으로 나눌 수 있다.

단순회귀분석은 하나의 독립변수와 하나의 종속변수의 관계를 분석하는 것인데 항공수요에 관한 회귀분석에서 가장 빈번히 채택되는 독립변수는 1인당 국민소득을 들 수 있다.

$$Y = f(X) \qquad Y: \text{수송량}, \quad X: \text{독립변수}$$

다중회귀분석은 두 개 이상의 독립변수와 하나의 종속변수사이의 관계를 분석하는 모형이다. 일반적으로 단순회귀분석보다는 다중회귀분석의 적용이 보다 적절한 경우가 대부분이다. 종속변수를 단 한 개의 독립변수만으로 설명하는 경우에 비해 추가적인 독립변수를 도입할 경우 오차항의 값은 축소되어 통계적 추론에 있어 보다 정확성을 기할 수 있다.

수요를 사회경제적인 변량의 함수로 파악하는 일반적인 형태의 다중회귀분석모형을 단순하게 표현하면 다음과 같다.

$$Y = f(X1, X2, X3, \cdots Xn) \qquad Y: \text{수요량}, \quad X: \text{독립변수}$$

추정된 회귀식은 적합도(goodness of fit)와 유의도(significance) 검정이 필요하다. 적합도는 표본 회귀선이 표본 관측치들을 얼마나 잘 설명하는가를 검정하는 것으로 결정계수

R2를 통해 검증할 수 있는데 0과 1사이의 값을 가지는 이 수치가 높을수록 표본 회귀선의 설명력이 높다고 본다. 결정계수값이 높다고 하더라도 유의성이 낮아 추정된 계수의 값이 거의 0에 가깝다면 종속변수와 독립변수의 관계의 의미가 상실될 수 있기 때문에 t검정을 통해 유의성을 검정할 필요가 있다. 또한 이분산, 자기상관, 다중공선성 여부 등 회귀분석의 기본적 가정이 충족되지 않아 발생하는 문제를 살펴보고 교정하는 것이 필요하다. 이러한 과정을 통하여 도출된 함수식을 통하여 주어진 독립변수의 값을 기초로 항공수요를 예측하게 된다. 따라서 계량경제학적 수요예측의 정확성은 추정된 모형뿐만 아니라 예측모델에 포함되어 있는 독립변수 예측의 정확성에 의해서도 크게 좌우된다.

표 4-14 항공수요예측기법 분류

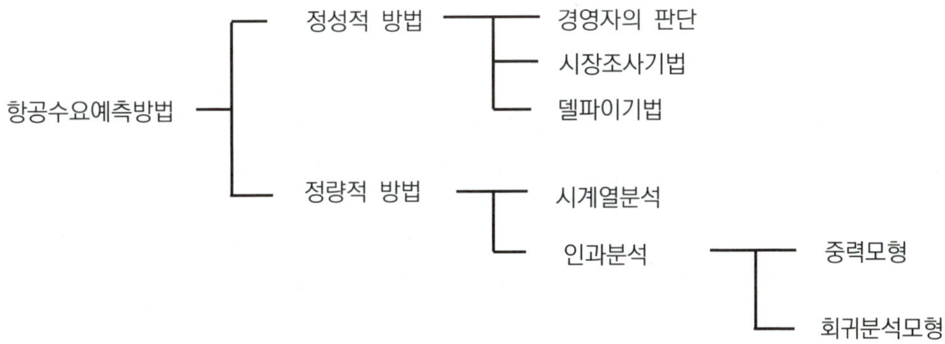

Chapter 5

공항의 에어사이드

section 01 공항의 운영을 통한 구분

공항의 구성은 운영을 기준으로 구분하면 Airside와 Landside로 구분할 수 있다. Airside는 항공기가 이동하는 지역으로 이와 관련된 시설이 설치되어 있으며, Landside는 여객과 화물이 이동하는 지역이다. 공항과 관련된 객체간의 유기적인 시스템측면에서는 항공사와 이용객을 공항의 구성하는 요소로 포함하기 때문에 더욱 다양하게 구분된다. 항공법에서는 공항의 시설을 기본시설과 지원시설로 구분하여 그 구성 요소를 정하고 있다.

1. 공항시설법상의 공항시설 구분

공항시설법 시행령 제3조(공항시설의 구분)

법 제2조제7호 각 목 외의 부분에서 "대통령령으로 정하는 시설"이란 다음 각 호의 시설을 말한다.

1. 다음 각 목에서 정하는 기본시설

  가. 활주로, 유도로, 계류장, 착륙대 등 항공기의 이착륙시설

  나. 여객터미널, 화물터미널 등 여객시설 및 화물처리시설

  다. 항행안전시설

  라. 관제소, 송수신소, 통신소 등의 통신시설

마. 기상관측시설

바. 공항 이용객을 위한 주차시설 및 경비·보안시설

사. 공항 이용객에 대한 홍보시설 및 안내시설

2. 다음 각 목에서 정하는 지원시설

가. 항공기 및 지상조업장비의 점검·정비 등을 위한 시설

나. 운항관리시설, 의료시설, 교육훈련시설, 소방시설 및 기내식 제조·공급 등을 위한 시설

다. 공항의 운영 및 유지·보수를 위한 공항 운영·관리시설

라. 공항 이용객 편의시설 및 공항근무자 후생복지시설

마. 공항 이용객을 위한 업무·숙박·판매·위락·운동·전시 및 관람집회 시설

바. 공항교통시설 및 조경시설, 방음벽, 공해배출 방지시설 등 환경보호시설

표 5-1 공항시설법에 의한 공항시설 분류

분 류	주 요 시 설
기본시설	- 활주로 · 유도로 · 계류장 · 착륙대 등 항공기의 이 · 착륙 시설 - 여객터미널 · 화물터미널 등 여객 및 화물처리 시설 - 항행안전 시설 - 관제소 · 송수신소 · 통신소 등의 통신 시설 - 기상관측 시설 - 공항이용객 주차시설 및 경비보안 시설 - 이용객 홍보 및 안내 시설
지원시설	- 항공기 및 지상조업장비의 점검 · 정비 등을 위한 시설 - 운항관리 · 의료 · 교육훈련 · 소방시설 및 기내식 제조공급 등을 위한 시설 - 공항의 운영 및 유지보수를 위한 공항운영 · 관리 시설 - 공항 이용객 편의시설 및 공항근무자 후생복지 시설 - 공항 이용객을 위한 업무, 숙박, 판매, 위락, 운동, 전시 및 관람집회 시설 - 공항교통시설 및 조경 · 방음벽 · 공해배출방지시설 등 환경보호 시설 - 상하수도시설 및 전력 · 통신 · 냉난방 시설 - 항공기 급유 및 유류저장 · 관리 시설 - 항공화물의 보관을 위한 창고 시설 - 공항의 운영 · 관리와 항공운송사업 및 이와 관련된 사업에 필요한 건축물에 부속되는 시설
기타시설	- 도심공항터미널 - 헬기장 안에 있는 여객 · 화물 처리시설 및 운항지원 시설 - 공항구역 내에 있는 「자유무역지역의 지정 및 운영에 관한 법률」 제4조의 규정에 의하여 지정된 자유무역지역에 설치하고자 하는 시설로서 당해 공항의 원활한 운영을 위하여 필요하다고 인정하여 국토해양부장관이 지정 · 고시하는 시설 - 기타 국토교통부장관이 공항의 운영 및 관리에 필요하다고 인정하는 시설

사. 공항과 관련된 상하수도 시설 및 전력·통신·냉난방 시설

아. 항공기 급유시설 및 유류의 저·관리 시설

자. 항공화물을 보관하기 위한 창고시설

차. 공항의 운영·관리와 항공운송사업 및 이와 관련된 사업에 필요한 건축물에 부속되는 시설

카. 공항과 관련된 「신에너지 및 재생에너지 개발·이용·보급 촉진법」 제2조제3호에 따른 신에너지 및 재생에너지 설비

3. 도심공항터미널
4. 헬기장에 있는 여객시설, 화물처리시설 및 운항지원시설
5. 공항구역 내에 있는 「자유무역지역의 지정 및 운영에 관한 법률」 제4조에 따라 지정된 자유무역지역에 설치하려는 시설로서 해당 공항의 원활한 운영을 위하여 필요하다고 인정하여 국토교통부장관이 지정·고시하는 시설
6. 그 밖에 국토교통부장관이 공항의 운영 및 관리에 필요하다고 인정하는 시설

Airside와 Landside로 구분되는 공항시설은 다음과 같이 관련된다.

표 5-2 공항시설의 구성 및 연관관계

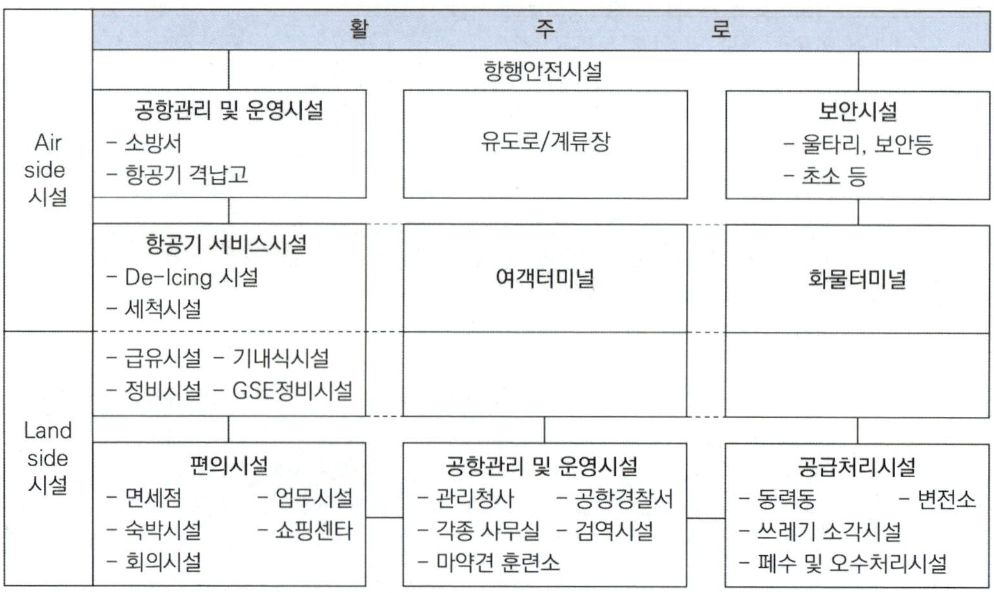

그림 5-1 공항 구조도

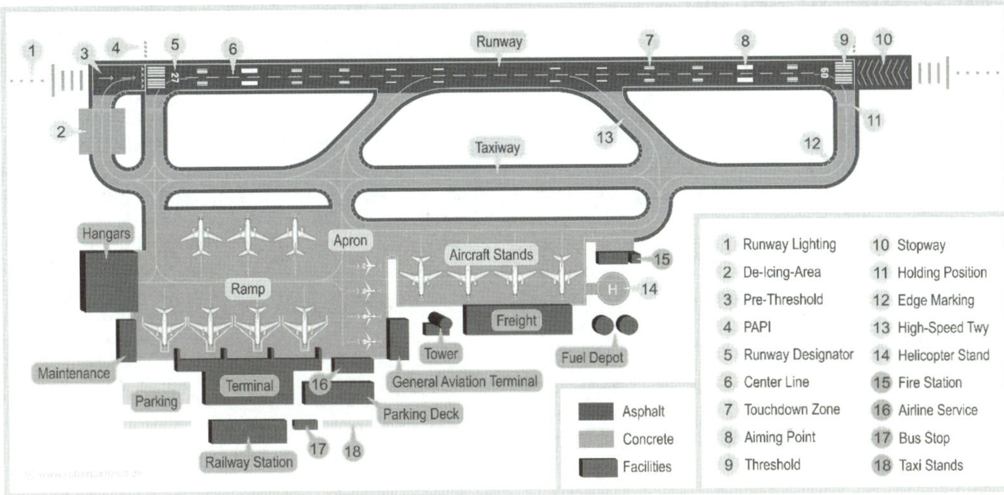

그림 5-2 공항의 에어사이드와 랜드사이드 구분도

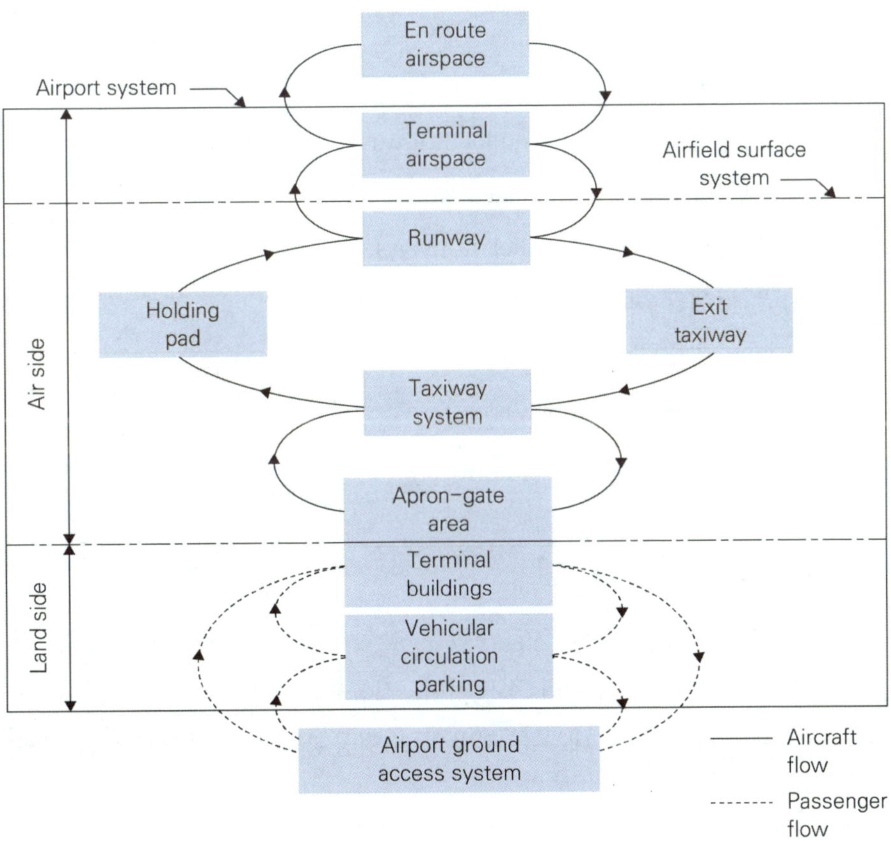

2. 항공기이동지역(Airside)

가. 활주로(Runway)

육상 공항에 항공기의 이륙과 착륙 활주를 위해서 준비된 한정된 직사각형 지역을 말하며, 일반적으로 활주로는 자북 방향과 관련해서 일자리는 반올림하여 번호를 부여한다.(예 활주로 01, 활주로 25.) 활주로의 결정에 영향을 미치는 요소는 지역기상조건, 특히, 풍향, 풍속, 비행장 및 주변지역의 지형학적인 조건, 항공교통과 항공기의 종류, 성능, 소음 등이 다양하다.

1) 활주로의 기본 형태

여러 형태의 활주로 구성이 있는데, 대부분 몇 개의 기본구성의 조합으로 이루어지며, 기본구성은 단일활주로, 평행활주로, 교차활주로, 벌어진 V자형 활주로 등이 있다.

- 단일활주로(Single Runway)
- 평행활주로(Parallel Runway)
  - 근간격 평행활주로(Close Parallel Runway)
  - 중간격 평행활주로(Intermediate Parallel Runway)
  - 원간격 평행활주로(Far Parallel Runway)
  - IFR 독립 평행활주로/IFR 비독립 평행활주로
  - Dual−lane 활주로 등
- 교차활주로(Intersection Runway)
- 벌어진 V자형 활주로(Open−V Runway)

가) 단일활주로(Single Runway)

한 개의 활주로를 가지고 있으며 시간당 운항능력은 시계비행 조건일 때 시간당 50~100회, 계기비행일 때 50~100회 정도이며, 기종별, 항행시설별, 관제능력별, 공역제한 등에 따라 다르게 나타난다. 대부분 지방의 소형공항이 단일활주로로 구성되어 있다.

그림 5-3 단일활주로(Single Runway)

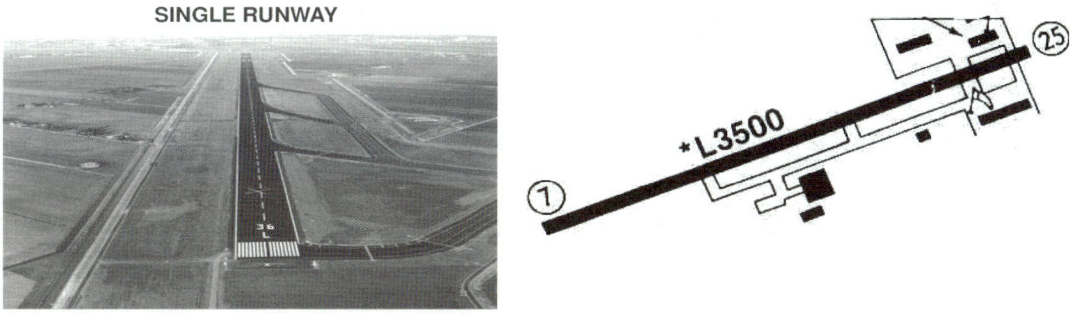

나) 평행활주로(Parallel Runway)

2개 이상의 활주로가 서로 평행하게 있는 형태로 평행활주로 수용능력은 활주로 간격과 활주로 수에 따라 다르게 나타난다. 즉 활주로 중심 간격을 기준으로 하여 근간격, 중간격, 원간격 활주로로 분류하며 대형공항들은 이를 조합하여 운영하고 있다.

항공기 등급에 따라 다르지만 근간격의 경우 최소 210m 이상 760m 미만이며 중간격은 760m 이상 1300m까지 원간격은 1300m 이상의 간격이다.

또한 IFR 독립평행활주로는 계기비행규칙이 적용되는 경우에도 다른 활주로의 운항에 관계없이 독립적으로 운항할 수 있는 원간격 평행활주로를 말하며, Dual-lane 활주로는 적절한 고속탈출유도로를 갖춘 근간격 평행활주로를 말한다.

그림 5-4 평행활주로(Parallel Runway)

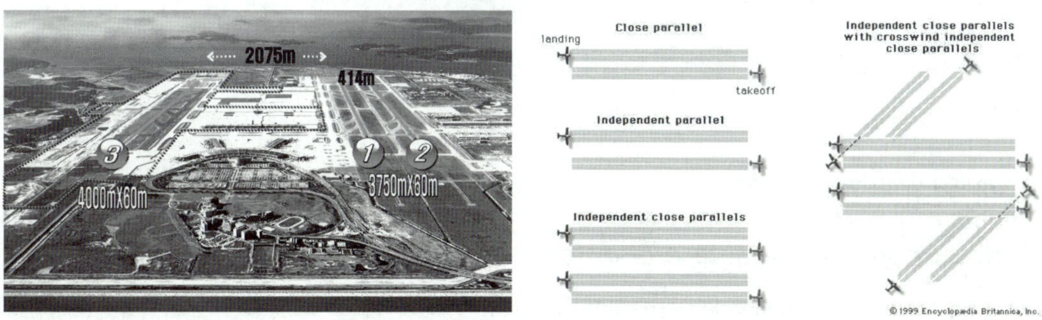

다) 교차활주로(Cross Section Runway)

서로 다른 방향으로 교차하는 2개 이상의 활주로를 말하며 이런 교차활주로는 바람의 방향이 여러 방향에서 불어와 한 개 활주로만으로는 항공기가 여러 방향을 측풍을 감당하기 어려운 경우에 설치되는 것이다. 두 개의 교차활주로의 수용능력은 교차위치에 따라 영향을 받으며 착륙과 이륙활주로의 시점이 가까울수록 수용능력은 커지고 멀수록 작아진다.

표 5-3 교차활주로 교차위치별 시간당 수용능력

교차위치	VFR	IFR
이륙지점에 가까운 경우	70-175	60-70
중간에서 교차하는 경우	60-100	45-60
이륙시점이 먼 경우	50-100	40-60

그림 5-5 교차활주로(Intersection Runway)

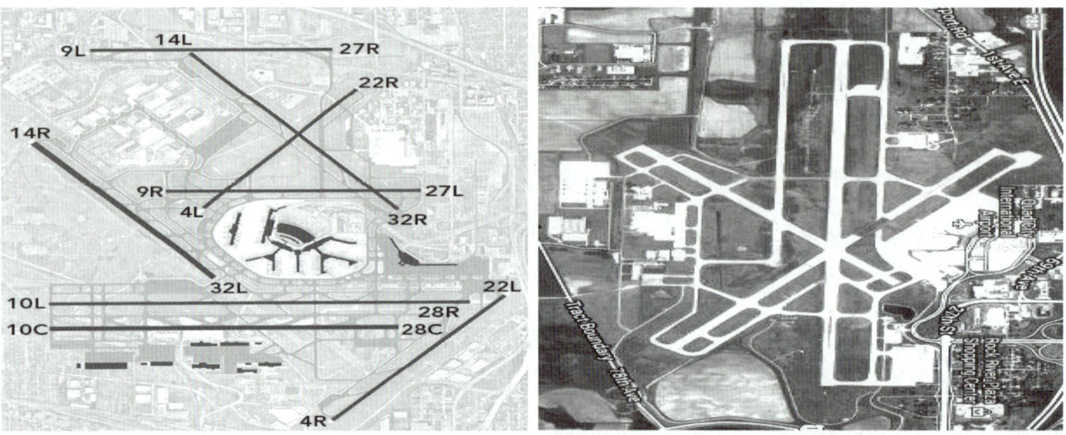

라) 벌어진 V형 활주로

활주로의 방향이 서로 다르지만 교차하지 않는 형태이다. 교차활주로 역시 바람의 제한 때문에 서로 다른 방향으로 설치하는 것이다. 수용능력은 이착륙시점이 가까울 수로 증가되고 멀수록 감소한다.

표 5-4 벌어진 V자형 활주로 시간당

교차위치	VFR	IFR
이륙지점에 가까운 경우	60-180	50-80
이륙지점에 먼 경우	50-100	50-60

그림 5-6 벌어진 V자형 활주로(Open-V Runway)

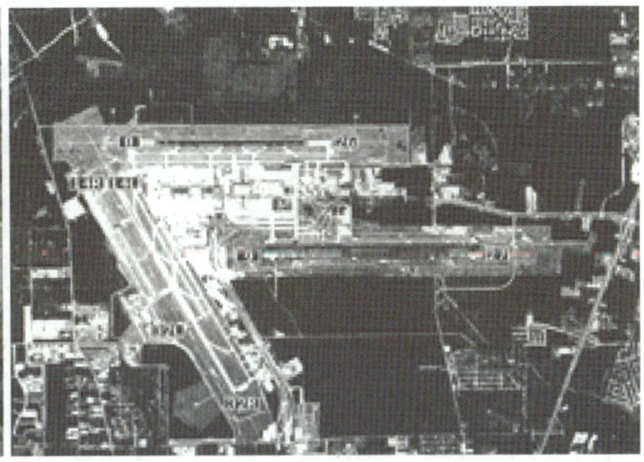

2) 활주로의 체제의 구성기준

- 활주로의 폭 : 비행장 등급에 따라 결정하고 있다.
- 평행 활주로 최소간격 : 평행 활주로의 간격은 시계기상조건(VMC), 계기기상조건(IMC), 요란(Wake Turbulence) 등의 요소에 의해 결정된다.
- 활주로 노견(Runway Shoulder) : 비행장 등급번호 C 및 D의 활주로에서 활주로 폭이 60m 미만인 경우에 설치해야 한다.
- 정지로(Stop Way) : 활주로 길이를 증가시키는 대안으로서 활주로 말단의 연장선에 위치하며, 길이는 이륙활주거리의 1/2 이하 거리이어야 한다. 또한, 폭은 활주로 폭과 같다.
- 개방구역(Clear Way) : 정지로와 같이 활주로 길이를 증가시키는 대안으로 활주로 연장선상의 말단에 위치하며 길이는 이륙 활주거리의 1/2 이하여야 하며, 폭은 활주로 중심선 연장의 양쪽 75m 이내의 지역이다.
- 착륙대(Runway Strips) : 활주로 UNDER SHOOT, OVER SHOOT, 활주로 이탈과 같은 사고 발생 시 항공기의 손실감소를 위하여 대비한 지역이며, 비행장 등급번호 3 및 4일 경우 길이는 활주로 말단 바로 앞 또는 정지로 끝에서 60m, 폭은 정밀진입 활주로

일 때 활주로 중심선 양쪽 150m이다. CAT Ⅰ, Ⅱ, Ⅲ의 계기 비행 활주로의 중심선으로부터 60m 이내에 항공보안시설의 시각보조시설을 제외한 고정 물체의 설치를 일체 금한다. 시각보조시설은 작은 충격에도 파손되기 쉬운 물체로 설치하여야 하며, 착륙대의 경사에 있어서 종단구배는 비행장 등급번호 4인 경우 1.5%이고 횡단구배는 비행장 등급번호 3 및 4인 경우 2.5%이다.

- 활주로 종단 안전지대(Runway End Safety Areas): 착륙대와 같은 목적으로 설치한 지역이다. 길이는 착륙대 말단에서 확장하여 90m 이상이어야 하고, 폭은 활주로 폭의 2배 이상으로 해야 한다. 활주로 종단 안전지대는 장애물이 없고 배수가 잘 되며, 평탄하고, 위험한 도랑, 언덕, 침하지역 및 기타 지표변동이 없어야 한다. 구배에 있어서 종단구배는 5% 이하여야 하고, 횡단구배 역시 5% 이하여야 하나 구배율은 최대한 완만하게 해야 한다.

표 5-5 ICAO 비행장 등급부호

제1구성요소 부호		제2구성요소 부호		
등급부호	항공기별 활주로 길이(m)	등급부호	날개폭(m)	외측차륜간격(m)
1	800 미만	A	15 미만	4.5 미만
2	800~1200	B	15~24	4.5~6
3	1200~1600	C	24~36	6~9
4	1800 이상	D	36~52	9~14
		E	52~60	9~14

그림 5-7 활주로 구성체제 및 기준

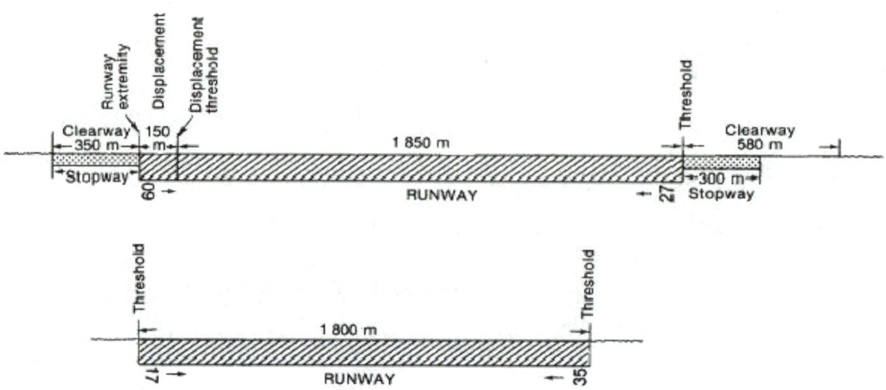

나. 유도로(Taxi-way)

유도로는 항공기가 신속하고 안전하게 지상이동이 가능하도록 설치하여야 하며, 항공 교통량이 많을 때에 활주로를 출입하는 항공기의 신속한 이동을 위해 충분한 유도로와 고속이탈 유도로를 설치하여야 한다. 유도로 체제의 분리는 유도로 체제의 설계와 시설물 간의 최소 안전간격 유지를 위해 항공기 날개 끝을 바탕으로 하고 있으나, 조종석이 유도로 중심선에 위치한 항공기의 외측 주차륜과 유도로 가장자리간의 최소 간격도 고려하여야 한다.

표 5-6 유도로 최소 이격거리

구 분	ICAO 비행장 등급부호			FAA 항공기 설계분류			
	C	D	E	Ⅲ	Ⅳ	Ⅴ	Ⅵ
유도로 폭	15*	18**	23	15	23	23	30
유도로 중심선-유도로 중심선 (주기장 장애물)	168	176	182.5	122	122	122	182.5
유도로 중심선- 주기장 장애물간 이격거리	44	66.5	80	46	65.5	81	98.5
외측 주차륜-유도로 가장자리거리	34.5*	4.5	4.5	3	4.5	4.5	6

- 항공기 대기 유도로(aircraft stand taxilane): 유도로로 계획된 계류장의 부분으로 항공기 대기만을 목적으로 한 장소
- 계류 유도로(apron taxiway): 계류장 내를 통과하는 유도로
- 신속 탈출 유도로: 착륙 항공기가 다른 유도로를 사용할 때보다 더 빠른 속도로 활주로 벗어남으로써 활주로 점유시간을 최소화할 목적으로 활주로에 예각으로 연결된 유도로.

그림 5-8 유도로의 위치

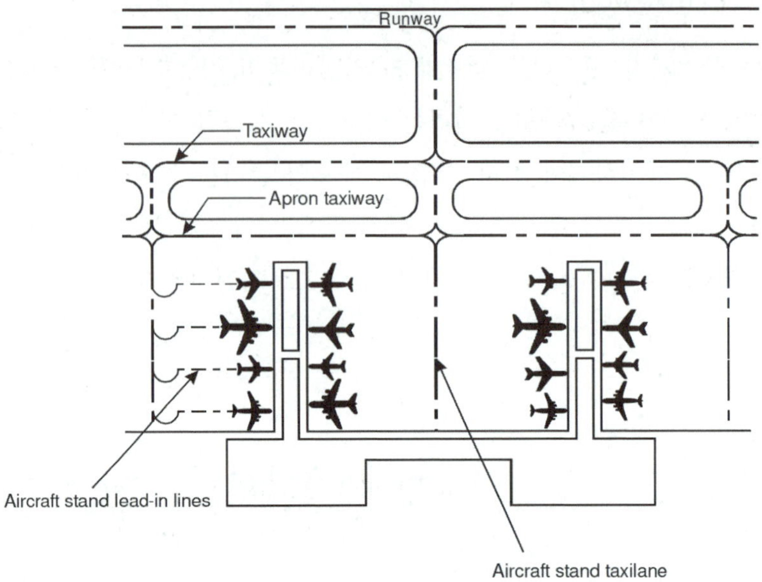

* Wheel Base 18m, ** 외측 주차륜 9m 이하

항공기의 지상활주를 위해 육지 비행장에 마련한 한정된 경로이며, 비행장의 한쪽 끝과 다른 쪽 사이를 연결하여 다음을 포함한다.

그림 5-9 유도로의 형태 및 종류

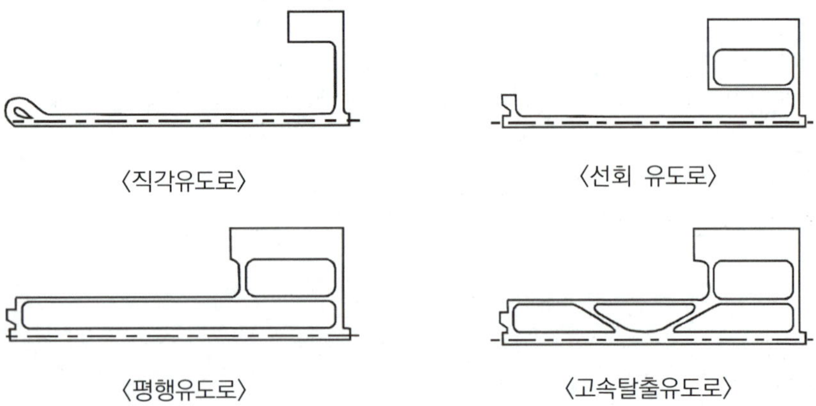

유도로의 폭은 운영되는 항공기의 크기에 따라 결정되며, 최근 항공기의 대형화에 따라 유도로의 폭도 점차 증가하고 있다. 유도로의 폭을 산출하기 위한 식은 다음과 같다.

$$W_T = T_M + 2C$$

W_T : 유도로 폭, T_M : 항공기 주 기어가 최대 폭

C : 항공기 외측 메인 기어와 유도로 말단 사이의 허용치

그림 5-10 유도로 폭 산출

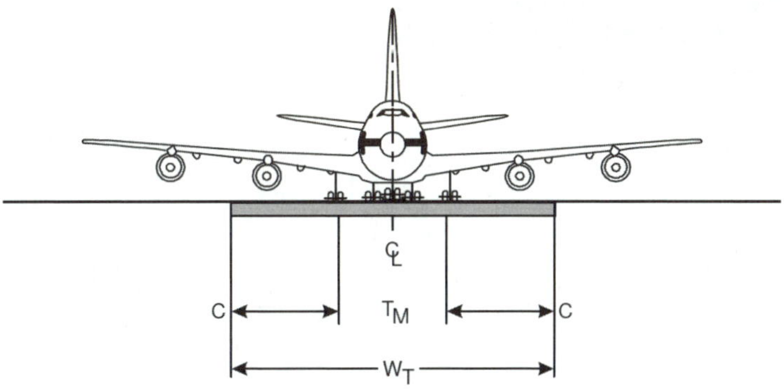

section 02 기타 항공운항지역

1. 대기 장소(Holding Bays)

Holding Bays는 Run−up 또는 Warm−up Pad라 부르기도 하며, 활주로 말단 가까운 부분에 필요하다. 항공기가 이륙 전 최종 체크를 하거나 이륙허가를 기다리며 대기하는 장소이다. 대기 장소는 피스톤항공기가 이륙하기 전에 최종체크를 하거나. 또는 항공기가 이륙허가를 기다리며 대기하는 장소이다. 때로는 특정 노선의 기상악화로 어떤 항공기 이륙이 지연되는 동안 다른 항공기는 앞의 항공기를 우회하여 이륙해야 하는 경우 유용하다. 어떤 항공기가 기능장애로 이륙할 수 없는 경우에 대기 장소가 없으면 이 항공기

는 활주로를 거쳐서 다시 나와야 하기 때문에 상당시간 동안 이륙이 불가하므로 이런 항공기가 대기하고 다른 항공기는 우회하여 이륙할 수 있도록 충분한 크기의 대기 장소가 필요하다.

그림 5-11 대기장소 위치, 형태 및 기준

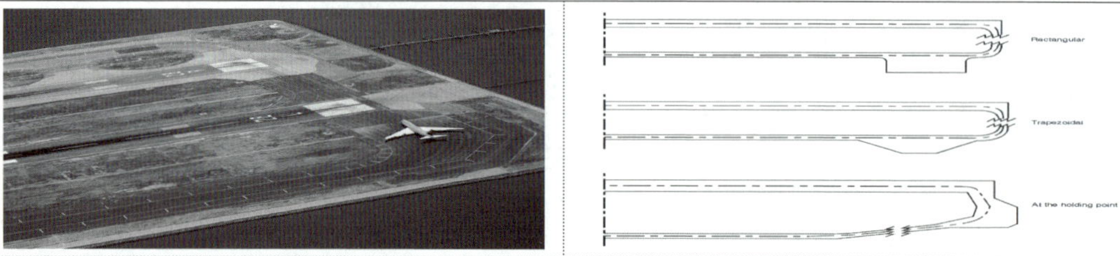

〈대기장소 항공기 간격 기준〉

Taxiway 폭	항공기 날개 끝 허용치(m)
A	7.25
B	7.25
C	5
D	10
E	10.5
F	13.0

주 : 유도로 폭 A(7.5m) ~ F(25m)

자료원 : ICAO Doc 9175 Aerodrome Design Manual, Part 2, Taxiways, Apron and Holding Bays

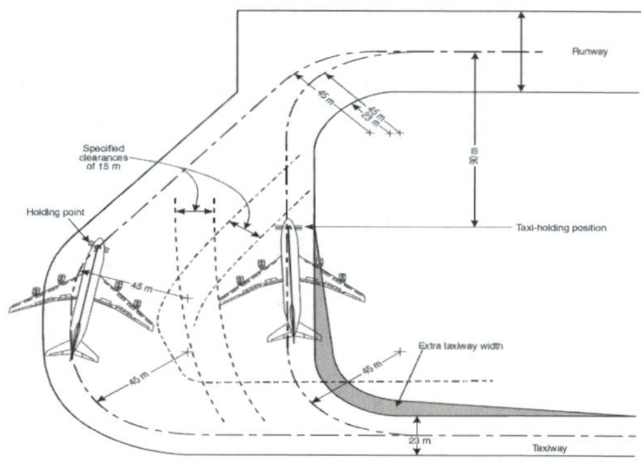

출처 : 노건수 외(2018), 운항지원시스템의 이해, 과학기술에서 인용

2. 계류장(Aprons)

계류장은 항공기의 비행장 이동활동을 방해하지 않고, 항공기 지원업무뿐만 아니라 여객을 탑승시키거나 내리게 하며, 화물 및 우편물을 싣고 내리는데 필요한 장소를 제공한다. 이 계류장은 여객청사 설계개념과 밀접한 관계가 있으며, 항공기는 계류장 지역 유도로를 경유하여 주기 장소까지 이동한다. 주기 장소는 항공기의 날개 폭, 동체 길이, 선회반경, 항공기 지원차량의 접근 및 활동지역 등이 포함된 항공기의 물리적 제반 특성들을 고려해 지원 항공기 종류에 따라 주기장소의 필요면적을 결정한다. 주기장내에서 항공기간 또는 구조물간의 최소이격허가거리는 다음과 같다.

그림 5-12 계류장

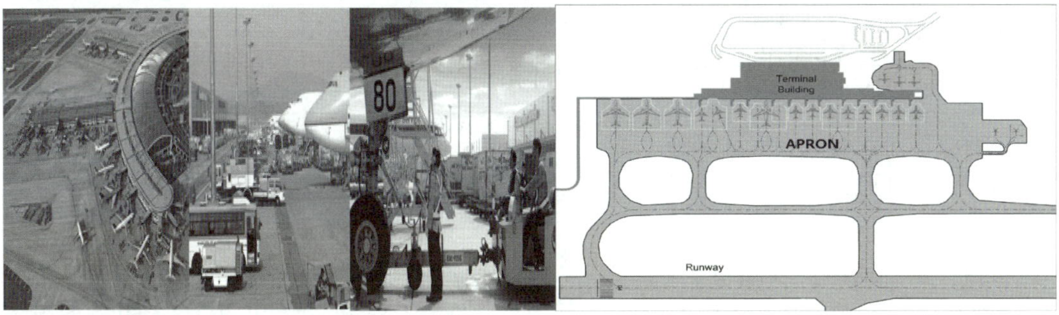

표 5-7 최소 이격 허가 거리

비행장 등급번호	최소이격허가기리
C	4.5m
D	7.5m
E	7.5m

그림 5-13 주기장 항공기 운영 방식

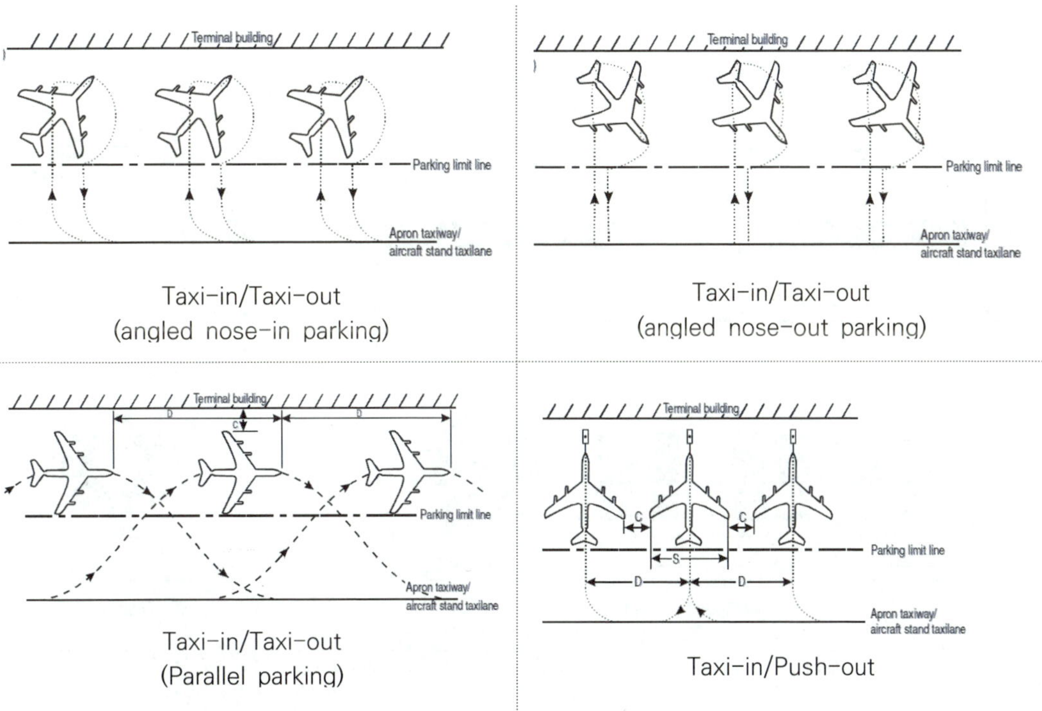

표 5-8 계류장 형식의 특징 및 장단점

구분	특징	단점	장점
Linear 형식	다수 독립형터미널의 경우 배치 형식	항공기 이동동선 길어짐	항공기 이동의 위험요소 감소
Pier 형식 (Finger)	항공기의 접현능력 향상 배치방식	탑승교에 접안 못하는 항공기 대기로 항공기 운영 문제 존치	다수의 항공기 탑승교 접안 가능
Front 형식	터미널 전면 계류장 위치 형식	최소항공기 만이 접안 가능하고 피크 시 push-out에 정체 발생	항공기조작 및 여객취급 효율적이며 항공기 유도와 취급이 쉽고 push-out 운영은 주변 게이트에 적은 영향
Light 형식 (Satellite)	위성형(satellite)형식이며 공간배치 고려된 형식	피크 시 혼잡우려와 항공기의 계류장 이동시 주의 필요	계류장 활용에 여유
Open Apron 형식	계류장사용 효율성을 극대화한 형식	계류장 항공기까지 지상차량이 필요하기에 계류장 혼잡 발생	계류장 활용 극대화 가능과 짧은 유도거리, 자력이동과 계류장 확장의 장점이 존재
계류장의 종류			

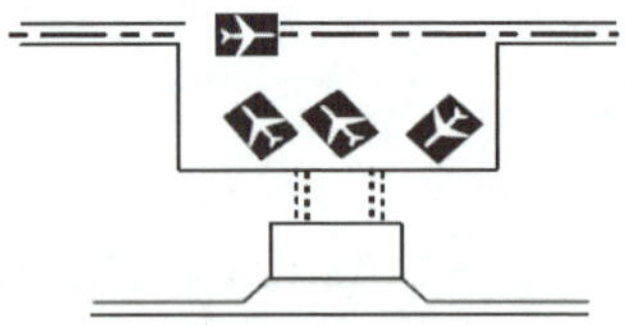

a) Simple concept

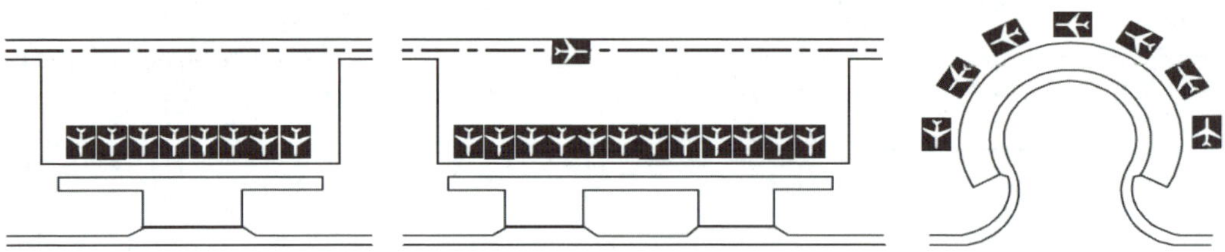

b) Linear concept and its variations

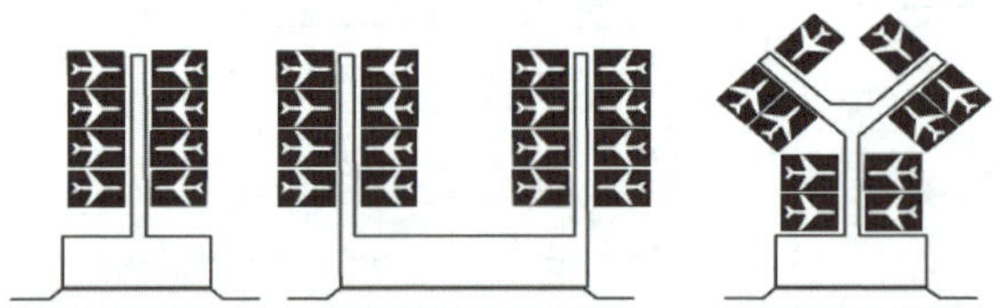

c) Pier (finger) concept

d) Satellite concept

특히, 항공기가 지상 활주나 주기를 하는 계류장 지역의 강도는 이 지역이 활주로보다 더 큰 압력을 받는다는 사실을 고려해, 높은 압력에 견딜 수 있는 강도를 유지해야 한다. 계류장 경사는 항공기의 지상조업, 견인 및 지상이동 등이 용이하도록 하면서, 계류장 표면의 물이 정체하는 것을 방지할 수 있도록 경사가 1% 이내여야 한다. 그러나 배수상의 요건이 허용되는 한 수평으로 해야 한다. 불법행위가 있거나 정상 비행장 활동에서 격리할 필요성이 있는 항공기에 대해 적절한 지역을 격리 항공기의 주기장소로 지정하고 이를 관제탑에 통보해야 한다. 격리 항공기의 주기 장소는 가능한 다른 주기장소, 건물, 공공지역으로부터 최소한 100m 이상 거리를 둔다. 이 지역에는 가스, 항공연료, 전력, 또는 통신 선로와 같은 지하매설물이 설치되지 않아야 한다.

3. 활주로 장애물 제한

비행장을 효과적으로 활용하려면, 항공기가 이·착륙하는 비행장내의 공역에서 자연지세와 인위적 구조물이 항공기의 안전한 이·착륙에 미치는 영향을 신중히 검토하여야 한다. 이·착륙 지역의 자연 지세나 인위적 구조물 같은 장애물이 존재하면 이·착륙 절차의 수립과 기상 조건에 제한을 초래하게 된다. 따라서 공항주변의 공역은 종합적 주변 환경의 일부로 처리되어야 하며, 이·착륙 항공기가 이들 지역의 장애물로부터 장애를 받지 않게 하는 것은 비행장의 효과적인 사용과 안전면에서 비행장내의 활주로 체제와 같이 대단히 중요하다. 장애물 제한의 목적은 비행장에서 의도하는 항공기 운용이 안전하게 수행될 수 있고 공항주변에서 장애물 발생으로 공항운용이 불가능하게 되는 것을 예방하기 위하여 공항주변 공역을 제정하는데 있다. 공항내 또는 공항부근에서 장애물은 공역요구기준에 따라 "ICAO 부속서 14 비행장(Aerodromes)"과 ICAO Documents 항공항법서비스를 위한 절차의 항공기 운용에 의한 분류의 상이한 장애물 제한지면이 제정되어 있다.

가. ICAO 부속서 14에 의한 장애물 제한 표면

1) 원추표면(Conical Surface)

내측수평표면의 외곽굴레로부터 상방으로 경사를 가진 표면이며 비행장 등급번호, 활주로 진입방식에 따라 제한 높이가 상이하나 경사는 동일하다.

2) 내부수평등급(Inner Horizontal Surface)

구름을 뚫고 강하한 후 착륙하기 전에 시계선회를 위한 공역을 보호하는 표면으로서 비행장 등급번호 및 활주로 진입방식에 따라 반경은 상이하나 높이는 동일하다.

3) 진입 및 전이표면(Approach and Transitional Surface)

활주로 진입 및 착륙비행의 최종단계에서 항공기를 장애물로부터 보호하기 위한 공역으로서 비행장 등급번호 활주로 진입방식, 위치구분에 따라 폭, 길이 및 경사 상 상이하다.

4) 이륙상승표면(Take-Off Climbs Surface)

이륙하는 항공기를 위한 보호공역으로서 비행장 등급번호에 따라 크기, 길이, 경사가 상이하다.

5) 내부진입표면, 내부전이표면, 착륙복행표면 (Inner Approach Transitional, Balked Landing Surface)

이 표면은 장애물 자유지대(Obstacle-Free Zone)로 불리는 정밀 진입 활주로의 인접 지역으로서 고정 장애물이 없어야 하고 항공항법시설과 같이 부득이 설치하여야 할 경우 경중량이이야 하며, 일정 압력을 가하면 부서져야 한다.

그림 5-14 공항 분류번호4 기준 예시 - 장애물 제한 표면

평면도

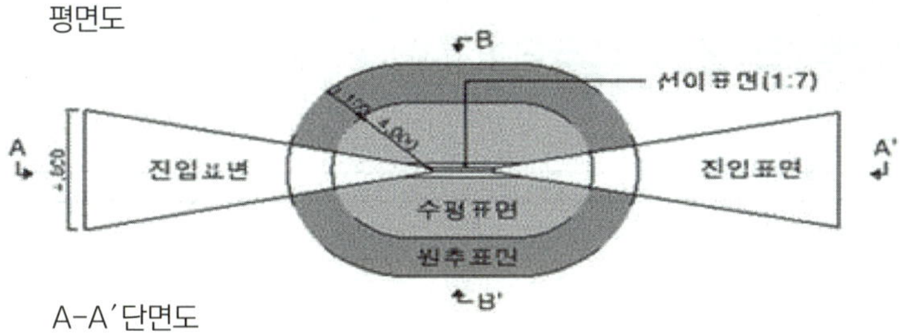

A-A′단면도

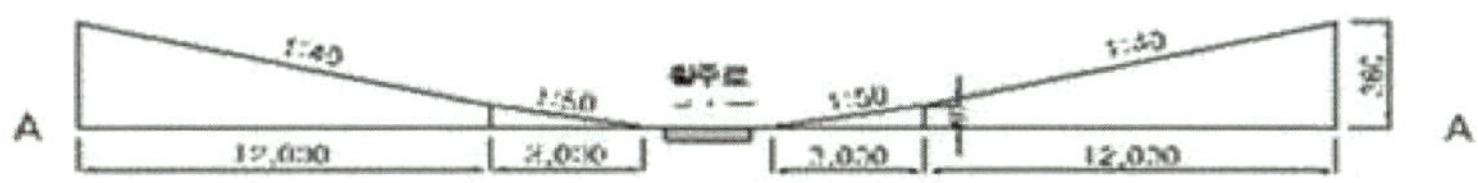

B-B′단면도

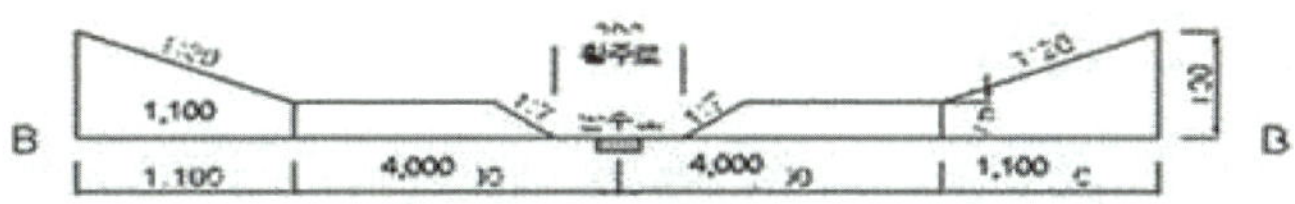

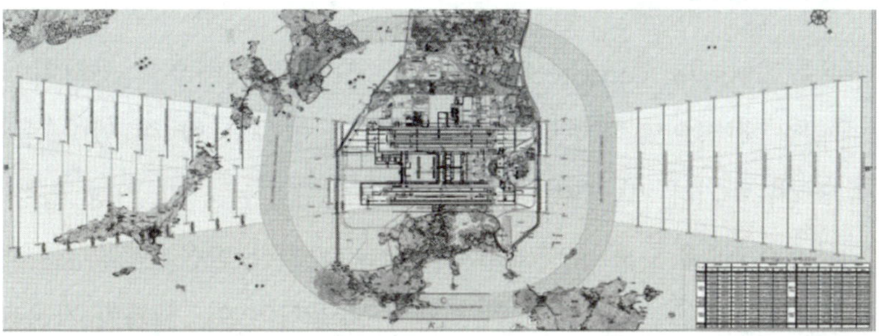

출처 : 인천공항공사 인재개발원 자료 참고

Chapter 6

활주로 수용능력

section 01 활주로 용량

1. 활주로 용량의 정의

공항의 수용능력(Airport Capacity)을 결정하는 요소들은 매우 다양하지만, 항공기 이·착륙에 대한 용량은 전적으로 활주로의 조건에 달려 있다고 할 수 있다. 물론 활주로 이외에도 유도로 조건, 주기대 및 게이트 용량 등도 영향을 주지만 가장 영향을 많이 주는 시설이 바로 활주로이다. 활주로 용량(Runway Capacity)이라 함은 '항공기를 적절하게 처리할 수 있는 활주로의 한계'로서 이는 단위 시간당 항공기의 이·착륙이 가능한 운영조건을 나타내는 것이다. 따라서 활주로의 시간당 용량이란 1시간 내에 주어진 운영조건에서의 최대 항공기 이·착륙횟수를 의미하며 이는 운고(Ceiling), 시정(Visibility), 항공교통관제(Air Traffic Control), 항공기 혼합률(Aircraft Mix), 운항조건 등에 따라 결정된다.[1]활주로의 용량을 크게 실행용량(Practical Capacity)과 최대용량 (Ultimate /Saturation Capacity)으로 분류할 수 있다.

- 실용용량(Practical Capacity) : 일정한 지연시간 또는 서비스 수준을 허용하는 범위에서 실제로 운항이 가능한 항공기 이·착륙횟수를 의미한다.
- 한계용량(Ultimate or Saturation Capacity) : 공항시스템이 주어진 특정 시간대에 연속적으로 항공기가 이·착륙할 수 있는 최대치를 말한다. 즉 이론적으로 최대한 항

1) Ashford, Norman J. & Paul H. Wright, Airport Engineering, 3rd edition, 1991, p.186.

그림 6-1 활주로 용량과 지연수준의 관계

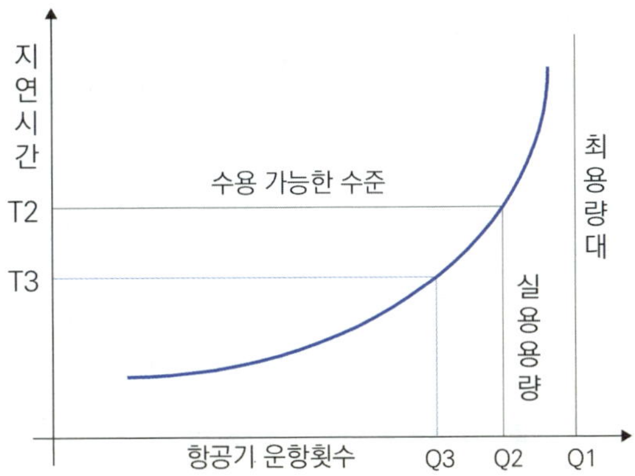

공기를 운항시킬 수 있는 용량이 된다.

이와 같은 두 가지 활주로 용량을 그림으로 표시하면 [그림 6-1]과 같다. 실행용량은 개별공항이 목표치로 설정한 서비스 수준이나 항공기 이·착륙에 따른 지연수준(Level of Delay)을 만족하는 범위에서의 용량을 뜻하는 것이고, 최대용량은 지연수준을 고려하지 않았다는 점에서 차이가 난다. 그러므로 최대용량에서는 항공기 이·착륙에 따른 지연시간이 무한대로 늘어날 수 있는 가상적인 의미의 용량인 것이다.

2. 용량과 지연

용량이란 일정기간 동안에 처리할 수 있는 시설의 능력을 말하는 것으로서 최대 용량으로 운영하기 위해서는 서비스 할 수 있는 계속적인 수요가 있어야 한다. 그러나 공항에서는 사실상 운영할 수 있는 시간에 계속적인 수요가 발생하는 것은 불가능하며, 운영시간을 제한하거나 직원 수를 감소시켜 인위적으로 계속되는 수요를 만든다 해도 서비스 수준의 저하로 바람직하지 못하다. 따라서 설계자는 수요에 적절한 서비스 수준으로 대응할 수 있는 충분한 수용능력을 갖추는 문제에 직면하고 있다. 다양한 수요에 지연 없이 충분한 용량을 제공하는 것은 경제적으로는 타당성이 없게 되므로 운영자와 이용자 모두의 입장에서 받아들일 수 있는 정도의 지연수준이 설정되고, 이런 지연기준에 맞는 것을 확인키 위하여 용량과 지연의 관계가 검토되어야 한다.

가. 용량과 지연의 평가

- 용량과 지연은 분석적 모델과 컴퓨터 시뮬레이션 모델에 의하여 평가되어 왔으며. 분석적 모델은 수학적 모델이라 부르기도 한다. 공항운영에 대한 분석적 모델은 공항운영에 영향을 주는 주요 인자의 이해와 시스템내의 상호관계를 조사하는 수단으로서 수많은 조건들을 더 값싸고 빨리 조사할 수 있으나 다루기 쉬운 수학적 모델개발에 많은 단순화 가정이 사용됨으로써 때로는 비현실적인 결과를 초래할 수도 있다.
- 컴퓨터 시뮬레이션 모델은 방정식으로 해결할 수 없는 복잡한 조사에서 매우 효과적이며, 공항의 활주로 용량 검토에 많이 사용되고 있다. 그러나 컴퓨터 시뮬레이션에서 주의 할 점은 데이터 입력이 상세하지 못하면 분석적 모델에서 얻은 결과보다 좋지 못할 수도 있다.

나. 시간당 용량과 연간 용량

1) 시간당 용량

가) 정의

시간당 용량은 지연시간을 고려했는지 또는 안 했는지에 따라 다음과 같이 분류할 수 있으며, 이 개념은 [그림 6-1]에 제시되어있다

① 최대용량(Ultimate capacity)은 항공기가 이·착륙하기 위하여 계속 대기하고 있는 경우에 한 시간 동안의 용량(운항횟수)을 말하며, 지연시간을 고려하지 않은 것이다.

② 실용용량(Practical capacity)은 수용할 수 있는 수준의 평균 지연시간을 기준 할 때의 한 시간당 용량을 말하며, 활주로의 용량평가에서는 실용용량을 사용한다.

③ 시간당 용량에 영향을 미치는 요인은 일반적으로 수용능력은 비행장의 구성, 항공기의 운영환경, 항행안전시설의 이용여부 및 정밀성, 항공교통 관제시설 및 절차 등에 좌우되며, 중요한 내용은 다음과 같다.

- 활주로 시스템의 구성, 활주로의 수, 간격, 방향
- 평행유도로, 기타 유도로 및 활주로 출구의 구성, 수, 위치
- 계류장 지역 내 Gate의 수, 크기, 배치
- 출발 및 도착 항공기의 활주로 점유시간

- 시설을 이용하는 항공기의 크기 및 혼합율
- 기상, 특히 시정 및 운고(항공기의 비행방식은 기상이 좋은 상태 나쁜 상태가 다름)
- 활주로 운영시간이나 운영 Type을 제한할 수 있는 소음피해 방지 대책의 유무
- 출발/도착 항공기의 비율
- 대형기와 소형기의 혼합 운영으로 대형기 다음 소형기를 운항함에 따른 운항 간격의 조정필요성 여부 및 횟수(Wake vortices 관련)
- 항행안전시설의 유무 및 성능
- 도착 및 출발을 위한 공역의 구조 및 장애여부
- 항공교통 관제장비의 정도 및 특성(레이더 등)

2) 연간 용량

가) 정의

연간용량은 하루의 시간대, 월별, 계절별에 상관없이 계속되는 수요가 있다고 가정할 때의 연간용량과 자연발생적 항공수요(여객, 화물)를 서비스 할 수 있는 연간서비스 용량으로 구분 2될 수 있지만 상용 운송공항에서는 수요를 강제적으로 발생시킬 수 있는 것은 아니므로 자연발생적인 수요 패턴에 따라 연간 서비스 할 수 있는 용량을 활주로의 연간 용량으로 보아야 한다. (출처 : 공항규모별 표준화 설계기준 수립을 위한 연구)

시간당 용량을 이용한 연간용량의 산출방법

① 우선, 활주로 시스템의 시간당 실용용량을 구한다.

② 연간수요를 시간대별로 구분하고, 이를 가장 수요가 큰 것부터 50번째까지 차례로 나열한다.

③ 30번째 피크시간 수요와 실용용량이 같아지는 해의 연간 수요를 활주로의 연간용량으로 정한다(30번째 피크시간의 운항수요 대신 피크월 평균일의 피크시간 운항수요를 사용할 수도 있다.)

** 일반적으로, 유럽에서는 연간 30번째 피크시간의 운항수요가 실용용량과 같아질 때의 연간수요를 연간용량으로 보는 방법을 사용하고, 미국에서는 피크월 평균일

의 피크시간 운항수요가 실용용량과 같아질 때의 연간수요를 연간용량으로 보는 방법을 사용한다. 이 두 가지방법의 결과는 대동소이하며, 용량산출의 기준이 되는 특정 피크시간을 설계기준 피크시간이라 한다. 설계기준 피크시간의 운항수요를 연간 운항수요로 나눈 것을 피크시간 집중률이라 하며, 이 집중률이 산출되면 실용용량을 피크시간 집중률로 나누어 연간 용량을 산출할 수 있다.

3. 활주로 용량을 결정하는 요소

활주로 용량은 일반적으로 공항시스템의 용량을 결정하는 주요 인자가 된다. 그러므로 활주로는 공항시스템을 구성하는 중요한 시설인 것이다. 활주로 용량에 영향을 주는 요소는 매우 많다. 이러한 요소들을 크게 4가지로 분류하면, 항공교통관제, 항공기 및 운영특성, 공항주변의 환경조건, 활주로 시스템의 배치 및 설계가 된다.[2)]

가. 항공교통관제 요소

항공교통관제 요소는 항공기의 안전한 운항을 위한 수직분리(Vertical Separation), 종적분리(Horizontal Separation), 횡적분리(Lateral Separation) 등이 포함된다. 즉 항공기의 안전한 이·착륙을 위해서는 항공기 종류에 따라 최소한의 안전거리를 확보해야 하는 것이다. 항공기 크기, 레이더의 종류 및 운영절차에 따라 다르지만 항공기간 수평분리는 일반적으로 2~5해리(NM: Nautical Mile)가 적용된다. 그 밖에 활주로 용량에 영향을 주는 요소로는 항공기의 활주로 점유시간을 들 수 있다. 항공기 이·착륙 절차에서는 이륙보다는 착륙하는 항공기를 우선적으로 처리하는 것이 원칙이다. 왜냐하면 활주로와 공역운영 측면에서 착륙하는 항공기를 우선 처리하는 것이 보다 효율적이기 때문이다. 출발하려는 항공기로 인해 착륙하려는 항공기를 공중에서 선회시켜 대기토록 하는 것이 지상에서 항공기를 대기시키는 것보다 기술적으로 더 어렵다. 또한 항공기의 착륙절차에 따라 선·후행 항공기 사이의 착륙 간격이 발생하기 때문에 이러한 시간 간격을 이용해 다른 항공기를 이륙시킬 수 있기 때문이다. [그림 6-2]는 이와 같은 관계를 그림으로 설명해 주고 있다. 활주로 용량을 결정하는 가장 중요한 요소는 이·착륙 절차에 따른 항공기간 분리기준이고 다음과 같은 요소들도 중요하게 취급된다.

---

2) Ashford, Norman J. & Paul H. Wright, *Airport Engineering*, 3rd edition, 1991, p.188.

그림 6-2 이 · 착륙 항공기의 시간-거리 관계도

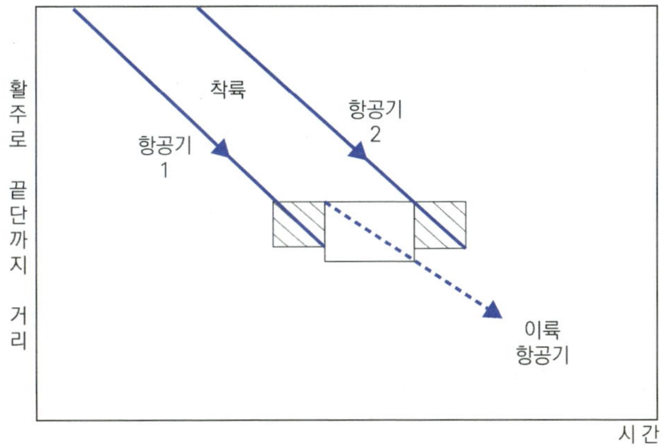

① 항공기의 착륙을 위한 활주로 끝단(Threshold)에서부터의 글라이드 패스(Glide Path)의 길이(4~8NM)

② 항공기 종류에 따른 착륙절차 적용방법

③ 분리기준에 대한 탄력적인 적용 가능성

④ 항행안전시설의 서비스 수준 등

나. 항공기 및 운영특성

활주로 용량에 영향을 미치는 두 번째 요소로서 항공기 운항 및 운영특성을 들 수 있다. 일반적으로 항공기의 크기, 속도, 활주거리 등과 더불어 조종사의 능력도 활주로 용량을 결정하는 요소가 된다. 항공기의 크기에 따라 와류현상(Wing-tip Vortex)과 접근속도(Approach Speed), 착지속도(Touchdown Speed)가 다르게 나타나기 때문에 항공기 이·착륙 시 항공기 간 안전거리가 달라지게 된다. 예를 들면, 선행 항공기가 대형기이고 뒤따르는 항공기가 소형이라면 대형기에서 발생하는 와류 때문에 보다 긴 안전거리가 필요한 것이다. 그러므로 동일한 활주로 조건하에서 단위시간당 항공기 운항횟수는 대형 항공기보다는 중·소형 항공기의 비율이 높은 경우가 더 많게 된다. 또한 활주로 용량을 결정하는데 영향을 미치는 요소 중 하나는 도착하는 항공기와 출발하는 항공기의 운항비율일 것이다. 그리고 활주로가 여러 개일 경우에는 이들의 운영방법이 용량에 영향을 주게 된다. 만약 2개의 활주로를 보유한 공항이 활주로 1개는 항공기의 도착으로 또 다른 하나는 출발로만 이용하는 것보다 모든 활주로에서 이·착륙을 허용하는 경우가 용량이 더 크게 나타난다.

다. 공항주변의 환경요소

활주로 용량에 영향을 미치는 가장 중요한 환경요소는 시정(Visibility), 활주로 표면조건, 바람, 소음저감 요건 등이다. 불량한 시정에서는 조종사나 관제사 모두가 항공기 이·착륙을 위해 보다 철저한 주의가 요망되며, 항공기 사이의 안전거리도 양호한 시정 때보다 더 길게 확보해야만 한다. 활주로 표면조건이 일기에 따라 건조하거나 젖어 있는 경우 또는 눈이 쌓여 있거나 결빙이 되어 있는 조건하에서는 항공기 운영이 다르게 적용될 수 밖에 없게 된다. 이 밖에도 바람속도, 항공기 소음저감 요건 등은 항공기 이·착륙에 영향을 준다.

라. 활주로 배치 및 설계

활주로 용량에 가장 중요하게 영향을 미치는 요소가 바로 활주로 배치 및 구성요건일 것이다. 기존의 활주로가 한계용량에 도달하여 새로운 활주로를 건설하고자 할 때는 기존의 활주로 배치나 유도로 구성 등이 중요하게 고려되는 요소이다. 활주로 용량에 영향을 주는 활주로 특성은 다음과 같이 요약할 수 있다.

① 활주로 수, 폭, 길이, 방향

② 유도로 수, 위치, 구조

③ 계류장 진입 구조 등

4. 활주로 수용능력 산정기준

가. 활주로 및 유도로 형태에 따른 활주로 수용능력

1) 단일 활주로 상 유도로 구성별 시간당 수용능력

① stub 유도로 있는 경우 : 시간당용량 10~12회

② stub 유도로 및 선회유도로가 있는 경우 : 시간당용량 16~20회

③ 평행유도로 있는 경우 : 시간당용량 32~36회

④ 고속탈출유도로 있는 경우 : 시간당용량 40회

표 6-1 활주로 및 유도로 형태에 따른 활주로 수용능력

구 분		시간당실용용량 (IFR기준)	연간 용량
단일 활주로	직각유도로가 설치된 경우(1본일 경우)	10회	43,000회
	직각유도로가 설치된 경우(2본일 경우)	12회	60,000회
	양단에 선회유도로가 설치된 경우	12~16회	72,000회
	평행유도로가 설치된 경우	20~30회	140,000회
	평행유도로 및 고속탈출유도로가 설치된 경우	30회~40회	170,000회
근접 평행활주로 (간격 210~760m 미만)		46~60회	196,000~212,500회
독립 평행활주로 (간격 1,035m 이상)		80회	340,000회

그림 6-3 고속탈출유도로 있는 경우

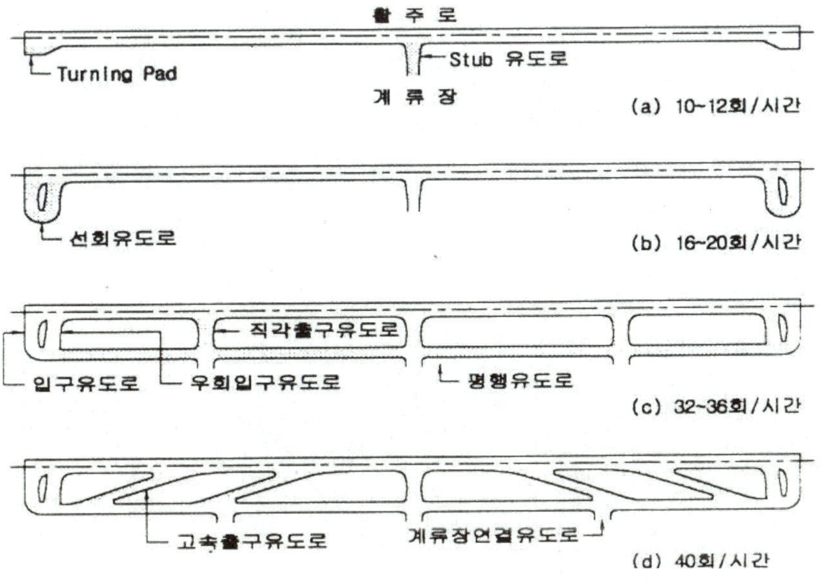

5. 활주로 용량평가 기법제시

가. FAA 실용용량 평가방법

미국 FAA는 활주로 구성별 시간당 실용용량과 연간서비스용량을 [표 6-3]과 같이 제시하고 있으며, 이는 다음과 같은 전제조건 하에서 산출 된 것이므로 특정 공항의 용량을 평가함에 있어 이 표를 그대로 적용하지 않도록 권고한다.

(1) 최신의 항공교통 관제절차 및 규정에 따른 것이다.

(2) 활주로 수용능력을 최대화하는 데 필요한 출구유도로(Exit T/W)수는 충분한 것으로 가정된 것이다.

(3) 사용 중인 활주로를 횡단함에 따른 수용능력에 대한 영향은 무시되었다.

(4) 활주로를 이용코자 하는 모든 항공기를 수용할 만한 충분한 공역이 있다고 가정된 것이다.

(5) IFR 조건은 운항시간의 10%에 해당하는 것으로 가정된 것이다.

(6) 위 표의 혼합지수 (C+3D)%에서 C 및 D는 FAA 제1 분류요소인 항공기접근속도 등급을 의미한다. [표 6-2] 참고

표 6-2 평행 활주로 수용능력

구분	배 치	최대수용능력 (FAA)	시간당 용량 (IATA)	세계공항 처리능력
IFR 비독립 평행활주로	210~760m	60회	40 ~ 60회	프랑크푸르트 공항 : 60회 김포공항 : 53회
IFR 독립 평행활주로	1,300m 이상(보통)	99회	60 ~ 88회	싱가포르 창이공항 : 66회 유럽공항 : 72회 스키폴/나리타 공항 : 72회

※ 두 개 이상의 활주로에 대해서는 활주로 간격에 따른 운영형태로 인하여 활주로 용량이 차이가 남. (평행활주로 중심 간격 FAA : 1,310m 이상, ICAO : 1,030m 이상)

표 6-3 활주로 구성별 용량

활주로 구성		혼합지수(%) (C+3D)	시간당 용량(운항횟수)		연간 서비스 용량(운항횟수)
			시계비행	계기비행	
A		0-20	98	59	230,000
		21-50	74	57	195,000
		51-80	63	56	205,000
		121-180	51	50	240,000
B	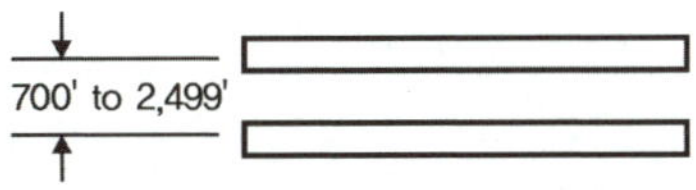	0-20	197	59	355,000
		21-50	145	57	275,000
		51-80	121	56	260,000
		81-120	105	59	285,000
		121-180	94	60	340,000
C	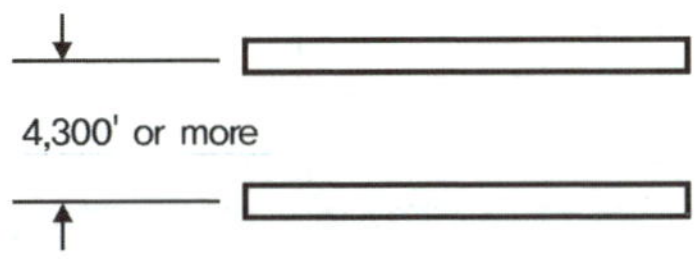	0-20	197	119	370,000
		21-50	149	114	320,000
		51-80	1226	111	305,000
		81-120	111	105	315,000
		121-180	103	99	370,000
D	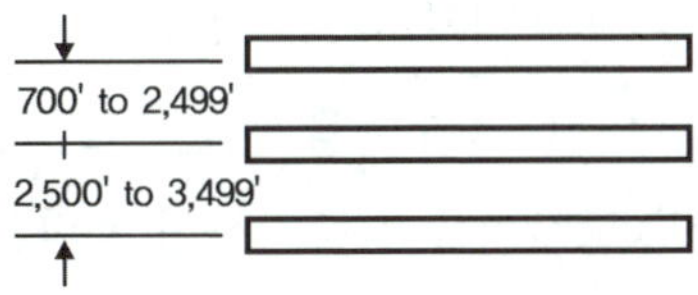	0-20	295	62	385,000
		21-50	219	63	310,000
		51-80	184	65	290,000
		81-120	161	70	315,000
		121-180	146	75	385,000
E	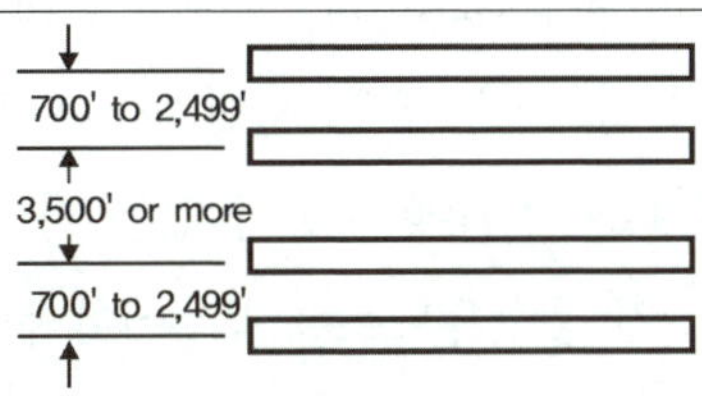	0-20	394	119	715,000
		21-50	290	114	550,000
		51-80	242	111	515,000
		81-120	210	117	565,000
		121-180	189	120	675,000
F	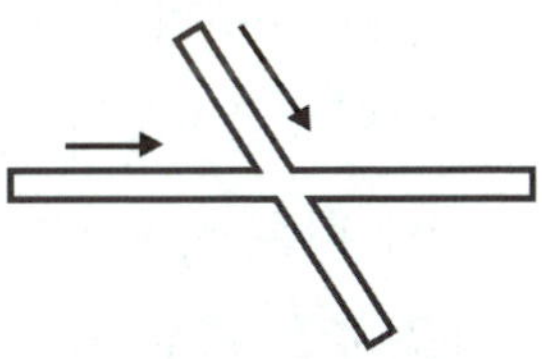	0-20	98	59	230,000
		21-50	77	57	200,000
		51-80	77	56	215,000
		81-120	76	59	225,000
		121-180	72	60	265,000
G	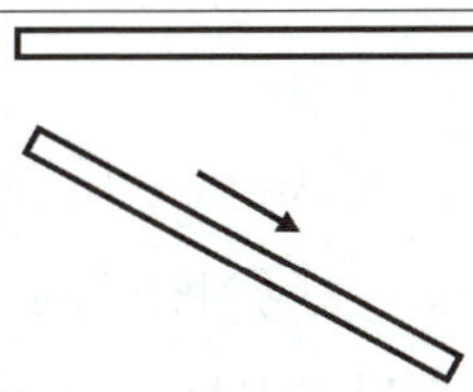	0-20	150	59	270,000
		21-50	108	57	225,000
		51-80	85	56	220,000
		81-120	77	59	225,000
		121-180	73	60	265,000

그림 6-4 활주로사용 다이어그램

RUNWAY-USE DIAGRAM	DIAG. NO.	RUNWAY INTERSECTION DISTANCE IN FEET		FIGURE NO.			
				FOR CAPACITY		FOR DELAY	
		(x)	(y)	VFR	IFR	VFR	IFR
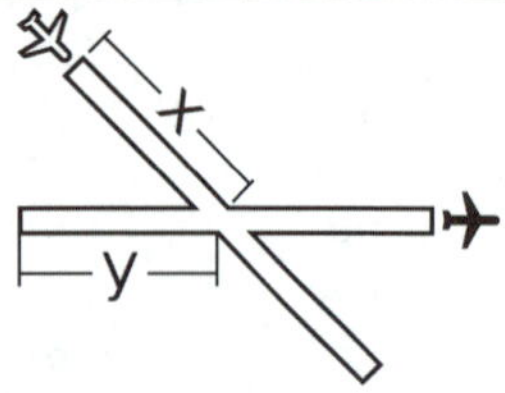	43	0 To 1999	<4000	3-27	3-59	3-85	3-91
	44	2000 TO 4999	<4000	3-28	3-60	3-86	3-99
	45	5000 TO 8000	<4000	3-29	3-61	3-86	3-99
	46	0 TO 1999	≥4000	3-30	3-62	3-86	3-99
	47	2000 TO 4999	≥4000	3-31	3-63	3-71	3-102
	48	5000 TO 8000	≥4000	3-32	3-64	3-71	3-102
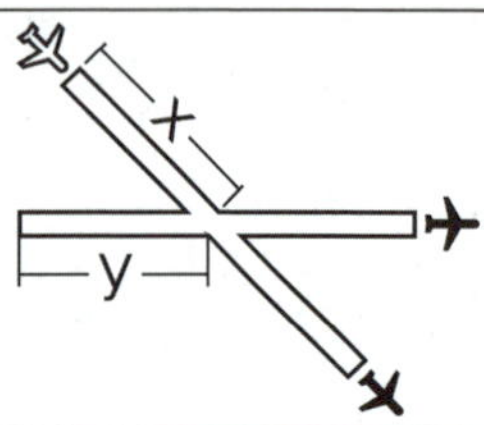	49	0 TO 1999	<4000	3-27	3-59	3-85	3-91
	50	2000 TO 4999	<4000	3-28	3-60	3-86	3-99
	51	5000 TO 8000	<4000	3-29	3-61	3-86	3-99
	52	0 TO 1999	≥4000	3-30	3-62	3-86	3-29
	53	2000 TO 4999	≥4000	3-31	3-65	3-71	3-90
	54	5000 TO 8000	≥4000	3-3	3-43	3-71	3-90

[표 6-3]을 참고하기 위해서는 다음과 같은 내용이 고려되어야 한다. 시간당 또는 피크 20~30분간 도착비율을 검토하여 이를 평가에 반영하여야 한다. 활주로를 이용하는 이·착륙 횟수 중 도착(착륙) 항공기의 비율이 낮으면 용량은 커지고, 도착비율이 증가하면 용량은 감소되며, 도착비율이 50%에서 10% 증가할 때마다 용량은 약 10%가 감소된다. 세계의 설계사례를 조사해 보면 출발과 도착비율이 40 : 60인 경우를 기준하여 설계하는 것이 일반적이다. 활주로에 착륙한 항공기가 뒤따르는 항공기의 활주로 사용(착륙 또는 이륙)에 지장이 없을 정도로 조속히 활주로를 벗어날 수 있는 충분한 고속탈출유도로와 직각 출구유도로를 갖추어야 한다. 그렇지 못한 경우는 지장이 있는 만큼 수용능력은 감소된다. [표 6-2]는 고속탈출유도로의 수가 4개 이상인 경우에 대한 것이므로 고속탈출유도로수가 4개보다 적으면 수용능력은 감소된다. 사용 중인 활주로를 횡단함에 따라 활주로 사용이 제한된다면 이에 따른 지장 정도만큼 용량은 감소된다. 또한 공항주변에 다른 공항이 있어 상호간에 지장을 주는 경우, 항공기 운항을 금지하거나 제한하는 공역이 있는 경우(예: 휴전선, 인근의 비행금지구역, 서울도심 비행금지구역 등) 또는 항공기 소음피해로 인하여 항로나 운항시간(예: 심야시간 비행금지 등)의 제한이 있는 경우는 이에 상당하는 용량이 감소된다. 또한 [표 6-1]의 용량은 항공기당 평균지연시간을 [그림 6-4]와 같이 감안한 것인바 IMC에서는 지연이 증가되고 어떤 경우는 수십 분의 지연을 초래하는 경우도 있다.

나. IATA 실용용량 평가방법

1) 고려사항

국제항공운송협회(IATA)는 활주로 구성별 실용용량을 최대용량, 표준용량 및 기초용량으로 구분하여 [표 6-3]에 제시하고 있으며, 이는 다음과 같은 요건을 고려한 것이다.

① 출구 유도로, 특히 활주로 점유시간을 줄일 수 있는 고속출구 유도로의 수

② 항공기의 타입과 성능

③ 관제 및 항공기 후류 난류에 의한 항공기 분리 간격

④ 활주로가 2개 이상인 경우는 혼합운영 또는 분리운영의 여부

⑤ 교차 활주로인 경우는 교차되는 위치

그림 6-5 항공기의 평균지연

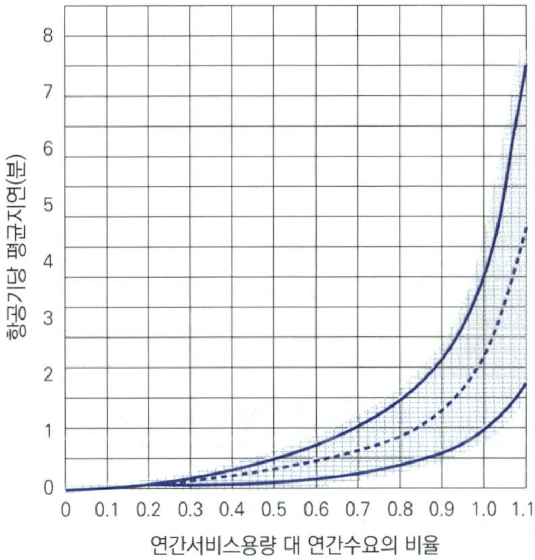

2) 용량별 정의

① 기초용량(Baseline capacity)은 활주로 전체길이에 걸쳐 평행유도로를 갖추고 있으며, 최소한 2개 이상의 직각 출구 유도로를 갖추고, 항공 교통관제(ATC)는 레이더가 있고, 항공기 착륙 시 분리간격은 5NM을 적용한 경우이다.

② 표준용량(Typical capacity)은 기초용량의 요건에 추가하여 항공기 후풍의 영향이 없는 경우 및 대형제트기의 비율이 20~25%인 각각의 경우를 적용한 것이다.

③ 최대용량(HIRO)은 고속탈출유도로(RETS)를 충분히 갖추고, 착륙 시항공기 분리간격은 2.5nmi을 적용한 경우이다.

표 6-4 활주로 구성별 실용용량

	M	A	B	C	D	S	I	Z
	단일활주로	교차활주로			평행활주로* **			기타 ***
활주로 구성								
최대용량 (RETs & 2.5nm Sep)	44	40	50	60	60	80	88	***
표준용량								
후풍 영향이 없는 경우	40	40	48	54	54	72	80	
대형제트기 비율 20-25%	36	40	44	48	48	60	72	
기초용량								
기본구성의 경우	30	30	36	40	40	48	60	

범례

교차활주로
A = Far End
B = Middle
C = Near End

평행활주로
D = Dependent
S = Segregated
I = Independent

공항기본구성은 다음과 같이 가정한다.

- 활주로 전체길이에 걸친 평행유도로와 최소한 2개 이상의 직각 출구 유도로
- ATC는 레이더가 있고 최소한 5nmi의 분리를 적용한다.

Note :
* 활주로 수용능력은 터미널에 오고/가면서 활주로 횡단 필요 때문에 감소될 수도 있다.
** 근접 활주로의 수용능력은 Thresholds를 어긋나게 배치함으로써 증가될 수도 있다.
*** 복잡한 구성의 수용능력은 간단한 방법으로 계산하기 어렵다.

출처 : 공항규모별 표준화 설계기준수립을 위한 연구, 한국공항공사

3) 산출방법

[표 6-4]를 이용하는 방법은 기초용량에 다음에 해당하는 회수를 증감시켜 적절한 용량을 산출할 수 있다.

① 항공교통관제의 제약 사항을 고려한 조정

- 항공기의 접근간격이 5NM 이상일 때 16회를 감한다.

• 항공기의 접근간격이 5NM일 때 변경이 없다.

• 레이더가 없을 때에는 20회를 감한다.

② 비행장 시설의 제약사항을 고려한 조정

• 평행유도로가 절반 이상일 때 5회를 감한다.

• 평행유도로가 절반일 때 10회를 감한다.

• 평행유도로가 절반 이하일 때 20회를 감한다.

③ 항공교통관제(ATC)의 개선을 고려한 조정

• 항공기의 접근간격이 3NM 일 때 5회를 추가한다.

④ 공항시설의 개선을 고려한 조정

• 직각 출구유도로가 3개 이상일 때 2회를 추가한다.

• 직각 출구 유도로가 1개 또는 2개일 때 변경이 없다

• 고속출구유도로가 3개 이상일 때 5회를 추가한다.

• 고속출구 유도로가 1개 또는 2개일 때 3회를 추가한다.

• 출발항공기용 우회유도로(by-pass taxiway)나 대기지역(holdingbay)이 있을 때 2회를 추가한다.

6. 활주로 용량 적용사례

가. 홍콩 신공항 적용사례

NACO가 홍콩신공항의 활주로 계획을 수립하기 위하여 활주로 구성별 IFR 실용용량을 검토한 결과는 [표 1-3]에 제시되어 있으며, NACO는 활주로 1본당 IFR 실용용량을 35회로 적용하였고, 관제장비가 개선되면(정밀 활주로 감시레이더) 공역제한 등 특별한 사유가 없는 한 1본당 39회를 운영하는 것이 적정하다고 보고 있다. 세계 주요공항이 기본계획상 적용한 활주로 IFR 용량을 정리하면 [표 6-5]와 같다. [표 6-6]과 [표 6-7]에서는 활주로 구성이 같은 경우에도 이는 관제장비의 개선 여부와 각 공항의 특성에 따른 것이다.

표 6-5 활주로 구성별 시간당 IFR 실용용량(—— : 활주로, □ : 터미널)

분류 번호	활주로구성도	구성	NACO 분석 실용용량			FAA 실용용량
			용량(회)	비율	전제조건	
1	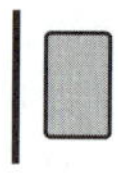	독립 1	35	0.9	· 관제장비 개선 이전 · 도착 54%, 출발 46%	50~59
2		독립 1	39	1.0	· 관제장비 개선 이후 · 도착 54%, 출발 46%	50~59
3	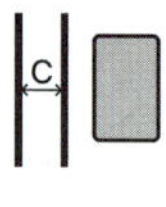	독립 1 비독립 1	65	1.38	· 터미널측 이륙 · 외측 착륙	56~60
4	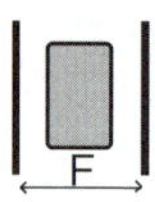	독립 2	78	2.0	· 활주로 2개는 출발/도착 혼합 사용 전제 · 분리사용 시 59회	99~119
5	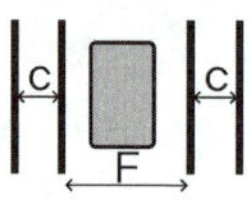	독립 2 비독립 2	108	2.76	· 터미널측 이륙 · 외측 착륙 전제	111~120
6	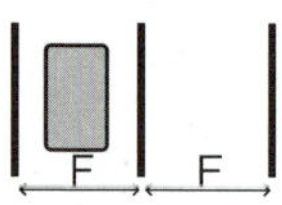	독립 3	117	3.0	· 출발/도착 혼합사용 전제	–
7	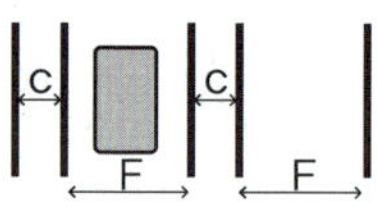	독립 3 비독립 2	147	3.76	· 터미널측 이륙 외측(근간격) 착륙 외측(원간격) 혼합 사용전제	–
8	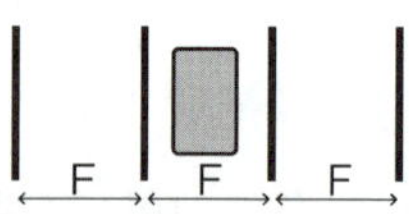	독립 4	156	4.0	· 착륙/이륙 혼합사용 전제	–

주 1). C : 근간격(210~760m): 동시 IFR 운항 불가, 동시 VFR운항은 이륙/착륙만 가능
M : 중간격(760~1310m): 760~1050m의 동시 IFR은 이륙/착륙만 가능, 1050~1310m의 동시 IFR은 이륙/착륙도 가능, 동시 VFR 운항은 모두 가능
F : 원간격(1310m 이상): IFR 및 VFR 모두 동시운항 가능
2). 관제장비 개선이라 함은 정밀활주로감시장비(Precision Runway Monitor PRM)를 설치한 경우임

표 6-6 세계 주요공항의 활주로용량 적용사례(시간당 IFR 실용용량)

구분	구성	FAA의 IFR 실용용량	계획에 반영된 IFR 용량
단일활주로		50~59	싱가포르 창이 공항 : 33회 유럽공항 : 36회
IFR 비독립 평행활주로	210~760M (C)	56~60	IATA : 50회 프랑크푸르트 공항 : 60회 김포공항 : 53회
IFR 독립 평행활주로	1,300m이상 (F)	99~119	싱가포르 창이 공항 : 66회 IATA : 72회 유럽공항 : 72회 스키폴/나리타 공항 : 72회
평행활주로 4개 IFR 독립 2개 IFR 비독립 2개	C F C	111~120	상해 푸동공항 : 100~120회 방콕 신공항 : 112회 IATA : 100회

section 02 국내공항 활주로 용량 적용[3)]

1. 항공기 등급분류

표 6-7 최대이륙중량에 의한 항공기 등급 기준표

항공기 분류	최대허용이륙하중(lbs)	엔진 수	난류에 의한 분류
A	12,500 또는 미만	1개 이상	소형(S)
B		2개 이상	
C	12,500~300,000	2개 이상	대형(L)
D	300,000 이상	2개 이상	중형(H)

※ 1톤 = 2204.59파운드

3) 공항수용능력산정기준(07.12.26) 한국공항공사 지침 인용

표 6-8 운송용 항공기 주요 제원표

기 종	좌석수	최대이륙 중량(톤)	전 장 (m)	전 폭 (m)	순항 속도 (㎞/h)	항속거리 (㎞)	연료 탑재량 (GAL)	이륙활주 길이(m)	착륙활주 길이(m)
B747-400	392	388.7	70.66	64.44	915	14,816	57,285	3,155	2,067
B747-200	378	371.0	70.66	59.64	905	9,288	51,561	3,079	1,879
B777-300	376	300.0	73.68	60.93	905	9,352	45,220	3,347	1,824
B777-200	301	286.9	63.73	60.93	905	12,538	45,220	2,928	1,588
B767-300	260	156.5	54.94	47.57	862	9,074	16,700	2,304	1,585
B737-400	152	64.6	36.45	28.88	798	4,630	5,311	2,347	1,881
B737-500	127	52.4	31.01	28.88	798	5,000	5,311	1,722	1,558
B737-800	193	78.4	42.10	34.30	848	5,084	6,875	2,482	1,700
B737-900	189	78.2	39.50	34.30	848	5,449	6,875	2,316	1,609
MD-82	164	67.8	45.06	32.82	819	3,501	5,840	2,286	1,466
A330-300	296	217.0	63.70	60.30	883	7,525	25,669	2,390	1,719
A321-131	195	78.4	44.51	34.10	840	5,556	6,260	2,247	1,560
A320-200	150	73.5	37.57	34.09	833	5,550	6,300	2,330	1,434
A310-200	240	137.5	46.66	43.89	828	6,065	14,530	1,935	1,478
A300-600	292	165.0	54.08	44.84	840	6,121	18,005	2,600	1,477
F-100	109	44.5	35.53	28.08	732	2,593	3,387	1,715	1,348
A380-800	555	560.0	73.00	79.80	966	14,800	84,500	2,990	2,103
ATR72-500 (경항공기)	66	22.0	27.17	27.05	526	1,195	1,188	1,223	1,048
Q-400 (경항공기)	74	29.2	32.84	28.42	667	2,522	1,746	1,402	1,287

※ 동일기종의 경우라도 운항목적 등에 따라 일부 제원이 다를 수 있음.

표 6-9 5년간 항공기종별에 의한 운항횟수

기종	소 계	계	B 737	B 757	A 320	계	B 747	B 767	B 777	IL 62	DC 10	F 100	MD 11	MD 82	A 300	A 330	TU 154	기타
		C				D												
2002	128,428	78,238	68,930	-	9,308	49,967	498	6,384	63	-	-	10,953	-	1,470	18,020	12,579	-	223
2003	126,343	83,473	75,243	-	8,230	42,870	1,119	4,692	81	-	2	8,477	6	-	13,069	15,424	-	-
2004	105,923	72,997	63,022	-	9,975	32,926	592	2,929	53	-	330	4,209	-	-	10,544	14,269	-	-
2005	94,787	69,445	59,985	-	9,460	25,342	1,930	1,996	7	-	164	-	-	-	8,721	12,524	-	-
2006	94,943	69,013	60,756	1	8,256	21,151	2,932	1,305	280	12	-	-	-		4,310	12,300	12	4,791
총계	550,424	373,166	327,936	1	45,229	172,256	7,071	17,306	484	12	496	23,639	6	1,470	54,664	67,096	12	5,014
평균	110,085	74,633	65,587	0	9,046	34,451	1,414	3,461	97	2	99	4,728	1	368	10,933	13,419	2	1,003

※ 소수점 첫째 자리 반올림 계산으로 오차 발생할 수 있음

2. 항공기 혼합률

표 6-10 항공기 혼합률

C = (74,633) / 110,085 = 68%
D = (34,451) / 110,085 = 32%
∴ 혼합율 :
C+3D = 68+(3*32) = 164%
(단, 기타 항공기 1,003회 미고려)

<table>
<tr><th>Aircraft class</th><th>Max.Cert.T.O might (lbs)</th><th>Number Engines</th><th>Wake Turbulence Classification</th></tr>
<tr><td>A</td><td rowspan="2">12,500 or less</td><td>Single</td><td rowspan="2">Small (S)</td></tr>
<tr><td>B</td><td>Multi</td></tr>
<tr><td>C</td><td>12,500 ~ 300,000</td><td>Multi</td><td>Large (L)</td></tr>
<tr><td>D</td><td>over 300,000</td><td>Multi</td><td>Heavy (H)</td></tr>
</table>

3. 공항 기상

가. 기 준

1) 계기비행(IFR), 시계비행(VFR), 저시정(PVC : Poor Visibility and Ceiling)에 대하여 아래와 같이 적용한다.

VFR : 운고가 적어도 1000피트 그리고 시정이 적어도 3마일일 경우 발생

IFR : 운고는 500~1000피트 미만 그리고 시정은 1~3마일일 경우 발생

PVC : 운고는 500피트 미만 그리고 시정은 1마일 미만일 경우 발생

표 6-11 2002~2006년도 김포공항 시정(Visibility) 발생률

연도	〈 200	〈 400	〈 600	〈 800	〈 1500	〈 3000	〈 5000	〈 8000
2002	0.7	1	1.2	1.5	2.9	11.1	27.4	48.4
2003	0.9	1.2	1.4	1.8	3.9	16.6	37.3	61.4
2004	0.9	1.1	1.3	1.7	3.3	10.6	28.2	54.5
2005	0.2	0.4	0.5	0.7	1.5	7.9	26	46.5
2006	0.3	0.5	0.8	1	2.6	12	27.6	47.6
총 계	3	4.2	5.2	6.7	14.2	58.2	146.5	258.4
평 균	0.6	0.84	1.04	1.34	2.84	11.64	29.3	51.68

※ 김포공항 공항기상대 자료 제공

2) IFR 및 VFR 백분율

○ VFR 4,800(3 Mile) 이상(≒ VFR 5,000) 시간 비율: 71%

○ IFR 4,800(3 Mile) 이하(≒ VFR 5,000) 시간 비율: 29%

나. 시간당 용량 산출 (FAA 5060-5의 Airport Capacity and Delay 적용)

1) 도착율(PA : Percent arrival)

총 운항횟수에 대한 도착운항수의 비율

$$PA = \frac{A + 0.5\,(T\&G)}{A + DA + (T\&G)} \times 100$$

※ A = 시간당 항공기 도착 수, DA = 시간당 항공기 출발 수

T&G = 시간당 Touch and go 수, T&G는 0으로 가정함

표 6-12 시간대별 일평균 수송현황(2002/01 ~ 2006/12)

시간대	운항(횟수)			시간대	운항(횟수)		
	도착	출발	계		도착	출발	계
1:00 ~ 1:59	0	0	0	13:00 ~ 13:59	27	24	51
2:00 ~ 2:59	0	0	0	14:00 ~ 14:59	27	27	54
3:00 ~ 3:59	0	0	0	15:00 ~ 15:59	29	27	56
4:00 ~ 4:59	0	0	0	16:00 ~ 16:59	28	29	57
5:00 ~ 5:59	0	0	0	17:00 ~ 17:59	26	28	54
6:00 ~ 6:59	0	4	4	18:00 ~ 18:59	29	24	53
7:00 ~ 7:59	7	25	32	19:00 ~ 19:59	29	25	54
8:00 ~ 8:59	16	32	48	20:00 ~ 20:59	25	20	46
9:00 ~ 9:59	22	26	47	21:00 ~ 21:59	26	6	31
10:00 ~ 10:59	26	26	53	22:00 ~ 22:59	13	0	13
11:00 ~ 11:59	24	29	53	23:00 ~ 23:59	1	0	1
12:00 ~ 12:59	25	23	48	24:00 ~ 24:59	0	0	0
				합계	377	377	754

주 : 국내선+국제선, 정기+부정기, 여객기+화물기, 유임+무임, 화물+수하물+우편

2) 도착률 산정

시간당 항공기 도착횟수

(일일평균 최소도착 항공기 횟수 + 일일평균최대도착 항공기 횟수) / 2

= (1회 + 29회) / 2 = 15회

시간당 항공기 출발횟수

(일일평균 최소출발 항공기 횟수 + 일일평균최대출발 항공기 횟수) / 2

= (4회 + 32회) / 2 = 18회

시간당 Touch and go 수 = 0으로 가정

도착률 (PA : Percent arrival)

= {15 / (15 + 18)} × 100 = 45.4% ≒ 50%적용

3) Touch and go율

총 운항횟수에 대한 착륙 후 곧바로 이륙하는 항공기에 대한 비율

$$\text{Touch and go} = \frac{(T\&G)}{A + DA + (T\&G)} \times 100$$

※ A = 시간당 항공기 도착 수

DA = 시간당 항공기 출발 수

T&G = 시간당 Touch and go 수

※ 통상적으로 군 훈련기가 훈련 시 발생, 민간공항의 경우 "0" 적용

4. 시간당 기본용량

가. 정 의

활주로의 사용형태(단일활주로, 복수활주로, 교차활주로)에 따른 활주로의 기본용량을 나타낸 것으로서 탈출유도로의 수, T&G의 영향을 고려하지 않고, 도착율과 항공기 혼합율만을 고려한 용량이다.

- 적용
  - FAA의 Airport Capacity and Delay 기준에 의거 활주로 중심선 간격이 360m
  - VFR : [표 6－13] 적용, IFR : [표 6－15] 적용

표 6-13 VFR 차트

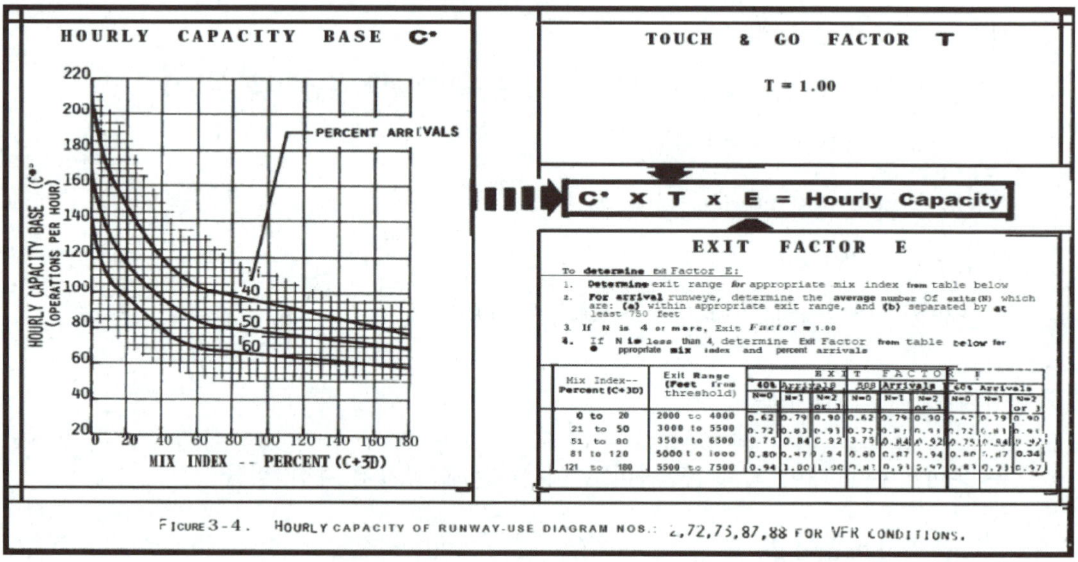

- 시간당 기본용량 : 71회(혼합률: 164%, 도착률: 50%)
- 활주로 탈출 인자 : E = 0.93
- 착륙하는 항공기의 활주로 점유시간을 고려한 인자로서, 탈출유도로의 활주로 시단에서부터의 위치, 설치간격과 개수에 따라서 결정
- 혼합률(C + 3D)에 의해 164가 결정
- 탈출유도 계수 산정(N = 1)

그림 6-6 김포국제공항 시설배치 평면도

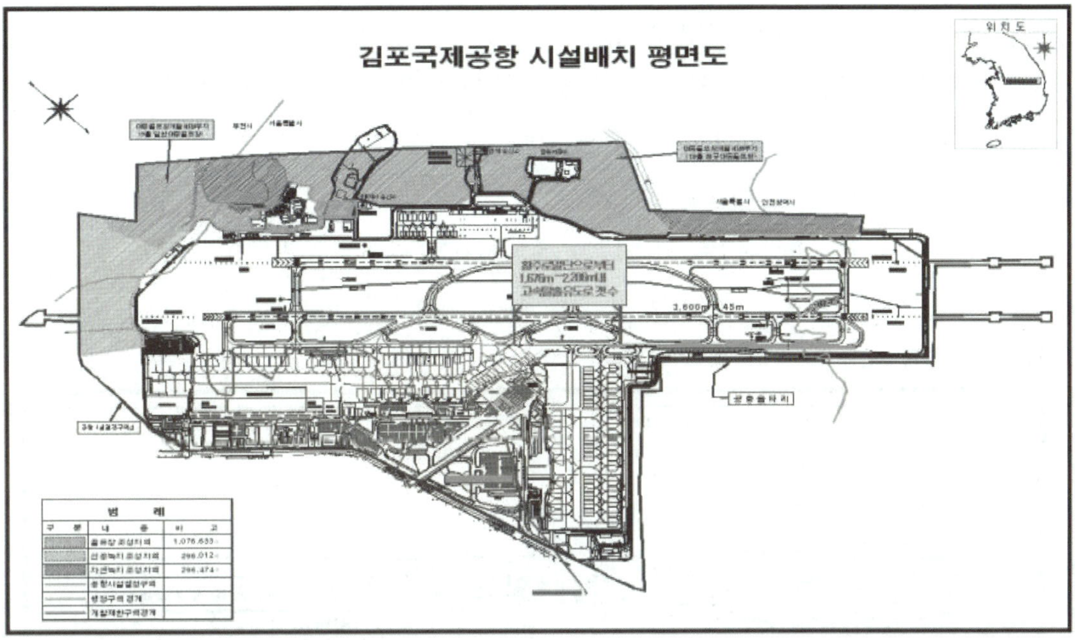

주 : 탈출요소를 고려하여 활주로 시단으로부터 5500′~7500′(1,676~2,286m) 내에 탈출 유도로 개수를 산정, N = 1)

표 6-14 EXIT FACTOR E

EXIT FACTOR E

To **determine** Exit Factor E:

1. **Determine** exit range **for** appropriate mix index **from** table below
2. **For arrival** runweye, determine the **average number** Of **exits (N)** which are: **(a)** within appropriate exit range, and **(b)** separated by **at** least 750 feet
3. **If N is 4 or more,** Exit ***Factor*** = 1.00
4. If **N is less** than 4, determine **Exit** Factor **from** table **below for** ● ppropriate **mix index and percent arrivals**

Mix Index-- Percent (C+3D)	Exit Range (Feet from threshold)	EXIT FACTOR E								
		40% Arrivals			50% Arrivals			60% Arrivals		
		N=0	N=1	N=2 or 3	N=0	N=1	N=2 or 3	N=0	N=1	N=2 or 3
0 to 20	2000 to 4000	0.62	0.79	0.90	0.62	0.79	0.90	0.62	0.79	0.90
21 to 50	3000 to 5500	0.72	0.83	0.93	0.72	0.83	0.93	0.72	0.83	0.93
51 to 80	3500 to 6500	0.75	0.84	C.92	3.75	0.84	0.92	0.75	0.84	0.92
81 to 120	5000 t o looo	0.80	0.87	0.94	0.80	0.87	0.94	0.80	0.87	0.34
121 to 180	5500 to 7500	0.94	1.00	1.00	0.83	0.93	0.97	0.83	0.93	0.97

1. 상기 도표에 의하여 E를 결정
2. 적어도 750피트 이격된 유도로의 개소 N을 결정
3. N=4 이상이면 E=1을 사용
4. N=4개 미만이면, 상기의 도표에서 맞는 조건의 "E' 값을 결정

- Touch and go 인자 T = 1
- 시간당 용량(Hourly capacity)
- 상기에서 설명한 시간당 활주로 기본용량(C*)에 대하여, Touch and go 인자(T), 탈출인자(E)를 고려한 시간당 활주로 용량

  $$\text{Hourly capacity} = C^{*} \times T \times E$$

- 따라서 시간당 용량은 = 71×1×0.93 = 66회

표 6-15 IFR 차트

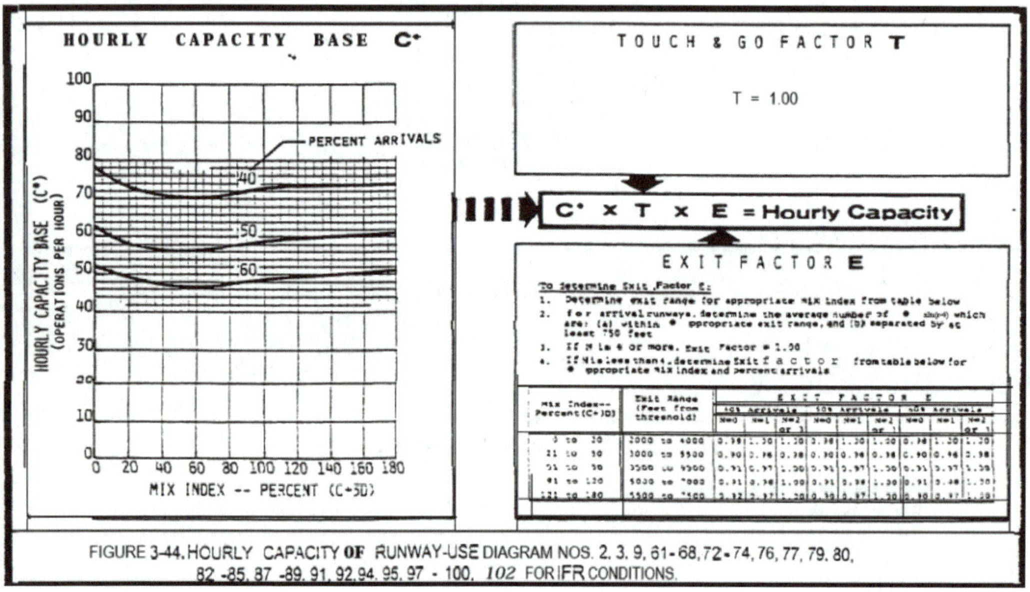

- 시간당 기본용량 C* = 60회
- Touch and go 인자 T = 1
- 도착률 = 50%
- E(탈출요소)는 탈출유도로는 1개소(D3) ⇒ E = 0.97
- 활주로 시간당 용량 = 60×1×0.97 = 58회

표 6-16 시간당 최대용량 대비 퍼센트 산정

방향	기상상태	시간당 처리능력	퍼센트율
14R	IFR	66	66/66 = 100%
	VFR	58	58/66 = 88%
14L	IFR	66	66/66 = 100%
	VFR	58	58/66 = 88%
32R	IFR	66	66/66 = 100%
	VFR	58	58/66 = 88%
32L	IFR	66	66/66 = 100%
	VFR	58	58/66 = 88%

5. 연간사용률 산정 P*(Percent of year)

P*은 활주로의 각 방향별로 연간 방향별, 기상에 따른 항공기 운항 방법에 따라 사용하게 되는 각각의 사용률을 고려한 것임

단일 활주로의 경우, 각각의 방향별 기상상황에 따른 항공기 운항방법에 따라 시간당 기본용량이 총 4개(C1, C2, C3, C4)가 나오듯, P* 또한 4개((P1, P2, P3, P4)가 발생하며,P1+P2+P3+P4 = 100%가 나오게 됩니다. 복수활주로의 경위 총 8개가 나옵니다.

IFR : 29%

VFR : 71%

표 6-17 2002~2006년도 총 이 · 착륙횟수 : 572,424회

활주로 방향	14R	14L	32R	32L	계
2002	20,003	20,883	45,764	41,677	128,327
2003	21,636	44,870	54,176	27,864	148,546
2004	15,639	16,577	52,993	20,654	105,863
2005	13,524	13,417	49,217	18,655	94,813
2006	12,752	14,992	50,656	16,475	94,875
소 계	83,554	110,739	252,806	125,325	572,424
비 율 (%)	15	19	44	22	100

표 6-18 활주로 방향별 VFR 및 IFR 비율

활주로 방향 및 %비율		14R (15%)	14L (19%)	32R (44%)	32L (22%)	계
I F R	29%	4.3	5.5	12.8	6.4	29
V F R	71%	10.7	13.5	31.2	15.6	71
계 (%)		15	19	44.0	22	100

표 6-19 연간사용률 P*

Operating Condition				Percent of year (P) ②
NO	WEATHER	RWY-use Diarram	Mix Index ①	
14R	IFR		164	4.3
	VFR		164	10.7
14L	IFR		164	5.5
	VFR		164	13.5
32R	IFR		164	12.8
	VFR		164	31.2
32L	IFR		164	6.4
	VFR		164	15.6

가. ASV(Annual Service Volume) 가중인자(W) 산정

○ 가중인자 표를 이용하여 퍼센트율과 혼합율 기상상태 등을 고려하여 산정함.

○ 가중인자 산식 표 및 가중인자 계산

표 6-20 ASV(Annual Service Volume w) 가중인자(W) 산정

Percent of Maximum capacity	Weighting Factors			
	VFR	IFR		
		Mix Index (0-20)	Mix Index (21-50)	Mix Index (51-180)
91+	1	1	1	1
E1-90	5	1	3	5
66-80	15	2	8	15
51-65	20	3	12	20
0-50	25	4	16	25

방향	기상상태	퍼센트율	혼합율	가중 인자(w)
14R	IFR	100	164	1
	VFR	88	164	5
14L	IFR	100	164	1
	VFR	88	164	5
32R	IFR	100	164	1
	VFR	88	164	5
32L	IFR	100	164	1
	VFR	88	164	5

나. D(Daily) 계수 산정

- 연간운항수요 / 피크 월 일평균 수요 ⇒ 2002~2006년 운항횟수 기준으로 산정
- 5년간 운항횟수 = 550,424회
- 5년간 피크 월 일평균 운항횟수

  47,611회(5월) / 31 = 1,535
- 연간운항횟수 / 피크 월 일평균 운항횟수 = 572,424/1,535 = 358

표 6-21 연간운항횟수 / 피크 월 일평균 운항횟수

월	운항횟수						비 고
	2002	2003	2004	2005	2006	계	
1	10,940	10,776	10,797	8,168	8,300	48,981	
2	10,509	9,854	9,684	7,592	7,122	44,761	
3	10,858	10,330	9,795	8,124	8,018	47,125	
4	10,445	10,483	9,115	8,326	7,650	46,019	
5	11,026	10,892	9,174	8,660	7,859	47,611	피크 월
6	10,737	10,168	8,195	7,934	7,478	44,512	
7	10,332	10,374	8,214	7,238	7,865	44,023	
8	10,552	11,462	9,023	7,394	8,640	47,071	
9	10,955	10,652	7,996	7,882	7,740	45,225	
10	10,983	10,745	8,240	8,301	8,323	46,592	
11	10,591	10,291	7,616	7,905	7,802	44,205	
12	10,500	10,316	8,074	7,263	8,146	44,299	
	128,428	126,343	105,923	94,787	94,943	550,424	

다. H(hour) 계수 산정

일평균수요 / 피크 월 피크 시 평균수요 ⇒ 2002~2006년 운항횟수 기준으로 산정

표 6-22 5년간 일평균 운항횟수

시간대	운항(횟수)			시간대	운항(횟수)		
	도착	출발	계		도착	출발	계
1:00 ~ 1:59	0	0	0	13:00 ~ 13:59	27	24	51
2:00 ~ 2:59	0	0	0	14:00 ~ 14:59	27	27	54
3:00 ~ 3:59	0	0	0	15:00 ~ 15:59	29	27	56
4:00 ~ 4:59	0	0	0	16:00 ~ 16:59	28	29	57
5:00 ~ 5:59	0	0	0	17:00 ~ 17:59	26	28	54
6:00 ~ 6:59	0	4	4	18:00 ~ 18:59	29	24	53
7:00 ~ 7:59	7	25	32	19:00 ~ 19:59	29	25	54
8:00 ~ 8:59	16	32	48	20:00 ~ 20:59	25	20	46
9:00 ~ 9:59	22	26	47	21:00 ~ 21:59	26	6	31
10:00 ~ 10:59	26	26	53	22:00 ~ 22:59	13	0	13
11:00 ~ 11:59	24	29	53	23:00 ~ 23:59	1	0	1
12:00 ~ 12:59	25	23	48	24:00 ~ 24:59	0	0	0
				합계	377	377	754

※국내선+국제선, 정기+부정기, 여객기+화물기, 유임+무임, 화물+수하물+우편

- 5년간 (피크 월) 피크 시 평균운항횟수 = 57회
- 일평균 운항횟수/ (피크 월) 피크 시 평균운항횟수 = 754/57 = 13.2

※ D계수 및 H계수는 혼합률에 의해 아래 표에 의거 비례계산식으로 산정할 수 있음.

표 6-23 Mix Index

Mix Index	Daily (D)	Hourly (H)
0-20	280-310	7-11
21-50	300-320	10-13
51-180	310-350	11-15
51-180	310-350	11-15

라. D계수 및 H계수 비교

연간용량 산정에 차이가 발생하므로 실제 산정값 적용

표 6-24 D계수 및 H계수 비교

	실제 산정값	비례식 산정값	비 고
D 계수	358	337	△ 21
H 계수	13.2	13.7	+0.5

마. 종합 공항용량 산출표

표 6-25 종합 공항용량 산출

Operating Condition				연간 사용률(P) ②	시간 용량(C) ③	퍼센트율 ④	가중 인자(W) ⑤
NO	WEATHER	RWY-use Diarram	혼합률 ①				
14R	IFR		164	4.3	66	100	1
	VFR		164	10.7	58	88	5
14L	IFR		164	5.5	66	100	1
	VFR		164	13.5	58	88	5
32R	IFR		164	12.8	66	100	1
	VFR		164	31.2	58	88	5
32L	IFR		164	6.4	66	100	1
	VFR		164	15.6	58	88	5

바. 활주로 시간당 용량 산정

○ Cw를 구하기 위해서는 먼저 활주로의 사용형태별 C*를 구해야 함 (C1, C2 .... Cn)

$$Cw = \frac{(P1 \times C1 \times W1) + (P2 \times C2 \times W2) + \cdots + (P2 \times C2 \times W2)}{(P1 \times W1) + (P2 \times W2) + \cdots + (Pn \times Wn)} \times 100$$

복수 활주로의 경우에는 4방향에서 이착륙을 하게 되고, 또한 IFR 상황과 VFR 상황이 발생하게 되므로 모두 구해야 하는 C*(시간당 기본용량)은 모두 8개임(C1, C2, C3, C4, C5, C6, C7, C8)

$$Cw = \frac{(4.3\times66\times1)+(10.7\times58\times5)+(5.5\times66\times1)+(13.5\times58\times5]+(12.8\times66\times1)+(31.2\times58\times5)+(6.4\times66\times1)+(15.6\times58\times5]}{(4.3\times1)+(10.7\times5)+(5.5\times1)+(13.5\times5]+(12.8\times1)+(31.2\times5)+(6.4\times1)+(15.6\times5]} = 22{,}504/385 = 58.5\text{회/시}$$

사. 연간운항횟수(ASV) 산정

- ASV = Cw × D × H

  58.5 * 358 * 13.2 = 276,447회/년간
- cf. 비례산식에 의해 산정된 D계수 및 H계수 적용 시

  ASV = Cw × D × H = 58.5 ×337×13.7 = 270,088회 / 년간

  ※ 비례산식 적용 시 정확도 97.7%

아. 용량평가

- 현재 2본의 활주로를 운영하는 김포공항은 수용능력 226,000회에 대한 용량평가를 실시한 결과 현재시설은 276,447회로서 50,447회의 여유가 있다.

Chapter 7

공항의 랜드사이드(Landside)

section 01 공항의 랜드사이드(일반업무지역, Landside) 구분

공항은 Airside(항공기이동지역)와 Landside(일반업무지역)로 구분하고 있다. [그림 7-1]과 같이 항공기는 접근절차 후 활주로, 유도로, 계류장 및 탑승교 등을 사용하며, 출발승객은 접근 교통수단, 체크인카운터와 같은 여객처리시설, 출발대합실 등 Landside 과정을 거쳐 출발게이트를 이용한다. 이와 같이 Landside와 Airside를 구분하는 명확한 기준은 없으나 일반적으로 항공사와 공항운영자 사이에 여객에 대한 책임 한계를 기준으로 구분하고 공항관리부서간의 업무범위를 기준으로 하고 있다. Landside의 중심은 터미널이며 그 기능은 다음과 같다.

첫째, 양태의 변화이다. Airside와 Landside의 운영특성을 수용하기 위해 항공기와 지상교통수단 사이의 연결고리를 제공한다. 둘째, 수속기능이다. 탑승권 발매, 서류심사 및 여객, 화물의 통제에 필요한 시설의 제공을 한다. 셋째, 이동방식의 변경이다. 승용차, 버스, 열차 등 육상교통에 의해 도착한 승객 및 화물을 항공기로 출발시키는 기능을 수행한다.

1. Landside 체계

Landside는 Airside 지역과 공항 기타 지역 간의 주요 상호작용 영역이다. 여객 및 수하물의 처리, 화물처리, 공항정비, 운용, 행정활동에 소요되는 시설들이 포함된다. Landside

그림 7-1 공항의 구분

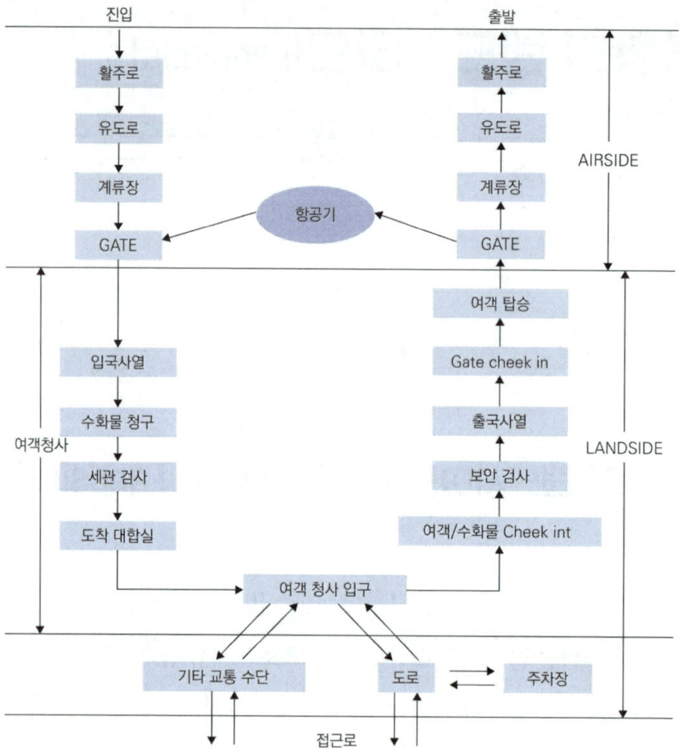

출처 : 이강석 외, 항공산업론, 대왕사, 2018. 인용

시스템은 지상접근과 항공기간의 주요 연결시스템으로써 공항 접근형태와 항공기간의 상호작용을 통하여 항공여행의 시작, 종결, 혹은 환승객과 수하물을 터미널에서 항공기까지 또는 항공기 상호간에 처리한다.

Landside 시스템은 3개의 주요 분야로 구성되어 있으며, 주요활동은 다음과 같다.

가. 접근전환시스템

여객이 항공여행을 위하여 공항에 접근하는 다양한 지상 교통수단을 전환시키는 영역으로서, 접근순환, 교통수단, 주차장, 여객과 방문객이 차를 타고 내리는 터미널입구(Curb)로 구성되어 있으며, 다음과 같은 시설이 요구된다.

(1) 여객터미널을 출입하는 여객차량의 접근을 위해 타고 내리는 장소를 제공할 수 있는 여객터미널 앞의 출입시설(Curb side)

(2) 여객 및 방문객 차량의 장단기 주차공간 및 임대차, 택시, 버스와 같은 공공교통 수단을 위한 주차시설
(3) 여객터미널 앞 입구, 주차장, 공공도로에 접근할 수 있는 차도(Roadway)
(4) 주차시설과 여객터미널간의 접근을 제공하는 터널, 교량, 자동화 보도시스템을 포함한 보도
(5) 여객터미널 내의 여러 시설과 항공화물, 주유소 그리고 우편물 취급소 등과 같은 기타 공항시설에 접근할 수 있는 서비스 및 소방도로

나. 여객처리시스템

여객이 항공여행을 시작하거나 종료 또는 계속하는데 항공기와 지상교통수단간의 상호작용을 위해 여객과 수하물을 처리하는 여객터미널로서 발권, 수하물 처리, 좌석배정, 국가관리 기능수행, 항공기 탑승 및 하기, 보안 등의 주요활동이 있으며 다음과 같은 시설이 요구된다.

(1) 항공권 처리, 수하물 처리, 운항정보 및 행정요원과 시설을 위해 사용되는 항공사의 탑승 수속대 및 사무실
(2) 여객과 방문객을 위한 상업시설 및 편의시설과 같은 공용 또는 비공용 구역, 음식준비 구역, 음식 및 기타 저장소 등의 여객터미널 서비스 공간시설
(3) 여객 및 방문객의 대기시설
(4) 여객과 방문객의 편의를 위한 에스컬레이터, 승강기, 복도 등의 통행시설
(5) 출발비행을 위한 수하물의 분류 및 처리하는 비공용 지역을 제공하는 출발 수하물 처리시설
(6) 수하물을 한 비행편에서 동일 항공사 또는 타 항공사로 전환하는 수하물처리시설
(7) 도착 항공기로부터 수하물을 수령하여 도착여객이 요구하는 수하물을 분배하는 도착 수하물 인도 시설
(8) 공항관리, 운용, 정비시설을 위해 사용할 공항행정 및 서비스 시설

다. 비행전환시스템

여객의 처리 과정에서 항공기로 또는 항공기를 전환하는 영역으로서 여객과 수하물을 항공기까지 또는 항공기에서 다른 항공기로 운송하는 활동이다. 주요시설은 다음과 같다.

(1) 출발 대기실 및 타 여객 터미널로 이동하기 전에 이용하는 대합실
(2) 출발 비행을 위해 여객을 탑승 항공기 바로 가까이 집합시키는 데 사용하는 출발 대기실
(3) 항공기 출입문과 출발 대기실 간에 여객이 타고 내리는데 사용하는 탑승교 시설
(4) 출발 및 도착 항공기와 연관하여 항공사의 직원, 장비 및 활동에 소요되는 항공사 운용공간
(5) 출입국 관리, 세관, 농수산물 검사, 보건 등의 국가관리 기능 수행과 항공기 안전을 위해 여객과 수하물을 검사하는 소요시설
(6) 공용의 편의시설과 비공용의 건물 및 시설유지보수와 운용을 위한 여객터미널 서비스 공간

2. Landside 시스템의 활용과 시설

표 7-1 Landside 시스템의 활동과 시설

구분	접근	Landside 시스템			비고
기능	공항 접근	접근처리전황	처리	비행처리전환	
활동	운전 승차 전환	승차 하차 주차 도보	발권 좌석배정 수하물 처리 어권심사 수하물 인도 세관검사 보안검사	여객집합 대기 탑승 하기	비행
시설	고속도로 철도 정거장 자동차 버스 차도	승하차 시설 주차시설 환승승강시설 Curb side	발권대 체크인 여권심사대 수하물 인도량 보안 검사시설 세관대 출입국 검사대 항공사 운용사무실	출발대기 탑승교	항공기

3. 설계 고려사항

이 Landside 시설 투자의 효율은 건물의 크기, 평면도 및 내부 배치에 따라 결정되지만 항공사, 항공기의 제조업체 및 공항, 정부기능 수행기관의 운용에 의한 여객과 수하물의 처리에도 크게 영향을 받는다. 여객터미널의 설계는 활주로, 유도로 시스템, 주기장 및 공항접근시스템과 밀접한 관계가 있으며, 이 지역의 위치 및 확장은 공항기본 종합계획에 의해 조정되나 여객터미널의 선택과 계획은 다음 기준을 고려하여야 한다.

가. 정책사항

① 기본 종합계획에 명시된 매개 변수 내에서 제시된 공항 임무를 수행하는 데 필요한 개발과 규모를 확보한다.

② 중장기 계획에 따른 소요에 적합한 능력을 구비한다.

③ 예산과 실질적인 기능면에서 실행 가능성이 있어야 한다.

④ 현 시설의 사용을 최대화한다.

⑤ 첨두시간 중 접근, 여객터미널 및 항공 이동지역의 시설 간에 균형된 소통이 가능하여야 한다.

⑥ 환경 계획에 추가되는 미래의 요구도 최소비용으로 충족할 수 있는 융통성을 보유하여야 한다.

⑦ 첨단 항공기술을 활용해 적용할 수 있는 능력을 구비하여야 한다.

나. 일반사항

① 여객터미널 접근이 용이하여야 한다.

② 주차장에서 여객터미널까지 그리고 여객 및 수하물 처리시설로부터 항공기 탑승장소까지의 도보 이동거리는 300m 이내여야 하며, 그 이상일 경우 보조이동수단을 제공하여야 한다.

③ 여객터미널 내에서 여객의 층 이동을 최소화하여야 한다.

④ 여객의 교차이동은 피해야 한다.

⑤ 현행 항공기 특성에 적합한 시설이어야 하며, 또한 미래 항공기에도 가능한 수용능력을 구비하여야 한다.

⑥ 공항접근 교통수단은 주요여객 밀집지역에서 공항까지 45분 이내에 도착해야 한다.

다. 공항 이용자별 요구사항

이상과 같은 정책 및 일반 고려사항 외에 여러 공항 이용자별 요구사항을 포함시켜야 한다.

① 여객
② 항공사
③ 공항관리당국
④ 지역사회

라. Landside 공간요소

Landside의 공간요소를 결정하는 데는 여러 종류의 공항 이용자와 지역사회가 요구하는 서비스의 질이 큰 영향을 미친다. 따라서 공항이 여객인원과 연관하여 Landside의 공간 검토는 배치범위와 여객 당 제공면적을 검토해야 하며, 공간요소의 결정지침은 개략적인 요소 결정에 이용된다. 시뮬레이션에 의한 정확한 공간요소 산출에 앞서 대략적인 여객터미널시설 공간요소 결정은 다음 단계를 거친다.

① 접근방식의 확인

② 여객 수와 종류의 확인

③ 공항 접근과 여객구성의 식별

4. 여객터미널 시설분류

공항 여객터미널 시설은 그 기능과 이와 연관된 특성에 따라 분류된다. 일반적으로 공항은 항공여행의 출발 및 종착공항, 환승공항 또는 연결공항으로 분류하며, 갖추어야 할 시설은 각 분류 공항에 따라 크기와 시설의 배치가 서로 상이할 것이다. 출발 및 종착공항은 항공여행을 시작하고 끝마치는 여객이 많이 이용하게 되므로, 이 공항의 출발 및 종착여객은 총 여객의 70~90% 점유하게 된다. 이와 같은 공항은 상대적으로 항공기의 지상체류 시간이 길고, 여객의 주요소통은 항공기와 지상 수송시스템간이 된다. 또한 여객터미널 Curb side, Check-in counter, 수하물처리시설 및 주차장의 수요가 상대적으로 높아진다. 이와 같은 공항에서 Gate 별 항공기의 시간당 처리대수는 대략 0.9~1.1이다.

한편 환승 또는 연결공항에 있어서, 총 여객의 비율은 도착과 출발 항공기간의 연결여객이 될 것이며, 오늘날 미국의 많은 공항은 항공사 중추공항의 탄생으로 연결공항이 많이 존재하고 있다. 이러한 공항은 연결 여객의 처리를 위해 더 큰 대합실이 요구되는 반면에 지상접근시설의 개발은 감소되며, 연결여객의 처리를 위해 통상적으로 신속한 여객 이동 능력과 수하물 처리능력을 구비하여야 한다. 이와 같은 공항은 연결시간의 최소화를 위해 상호 환승여객의 Gate 위치를 근접하게 위치시켜야 하며, 이를 위해서는 계획단계부터 특별한 배려가 필요하다. 이러한 공항은 첨두기간에 시간당 Gate별 1.3~1.5대의 항공기 활동이 가능하였다.

중간기착 공항은 낮은 비율의 출발비행으로 높은 비율의 출발여객에 혼합한다. 항공기 지상체류 시간을 최소화하기 위하여 연결지점에서 기내여객을 항공기에 남아 있게 하고 여객을 신속히 내리고 타게 함으로써 첨두기간에 Gate별 시간당항공기 이동 평균은 1.6~2.0이 된다. 이와 같은 공항은 출발 대합실 공간이 크지 않아도 되며, 출발 공항과 비교하여 여객터미널 커브, 체크인카운터, 수화물처리시설이 적어도 된다.

가. 전체 공간의 소요판단

특별 공간 소요를 알기 위한 구체적인 측정을 하기 전에 여객터미널의 전체 공간의 개략적인 크기를 예측할 필요가 있다. 이는 다른 공항의 현 시설을 제공하고 있는 공간을 파악하여 얻어진 자료를 기초로 하여 개략적인 사업규모를 판단할 수 있다. FAA는 연간 출발 여객당 0.08~0.12ft를 기준하여 총 여객터미널 공간수요를 계산하고 있다. 다른 방법은 설계시간의 여객당 150ft 비율을 적용하여 예상 여객터미널 공간수요를 계산할 수 있다. 여객터미널 건물의 여러 목적을 위한 공간 배치는 예비계획을 위해 필요하다. FAA는 여객터미널 공간의 약 55%를 임대할 수 있으며, 45%는 임대할 수 없는 것으로 판단하고 있다. 개략적인 여객터미널 공간의 배치는 항공사운용에 35~45%, 매점 및 공항행정을 위해 15~25%, 공용공간을 위해 25%~35%, 공공시설을 위해 10~15%를 배정하고 있다. 실제 공간 배치의 최종 결정은 시스템 성능의 구체적 분석이 필요하며, 또한 항공사, 정부기능 수행당국 및 공항당국 간에도 신중한 토의가 필요하다. 특히 우리나라는 공항 통제를 위해 많은 공간을 배정하고 있는데, 세계 여러 국가들의 사례가 충분히 고려되어야 한다.

나. 서비스 수준

Landside 시스템의 설계에 있어서 제공될 서비스 수준을 평가하고 그 수준에 관련된 기준을 채택하는데 많은 연구와 검토가 필요하다. Airside의 항공기 지연과 경제적 중요성 간의 관계 설정은 비교적 간단하지만, 이 관계를 공항 Landside에 적용 한다던가 또는 개발한다는 것은 어려움이 있다. 공항에 관련된 여러 구성요소 중 서비스의 질이나 수준을 다른 관점에서 검토하기는 어렵다. 항공사는 정시운항, 직원의 적절한 배치, 공항운용 비용의 최소화, 이익창출과 같은 요소와 관련시키고 있는 반면에 여객은 적정가격으로 과도한 혼잡 없이 최소의 지연과 가장 쾌적한 항공여행을 마치기를 바란다. 공항당국은 공항이 위치한 지역사회의 기대와 조화를 이룬 가운데 항공사와 여객의 요구에 부합되도록 최상의 공항시설을 갖추어야 한다. 이처럼 관련자의 요구가 다른 가운데 서비스 품질의 향상을 갖추어야 한다. 이처럼 관련자의 요구가 다른 가운데 서비스 품질의 향상을 위해 가능한 한 많은 조치를 취할 수 있도록 넓은 의미에서 서비스 수준의 기준을 설정하기에는 많은 어려움이 있다.

공항서비스 수준의 기준은 많은 경험과 시험을 통하여 일부는 정해졌으나 공항 Landside 시스템과 연관된 서비스 수준은 일반적으로 여객터미널 건물 내의 혼잡상태, 지상접근시스템, 여러 시설에서 여객지연처리 또는 대기선 길이, 여객 도보거리, 총 여객 처리시간 등으로 측정한다. 이와 같은 대부분의 요인은 수학적 모형화(Modeling)의 도움으로 여객터미널 설계를 평가할 수 있다. 그러나 공항 이용자와의 관계에서 여러 서비스 수준의 측정은 설계 면에서 수용할 수 있는 해결방안과 균형을 이루어야 한다.

section 02 여객터미널 구성 및 계획

1. 여객터미널체계

여객터미널시스템은 지상접근교통시스템과 항공기간의 주요연결역할을 하며, 이 시스템의 주요 목적은 출발, 도착 및 환승 여객의 수속절차와 여객과 수하물 육상교통에서 항공기까지 연결해 주거나, 항공기에서 육상교통까지 연결해 주는 것이다.

가. 여객터미널시스템의 성분

1) 육상교통의 접속

육상교통에서 수속지점까지 자동차 등의 순환, 주차 및 커브사이드의 승하차 등이 주요 성분이다.

2) 수속절차

여객의 도착, 출발 및 환승을 위한 절차로서, 주요성분은 항공권발급, 수하물 체크인, 수하물 환수, 좌석배정, 정부기관의 심사(여권, 세관 및 보건) 및 보안검사 등이다.

3) 항공기와의 접속

필요한 절차가 끝난 여객을 항공기까지 또는 항공기에서 터미널까지의 운송과 항공기로 탑승 또는 항공기에서 하기 등의 활동이 이루어지며, 이런 기능을 수행하기 위하여 수많은 시설이 사용된다.

나. 설계목적의 이해

터미널 설계목적에는 다음과 같은 수많은 다른 요인이 있다는 것을 인식하여야 한다.

1) 일반적인 설계목적

- 기본계획의 확정된 범위 내에서 목표를 달성하기 위한 규모의 결정 및 개발방안을 수립한다.
- 중장기 수요에 대비한 능력을 확보한다.
- 기능적, 사실적 및 재정적 타당성을 확보한다.
- 기존 시설의 이용성을 최대화시킨다.
- 피크시간 중에 접근시설, 터미널 및 비행장 시설 등의 수용능력이 균형을 유지하도록 조화시킨다.
- 항공운송환경의 민감성을 배려한다.
- 현 계획기간 이후의 미래 수요에 대응할 수 있는 유연성을 확보한다.

- 항공기술의 획기적인 발전에 대비할 수 있는 능력을 확보한다.

2) 특정 설계목적

가) 여객 대상

- 편리, 편안 및 기타 여객의 욕구와 관련된 사항을 도출한다.
- 간결하고 명확한 방향 표지를 통하여 여객과 접근교통에 대한 효과적인 방향성을 제시한다.
- 최대 운영효율성 확보를 위하여 도로 및 커브를 도착과 출발로 분리한다.
- 일반 주차장, 상주직원 주차장, 렌터카 주차장 및 기타시설 등에 대한 편리한 접근성을 확보한다.

나) 항공사 대상

- 최대 운영효율성이 있도록 현재 및 미래의 항공기에 대비한다.
- 국내 및 국제여객의 도착/출발/환승 등 모든 경우에 여객 및 수하물의 원활한 흐름을 위한 직접적이고 효율적인 설비를 제공한다.
- 경제적, 효율적 및 효과적인 보안성을 확보한다.
- 에너지 절약방법을 수용할 수 있는 최신의 설비를 갖춘다.

다) 공항관리 대상

- 기존의 터미널/접근교통시스템/활주로시스템/공사기간 중 임시시설의 유지 등 관리에 필요한 계획을 수립한다.
- 매점 및 기타 자원으로부터 최대수익을 확보할 수 있는 시설을 확보한다.
- 유지보수 및 운영경비를 최소화할 수 있는 시설을 확보한다.

라) 지역사회 대상

- 지역사회에 독특한 발상과 효과를 제공한다.
- 전체적 터미널 복합체에 대한 기존 건축시설의 조화를 도모한다.

• 기존 및 계획된 공항외부 접근도로와의 조화를 도모한다.

설계자는 여객터미널 건설을 위한 특정설계기준을 개발함에 있어, 이런 타입의 목적이 조화되도록 고려해야 하고, 이런 기준은 설계대안의 평가수단을 사용될 수 있다.

3) 설계대상의 구분

여객터미널 소요면적을 결정하기 위해 접근 교통수단 및 수단별 분담과 여객의 양과 형태에 따라 결정된다.

4) 시설의 분류

공항터미널 시설은 기능적 역할에 따라 분류될 수 있으며, 일반적으로 출발/종착 기능 위주의 터미널과 환승기능 위주의 터미널로 분류되고 각 경우에는 시설 규모와 구성이 다르다. 이런 터미널은 상대적으로 커브, 체크인, 수하물, 환수대 및 주차 등에 대한 시설요소가 많고 Gate 당 시간당 항공기 이동은 0.9~1.1회이다. 이는 미국의 국내선 공항을 기준한 것이므로 국제선 공항에서는 시간이 더 소요될 수 있다. 환승 또는 연결위주의 터미널은 도착 항공기와 출발 항공기에 항공기를 갈아타는 여객(환승객)의 비율이 높으며, Hub 공항의 출현으로 미국에는 연결공항이 많다. 이런 공항에서는 지상 교통시설, 발권 및 체크인 시설, 수하물 환승시설 등이 출발-도착위주의 터미널보다는 적게 소요되는 대신에 연결 여객을 위한 콘코스 시설 등은 크게 소요된다. 수하물처리시설에서 항공사간의 환적보다는 동일 항공사의 항공사간에 환적시설이 더 소요된다. 이런 경우는 터미널을 계획할 때에 여객의 이동거리 및 시간이 최소화되도록 항공사 게이트를 배치하여야 한다. 이런 공항에서는 시간당 게이트 당 항공기 이동횟수가 1.3~1.5회 정도이며, 이는 국내선 기준이다.

5) IATA 권고사항

터미널 건물은 합리적인 가격으로 최대한 운영효율과 여객의 편의를 보장할 수 있도록 설계되어야 하고 향후 확장이 가능하여야 한다. 미적인 외관, 상업적 공간 및 일반대중을 위한 시설과 공간보다는 여객의 공간, 수속 및 흐름 등의 필요여건이 우선적이어야 한다. 건물의 구조적 요소는 변화하는 수요와 상황에 대응키 위한 내부개조 또는 전반적 확장이 정상적 운영에 지장이 없도록 용이해야 한다. 터미널 건물 내에서 중요기능

요소는 한 부분을 확장할 때 확장이 필요하지 않은 다른 부분을 옮길 필요가 없도록 해야 한다.

2. 터미널 계획

가. 개요

미국의 터미널 설계절차를 소개하면, Programming, Concept Development, Schematic Design, Design Development, Contract Design 등으로 분류될 수 있다. 터미널 시설은 공항부지의 가장 효과적인 이용, 확장과 운영의 유연성을 위한 잠재력, 지상접근 교통시스템과의 조합 및 공항주변의 현재와 미래의 토지이용계획 등을 고려하여 비행장 시설과 조화를 이루며 개발되어야 한다.

나. 공간계획

터미널 계획에서 공간계획 단계는 각 구성요소의 세부적인 배치 없이 터미널 총면적을 산출하는 것으로서 터미널 주변의 여러 가지 기능에 적절히 적응하도록 공간적 요건에 대한 지침이 마련된다. 육상 접근 교통과의 접속은 공항이용자에 대한 조사를 시행하여 자가용 승용차, 택시, 리무진, 버스, 철도(전철) 등 각 지상교통수단을 이용하는 여객(방문객, 상주직원 포함)을 조사하여 이용비율 및 교통량을 산출한다.

(1) 터미널 커브: 여객 및 수하물의 승차 및 하차를 위한 소요 커브길이는 설계일 첨두시간의 예상교통량과 형태에 의해 결정된다. 소형공항에서는 출발 또는 도착 여객을 1개의 커브만으로 처리하는 공항도 있으나, 수요가 증가하면 출발과 도착 여객을 수평 또는 수직으로 분리하며, 대형공항에서는 접근수단별 분리를 하기도 한다.

(2) 도로: 공항 내/외 도로의 교통량 수용결정이 이용자에 대한 적절한 서비스 수준을 보장하는 요소이다. 도심에서 공항까지의 도로 시스템은 중앙정부와 지방자치단체 소관이지만 여하간 광범위한 협의를 통하여 계획하는 것이 적절하고, 도로시설은 설계일 첨두시간 수요를 기준하여 설계하며, 교통분담계획(승용차, 택시, 버스, 철도 등의 분담율 및 평균 탑승자수)에 의한다. 공항내의 주요 도로시스템은 터미널 지역으로의 진입도로, 출발/도착 커브 및 순환도로이다.

(3) 주차장: 여객과 방문객의 주차장, 상주직원의 주차장 및 렌터카 주차장 등으로 분리하여 주차시설을 갖춘다. 여객 및 방문객 주차장은 단기, 장기 및 원거리(Remote) 주차시설로 구분된다.

(4) 터미널: 터미널 설계에서의 면적 결정의 주요인자는 서비스수준, 정부기관의 검사, 정책, 터미널의 Concept 및 피크시간의 집중률이다.

3. 터미널의 개념[4)]

터미널의 개념을 개발함에 있어서는 항공기의 주기형태, 터미널의 소유자, 여객의 특성 및 처리시설의 집중화 정도에 따라 다음과 같이 분류된다.

가. 항공기 주기형태에 따른 분류

① Pier 또는 Finger 개념(집중식 터미널) : 프랑크푸르트, 스키폴, 히드로, 창이, 게트윅공항 등

② Linear 개념(반집중식 터미널) : 간사이, 창이제2터미널, 나리타공항 제2터미널 등

③ 이동라운지(Transporter) 개념(집중식 터미널) : 워싱턴 델레스, 몬트리올 미라벨공항 등

그림 7-2 공항별 여객청사별 배치 개념

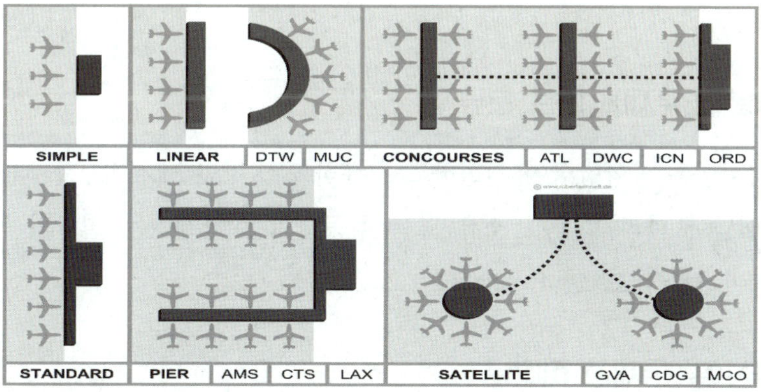

4) 노건수 외(2018), 운항지원시스템의 이해, 과학기술에서 인용

④ 위성개념(Satellite – 중앙집중식 터미널) : 덴버, 애틀란타, 나리타 제2터미널, 첵랍콕, 피츠버그, 인천공항 등

⑤ 완전모듈식 단위터미널(반집중식 터미널) : 샤를 드골, 캔자스 시티 공항 등

그림 7-3 완전 모듈식 단위 터미널(반집중식 터미널)

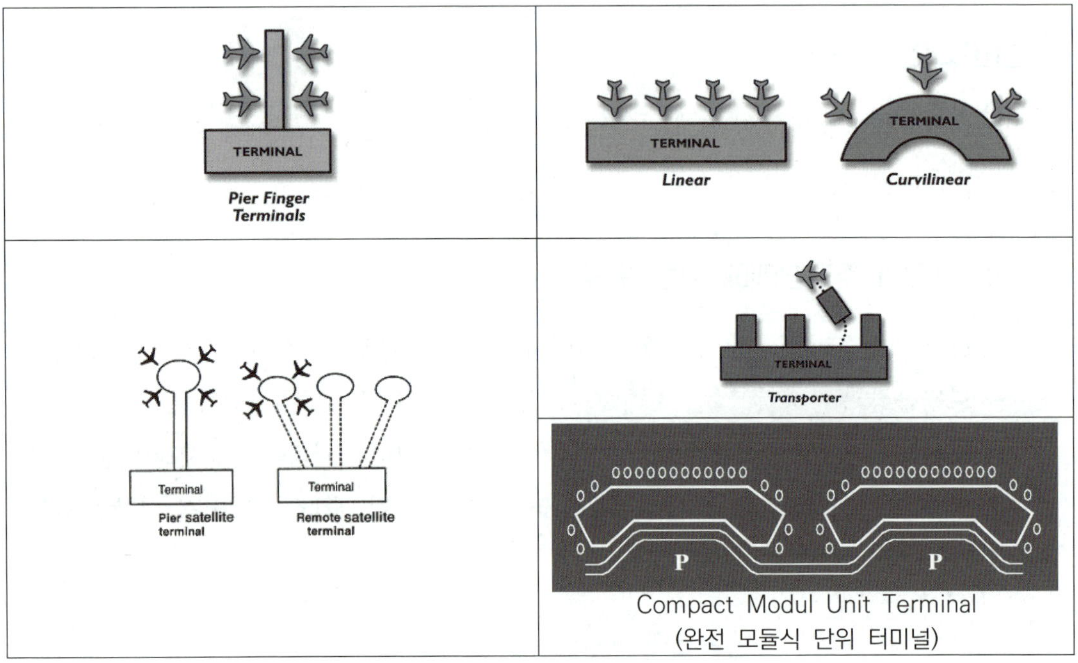

나. 터미널 소유자에 따른 분류

대부분 터미널은 공항당국이 건설하고 소유하고 있지만 세계적으로 최근에는 민자유치 공항이 늘어남에 따라 항공사 소유 또는 항공사와는 관계없는 별도의 공항터미널(주) 소유의 터미널이 늘어나고 있다.

다. 국내선 및 국제선 터미널

터미널은 국제선과 국내선의 여객을 분리하여 사용하는 국제선 전용 터미널 및 국내선 전용 터미널이 있고, 국제선과 국내선 여객이 1개의 터미널을 동시에 사용하는 종합

터미널이 있다.

라. 분산식 터미널과 집중식 터미널

여객의 출발 또는 도착절차를 여러 개로 분산시키는 분산식과 1~2개의 터미널로 집중시키는 집중식으로 분류된다.

• 집중식 운영 : 대부분의 오래된 공항 청사는 집중식 개념으로 설계되어 수속은 주로 청사 건물에서 처리하고 항공기 탑승은 Pier, Satellite, Ramp Bus 등을 통하여 이루어진다. 이러한 공항은 암스테르담 스키폴공항, 프랑크푸르트공항, 시카고 오헤어공항 등으로서 여객의 원활한 처리를 하고 있으나, 런던 히드로공항, 파리 오르리공항 등은 수송량의 증가에 대비한 청사의 추가 건설을 위하여 점차 분산식 청사 시스템 추세로 나아가고 있다.

이러한 형태의 공항이 갖는 장점은 건설경비를 줄일 수 있으며, 시설 운영비의 절약, 적은 관리인원으로도 관리할 수 있을 뿐만 아니라 규모의 경제를 실현할 수 있다. 이러한 현상은 동일한 기능을 가지는 여러 개의 청사를 가지고 있으면서 각 청사별 피크 아워가 다를 경우에는 동일 규모를 가지고 있는 단일청사의 경우가 여객을 한층 더 원활하게 처리할 수 있다. 그러나 반면에 교통량의 증가에 따라서 시설이 추가로 건설되고 이에 따라 게이트까지의 거리가 늘어나고 주차장이 대형화되는 등 시설규모가 방대 화하고 여객의 이동거리가 길어지게 되었으며 시설의 이용이 매우 복잡하게 되는 단점이 있다.

• 분산식 운영 : 다수의 단위 청사가 여객처리시설을 갖추고 운영되는 방식으로서, 이러한 공항으로는 달라스 포스워드공항, 뉴욕 케네디공항, 파리 드골공항 등이 있다. 이러한 공항의 형태는 집중식 운영이 갖는 최대의 단점인 여객 이동거리의 단축에 조점을 두어 IATA에서는 이동거리는 30m로 단축하고, curbside에서 check in counter까지의 거리는 100m 이내 이어야 한다는 분산식 설계개념을 권고하고 있다.

분산식 청사가 갖는 최대의 장점은 이용자 본위로 운영되어, 여객의 수는 결코 불편할 정도로 증가되지 않으며, 여객의 이동거리가 짧다는 것이다. 그리고 주차장은 규모가 작아 이동 거리가 적당하며, 감시도 용이해 범죄방지 측면에서도 안전하고 curbside 하차지역의 설계도 비교적 간단하다.

그러나 운영측면에서 분산하는 관리 및 보안 등의 동일한 기능이 각 청사에서 독립적으로 수행되어야 하므로 공항 직원 수를 증가시킬 수도 있다. 이러한 시설의 규모는 매우 크므로 각 독립청사는 여객 및 직원을 위한 충분한 시설이 필요하며, 수하물 창고, 수하물 인도지역, 체크인 지역 등의 고정시설이나 지상조업 장비 등의 이동시설 측면에서 볼 때 공항에서 규모의 경제 이점을 별로 살릴 수 없다.

대규모 공항의 경우 각 독립청사간의 이격거리가 대단히 멀어 청사 간 이동에 많은 시간이 소요되며, 청사간 환승승객을 위하여는 청사간 이동을 위한 통과여객 체계를 가지지 않으면 안된다. 따라서 달라스 포스워드공항은 이러한 청사간 이동을 위하여 자동환승차량을 운행하고 있으며, 뉴욕 케네디공항이나 히드로공항의 경우에는 순환버스를 운행하고 있고, 싱가폴 창이공항의 경우에는 청사간을 연결하는 전차를 이용하고 있다.

그리고 청사 간 분산화에 따른 가장 큰 운영상의 문제점은 현재의 청사지역을 여러 개의 소규모 청사지역으로 분리하였을 때 발생하는 일일 처리능력의 부족이다. 처리능력은 피크시의 운영상태에 의하여 결정되고 최대 수요는 여러 개의 작은 청사보다 1개의 큰 청사에서 더 쉽게 처리할 수 있다.

표 7-2 집중식 터미널과 분산식 터미널의 비교

구 분	집중식 터미널	분산식 터미널
장점	• 터미널접근의 방향성 양호 • 항공사/정부직원의 집중배치로 인력절감 • 편의시설 집중화 가능 (식당, 매점) • 상대적으로 간편한 비행정보시스템 • 대중교통시스템 이용 시 편리 (철도 등) • 공항전체의 피크를 기준하여 설계하므로 분산식보다 터미널규모를 20-30% 감소시킬 수 있음 • 환승여객의 환승이 용이함	• 걷는 거리 최소화 • 집중도 감소로 커브 및 주차장의 혼잡완화 • 늦은 시간까지 체크인 가능 • 터미널 내 방향성 양호 • 상대적으로 지장 없이 확장용이 • 수하물 운송/분류에 경비절감 • 자금투자가 수요에 적절 • 여객에 대한 비행안내 시스템 간단 • 항공사별 특화 가능
단점	• 걷는 거리가 길어짐 • 집중도가 커서 커브 및 주차장 혼잡 • 조기 체크인 및 클로즈 아웃 필요 • 여객운송 및 수하물 처리에 고비용이고, 오분류 가능성이 큼 • 터미널 내 방향성 불량 • 확장 시 운영에 지장	• 여러 개의 터미널 중 하나를 찾는 데 따른 방향성 불량 • 항공사/정부직원의 분산배치로 인력증가 • 편의시설 분산으로 경제적 손실 • 복잡한 비행정보시스템 • 환승여행의 보행거리 증가 • 환승수하물 처리에 별도시설 필요 • 대중교통시스템 이용 시 불편 • 터미널 규모가 각 터미널의 피크수요에 맞추기 위하여 커져야 함 (20~30%)

4. 터미널 이용시설의 배정방법과 운영

가. 공간배치

공항터미널의 배치는 터미널 기능에 관한 운영방침 및 필요사항과 밀접한 관련을 가지고 있으므로 청사배분에 적용할 확고한 규칙은 없다. 전형적인 터미널 배치에서는 상호 밀접한 관련성이 있는 여러 시설을 묶어 배치하는 것이 이상적이며, 관련성이 희박한 시설을 같이 배치하는 것은 불필요하다. 예를 들면, 구내영업시설들을 같이 배치하는 것이 바람직하지만 항공사의 관리사무실의 경우에는 그럴 필요가 없다. 그러나 세관지역은 수하물 인수지역의 바로 옆에 있어야 한다. 이러한 배치방법을 명시하고 있는 IATA의 기능별 유사업무 분류표(Functional adjacency chart)에 나타나 있다. 이 분류표는 관련시설들을 그룹화하고 세부 시설들을 나누어 놓고 시설들 간의 연관성을 표시하여 연관성이 높은 시설들 간의 배치를 하는 방법이다.

그림 7-4 Functional adjacency matrix

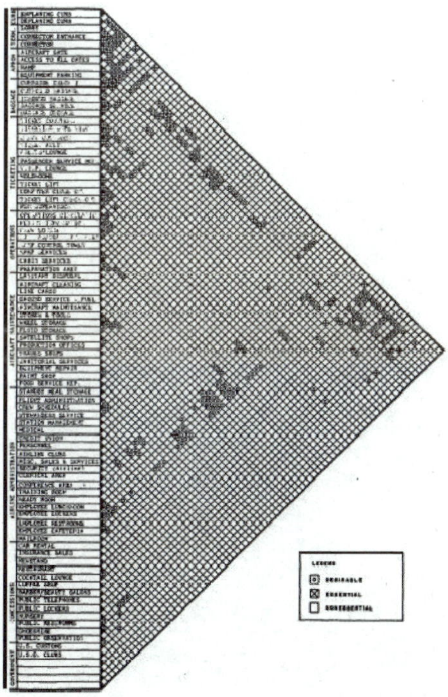

출처 : FAA, Advise Circular, 150/5360-13

나. 이용자별 터미널 배정 시 고려사항

여객청사의 이용절차는 나라에 따라 제도의 차이는 있지만 거의 유사하며, 여객의 수속과 절차에 관하여서는 ICAO Annex9에서 출입국 수속과 관련된 각 단계별 절차나 요구양식까지지도 통일된 형식으로 하도록 규정하고 있다. 이러한 절차나 기준은 ICAO의 회원국으로 가입한 모든 국가에서 준수하도록 권고하고 있다.

Chapter 8
공항보조시설 및 기타시설

section 01 공항보조시설 구성 및 특성

공항의 시설구분에서 Landside와 Airside로 구분하였고 이에 포함되는 시설들을 구분하였다. 그러나 공항시설법 상에서의 공항시설은 기본시설과 지원시설로 구분하고 있으며 보조시설은 다음과 같다.

1. 공항의 주요시설과 보조시설

1) **기본시설** : 활주로·유도로·계류장·착륙대등 항공기의 이·착륙시설, 화물 및 여객터미널 시설, 항행안전시설, 관제통신시설, 기상시설, 공항주차 및 보안시설

2) **지원시설** : 항공기 및 지상조업장비의 점검·정비 등을 위한 시설, 운항관리·의료·교육훈련·소방시설 및 기내식 제조공급 등을 위한 시설, 공항운영 및 관리시설, 공항 이용객 편의시설, 공항교통시설 및 조경·방음벽·공해 배출방지시설 등 환경보호 시설, 상·하수도시설 및 전력·통신·냉난방 시설, 항공기 급유 및 유류저장·관리 시설, 항공화물의 보관을 위한 창고시설

Landside와 Airside 시설 이외의 공항 보조시설을 분류하면 공항의 기본시설을 제외한 항행보조 및 항공보안시설, 터미널 시설, 지상교통시설 및 주차장, 항공기정비시설, 항

공기 급유 및 저장시설, 공항동력시설, 항공로구성시설 등으로 분류할 수 있다.

- 항행보조 및 보안시설 – 항공기의 항행 안전과 이착륙 안전을 확보하기 위해 필요한 시설로서 항공교통관제시설, 항행지원 무선시설, 항공등화시설 등이 있다.
- 지상교통시설 및 주차장 – 공항과 배후 도심을 연계하는 교통시설이고 공항 이용자 및 환송객들을 위한 주차시설이 포함된다.
- 항공기정비시설 – 기체정비를 수행하는 격납고와 정비공장, 정비용 계류장이 포함된다.
- 항공기급유시설 – 항공기에 필요한 연료를 공급하는 시설이다.
- 저장시설 – 항공기에 필요한 연료를 저장하는 시설
- 공항동력시설 – 항공기가 주기하고 있을 동안 항공기에 필요한 기내용 전력, 냉난방용 공기, 제트엔진의 시동용 공기 등 필요한 동력을 공급하는 시설

2. 공항보조시설 구성 및 특성

가. 항공등화시설

공항시설법 제2조 제16호 "항공등화"란 불빛, 색채 또는 형상(形象)을 이용하여 항공기의 항행을 돕기 위한 항행안전시설로서 국토교통부령으로 정하는 시설을 말한다.

- 항공등대: 야간이나 계기비행 기상상태에서 항공기의 항행을 돕기 위한 시설이다.
- 비행장 등화: 야간이나 계기비행 기상상태에서 항공기 이륙 또는 착륙을 돕기 위한 시설이다.
- 장애물 조명: 고층 건물이나 고도가 높은 시설물을 표시하기 위한 조명으로 항공기가 저고도에서 비행 시 장애물 위치를 식별할 수 있도록 한다.
- 비행장등화는 공항의 보조시설로 활주로 및 유도로와 같은 착륙대 부근에 설치되어 있는 등화로서 다음과 같다.

1) 진입조명

착륙을 위해 진입하는 항공기에 최종진입경로를 나타내기 위하여 진입구역 내 및 착륙지 내에 설치하고 PAR, ILS 등과 결합운영됨으로써 최저기상조건을 더 낮게 해주는 등

화이다.

- 진입등(ALS : Approach Lighting System)
- 진입각지시등(PAPI : Precision Approach Path Indicator)
- 활주로말단식별등(RTIL : Runway Threshold Identification Lights)
- 선회등(CGL : Circling Guidance Lights)

2) 활주로 조명

착륙 또는 이륙하는 항공기에 활주로를 나타내기 위하여 활주로 양측에 설치하는 등화로서 활주로의 윤곽을 표시해주는 역할을 한다.

- 활주로등(REDL : Runway Edge Lights)
- 활주로중심선등(RCLL : Runway Center Line Lights)
- 활주로말단등(RTHL : Runway Threshold Lights)
- 활주로종단등(RENL : Runway End Lights)
- 접지대등(RTZL : Runway Touchdown Zone Lights)
- 활주로거리등(DMS : Runway Distance Marker Sign)

3) 유도로 조명

지상 활주하는 항공기에게 유도로를 나타내기 위하여 설치하는 등화로 유도로의 윤곽을 계속해서 확인할 수 있도록 유도로 외측에 설치하는 등화이다.

- 유도로등(TEDL : Taxiway Edge Lights)
- 유도로중심선등(TCLL : Taxiway Center Line Lights)
- 정지선등(SBL : Stop Bar Lights)
- 유도안내등(TGS : Taxiway Guidance Sign)
- 유도로교차등(TIL : Taxiway Intersection Lights)
- 활주로경계등(RGL : Runway Guard Lights)

4) 지시 · 신호조명

- 풍향등(IWDI : Illuminated Wind Direction Indicator)
- 지향신호등(SIGL : Signalling Lamp Lights Gun)
- 착륙방향지시등(LDI : Landing Direction Indicator)

5) 위치조명

- 비행장등대(ABN : Aerodrome Beacon)

그림 8-1 비행장 등화 구성

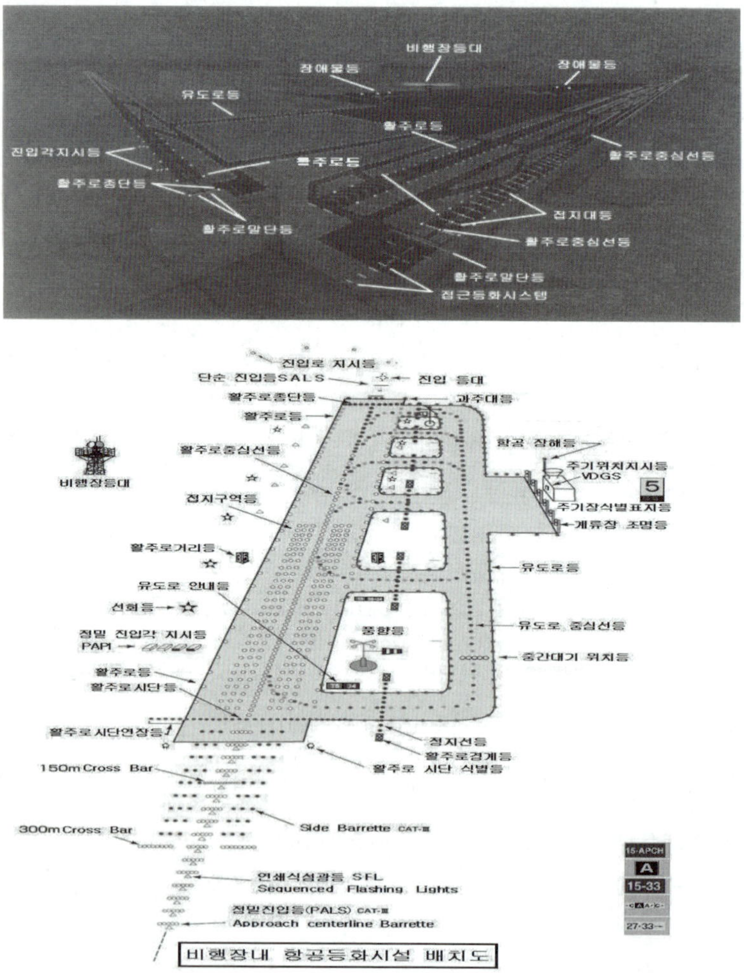

나. 항공기정비시설

항공기의 정비시설은 항공기의 안전운항을 위해 필요한 시설이며, 높은 안전도가 요구되는 정비작업은 기종별로 정해진 시간마다 정기적으로 행해진다. 정기적으로 행하는 정비작업 중에서 기체정비를 행하는 공장을 격납고라 하며, 이 격납고에는 정비점검용 격납고와 분해정비(Overhaul)용 격납고로 등 두 가지 종류가 있다. 그러나 이 격납고에서 할 수 없는 정비작업은 각각 부분별로 전문적인 정비공장에서 행한다.

1) 격납고

- 정비점검용 격납고 : 기체 정비작업 중에서 정기적인 점검과 운항정비를 행하는 정비공장으로서 가동작업대, 엔진교환을 할 때 사용하는 천장 이동식 크레인, 미익분해용 모노레일 및 전원 압축공기 급수 등의 각종 배관, 배선 등의 작업용 설비가 설치되어 있다.
- 분해정비용 격납고 : 기체 분해정비를 행하는 공장이며, 기체 정비용 도크, 미익용이동식 도크 등의 시설이 있다.

2) 정비공장

격납고에서 할 수 없는 작업, 즉 각 부품의 점검, 정비 및 수리작업을 행하는 시설이며, 정비공장에서는 다음과 같은 작업을 행한다.

- 원동기 공장 : 엔진의 분해, 검사, 수리, 조립작업 등을 수행한다.
- 세정공장 : 분해된 부품의 세척 및 검사 등의 작업을 수행한다.
- 보기공장 : 발전기, 연료조정기, 펌프류의 분해정비 작업을 수행한다.
- 장비공장 : 유압, 압력, 계기, 무선통신기, 레이더, 차륜관계의 부품 정비작업을 수행한다.
- 객실공장 : 객실, 구명구 등의 수리작업을 수행한다.
- 엔진 시운전실 : 정비, 수리가 끝난 후 엔진의 검사를 한다.

3) 정비기지의 배치

항공기의 정비는 항공기운항의 안전을 확보하기 위해 높은 정밀성이 요구되며, 또한 광대한 면적을 필요로 하는 격납고, 공장 등이 있어야 한다. 따라서 정비기지를 번잡하고 제한된 지역인 공항에 집중시키는 것은 점차 증가하는 항공수용 대처하기 위해 필요한 항공기의 정비작업에 큰 지장을 초래할 우려가 있고, 정비시설의 확장이 불가능하게 되므로 번잡하지 않으며 장차 시설확장이 가능한 공항을 선정하여 정비기지로 지정하는 것이 효과적이다.

4) 공항의 항공기 정비시설

대부분의 대형공항은 항공기 정비를 위해 공항내에 정비기지를 두고 있다. 공항 내에 항공정비 기지를 갖는 것은 공항에 투입하는 항공기의 정비지원을 보다 신속히 수행해 안전운항 체제를 확고히 할 수 있으며, 보유 항공기의 자체 정비와 국내 취항 외국 항공사의 항공기 정비도 지원 가능하여 허브공항을 구축하는데 이점이 있다.

- 창이공항 : 싱가폴의 창이 공항의 엔지니어링 지원서비스에는 단순한 정비에서 장거리 제트기의 전체적인 유지보수 및 청소 서비스에 이르기까지 다양하다. 격납고 시설은 3개동으로 유지보수 작업은 20,000㎡의 기둥 없는 행거 내에서 실시한다.
- 인천공항 : 인천공항에서는 대한항공이 인천국제공항 활주로 북측에 항공기 정비기지 가지고 있다. 부지 2만 1천여 평에 연면적 1만 2천여 평 규모로 B747기 2대와 A300기 1대 등 3대의 중대형 항공기를 동시 입고해 정비할 수 있는 격납고와 8개의 부속동으로 구성되어 있다.

다. 항공기 급유시설

항공기의 급유는 그 수요량이 증대됨에 따라 공항 내에 연료탱크를 설치하고 품질의 관리와 보급의 정확을 기하도록 하였다. 공항에서 실시하고 있는 급유방식을 구분하면 다음과 같다.

1) 급유방식

① 캐비닛방식 : 지하의 연료탱크로부터 파이프에 의해 지상캐비닛으로 송유되면 이로부터 항공기에 급유하는 방식이다. 이 방식은 소형기의 항공기에 급유하는데 적합하다.

② 리퓨얼러 방식 : 계류장의 항공기에 급유를 리퓨얼러로 행하는 방식이며 일반적으로 급유량 및 급유회수가 적은 공항에서 행한다.

③ 하이드랜드 방식 : 항공연료를 탱크에서 지하 파이프라인에 의해 계류장의 연료공급기(Pit)까지 송유하여 항공기에 급유하는 방식이다. 대량의 연료를 신속하게 급유할 수 있으며, 또한 에이프런상의 차량운행을 감소시키는 데 효과가 있고, 안정성이 대단히 높다. 그러나 설비하는 데 비용이 많이 들며, 항공기의 기종변화에 대응하는데 많은 어려움이 있는 것이 결점이다.

그림 8-2 항공기 급유 방식

라. 저장시설

항공기의 연료에는 제트 엔진용 연료와 프로펠러 엔진용의 연료 등이 있다. 항공기는 연료의 탑재량을 규정하고 있으며, 그 사용량도 막대한 양이므로 공항 내에는 일정량의 연료를 확보하여야 한다. 일반적으로 공항에 있어 저유하여야 할 양은 5~7일분이 적당하다고 한다. 연료탱크는 수입, 저장, 출류 등의 세 가지 단계 이외에 청소를 하기 위해 필요한 예비탱크를 합하면 한 가지 유종에 대하여 4기의 탱크를 설치하는 것이 바람직하다.

마. 동력시설

일반적으로 항공기가 계류장에 주기하고 있는 동안 그 필요한 전력, 제트엔진, 시동용 압축공기, 냉난방용의 공기는 각각 특수차량에 의해 공급된다. 기타 계류장 상에는 보통 램프차량이라 하는 급유차, 견인차, 기내식 탑재차, 오수처리차 등이 있으며 항공기의 대형화, 운항회수의 증가에 따라 램프차량의 수도 증가하고 있다. 대형 공항에서는 램프

차량의 수는 1,000대 이상의 차량이 작업하고 있으며, 이는 계류장에서의 차량 혼잡을 완화하기 위해 spot에 고정한 배관과 배선을 설비하고, 이것에 동력공장으로부터 각각 동력을 보내면 spot-in하고 있는 항공기에 직접 공급함으로써 계류장의 특수차량의 수를 줄일 수 있다.

section 02 공항 접근교통시설

1. 공항의 접근교통시스템

몇 년 전까지도 공항 운영당국은 공항으로 접근하는 문제를 도시나 지역 교통계획자 또는 지상교통(Surface Transport) 운영자만의 영역이라고 생각해 왔었다. 그러나 공항으로 접근할 때의 혼잡이나 어려움은 공항운영에 많은 영향을 주기 때문에 공항운영자는 접근성에 대해 공항운영자의 문제임을 알아야 하고 필연적인 관심을 가져야 한다. 공항접근의 중요성은 공항에서 출발하는 여객 및 화물이 공항 시스템 상 여러 지점에서 수용능력의 제약으로 나타난다. 시스템 상 여러 분야의 수용능력 중 한 분야가 제약을 받는다면 제약을 받는 시스템의 수용능력만큼만 공항전체의 수용능력을 발휘한다는 것을 인식하는 것이 중요하다. 접근교통이 수용능력 부족이라는 것은 미래의 일이 아니며 현실화되고 있고, 몇 개의 세계 주요공항은 이미 접근교통의 심각한 수용능력 부족에 직면하고 있다. 직접적인 교통량 추정 이론에 의하면 대형 도시환경에서 공항이 주로 도로교통에 의존한다면 가장 심각한 교통문제는 공항방향에서 발생한다는 것이 일반적인 견해이다. 일례로 사실상 세계에서 가장 큰 공항중 3개의 공항(로스앤젤레스, 시카고 오헤어, 런던 히트로 공항)에서는 한동안 접근교통 혼잡의 심각한 증상을 보여주었다.

그러므로 공항의 Landside 도로의 기본계획 수립할 때 다음의 사항을 고려해야 한다.

- 피크시간 교통량은 물론 필요시 혼잡 가능성에 대응할 수 있는 적절한 설계가 되어야 한다.
- 공항전용 이외의 공용도로를 공항도로 시스템에 연결시키는 것은 향우의 혼잡이나 확장성 부족 등을 피하기 위하여 주의해서 계획해야 한다.

그림 8-3 공항 처리량에 대한 용량제한 과정

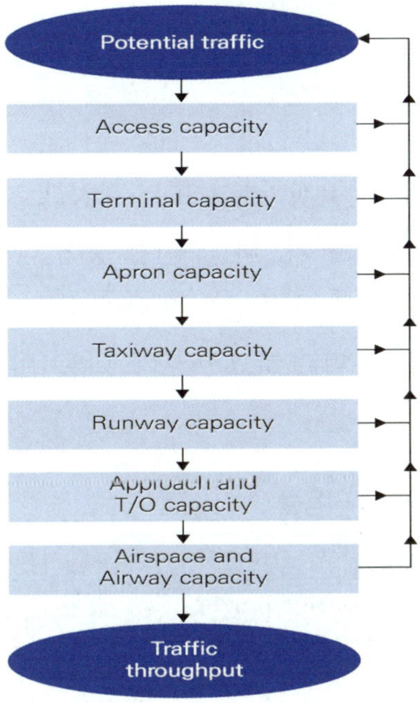

- 터미널 Landside 측면을 따라 달리는 도로는 대기중인 차량을 통과하기에 충분히 넓어야 하며, 최소한 3차선 이상이어야 한다.

2. 접근교통 이용자 및 교통수단의 선택

가. 공항 접근교통 이용자

공항을 이용하는 사람들은 아래와 같이 세 개의 카테고리로 분류할 수 있다.

- 여객 – 입국인, 출국인, 환승/통과인
- 종업원 – 항공사 직원, 공항 직원, 정부기관 직원, 부대사업자 등
- 방문객 – 환영객, 환송인, 관광객, 견학 등

환승과 통과여객을 제외한 모든 여객은 접근 시스템을 이용하며, 공항에서 이러한 이용객들의 접근분포는 다양하고 공항의 크기, 하루, 주, 연간 중의 시간대, 공항의 지형적 위치, 공급되는 항공교통시스템 등과 같은 요인에 영향을 받는다. 대형 항공사의 허브공

항이거나 정비 및 기술 관련시설이 있는 경우는 공항에 종사하는 직원의 접근이 많으며, 국내선보다는 국제선 공항이 더 많은 환송·환영객이 분포한다.

나. 접근교통수단 선택

도심에서 공항으로의 접근은 육상, 해상 또는 항공으로 접근할 수 있지만 대부분 육상접근이다. 육상접근 중에서는 승용차, 버스, 전철 등의 다양한 운송모드를 이용하고 있으나 공항운영자 측면에서 공항접근의 혼잡을 완화하기 위해 승용차 통행의 비중을 줄이고 대중교통의 이용을 늘리려는 노력을 하고 있으나 승용차의 비중은 대부분 공항에서 높게 나타난다.

표 8-1 주요 공항의 승용차 및 택시 이용률

공항명	Zurich	Munich	London Gatwick	London Heathrow	Frankfurt	New York JFK	Amster dam	Chicago O'Hare	Los Angles
% Car or Taxi	59	59	62	64	65	66	70	73	80

출처 : Ashford et al, Airport Operations, 2nd ed., McGraw-hill, 1995

공항으로의 접근교통수단의 특성은 승용차, 택시, 리무진, 버스, 지하철 또는 전용철도 등을 들 수 있다. 이들은 나름대로 장단점이 있으며 분담의 비율을 보면 승용차와 택시가 절반 정도를 상회한다. Ashford(1995)는 이들 접근수단을 선택하는 세 가지의 주요 변수로 비용(cost), 안락성(comfort), 편리성(convenience)을 들었다. 이것을 기준으로 특정수단을 선택할 때에 그 수단의 서비스 수준뿐만 아니라 타 수단에 대한 상대적인 수준도 고려한다.

표 8-2 접근수단 선택 시 고려되는 중요 요소 순위

순위	내 용	순위	내 용
1	짐 취급 용이성	7	실제 통행시간
2	체크인으로의 연결 편리성	8	지연 및 혼잡
3	예정 통행시간	9	비용
4	교통수단의 안락성	10	교통수단에 대한 전체적 느낌
5	주차장 이용가능성	11	접근 정보
6	환승의 편리성(복합수단 이용시)	12	주차료

출처 : Ashford et al, Airport Operations, 2nd ed., McGraw-hill, 1995

1) 자가용

선진국공항에서는 자가용을 이용한 접근이 주요한 방법이며, 이로 인해 공항개발 시 대규모의 주차능력을 확보해야 한다. 그러나 공항이 대형화됨에 따라 주차장과 터미널간의 거리가 멀어지게 되었으며, 특히 터미널이 집중식으로 되어있는 공항일수록 더욱 멀어진다. (예, 시카고 오헤어, 런던히드로 공항) 이러한 문제들은 주차장 운영 및 셔틀버스 운용과도 연관이 있다. 터미널과 거리가 먼 경우는 셔틀버스를 운영하게 되고, 주차장도 단기·장기주차장으로 구분하여 운영하기도 한다.

2) 택시

공항접근에 가장 이상적인 수단 중 하나이다. 그러나 택시는 편리함과 안락감이 있어 다른 교통수단에 비해 월등히 우수하지만 높은 요금이 문제가 되지만 공항에서의 주차요금을 감안한다면 경쟁력이 있는 접근수단이다. 그러나 택시는 도심에서 떨어진 공항을 운행하기 때문에 공급이 적을 수 있어, 공항운영자는 공항을 운영하는 특별택시형태를 도입하기도 하고 이에 대한 특혜도 주고 있다. 또한 공항운영 택시가 제공되고 있는데 미국의 일부공항에서 특별면허가 없는 택시는 공항구역 내에서 영업을 허락하고 있지 않기에, 택시기사는 이 면허를 위해 매년 일정금액을 공항당국에 납부하여야 한다. 스키폴공항은 특별한 면허료를 징수하지 않으나 운전기사의 실적에 근거하여 이러한 면허를 발급하거나 갱신하도록 하고 있다

3) 리무진

리무진회사가 공항에 비용을 지불하고 공항과 특정지역 간 독점적 운행을 할 수 있도록 한 접근수단이다. 그러나 거리에 따른 요금을 징수하는 택시에 비해 리무진버스는 특정지역별로 요금이 정해져 있어 경쟁력이 약한 편이지만, 도심공항터미널을 운영하게 되면 안락감과 편리성에 대한 경쟁력은 높아진다. 리무진버스는 별도의 승하차 시설이나 주차시설이 필요 없어 공항운영자에게는 이상적인 접근교통이지만 승하차를 위한 대기시설이 필요하다.

표 8-3 교통수단 선정요소

선정 요소	자가용	택시	철도	리무진	버스
수하물 취급 용이성	1	2	4	3	5
체크인 연결 편리성	1	2	3	4	5
스케줄(운행횟수)	1	2	4	5	3
안락감	4	2	3	1	5
주차장 이용 편리성	5	1	1	1	1
환승 편리성	1	2	5	3	4
통행시간	3	2	1	4	5
지연 및 혼잡	4	3	1	2	5
통행비용	5	4	2	3	1
쾌적감	1	2	4	3	5
이용정보	1	2	3	4	5
주차요금	5	1	1	1	1

4) 철도

철도는 공항까지 직접연결이 되어있지 않은 공항이 대부분이지만, 공항의 육상접근 안정성과 효율성을 높이기 위해 도입되는 교통수단이다. 이러한 철도들은 공항과 도심 간을 직접 연결하는 역할을 담당하며, 도심에서 다시 전국의 철도망으로 연계된다. 항공여객들은 지방 및 인근지역에 분포가 많으므로 직접적인 공항접근 수단은 아니어서 이용률이 낮지만 몇 몇 공항에서는 유용한 접근수단으로 사용되고 있다. 프랑크푸르트, 케트윅, 볼티모어, 취리히, 버밍햄, 잉글랜드 공항에서 사용되고 있다.

5) 버스

리무진 버스와 달리 많은 지역을 연결하는 버스 및 직행버스들은 도심의 여러 곳을 운행하고 있어 유용한 접근수단 중 하나이다. 공항까지 정기적으로 안정되게 운항할 수 있도록 버스회사는 공항과 합의된 운송계획에 따라 특정지역을 독점적으로 운행하기도 한다. 유럽의 대형공항들은 미국과 달리 버스에 의한 접근이 40~50%에 이르는 중요한 교통수단으로 자리 잡았다.

3. 공항의 접근성 평가 및 분석

- 공항으로의 접근은 혼잡과 원거리 등 점점 더 어려워지고 있지만, 문제를 해결하기 위해 접근성측정 및 평가를 하지는 못하고 있다. 항공여객에게 제공되는 Landside 접근의 성과(Performance)는 일관되게 정의되는 방법이 없다. 미국의 접근성 평가 사례로는 미국공항공단이 공항접근서비스의 특성을 결정하기 위해 설문조사를 하였으며 그 결과에 의하면 Landside 접근은 모든 크기의 공항에서 중요한 관심사이나 대형, 중형, 소형 공항의 접근문제에 대해 특별히 중요한 차이점이 없었다는 결론을 얻었다. 접근측정방법은 공항으로의 접근과 터미널 출입간의 Landside 접근서비스를 알기 위해 개발된 것으로 비용, 시간, 신뢰성, 편리성, 양질성과 관련된 성과측정에 기반을 두었다. 이것은 Landside 접근 성과측정에 필요하고, 가장 이로운 접근개선을 결정하여 제한된 자원을 더욱 효과적으로 사용하기 위한 것이다.
- 공항 Landside 접근 시스템의 주요기능은 여객과 방문객에게 서비스를 제공하는 것이다. 접근시스템은 차량의 순환과 배분, 보관의 기능을 제공해야 한다. 대부분 이용 가능한 사회기반시설은 제한적이고 새로운 시설의 건설은 실현성이 없다. 따라서 현존하는 시설을 더욱 효과적으로 운영하고 접근수요를 줄여나가야 한다.

가. 접근문제 분석 미국 사례

개요 : H. W. shiriner와 L. A. Hoel(1999)은 미국의 111개 공항에 대해 공항 접근서비스, 현재의 문제점, 개선전략의 특성을 파악하기 위해 설문조사를 실시했다. 이 설문조사에서는 도로, 인적요소(Human Factor), 주차와 관련된 12가지의 문제점들을 설정하여 공항들의 응답을 조사하였다.

결과 : 응답 자료를 분석한 결과에 의하면 접근성의 성과치는 공항의 크기에 따라 큰 차이점이 없다고 나타났다. 가장 많이 응답한 문제점은 커브사이드 혼잡으로 96%가 지적됐다. 그중 41%가 출발시의 커브사이드 혼잡을 심각(considerable)하거나 매우 심각(serious), 47%가 도착시의 커브사이드 혼잡을 심각하거나 매우 심각하다고 응답하였다.

표 8-4 미국 공항들의 Landside 접근 문제점 응답

문 제 점	문제가 있다는 응답의 정도(%)
Terminal curbside congestion: departure	96
Terminal curbside congestion: arrival	96
Unfamiliar drivers weaving or causing backups	77
Long-term lots filled to capacity	71
Fare collection backups	68
Airport access road congestion	67
Short-term lots filled to capacity	64
Pedestrians causing safety concerns	63
Cars continuously circling to find a closer spot	58
Highway access ramp congestion	47
Pedestrians causing traffic backups	45
Satellite lots filled to capacity	45

출처 : H. W. Shriner and I. A. Hoel, "Evaluating Improvements in Landside Access for Airport", Transportation Research Record 1662, 1999, pp.32-40.

대중교통의 이용가능성 정도는 공항의 크기별로 뚜렷하게 차이가 나며 버스의 경우 대형 공항에 속하는 모든 공항이 이용 가능하며, 중형 공항, 소형 공항에 속하는 공항은 각각 63%, 59%가 버스의 이용이 가능하다고 나타났다. 공항리무진과 철도의 경우도 공항의 크기별로 그 이용 가능성이 다르게 나타났으며 구체적 결과는 다음 표와 같다.

표 8-5 공항 크기별 대중교통 이용 가능률

구 분	대형 공항	중형 공항	소형 공항
공항 리무진	84%	63%	48%
철도	26%	17%	0%

출처 : H. W. Shriner and I. A. Hoel, "Evaluating Improvements in Landside Access for Airport", Transportation Research Record 1662, 1999, pp.32-40.

4. 접근성평가 방법

(1) 미국의 Landside의 접근성 평가방법

(2) 'Intermodal Surface Transportation Efficiency Act of 1991'의 8단계 이용
1단계 : 문제정의 → 2단계: 성과측정수립 → 자료수집 → 현재 상황과 성과 이해 → 미래상황과 성과 예측 → 대안 전략과 행동 개발 → 효과 평가와 행동 선

택→ 시스템 관찰 및 피드백

(3) (2)의 2단계 성과측정 수립에서 성과의 측정은 목적이나 목표에 의해 수립되고, 특정한 성과에 대한 정도는 공항의 특성에 좌우되며 관점들은 여객, 공항과 항공사의 관리, 주변 단체 사이에서 변한다. 성과측정의 요소로는 비용, 시간, 신뢰성, 편리성, 질이 권장된다.

(4) Landside 접근요소 평가

표 8-6 Landside 접근요소 평가

성과측정	성과항목	접근성 평가						
		자가용		택시	리무진/셔틀	버스	특별차량	철도
		직접운전	대리운전					
비용	여객통행당비용							
시간	운송모드 간 비교							
	기다린 시간							
신뢰성	신뢰성 평판							
	정시도착 경험							
편리성	짐을 가진 채 총 도보거리							
	짐 없이 총 도보거리							
	도보 시 층수의 총 변화							
	짐 보조의 범위 및 이용가능성							
	차량에 짐 보관장소 이용가능성							
	장애인 접근							
	공항이 제공한 서비스의 범의							
	운영시간							
질	환승수							
	정거장 수							
	배차간격							
	정차하고 환승한 총시간							
	정보와 방향의 적절성							
	차량유지							
	물리적 편리성의 정도							
	천재지변 보호정도							
	친절한 서비스							
	조명, 보안, 안전의 적절성							

주) ○ : 아주 좋음 ◐ : 좋음 ◑ : 그저그러함 ● 나쁨

출처 : 'Intermodal Surface Transportation Efficiency Act of 1991'

5. 주차시설

가. 주차장별 특성

여객과 방문객의 주차장은 단기간, 장기간, 원격 주차장으로 분리한다. 이 시설 중 여객청사에 가장 편리한 주차장은 단기 주차장이나 사용료가 비싸다. 장기 주차장은 통상적으로 주여객청사 근처에 있으나 단기 주차장에 비해 불편하며, 장기 주차장 사용자에게는 주차료를 할인해 준다. 원격주차장은 통상적으로 여객청사로부터 멀리 떨어져 있고 여객청사와 원격 주차장 간에는 교통수단 편의를 제공하고 있으며 다른 주차장에 비해 사용요금이 가장 싸다.

나. 주차장 규모

단기주차 고객은 통상적으로 3시간 이내 주차를 하며 공항인접 주차장의 약 80%를 점유한다. 그러나 이 단기주차 고객은 주차장 차량의 15~20%에 불과하다 공항에서의 주차공간의 예비계획 수요예측으로부터 얻어낸다. 공항에서 제공할 주차공간의 수요 범위는 여객 100만 명당 1000~3000대까지 요구되나 예비계획 범위는 여객 100만명당 1,500~1,800대 주차공간을 고려한다.

다. 주차장 운영

공항에서는 주차권 발급기를 통해 주차장에 들어가는 것이 보편화 되어 있다. 이 발급기는 자동화 정도에 따라 차이가 있으나 발급기가 설치된 곳이면 시간당 400~650대의 차량을 처리할 수 있다. 주차장에 들어가는 차량 대수는 한 발급기에서 시간당 500대를 예측하여 설치하며, 주차요금 징수기는 한 장소에서 시간당 150~200대 정도를 처리할 수 있도록 설치 운영한다. 주차건물에 있어서 한 층에서 다른 층으로 이동하는 기능은 첨두시간 중 가용 주차공간을 찾고 있을 때나, 혹은 어느 특정 주차장소로 가고 싶은 차량이 있을 때 고려해야 하는 사항이다. 주차장의 일방통행 도로는 시간당 750대의 차량에 대한 편의를 제공할 수 있으나 양 방향 경사로는 약 20% 차량 소통 능력이 감소된다. 순환 또는 나선형 경사로는 주차장으로부터 출구로 나가는 차량을 위해 자주 사용되고 있는 방법이다. 한 방향 나선형 경사로는 시간당 약 600대의 차량을 처리할 수 있다.

MEMO

PART 3

공항운영의 변화와 소유 및 운영

Chapter 9 공항의 소유 및 운영주체
Chapter 10 활주로 운용 및 항공기 접근
Chapter 11 첨두시간과 운항계획
Chapter 12 공항의 소음 및 환경
Chapter 13 항공교통관제
Chapter 14 공항의 지상조업
Chapter 15 여객청사관리
Chapter 16 항공화물관리

Chapter 9

공항의 소유 및 운영주체

section 01 공항운영체제

공항은 항공기에 의한 수송과 터미널에서의 이동이 공중과 육상 모두에서 발생하는 장소로 공항운영의 체제는 공항, 항공사, 이용자를 포함하고 있다. 이러한 공항, 항공사, 이용자 간의 기본적인 상호관계는 다음과 같다. 이 그림은 공항운영에 따른 주요 요소의 개념을 이해 할 수 있지만 실제 대형 공항들은 더욱 복잡한 조직구조로 형성된다. 대형공항의 공항운영 관련 조직에는 비이용자를 포함한다. 이러한 비 이용자들은 공항과 직·간접적으로 연관되어 공항운영에 영향을 미치게 된다.

표 9-1 대형 공항운영 관련 조직

행위자	관련조직	
공항운영자	- 중앙정부, 지방정부 및 자치단체 - 각종 물품공급업체 - 소방서비스 - 경찰 및 세관	- 공항 편의시설 입주업체 - 전기, 가스, 수도공급업체 - 항행안전시설 및 기상 관련 단체 - 의료서비스
항공사	- 항공급유업체 - 기내식 및 면세점	- 정비 및 유지보수업체 - 타 항공사 조업지원
이용자	- 여객 및 방문객	- 환송객, 환영객
비이용자	- 공항 주변 조직 - 공항후원조직 - 소음관련 단체 - 공항주변 거주민	- 지역사회단체 - 상공회의소 - 환경보호단체

1. 공항관리 및 운영구조

가. 공항관리구조

공항은 운영형태와 규모가 다르고 정부 및 관련기관과의 상호관계에 따라 변화하기 때문에 정형화된 조직은 없다. 공항운영구조는 공항운영자가 책임지고 있는 역할에 따라 미국식 모델과 유럽식 모델로 구분할 수 있다. 미국식은 공항운영에 최소한의 참여하고 조정기능을 담당하는 형태이고 유럽식은 공항운영에 직접적으로 참여하고 있는 형태이다. 또한 공항을 관리하는 조직과 현장 담당조직으로 구분할 수 있다. 관리부서에서는 공항운영에 관한 지원을 하는 부서로 공항경영에 참여한다. 현장담당 조직은 시설운영을 담당하는 조직을 말하며 이러한 조직구조는 다음과 같다.

그림 9-1 공항관리의 구조

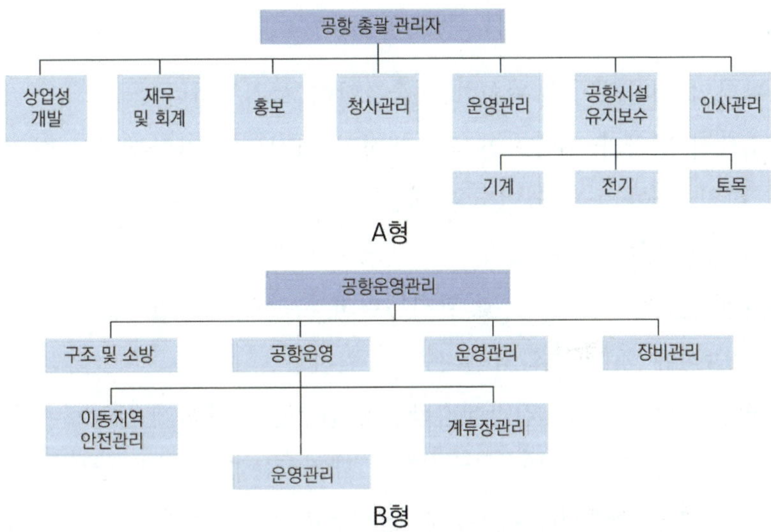

A형은 관리부서가 공항의 최고경영자에게 직접 보고하는 체계로서 대규모 공항조직에서 매우 바람직한 구조이며, 현장업무와 비교적 격리되어 있는 최고경영자의 중요한 정책적 판단을 가능하게 한다. B형은 관리 부서를 최고경영자에게 분리시켜, 관리와 운영을 보다 형평성 있게 처리할 수 있는 체제로서 관리 부서를 최고경영자에게 분리시킨 목적은 경영자로 하여금 현장업무에 더 많은 관심을 갖도록 하는 것이다.

2. 공항운영형태

가. 국가에 의한 관리방식

공항의 건설 및 관리는 막대하고 장기적인 자본의 투입이 요구되는 자본 집약적인 사업이고, 기능상 공익성이 강조되는 분야이므로 많은 국가들이 공항의 설치 및 관리를 국가에서 담당하고 있다.

1) 장점

① 자금조달에 있어 막대한 자금투입이 용이하다
② 세금 및 기타 공과금의 부담을 면제 받는다.
③ 운영에 공익성이 확보된다.

2) 단점

① 재산관리의 정확성이나 원활한 자금조달이 불가능하다
② 재정수요의 팽창과 제약적인 국가재정의 여건으로 자금부족의 현상을 나타낸다.
③ 조직, 정원, 급여 등에 있어서 관계법령에 의해 제약 또는 규제를 받고 있어 경영의 효율성을 기대할 수 없다.
④ 공무원의 빈번한 인사이동 및 관리능력의 미숙으로 경영능률의 향상과 일관성 있는 운영방침에 의한 계획의 실천이 곤란하다
⑤ 국가직영의 체제에서는 일반행정관청식 업무를 수행하게 되므로 업무처리에 대한 복잡성은 피할 수 없으며, 사태변화에 대처하는 기동성과 탄력성이 결여된다.
⑥ 독립채산제를 채택하지 않을 경우, 공항관리자는 공항운영에 있어 수지균형에 대한 별도의 책임을 부담하지 않으며, 수입원의 개발에 의한 합리적 운영은 기대할 수 없다.

3. 지방공공단체의 관리방법

이 방식은 주로 미국의 공항에서 많이 채택하고 있으며, 이것은 미국의 연방정부가 공항의 관리 운영에 관해 지방자치체가 책임을 부담해야한다는 방침을 취함으로써 공항의 관리체제는 일반적으로 시의 공항관리 위원회의 감독 하에 시의 일부 행정당국이 담당을 하고 있다. 그러나 이것은 행정면에서는 시영의 체제로 되어 있으나, 재정면에서는 시의 일반재원으로부터 독립되어 운영되고 있다. 즉 특별회계에 의한 독립채산제를 채택하고 있다. 미국의 공항이 대부분 지방자치체의 의해 관리 운영되고 있는 것은 미국의 방대한 국토와 국내적으로는 항공교통의 발달로 지역 간의 교류를 항공교통에 의존하고 있기 때문이다. 미국은 공항의 지역사회에 미치는 영향에 관한 이해도가 가장 높은 나라이다.

4. 공단체제에 의한 관리방법

이 관리 형태는 국가 또는 지방공공단체로부터 분리되어 독립된 기업체에 공항을 관리시키고, 공공적인 수요를 충족시킬 것은 물론이고 공항운영에 있어서는 기업적인 개념을 갈고 능률적인 운영을 기도하는 것이다. 독립된 법인인 이상 재무관리에는 독립재산성의 원칙이 적용되는 것이며, 재정적인 독립에 의해 경영의 자립성을 확보하고 또한 차입금의 이자, 급여 등을 포함하는 모든 지출을 기업의 수입에 의존시킴으로써 기업의 능률을 자극하고 경영자 및 종업원의 경영에 대한 관심과 노력을 높이는 관리 형태이다. 우리나라에서도 김포국제공항을 공단방식에 의해 관리를 하고 있다. 공항의 건설 및 관리에는 막대한 자금을 필요로 하며 종래의 국영방식으로서는 필요한 모든 자금을 국가의 재정에 의해 지출되는 것이나 공단방식에 의할 경우에는 공단채의 발행 등에 의해 민간자금을 조달할 수 있으며, 이러한 차입금 등의 변제는 국가가 행하는 것보다는 광범위한 사업을 행함으로써 재원을 확보할 수 있다. 이 밖에도 건설요원 및 관리요원의 확보가 용이하며, 공항의 시설 등은 감가상각에 의해 투입한 자본을 회수하여 재투자 자금을 확보할 수 있게 된다. 이와 같이 국가의 행정기관이 관리하는 것보다는 능률적이고 탄력적으로 운영할 수 있다. 세계 각국에서도 주요 공항의 운영은 공단방식을 채택하고 있다.

표 9-2 외국 공항 관리의 형태

경영형태	공 항	경영주체	재 원	수지원칙
국 영	워싱턴	미연방합중국	국가의 일반회계	소요경비는 국가의 일반회계에서 지출하고, 수입은 전부 국고에 납부
시 영	런던	영국	국가의 일반회계	소요경비는 국가의 일반회계에서 지출하고, 수입은 전부 국고에 납부
	로스앤젤레스	시	연방정부의 보조금	특별회계에 의한 독립채산제
	샌프란시스코	시	특별회계	
	시카고	시	공 채	
항만당국	뉴욕	법인	공 채 법인의 준비금	법인의 독립채산
	시애틀	법인	공 채	
공 단	파리	특수법인	공단채	공단의 독립채산
	도쿄			

가. 공단체제의 특성

공항의 국가에 의한 관리체제로서는 능률성과 합리성이 결여되고 있으므로, 공항관리의 성과를 올릴 수 없다는 사실에 입각하여 능률성과 합리성을 저해하는 요소를 제거하기 위해 기업적인 관리체제로 변경시키려는 의도에서 공단체제가 성립된다.

공단체제는 국가의 행정 조직에서 분리되어 독자적인 운영체제로 사업의 효율을 그 목표로 하고 있다. 재정면에서는 독립채산제의 기업회계제도를 채택하고 인사 및 급여에 있어서도 기업적인 자립성을 갖는 것이 그 특성이라 하겠다.

공단제도를 설정하는 것은 이와 같이 공항관리를 기업적, 경제적으로 운영할 것은 목적으로 하는 것이나, 현실적으로는

① 자금조달의 용이성

② 행정기관으로부터 분리되어 자체권한의 확장

③ 비능률적인 인사관리의 타개

④ 사업의 종합성 결여에 대한 대책

등도 무시할 수 없는 배경을 이루고 있다. 즉 대규모화되고 복잡화된 공항관리의 기능을 능률적으로 처리하는 하나의 경영방식으로서 미국, 일본, 영국, 프랑스 등지에서는 이미

이 방식을 채택하고 있다. 이 공단체제의 경영방식은 특별한 입법에 의해서 정부로부터 독립된 특별 법인을 설정하고 국가가 재정적 투자를 하여 일정한 감독권을 갖는다. 그리고 이 특별법인의 책임 하에 모든 것을 위착하며 공단은 자주성을 갖고 능률화된 공공기업체로서 공항운영을 하게 된다.

나. 공단체제의 장점 및 단점

1) 장점

- 자금의 일부를 민간에서 유치할 수 있다.
- 조직, 인사, 급여, 및 회계제도의 운영 면에서 탄력성을 갖는다.
- 독립채산제에 따라 합리적이고 능률적인 운영을 할 수 있다.

2) 단점

- 행정 및 정치권력의 지배를 받는다.
- 사업경영상의 경험과 지식이 없는 자 또는 능력이 부족한 자가 경영에 참여하는 경우가 있어 능률적인 경영을 기대하기 곤란하다.
- 공단 책임자의 빈번한 인명과 변경으로 경영의 안전을 기할 수 없다.
- 가능한 한 법령 예산범위 내에서 기업 활동을 하게 됨으로 사태변화에 대해 신속하게 대응을 하지 못한다.

이상과 같은 장점과 단점을 내포하고 있어, 운영상 다음과 같은 개선책이 필요하다

첫째, 책임자에게 어느 정도 독립된 권한을 부여하여 창의적인 경영이 가능토록 할 것

둘째, 회계제도에 있어 명실상부한 독립채산제를 확립할 것

셋째, 종업원의 사기를 앙양하는 인사제도를 확립할 것

이상과 같이 공단체제로 운영할 경우 그 장점과 단점을 비교하여 분석하였으나, 결국 공단체제의 운영방식은 그 영리를 추구하는 주식회사의 경영방식을 도입하여 기업성을 최고도로 발휘하게 하는 한편, 최대주주인 정부에 의해 통제를 받으면서 공공의 충족을 목표로 하고 있다.

다. 회사체제(주식)에 의한 관리방법

회사체제에 의해 공항을 운영할 경우 그 이점으로는 다음과 같은 점을 들 수 있다.

(1) 일반대중이 주식을 하나의 투자대상으로 구입하게 되므로, 민간의 자본동원이 용이하다.

(2) 자본과 경영이 완전히 분리되므로 유능한 경영자에 의해 운영의 능률화를 기할 수 있다.

(3) 출자자의 변동에 불구하고 공항의 운영기업은 안정하고 그 지속성이 보장된다.

(4) 인사제도상 장기적이고 안정적인 경영관리가 가능하다.

(5) 자산의 정확한 관리 유지에 노력함으로써 공항운영의 독립체산성 확립에 가장 적합한 관리방식이다.

이상과 같은 이점이 있는 반면에 공항운영에 있어 대두되는 다음과 같은 최대의 문제점이 있다.

(1) 공항사업에 있어 자금수요가 막대하며 높은 이윤을 기대하기 어려우므로 민간자본주의 대량유치는 곤란하다. 즉, 공항의 시설 및 그 운영에는 막대한 자금이 소요되고 그 수지전망은 일정기간까지는 적자가 예상되므로 일반 대중으로부터의 대량 투자를 기대하기에는 어려울 것이다. 따라서 공항사업체인 회사가 전액 민간자본에 의해 공항을 운영하기에는 곤란하다.

(2) 공항사업의 소요자금규모의 막대함과 투자이윤율의 불확실성 등 민간자본유치의 빈약성 및 공공성의 보장과 국가보안상의 제반문제를 고려할 때 공항운영에 있어 회사체제를 채택함은 적합하지 못하다.

section 02 공항의 소유와 운영의 변화[1]

1. 공항의 소유와 운영의 변화

공항의 소유와 운영이 공공부문에서 민간부문에 의해 소유되거나 운용하게 된 것은 획기적인 변화 추세로서 공항의 소유와 운영문제가 주요 이슈로 부각되었다. 공항의 소유와 운영 패턴은 전 세계적으로 전환기를 맞고 있는데 그 주요원인은 민간부문이 공항운영에 관여하기 시작한 것이며 민간기업의 참여로 인한 운영의 성공여부에 따라 여러 유형의 민영화 환경이 조성될 수 있다. 민영화에 대한 지속적인 연구로는 공항민영화에 대한 개선방안을 효과적으로 발전시킬 수 있으며, 민영화를 통하여 발생하고 있는 제반문제는 공항이나 민영화를 고려하는 정부에 의해서 재평가되고 있다. 또한, 공항을 관리하는 목적은 항공사와 항공여행사업자에 대한 각종 재화와 서비스를 제공하기 위함이며, 공항은 여객과 화물터미널, 항공연료, 수리·정비시설, 항공기 취급시설 등과 같은 승객과 화물 취급을 위한 시설을 제공한다. 공항은 주차, 판매사업, 자동차임대, 호텔, 레크리에이션 시설은 물론 다양한 운송수단과 연결하여 줌으로써 승객들에게 서비스를 제공하기도 한다. 이러한 서비스는 공항수익의 원천이 되거나 비용을 발생시키기도 한다. 공항관리의 목적은 가능한 한 효율적인 서비스를 정부의 후원 없이 운용하기 위함이다. 공항은 이용자들에게 공항을 사용케 함으로써 초과수입이 발생하게 되며, 공항이 정부소유인 경우 정부의 보조를 받을 수 있는데 미국의 대부분 공항이 연방정부로부터 재정 승인을 받는다. 공항에서 이익창출의 원동력은 공항의 상대적인 항공교통량의 증가이다. 최근 항공사에 대한 규제철폐 정책으로 엄청난 성장속도를 보이고 있는 곳은 북미항공사들이며 그보다 더욱 빠른 성장세를 나타내고 있는 곳은 동북아시아에 위치한 공항들이며 항공사와는 다르게 공항은 규모의 경제(Economy of Scale)로부터 현저한 수익을 올리고 있다. 다음은 쌍무협정에 의해 지정된 국제관문공항(International Gateways)은 공항당국이 공항수익이나 독점적인 위치를 활용하면서 면세 구내영업이나 다른 비항공관련수익원으로부터 상당한 수입을 올리고 있으며 대다수 공항들이 재정성과를 현저히 개선할 수 있는 요소가 된다. 공항을 운영하는데 있어서 공항소유 및 운영의 형태가 정부소유와 운영, 정부소유와 일부서비스 관련 민

1) 이강석, 공항민영화의 효과와 공항수익에 관한 연구, 한국항공운항학회지 제6권 제1호, 1998.에서 인용

간운영, 정부소유와 민간관리, 민간소유와 운영의 형태로 구분하고 있고, 이러한 구분은 공항의 소유와 운영이 공공부문에서 민간으로의 전환됨에 따라 가능할 수 있는 것이다.

2. 공항운영의 변화 배경

1996년 영국공항공단은 초기에 히드로, 게트윅, 스텐스테드, 프레스트윅 공항을 소유하면서 운영을 시작하였으며 이후 프레스트윅공항이 매각되었으나 에브딘, 에든버러, 글라스고우공항 취득·운영 후 영국공항회사는 1987년 주식시장에 주식을 상장했으며, 7개 공항을 각각 자회사 형태로 소유하는 공항회사로 발족하였다. 민영화된 이후 약 10년간 영국공항회사는 영국회사법(UK Companies Act)에 의해 공항운영을 하고 있다. 영국이외에 공항민영화는 1988년 4월 뉴질랜드의 대형공항 3개를 중앙정부와 지방정부로 구성된 컨소시엄이 각 공항별로 회사를 설립하여 운영하며 중앙정부의 소유지분은 민간매각을 통해 민영화를 이루려고 한다. 공항 매각에 대한 논쟁은 영국공항공단(BAA)의 지속적인 공항사용료 인상에 대한 논쟁이 계속되었으며 정부가 이를 통제하고 있다. 영국공항공단의 민영화에 대한 주변 환경은 미국의 공항과는 차이점이 있다.

가. 영국의 공항민영화 전략의 영향

민영화에 대한 일반적인 특징 및 성공요인은 소유권 이전이라는 좁은 의미에서의 민영화(Privatization), 경쟁도입(Liberalization), 새로운 규제제도(Regulation)의 적절한 조화와 보장이 영국민영화의 성공적인 결과를 창출하였다. 영국정부가 민영화를 실행하기 전에 취한 3가지 전략은 첫째, 민간 기업에 정부소유의 기업을 매각하거나 장기임대 둘째, 정부에 의해 수행되거나 정부 감시·감독 하에 수행되는 새로운 시설의 민간기업 개발 셋째, 정부 공무원의 업무를 지원하기 위하여 업무의 유지·관리·운영부문을 민간기업과 계약 체결이었다. 영국공항공단 민영화의 쟁점 사항으로는 '단일회사로 매각할 것인가?' 또는 '별도 7개 공항으로 나누어 매각할 것인가?'였는데 정부의 입장은 대부분의 항공사가 여객에게 편리한 환승을 제공하기 위해서 어떤 지역에서든지 가장 큰 공항에 입지가 정해지기를 희망한다. 따라서 단일회사로의 매각과 분리매각 중 단일회사로의 매각을 지지하였다. 영국공항공단은 1987년 민영화 이후 직원을 800명에서 100명으로 감축하는 대대적인 비용절감을 단행하였고 상업 활동 개발을 통해 수입을 향상시켰다. 공항민영화로 인해 확장된

분야는 해외공항마케팅을 위한 수단으로 국제운영부의 신설, 동산 및 부동산의 개발, 호텔개발 및 운영, 공항관련 운송활동을 활발하게 추구하였다.

나. 공항 수익원의 구조변화의 영향

공항의 수익원은 항공운송관련 활동 외에도 비항공 또는 상업 활동으로 이루어진다. [표 9-3]은 공항수익을 기준으로 분류하였는데 공항수익원 중 항공관련수익(Aeronautical Revenue, Traffic Revenue)은 항공기, 승객 또는 화물운영과 관련하여 직접 발생하는 수익이며 여기에는 항공기착륙료, 항공교통관제사용료, 항공기 주기 및 격납고 사용료, 여객공항사용료, 항공기의 지상조업과 청소와 관련한 비용을 포함한다. 비항공관련수익(Non-Aeronautical Revenue, Commercial Revenue)은 청사 또는 공항 토지상에서 이루어지는 항공기와 관련이 없는 상업 활동으로부터 창출되는 수입을 일컫는다. 이 수익은 일반적으로 사무실 임대료와 같은 임대수입, 입주업체 부과사용료(전기, 청소, 수도 등), 컨세션 수익(상점, 케이터링, 면세점, 은행, 자동차 주차), 공항직영판매와 비공항관련 활동(부동산, 호텔개발) 구내영업에서의 수익, 주차료·전기 급수의 시설사용료, 케이터링에서의 수익 등을 포함한다.

표 9-3 공항수익의 분류

총수익(Total Revenue)	
항공관련수익 (Aeronautical Revenue)	비항공관련수익 (Non-Aeronautical Revenue)
• 항공기착륙료 • 공항 항공교통관제 사용료 • 항공기 주기, 격납고사용료 • 여객공항사용료 • 화물공항사용료 • 공항당국의 에이프런서비스 및 항공기처리료	• 임대수익(항공사 또는 기타세입자) • 입주업체 부과사용료(전기, 청소, 수도 등) • 컨세션 수익(상점, 케이터링, 면세점, 은행, 자동차주차 등) • 공항직영 판매 • 공항당국에 의한 주차수익 • 기타(이자수익) • 비공항관련 활동(부동산 개발, 호텔 등)
연료부과료* 여객, 화물, 수하물 처리*	

주: * 공항운영의 형태에 따라 비항공수익으로 포함시키기도 함.

출처 : Rigas Doganis, "The Airport Business", 1992. p.54.

3. 공항운영의 변화 추세

가. 공항운영의 변화를 통한 성공적인 전략

1) 공항운영의 변화 절차의 분류

가) 제1단계

정치적으로 최고 지도자의 민영화 실시에 대한 결단과 의지가 표명되고, 행정적으로는 민영화 가능성에 대한 예비 검토 작업이 시작된다. 대통령의 정책의지가 공표된 이후 국회나 언론, 전문가 집단을 중심으로 정치적 공론화가 시작되고 각 이해관련자 사이의 이해관계가 표출되기 시작한다. 관료나 전문가들에 의하여 가능한 대안이나 선결조건이 검토된 후 주무부서는 민영화의 방향과 기본원칙에 대한 결정을 내린다.

나) 제2단계

관민합동의 제3의 조직으로서 민영화 위원회가 구성된다. 민영화 위원회에서는 전반적인 경제의 규제완화, 민영화 관련 법률적 조치, 매각대상인 공기업의 경영개선 조치를 동시에 진행시킨다. 민영화특별법을 제정하고 후속제도 정비를 추진해야 한다.

다) 제3단계

예비 작업 완료, 공기업은 경영상태가 개선되고 법적으로나 경제적으로 매각 가능한 형태의 기업으로 전환된다.

라) 제4단계

민영화 실무반(변호사, 회계사, 증권사의 기업공개 또는 인수팀)이 구성되어 구체적인 매각 절차를 밟게 된다. 또 한편으로 자산재평가 등을 통해 기업공개의 절차가 본격화 되고 이해 조정을 거쳐 매각규모나 방식, 인수자 등이 정해진다.

마) 제5단계

민영화 방식의 구체적인 매뉴얼과 시나리오가 결정된다. 정해진 기간 내에 정부지분이 100% 매각되면 완전민영화가 완료된다.

바) 제6단계

제규제 제도가 보완되고 규제 기구의 감시가 강화된다.

2) 공항운영의 변화에 영향을 미치는 주요 요소

정부가 민영화를 고려할 때 영향을 미친 주요요소는 다음과 같다.

(1) 조성된 공공자금이 부족할 경우

(2) 세금을 확장하기 위해 정부의 요구가 있을 경우

(3) 정부가 새로운 시설에 대한 개발이 저하될 경우

(4) 새로운 하부구조를 지원하기 위한 세금에 대한 공공지원이 불가할 경우

3) 공항운영의 변화 시 예상되는 경제적 문제점

(1) 공항민영화의 개념은 공영·민간 기업들 간 공항운영에 대한 효율성 증진을 위하여 이용 가능한 특징들을 혼합한 공항운영을 하고 있다. 특히 미국에서는 정부소유로 운영하던 공항을 민간부문 운영·관리로의 전환을 정부차원에서 강력하게 지원하는 추세에 있으나 민간부문에 정부자산을 매각할 경우, 법적인 측면이나, 규제 측면, 공공이익 부문에 관련한 수많은 문제점들이 도출되게 된다.

(2) 공항 매각결정을 위해서는 두 가지 측면을 고려해야 하는데, 첫째는 매각의 최종비용이고 둘째는 필수 공공자산 통제에 대한 정책이다. 매각비용부문에 대해서는 현재의 수익성으로 구입비용을 유지할 수 있는지의 결정을 위해서 운용 상태에 대한 재정견적분석이 필요하다.

(3) 세금을 포함한 새로운 비용, 판매가격에 대한 기본적인 문제점을 제시하는 등 공공자산의 총판매수익에 대한 상세한 연구가 선행되어야 한다. 민영화 전환 자체의 실행능력과 전환효과에 대해서도 연구되어야 한다.

(4) 공항운영관리 측면의 공항민영화 부문은 제 3그룹의 특정 공항시설 개발, 즉 항공화물개발 민영화, 공항관리 계약, 공항 구내영업 협약, 공항업무에 민간계약자 참여 즉, 주차관리 계약과 세차 관리계약 등이 있다.

(5) 공항시설의 민영화는 공항에 대한 통제와 운용부분에 공영·민간을 혼용함으로서 공항의 새로운 가치를 창출할 수 있다. 공항의 지속적인 공공소유는 연방법에 의

한 법적, 조세측면의 이익을 가져올 수 있으며, 민간기업의 투자회수에 대한 감시·감독의 기능을 수행할 수 있다. 공항시설을 민간 기업에 매각한 후에도 경우에 따라서는 공항 운영에 대한 규제권을 행사할 수 있다.

4) 공항운영의 변화에 대한 일반적인 예

1990년대 초반 미국의 민영화는 화재예방업무로 시작되었으며 미국의 지방정부정책으로 채택되고, 1980년대에는 하부구조(Infrastructure)의 완전민영화가 나타났다. 특히 폐기물 처리시설, 위험물 관리시설 등이 좋은 예로서 전 세계의 수많은 공항들이 민간 기업처럼 운용되기는 하였으나 대부분 지분은 중앙정부, 지방정부, 정부기관 소유의 형태였다. 법적으로는 민영화 되었지만 공항운영 측면에서는 민간기업의 자유를 누리지는 못하였다. 미국의 경우 캘리포니아, 버지니아와 같은 주에서 나타나고 있는 미국의 새로운 연방정책은 토지징수세에 대하여 민영화와 구조를 인정하는 법을 시행하였고 여러 주에서 고속철도시설의 개발을 민영화하려는 법이 실행되었다. 캘리포니아와 버지니아는 거의 30억 달러에 달하는 5개의 새로운 도로요금징수시스템 민영화 관련 프로젝트를 수주하였으며, 지난 2년에 걸쳐, 플로리다, 애리조나, 미주리, 텍사스, 오하이오, 펜실베이니아, 뉴욕 주는 고속철도와 도로요금징수시스템의 민영화에 대한 법률을 통과시켰다.

4. 공항운영의 변화를 통해 얻는 장점

가. 자금조달 용이

영국의 경우 1987년 이전까지는 자금 지출에 대하여 정부의 재정정책에 의해 통제를 받았고 공공부문 차입한도에 의해 제한을 받았으나 민영화는 공항의 대규모 투자에 대한 재정적인 부담요소로부터 자유로울 수 있으며 영국공항공단은 민간기업과 동일하게 자원을 조달을 용이하게 할 수 있게 되었다.

나. 사업영역 확대

대부분의 공항운영자들이 상업 활동의 범위가 한정되어 있으므로 영국공항공단의 경우도 마찬가지로 업무영역이 공항운영에만 한정되어 있었으나 민영화가 된 이후부터 사업

영역을 확대할 수 있게 되었다. 또한 부동산 개발 및 호텔업에도 사업영역이 확대되었으며 외국공항의 비항공관련수익 부문의 운영에도 참여하여 국제적인 신인도를 높이게 되었다. 그 예로 영국철도와 히드로공항과 3억 파운드가 소요되는 도심과 공항을 연결하는 철로의 공동건설에 합의 하였으며 1988년 영국공항공단은 2억 2천만 파운드에 달하는 Lynton Property and Reversionary Plc를 매입하였다. 이듬해 2월에는 육상 및 항공운송업체인 스코틀랜드 익스프레스회사를 매입하였고, 개트윅 및 히드로공항에서 보세화물업체를 인수하였으며 민영화 3년 만에 국내·국외 공항의 관리계약까지 체결하게 되었다.

다. 효율성 향상과 비용절감

일반적으로 공익사업은 공공부문이 하는 것보다 민간이 소유하여 운영하는 것이 효율성이 높다고 인식되어지고 있으며 실제적으로도 행정요원 등의 감축을 통해 비용이 절감되며 공항의 재정에 대하여 민간에게 책임이 맡겨지면 소유권의 형태에 관계없이 경영에 보다 많은 관심을 둘 것이다.

5. 공항운영의 변화를 통해 파생 가능한 위험요소

공항민영화에 대한 궁극적인 목적은 수익 증대와 자유로운 공항운영이다. 공항이 이러한 목적을 달성하기 위해서는 항공사, 승객 및 기타공항 이용자들이 공항을 수익지향적인 민간 기업으로 인식하지 못하고 공공시설로 인식하고 있는 상황에서 공항이용자들과 다소간 불편한 관계가 도출될 수도 있는데 이는 영국의 영국공항공단이 모든 사업 분야에서 수익증대를 도모하는 단계에서 이러한 현상이 나타났다.

가. 독점적 위치 남용

공항민영화에는 위험부담 요소가 내포되어 있는데 대부분의 공항들이 항공교통 수요의 증가와 새로운 공항시설의 확충을 통해서 공항의 확고한 위치를 선점할 수 있는데 공항시설 투자에 대하여 정부는 민영화를 통해 민간 기업이 우월한 지위 남용에 관한 방지권한을 갖지 못한 상태에서 공항을 완전 민영화한다는 것은 위험요소가 존재할 수 있다는 것을 반영한다. 공항은 여객 또는 수하물 처리, 면세점, 화물처리, 렌터카 등의 공항 구내업을 특정업체에 독점적인 위치에 영업계약을 함으로서 공항이용객으로 하여금 독점적인 이득을 취하게 할 수 도 있을 뿐만 아니라 영업권에 관한 계약을 구내영업자와 공항이 분배하는 경우도 있을 수 있다.

나. 주식가격 변동에 대한 민감도 증가

민영화 이전에는 공항에 대한 자료를 외부에 개방적으로 공개하였으나 민영화 이후에는 주식가격의 영향을 우려하여 외부에 비공개하는 자료가 많아지게 된다. 이는 공항의 경영진들이 주식가격의 변동에 매우 민감한 반응을 나타내기 때문이라고 할 수 있다.

다. 사업의 다각화로 인한 위험 수반

공항의 사업다각화는 많은 위험이 내포되어 있는데 민영화 이후 공항의 가격정책에 대한 제한으로 공항에서 상업 활동의 다각화가 가속될 수 있는데 공항은 가격통제가 없는 구내영업이나 상업 활동에서 수익창출에 대한 압력을 받는다. 예를 들어 BAAplc는 1990~1991년 항공교통량의 감소에도 불구하고 사업의 다각화로 부동산을 확장하였는데 이로 인한 손실은 수익창출에 영향을 받은 비공항사업으로 부동산에 대한 손실을 상쇄하였다. 공항사업으로 인한 사업영역의 다각화는 여러 개의 자회사가 있기 때문에 공항의 상업 활동에 대한 적응성을 떨어뜨리고 공항수익에 대응하는 시간이 늦어진다.

라. 공항이용자와 공항경영자와의 괴리 발생

항공사, 승객 및 기타공항 이용자들은 공항을 수익지향적인 민간회사로 인지하기 보다는 공공의 시설로 인식하고 있는 상황에서 공항민영화 이후의 공항수익 증대를 위한 과도한 노력이 자칫 공항이용자들과 마찰을 빚을 수 있는 소지가 다분하다. 더구나 공항운용자의 생각은 공항의 쾌적한 서비스가 공항수익에 역효과가 나타난다는 왜곡된 판단으로 인해 공항은 항공사와 여객과의 마찰이 일어날 소지를 안고 있다. 한편, 공항의 혼잡(congestion)은 불편하고 국가 전체적으로 해결해야 하는 공동의 과제임에도 불구하고 공항은 혼잡해야 이익이고 안락하고 편안하면 적자라는 시각의 오류를 범할 수 있다.

마. 공항운영의 변화에 대한 위험요소의 최소화를 위한 노력

1) 회계처리의 상세 요구와 수익지출에 대한 상세한 보고 선행

영국의 경우 1986년 공항법에 의해 BAAplc는 신규공항기업을 확실히 통제할 수 있도록 하기 위하여 일반기업보다 상세한 회계처리를 요구하였으며 수익과 지출에 대해 상세하고 명확한 보고가 선행되도록 하였다.

2) 공항사용료의 규제 강화

대형공항인 히드로, 게트윅, 맨체스터공항의 공항사용료는 민간항공국(Civil Aviation Authority)에 의해 직접 규제를 받도록 하였다. 영국정부는 영국공항회사에 대한 관리·감독이라는 특정한 조정역할을 수행하고 있고 버뮤다 Ⅱ 국제항공협정 체제 하에서 공항시설사용료를 규제할 수 있었는데 이는 항공 운송량을 제한할 수 있기 때문에 공항의 잠재적인 수입에 영향을 미칠 수 있다는 것이다. 또한 영국정부는 5% 이상의 지분을 갖는 주주는 영국공항회사에 통보할 뿐만 아니라 한 주주가 15% 이상의 지분을 보유할 수 없도록 제한하고 있으며 영국공항회사의 독점적 지위의 폐단을 없애기 위하여 항공기이동지역(Airside)의 사용료를 연간 물가지수(RPI : Retail Price Index) 1% 이상을 인상하지 못하도록 기준을 설정하였다. 현재 영국의 히드로·게트윅 공항에서는 연간 공항사용료 인상률을 RPI－3%로 제한하고 있으며 스텐스테드공항은 RPI－1%로 유지하도록 하였다. 이외 공항은 자율적으로 결정토록 하고 있다. 영국정부는 영국공항회사의 성장 및 퇴보에 결정적인 영향을 미치고 있으며, 외국공항에 대한 관리계약은 영국공항회사의 입지를 강화시킴과 동시에 이윤창출의 원동력이 되고 있지만 실제 성공여부는 공항의 항공관련수익 부문인 공항사용료의 적절한 규제를 통해 항공관련수입과 비항공관련수익의 비중을 효율적으로 분산시킴으로써 공항수익원의 최대한 창출이 중요하다고 할 수 있다.

section 03 공항운영 변화의 유형

1. 정부소유와 운영

정부가 공항을 소유하고 운영하는 것은 정부가 공항운영에 관한 모든 책임을 진다는 것이다. 이러한 결과 공항이나 정부에서는 그들이 효율적으로 운영할 수 없는 업무인 구내영업, 기내식영업 등의 서비스 업무를 수행한다. 공항의 정부소유와 운영의 장점은 국가의 기간산업으로서 공익성 확보와 더불어 세제와 재세공과금에 대한 이점이 있고 자금조달과 투자가 수월하며 공기업에 의한 관리 측면에서는 공항관련 전문경영진 및 기술진에 의한 공항운영 및 관리가 수월하며 여객에게 양질의 서비스를 제공할 수 있다. 단점으로는 상황대처 능력이 약하며 공항의 전문경영인이 부족하고 정부조직, 임금, 정원 등이 법령에 의해 제한을 받음으로써 서비스가 부족하며 운영부실로 정부보조금을 필요로 하거나 구조적으로 민간부문 역량을 효과적으로 활용할 수 없는 체제를 갖추었다는 것이다. 이러한 공항운영의 형태를 갖춘 공항은 일본 하네다공항, 대만 장개석공항, 미국 워싱턴공항, 로스앤젤레스공항 등이라 할 수 있다.

표 9-4 공항민영화 정책대안의 범주(A Spectrum of Policy Options)

정부소유와 운영	정부소유와 일부 서비스 관련 민간운영	정부소유와 민간관리	민간소유와 운영
Full Government Ownership and Operation	Government Ownership with Privatization of Selected Service	Government Ownership, Management	Private Ownership Private and Operation

2. 정부소유와 일부 서비스 관련 민간운영

공항은 민영화된 부문이 정부에서 운영하는 것보다 더욱 효과적이고 효율적으로 수행될 것이라고 인식하고 있다. 정부는 공항의 운영방향을 설정하기 위하여 지역사회의 요구를 충족시키는 반면, 부분적인 민영화로 수익을 증가시키고 비용을 감소시킬 수 있을 것으로 보고 있다.

공항도 민간부문이 독점적으로 수익사업을 하거나 공항시설을 운영하는 민간부문에 계약으로 임대하기도 한다. 민간부문은 자본의 유입을 통해 수익을 얻을 수 있으며, 특별시설에 대하여 공항운영비용에 대한 손실을 입지는 않는다. 수익활동을 위하여 민간부문의 계약은 중요하며 터미널 빌딩, 주차시설, 상업시설 설치, 항공유, 화물취급 등이 포함된다. 공항은 호텔이나 기타 부동산 개발을 위해 부지를 임대하거나 렌터카를 위한 공간을 임대하기도 하며 사무실 공간과 레크리에이션 시설(골프 코스 등) 기타 활동과 같은 벤처도 마찬가지이다. 정부소유와 일부서비스관련 민간운영의 형태의 한 가지 예는 미국의 애틀랜다시의 Hartsfield International Airport를 들 수 있는데 이곳의 화물시설은 민간자본으로 건설되었다. 민영화 방안에 대한 주요 착안점은 공항이용자들에게 필요한 각종서비스가 합리적인 가격 범위 내에서 제공될 수 있도록 하고 민간 독점자의 발생을 막기 위해 민간업자들이 시설들을 임대하거나 리스 할 수 있는 공정한 기회를 갖도록 해야 한다는 것이다. 대부분 국가에서 공항은 계약이나 리스를 통해서 민영화에 대한 수많은 방안을 개발, 발전시켜 왔다.

또한, 민간부문 운영책임에 대한 효과적인 방안은 계약인데 이는 민간부문이 공공부문보다 적은 비용으로 목적을 달성할 수 있다는 개념에서 비롯된다. 이러한 계약의 형태로는 제반 차량시설의 정비, 제설작업 시설, 보관업무, 주차관리업무 및 기타 유사한 업무 등이다. 이러한 부문의 계약은 일반적으로 공개 입찰을 통하여 이루어진다.

3. 정부소유와 민간관리

정부소유와 민간관리에 대한 공항운영의 형태는 일부공항 업무의 민영화는 정부의 구매, 획득에 대한 제한을 받기 쉬운데 이러한 경우 정부는 공항시설의 전체적인 관리에 대하여 민간기업과 계약하여 민영화하는 방안을 선택한다. 민간 기업은 공항운영에 대하여 모든 책임을 지게 되고, 이에 따라 이익창출을 위한 다양한 방법을 적용할 수 있으며, 가격구조나 교통패턴의 변화와 같은 시장변화에 신속하게 적응할 수 있는데 미국에서는 정부소유, 민간관리 조건의 예는 거의 없다.

4. 민간소유와 운영

정책대안의 마지막 부문은 민간부문이 공항을 소유하고 운영하는 것이다. 이러한 민영화 모델과 같은 소규모 일반항공(General Aviation) 공항은 미국에서는 현재 존재하지 않으나 완전 민영화의 가장 좋은 예는 영국의 공항민영화라 할 수 있다. 공항의 민간소유화 구조는 미국과 그 외의 국가에서는 이미 실행되고 있는 모델인데 공항의 민간소유와 운영에 따른 민영화 계획에 명확하게 정의되어 할 부분은 공공·민간부문이 공항운영에 대한 책임감 부문이나 보상부문을 어떻게 공유하느냐 하는 것이다. 다음에 열거되는 모델들은 민간부문의 책임범위가 높은 순서대로 나열한 것이다. 한편, 민간소유와 운영에 대한 공항의 장점은 민간투자를 통하여 정부재정에 대한 부담을 경감 시킬 수 있고, 공항운영·관리에 대한 전문경영화를 추구할 수 있으며 투자하고자 하는 사업에 주식발행을 통하여 민간자본 동원을 하는 것이 유리할 뿐 아니라 공항의 소유와 경영의 분리로 인해 경영능률을 확보하기가 용이하다. 반면에 단점으로 지적되는 것은 공항운영 수익을 지나치게 증가시키려 할 때나 공항이 적자로 운영 시 공항서비스가 질적으로 저하 될 가능성이 있으며 공항에서의 공익보다는 수익성 위주의 운영으로 공공성을 보장하기는 힘들고 수익성이 낮은 부문에 대한 낮은 투자로 인해 공항의 균형적인 발전을 저해할 우려가 있음은 물론 대규모 공항에 투입되는 사업비를 조달하기 힘들며 투자수익이 불확실하다는 것이다.

가. 영구적인 특권(Perpetual Franchise)

공항명, 프랜차이즈, 공항운영부문은 공항을 개발하는 민간기업의 책임이므로, 대중교통으로의 전환(즉, 일반적인 정부보조)을 제외한 운송프로젝트의 여러 유형이 이 모델에서 수용할 수 있다. 재원조달 및 운영권이 공항을 개발하는 민간회사의 영구적인 책임으로 돌아가고 정부는 안전, 서비스의 질, 가격이나 운영자의 수익에 대해 규제하고 있다. 페리(Ferries)와 항만시설이 영구적인 특권 모델의 좋은 예라 할 수 있다.

나. 매입-건설-운영(BBO : Buy-Build-Operate)

민간 기업은 지방정부로부터 공항을 매입하여, 수익을 위한 공항시설을 건설하고 공항을 운영한다. 낙후된 시설이나 혼잡 공항시설을 가진 공항이 Buy – Build – Operate 모델의 좋은 예이다. 알바니 카운티에서는 최초로 BBO 모델을 적용하여 록히드 항공터미널을 개발할 것을 제안하였으며 후에 LDO(Lease–Develop–Operate)로 전환하였다. 알바니 프로젝트나 기타 프로젝트의 가장 중요한 요소는 구매자나 운영자는 막대한 자금을 정부에 지불해야 한다는 것이다.

다. 건설-운영-양도(BOT : Build-Operate-Transfer)

민간 기업은 20년에서 40년 동안 공항시설을 건설하고 운영하며, 일정기간 시설을 이용한 후에는 무상으로 정부에 반납한다. 런던 카운티와 버지니아 댈러스 도로확장 프로젝트는 BOT(Build–Operate–Transfer) 모델의 한 예인데 일정기간 후 최종적으로 정부소유가 확정되면 정부공무원은 BOT모델에 대한 매력을 느끼게 될 것이다. 세계적으로 BOT모델은 교통기반시설 건설과 에너지 시설 및 환경시설의 민영화에 가장 보편화된 모델이 되었다.

라. 건설-양도-운영(BTO : Build-Transfer-Operate)

민간 기업이 재정을 담당하여 공항시설을 설계하고 건설한 후, 정부에 공항시설을 이관한다. 민간 기업은 공항시설 이관 후에 정부로부터 시설을 리스 하여 운용하고 20~40년 후에는 공항을 운영, 수익을 보전한다. 프로젝트의 재정적 의무와 책임은 민간 기업에 있으며, 개발을 위탁한 정부는 프로젝트에 대한 재정적인 책임은 없다. 다만 정부는 민간 기업과 협정을 통해서 일정한 금액의 개발비용을 부담할 수도 있다. 캘리포니아의 도로징수민영화프로젝트 AB680은 BTO(Build–Transfer–Operate) 미국 모델의 예이며, 부동산용어로는 매각차용이라고 불리며 세제상의 편의를 위해 자주 이용되는 시스템이다.

마. 시설확장(Wraparound Addition)

민간 기업이 정부소유 핵심시설을 개발 확장하는 모델로서 해당기업은 개발·확장 하고자 하는 시설 명에 민간기업명을 사용함으로써 민간 기업은 정부소유시설의 운영에 대한 계약을 포함하여 공항 전체시설을 운용한다. 캘리포니아의 혼잡한 고속도로에 SR 91 민간운영 프로젝트가 Wraparound Addition 모델을 평가할 수 있는 주요 운송프로젝트중의 하나인데 이 모델은 폐기물처리시스템에 적용되며, 공영공항의 주차시설과 터미널에도 적용된다.

바. 임차-개발-운영(LDO : Lease-Develop-Operate)

민간 기업은 20년에서 40년 또는 그 이상의 기간 동안 정부로부터 주변부지와 시설을 임차하고 시설을 개발, 확장, 운영하며 정부와 수익을 공유한다. 이 모델은 알바니, 뉴욕, 페오리아, 일리노이 주 각각의 주정부에서 제안하였으며 알바니카운티 공항과 페오리아 공항확장에 이용되었다. LDO 모델의 가장 큰 이점은 민간기업의 공항확장 비용에 대한 채무상환과 승인 또는 소유의 이관에 대한 정부의 제한을 풀 수 있다는 것이다. BBO (Buy–Build–Operate)와 Perpetual Franchise 모델의 결합형도 사용되는데, 영국정부는 1987년 민영화의 장점을 이용하기 위하여 영국공항공단(BAA)을 매각하였다. 영국공항회사(BAA plc)는 히드로공항과 개트윅공항을 포함하여 영국에서 가장 큰 공항들을 운영하고 있고, 민영화 이후 영국공항공단의 수익과 고용 및 자본투자가 증가하였으며, 영국정부는 공항운영에 대하여 민간부문과 공공부문을 병행함으로써 공항운영의 변화를 촉진하고 있다.

사. 완전 또는 부분적 주식상장(Full or Partial Share Flotation)

1987년 영국공항공단(BAA)은 완전민영화로 정부는 BAA 주식의 100%를 런던 증권시장에 상장하였다. 부분적인 주식상장의 예로는 오스트리아 정부가 1992년에 비엔나공항 주식의 27%를 상장한 것이라 할 수 있고 1995년에는 22%를 추가 상장하였다. 덴마크 정부는 1993년에 코펜하겐공항의 지분 25%를 상장하였으며 1995년에는 24%를 상장하였다. 이러한 유형의 변형된 방법 중 한 가지는 벨파스트국제공항은 1993년에 경영진과 직원에게 모든 주식을 매각한 것이 좋은 예라 할 수 있다.

아. 합작사업(Joint Venture)

호주의 민간소유 – 민간운영에 적용된 방식으로 공항관리 경험이 있는 공항이나 회사가 소수지분을 가지고 장기관리계약을 체결하는 반면 지방 또는 국제금융기관이 다수지분을 갖는 형태이다. 또는 공항당국이 건설 또는 엔지니어링회사와 제휴하여 신공항의 건설과 관리를 하거나 공항의 개량을 위한 제휴이다. 공공/민간부문 합작사업의 예는 1994년 개항한 미화 200만 불 규모의 일본 간사이국제공항 종합계획을 들 수 있다. 주식의 2/3는 일본 정부가 갖고 나머지는 12개의 지방 정부와 803개의 민간회사와 개인이 보유하고 있다.

5. 공항운영 형태의 특성 비교

공항의 관리·운영 주체나 형태는 각국의 항공에 관련된 상황이나 여건에 따라 다양하며, 동일한 국가 내에서도 서로 다른 공항관리·공항운영 주체와 체계를 가지고 있는 경우가 많다. 일반적으로 공항의 관리·운영 형태를 대별하여 다음과 같이 정부조직에 의한 관리, 공기업에 의한 관리, 민간 기업에 의한 관리인 3종류로 구분할 수 있는데 구분된 외국공항 운영형태의 특성 및 장점과 단점을 비교하면 다음 [표 11－5]와 같다. 공항운영형태의 특성을 살펴보면 정부조직이 관리하는 조직은 공항건설 및 운영에 있어서 대규모의 자본투자가 필요하므로 공항의 기능과 역할에 공익성을 강조하게 되고 국가나 중앙정부, 주정부, 시에서 운영하게 된다. 공기업이 관리하는 조직은 공항운영에 있어서 기업적인 마인드를 가지고 효과적이고 능률적인 개념을 갖고 운영을 하며 국가 또는 지방 공공단체에서 분리된 독립단체에 공항을 관리시키고 공공의 수요를 충족시킨다. 민간 기업이 관리하는 조직은 사기업의 주식회사 운영관리체제에 의해 운영을 하게 된다. 공항운영형태의 장점은 정부조직이 관리하는 조직은 국가의 기간산업으로서 공익성 확보와 더불어 세제와 제세공과금에 대한 이점이 있고 자금조달과 투자가 수월하며 공기업에 의한 관리측면에서는 공항관련 전문경영진 및 기술진에 의한 공항운영 및 관리가 수월하며 여객에게 양질의 서비스를 제공할 수 있다.

민간 기업에 의한 관리는 민간투자를 유치함으로써 정부재정에 대한 부담을 경감시킬 수 있고 공항의 전문화를 기할 수 있으며 주식발행을 통해 민간자본 동원을 유리하게 조성할 수 있으며 공항의 소유와 경영의 분리로 인해 경영 능률을 확보하기 용이하다. 공항운영형태의 단점을 살펴보면 정부조직에 의한 관리는 상황대처 능력이 약하며 공항의 전문경영이 부족하고 정부조직, 임금, 정원 등이 법령에 의해 제한을 받고 서비스가 부족하다. 공기업에 의한 관리는 정부와 마찬가지로 사기업보다는 관료적이고 타성적인 면이 존재한다. 또한 민간 기업에 의한 관리도 공익보다는 수익적인 면에 치중하기가 쉽다.

표 9-5 공항운영형태의 특성, 장점, 단점 비교

구분	정부조직에 의한 관리	공기업에 의한 관리	민간 기업에 의한 관리
특성	• 공항의 운영은 국가나 중앙정부, 주정부, 시에서 한다. • 공항건설과 공항의 운영·관리에는 중·장기적으로 대규모 자본 투자가 필요하므로 공항 기능 및 역할 부문에서 공익을 강조하게 된다.	• 공항운영에 있어서는 획일적인 공항운영보다는 기업마인드를 기초로 효과적이고 능률적으로 공항을 운영한다. • 국가 또는 지방 공공단체 에서 분리된 독립단체에게 공항을 운영·관리 시키고 공공수요에 대한 욕구를 충족시킨다.	• 사기업의 주식회사 운영체제를 도입하여 공항을 운영·관리한다.
장점	• 국가의 인프라스트럭처로서 대국민의 공익성을 확보할 수 있다. • 공항과 관련한 세제와 제세공과금에 대한 혜택이 있다. • 정부가 주도로 인해 공항운영을 위한 자금조달과 투자가 쉽다.	• 국가의 인프라스트럭처로서 대국민의 공공성, 공익성에 대한 효과를 달성할 수 있다. • 공항관련 전문경영진 및 기술진에 의한 공항운영 및 관리가 수월하다. • 공항을 이용하는 여객들에게 서비스 질에 대한 고품격과 다양화를 추구할 수 있다.	• 민간투자를 통하여 정부재정에 대한 부담을 경감시킬 수 있다. • 공항운영·관리에 대한 전문경영화를 추구할 수 있다. • 투자하고자하는 사업에 주식발행을 통하여 자본 동원을 하는 것이 유리하다. • 공항의 소유와 경영의 분리로 인해 경영능률을 확보하기 용이하다.
단점	• 공항관련 사업의 계획에 대한 지속성과 일관성 있는 업무추진 곤란, 급변하는 상황에 능동적 대비 부족. • 정부 공무원들에 의한 공항 운영이기 때문에 공항관련 전문경영, 기술력을 가진 공항운영, 관리 부족. • 정부조직, 임금, 정원 등에 있어 관계법령에 의한 제한을 받는다. • 정부의 경직된 관료적 성향으로 인해 높은 질의 대여객 서비스가 곤란하다.	• 능동적이고 적극적인 사기업보다는 관료적이고 타성적인 조직화가 우려된다. • 정부의 법령과 제한된 예산 범위 내에서 공항을 경영하므로 상황변화에 대한 능동적이고 신속한 대응이 곤란하다.	• 공항운영 수익을 지나치게 증가시키려 할 때나 공항이 적자로 운영 시 공항서비스가 질적으로 저하될 가능성이 있다. • 공항에서의 공익보다는 수익성 위주의 운영으로 공공성을 보장 힘듦. • 수익성이 낮은 부문에 대한 낮은 투자로 공항의 균형적인 발전을 저해 • 대규모공항에 투입되는 사업비를 조달하기 힘들며 투자수익이 불확실
대표 공항	• 하네다공항, 장개석공항 • 워싱턴공항, 로스앤젤레스공항	• 프랑스 샤를드골공항 • 일본 나리타공항 • 태국 방콕공항 등	• 영국 히드로공항

가. 공항운영 변화와 비항공관련수익 증가의 연관관계

비항공관련수익이 증가하는 근본적인 이유는 공항에서 항공여객의 수요가 증가함으로 공항에서는 혼잡(congestion)이 발생하게 되는데 공항은 안전하고 효율적이고도 원활한 공항의 흐름을 위해 혼잡을 완화시키려는 다각도의 노력을 하게 된다. 이러한 결과 공항을 확장 내지 신설하겠다는 의사결정을 하게 된다. 문제는 이러한 대규모 투자(lumpy in-vestment)가 요구되는 사회간접자본에 선뜻 투자를 하기에는 상당히 규모가 크다 할 수 있다. 새로 건설되는 공항은 각종 문제점을 도출하게 되는데 그중에도 자원의 조달문제와 공항소음 등에 의한 환경문제, 공항주변 주민들의 이주문제 및 공항진입(accessibility) 문제 등이 주요 이슈로 떠오르게 된다. 선진국에서조차 기존의 공항에 활주로 1본(本)을 추가하거나 터미널을 확장하거나 하는데도 엄청난 투자이기에 결정을 못하게 되며, 신공항을 건설하기 위해서는 정부의 투자여력이 부족하다고 보아야 한다. 공항은 공공시설로 이용자에게 인식되어져 왔고 이러한 공항은 제한된 수익을 근간으로 돈을 벌어야 된다는 강박관념속에서 수익원을 항공관련수익인 착륙료의 징수위주로 공항을 운영하여 온 것이 사실이다. 일반적으로 공항을 건설할 경우 투자재원을 정부가 마련하는 것이 상례로 되어 있으나 정부에서도 사회간접자본시설의 대규모 투자에는 우선순위와 한계가 있기 때문에 상당한 재정적 부담을 안게 된다. 이러한 연유로 공항은 민간금융을 이용해서 동원하게 되는 공항민영화 단계에 진입하게 된다. 과거에는 항공관련수익인 착륙료에만 의존하였기에 항공사에서도 착륙료의 인상시마다 불만이 있어 왔고 공항당국에서도 정부에서 지원한 재정으로 수익을 내야만 하는 중압감이 있었으나 컨세션이나 면세판매 등에 의한 수익과 외부하청(Outsourcing)을 함으로써 비항공관련수익이 증가하게 된 것이다.

나. 경제성의 향상

공항을 매각하여 완전민영화 실현은 정부에 다음과 같은 경제적인 효과를 가져온다.

(1) 정부는 공항매각 시점에서 현금을 받을 수 있고, 공항에서 발생이익부분을 공유할 수 있다.

(2) 정부에서는 공항의 새로운 영업개념 개발과 서비스증대를 통한 항공여행객의 증가를 의미한다.

(3) 정부는 새로운 세금을 부과함으로써 공항의 수익을 증가시킬 수 있다.

(4) 정부는 기업의 소득부문에서 세금에 대한 이익을 얻을 수 있다.

다. 정부의 새로운 잠재수익의 개발

정부가 민간 기업에 공항매각을 통해 수익이 향상되더라도 이에 대한 많은 장애요인이 발생하게 되는데, 이는 정부가 소유하는 공항을 선호하는 측과 민간이 소유하는 정책을 통해 직접 제한하려는 양상으로 나타난다. 공공부문에서 이용가능한 대부분의 수익을 민간 기업이 이용 가능한 것도 아니며 보조금을 지원받았을 경우 이를 상환하는 비용으로 사용하게 된다. 공항의 관리계약과 같이 공항민영화의 제한적인 형태를 통해서 공항사용료의 상승과 운영의 효율성을 통해 공항운영 수익증대가 이루어지는데 공항수익에는 두 가지 주요원칙이 있다.

(1) 요율과 요금의 형태로 항공사, 사업자, 일반항공(General Aviation) 사용자로부터 징수하는 수익이다. 여기에는 착륙료, 공역임대료, 지상임대료, 장비임대료, 기타 업무를 위한 요금이 포함된다. 이러한 수익은 공항에서 항공사의 이용에 기준을 두고 산정되는데 예를 들면 항공기 착륙료는 항공기의 착륙중량에 의해 산출되는 반면 임대는 리스에 기준을 두고 산정한다.

(2) 공항은 주차장, 식·음료, 선물코너, 렌터카를 포함한 구내영업(Concession) 운영으로부터 수익이 창출되는데 공원시설과 호텔의 상업적 개발도 이에 속한다. 구내영업을 통한 수익은 구내영업운용에 대한 백분율로 나타난다. 고정비용은 징수를 통해 얻을 수 있으며 구내영업 관리측면을 개발하기 위해서 공항에서는 공항이 관리하고 기타 공공업무에 대해서는 계약을 통해 민간 기업으로 이관하고 있다.

라. 공항수익 증대에 지대한 영향

공항의 수익증대에 영향을 주는 요인은 기본적으로 항공교통수요와 각 항공사의 운용협정의 유형, 운송형태의 특징이라 할 수 있다.

1) 항공교통수요의 새로운 창출

특정 공항에서 수익성을 평가하는 가장 중요한 요소 중의 하나가 특정지역의 항공수요인데 그 이유는 공항의 국제업무지역의 인구통계학적 특성이 일반적으로 나타나기 때문이며 항공교통수익이 더욱 많이 창출될 수 있다는 것이다. 공항에서 발생하는 운송유형은 공항에서 수익성의 정도를 평가하는 중요한 요소 중의 하나인데 출발·목적지 공항의 교통은 항공업무지역의 수익증대노력에 의해 좌우될 것이다. 반대로 연결교통편이 많은 공항은 항공업무지역에 덜 의존하게 되고 허브항공사의 스케줄결정이나 재무관련 부문에 더 의존하게 될 것이다.

2) 공항사용협정(Use Agreement)을 통한 수익 안정화

항공사의 현행 공항사용협정과 항공사의 요율 및 요금산정에 사용되는 방법은 특정 공항의 수익성을 평가할 때 중요한 요소가 된다. 항공사 요율과 요금을 산출하는 두 가지 기본적인 접근방법은 다음과 같다.

① **보상접근(Compensatory Approach)** : 항공사들이 점유하거나 사용하는 공항시설과 서비스에 할당된 비용의 보전에 근거한 합의이며 이용료와 임대료를 지불한다. 공항운영자들은 공항운영의 재정적 위험을 감수해야 하며 항공운임과 요금은 항공사에서 사용하는 공항업무와 시설의 실제 사용비용으로 회수되며, 공항운영자들은 공항운영의 잉여수익을 발생시킬 것이다. 이러한 잉여수익은 공항개발에 사용되며 항공교통량이 감소하면 항공사로부터 수입도 감소할 것이다.

② **잉여접근(Residual Approach)** : 항공사는 구내영업과 항공사와 관련이 없는 다른 수입원을 감안한 후에 공항을 운영하는데 따른 순비용을 공항에 지불한다. 항공사는 공항이 항상 손익이 균등하도록 이용료와 임대료의 수준을 보장받아야 하기 때문에 상당한 재정적 위험을 감수하게 된다. 만약 항공교통량이 감소하더라도 항공사로부터 발생되는 수입금은 합의된 순비용을 보전하도록 충분해야 하며 재정의 부족액은 항공사에 의해 지불되며 공항은 교통량의 감소에도 불구하고 어떠한 손해도 보지 않을 것이다.

공항운영과 관련하여 공항운영의 변화가 가져다주는 장점과 위험요소 및 공항운영변화의 위험요소를 최소화 할 수 있는 방향과 공항운영의 형태를 정부소유와 운영, 정부소유와 일부 서비스 관련 민간운영, 정부소유와 민간관리, 민간소유와 운영으로 구분하였으며 이에 대한 실제적인 예와 장·단점을 설명하였다. 또한 공항민영화가 효과적으로 성공하기 위해서는 공항재정부문이 가장 중요한 분야라 할 수 있는데 현 공영공항운영자가 장래 민간공항운영자에게 공항을 매각할 경우 재정견적 분석을 통해 재정을 평가하는 형태 또한 도표를 통해 살펴보았다. 공항운영의 형태가 민간주도로 변화하고 있는 것은 세계적인 조류라고 할 수 있으며 이러한 공항운영의 형태 변화는 각국의 공항이 공항수익원을 항공관련수익(Aeronautical Revenue)측면보다는 비항공관련수익(Non Aeronautical Revenue)의 비중을 높이는 것과도 상당한 연관관계가 있다고 사료된다. 따라서 공항운영의 형태 변화를 통해 유추할 수 있는 시사점은 공항수익 증대의 최선의 방법이 공항민영화라는 것이며 이러한 추세는 정부가 공항의 대규모투자에 대한 여력부족으로 인한 딜레마를 비항공관련수익의 증대라는 해결책을 도출해 내었으며 비항공관련수익의 증대는 가장 현실적인 공항운영의 효율화 방안으로 공항민영화에 박차를 가하는 계기로 작용하였던 것이다. 공항이 민영화됨으로서 전개되는 중요한 영향으로는

- 공항사용자와 그 지역의 이익을 향상시키기 위한 운영의 효율성 증대
- 정부와 전문공항관리자 사이의 적절한 균형 유지
- 공항재정에 상당한 기여
- 공항사용을 위한 세금면세와 기금의 이용가능성 유지
- 공항프로젝트에 대한 재정 도입
- 공항민영화에 대한 위험을 최소화하기 위한 공항소유와 공항관리구조의 개선 및 채무의 최소화
- 적극적인 공항관리와 인력관리 유지
- 지역주민의 투자기회 제공
- 대주주와 주식소유자들의 적정 회수율 보장을 들 수 있다.

공항운영의 민간주도에 대하여 우리나라도 상당한 관심이 집중되고 있는 가운데 공항시설에 대한 개발 및 확장에 민간자본의 투자를 적극 유치하도록 하여야 하는데 현재 항공법상 공항시설은 BTO(Build-Transfer-Operate)방식, 즉, 공항건설이 완료된 후, 소유가 국가에 귀속되는 유형으로 진행되고 있으나, BTO 방식은 민간투자에 대한 사업의 보장성이 미약하므로 해당시설의 이용에 따른 각종 규제와 절차가 복잡하다. 따라서 민간투자가 가능한 시설별로 투자 유치를 하는 것이 필요하며 현재 정부 및 공항공단이 운영하고 있는 공항시설을 민간 기업에게 임대하여 생산성을 향상시킬 뿐 아니라 비항공공련수익의 개발을 통해 이윤의 극대화를 추구할 수 있으며 공항서비스 시설의 일정부문을 민간기업에 위탁경영을 시킨다든지 하는 공항운영의 형태를 효율적으로 변화시킴으로써 공항

수익의 향상을 기할 수 있다.

section 04 공항운영 준비

1. 공항 허가

대중교통의 안전측면에 대한 중앙정부의 주요책임은 공항면허를 발급하는 부분까지 미친다. 미국의 경우, 대부분의 국가가 공항으로 하여금 면허를 취득하도록 요구하고 있음에도 연방항공청은 Licence라는 용어 대신 Certificate라는 용어를 사용한다. 일반 대중의 관심은 주로 항공기와 여객의 안전성에 집중되어 있으며, 따라서 전반적인 공항운영시스템의 주요 요소가 이러한 측면과 연관되어 있다. 대부분의 국가와 마찬가지로, 미국도 정기편과 전세기편을 취항시키는 항공사가 사용하는 공항에 대해서는 강제적인 면허규정을 운용하고 있다. 영국은 민간항공청이 비행 훈련용의 공항 또한 반드시 면허를 취득할 것을 요구하고 있다. 민간항공청은 공공용과 일반용의 두 종류의 면허를 발급하고 있다. 이들 간의 주요차이는 공공용 공항은 모든 현재 및 미래의 운영자가 차별 없이 사용할 수 있는 반면에, 일반용 공항은 공항 소유자가 바라는 바에 따라 사용이 제한될 수도 있다는 점이다. 항공기 제작사가 소유하는 비행장이 후자의 경우에 속한다. 공항 면허요건은 국가적 차원에서 규정되어 있다. 미국의 경우, 면허규정은 연방규정 139편에 수록되어 있는데 여기에는 포장지역(활주로, 유도로, 계류장), 안전지역(과주로 지역), 활주로 노견 침 유도로의 표식과 등화, 공항의 소방과 구조업무, 위험물의 취급과 보관, 비상계획, 자체점검계획, 지상장비 운용, 장애물, 항법지원시설의 보호, 조류충돌의 위험성의 감소대책, 작업이 시행중이거나 사용하지 않는 지역을 포함한 공항조건에 대한 평가 및 보고사항 등에 적용되어야 하는 특정 기준이 명시되어 있다. 영국의 경우, 법적 요건은 Air Navigation Order and Regulations CAP 393. Articles 76-79에 규정되어 있다. 미국과 영국의 면허요건이 매우 유사하다 할지라도, 미국의 규정은 공항의 운영준비상태(예를 들면, 포장보수, 제설 및 제빙대책, 조명시설의 유지보수)를 유지토록 하는 추가적인 규칙이 포함되어 있다. 추가로 미 연방항공청은 권고회람(Advisory Circular) 150과 139의 이행에 관한 매우 포괄적인 지침서를 발간하고 있다. 일반적으로 공항면허 소지자는 다음과 같은 규제 권한을 만족시켜야 한다.

- 공항 내와 인근지역을 포함하는 공항운영지역은 안전하여야 한다.
- 공항시설은 수행되는 운영의 형태에 적절하여야 한다.
- 관리조직과 주요직원들은 공항에서의 항공기 안전운항을 도모하는데 유능하고 적절한 자격을 구비하여야 한다.

2. 공항운영 제한요소

가. 시정(Visibility)

항공교통은 기상조건과 우세한 교통 밀집도에 따라 시계비행규정(VFR)과 계기비행규정(IFR) 중 하나의 규정을 준수하여 이루어진다. 시계비행규정하의 운항은 항공기가 지상과 다른 항공기에 대하여 조종사의 시각 참조에 따라 운항할 수 있는 기상조건에 따라 분류되어진다.

활주로를 운영함에 있어 조건이 열악해질수록 제공되어져야 하는 시각 및 계기항법 장비의 량이 증가하게 된다. 활주로는 제각기 다른 수준의 시정에서 항공기의 운항을 허용할 수 있는 능력에 따라 분류될 수 있다.

활주로 시정은 활주로 중심선상에 위치한 항공기의 조종사가 활주로 및 활주로 중심

표 9-6 활주로 운용등급 현황(국내외 공항)

활주로 등급별	활주로 가시거리	결심고도	외국공항	국내공항
CAT-Ⅰ	550m 이상 (또는 시정 800m 이상)	60m 이상	창이공항, 홍콩공항,	제주공항, 김해공항, 양양공항, 청주공항 등
CAT-Ⅱ	350m 이상	30m 이상	방콕공항, 프랑크푸르트공항, 스탠스태드공항 등	김포공항
CAT-Ⅲ	200m 이상	15m 이상	나리타공항, 시애틀공항, 덴버공항, 제네바공항 등	인천공항
	50m 이상	15m 미만	샌프란시스코공항, 애틀랜타공항, 히드로공항, 샬드골공항 등	없음
	0m(제한 없음)	0m(제한 없음)	없음	없음

선을 묘사하는 표식이나 등화를 인식할 수 있는 활주로 중심선상의 거리이다. 요즘의 활주로 시정은 활주로 시정센서에 의해 흔히 자동적으로 결정되는데, 이러한 장비는 활주로 노견에 바로 인접하여 설치된다. 결심고도는 조종사가 착륙할 것인지 아니면, 착륙을 포기할 것인지를 결정하여야 하는 최소한의 고도로 정의된다.

나. 측풍영향

국제민간항공기구와 미연방항공청과 같은 규제기구는 공항이 바람조건에서 최소한 95%의 항공기 운항이 가능하게 수량이나 방향에 있어서 충분한 활주로를 구비할 것을 요구하고 있다. 현대의 대형 운송용 항공기는 30노트의 측풍상태에서 별다른 어려움 없이 운항할 수 있는 성능을 구비하고 있지만 운영상의 목적에서 활주로 배치는 보다 보수적으로 설계되고 있다. 국제민간항공기구의 부속서 14에 의하면 Category A, B 활주로의 경우에는 20노트(37km/h), Category C 활주로의 경우에는 15노트(27.8km/h), Category C, D 활주로의 경우에는 10노트(18km/h)의 측풍이 불고 있는 기간 중 최소한 95%의 항공기 운항이 가능하도록 활주로의 방향이 설정되어야 할 것을 요구하고 있다. 활주로의 가용요소는 10년 이상의 가급적 오랜 기간에 걸쳐 수집된 신뢰성 있는 바람분포 통계치에 그 기초를 두고 결정하지 않으면 안 된다. 항공기의 중량이 무거워질수록 우세한 바람방향이 존재하는 대규모 허브공항에서는 측풍에 대비한 활주로의 구비 필요성이 덜 중요하게 된다. 그러나 측풍용 활주로는 아직도 많은 공항에서 운용되고 있는데 측풍의 영향이 우세한 바람방향과는 심하게 다르거나 중량이 적은 항공기가 운항되는 경우이다. 활주로의 가용 또는 방향이 서로 다른 활주로의 결합은 풍향과 풍속에 따라 바람의 발생비율을 숫자로 기록한 자료인 “Wind Rose”를 사용함으로써 손쉽게 결정된다.

다. 조류충돌 예방대책(Bird Strike Control)

항공이 개시된 이래 조류는 항공에 대한 위험요소로 인식되어 왔다. 초기에는 그로 인한 피해가 조종석 유리의 파손, 날개 앞부분의 굴곡, 동체의 피해 등 경미한 경향이었다. 그러나 조류충돌로 인한 사망사고는 1912년에 처음으로 발생하였는데 미국대륙을 처음으로 횡단 비행한 로저스(Carl Rogers)는 이때 사망하였다. 항공기의 속도가 빨라짐에 따라 조류의 기동성은 상대적으로 둔화되었으나 충돌시의 속도는 증가하였다. 피해 역시 터보엔진 항공기가 도입됨에 따라 증가되었다. 엔진의 조류흡입은 엔진으로 유입되는 기류

흐름의 폐쇄 혹은 왜곡, 압축기 혹은 터빈에 대한 심각한 피해, 그리고 통제가 어려운 출력의 감소 등을 일으킬 수 있다. 조류충돌로 인한 인명의 손실은 특이한 것이지만 공항운영자는 조류가 날아다니는 낮은 고도로 항공기가 비행하는 공항인근에서는 잠재적 위험이 존재할 수 있다는 사실을 유념하여야 한다. 따라서 국제와 국내항공을 관장하는 기구는 조류충돌 예방대책을 통하여 조류충돌로 인한 위험성을 감소시킬 수 있도록 공항 운영자를 지도할 수 있는 권고서류를 준비하고 있다. 조류충돌 예방대책을 성공적으로 이끄는 기본적인 것은 조류의 형태와 그들의 습관을 이해하는 것이다. 양적으로 많다면, 어떠한 조류라 할지라도 공항에 있어서 항공에 위험을 초래한다. 그러나 각각의 조류는 서로 다른 뚜렷한 행동양식을 보이기 때문에 단지 몇 종류만이 위험을 초래한다. 미국의 동부해안에서 발생한 대형 여객기의 사고는 갈매기와 관련된 특정한 위험사례임을 보여준다. 조류가 공항에 출현하는 이유는 공항시설이 먹이, 서식처, 안전, 보금자리, 휴식여건 그리고 이동경로 등과 같은 자연적인 여건상 바람직한 환경을 조성하여 주기 때문이다. 성공적인 조류충돌 예방대책은 조류를 쫓아 버리는 방법이 아니라 조류가 보기에 공항 및 공항인근 지역이 바람직하지 않다고 생각되는 환경을 조성하는 방법에 따라 좌우된다. 조류충돌 예방대책 프로그램은 다음의 사항에 따를 것을 국제민간항공기구는 권고하고 있다.

- 문제가 되는 조류의 종류 파악
- 조류 행동양식의 결정
- 공항환경의 생태학적 연구
- 문제조류를 특정지역으로 유도하는 방법의 결정

전형적인 대책은 다음과 같다.

- 공항인근 지역에 버려지는 음식물 쓰레기의 통제.
- 공항 및 공항인근 지역의 개방된 공간에서는 문제조류에게 매력적인 먹이 공급원이 되지 않도록 곤충, 지렁이, 작은 포유동물에 대해서는 독약, 살충제, 토지개발, 그리고 수렵 등 다양한 방법에 의한 퇴치.
- 가능한 한 수상조류에 적합한 서식처를 제공할 수 있는 표면수의 발생억제
- 가능한 경우 운영지역에 인접한 지역에 대한 경작행위의 통제
- 조류의 출현을 억제하는 경작의 촉진과 나무, 관목 그리고 조류를 유혹하는 열매류 식물과 같은 것들에 대한 경작 회피

• 공항의 건물이 제비, 찌르레기, 참새와 같은 사람이 만든 환경에 서식하는데 익숙한 조류에게 적절한 보금자리를 제공하지 않도록 조치

서식지 통제방법을 사용하여 몇몇 조류를 공항에 인접하지 않도록 조치한 경우라 할지라도 다른 유형의 조류는 상당한 숫자가 공항에 출현할 수도 있다. 이러한 경우에는 보다 적극적인 방법으로 조류를 분산시키거나 쫓아낸 후 다른 조류가 원래 조류의 서식처를 차지하는 경우, 이것은 매력적인 환경요인에 기인한 것이기 때문에 조류 분산방법 대신에 서식지 통제방법을 반드시 사용하여야 한다. 조류를 분산시키거나 퇴치하는 방법에는 다음과 같은 것들이 있다.

• 불꽃을 이용한 장치(폭음기, 로켓, 불꽃장치, Shell crackers, Live ammunition, 가스대포 등)
• 녹음된 위험신호
• 죽은 새 혹은 모형 새
• 항공기 모형 및 연
• 싫어하는 소리발생 및 등화점등
• 덫
• 매
• 마취제와 독극물

조류의 출현이 공항의 안전한 운영을 위협하는 심각한 문제로 등장하는 경우 공항운영자는 수용할 수 있는 수준으로 위험도를 낮추기 위한 예방대책을 수립할 수밖에 없다. 간혹, 공항관리상 야생동물보호단체의 방해에 직면할 수도 있다.

3. 공항유지보수

가. 포장표면상태

활주로와 같은 포장부위의 표면은 가능한 한 오염물질이나 작은 조각들이 방치될 수 없도록 조치함으로써 항공기가 안전하게 운항할 수 있도록 하는 것이 중요하다. 오염물질은 공항의 포장부분에 방치된 물질로서 포장부분에 제동상태에 악영향을 미치는 것으로

정의된다. 반면에 작은 조각이라 함은 모래, 돌, 종이, 나무, 금속, 포장조각과 같은 방치된 물체를 의미하며, 이러한 것들은 항공기 구조나 엔진에 피해를 주거나 항공기 시스템의 운영에 장애를 일으킴으로써 악영향을 미칠 수 있다. 특히, 제트 항공기가 취항한 이래, 공항 운영자는 착륙 시 활주로와 항공기 바퀴사이의 마찰과 이륙 시 갑작스럽게 발생하는 항력효과에 보다 많은 주의를 기울여야 함을 알게 되었다. 작은 조각에 의한 피해의 위험성은 이착륙 시 보다 높은 속도, 제트엔진의 속성, 흡입의 위험성에 기인하여 역시 증가하고 있다. 문제의 심각성은 항공기 성능을 관장하는 국가기관에 의해 역시 인정되고 있는데, 이러한 기관은 통상적으로 물기가 있는 활주로 상에서의 착륙거리는 활주로에 물기가 없는 경우의 그것에 비해 증가되어야 한다는 점을 권고하고 있다. 제트 항공기 역시 주로 눈이 녹아있는 혹은 물기가 있는 활주로 상에서 발생하는 급작스런 항력에 매우 민감한데, 이러한 항력은 항공기가 이륙 시 안전하게 비행속도를 취하는데 필요한 항공기 성능에 심각한 영향을 미친다. 국제민간항공기구는 눈이 녹아있는 혹은 물기가 있는 활주로 상의 이륙과정에서 발생되는 문제점을 해결하기 위한 운영상의 방법에 관하여 특별한 권고사항을 발표한다. 공항 운영자는 활주로를 건조한 상태로 유지하지는 못할망정, 활주로에 오염물질이나 작은 조각들이 방치되지 않기를 바라고 있다. 그러나 눈, 진눈깨비, 그리고 바람에 날리는 모래 등은 지속적인 청소과정을 통하여 유지되는 최적의 포장표면 상태에서 운영이 이루어지는 것을 방해한다. 그러므로 활주로 표면의 마찰 상태와 갑작스런 항력효과를 측정할 수 있는 절차를 수립함으로써, 조종사는 자신의 운항기술을 현재의 상태에 따라 조정할 수 있게 된다. 오염물질로 인하여 제동상태에 영향을 받는 상태를 자주 경험하는 매우 복잡한 공항에서는 적절한 수준의 활주로 청소장비를 반드시 구비하여야 한다. 마찰과 항력을 측정함으로써 청소결과를 점검할 수 있는 장비도 또한 가동되어야 한다. 저하된 제동상태가 간헐적으로 발생되지만 부적합한 청소장비에도 불구하고 운영은 계속되어야만 하는 덜 복잡한 공항에서도 활주로 마찰과 항력 잠재성의 평가는 긴요한 것이며, 이러한 영향을 측정하는 장비는 조종사로 하여금 자신의 운항을 현재의 여건에 따라 조정할 수 있게끔 반드시 활용되어져야 한다. 운영이 중단되는 중요하지 않은 공항이라 할지라도 활동의 중단이 필요한 시점에 대한 의사를 결정하기 위하여 활주로 마찰과 갑작스런 항력을 평가할 수 있는 장비를 구비하는 것이 중요하다. 눈과 얼음의 제거에 우선순위가 주어지는 경우라 할지라도 외관상으로 물기가 없고 깨끗이 청소된 활주로 상에 심각한 마찰의 손실은 흔히 있을 수 있다는 점을 유념하는 것이 중요하다. 마찰 상태를 측정하는 장비에는 여러 가지가 있다. 그 중 몇 가지 장비는 견인차량 후면에 측정 장비(Mu Meter)가 부착된 트레일러 형태를 취하고 있다.

운영지역내의 안전과 효율성을 확보하기 위하여 다음에 열거하는 순서대로 청소의 우선권이 적용되어야 함이 요구된다.

① 활주로

② 유도로

③ 계류장

④ 대기지역

⑤ 기타지역

제설은 제설운영위원회(Snow Committee)와 협조하여 이루어지는데 이 위원회는 항공사, 기상대, 항공교통관제소 그리고 공항행정당국의 인원으로 구성된다. 장비의 확보와 유지보수, 기술된 우선순위에 따른 제설, 활주로 표지 및 스노 팬싱, 장애물에 대한 표지의 설치와 지상이동 항공기에 제공되는 절차는 유관 기관 간에 합의하여 제성 계획상에 분명히 규정되어야 한다. 작은 조각들은 공항에 개별적이며 색다른 문제를 야기시킨다. 제트 터빈엔진은 포장표면에서 흡입되는 고체의 작은 조각들에 기인한 피해에 대단히 취약하다. 타이어 내구 연한도 마찬가지로 포장 면에 존재하는 날카로운 물건, 악화된 포장표면과 가장자리, 그리고 부실하며 관리가 제대로 되지 않은 포장연결부분에 의해 발생되는 마모와 찢어짐 등으로 인하여 단축된다. 포장부위에서 튀어 오른 물체에 의해 항공기 표면이 손상되는 피해도 역시 발생되는 문제는 모든 운영지역의 포장표면 상태를 정기적으로 점검하는 것과 우선순위 및 빈도를 규정하는 청소계획을 수립함으로써 감소시킬 수 있다.

나. 이동지역 점검

이동지역이 기능을 다하지 못하고 있다는 첫 번째 징후는 정기적인 일일점검 결과에 따라 당연히 제기되는데, 이러한 점검은 공항소유자의 책임인 것이 보통이다. 몇몇 경우에 있어서 점검은 항공교통관제를 담당하는 인원에 의해 수행되기도 한다. 또 다른 경우에는 공항당국의 인원에 의해 수행되기도 한다. 그러나 점검을 누가 하던 간에 다음과 같은 점검 목적은 동일하다.

- 이동지역 내의 표면 결함, 장애물 혹은 작은 조각들의 방치여부 점검
- 항공기 운항을 지원하는 시설의 적정가동 여부 점검

몇몇 경우에 있어서 규제당국은 공항점검이 시행되어야 하는 최소 회수를 규정한다. 대부분의 공항에 있어서 점검 빈도는 지역적인 조건에 따라 매우 많이 좌우되기는 하지만 어떤 경우라 할지라도 최소한의 회수를 상회하여야 한다. 몇몇 복잡한 공항에서는 매 2시간간격으로 점검이 시행되는 반면, 덜 복잡한 공항에서는 운항개시 직전과 일몰 직전에 한하여 점검이 이루어 질 수도 있다. 어떠한 공항에서든 첫 번째 점검은 모든 사물을 식별할 수 있을 정도로 날이 밝자마자 항공기 운항이 개시되기 전에 보통 시행된다. 공항에서 사고가 발생하는 경우에는 어느 때라도 특별 점검이 항상 시행된다. 항공관제기관과 점검에 투입되는 차량 간에는 항공기와의 충돌 위험성을 방지하기 위하여 무선교신(RT)을 통한 협조가 구축되어야 함은 매우 중요하다. 점검차량은 반드시 서행 운전함으로써 시각적인 점검이 가능하도록 하여야 하며, 필요한 경우에는 정지하여 특별한 부분에 대한 세밀한 점검을 수행하고 이 물질을 제거하여야 한다. 점검 중에는 다음 사항에 대하여 특별한 관심을 기울여야 한다.

① 활주로, 유도로, 활주로상의 대기지점, Stopways 그리고 Clearways의 표면상태
② 고여 있는 물, 눈, 얼음, 모래, 항공기 타이어로부터 발생된 고무자국, 기름과 연료 누출의 존재
③ 작은 조작들의 존재
④ 공항 내에서 진행되는 공사의 상태와 공사 관련 자재, 장애물, 파이 지점, 그리고 정확한 지상위험 경고표지의 존재
⑤ 경계표지를 포함한 주간 이동/지시판 및 표지물의 상태
⑥ 등기구의 손상, 깨진 등화시설 등
⑦ 잔디/나무의 성장상태 또는 등화기능에 장애를 초래하는 기타요인
⑧ 조류의 군집 또는 운항을 저해하는 동물내지는 비인가자의 출현

항공기로부터 이탈된 것으로 판명된 물체를 발견한 경우, 항공교통관제기관에 최근에 출발한 항공편을 파악하여 즉시 조치할 필요가 있는데, 이는 항공교통관제기관으로 하

여금 당해 항공기에 메시지를 보낼 필요가 있는지를 결정할 수 있도록 하기 위한 것이다. 어두워지기 전에 모든 등화시스템의 운영현황을 점검하기 위한 점검은 야간운항이 이루어지는 경우에는 반드시 시행되어야 한다. 이러한 점검은 특히, 다음 사항을 점검하기 위한 목적으로 시행된다.

① 활주로/유도로 등화

② 장애물 표시등화

③ 공항 Rotating Beacon/Identification Beacon

④ 운영/이동지역을 지시하는 교통등화

⑤ VASIS

⑥ 공항경계선 내에서 식별할 수 있는 접근등화

모든 접근등화시설에 대한 점검은 비행점검을 통해서 수행될 수 있다. 대규모 등화시설을 구비하고 있는 경우, 몇 가지 형태의 사진 자료가 작성될 수 있다. 점검의 필요성이 제기되는 공항의 모든 부분이 다양하고 복잡하다는 관점에서 공항도면과 아울러 점검표를 활용하는 것이 권고되는데 그렇게 함으로써 점검결과가 체계적으로 기록될 수 있다. 모든 공항은 각각의 상황에 적합한 점검표를 개발할 필요성을 갖게 될 것이다. 점검결과, 운영이 불가능한 부분이 발견된다면, 그리고 그러한 상태가 즉각적으로 조치될 수 없다면, 적절한 항공고시보(NOTAM) 조치를 취하여야 한다.

다. 유지보수 차원의 운영준비 태세

1) 유지보수 관리

운영관리의 주요 관심은 모든 운영서비스가 계속적으로 가능하도록 하는 것이다. 이러한 목적을 달성하기 위하여 유지보수 관리의 조직적인 접근이 요구되며, 이것의 범위는 특정 공항에 있어서 운영형태에 좌우되게 된다. 주요항공사의 중추공항은 일반항공 유형의 운영만이 이루어지는 공항보다는 훨씬 규모가 큰 유지보수 관리체제가 요구되는 것은 분명하다. 그러나 어떠한 공항의 유지보수 계획이라도 공통적인 중요측면은 다음과 같다.

- 통상적인 유지보수에 대한 시행계획
- 비용을 포함한 유지보수 기록을 위한 포괄적인 시스템

무선통신시설, 레이더 접근지원시설, 비행장 등화시설 등과 같은 공항시설은 운항안전을 위하여 모든 노력을 경주하여야 하는 결정적인 중요한 시설이다. 이러한 대상의 시설에는 다음과 같은 것들이 있다.

① 무선통신 송/수신기

② 항공고정통신망

③ 전화

④ 접근침 착륙지원 시설(무선/레이더, 등화시설, 소방 및 구조업무)

⑤ 항공기 이동지역

⑥ 동력시설과 배전 시스템

2) 예방정비

예방정비라 함은 부분적 혹은 전반적인 시스템의 장애 발생을 예방하기 위한 적절한 조치를 취할 목적으로 정기적으로 시행하는 점검과정을 말한다. 이러한 차원의 적절한 조치에는 사전에 정해진 일정에 따라 부분품을 청소하거나 교체하는 것이 포함된다. 어떠한 예방조치가 요구된다 할지라도 사전에 계획된 점검계획이 없는 경우에는 그것을 우선적으로 결정할 수는 없다. 활주로 등화는 유지보수 하기에는 약간 단순하지만 동일한 조직적 점검이 요구된다. 중심선과 접지구역 등화시설은 항공기 주행의 결과로 피해를 당하기 훨씬 용이하다. 이들 시설이 지하에 위치한다는 사실로 인하여 또한 물기의 침투에 취약할 수밖에 없다.

3) 전기시설의 유지보수

전력을 동력원으로 하지 않는 시설은 공항에 거의 없다. 실제로 현대 공항에 있어서 동력의 요구량은 작은 도시의 전력 요구량과 거의 같은 규모이다. 특히 항공기술업무와 관련된 시설과 같은 운영시설은 거대한 전력의 공급을 필요로 한다. 주 동력원이 차단되었을 경우, 이러한 시설에 동력을 공급하기 위한 2차 동력 공급시설이 구비되어 있어야 한다. 부분적으로 2차 동력공급시설에 대한 조치를 취함에 있어 동력 전환에 따른 시간, 즉 주 동력원의 절단과 2차 전원의 공급 간에 발생되는 시간간격을 고려하여야 한다. 동력공급 절단시간의 범위는 최대 15초부터 0초까지이며, Category Ⅱ와 Ⅲ접근을 위한 ILS 로컬라이저와 글라이드 슬로프의 경우에는 동력 공급 상 절단시간이 허용되어서는 안 된다. 2차 전원은 보통 하나 혹은 그 이상의 디젤 발전기에 의해 공급된다. 동력재개에 소요되는 시간이 전혀 허용되지 않는 경우, 이러한 시설물에는 두 쌍의 에너지 저장용 플라이휠을 갖춘 발전기에 의해 동력이 공급되도록 조치하여야 한다. 발전기는 전력 모터에 의해 구동된다. 주요고장이 발생한 경우, 대기용 디젤 발전기가 필요한 동력을 공급할 때까지 발전기는 플라이휠로부터 요구되는 동력을 공급받게 된다. 발전기의 작동중단이라는 극히 희박한 가능성에 대비하기 위하여 2차 전원은 1차 전원과 병렬로 2중화된다.

4) 항공기 구조 및 화재진압 차원의 운영적 준비

운영시스템에 있어서 가장 중요한 업무 중의 하나는 항공기 사고 발생 시 구조 및 화재진압(ARFF) 업무로서 이에 대한 운영차원의 준비태세는 인력과 장비에 공히 적용된다. 실제상황에 있어서 주어진 임무를 수행하기 위하여 ARFF 인력이 투입되는 기회는 다행스럽게도 극히 희박하다. 그 결과 이들 인력은 지속적인 훈련을 통해서만이 항공기 사고에 대처할 수 있는 준비태세를 유지할 수 있다. 이러한 상황에서 최고 성능의 유지란 대단히 어려운 일이며, 따라서 실제와 같은 화재진압훈련, 또는 가능하다면 연기로 가득 찬 실내공간에서의 훈련에 필요한 시설이 구비되어야 한다.

5) 안전측면

전기 혹은 기계 시스템을 유지함에 있어 작업의 성격상 보수인력은 천둥, 번개와 같은 자연적 현상을 포함한 특정 위험에 노출되기 마련이다. 이러한 위험에 대처하는 포괄적인 지침서는 관리 계층에 의해 구상되어야 한다. 이러한 위험의 성격은 사고를 유발하는 다음과 같은 공통적인 원인을 검증함으로써 규명할 수 있다.

① 장비 사용자와의 적절한 협조 없이 장비를 운용하는 것

② 장비에 대한 충분한 경험 없이 장비를 운용하는 것

③ 장비 매뉴얼상의 지시 위반

④ 안전에 대한 주의력 태만

⑤ 불안전한 장비의 사용

⑥ 안전장비의 사용규칙 위반

⑦ 불안전한 속도 하에서의 작업수행

⑧ 작업상의 정돈상태 불량

Chapter 10

활주로 운용 및 항공기 접근

section 01 활주로 운영등급

1. 활주로 운영등급 정의

활주로의 운영등급이란 항공기가 활주로에 안전하게 착륙할 수 있도록 하기 위하여 각 공항의 활주로 방향별로 운용등급을 정하고 그 등급에 따라 기상 최저치와 결심고도 등의 한계치를 정한 것이다.

2. 분류기준(ICAO)

활주로 운용등급은 활주로의 길이와 폭, 항행안전무선시설, 항공등화시설 및 기상시설의 종류에 따라 분류되어진다. 기본적으로 활주로의 길이는 1,500m 이상, 폭 30m 이상이 되어야 하며, 그 길이와 폭이 활주로 운용등급에 영향을 미치나 활주로가 동일한 길이와 폭을 가졌더라도 그 활주로에 주로 운항하는 항공기의 종류에 따라 활주로 운용등급이 달라질 수 있다. 항행안전무전시설과 항공등화시설은 활주로 운용등급에 따라 반드시 설치되어야 하는 시설의 종류가 항공법 제75조에 규정되어 있다. 기상시설은 주로 활주로 가시거리(RVR) 측정 장비를 말하는데, 정밀활주로 CAT－Ⅰ에서는 1대를 CAT－Ⅱ, Ⅲ에서는 2~3대를 설치하여야 한다. 활주로 운용등급은 그 공항의 주변장애물 등으로 인하여 활주로 양쪽 방향에 동일한 무선정보를 제공할 수 없는 경우에는 활주로 방향별로 운용등

표 10-1 활주로 운용등급별 최소 시설기준

종류	비계기 활주로	비정밀 활주로	정밀활주로		
			CAT-Ⅰ	CAT-Ⅱ	CAT-Ⅲ
항행안전무선시설					
- 전방향무선표지시설(VOR)		○	○	○	○
- 방위각시설(LLZ)		○	○	○	○
- 거리측정시설(DME)		○	○	○	○
- 활공각시설(GP)			○	○	○
- 표지소시설(IM)				○	○
- 공항지상감시레이더(ASDE)					○
항공등화시설					
- 비행장등대	○	○	○	○	○
- 진입등		간이식	표준식(F1)	표순식(F2)	표준식(F3)
- 진입각지시등	○	○	○	○	○
- 활주로등	○	○	○	○	○
- 활주로말단등	○	○	○	○	○
- 정지로등	○	○	○	○	○
- 풍향등	○	○	○	○	○
- 활주로종단등	○	○	○	○	○
- 유도로등	○	○	○	○	○
- 유도로안내등	○	○	○	○	○
- 지향신호등				○	○
- 활주로경계등				○	○
- 정지선등				○	○
- 활주로중심선등				○	○
- 착지대등				○	○
- 유도로중심선등					○
- 일시정지위치등					○
기상시설					
-활주로가시거리측정장비(RVR)			1대	2~3대	2~3대

주) 항공법 제75조, 동법 시행령 제17조 및 동법 시행규칙 제225조

급이 달라진다. 예를 들면, 강릉공항의 경우에는 활주로 26방향은 정밀활주로이고 그 반대편인 08방향은 비계기활주로이다. 활주로 운용등급은 활주로 길이와 폭, 항공등화시설과 기상시설이 기본적으로 갖추어져 있을 경우, 항공기에 제공되는 무선정보의 유무에 따라 계기활주로와 비계기활주로로 분류한다. 계기활주로는 방위각 시설(LLZ), 활공각시설(GP), 거리측정시설(DME) 등 전파에 의한 무선정보를 제공하는 활주로이며, 비계기활

주로는 무선정보를 제공하지 않고 항공등화시설에 의한 시각적인 정보만을 제공하는 활주로이다.

계기활주로는 다시 무선정보의 종류에 따라 정밀활주로와 비정밀활주로로 분류한다. 정밀활주로는 활공각시설(GP)이 설치되어 무선주파수에 의한 항공기 착륙각도(3°) 정보를 제공하는 경우이며, 비정밀 활주로는 방위각 시설(LLZ), 거리측정시설(DME) 등은 제공되나, 활공각 시설정보가 제공되지 않는 경우를 말한다. 공항 건설기술의 발전과 공항건설 당국의 많은 예산투입으로 대부분의 공항은 정밀활주로의 범주에 포함되나 열악한 주변 여건으로 일부 공항에 활공각시설(GP)을 설치할 수 없을 경우에는 비정밀 활주로 등으로 건설되어지기도 한다. 정밀활주로는 다시 무선정보의 정밀도 및 안정성과 항공등화시설 추가 설치 등에 따라 CAT－Ⅰ, Ⅱ, ⅢA, ⅢB, ⅢC의 5단계로 분류할 수 있다.

표 10-2 활주로 분류

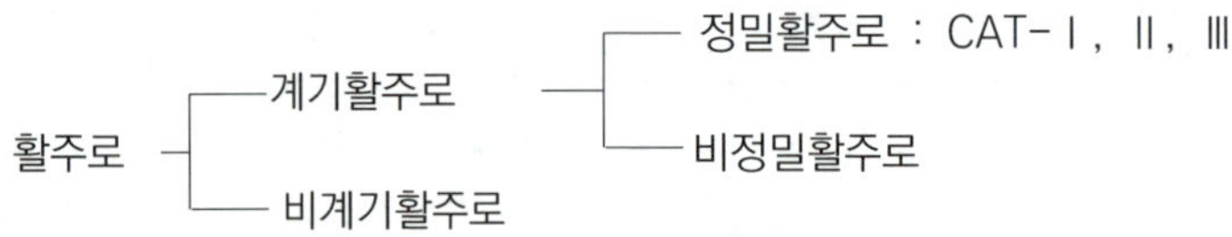

3. 활주로 운용등급 결정

활주로 운용등급은 국토교통부(군용 비행장은 군부대)에서 기본 설계 시에 활주로의 길이와 폭 그리고 항행안전무선시설, 항공등화시설 및 기상시설에 대한 설치유무에 따라 활주로 운용등급을 설정하고, 건설당국에서 기본 설계를 토대로 실시 설계하여 항공법 제75조에 의하여 비행장 및 항행안전시설 설치공사를 고시할 때, 활주로 운용등급을 예정고시하며, 건설당국에서 활주로 준공 이후 항공법 제77조에 의하여 비행장 등의 사용개시를 고시할 때 활주로 운용등급을 최종적으로 결정하여 고시한다.

4. 분류에 따른 기상치의 적용

활주로 운용등급에 따라 항공기가 안전하게 착륙할 수 있도록 기상최저치와 결심고도 등을 다르게 적용한다. 정밀활주로의 경우 항공기 종류와 관계없이 일률적으로 기상최저치와 결심고도가 결정되나, 비정밀활주로 등의 경우에는 동일한 활주로 운용등급이라도 공항마다 착륙하는 항공기 종류에 따라 기상최저치가 다르게 적용된다.

가. 정밀활주로

정밀활주로는 활공각시설(GP), 방위각시설(LLZ), 거리측정시설(DME), 항공등화시설 등이 갖추어진 활주로이며, 항공기의 종류에 관계없이 다음의 기상치를 적용한다.

표 10-3 정밀활주로 등급별 시정과 결심고도

종류		결심고도 (Decision Height/DH)	시정 또는 활주로 가시범위 (Visibility or Runway Visual Range/RVR)
A형(Type A)		75미터(250피트) 이상 *결심고도가 없는 경우 최저 강하 고도를 적용	해당사항 없음
B형 (Type B)	1종 (Category Ⅰ)	60미터(200피트) 이상 75미터(250피트) 미만	시정 800미터(1/2마일) 또는 RVR 500미터 이상
	2종 (Category Ⅱ)	30미터(100피트) 이상 60미터(200피트) 미만	RVR 300미터 이상 550미터 미만
	3종 (Category Ⅲ)	30미터(100피트) 미만 또는 적용하지 아니함(No DH)	RVR 300미터 미만 또는 적용하지 아니함(No RVR)

시설	CAT-Ⅰ	CAT-Ⅱ	CAT-Ⅲ
• 항행안전무선시설			
계기착륙시설(ILS)	○	○	○
전방향표지 및 거리측정시설(VOR/DME)	○	○	○
공항감시레이더시설(ASR/SSR)	△	△	△
공항지상감시레이더시설(ASDE)	-	△	△
다변측정감시시설(MLAT)	△	△	△
자동종속감시시설(ADS-B)	△	△	△
• 항공정보통신시설			
항공정보통신시설(V/UHF, VCCS)	○	○	○
• 항공기상관측시설			
항공기상관측시설(AMOS)	○	○	○

-ICAO ANNEX 10에 따른 운영등급별 시설설치 권고기준
-△는 필수시설은 아니지만, 안전운항 확보를 위한 선택적 시설을 말한다.

나. 비정밀 활주로

비정밀활주로의 경우는 활공각(GP)은 없으나 방위각시설(LLZ), 거리측정시설(DME), 항공등화시설 등이 갖추어진 활주로이며, 기상최저치는 공항마다 착륙하는 항공기의 종류에 따라 다르게 적용하고 일반적으로 정밀활주로보다 더 높은 기준을 적용하고 있다.

표 10-4 비정밀 활주로의 공항별 기상최저치

<table>
<tr><th rowspan="2">공항별</th><th colspan="4">항공기 접근범주 분류등급</th><th rowspan="2">비고</th></tr>
<tr><th>A</th><th>B</th><th>C</th><th>D</th></tr>
<tr><td>인천</td><td colspan="2">1,600m</td><td>2,000m</td><td>2,400m</td><td rowspan="3"></td></tr>
<tr><td>김해</td><td colspan="3">운고 500ft
시정 1,200m</td><td>운고 500ft
시정 1,600m</td></tr>
<tr><td>양양</td><td colspan="2">1,600m</td><td>2,800m</td><td>3,200m</td></tr>
</table>

다. 비계기활주로

비계기활주로의 경우는 항행안전무선시설은 없고 항공등화시설만 갖추어진 활주로이며, 시정이 5,000m 이상으로 기상이 좋을 경우에만 조종사의 시각 판단에 따라 운항이 가능하다.

라. 선회접근활주로

선회접근활주로의 경우는 양쪽 방향으로 직진입 착륙절차를 수립할 수 없는 공항에서 뒷바람(배풍)의 영향에 따라 직진입 방향으로 착륙이 어려울 경우 항공기가 선회하여 그 반대 방향으로 착륙하는 활주로를 말한다. 관제탑에서는 뒷바람이 약5노트이상 관측될 때에는 활주로 방향을 변경하여 운영한다. 선회접근활주로의 기상최저치는 공항마다 착륙하는 항공기 종류에 따라 다르게 적용하며, 일반적으로 비정밀활주로 보다도 더 높은 기준을 적용한다.

표 10-5 선회접근 시 공항별 기상최저치

<table>
<tr><th rowspan="2">공항별</th><th rowspan="2">구분</th><th colspan="4">항공기 접근범주 분류등급</th><th rowspan="2">비고</th></tr>
<tr><th>A</th><th>B</th><th>C</th><th>D</th></tr>
<tr><td rowspan="2">김해</td><td>운고</td><td colspan="3">700ft</td><td>1,100ft</td><td rowspan="9"></td></tr>
<tr><td>시정</td><td colspan="2">1,600m</td><td>3,200m</td><td>4,800m</td></tr>
<tr><td rowspan="2">청주</td><td>운고</td><td colspan="3">700ft</td><td>1,000ft</td></tr>
<tr><td>시정</td><td colspan="2">1,600m</td><td>2,800m</td><td>5,000m</td></tr>
<tr><td rowspan="2">원주</td><td>운고</td><td colspan="4">1,100ft</td></tr>
<tr><td>시정</td><td>2,000m</td><td>2,400m</td><td colspan="2">4,800m</td></tr>
<tr><td rowspan="2">강릉</td><td>운고</td><td>800ft</td><td colspan="2">900ft</td><td>1,000ft</td></tr>
<tr><td>시정</td><td>1,600m</td><td>2,000m</td><td>4,000m</td><td>5,000m</td></tr>
<tr><td>양양</td><td>시정</td><td>2,000m</td><td>2,800m</td><td>4,000m</td><td>4,600m</td></tr>
</table>

section 02 항공기 접근 범주

1. 항공기 접근범주(Approach Category)의 정의

항공기가 인가된 최대착륙중량으로 착륙할 때, 실속속도의 1.3배를 기준으로 하여 항공기의 등급을 분류하는 것으로써, 이 분류등급에 따라 착륙 시 적용하는 기상최저치에 차이를 두어 항공기 운항의 안전을 확보하기 위한 것을 항공기 접근 범주라 한다. 원칙적으로 항공기는 하나의 범주에만 속하게 된다. 하지만 선회접근 시와 같이 해당 범주속도를 초과하여 운영이 필요한 경우는 그 다음 범주로 분류된다.

2. 분류기준(ICAO, FAA 기준 동일)

항공기의 성능 차이는 항공기의 기동에 필요한 공역과 시정에 직접적인 영향을 미치며 가장 중요한 요소는 속도이다. 이러한 성능에 따라 항공기 접근범주 등급을 분류하고 있다. 분류기준인 항공기 속도는 착륙을 위한 접근 시, 제작사에서 결정한 최대착륙중량 기준 실속속도의 1.3배의 속도를 적용한다.

표 10-6 항공기 접근범주 분류기준

접근범주 등급	속도
A	91 knots 미만
B	91 ~ 120 knots
C	121 ~ 140 knots
D	141 ~ 165 knots
E	166 knots 이상

3. 항공기 접근범주 등급의 분류원칙

항공기 제작 시 발행된 형식증명서에서 항공기 접근범주등급이 결정되나, 승객, 화물 탑재량의 변동 및 개조 등으로 인한 항공기의 중량변화가 있는 경우 항공사에서 이러한 사실과 함께 제작사에 등급 재분류를 요청해야 한다. 제작사에서는 재검토하여 항공기 접근범주 등급을 권고하고 항공사는 이러한 제작사의 권고에 따라 정부에 항공기 운항승인을 받으며, 이때에 최종적으로 분류등급이 결정되어진다. 상위 등급의 접근 범주의 속도로 일시적 비행이 필요한 경우 상위 접근범주를 적용하겠다는 내용을 포함해서 정부의 승인을 받는다.

표 10-7 기종별 접근범주의 예

기종	좌석 수	접근범주	선회접근 적용 시
F100	109	C	C
MD80	160	C	C(착륙중량 120,500LBS 초과 시 D 적용)
A300-600/600R	266~276	C	D
A330	258~352	C	D
B737-800/900	189~193	C	D
B777-200	301	C	D
B777-300	376	D	D
B747-200	280~455	D	D
MD11	화물기	D	D
A321	177~195	C	C
B737-400/500	120~152	C	C
B767S	260	C	C
B767ER	224~260	D	D
B777-20	301	C	C
B747	280~418	D	D

4. 분류에 따른 효과

항공기의 접근 범주 등급에 따라 착륙할 수 있는 기상최저치(시정, 운고 등)를 다르게 적용하나, 정밀접근에서 적용치 않고 비정밀접근과 선회접근의 경우에만 적용한다. FAA에서 항공기 접근범주 등급에 따라 달리 적용하던 시정치를 1988년부터 정밀접근에서는 동일한 시정치를 적용하고 있다. 정밀접근과 비정밀접근의 구분은 착륙하는 항공기에 제공되는 정보에 따라 구분되어진다. 일반적으로 무선 활공각 정보가 제공될 경우는 정밀접근, 제공되지 않을 경우에는 비정밀접근으로 분류된다. 정밀접근은 Type A, Type B CAT-I, II, III 등 4단계로 구분하며, 인천국제공항의 경우 최상급의 시설을 갖추고 있어 Type B CAT-III까지 가능하다. 정밀접근에서는 항공기 종류에 관계없이 활주로 가시거리 또는 시정치에 따라 착륙여부를 결정한다.

표 10-8 정밀접근, 비정밀접근 및 선회접근의 구분

구분	제공정보	접근종류	비고
정밀접근	- 활주로중심선정보 - 활공각정보 - 거리정보	- ILS(계기착륙시설) - PAR(정밀접근레이더)	
비정밀접근	- 활주로중심선정보 - 거리정보	- VOR(무지향항법시설) - TACAN(전술항법시설)	활공각 정보 제공하지 않음

Chapter 11

첨두시간(Peak Time)과 운항계획

section 01 첨두시간과 운항계획

1. 첨두시간 도입의 필요성

공항운영자들은 대개 공항의 수요를 연간 여객 수 및 화물량으로 말하며, 공항수입은 이 변수에 따라 크게 영향을 받는다. 연간 교통량은 공항수입의 결정인자이지만 시설운영에 관계되는 건설비와 운영비를 크게 좌우하는 것은 피크시간 교통량이다. 시설과 인원의 소요는 연간 교통량보다는 시간당 및 일일당 교통량에 따라 결정된다. 다른 교통시설과 같이 공항에서도 시간에 따라 수요가 상당히 다르게 나타나고 있으며, 이런 혼잡의 다양성은 다음과 같이 분류한다.

- 시간경과에 따른 연간 차원의 변화폭
- 특정 연도에서 월별 최고수준
- 특정 월 및 주에 있어 일일 최고수준
- 특정일에 있어 시간당 최고수준

가. 여객의 집중화

여객 흐름의 피크특성을 고려할 때, 여객은 항상 동일하게 나타나지 않는 다는 것이다. 여객 교통량은 수많은 여객 각각의 다른 필요성을 갖고 수요가 형성되는 것이며, 이 여객들은 각각 다른 조건하에서 여행하고, 결과적으로 시스템 상에 다른 장소를 갖고 있다. 이것은 여객이 국제선/국내선, 정기/부정기, 관광/업무 등의 여부에 따라 다른 집중현상을 반영하게 된다.

나. 화물의 집중화

대부분의 공항에서 주요 고려사항은 여객임이 틀림없으나 화물운영이 점진적으로 중요하게 되었으며, 특히, 화물수송은 증가율면에서 여객교통을 계속 앞지르고 있다. 화물시설을 계획하고 운영함에 있어 항공화물의 피크는 항공여객의 피크와 일치하지 않는다. 많은 부분의 화물이 여객기의 화물실에서 운송되는 공항에서도 여객과 화물은 쉽게 분리될 수 있다.

다. 집중화 문제점

피크타임 문제에 관해서 항공사와 공항당국의 목표가 반드시 일치하지 않는데, 공항운영자는 피크타임의 시설 수요를 줄이기 위해 피크타임 수요를 공평하게 분산시키려 할 것이고 항공사는 피크타임에 가능한 서비스를 제공함으로써 탑승율과 항공기 이용률을 최대로 높이려 할 것이다. 그러므로 항공사의 고객인 승객과 공항의 고객인 항공사의 요구를 만족하는데 배치되는 것으로부터 문제점이 발생한다.

2. 첨두시간(Peak Time) 산출방법[1)]

가장 분주한 공항일지라도 하루 중의 교통량은 시간에 따라 차이가 크며, 세계에서 가장 큰 여러 허브공항에서도 연간 많은 시간동안에는 여객이 거의 없지만 수 시간 후에는 수용능력을 초과하거나 긴장을 줄만큼의 수요가 모여든다. 설계연도의 운영에서 최고의 피크시간 수요를 극복할 정도로 설계된 시설은 없다. 대부분의 시설은 설계연도의 몇 시간 동안은 수용능력을 초과하는 운영이 되도록 한다. [그림 11-1]은 대표적인 공항의 교통 집중 특성을 보여 주고 있다. 그림의 커브는 피크시간의 교통량을 순서대로 나열하여 표시한 것이다. 운영기준은 각 연고의 몇 시간 동안에는 지연과 불편을 감수하면서 수

1) 노건수 외(2018), 운항지원시스템의 이해, 과학기술에서 인용

그림 11-1 연간 공항시간당 여객량의 분포

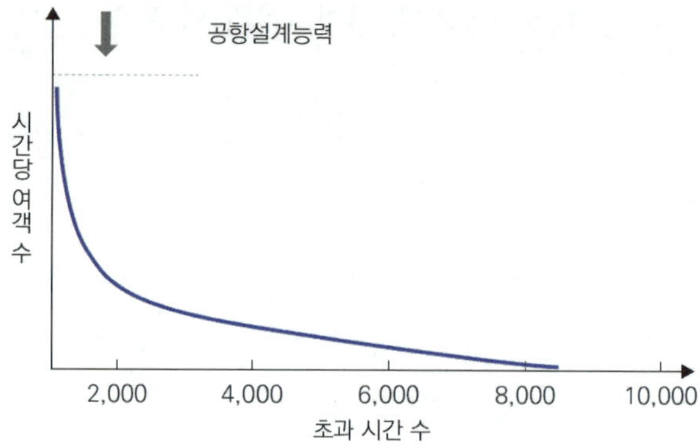

용능력을 초과하도록 허용하는 경향이며, 모든 교통량을 다 수용할 수 있는 수용능력을 갖추는 것은 비경제적이고 낭비적 운영을 초래하기 때문이다.

가. 표준분주율(SBR : Standard Busy Rate)

이 방법은 영국과 기타 유럽에서 사용하는 설계기준이며, 이는 1년 중 30번째로 수요가 많은 피크시간의 교통량을 의미한다. 30번째로 수요가 많은 시간의 개념은 오랫동안 고속도로 설계 교통량을 결정하는 방법으로 사용되어 왔다. SBR을 기준하여 설계하면 설계기준 연도에 30시간 이상은 수용능력을 넘어서 운영하지 않는다는 것을 의미하며, 이런 정도의 과부하 시간은 합리적인 것으로 생각된다. 이 방법은 SBR과 실제로 조사된 연간 최고 피크시간 교통량과의 관계를 명확히 알 수는 없지만, 최고 피크시간 교통량은

그림 11-2 표준분주율의 위치

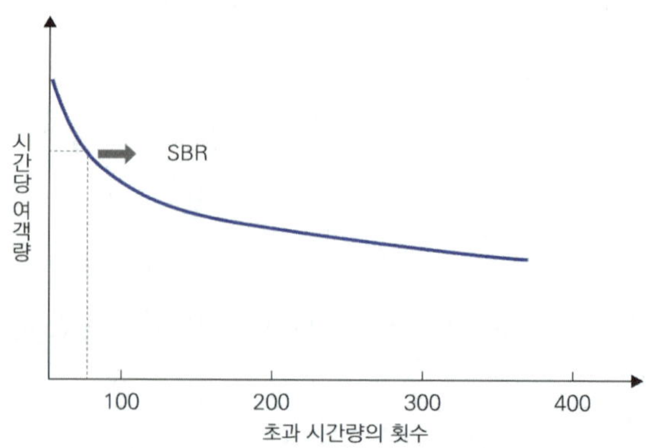

1.2×SBR 정도이며, 꼭 이렇게 될 것이라는 보장은 없다. 연간 교통량이 증가함에 따라 절대피크에 대한 SBR의 비율은 증가하고, 공항이 커짐에 따라 극도의 피크교통량은 사라지고, 수요가 적은 공항에서 SBR을 이용하면 SBR에 대한 절대 피크 수요가 높아서 연간 몇 시간은 심각한 혼잡을 초래할 수 있다.

나. 분주시간율(BHR : Busy Hour Rate)

얼마 동안 사용해온 SBR을 수정한 것이 Busy Hour Rate 또는 5% Busy Rate이다. 이는 연간 공항운영 시간 중 가장 바쁜 시간에 처리된 5%의 교통량을 의미한다. 이는 SBR을 사용함에 있어 의미하는 혼잡도가 공항 간에 공통적이지 않을 때 야기되는 문제를 극복하기 위하여 제안된 것이다. BHR은 시간당 운영 교통량을 크기순으로 나열하고 연간 교통량의 5%에 해당하는 누적된 교통량의 합계를 계산함으로써 쉽게 산출된다. 이 5%를 지난 바로 다음의 피크시간 교통량이 Busy Hour Rate이며, 이는 [그림 11−3]에서 같이 나타난다. BHR 방법의 가장 큰 단점은 많은 자료가 수집되고 분석되어야 하며, 이런 방법은 소형공항에서는 자료부족으로 사용하지 못할 수도 있다.

그림 11-3 5% 분주시간율

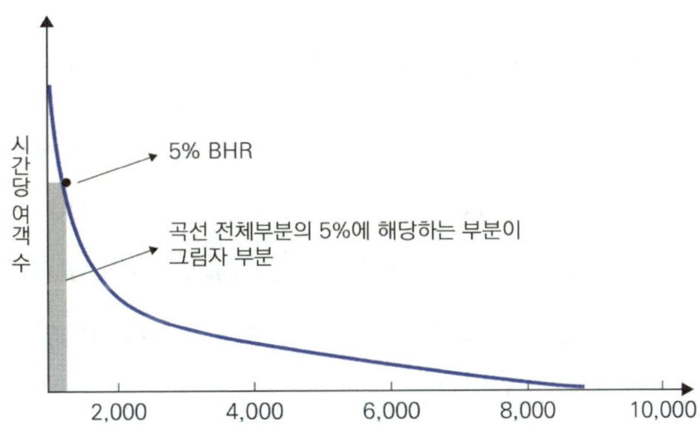

다. 대표적 첨두시간 여객(TPHP : Typical Peak Hour Passenger)

TPHP는 미국 FAA에서 사용하는 방법으로서 피크 월의 평균일의 피크시간 여객수로 정의되며, 연간수요로부터 TPHP를 구하기 위하여 FAA는 [표 11−1]에 제시된 계수를 사용하도록 권고하고 있다. 이 표에서는 연간수요가 증가할수록 피크시간 집중률이 적어짐을 보여준다.

표 11-1 연간 여객 교통량에 대한 TPHP의 교통량(FAA)

연간 총여객	TPHP 교통량의 연간 교통량에 대한 비율(%)
3,000만 명 이상	0.035
2,000만 명 이상 ~ 3,000만 명 미만	0.040
1,000만 명 이상 ~ 2,000만 명 미만	0.045
100만 명 이상 ~ 1,000만 명 미만	0.050
50만 명 이상 ~ 100만 명 미만	0.080
10만 명 이상 ~ 50만 명 미만	0.130
10만 명 미만	0.200

라. 최분주 운항표 시간(BTH : Busiest Timetable Hour)

간단한 이 방법은 제한된 데이터베이스를 가진 적은 소형들에 적용할 수 있으며, 평균 탑승율과 현존 및 계획된 항공기 시간표를 이용하여 BTH는 계산될 수 있다. 이 방법은 수요추정의 오차, 항공사가 자주 변경하는 항공기스케줄과 장비의 변동, 평균 탑승율의 변화에 지배를 받는다.

마. 첨두윤곽시간(Peak Profile Hour)

Peak Profile Hour는 Average Daily Peak라고 불리기도 하며, 다음과 같은 방법으로 결정한다. 우선 피크 월을 선정하고 나서 그 달 전체의 시간당 평균교통량을 계산한다. 이는 피크 월에서 가장 큰 시간당 교통량을 의미한다. 여러 공항들의 경험에서 볼 때 Peak Profile Hour는 Standard Busy Rate와 근접하게 나타나고 있으나 차이가 많은 공항도 있다.

바. 기타 방법들

미국이외의 여러 나라에서 SBR 방법의 어떤 형태를 피크를 정의하기 위하여 사용하지만 방법상 일체성은 없다. 예를 들면, 독일에서는 거의 모든 공항에서 30번째의 피크시간을 사용한다. BHR이 나오기 전에 영국공항에서는 20번째로 수요가 큰 시간을 사용했고, 현재는 대부분의 영국공항에서는 30번째의 피크시간을 사용하고 있다. 프랑스에서 A

에는 3%가 수용능력을 초과하는 기준을 사용한다. 파리에서 조사한 결과 30번째 피크 시간은 15번째 피크 날에 일어나는 경향이 있다. 네덜란드에서는 6번째로 바쁜 시간을 이용하고 있으며, 이는 20개의 가장 높은 피크시간 수요를 평균한 것과 대략 같다.

3. 첨두시간의 속성

공항교통은 피크특성을 연중 피크 월, 주중 피크 월, 하루 중 피크시간으로 보여준다. 피크의 형태와 시간은 공항 교통특성과 서비스 되어지는 배후지역의 특성에 매우 크게 영향을 받고 있다. 다음 요인들은 피크특성에 가장 중요한 영향력이 있는 인자들이다.

가. 국내/국제선 운항의 비율

국내선 항공편은 국내선을 이용하는 업무상 여행객들의 비율이 높기 때문에 근무일 패턴을 반영하는 식으로 운영하는 경향이 있다.

나. 정기/부정기 운항의 비율

정기편은 상업적으로 가장 경쟁력이 있는 피크시간대에 집중되는 경향이 있고, 부정기편은 피크시간에 꼭 운영하는 것은 아니다.

다. 장/단거리 운항 시간

단거리 항공편은 하루의 시간을 최대한 활용할 수 있는 방법으로 계획되어진다. 따라서 오전(08:00~09:00)과 오후(16:30~18:30)에 피크가 일어난다. 장거리 항공편은 대개 여행자들과 승무원들에게 적절한 휴식시간 취할 수 있고 야간통행금지를 피하도록 편한 도착시간에 대해 계획되어진다.

라. 지형적 위치

비행 스케줄은 여객들이 호텔과 교통편을 편리하게 이용할 수 있도록 결정되어진다. 예를 들면, 미국의 동부에서 6~8시간 동안 대서양을 동쪽으로 횡단하는 것은 서유럽 공항에 아침 일찍 도착하기 때문에 아주 편리한 스케줄이다. 북아메리카와 유럽사이의 시간 차이를 이용하기 위하여 미국 동쪽해안에서 저녁시간에 출발하면 효과적이다.

마. 배후지역의 특성

서비스를 제공하는 지역의 특성은 연중교통량이 집중 특성에 상당한 영향력을 가지고 있다. 이질성의 산업-상업적 도시지역(시카고, 로스앤젤레스, 런던, 파리 등)은 크리스마스/부활절/여름휴가철에 수요가 급증하고, 연중 일정한 수요를 갖는다. 휴양지에 있는 공항은 휴가철에 매우 높은 피크를 보여준다.

4. 수요수준 변화의 의미

첨두시간대의 수요는 공항이 제공하여야 할 사회간접시설의 크기에 영향을 미친다는 사실은 손쉽게 증명될 수 있다. 첨두시간대 이외에 서비스 제공의 필요성이 반드시 상당한 한계비용을 공항 측에 수반시키지는 않는 반면에 혼잡한 공항에서 첨두시간대에 추가 서비스를 제공하는 결정은 상당한 한계비용을 추가하게 할 수 있다. 그러나 최고 수요수준 시간대의 운영결과로 인한 규모의 경제성은 존재한다. 여객의 수요수준은 첨두시간대와 비첨두시간대 간에 상당히 큰 폭으로 변화하는 반면에 항공기 운항회수에서는 그와 같은 변화가 관찰되지 않는다. 이러한 사실은 비첨두시간대에는 첨두시간대에 비해 항공기 탑승률이 상대적으로 낮아진다는 것을 의미한다. 이러한 의미는 단위여객에서 비롯된 비용과 수익보다는 운영에서 기인한 비용과 수익의 관점에서 보다 명백하다. 지상조업, 비상업무, 항공교통관제, 활주로 및 유도로 관리 등과 같은 서비스와 청사에서 이루어지는 서비스(예를 들면, 방송 및 수하물 검사)는 여객보다는 항공기 단위에 기반을 두고 이루어진다. 피크시간대가 아닌 시간대에는 낮은 탑승률 때문에 이러한 서비스는 첨두시간대보다는 단위 여객당 경제적 수준이 낮은 상태에서 제공된다. 그러므로 공항은 난처한 입장에 봉착하게 된다. 최고수준의 운영이 사회간접시설 차원에서 높은 한계비용을 수반하는 것처럼 보일지라도, 최고 수요수준에 근접한 운영은 일단 이러한 사회간접시설이 제공된 상태라면 대단히 경제적이다. 이러한 효과는 특정 공항에 있어 항공기 총운항회수와 전체 여객의 흐름을 보여주는 그래프를 검증함으로써 바로 인식할 수 있는 것은 아니다.

section 02 항공사의 운항계획 정책에 영향을 미치는 요소와 제약조건

처리능력상에 문제점을 안고 있는 주요 중추공항에 있어서 운항계획의 개발은 항공사로서는 복잡한 문제이다. 운항계획의 개발에는 상당한 기술과 항공사 정책 및 운영절차에 대한 명쾌한 이해가 필요하다. 다음의 요소가 가장 중요한 의미를 지닌 고려 요소이다.

1. 항공기 활용도와 신뢰성

항공기는 운항할 때에 한하여 수익을 창출할 수 있는 고가의 장비이다. 모든 기타요소가 동일하다면, 항공기 자체만으로는 운항계획 개발기준으로 사용될 수 없다. 즉, 항공기 활용도는 고도의 탑승률에 의해 뒷받침되어야 한다. 탑승률이 저조하다면, 장거리 노선의 대형 항공기 경우 통상 70%의 탑승률로 표시되는 손익 분기점 미만의 상태에서 운항되도록 계획되어질 것이다. 항공기 활용도를 극대화하는 단일 기준에 따라 운항계획을 수립하고자 하는 항공사는 없다. 그러나 항공기 활용도는 탑승율과 정시성이라는 두 가지 제약요소에 따라 극대화시킬 수는 있다. 항공기 활용도를 증가시키고자 함에 따라 서비스의 신뢰도는 정시성 측면에서 상당한 어려움이 초래될 수 있다. 운항계획의 응집력은 장비의 가용성과 노선상의 요소에 기인한 도착 및 출발의 지연이라는 요소에 따라 결정되는 속성이 있다. 운항계획의 정시성은 컴퓨터 모델에 의해 예측될 수 있고, 그 결과는 각각의 계절별로 사전에 예측된 정시성의 목표수준과 비교되어진다.

2. 장거리 운항계획의 활주로 사용권(Slots)

운항계획은 출발공항, 항로상 그리고 도착공항에서의 출발과 도착시간대를 고려하여야 한다. 예를 들면, 봄베이와 퍼듀를 경유하여 오스트레일리아의 시드니까지 운항하고자 하는 런던공항 출발편은 시드니 공항의 야간운항 금지시간이 해제되는 06:00 직후에 도착할 수 있도록 오후 늦게 출발한다. 시드니로 출발하는 히드로발 아침 09:30 출발편은 시드니 공항에 21:40에 도착됨으로써 비상사태를 제외하고는 예외가 인정되지 아니하는 야간운항 금지시간대인 23:00까지는 단지 80분의 여유 시간밖에 확보하지 못한다. 이것은 착오를 감안하기에 너무나 적은 여유시간임이 명백하다. 출발시간 역시 여객이 도심에서 공항까지 여행하여야 한다는 것과 예정된 출발시간 전에 여유 시간을 갖고 공항에 도착하여야 한다는 사실을 염두에 두고 계획되어져야 한다. 이·착륙을 위한 활주로 사용권 역시 반드시 고려하여야 한다. 특히, 유럽, 북미 그리고 동남아시아의 많은 공항에서 기존 활주로는 피크시간대에는 처리능력의 한계에 근접하고 있다. 이러한 처리능력 한계에 근접한 많은 공항들은 유기적으로 조정된다. 이러한 점이 의미하는 바는 미연방항공청 혹은 영국의 민간항공청과 같은 규제당국이 도착 혹은 출발 항공편이 사용하는 수많은 슬롯(Slots)을 점검하고 배정하여야 한다는 것이다. 실질적인 조정은 국제항공운송협회의 슬롯에 한하여 권한을 갖게 된다. 결과적으로 조정대상인 공항에 취항하는 모든 항공사들은 과거의 슬롯을 변경한다거나 좀 더 많은 슬롯을 취득하는 것이 가능한지에 대해서는 확신을 가질 수 없다. 이러한 상황은 사용 가능한 슬롯에 대한 가정을 설정하여야만 하는 운항계획 담당자에게 문제를 부과한다.

3. 청사와 승무원에 대한 제약요소

운항계획 담당자가 점차로 직면하게 되는 또 다른 제약요소는 공항의 여객용 계류장과 청사의 처리능력에 대한 제약 요소이다. 많은 공항들은 주로 건설된 지 20년이 경과된 이러한 시설들의 처리 능력의 한계에 접근하고 있다. 청사의 경우 운영당국은 30분 동안 청사를 통과할 수 있는 여객수를 제한하는데 이러한 흐름은 “공포된 처리능력(declared capacity)”으로 기술된다. 이것은 처리능력이 제한받는 기간에 운항계획이 수립될 수 있는 도착, 출발 혹은 복합적인 항공기의 계류장 이동 횟수의 한계를 명백히 설정하며, 운항계획 담당자에게는 또 다른 제약요소로 작용된다. 그리고 장거리 노선에 있어 승무원은 계속 근무에 임할 수 없다. 전형적으로 하루에 계속적으로 근무에 투입될 수 있는 시간은 14시간 정도인데, 여기에는 1.5시간의 비행 전 혹은 후의 시간도 포함된다. 또한 최소한의 휴식시간(보통 12시간)도 필요하다. 따라서 특정지점에서 승무원이 교체되어야 하며, 교체지점은 계속 비행하는 항공편이 도착하는 시점에 새로운 승무원이 투입될 수 있도록 조치되어야 한다.

4. 단거리 노선의 편의성과 인력 및 항공기 가용성

단거리 노선은 흔히 사업용 승객이 대부분 이용하기 때문에 출발과 도착시간대는 항공편의 상업성에 아주 중요하다. 따라서 근무일 당일에 왕복편이 적절하게 제공되지 아니하는 단거리 항공편의 운항계획은 상업성을 확보하기 어렵다. 장거리 노선의 정박지와 중간 기착지에서의 승무원과 관련된 특별한 문제점 이외에도, 정비, 지상요원 그리고 운항 및 객실 승무원의 활용성에 따라 운항계획은 수립되어야 한다. 요구되는 각종의 요원과 계획되어지는 운항편, 특히, 장거리 및 단거리 항공편이 혼재되는 경우에는 강력한 상호관계가 분명히 존재하게 된다. 보유 항공기의 기종, 기령(age) 그리고 용도에 따라 특정 항공기의 가용성은 변하게 된다. 전형적으로 한 대의 B-747은 계속하여 120시간을 초과하여 운항에 투입할 수 없다. 최장 120시간 운용 후에는 8시간의 정비시간이 필요한데, 정비에 필요한 견인 시간 등을 감안할 때 실질적으로 12시간의 지상계류시간이 필요한 셈이다. 매 3주마다 24시간 정비시간이 요구되며, 3개월 간격으로 주요 정비점검이 필요하다. 이러한 정비에는 20,000시간마다 이루어지는 정비순환주기에 따라 2.5일, 5일 혹은 1개월이 소요될 수도 있다.

5. 항공사의 운항계획

항공교통 공급측면의 중요한 요소로서 운항계획의 수립에는 항공사 자체의 많은 인력과 부서가 참여하게 된다. 기능적인 측면에서 이루어지는 전형적인 상호작용관계가 [그림 11-4]에 표시되어 있다. 상업적 경제분석가는 시장조사 부서에서 조언을 받고 다양한 노선부서와 상호 연관을 갖고 있는데, 노선부서는 항공노선을 다양하게 분류하는 것을 관장한다. 어떤 항공사에는 노선부서가 없다. 이러한 경우에 상업적 경제분석가와 노선부서는 상업 부서의 한 부분이 된다. 전사적 차원의 운항계획을 권고함에 있어, 상업적 경제분석가는 운항 계획 내에서 서비스를 통합하고자 시도를 하던 하지 않던 간에 의사 결정에 영향을 미치는 수많은 요소에 유의한다. 이러한 요소에는 다음과 같은 사항이 포함된다.

① 노선의 역사적 성격

② 현행 가용한 노선의 처리 능력

③ 항공기 기종

④ 요율구조(대기 피크시간대, 야간 등)

⑤ 노선과 공공자금 지원에 대한 사회적 필요성

⑥ 정치적 고려사항

⑦ 경쟁상태

■ 특별사안에 대한 요구조건

그림 11-4 전형적인 항공사에서의 스케줄 조직

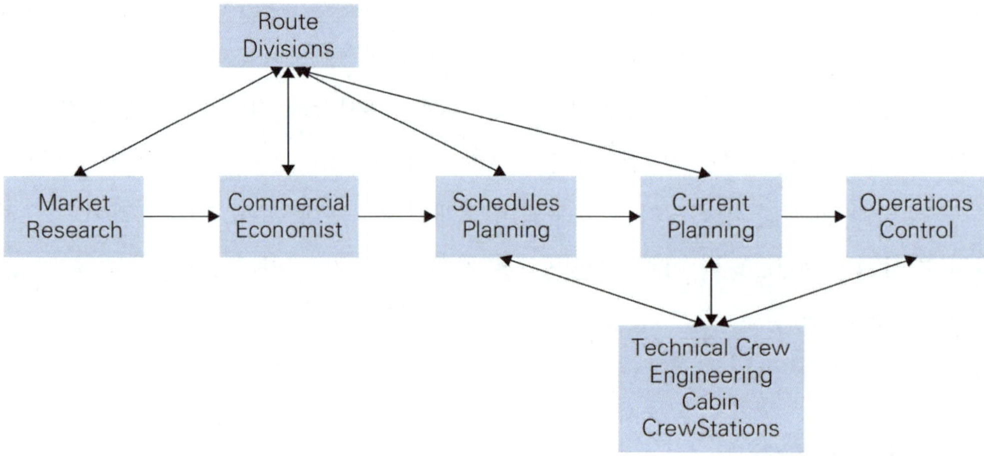

서비스가 운항계획으로 통합되어야 한다는 결정이 일단 이루어졌다면, 흔히 장거리 및 단거리 분야로 나누어지는 항공사의 운항계획 수립 담당부서는 서비스를 계획함에 있어 운항계획이 갖는 의미를 검증한다. 이러한 단계에서 서비스에 대한 계획수립에 영향을 미치는 요소는 다음과 같다.

① 노선의 길이

② 항공기 투입에 있어 정비 및 대기에 따른 여유를 감안한 항공기 가용성

③ 서비스 계획에 대한 공항당국의 수용성

④ 기술지원, 운항, 객실 그리고 정비인력의 가용성

⑤ 통과비행 혹은 기술착륙에 따른 공항의 사용에 관한 쌍무협정이 체결되지 않은 경우에 있어서 당사국의 허가

운항계획이 계획수립에 고려하여야 할 모든 요소를 만족스럽게 충족시켰을 경우, 서비스 계획은 현행 계획담당부서에 송부되는데 이 부서는 특정 서비스 계획에 대한 수행을 담당한다. 이 단계에서 기술, 객실, 정비, 지상요원에 대한 자료가 입력되게 된다. 서비스의 마지막 수행은 일일 운항과 승무원의 질병, 안개, 결빙, 지연, 항공기의 투입상태 등으로부터 야기되는 애로점 차원에서 서비스를 차질 없이 제공할 필요성을 관장하는 운영통제부서에서 수행된다.

section 03 국제항공운송협회(IATA)의 운항계획 정책

1. 국제항공운송협회(IATA)의 정책

정기항공사로 구성된 산업조직인 국제항공운송협회는 운항계획에 대한 자신의 정책을 운항계획절차지침서의 형태로 개발하고 있다. 몇몇 공항에서는 공식적인 제한이 존재하고 있으며, 조정은 정부당국에 의해 수행되고 있다. 항공사 자신이 공항조정자와의 협의를 통하여 합의된 운항계획을 수립하는 것이 훨씬 더 보편적이다. 공항조정자는 국적항공사 혹은 최대 규모의 항공사가 담당하는 것이 권고된다. 조정은 인정된 우선순위에 따라 이루어지는데 이러한 과정을 통하여 의견 차이를 최소화할 수 있는 합의된 운항계획을 도출한다. 이러한 우선순위에는 다음의 사항이 포함된다.

① 역사적 전례

② 효과적인 이동기간

③ 비상사태

④ 항공기 노선 등의 변화

운항은 정기 항공편, 계획된 전세편, 부정기편 그리고 군항공편으로 대별할 수 있는 수많은 부분이 혼재된 상태로 구성된다. 이러한 유형별 대표자와의 협의를 거쳐 제한된 시설의 적합한 사용이 가능하도록 조치하는 것이 공항당국자가 수행하여야 할 기능이다. 국제항공운송협회의 정책상 조정의 목적은 다음과 같다.

- 정부의 개입에 의지함이 없이 문제의 해결

- 주어진 제약 범위 내에서 자신의 운항계획 요건을 만족할 수 있도록 동등한 기회부여 보장
- 관계되는 운영자에게 부과되는 경제적 벌칙을 최소화하는 합의된 운항계획의 모색
- 여객과 교역회사에 초래되는 불편의 최소화
- 공표된 적용제한에 대한 정치적인 평가제도 마련

운항계획은 동절기 및 하절기로 구분된 반년주기로 국제항공운송협회의 운항계획회의를 통하여 세계적인 차원에서 수립된다. 100개 이상의 국제항공운송협회 가입회원 및 비가입회원 항공사들은 이러한 대규모 회의에 참석하는데 여기에서 운항계획안의 반복적인 검토과정을 통하여 공항조정자는 자신이 대표하는 공항에 대한 합의된 운항계획을 수립할 수 있다.

2. 착륙료에 대한 요율정책

전 세계 공항중 특정 공항은, 최고수요 수준대를 평준화하기 위한 공항당국의 요율정책 채택 혹은 요율이 상대적으로 낮은 야간시간대에 항공기 운항을 계획함으로써 운항에 따른 추가적인 재무 부담을 완화하기 위한 항공사의 노력에 의해 착륙료와 기타 항공기 운항과 관련된 요율의 변화가 시도되어 왔다. 전자의 정책에 대한 사례는 이전의 영국공항공단에 의해 사용되었던 것으로서 항공사로 하여금 운항편을 히드로공항에서 개트윅공항으로의 전환을 유도하고 최고 수요수준 시간대의 운항을 억제하기 위하여 히드로공항의 최고 수요수준 시간대에 한해 벌칙적인 성격의 요율제도를 채택한 것이었다. 이러한 정책에 따라 최고 수요수준 시간대의 히드로공항에서는 B−747과 같은 전형적인 장거리용 항공기의 지상계류시간에 소요되는 비용은 최고 피크시간대 이외의 비용에 비해 2.8배의 수준이고 동일한 시간대에 보다 덜 인가가 있는 런던 개트윅공항 사용료의 183%에 달하는 수준이다. 일반적으로 항공사가 이러한 요율정책을 회피하기 위하여 운항계획을 중요하게 재수립하고자 안다는 증거는 별로 없다. 항공사 운영자는 주장하기를 불가피하게 최고 피크시간대로 운항계획을 편성하게 하는 기타 다른 제약요소는 많이 있으며, 따라서 그러한 요율정책은 당초 의도된 목적을 달성하는데 거의 비효율적이라는 것이다. 요율정책이 궁극적으로 추구하고자 하는 목적 달성은 이러한 두 가지 입장 사이에 존재하는 것 같다. 피크시간대의 차별적인 요율정책이 없다면 혼잡한 시간대인 피크시간대로부터 타 시간대로 항공기 운항을 옮기고

자 하는 항공사의 동기는 혼잡으로 인한 지연비용을 제외하고는 특별한 동기가 있을 수 없다. 반면에 항공편의 상업적 가능성과 운항규제정책 및 야간운항금지에 따르고자 하는 의도는 피크시간대의 운항을 필요로 한다. 피크시간대의 항공기 운항에 대한 높은 차별요율정책은 언뜻 보기에는 혼잡상태를 완화하고자 하는 공항운영자로서는 합당한 조치라고 생각될 수 있다. 그러나 그러한 유형의 어떠한 조치라도 공항의 항공기 운항횟수에 있어 불가피하게 많은 부분을 차지하고 있는 당해 공항을 근거지로 하는 항공사에 미치는 영향측면에서 평가되어야 한다. 공항의 단기적인 경제적 이득은 당해 공항을 근거지로 하는 항공사의 재무 상태와 경쟁력에 장기적인 경제적 부담을 강요하게 할 수 있다. 운항편의 철수, 근거지 공항의 이동 혹은 항공사의 파산은 공항당국에 심각한 경제적 충격을 줄 수 있다.

착륙료는 다음과 같은 요소들의 혼합으로 계산되어진다.

① 항공기 하중

② 계류장의 계류요건

③ 여객 탑승률

④ 소음 발생수준

⑤ 보안요건

⑥ 피크시간대의 할증요율

3. 항공사의 시장성 및 계절변화폭

출발 및 도착 시간대는 항공사의 시장성 확보차원에서 계획되어야 한다. 특히 애틀랜타와 댈러스포트워스 공항과 같은 주요 환승공항에서의 연결항공편 운항시각은 매우 중요하다. 가능하다면, 승객은 공항체류시간이 길어지는 것을 원하지 않는다. 항공사가 고려하여야 할 다른 요소는 출발 및 도착 승객의 점유비율이 높은 주요 중추공항에서의 출발 및 도착은 대중교통이 운영되고 호텔사용에 불편함이 없는 시간대에 이루어져야 한다는 점이다. 항공편이 일주일에 여러 번 운항되는 경우, 일주일 기간에 걸쳐 운항시간대의 연속성이 확보되어야 한다는 점 또한 중요하다. 또한 주로 휴가철로 인하여 계절별로 대규모의 수요변화가 있는 경우, 하절기 및 동절기간에는 운항계획 정책상에 커다란 차이가 발생할 수 있다. 미국의 걸프 만이나 지중해 연안의 휴양지에 위치한 공항에서 발생할 수 있는 수요의 대규모 변화는 대단히 중요하며 항공편이 제공된 공항의 운항계획에 영향을 미친다.

그러나 일반적으로 하절기와 동절기 운영간의 차이는 근래 10년 동안 감소되는 경향을 보이고 있으며, 동절기는 동절기 나름대로 휴일기간에 최고수요를 보인다.

Chapter 12

공항의 소음 및 환경

section 01 공항의 환경문제

공항과 관련된 환경문제는 크게 대기오염분야, 소음분야, 폐기물분야 등으로 대별할 수 있다. 첫째, 대기오염과 관련하여 공항지역에서 발생하는 환경문제는 항공기 엔진검사와 보조동력장치 사용으로 인한 배기가스 발생, 이착륙 시 항공기에서 나오는 배기가스, 공항 내에서 항공기의 지상지원 차량과 장비에서 나오는 배기가스 공항에 출입하는 일반 차량으로부터 나오는 배기가스 등이 있다. 둘째, 소음과 관련하여 공항지역에서 발생하는 환경문제로는 항공기의 이착륙 시 발생하는 공항부근의 항공기 소음, 항공기 엔지검사와 보조동력장치 사용으로 인한 소음 등이 있다. 셋째, 폐기물은 공항에서 발생하는 폐기물,

표 12-1 공항의 활동과 환경문제

운항	항공기 지원 및 정비	공항 활동
· 공항 부근의 소음 · 초음속 돌파시의 굉음 · 항공기 엔진 배기가스 · 폐 연료 처리 · 항공기 사고로 인한 환경훼손	· 엔진검사와 APU(Auxiliary Power Unit)사용으로 인한 소음과 배기가스 · 지상지원 차량과 장비에서 나오는 배기가스 · 식음료 서비스 후의 폐기물의 처리 · 화학물질의 사용과 폐기 · 에어로졸(CFCs)의 사용 · 유해물질의 폐기 · 퇴역 항공기의 처리	· 착륙접근 항공기에서 나오는 배기가스 · 공항 차량들로부터 나오는 배기가스 · 공항 발전소 및 기타 공항 전원에서 나오는 배출물 · 수질 및 토양 오염을 유발하는 공항 폐기물 · 공항의 건설과 확장으로 인한 환경오염

특히 항공기에서 사용하는 유류 및 기타 세척제 등의 폐기물과 공항자체에서 발생하는 쓰레기 등에 의한 오염이다.

1. 대기오염 문제

가. 항공정책과 국제항공을 위한 탄소상쇄 및 환원제도 (CORSIA : Carbon Offsetting and Reduction Scheme for International Aviation)

국제민간항공기구(ICAO)는 국제항공을 위한 탄소상쇄 및 환원 제도를 개발하고 2016년 10월에 채택한 글로벌 항공산업을 위한 탄소배출완화 접근방법이다. 이 대책에는 주로 상쇄 및 대체연료가 포함된다. CORSIA는 2020년 수준의 기준을 초과하는 국제항공여행 배출물만 처리한다. 1998년 발표된 IPCC 제1차 보고서에 따르면 항공은 1992년 기준으로 인간 활동으로 인한 전 세계 탄소배출량의 약 2%를 차지하였다. 그러나 IPCC는 항공배출로 인한 기후 영향은 특히 높은 고도에서의 화학적 상호작용에 의해 실제로 항공기 운항 시 직접 CO_2배출의 2~4배인 것으로 나타났다. 항공여행으로 인한 1인당 CO_2배출량은 타 교통수단과 비교하여 가장 높은 배출량을 보이고 있다. 항공은 가장 빠르게 성장하는 분야이기에 항공산업은 CORSIA를 통해 2010년부터 탄소중립성장을 목표로 하고 있다.

1) 탄소배출권거래제도

가) 배출권 거래제도(Marketable Permit)

오염의 배출권한을 할당하여 그 할당된 범위 내에서 오염의 배출을 허가하는 제도로서 한 기업이 허용량 이내로 오염을 배출하는 경우 그 잔여분을 다른 기업에 팔 수 있도록 허용하는 제도이다. 배출권 거래제도는 공해를 효율적으로 감축할 수 있는 기업이 배출권의 매매로 인한 이윤을 남길 수 있는 기회를 부여함으로써 공해 저감기술 및 환경친화적 공정을 촉진하는 효과가 있으며, 기후변화 협약에서 CO_2감축을 위한 이행수단으로서 활발히 논의되고 있다. 배출권 거래제도가 처음 논의된 것은 교토의정서에서였는데 교토의정서 및 후속 합의서에 따르면 교토의정서의 이행에 따라 발생하는 배출권은 다음과 같이 네 가지 형태를 띤다.

(1) 할당배출권(AAU : Assigned Amount Unit)

교토의정서 부속서B는 기후변화협약 부속서 I 국가에 대하여 2008~2012년(1차 이행 기간)에 걸친 1990년 대비 연간 온실가스 배출한도를 "1990년 기준 배출량 대비 백분율"로 명시하고 있다. 이에 따라 1차 이행기간의 배출한도를 계산하고 그에 상응하는 배출권을 당사국별로 할당한다. 이렇게 할당되는 배출권을 AAU라 한다.

(2) 흡수배출권(RMU : Removal Unit)

교토의정서 3조 3항 및 4항에 따르면 조림, 산림경영 등을 포함하여 소위 흡수원(Sink)이라 칭하는 토지이용, 토지이용변화 및 산림 활동(LULUCF : Land Use, Land Use Change and Forestry)에 대해 1990년 이후에 수행된 인위적 노력에 따른 온실가스 흡수실적을 교토의정서 상 감축목표 이행실적으로 인정하도록 규정하고 있다. 이는 결국 국가별 온실가스 흡수량만큼 추가적인 배출을 허용하는 것이며, 이러한 흡수량만큼이 RMU라는 배출권으로 할당되고 거래될 수 있다.

(3) CDM 크레딧(CER : Certified Emission Reduction)

교토의정서 제12조에 따르면 비부속서 I 국가(개도국)에서 시행되는 온실가스 저감사업의 경우 해당 사업의 시행에 따라 추가적으로 저감되는 온실가스 양을 입증할 경우 이에 대해 CER을 획득할 수 있다. CER은 교토의정서 상 부속서 I 국가의 감축의무 이행을 위해 이용(감축의무에 대신)할 수 있으며, 국가 간 거래도 허용된다.

(4) JI 크레딧(ERU : Emission Reduction Unit)

교토의정서 제6조에 따르면 부속서 I 국가 간에도 온실가스 저감사업을 시행하고 이로부터 인정되는 추가적인 저감실적을 ERU 형태로 획득할 수 있다. ERU 또한 부속서 I국가의 감축의무 이행에 이용될 수 있고, 국제적인 거래도 허용된다. ERU는 감축의무를 부담하고 있는 부속서 I 국가에서 창출되는 배출권이므로 ERU의 발생분만큼 해당 국가의 AAU 혹은 RMU가 감소하게 된다. EU집행위는 2012년 1월부터 시행예정인 국제항공부문 배출권거래제도(EU-ETS)와 관련하여 항공사들의 무상할당량(free allocation of allowances) 결정에 사용되는 기준계수(Benchmark Value)를 아래와 같이 2011년 9월 26일 확정·발표하였다.

- 2012년 : 0.000679695907431681 톤(EUAs)/tonne－kilometer
- 2013~2020년 : 0.000642186914222035 톤(EUAs)/tonne－kilometer

※ 동 기준계수는 2011.3월 각 항공사들이 EU집행위에 제출한 2010년 자료에 근거하여 산출된다.

개별항공사들의 무상할당량은 2010년 tonne－kilometer 실적에 위의 기준계수를 곱하여 산출되며, 회원국들은 금번 EU집행위 결정이 관보에 게재(publication)된 날로부터 3개월 이내에 개별 항공사에 무상할당량을 배정하여야 한다.

유럽경제권(EEA : European Economic Area) 30개국 및 EU역외 62개국의 900여개 이상의 항공사들이 무상할당량을 신청하였으며, 우리나라 국적 항공사(대한항공, 아시아나)들은 관할국가(Administering State)인 독일정부로부터 무상할당량을 배정받게 된다.

나) 칸쿤회의 전 EU 회원국 의견일치

칸쿤 결정문에는 EU가 주창한 기후변화적응(칸쿤 적응체제 도입 : 기후적응변화를 지방정부 수준까지 지원할 수 있도록 적응위원회 구성), 산림전용방지(REDD+, 개발도상국의 산림전용방지와 산림보호를 선진국들이 재정직으로 보상하는 제도), 기후변화감축계획 수행 재원구축(녹색기후기금 : 2012년까지 매년 100억 달러, 2013년부터 2020년까지 매년 1000억 달러), MR제도 도입 등이 반영되었다. EU집행위는 칸쿤 합의 후속 이행 대책으로써 2050년을 향한 장기적 탄소배출 감축 프로그램에 기초한 저탄소경제 전략을 수립했다.

다) 2050년까지 1990년 대비 80%의 이산화탄소 감축 추진

EU집행위가 제안하고 있는 로드맵은 각 경제 분야에서 27개 회원국이 1990년 대비 CO_2 배출량을 단계적으로 2030년까지 40%, 2040년까지 60%, 2050년까지 80% 절감한다는 야심 찬 목표를 제시하고 있다. 1990~2009년 사이에 EU 경제는 40% 성장한 반면 같은 기간 동안 EU의 지구온난화가스 배출은 16% 감축에 그쳤다. 이에 EU는 2020년까지 탄소배출량 20% 감축, 재생에너지 사용 비중 20%로 증가, 에너지 효율 20% 향상하겠다는 20/20/20을 목표로 설정했는데 현행 에너지 절약정책의 이행과 더불어 2020년의 EU 가정

탄소배출 절감목표(20% 저감)는 달성이 가능할 것으로 보인다. 그러나 2020년 에너지 효율 목표(20% 제고)와 관련 집행위는 현행 정책으로는 2020년까지 목표율의 절반(10%) 밖에 달성하지 못할 것이라고 평가했다. 이에 집행위는 2050년 저탄소 경제 성장 로드맵에서 강력한 에너지효율플랜(EEP : Energy Efficiency Plan)을 제시하고 목표달성을 위해 공공건물의 에너지 소비 개선, 공업용 장비의 에너지효율 향상, 에너지 점검, 전력, 열 발전소의 에너지 효율 제고, 스마트그리드 대체 등 필요한 조치를 제안하고 있다. 재생에너지 비중 20% 향상, 에너지효율 20% 향상 목표를 포함한 현행 정책이 전면 이행된다면 2020년까지 EU는 탄소 배출 절감목표 20% 달성 초과는 물론 25%까지 감소할 수 있을 것으로 보고 있다.

나. 항공기 엔진 배기가스의 환경오염

항공기가 배출하는 엔진 배기가스는 이산화탄소, 수증기, 질소화합물, 이산화유황, 일산화탄소와 불완전연소 탄화수소와 같은 휘발성 유기화합물 등으로 구성되어 있다

1) 오염 원인

서유럽, 미국 및 아태지역의 항공교통체증이 심각하게 대두되고 있어, 이로 인한 항공기 배기가스 환경오염이 늘어나고 있다.

① 항공교통관제시스템과 공항의 수용능력이 수요에 미치지 못하여 발생하는 교통체증이다. 일반적으로 착륙을 기다리며 공중에서 대기하는 항공기는 시간당 항공기 중량의 약 4%까지 연료를 소모하며, 활주로에서 엔진을 공회전하는 B747 한 대는 5분에 225kg의 연료를 소비한다.

② 항공기의 출발과 도착 시 공항의 탑승교에 접안 후 공조시스템의 사용을 위해 가동하는 보조동력장치의 사용으로 인한 배기가스의 배출이다.

③ 항공기의 정비나 엔진 검사 시에 발생되는 배기가스이다.

2) 대기오염 규제

항공기 대기오염의 규제조치들은 항공기 배기가스 문제를 오존 고갈과 기후변화를 포괄하는 보다 폭 넓은 규제의 틀에서 통합시키려하며, 규제적, 운영적, 기술적 측면의 조치를 모두 포괄하여 항공기 배기가스를 최소화한다.

표 12-2 이산화탄소 규제 방법

기술	운항	통제장치	규정	공급관리
엔진 및 항공공학 설계	공항, ATC	배기가스세	공항/고도별 배기가스 최고 한계	용량제한
항공기체 설계	직항로	연료세	교역허가	쌍무협정
항공기 크기	저속비행	교역허가	쌍무협정	코드공유
운항관리기술	고도 및 비행회항제한	코드공유	-	-

2. 폐기물분야

일반적으로 항공기의 수리, 정비, 기타 지상 활동이 환경에 미치는 영향은 전 산업 활동에 적용되는 자국의 국내 규정에 의해 다루어지고 있으며, 공해의 피해가 있을 경우 소송을 하려는 경향도 늘어나고 있다. 따라서 폐기물 관리는 항공사나 공항에 주요 경비 지출 항목이 되고 있다.

공항지역에서 발생하는 폐기물은 크게 일반쓰레기와 재활용쓰레기, 폐오일이나 배터리 등의 특수쓰레기, 폐수 등이 있다. 일반쓰레기에는 공항지역에 위치한 빌딩(항공사 본사, 공항청사, 기내식공장, 식당 등)과 기내청소 시 발생되는 소각 가능한 쓰레기이며, 재활용쓰레기는 종이 및 카드, 유리, 합성물질(PET병, PET커버, PET판자, PET 등), 알루미늄, 주석 등의 쓰레기이다. 특수쓰레기로는 분해되는 금속으로 된 비유기물 쓰레기, 솔벤트를 함유한 쓰레기, 폐오일, 폐식용유, 폐수처리시설의 침전물, 배터리, 형광등 등이 있다. 폐수에는 공항지역에서 일반적으로 발생되는 폐수와 제·방빙액, 항공기 페인트의 처리, 소방시설 관리 등 화공약품의 사용으로 인한 폐수 등이 있다. 이들 폐기물들은 해당 항공사나 공항이 위치한 지역의 수질과 토양에 직접적인 영향을 미침에 따라 자국의 국내 규정에 의해 규제를 받는다.

3. 항공기 소음문제

가. 소음의 개념

소음이란 듣는 사람이 원하지 않는 소리를 말한다. 원하는 소리인지 아닌지는 사람의 주관적 판단에 의한 경우가 많다. 객관적 물리량으로 정의하는 것은 불가능하다. 아름다운 음악이라도 전화 받는 중에는 소음에 불과하다. 일반적으로 소음이라고 생각되는 것에는 큰소리 불쾌한 소리나 충격성 음, 음악이나 음성을 듣는 것을 방해하는 소리, 집중력이나 작업을 방해하는 소리 등을 말한다.

나. 소음의 단위

1) 주파수(frequency)

정현파의 주파수는 한 고정점을 1초 동안에 통과하는 마루(산) 또는 골(곡)의 평균수 또는 1초 동안의 사이클(cycle) 수를 말하며, 그 표시기호는 f, 단위는 Hz이다.

2) 데시벨(dB)

데시벨은 소음의 크기를 나타내는데 사용되는 단위이다.

데시벨은 웨버 피셔(Weber－Fither) 법칙에 의해 사람의 감각량에 대수적으로 변한다.

3) WECPNL

WECPNL은 ICAO에서 항공기 소음단위로 제정한 것으로서 항공기 소음은 운항 시에만 발생하므로 항공기 운항회수, 운항시의 소음도(dB), 소음지속시간, 소음의 발생기간(밤, 낮) 등을 감안하여 계속되는 소음정도를 평가한 소음영향도이며, dB는 일반적으로 공장이나 도로주변의 계속되는 소음을 측정하는 데 사용

4) 소음단위(dB)와 WECPNL의 비교

① WECPNL 80이라 함은 계속되는 소음 80dB과 소음영향이 같다는 의미이다.

② 즉 제트항공기 이·착륙 시 120dB 정도의 소음이 발생하나 운항회수가 적을 때는 계속되는 소음 70dB(70 WECPNL) 정도로 소음영향이 감소하며, 운항횟수가 많을 때는 계속되는 소음 80 또는 90dB(90WECPNL)로 소음영향이 증가한다는 의미이다.

③ 운항횟수(가중치를 감안)가 하루 500회이면 1일 항공기소음을 dB로 측정하여 평균한 값과 WECPNL의 단위는 같아진다.

※ dB를 WECPNL로 환산할 경우(개략 비교 수치)

$$WECPNL = dB(A) + 10 \log N - 27$$

dB(A) : 1일 평균 최고 소음도

N : 1일간의 운항횟수($N_1 + 3N_2 + 10N_3$)

N_1 : 낮 시간 (06:00~18:00) 운항회수

N_2 : 저녁 시간 (18:00~22:00) 운항회수

N_3 : 심야 시간 (22:00~06:00) 운항회수

다. 항공기 소음 특성

항공기 소음은 오랫동안 규제되어 왔지만 항공운송산업 규모의 확대로 공항인근 지역의 소음은 오히려 증가하였다. 최근 소음의 영향은 대체로 감소하고 있으나 더욱 엄격한 소음규제와 운항 상의 제한을 위한 공공의 압력이 증가함에 따라 공항운영자들은 항공기 소음 저감에 많은 노력을 하고 있으나 획기적인 소음저감 방법은 개발되지 않고 있다. 항공기 소음은 일반적인 소음과는 다른 다음과 같은 특성을 가지고 있다.

- 고주파 음을 많이 포함하고, 일반적인 다른 소음원에 비하여 음향출력이 매우 크다.
- 소음이 강한 지향성을 갖는 경우가 많다.
- 공항주변이나 비행코스의 가까이에서는 간헐적 소음이 된다.
- 특수한 성분의 음을 포함하는 경우가 있다.
- 특수한 경우를 제외하면 소음원이 상공을 고속으로 이동하므로 피해지역이 광범위 하다.
- 공장소음의 음원차폐, 자동차·철도소음의 흡음판·차음벽 같은 소음대책이 곤란하다.

이와 같은 항공기 소음의 특성으로 인해 항공기 소음은 사람에게 일시적으로는 놀람, 일시난청을 초래하고, 항공기소음에 지속적으로 노출되면 영구난청이나 불면증을 가져올 수 있는 것으로 알려져 있다.

라. 소음인증

항공운송산업은 운송 산업 중 최초로 국제적으로 수용되는 소음규제를 제정하였으며, 영업용 항공기를 인증하기 위한 국가적 소음 한계치는 미국에서 최초로 FAA에 의해서 시행되었다. 이와 유사한 규정이 1971년 ICAO에 의해 국제기준으로 채택되어 Annex

16의 Volume Ⅰ, Part 2로 발행되었다. 제1세대 제트항공기(1949~1965)는 지금은 ICAO에 의해 무소음 인증필로 분류되어 있으며, Annex 16의 Volume Ⅰ, Part 2, chapter 2에 의거 인증된 항공기는 "Chapter 2 항공기"로 알려져 있으며 이들의 소음방출은 제1세대 항공기에 비해 10 실효감각소음단위(EPNdB : Effective Perceived Noise Level in decibels) 만큼 감소되었다. 제3세대와 현 세대에 제작되는 항공기, 즉 "Chapter 3 항공기"는 제2세대 항공기에 비해 소음이 다시 10EPNdB 줄었다. 현재의 소음 한계치는 미국에서는 Stage 3, 여타 국가에서는 Chapter 3로 알려져 있다. 민간 항공기종은 대체로 중량에 따라 그리고 부분적으로는 엔진 수에 따라 달라지는 국제적으로 수용되고 있는 한계치를 준수한다. 항공기가 무거우면 무거울수록 최대 한계치까지는 더 많은 소음을 내도록 허용하고 있다. 인증 목적을 위해 소음한계치는 실효감각소음단위(EPNdB)로 표시하며, 공항 수위의 3지점(접근로 밑, 이륙 비행로 밑, 활주로 옆쪽)에서 측정된다. 접근소음은 엔진에서 나오며 앞쪽에서 들리는 소음이 대부분을 차지하는 반면에 측면소음은 제트분사에서 나오는 소음이 대부분을 차지하고 있다. 제트분사 소음은 이륙 시에 주로 발생하지만, 여러 가지 다른 절차를 사용하기 때문에 이륙 비행경로 밑에서 측정하기가 어려우며 제트분사 소음에서는 측면 소음이 소음방향의 보다 정확한 지시치로써 사용되고 있다. Annex 16 Chapter 3의 소음 제한치는 1977년 10월 6일 이후에 타입인증을 신청한 아음속 제트항공기에 적용된다.

4. 각국의 소음대책

가. 일 본

현재 일본에서 시행되고 있는 항공기 소음피해방지대책과 관련된 주요 법률은 나리타공항과 공공용 비행장을 대상으로 1967년 제정되고 1974년에 개정된 '공공용비행장주변의항공기소음피해방지등에관한법률', 1974년 자위대 등의 군용공항을 대상으로 제정된 '방위시설주변의생활환경정비에관한법률' 그리고 1978년에 제정되어 나리타공항과 간사이공항에서 시행되고 있는 '특정공항주변의항공기소음대책특별조치법' 등이 있다. '공공용비행장주변의항공기소음피해방지등에관한법률'은 '항공기소음방지법'으로 불리며 공공용 비행장에 대한 소음대책에 대해 규정하고 있는 것으로 방음계획, 이전 보상, 녹지(Green Zone) 설정, 손실 보상, 토지이용계획 수립 등으로 구성되어 있다. 적용대상 공항은 나리타공항과 특정 비행장인데, 특정 비행장이란 공공용 비행장으로 빈번한 항공기의 이·착륙으로 인한 소음피해가 현저하다고 인정하여 정령(政令)으로 지정한 공항을 말한다. 이 법의 주요 내용은 다음과 같다.

- 소음피해구역 설정 이후 입주자에 대한 보상금지와 구역으로의 자발적인 이주금지
- 70 WECPNL 이상 지역의 학교, 병원, 공공시설에 방음시설을 설치할 때 설치비용의 약 90%를 보조.
- 75 WECPNL 이상인 지역에 거주하는 개인용 주택에 대한 방음시설 보조
- 90 WECPNL 이상 지역의 주민들에게 이전 보상
- 95 WECPNL 이상 지역에 대한 완충녹지대 조성 및 이전 보상
- 75 WECPNL 이상의 지역 중 TV 시청 장애 가구에 보조금 지급

'특정공항주변의항공기소음대책특별조치법'은 공항개발을 염두에 두고 공해대책으로 사전예방 차원의 환경영향평가 등을 사전에 실시할 목적으로 제정된 법률로써 소음방지의 합리적인 토지이용구역을 설정하고 건축제한, 손실보상, 토지매입 등에 관한 사항을 규정하고 있으며, 적용 대상 공항은 나리타공항과 간사이공항이다. 이 법은 '항공기소음방지법'에서 규정된 사항 이외에 다음 사항을 추가하고 있다.

- 75 WECPNL 이상 지역에 있는 학교, 병원, 주택은 특별한 방음시설 조건으로 건축 가능하고, 80 WECPNL 이상 지역은 건물 신축 금지.
- 소음이 90 WECPNL~95 WECPNL인 지역의 지방자치단체의 장에게 '항공기소음피해방지법'의 기준과 맞지 않는 현재의 건물들을 철거하거나 소음이 적은 지역으로 이주하도록 명령할 수 있는 권한 부여
- 국가 소유의 토지는 입장료가 없는 공원이나 놀이터로 사용하고, 공항 주변지역의 소음정도를 매 5년마다 측정·검토

나. 미 국

미국은 연방항공청(FAA)을 비롯하여 국방부, 주택 및 도시개발성, 원호청 등 연방정부의 각 부서에서 항공기소음과 관련된 규제법을 시행하고 있으며, 소음대책의 시행주체는 기본적으로 당해 공항을 소유하고 있는 지방자치단체나 공항당국이다. 그러나 미국의

항공기소음 관련 정책과 대책수립에 관한 사항은 항공기소음규제법(ANCA : Aviation Noise and Capacity Act)에 의거 FAA에서 담당하고 있으며, FAA의 소음정책은 'Aviation Noise Abatement Policy'에 의해서 기본방향이 정해진다. 여기에는 공항운영자가 자발적으로 FAA에 해당 공항의 소음등고선 지도와 소음저감 프로그램(NCP : Noise Compatibility Program)을 제출하도록 하고 있으며, 소음감소 방법에는 특별한 제한을 두지 않고 각 공항의 필요와 환경에 따라 선택이 가능하도록 하였는데, 이는 각 공항의 상황에 맞게 방음계획, 활주로 사용, 항로변경 등을 하도록 하려는 것이다. 소음등고선 지도는 공항 주변지역의 소음측정을 포함하고 있으며, 소음노출 정도에 따른 토지이용과 지방정부, 주정부 및 연방정부의 공항운영자에 대한 기술적 지원사항도 규정하고 있다. 각 공항운영자들은 해당 공항의 NCP를 작성하여 FAA의 승인을 받으면 80%까지 연방정부의 보조금을 받을 수 있다. ANCA의 시행을 위한 또 하나의 규정으로 'Notice and Approval of Airport Noise and Access Restrictions'가 있는데, 이것은 'Noise Standards ; Airport Type and Airworthiness Certification' 등과 함께 저소음 항공기 개발을 위한 항공기 배출소음의 단계적 규제, 운항방식의 규제 및 이와 관련된 연방정부의 책임과 역할을 담고 있다. 이외에도 수시로 제정 공포되는 'Advisory Circular'에서 항공소음 관련 세부사항을 규정하고 있다.

또한, 항공기소음과 관련된 법으로 항공안전및소음방지법(Aviation Safety and Noise Abatement Act)이 있다. 이 법의 주요 내용은 교통부와 환경보호청이 협의하여 공항 주변의 소음정도와 주민의 반응을 조사하고, 공항운영자에게 항공기의 등급에 따른 공항사용 제한, 공공시설의 방음장비 설치, 항로 및 항공기의 운항통제, 공항의 운영을 위한 토지 취득을 내용으로 하는 비행안전 및 소음방지계획을 작성하게 하고 있다. 또한, 소음정도가 고시된 후에 재산을 취득한 자는 손해배상을 받을 수 없으며, 소음평가 단위도 NEF, Ldn 등을 쓰도록 하고 있다. 국방부에서는 군용 비행장의 소음문제를 다루는 'Air Installations Compatible Use Zone' 프로그램을 실시하고 있는데, 이것은 군용비행장 주변지역의 토지이용계획 안내를 목적으로 생활환경과 건강 정보, 주택방음시설 설치의 타당성과 비용 등에 대한 정보를 제공하고 있다.

다. 프랑스

프랑스는 항공기소음 규제법이 따로 없으나 민간항공법은 소음피해보상과 건축규제, 소음부담금 징수에 관한 내용을 규정하고 있다. 민간항공법 AL 131－1과 131－2는 프랑스 국토상의 항공가능공간(Le space aerien)에 항공기가 비행할 권리를 인정하지만 항공기가 사유지의 상공에서 당해 토지소유자의 권리행사를 방해하는 상태에서 비행해서는 안된다고 규정하고 있어 불법행위책임의 일반원칙을 원용하고 있으며, 항공기 운영자에 대하여 무과실을 입증하도록 책임을 지우고 있다. AL 142-2에서는 항공기 운항 또는 항공기 기체에서 떨어져 나온 물질로 인한 지상의 인적, 물적 피해에 대하여 항공기 운영자가 책임져야 하며 이 책임은 피해자의 잘못을 입증해야만 감면되는 것으로 규정하고 있어 지상의 제3자를 보호하고 있다.

라. 독 일

독일의 항공법 제2조제1항은 항공기는 운항에 따른 소음이 당해 기술수준으로 회피가 가능한 정도를 초과하지 않도록 정비되는 경우에만 운항하도록 하고 있고, 항공규칙 제1조제2항에서는 '항공기의 운항에 의해서 생기는 소음은 그 법규에 적합한 운항이 불가피한 한도를 초과해서는 안 된다.'고 규정하고 있어 항공기 운영자는 실시 가능한 최고수준으로 방지대책을 실시하지 않으면 면책되지 않는다. 한편, 항공법 제33조제1항은 돌발사고(Unfall)에 따라 손해를 끼친 경우 무과실책임을 규정하고 있으며, 제42조에서는 항공기의 관리자, 이용자, 기장 등의 책임으로 인한 손해는 민법의 일반원칙을 따르도록 하였는데, 이것은 지상의 제3자에 대한 손해에 대해서 항공기 운영자의 책임을 면제하는 것으로 프랑스와 좋은 대조를 이루고 있다. 적법 비행에 의한 항공기의 소음에 관하여 조정적 보상금을 지불하고 공항주변의 소음방지구역 설정 등의 Zoning에 관한 사항은 공항당국의 책임이다. 1971년에 제정된 항공기소음방지법은 정기항공편이 운항되는 민간국제공항과 제트엔진 항공기를 운용하는 군용공항에 대하여 소음방지구역을 설정하도록 규정하고 있고, 소음방지구역은 항공기로 인한 평균소음이 Leq 75dB(A)를 초과하는 지역을 보호구역 1, Leq 67dB(A) 이상 75dB(A) 미만의 지역을 보호구역 2로 나누며, 연방환경장관이 연방교통장관이나 연방국방장관의 동의와 연방의회 상원의 동의를 얻어 법규명령으로 설정하도록 하고 있다.

마. 네덜란드

네덜란드는 공항주변의 소음공해를 관리하기 위해 두 곳의 소음구역을 1997년 법으로 제정하여 24시간 소음이 관리되는 지역과 사간 시간대에 소음만 관리하는 지역으로 구분하여 관리하고 있다. 스히폴공항은 소음을 감소하기 위해 다음과 같은 제도를 운영하고 있다.

- 소음부담금 징수 : 스히폴공항은 Chapter 2 항공기에 대해 같은 크기의 저소의 항공기보다 착륙 시 2~3배 공항사용료를 지불해야 하며, Chapter 3 항공기는 10%의 할증료를 내야 한다. 반면 저소음 엔진을 사용하는 항공기는 공항시설 사용료를 할인받을 수 있다.
- 소음 감시시스템 운영 : 1999년 새로운 소음감시시스템인 NOMOS2를 운영
- 야간시간대 항공기 운항제한
- 시내 중심부 통과비행 억제
- 엔진시험운전 소음 규제 강화

section 02 국내 소음문제

1. 국내의 소음규제 관련법

우리나라의 항공기 소음에 대한 기본법으로는 "공항소음 방지 및 소음대책지역 지원에 관한 법률"이 있으며, 공항에서 발생되는 소음과 소음 민감지역 지원에 대한 내용을 규정하고 있다.

가. 소음 발생원 대책

항공안전법에서는 소음발생원에 대한 대책으로 항공기가 감항증명을 받을 때에 소음적합증명을 받도록 규정하고 있고, 소음적합증명의 기준은 대부분 미국의 FAA 규정을 원용하고 있다. 또한, 국토교통부장관이 항공기 기종별로 소음등급을 Annex 16에서 정하는 바에 따라 1등급에서 5등급까지 구분하여 설정하고 있으며, 우리나라는 1988년부터 B707, DC−8 등의 고소음 항공기의 운항을 규제하고 있다.

나. 소음피해 방지대책

공항소음방지법에서는 국토교통부장관이 항공기 소음피해의 방지대책을 수행할 소음피해지역을 지정·고시하고, 사업시행자 또는 공항시설관리자로 하여금 피해방지대책을 시행하게 할 수 있으며, 동 구역 내에서는 시설물의 설치를 제한할 수 있도록 규정하고 있다. 현재 소음피해구역으로는 정기국제항공노선이 개설되어 있거나 민간항공기로 인한 소음 영향도가 57LdendB(A) 이상인 지역이 있는 인천, 김포, 제주 등 6개 공항의 주변 지역이 지정·고시되어 있다. 그리고 소음피해지역에서는 주민이주 및 완충녹지의 조성, 주택 방음시설의 설치, TV 수신 장애 대책, 공동이용시설의 설치 지원 등의 소음방지대책과 시설물의 설치제한 조치가 시행되고 있다.

표 12-3 소음대책사업 시행범위(공항소음방지법 시행령 제2조)

<table>
<tr><th colspan="2">구역</th><th>소음영향도(LdendB(A))</th><th colspan="2">사업내용</th></tr>
<tr><td colspan="2">제1종구역</td><td>79 이상</td><td rowspan="3">- 손실보상
토지매수</td><td rowspan="5">- 주택 방음냉방시설 설치
- 학교 방음냉방시설 설치
- 공영방송 수신료 지원
- 전기요금(학교, 주민, 노유자시설)
- 주민지원사업 등</td></tr>
<tr><td colspan="2">제2종구역</td><td>75 이상 79 미만</td></tr>
<tr><td rowspan="3">제3종
구역</td><td>'가'지구</td><td>70 이상 75 미만</td></tr>
<tr><td>'나'지구</td><td>66 이상 70 미만</td><td rowspan="2">-</td></tr>
<tr><td>'다'지구</td><td>61 이상 70 미만</td></tr>
<tr><td colspan="2">인근지역</td><td>57 이상 61 미만</td><td colspan="2">-주민지원사업 지원 등</td></tr>
</table>

출처: 공항소음포털

다. 소음대책사업

공항소음방지법 제4조에서 국가, 지방자치단체, 공항시설관리자 및 공항개발사업시행자는 소음대책지역에 거주하는 주민의 쾌적하고 건강한 생활환경을 조성하기 위하여 필요한 대책을 수립하고 시행해야 한다고 규정하고 있다. 시행령 제3조에서는 소음대책사업계획의 수립 및 시행 등을 다음과 같이 정하고 있다.

① 방음시설 및 냉방시설의 설치는 소음영향도의 정도에 따라 순차적으로 실시한다. 다만 학교에 대한 방음시설 및 냉방시설의 설치는 소음영향도와 관계없이 동시에 시행할 수 있다.

② 각 공항별 방음시설의 설치는 냉방시설의 설치보다 우선적으로 시행함을 원칙으

그림 12-1 항공기 소음대책 흐름도

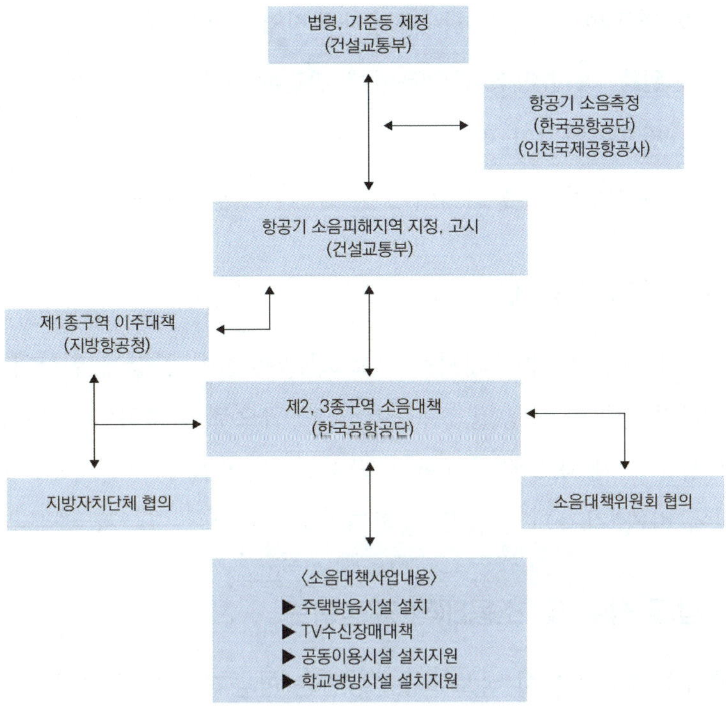

로 한다.

③ 공영방송 수신료는 법 제8조제2항에 따른 시설물에 「방송법」 제64조에 따라 텔레비전수상기를 등록하고 수신료를 납부할 의무가 있는 자에게 매년 지원한다.

④ 냉방시설 전기료는 법 제8조제1항제3호의 시설에 설치된 냉방시설에 대하여 4개월만 지원한다. 이 경우 법 제8조제1항제3호나목에 따른 주민 주거용 시설에 설치된 냉방시설에 대해서는 세대별로 지원한다.

라. 소음지역 시설물 설치

공항소음방지법 제6조에서는 공항소음피해 확산을 방지하기 위하여 소음대책지역에서의 시설물의 설치 및 용도를 제한하도록 규정하고 있으며, 동법 시행규칙 별표1에서 규정하는 시설물 설치제한 기준은 다음과 같다.

- 제1종구역 : 신축 및 증축·개축 금지
- 제2종구역 : 신축 금지, 방음시설 시공조건으로 증축·개축 허가

• 제3종구역 : 방음시설 시공조건으로 신축 및 증축·개축 허가

동법 시행규칙 별표2에서 규정하는 소음대책지역별 용도제한지역은 다음과 같다.

• 제1종구역 : 완충 녹지지역, 공항운영에 관련된 시설만 설치 가능

• 제2종구역 : 전용공업지역, 일반공업지역, 자연녹지지역

• 제3종구역 : 준공업지역, 상업지역

마. 항공기 소음발생 규제

공항소음방지법 시행령 제9조에서는 국토교통부장관이 공항에 취항하는 항공기의 소음 발생 정도에 따라 항공기 기종별 1등급에서 5등급으로 구분하여 소음기준을 설정하도록 규정하고, 시행규칙 제10조제2항에서는 국제민간항공협약 부속서 16 제1권에서 사용하는 소음 단위에 따라 각각의 등급을 정하고 있다

바. 소음부담금 징수 및 소음대책 재원확보

공항소음방지법 제17조에서 국토교통부장관은 항공기 소유자 등에 대하여 항공기 소음등급에 따라 차등을 두어 항공기 착륙료의 100분의 30이 넘지 않는 범위에서 소음부담금을 부과·징수할 수 있도록 규정하고 있으며, 동 법 시행규칙 제10조에서 항공기 소음등급에 따른 소음부담금 부과 기준을 설정하고 있다.

표 12-4 항공기 소음등급 분류 기준과 그에 따른 소음부담금 부과 기준

소음등급	부담금 부과 · 징수	기종별 소음등급
제1등급	해당 항공기 착륙료의 100분의 25에 해당하는 금액	100EPNdB을 초과하는 항공기 또는 제3항에 따른 자료를 제출하지 아니하여 소음등급을 분류할 수 없는 항공기
제2등급	해당 항공기 착륙료의 100분의 20에 해당하는 금액	97EPNdB을 초과하고 100EPNdB 이하에 해당하는 항공기
제3등급	해당 항공기 착륙료의 100분의 17에 해당하는 금액	94EPNdB을 초과하고 97EPNdB 이하에 해당하는 항공기
제4등급	해당 항공기 착륙료의 100분의 14에 해당하는 금액	91EPNdB을 초과하고 94EPNdB 이하에 해당하는 항공기
제5등급	해당 항공기 착륙료의 100분의 10에 해당하는 금액	91EPNdB 이하에 해당하는 항공기

2. 국내 소음 대책

가. 항공기 소음저감 운항방식 채택

항공기 소음저감을 위해 김포국제공항은 심야시간(23:00~06:00)에 항공기 운항 및 정비를 규제하고, 항공기 안전운항에 지장이 없는 범위 내에서 이·착륙 시 발생하는 소음을 줄일 수 있는 운항방식 (급상승 이륙방식 등)을 채택하여 소음피해를 최소화하고 있다. 또한 항공안전법 시행규칙 제275조에 의거 항공기 소음기준을 1등급에서 5등급까지 정하여 소음부담금을 부과하고 있어 소음을 많이 발생하는 항공기(1~3등급)의 취항 억제 및 저소음기의 취항을 유도하고 있다

나. 심야시간대 항공기 운항규제

주거지역이나 도심지 근처에 위치한 공항은 야간에 항공기 소음피해가 발생하지 않도록 심야시간대에 항공기 이착륙을 제한하는 커퓨타임(Curfew time)을 두고 있으며, 항공기의 정비로 인한 소음 발생을 억제하기 위해 심야시간대에는 항공기의 정비 또한 규제하고 있다. 국내 주요 공항의 커퓨타임으로는 김포공항과 김해공항 23:00~06:00, 대구공항 00:00~05:00, 양양공항 18:00~08:00 등이 있다

다. 방음시설 설치

주택방음은 항공기 소음에 취약한 기존 주택의 외부 창문 및 출입문을 방음효과가 높은 복층유리로 제작된 방음창문과 방음출입문으로 전면 교체하는 것으로, 기와 가옥의 경우에는 필요에 따라 천장을 개조하고 있으며, 방음공사에 소요되는 모든 비용은 공항공단에서 부담하고 있다. 또한 김포국제공항 국제선 2청사 계류장 내의 항공기 지상이동 소음을 저감하기 위한 방음벽을 설치하여 공항주변 학교 및 주거지역의 소음피해를 감소시켰다.

라. 소음대책 계획 시행

한국공항공사는 항공기 소음을 줄이기 위한 근원적인 소음대책의 일환으로 먼저 김포국제공항 인근 소음지역을 통과하는 항공기의 항로감시 및 상시 소음을 측정할 수 있는 항공기 소음자동측정망을 투자하여 설치하였고 김해·제주국제공항 등에 대해서도 소음

자동측정망 설치를 하였다. 주민들의 소음피해를 최소화할 수 있는 보다 적극적인 소음대책을 시행하고 있으며 공항 인근 학교 및 주거지역의 소음피해를 줄이기 위해 김포국제공항의 항공기 엔진 정비작업 후 지상 시운전(Run Up Check) 시 발생하는 소음을 줄이기 위한 소음저감 시설을 설치하였다.

Chapter 13

항공교통관제(Air Traffic Control)

section 01 항공교통관제체제

1. 차세대 항공교통관제시스템

항공운송수요가 증가함에 따라 첨단 통신기술이 항공기에 접목되어 대형화, 고속화 및 컴퓨터화 한 최신예의 항공기가 취항하게 되어, 조종사의 비행조작 부담이 현저히 감소되었다. 일정기간의 조종훈련만 이수하면 아주 편하고 용이하게 조종할 수 있는 최첨단의 비행 시스템이 개발되었을 뿐만 아니라, 각종 항행보조시설을 통한 안전한 항공기 운항을 지원할 수 있는 항공항법 업무절차와 항공교통 업무규칙의 필요성이 대두되어, 1946년 Dublin에서 열린 북대서양 항로업무기구의 항공교통관제위원회 국제회의에서 항공교통관제절차를 제정하였다. 항공교통관제시스템은 관제사가 항공교통관제업무를 수행하는 것을 지원하기 위한 정보를 관제사에게 제공하는 시스템으로서, 항공기 식별 및 전시, 비행 안전경고, 비행계획자료 전시 및 분배, 관제사 요구자료 처리 등을 제공한다.

다음 그림은 미국의 차세대항공교통시스템인 Next Generation Air Transportation System(NextGen)이다.

그림 13-1 차세대 항공교통시스템

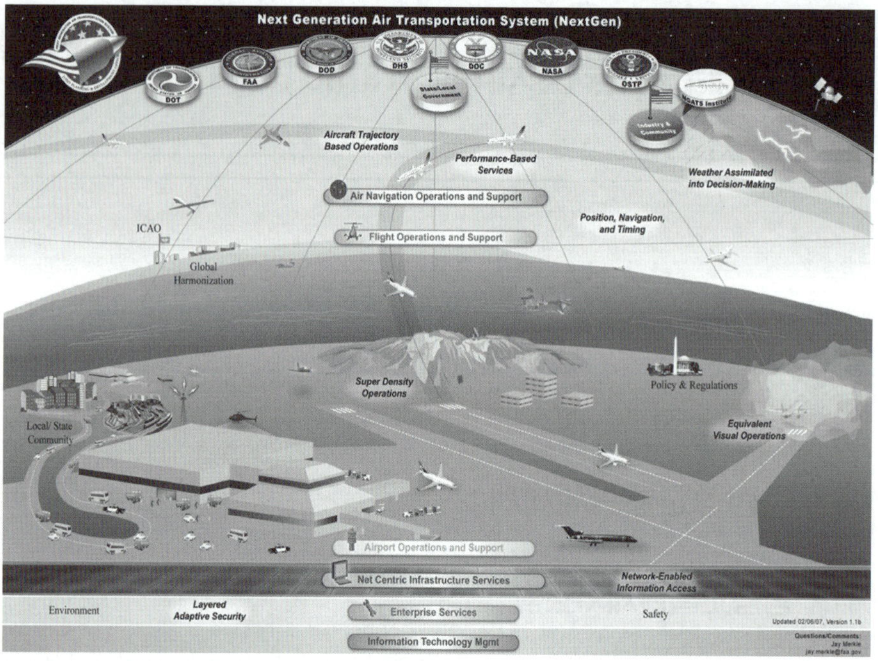

출처 : 한국공항공사 항공훈련기술원

2. 항공교통관제업무

그림 13-2 항공교통관제업무

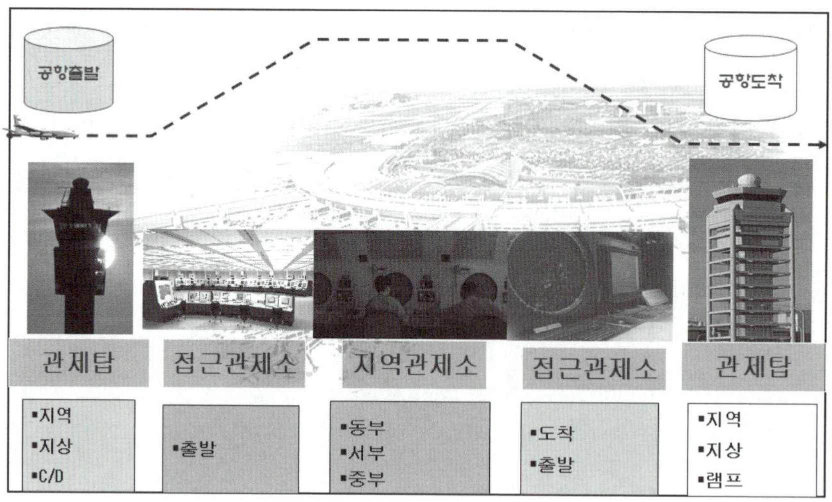

항공교통 관제업무의 목적은 먼저 항공기간의 분리와 항공기 이동지역에서 항공기와 장애물간의 충돌방지, 항공교통의 질서 있는 흐름과 신속한 처리, 비행안전 및 효율적인 운영을 위한 효과적인 조언과 정보제공, 그리고 조난 항공기의 탐색·구조 활동 지원에 있다. 이는 항공법 시행규칙에 의해 다음의 세 가지 분야로 구분하여 수행한다.

가. 항로관제업무

계기비행 항공기에 대하여 행하는 항공교통관제업무로서 비행장 관제 업무 및 접근관제업무 외의 관제업무이고, 주로 항로상에서 항공기간의 공중충돌 방지 및 항공교통의 신속한 흐름을 유지하는 업무이다.

나. 접근관제업무

관제권 또는 접근관제구역에서 비행하는 계기비행항공기와 접근관제구역 내에서 출발 또는 도착하는 항공기에 대해 행하는 항공교통 관제업무로서 비행장 관제업무 외의 관제업무이다.

그림 13-3 접근관제업무

다. 비행장 관제업무

비행장 안의 지상이동 지역, 관제권(Control Zone) 내에서 운항하는 시계 비행항공기와 해당 비행장 업무에 종사하는 인원 및 장비에 대해 행하는 관제업무이다.

라. 항공교통관제 조직

해당공역을 비행하는 항공기에게 항공교통 관제업무를 제공하는 공역을 관제공역이라 하며, 항공교통의 밀도, 복잡성, 기상상황, 관제가능 범위 등을 고려하여 관제공역체제를 설정한다. 이 체제에서 항공교통을 정확히 관장하기 위해 관제업무를 3개 부분으로 분류한다.

1) 항공교통관제소(ACC : Area Control Center)

항공교통관제소는 항로관제업무를 수행하는 기구로서 항로 및 Jet 항로에 따라 비행하는 항공기의 이동을 관제하는 책임이 있으며, 현재 대구에 있는 우리나라 ACC는 ICAO 가맹국간에 항공교통 관제업무의 역할을 분담하는 형태로 결정하나, 일반적으로 자국의 영공 외에 공해상의 공역을 포함하고, 인접 기구간의 서비스 능력 등을 고려하여 항공교통 관제업무, 비행 정보업무, 긴급구조업무 등을 능률적으로 수행할 수 있도록 설정하고 있다. 이 구역 내에서 관제중인 항공기가 인접 FIR 또는 착륙 공항의 접근관제 지역에 진입할 때는 관제 권한을 해당기구에 이양한다. ACC는 IFR 상태에서 항로비행을 하는 항공기의 관제가 주기능이며, 조종사는 IFR 상태에서 비행하려는 항로 및 고도를 표시한 비행계획서를 작성하여 제출하여야 한다. ACC는 제출된 비행계획서를 검토하여 항공기 간 안전 분리를 확인할 수 있으면 이를 승인한다. 이 비행계획서에 포함되는 사항은 다음과 같다.

- 항공기의 식별부호
- 비행의 방식 및 종류 – 항공기의 대수, 형식 및 최대이륙 중량등급
- 탑재장비
- 출발 비행장 및 출발예정시간
- 순항속도, 고도 및 예정항로
- 최초 착륙예정 비행장 및 총 예상 소요 비행시간
- 대체 비행장
- 시간으로 표시한 연료탑재량
- 총 탑승 인원수
- 비상 무선주파수 및 구조장비
- 기장의 성명
- 기타 항공교통관제와 수색 및 구조에 참고가 될 수 있는 사항

ACC의 FIR Region은 몇 개의 섹터(Sector)로 분리할 수 있으며, 각 섹터의 수는 관제사의 업무량에 따라 결정한다. 분할된 여러 개의 저고도 섹터 위에 1개의 고고도섹터를 둘 수 있다. 각 섹터의 관제사 배정은 교통량과 관제업무의 융통성 그리고 항공교통 관제시설의 자동화 정도에 따라 근무 인원수를 결정한다. 각 섹터를 감시할 수 있는 몇 개의 항로감시레이더를 보유하고 있으며, 항공기 간 분리 상태를 감시하고 항공기의 식별부호, 목적지, 비행계획항로, 속도, 비행고도를 기입한 비행진행기록쪽지(Strip) 자료와 레이더 상에 포착된 실제비행정보를 일치시킨다. 현재 조종사와 관제사 간의 통신은 음성으로 이루어지고 있으나, 통신량의 신속성, 정확성을 기하기 위해 점차 데이터화 되어가고 있다.

그림 13-4 인천 FIR 접근관제공역도

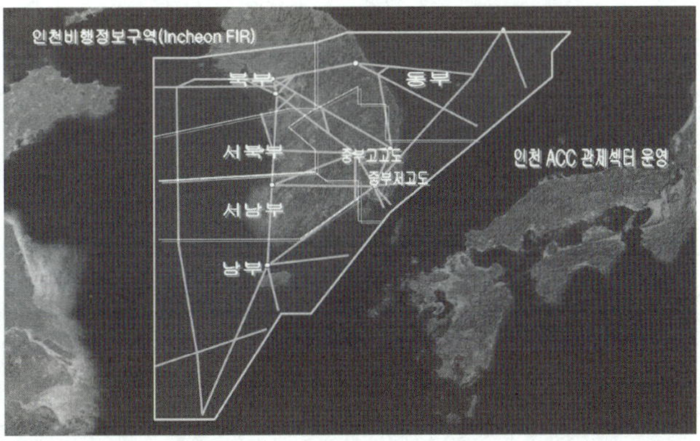

2) 접근관제소(Approach Control)

접근관제소는 접근관제업무를 수행하는 기구로서 고밀도 교통지역인 공항 주변공역의 항공교통을 감시하고, 원활하게 소통시킨다. 접근관제소는 공항 관제탑 책임구역부터 공역 여건에 따라 차이가 있으나, 통상 50nm 이내, 고도 17,000ft 이하의 접근관제공역 내에서 비행하는 IFR 항공기의 관제에 대한 책임과 권한을 보유하고 있다. Taegu FIR은 14개의 접근관제구역을 다음과 같이 분할하여 관제 권한을 이양하고 있다. 통상 국지지역이라 명하는 이들 구역에서는 하나의 접근관제시설이 몇 개의 공항에 대한 항공교통관제 업무를 담당한다. 국지레이더 접근관제소(TRACON : Terminal Radar Approach Control)의 자동화 정도는 처리하여야 할 항공교통량에 따라 결정된다. 그리고 접근관제시설의 조직구조는 ACC와 유사하나 시설의 지리적 배치는 관제사 업무량에 따라 결정한다. 접근 관제소는 항공기가 공항으로부터 5nm 밖에서 활주로에 정대하였을 때 도착 항공기의 관제를 관제탑에 이양한다. 반면에 이륙 항공기의 관제는 이륙 즉시 관제탑에서 접근관제소로 이양한다.

3) 관제탑

공항교통 관제탑은 비행장 관제업무를 담당하는 기구로서 공항에 도착하고 이륙하는 항공교통을 감시하고 지시하며, 감독하는 시설이다. 이와 같은 관제탑 기능은 공항으로부터 약 5nm 이내 공역에서 이루어진다. 관제탑은 모든 이·착륙항공기에게 허가를 발부할 뿐만 아니라, 공항의 바람, 온도, 기압, 운용상태 등의 비행에 필요한 정보를 조종사에게 신속 정확하게 제공할 책임이 있다. 또한 항공기 계류위치인 계류장(Ramp Area) 근처의 이동지역을 제외한 지상에서 활동 중인 모든 항공기의 관제 책임도 있다.

그림 13-5 인천공항 관제탑전경

국지관제　　　　지상관제

출처 : 인천공항공사 인재개발원

마. 비행규칙 구분

항공교통에는 두 가지의 비행규칙이 있다. 하나는 시계비행규칙(VFR : Visual Flight Rule) 이고, 다른 하나는 계기비행규칙(IFR : Instrument Flight Rule) 이다. VFR은 시계비행 기상상태(VMC)하에서 적용되는 규칙이며, 조종사의 가시적인 방법에 의해 항공기간 분리를 유지함으로써 안전 분리에 대한 모든 책임이 조종사에게 있다. 또한 IFR은 시정과 운고가

시계비행 기상상태 이하인 계기비행기상상태(IMC) 하에서 적용되는 규칙이며, 항공기간 안전 분리 책임이 항공교통 관제사에게 있는 비행방식이다. 시계비행 기상상태는 항공기가 항행함에 있어 시정 및 구름의 상황을 고려하는 다음과 같은 기상상태를 말한다.

(1) 관제권 안에 있는 비행장에서 이·착륙하고자 하는 항공기에 대하여 다음 요건에 적합한 기상상태
   - 지상에서 육안으로 볼 수 있는 거리가 5,000m 이상일 것
   - 운고가 450m(1,500ft) 이상일 것

(2) 관제권 밖에 있는 비행장에서 이·착륙하고자 하는 항공기에 대하여는 다음 각 항목의 요건에 적합한 기상상태
   - 지상 시정이 5,000m 이상일 것
   - 운고가 300m(1,000ft) 이상일 것

(3) 관제구 또는 관제권을 비행하는 항고기에 대하여는 다음 요건에 적합한 기상상태
   - 비행 중 육안으로 볼 수 있는 거리가 해발고도 10,000ft 이하에서는 5,000m, 해발고도 10,000ft 이상에서는 8,000m 이상일 것
   - 항공기로부터 수직 상·하 각 300m(1,000ft) 및 수평거리 1,500m 범위 안에 구름이 없을 것

(4) 관제구와 관제권 외의 공역을 비행하는 항공기에 대하여는 다음 각 목의 요건에 적합한 기상상태
   - 비행 시정이 1,500m 이상일 것
   - 항공기로부터 수직상방 150m(500ft) 및 수직하방 300m(1,000ft)의 범위 안에 구름이 없을 것
   - 항공기로부터 수평거리 600m의 범위 안에 구름이 없을 것

(5) 관제구와 관제권 외의 공역을 지표 또는 수면으로부터 200m(700ft) 미만의 고도로 비행하는 항공기에 대하여는 다음 각 항목의 요건에 적합한 기상상태
   - 비행 시정이 1,500m 이상일 것
   - 항공기가 구름을 피하여 비행할 수 있으며, 조종사가 지표 또는 수면을 계속하여 볼 수 있을 것

항공교통관제는 VFR 상태에서는 원칙적으로 거의 없으며, 이때 항공기의 분리는 조종사가 직접 판단하여 한다. 항공교통관제는 단지 VFR 상태 하의 비행을 감시만 하고, 항

공기간 충돌 위험성이 있을 때에만 개입한다. 이와 같은 항공교통관제는 소극적으로만 지원하는 것이고 적극 항공교통관제는 IFR 항공기나, VFR 비행중인 항공기가 통제공역에 들어왔을 때에만 시행한다. 기본적으로 이 규칙은 항로, 고도와 거리 등 항공기간 최소분리가 유지된다. 공역에 있어서 항공기의 속도 및 항공교통의 밀도가 높아짐에 따라 항공기간의 공중충돌 위험 가능성은 점차 증가하고 있다. 실제로 공중충돌이 발생하여 인명이 손실된 경우가 이러한 우려를 증명해 준다. 따라서 기상상태에 관계없이 IFR 규칙을 적용하고 있는데, 이와 같은 공역을 적극관제공역이라 한다. 이 적극관제공역은 통상적으로 고속 Jet 항공기 운용공역에 적용하고 있으며, 많은 공항이 밀집된 공역도 포함시키고 있다. 이 공역은 Jet 항공기가 한 공항에서 다른 공항으로 항로상을 비행하는 해발고도 18,000ft 이상의 항로와 터미널관제구역(TCA : Terminal Control Area) 또는 공항레이더 업무구역(ARSA : Airport Radar Service Area)에 설정된다. 현재는 안전운항을 위해 적극관제공역의 범위를 확대하는 경향이다.

바. 공역분류

공역분류의 기준은 ICAO 및 FAA 간에 차이가 있고 각 국에서 적용을 다르게 하고 있다. **공역 등급화**(ATS Airspace Classifications)**는** 비행안전을 확보하기 위하여 인천 비행정보구역을 A, B, C, D, E 및 G 등급 공역으로 세분화하여, 각 공역 등급별로 비행방식과 항공관제업무 제공범위 등을 지정 고시하고 2001.7.1일부터 시행하고 있다

그림 13-6 공역관리와 대한민국 공역구조

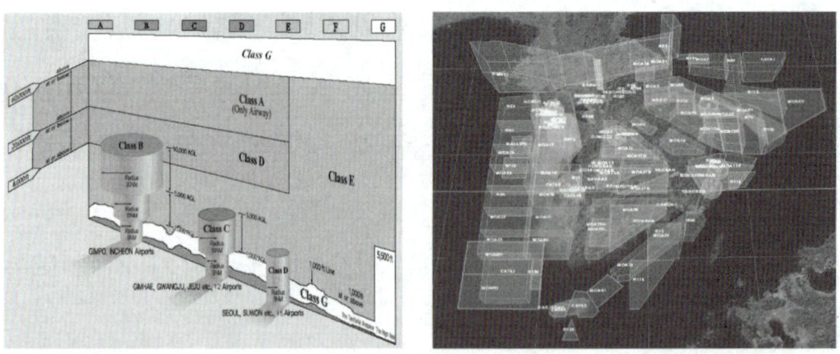

출처 : 한국공항공사 항공훈련기술원

표 13-1 ICAO 공역분류

공역 분류	비행 종류	분리 실시	서비스 제공	구름에서 시계 기상 조건의 시정 및 거리	속도 제한	무선통신 요구	항공교통관제 인가
A	IFR	전 항공기	항공교통관제 서비스	적용 무	적용 무	계속 통신요구	필요
B	IFR	전 항공기	항공교통관제 서비스	적용 무	적용 무	계속 통신요구	필요
	VFR	전 항공기	항공교통관제 서비스	해발고도 10,000ft 이상 시 8km 해발고도 10,000ft 이하 시 5km	적용 무	계속 통신요구	필요
C	IFR	IFR에서 IFR VFR에서 VFR	항공교통관제 서비스	적용 무	적용 무	계속 통신요구	필요
	VFR	IFR에서 VFR	IFR에서 분리를 위한 항공교통 관제 서비스 VFR/VFR 교통정보	해발고도 10,000ft 이상 시 8km 해발고도 10,000ft 이하 시 5km 구름에서 1.5km 거리 및 0.3km 수직	해발고도 10,000ft 이하 시 250kts	계속 통신요구	필요
D	IFR	IFR에서 IFR	VFR 비행에 대해 교통정보 포함한 항공교통관제 서비스	적용 무	해발고도 10,000ft 이하 시 250kts	계속 통신요구	필요
	VFR	무	VFR과 IFR 비행한 교통정보	해발고도 10,000ft 이상 시 8km 해발고도 10,000ft 이하 시 5km 구름에서 1.5km 거리 및 0.3km 수직	해발고도 10,000ft 이하 시 250kts	계속 통신요구	필요
E	IFR	IFR에서 IFR	VFR 비행에 대해 교통정보 포함한 항공교통관제 서비스	적용 무	해발고도 10,000ft 이하 시 250kts	계속 통신요구	필요
	VFR	무	교통정보	해발고도 10,000ft 이상 시 8km 해발고도 10,000ft 이하 시 5km 구름에서 1.5km 거리 및 0.3km 수직	해발고도 10,000ft 이하 시 250kts	불요	불요
F	IFR	IFR에서 IFR	항공교통 조언서비스 비행정보 서비스	적용 무	해발고도 10,000ft 이하 시 250kts	계속 통신요구	불요
	VFR	무	비행정보 서비스	해발고도 10,000ft 이상 시 8km,	해발고도 10,000ft	계속 통신요구	필요

공역 분류	비행 종류	분리 실시	서비스 제공	구름에서 시계 기상 조건의 시정 및 거리	속도 제한	무선통신 요구	항공교통관제 인가
				해발고도 10,000ft 이하 시 5km, 구름에서 1.5km 거리 및 0.3km 수직 해발고도 3,000ft 이하 또는 지형 10,000ft 이상 시 5km	이하 시 250kts		
G	IFR	무	비행정보 서비스	적용 무	해발고도 10,000ft 이하 시 250kts	계속 통신요구	필요
	VFR	무	비행정보 서비스	해발고도 10,000ft 이상 시 8km, 해발고도 10,000ft 이하 시 5km, 구름에서 1.5km 거리 및 0.3km 수직	해발고도 10,000ft 이하 시 250kts	계속 통신요구	필요

3. 항공로

가. 정의

항공안전법 제2조제13호

"항공로"(航空路)란 국토교통부장관이 항공기, 경량항공기 또는 초경량비행장치의 항행에 적합하다고 지정한 지구의 표면상에 표시한 공간의 길을 말한다.

나. Color 항공로

한 지점에서 다른 지점으로 비행하는 항공기는 지정된 항로에 따라 비행한다. 처음에는 이 항로에 색깔을 지정하였다. 동서간의 항로는 녹색(Green), 남북 간의 항로는 호박색(Amber)으로, 2차 항로의 동서항로는 적색(Red), 남북항로는 청색(Blue)으로 정하였으며, 색상마다 Green 3, Red 4와 같이 숫자를 붙여 사용하였다. 이와 같은 색상 항로는 배정된 고도에다 Green 및 Red의 동쪽행 항공로는 1,000ft를 감산하여 고도를 배정하였다. Amber 및 Blue 항로의 북쪽행은 1,000ft를 가산하고, 남쪽행은 1,000ft를 감산하여 고도를 배정하였다. 이와 같은 색상 항로는 저주파수/중간주파수(LF/MF)의 전 방향 무선표시기를 사용하였으나, 항공기가 Victor 항로를 개발 사용할 수 있는 장비를 장착함에 따라 이 색상 항로는 사용이 중지되었다.

다. Victor 항공로

LF/MF 전방향무선표시기에 이어 VHF 전방향무선표시기(VOR)가 출현함에 따라, Victor 항공로를 제정하게 되었다. 각 VOR 송신소는 가기 다른 무선주파수를 보유하고 있어, 조종사는 VOR 송신소로 이동하는 비행방식으로 원하는 방향을 찾아 비행할 수 있게 되었다. 이 항로의 숫자 체제에서 짝수는 동서 방향 항로에, 홀수는 남북 방향 항로에 배정하였다.

이 Victor 항로 체제의 장점은 VOR 송신소는 상대적으로 공중전차 방해가 거의 없으며, 조종사가 VOR 송신소까지 공중 위지를 판단하는데 LF/MF보다 매우 용이하다. Victor 항로는 항공항법 지도상에 V−1, V−4와 같이 표기되어 있으며, 항로의 중심선 양쪽 4nm 평행선 낸 공역이 포함되어 있다. 만일 항로를 구상하는 2개의 VOR 송신소가 120nm 이상 떨어져 있으면, 항로가 포함된 공역은 Jet 항로로 표시된다.

그림 13-7 국내 항공로 현황

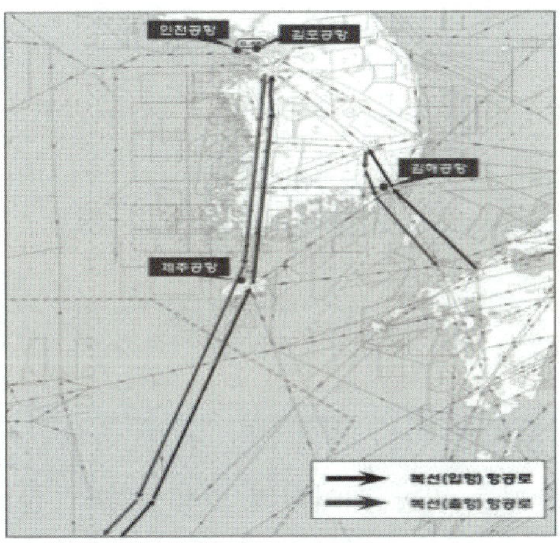

출처 : 항공정보포탈, 한국항공협회 사이트

라. Jet 항공로

1958년 상업 Jet 항공기의 출현으로 항공기의 비행고도는 급속히 고도화되었다. 고공에서 특정 항로구성을 위한 VOR 송신소는 전파를 직선으로 송신하기 때문에 저고도 항로 구성 때보다 그 수가 감소되었다. 따라서 저고도 비행에 요구되는 모든 지상 송신소를 고고도 항로구성에 이용할 필요가 없게 되었다. 오늘날에는 Victor 항로와 Jet 항로가 공해 존재하지만, Jet 항로는 Victor 항로용 지상 VOR 송신소로 연결하지만 모두가 활용되지는 않는다. Victor 항로의 고도는 해발고도 18,000ft부터 45,000ft까지이며, 45,000ft 이상의 고도에는 항로를 제정하지 않고 항공기를 개별적으로 처리한다. Jet 항로의 숫자체제는 J－1, J－2와 같이 표기한다. Jet 항로를 구성한 VOR 송신소간은 120nm이상 떨어져 있으며, 260nm 떨어진 2개의 VOR 송신소간 Jet 항공로가 있다.

4. 항공교통 분리

항공기의 최소 분리기준이 되는 항공교통 규칙은 수직, 종적, 횡적으로 ICAO에서 제정하여, 각 정부의 관련기관에서 자국에 적합하도록 수립하여야 한다. 이 최소분리규칙은 비행조건(VMC / IMC), 항공기 종류, 항공기 속도, 레이더 지원, 항법보조시설, 기타 소용돌이와 같은 기상요소에 따라 결정된다.

가. 수직분리

국지지역의 항공기 최소 수직분리는 지상으로부터 해발고도 29,000ft까지는 1,000ft이며, 해발고도 29,000ft 이상의 최소분리는 2,000ft이다. 국지지역 내에서는 500ft의 수직분리를 유지하여야 하나, 대형항공기 밑에서는 1,000ft의 수직분리를 유지한다.

나. 종적분리

최소종적분리는 여러 요소에 따라 정해진다. 가장 중요한 요소는 항공기 크기, 항공기 속도 그리고 항공교통관제를 위한 레이더의 가용성이다. 분리를 위해 최대인가이륙중량에 따라 항공기를 초대형(Heavy), 대형(Large), 소형(Small)으로 분류한다. 초대형항공기는 최대인가이륙중량이 300,000 lbs 이상이며, 대형항공기는 12,500 lbs 이상에서 300,000 lbs까지이며, 소형항공기는 12,500 lbs 이하다. 항공기의 크기는 요란(Wake Turbulence) 과 연관이 있는데, 초대형항공기는 소형항공기가 뒤따를 때 장애를 초래하는 소용돌이(Vortex)가 항공기의 후미에서 발생하기 때문이다. 항공로의 최소 종적분리는 시간과 거리에 따라 다음과 같이 구분한다.

- 전방 항공기가 후방 항공기보다 40 kts 이상 빠를 때는, 항공기 간 분리는 DME를 사용하여 5 nm으로 하며, 다른 모든 항공기간에는 3분 간격으로 분리한다.
- 전방 항공기가 후방 항공기보다 20 kts 이상 빠를 때는, 항공기 간 분리는 DME를 사용하여 10 nm으로 하며, 다른 모든 항공기간에는 5분 간격으로 분리한다.
- 전방 항공기와 후방 항공기가 동일한 속도일 경우에는 DME를 사용하여 20 nm으로 분리하며, 다른 모든 항공기는 10분 간격으로 분리한다.
- 상승 또는 강하하는 항공기 간 분리는 DME를 사용하여 10 nm으로 하며, 다른 모든 항공기는 5분 간격으로 분리한다.
- DME를 사용한 항공기와 DME를 사용하지 않은 항공기간의 분리는 30 nm이다.

요란(Wake Turbulence)의 발생요인이 없고, 레이더 관제가 가능할 때, 동일방향 및 동일고도로 비행하는 2대의 항공기 간 최소종적분리는 5nm이나, 공항 주변 40nm 이내의 레이더 유효범위에서는 3nm이다.

다. 횡적분리

해발고도 18,000ft 이하의 항로상 최소 횡적분리는 8nm이고, 18,000ft 이상 고도에서의 분리는 20nm이며, 대양(大洋)의 항로상 최소 횡적분리는 위치와 감시 능력에 따라 60nm에서 120nm이다.

표 13-2 VFR 및 IFR 상태하의 동일 활주로 접근 항공기 간 수평분리(nm)

선도 항공기 종류	VFR			IFR		
	추적 항공기 종류			추적 항공기 종류		
	초대형	대형	소형	초대형	대형	소형
초대형	2.7	3.6	4.5	4.0	5.0	6.0
중형	1.9	1.9	2.7	3.0	3.0	4.0
소형	1.9	1.9	1.9	3.0	3.0	3.0

표 13-3 VFR 및 IFR 상태하의 동일 활주로 연속 출발 시 분리시간 간격(초)

선도 항공기 종류	VFR			IFR		
	추적 항공기 종류			추적 항공기 종류		
	초대형	대형	소형	초대형	대형	소형
초대형	90	120	120	120	120	120
중형	60	60	50	60	60	60
소형	50	45	35	60	60	60

section 02 항공교통 관제시설

1. 항공교통관제 자동화체제

항공교통 관제체제의 자동화 필요성에 대해서는 많은 이유를 들 수 있는데, 그중 특히 중요한 것들은 다음과 같다.

- 향후 증가되는 항공교통수요를 기술적으로 수용, 확장할 수 있는 운용체제의 확보
- 공역운영의 최소통제 및 항공기의 효율적인 연료사용에 기여할 수 있는 요구 수용
- 공중 및 지상의 충돌 방지와 이·착륙 및 기상 관련사고 위험의 최소화
- 항공교통 처리업무 면에서 항공교통 관제요원의 생산성 향상
- 항공교통 관제체제의 운용정비 기술요원 감소
- 항공교통 관제체제의 전반적인 운용비용의 적정수준 유지
- 항공기를 더 정확히 감시할 수 있는 향상된 항공교통 관제체제로써 항공기 간 분리간격을 최소화시켜 공역운용 능력 향상

위에서 언급한 이유 중 관제사의 생산성 향상은 경제적인 면에서 대단히 중요하다. 한 사례로 미국의 실태를 분석하여 보면, 1981년에 항로 및 국지 항공교통 관제체제의 자동화사업 추진이 완성되는 2000년에는 직원 수를 약 2/3인 1만 6천명으로 감소시킬 수 있을 것으로 판단하고 있다. 만일 자동화 사업을 추진하지 않고 현 체제를 유지한다면, 항공교통량의 증가로 관련부서 간 협의증가와 관제구역의 세분화가 요구되어 추가적인 근무직원의 수요가 증가될 것이다. 따라서 관제사 생산성 증진 방안에 대하여 많은 토의를 한

그림 13-8 항로상 비행절차

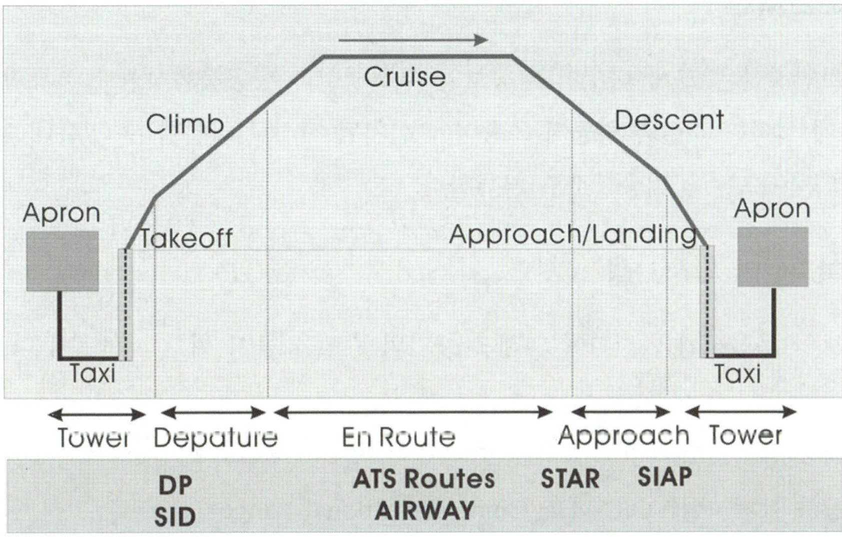

결과 대략적으로 2개의 일반 분야가 필수적인 것으로 나타났다. 첫 번째는 비행진행 기록쪽지(Strips)의 준비 및 최신자료유지, 비행계획서상의 충돌위험성 발견 등과 같은 관제사 일상 업무의 자동화였으며, 두 번째는 관제사에게 항공기의 흐름을 감시할 수 있는 시간은 증가시킨 반면에 조종사와 관제사간의 통신은 최소화하는 것이었다.

가. 국지자동레이더 체제(ARTS : Automated Radar Terminal System)

항공교통관제를 위한 주요 보조시설은 통신과 레이더이다. 관제사는 레이더 Scope로 항공기간의 간격을 계속 감시하던 중 관련규정 위반을 발견하면 조종사에게 통신으로 시정지시를 한다. 레이더의 종류는 1차 및 2차가 있다. 1차 레이더는 레이더 Scope 상에 작은 Blip으로 나타난다. 2차 레이더는 송신기와 수신기로 구성되어 있어, 항공기가 일정한 신호를 수신하게 되면 자동적으로 응답을 보내는 Transponder를 장착하고 있을 경우 부호(Code)화 된 신호를 지상에서 항공기에 보낸다. 항공기의 Transponder는 지상의 신호를 수신하여 지상의 Interrogator에 부호신호로 회신한다. 부호신호 회신은 통상적으로 항공기 식별과 고도에 관한 정보를 제공한다.

2. 항공보안시설

항공보안시설은 크게 나누어 항공보안 무선시설과 항공등화시설로 분류할 수 있다. 또한 지상에 설치된 시설과 항공기 조종석에 설치된 시설로 구분할 수 있는데 육상용 2는 대양용, 항공용 또는 국지용으로도 분류한다.

가. 항공보안 무선시설

항공보안 무선시설은 전파에 의해 항공기의 항행을 돕기 위한 시설로서 다음과 같다.

- 무지향 표지시설(NDB : Non-Directional Radio Beacon)
- 전방향 표지시설(VOR : VHF Omni-Directional Range)
- 거리측정시설(DME : Distance Measuring Equipment)
- 계기착륙시설(ILS : Instument Landing System)
- 레이더시설(RADAR : Radio Detecting And Ranging)

1) 항로용 항공보안 무선시설

가) 전방향 표지시설(VOR)

제2차 세계대전 중 또는 후에 무선과 전자산업의 발달은 비행 중인 항공기가 사용할 수 있는 무선방향 표지시설을 개발하게 되었다. 이 장비는 지상에 설치되며 전 방향으로 무선신호를 발신한다. 각 신호는 한 방향을 가리키거나, 또는 항공기가 무선신호를 따라 비행할 수 있는 항공로를 보여준다. 이 VOR 체제는 항로용과 공항용이 있으며, 유효범위는 통상적으로 200nm 이내이다. 조종석에 VOR 수신기를 탑재한 항공기는 해당 VOR 주파수로 전환할 수 있는 Dial이 있다. 조종석에 항공기 방향을 표시하는 진로이탈표시기(CDI : Course Deviation Indicator)가 있으며, 이 CDI는 요구하는 항공기 방향에 대해 항공기가 정방향인지 또는 정방향이 좌우측에 위치하고 있는지를 표시한다.

나) 거리측정시설(DME)

통상적으로 DME는 VOR과 같이 설치하며, 조종사에게 항공기와 DME 송신소 위치 간의 사선거리를 제공한다. 이 거리는 nm이며, 35,000ft로 비행하고 있는 항공기가 DME 송신소 상공에 위치하고 있을 때 5.8nm을 가리킨다. 항공로용 항공항법장비로 많이 사용 중인 장비는 TACAN(Tactical Air Navigation)으로서 1950년대에 미 해군에서 군의 전술 요구에 따라 개발한 장비이며, UHF 대역의 장비로 방향 및 거리를 측정할 수 있다. 민간항공에서는 거리측정 기능을 위해 TACAN 장비를 활용한 항로용 방향 및 거리측정 장비로 VORTAC를 제정하였다.

그리고 공항에는 TVOR/DME 장비를 설치하며, 설치위치는 최소한 활주로 중심선에서 150m, 유도로 중심선에서 45m 이상 떨어져 설치되어야 한다. 추가적 기능으로 ILS가 설치되지 않은 공항이나, ILS 설치 공항에서 ILS 고장 시 TVOR/DME 계기착륙절차를 수립하여 운용하고 있다.

다) 항로감시 레이더(Air Route Surveillance Radar)

항로상의 항공기 추적을 위한 장거리 레이더로서, 유효거리는 통상적으로 250nm 이내이다. 정확히 말하자면 레이더는 항법보조시설이 아니며, 주기능은 항공교통 관제사에게 각 항공기의 위치와 관련된 정보를 시각적으로 전시하여 항공교통 관제업무를 수행토록 하는 데 있다. 그러나 레이더 관제사가 필요에 따라 항공기를 유도하는 데에도 사용하고 있어, 넓은 의미의 항법보조시설에 포함시키고 있다. 많은 국가에서 투자 및 운용비의 절감을 위해 공항감시 레이더 중에서 장거리감시 레이더 기능을 수행할 수 있도록 하여 많이 활용하고 있다. 공항감시 레이더로서 지원 불가능한 지역에 한하여 항로감시 레이더를 설치 운용하고 있다.

2) 국지용 항공보안 무선시설

가) 계기착륙시설(ILS : Instrument Landing System)

ILS는 민간 항공분야에서 가장 많이 사용하고 있는 계기착륙시설로서 공항에 설치된 2개의 무선송신기로 구성되어 있다. 이 무선송신기는 활주로에 접근하기 위해 활주로 중심선 연장선상에 올바른 활주로 정대 여부 정보를 제시하는 Localizer와 활주로로 강하하

그림 13-9 계기착륙시설(ILS) 배치

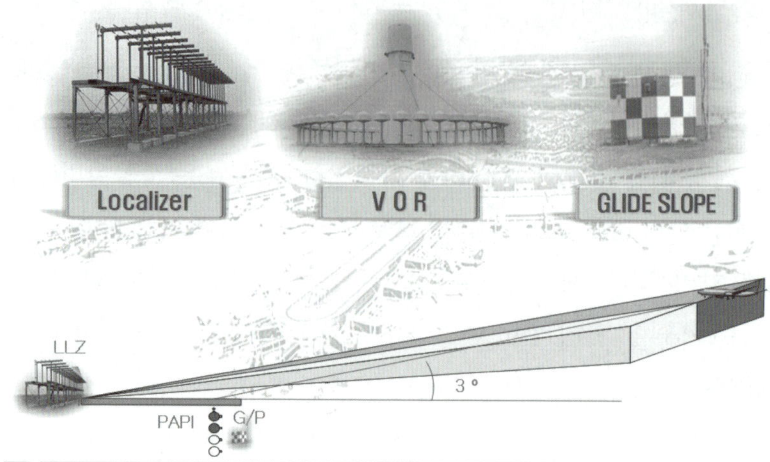

기 위해 정확한 강하각 유지 정보를 조종사에게 제공하는 Glider Slope가 있다. Localizer는 활주로 말단으로부터 활주로 중심선 연장선상 300m 지점에 안테나가 설치되어 있으며, Glide Slope는 활주로 말단으로부터 210~375m, 활주로 중심선부터 75~120m의 범위 내에 안테나가 설치되어 있고 통상적인 활공각은 3° 이다. ILS로 활주로에 접근하는 항공기를 지원하기 위해 위의 2개 무선송신소 외에 3개의 저출력 FAN Marker가 있다. 그 중에 Outer Marker(OM)는 접근활주로 말단으로부터 7.4~13km 범위 내에 위치하며, 착륙하기 위해 활공각 신호를 포착하고 최종강하를 개시하는 지점이다. Middle Marker(MM)는 활주로 말단으로부터 600~1800m 범위 내에 위치하며 CAT-Ⅰ ILS의 계기 접근 시 활주로 육안 확인이 불가하면 실패접근(Missed Approach)을 하는 결심고도(Decision Height)와 활공각이 교차하는 지점이다. Inner Marker(IM)는 활주로 말단으로부터 300m에 위치하며, CAT-Ⅱ와 CAT-Ⅲ ILS의 계기 접근 시 결심고도와 활공각이 교차하는 지점이다.

나) 착륙시설(MLS: Microwave Landing System)

ILS에 많은 문제점이 나타남에 따라 보다 발달된 착륙시설 개발의 필요성이 대두되었다. ILS는 지표면에서 반사되는 신호를 기초로 하고 있으므로, 지향성 전파(Beam)를 찌그러뜨리지 않도록 하기 위해 안테나 주변지역을 평탄하게 해야 하고, 건물, 이동항공기 또는 물체와 같은 장애물이 있어서는 안 된다. 또한 ILS는 넓은 공역에서 단지 1개의 접근 비행로만 제공하므로, ILS를 사용한다면 접근하는 모든 항공기는 한 개의 접근 비행로만 이용하여야 한다. 이와 같은 문제점을 해결하기 위해 MLS를 개발하게 되었다. 수평비행중인 항공기에 있어서 MLS는 활주로 중심선의 양쪽 좌우 60° 및 상하 20° 범위 내에서 어느 방향에서나 활주로로 접근할 수 있다. 또한 MLS는 거리측정 능력을 보유하고 있어 거리정보를 ILS는 Maker에 의존하지만, MLS는 활주로 말단에서 항공기 간 거리정보를 계속적으로 제공받을 수 있다. MLS는 ILS에 비하여 주변 장애물로부터 간섭을 적게 받을 뿐만 아니라 활주로에 접근할 때에 조종사는 이 MLS의 수직 유효범위 내에서 활공각으로 요구방향을 선택할 수 있다. 공항의 입장에서 MLS의 가장 큰 장점은 항공기가 공항으로 접근강하하기 전에 고고도를 유지할 수 있고 분산접근을 할 수 있으며, 또한 주거밀집지역도 피할 수 있어 소음감소에 크게 기여할 수 있다.

다) 정밀접근 레이더(PAR : Precision Approach Radar)

일부 군용비행장에는 지상유도접근관제소(GCA : Ground Control Approach)로 알려진 또 다른 착륙보조시설이 설치되어 있다. 이 GCA는 공항감시레이더(ASR)와 정밀접근 레이더(PAR)로 구성되어 있으며, 제2차 세계대전 중 항공기 탑재장비 없이, 착륙보조기능을 수행할 수 있도록 개발하였다. 정밀접근 레이더는 관제사에게 공항 접근 항공기의 거리와 고도정보를 제공한다. 관제사는 얻어진 정보를 통해 항공기의 활공각, 거리 및 고도가 정확하게 유지되는지 여부를 감시하고, 관제사는 레이더 정보를 음성통신으로 조종사에게 제공한다. 공항에 ILS 및 PAR 시설이 설치되어 있으면 항공기 조종사는 ILS로 접근하고 있더라도, PAR에 의한 레이더 감시를 요구할 수 있다. 홍콩 국제공항은 활주로 31 방향은 ILS 착륙도 가능하나, 활주로 13 방향은 접근지역의 장애물로 인해 ILS 착륙은 불가능하여 PAR에 의한 정밀접근 착륙을 하고 있다.

라) 공항감시 레이더(ASR : Airport Surveillance Radar)

공항주변공역에서 운용되고 있는 전반적인 공역현황을 TRACON 또는 관제탑의 관제사에게 제공하기 위해 주요 공항에 ASR 장비를 설치하여 운용하고 있으며, 항공교통관제 서비스 보조를 위해 추가적으로 2차 감시 레이더(SSR : Secondary Surveillance Radar)를 설치 운용하고 있다. SSR은 Mdode A 와 C를 통해 항공기 식별, 기압고도의 자동 송신 및 감시를 할 수 있는 기능을 보유하고 있으며, 현재 Mode S를 개발 중에 있다. ASR은 통상 60nm, SSR은 200nm의 유효범위로서 360° 회전을 통하여 얻어진 공역정보를 TRACON의 전산체제인 국지자동레이더체제(ARTS : Automated Radar Terminal System)에서 레이더 자료를 획득하여 TRACON의 레이더 스코프(Scope)와 관제탑의 BRITE(Bright Radar Tower Equipment)에 항공기 호출부호, 속도, 기압고도, 방향 등의 정보를 제공하고 있다.

마) 공항표면 감시 장비(ASDE : Airport Surface Detection Equipment)

대형화된 고밀도 공항에 있어서 관제사가 시정 및 시계제한으로 항공기를 볼 수 없는 상태에서 이동 항공기의 관제는 대단히 어렵다. 따라서 지상의 항공기 이동지역 내 이동물체 정보를 제공할 수 있도록 특별히 설계된 지상 레이더인 ASDE는 관제사의 지상교통 관제업무의 보조수단으로 개발되었다. 이 장비는 공항 지상의 이동 항공기 및 차량의 위치를 표시하는 레이더로서, 관제탑 관제사에게 활주로, 유도로, 주기장, 여객청사 지역의 이동물체 정보를 화면으로 보여준다.

3. 항공등화

항공등화는 불빛에 의하여 항공기의 항행을 돕는 시설이며, 그 중 비행장 등화는 야간이나 계기비행 기상조건하에서 항공기 이륙 또는 착륙을 돕기 위한 시설로서, 주요시설은 다음과 같다.

가. 비행장 등대(Aerodrome Beacon)

그림 13-10 비행장 등대

출처 : 항공정보포탈, 한국항공협회

나. 진입등(ALS : Approach Lighting System)

그림 13-11 진입등

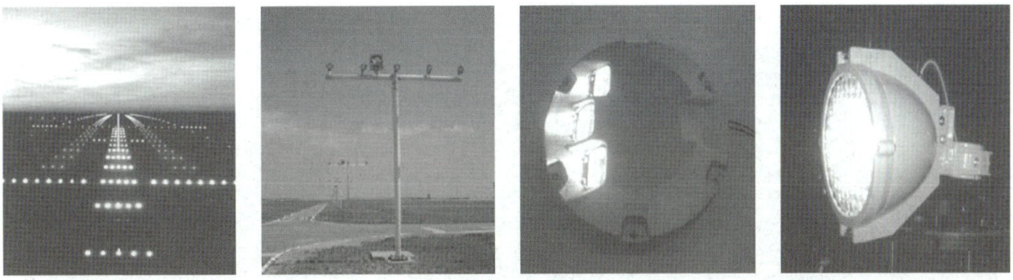

출처 : 한국공항공사 항공훈련기술원

다. 진입각지시등(PAPI : Precision Approach Path Indicator)

그림 13-12 진입각지시등

출처 : 항공정보포탈, 한국항공협회

라. 활주로등(Runway Edge Light)

그림 13-13 활주로등

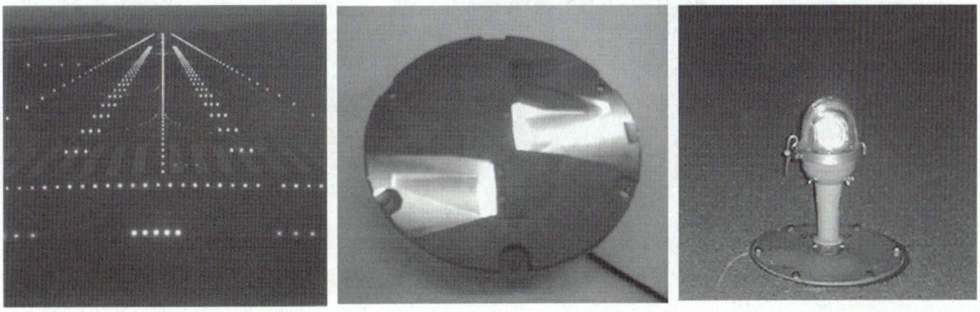

마. 활주로말단등(Runway Threshold Lights)

그림 13-14 활주로말단등

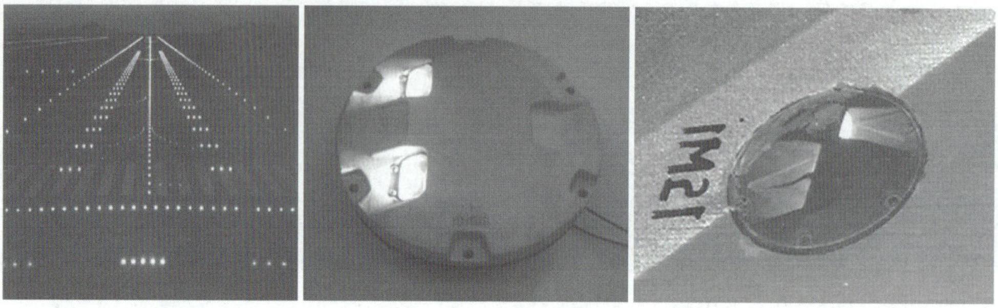

바. 접지대등(Runway Touchdown Zone Light)

그림 13-15 접지대등

사. 활주로거리등(Runway Distance Marker Sign)

그림 13-16 활주로거리등

아. 유도로등(Taxiway Edge Light)

그림 13-17 유도로등

자. 착륙방향지시등(Landing Direction Indicator)

그림 13-18 활주로 중심의 항공등화 위치

출처 : 항공정보포탈, 한국항공협회

표 13-4 공항시설법상 항공등화시설 관리기준

[공항시설법 시행규칙]

[별표 17] 항행안전시설의 관리기준(제40조제1항 관련)

1. 항공등화 관리기준
   가. 항공등화는 별표 14 에 따른 설치기준에 적합하도록 유지할 것
   나. 항공등화의 기능유지를 위하여 개수 · 청소 등을 할 것
   다. 건축물 · 식물 그 밖의 물건에 의하여 항공등화의 기능이 저해될 우려가 있는 경우에는 지체 없이 해당 물건을 제거하는 등 필요한 조치를 할 것
   라. 천재지변이나 그 밖의 사고로 인하여 항공등화의 운용에 지장이 생긴 경우에는 지체 없이 그 복구를 위하여 노력하고 그 운용을 될 수 있는 대로 계속하는 등 항공기의 안전운항을 위하여 필요한 조치를 할 것
   마. 항공등화의 관리자는 다음 각 목의 사항이 기록된 항공등화에 관한 업무일지를 갖춰 두고 1 년 이상 보존할 것
      1) 점검 일시 및 그 결과
      2) 해당 등화의 운용이 정지되거나 그 밖의 사고가 발생한 경우에는 그 일시 및 원인과 그에 대한 조치
3) 국토교통부장관에게 통지 또는 보고한 사항과 그 일시
   바. 항공등대와 비행장등대는 정해진 운용시간에는 점등을 유지할 것
   사. 공항 · 비행장의 등화(비행장등대는 제외한다)는 야간(태양이 수평선 아래 6도보다 낮은 경우를 말한다)과 계기비행 기상상태에서 항공기가 이륙하거나 착륙하는 경우 또는 상공을 통과하는 항공기의 항행을 돕기 위하여 필요하다고 인정되는 경우에는 다음 각 목의 방법으로 점등할 것
      1) 항공기가 착륙하는 경우에는 해당 착륙 예정시각 1 시간 전에 점등준비를 하고 그 착륙 예정시각보다 최소한 10 분 전에 점등할 것
      2) 항공기가 이륙하는 경우에는 이륙한 후 최소한 5 분간 점등을 계속할 것
      아. 항공등화를 유지 · 보수하는 인력에 대하여 국토교통부장관이 정하는 바에 따라 교육훈련 등을 실시할 것
   자. 그 밖에 국토교통부장관이 정하여 고시하는 관리기준에 적합하게 관리할 것

Chapter 14

공항의 지상조업(Ground Handling)

section 01 지상조업의 이해

1. 지상조업의 정의

"지상조업"이란 항공기 이동지역인 계류장에서, 항공기의 안전과 승객의 편안한 비행을 위한 항공기의 정비·급유, 하역, 기타 항공기의 입·출항에 필요한 유도, 동력지원, 승객 및 승무원 탑승, 항공기 청소 등의 업무와 여객청사 내에서의 여객에 대한 항공권발권·체크인·수화물위탁 등 탑승수속을 위한 업무가 있고, 화물청사에서의 화물처리를 위한 업무가 있다. 현재 국내에서는 항공기 운항과 정비를 제외한 여객의 탑승수속, 승객, 수화물의 탑재, 하기, 화물의 탑재와 하기, 램프조업, 항공기 기내 청소, 급유, 항공기 기내용품의 세탁과 수리 등의 업무를 지상조업사가 수행하고 있다. 그러므로 지상조업의 개념은 "공항의 램프지역과 화물터미널 지역에서 여객 및 항공기가 도착하여 출발하기 전까지 공항에서 일어나는 램프조업, 화물의 탑재와 하기 및 창고보관, 승객 수화물조업, 급유조업, 객실청소와 항공기 외부청소, 기내식의 탑재와 하기, 기용품의 세탁 및 수리업무, 여객의 탑승수속, 라인정비업무 및 기타 항공기 서비스를 위한 공항에서의 제반 행정업무를 수행하는 것이다"라고 정의할 수 있다.

2. 지상조업 업무범위

여객청사를 통한 여객, 수하물 및 화물의 이동과 주기장의 항공기 재출발 준비는 공항의 지상조업 활동으로 이루어진다. 이러한 지상조업은 공항당국, 항공사, 지상조업체 및 공항운영 방침 등에 의해 복합적으로 수행되며, 지상조업 절차는 Landside와 Airside 지역으로 구분할 수 있다.

표 14-1 지상조업 업무범위

구분	업무범위
Landside	수하물 체크, 수하물 취급, 수하물 인도, 발권 및 체크인, 승객탑승 및 하기, 통과여객 취급, 노약자 및 장애인 보호, 운항정보 제공, 정부기관 통제, 짐 검사, 보안, 화물
Airside	항공기 보호, 항공기 유도, 항공기 시동, 항공기 이동, 안전조치 - 램프상의 항공기 서비스 고장수리, 급유, 바퀴점검, 얼음제거, 냉난방, 화장실 청소, 음료수 공급, 정기점검, 수시점검, 창문세척, 항공기 외부세척 - 기내 서비스 기내청소, 기내오락, 기내식 제공, 좌석배열 - 램프장비 운영 스텝카 운영, 기내식 탑재, 화물탑재, 우편물 장비탑재, 승무원 전용 스텝카 운영

항공기 지상조업은 항공운송산업의 한 분야로 생산 설비인 해당 장비를 운용, 무형재(Immaterial Goods)인 항공운송보조서비스를 고객항공사에게 제공하고 그 대가로 징수한 요금으로 수익을 얻는 일종의 공익성에 우선을 둔 생산 활동으로 그 기능은 다음과 같다.

표 14-2 지상조업의 기능

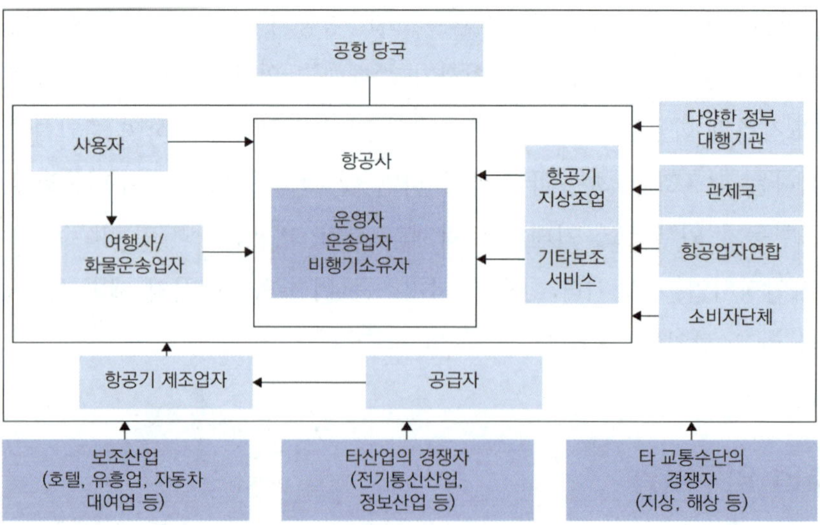

그림 14-1 항공기 중심의 지상조업 업무분류

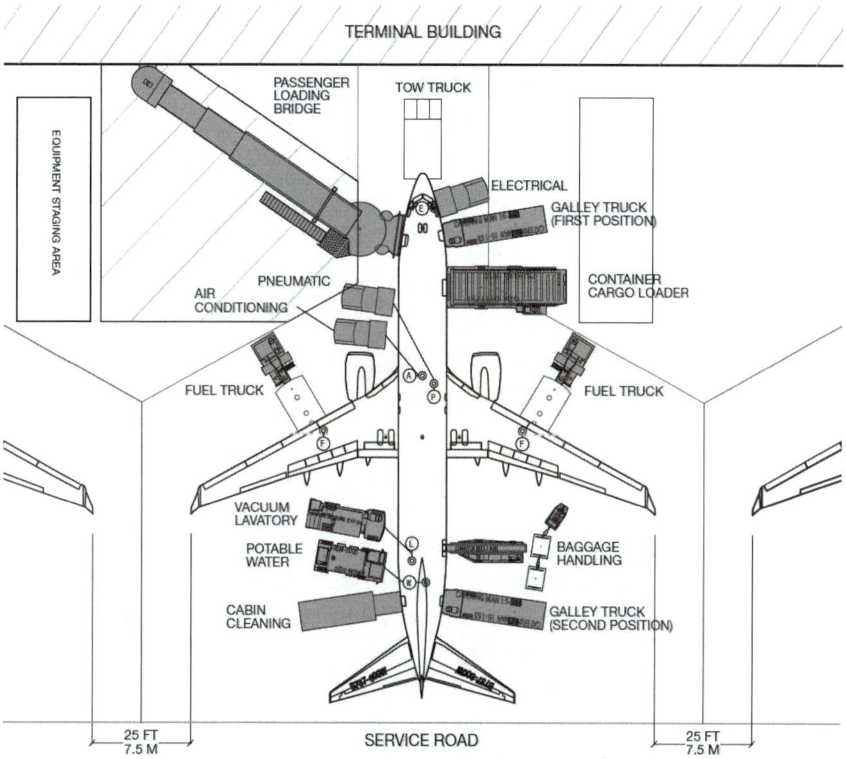

[

항공기 지상조업분야는 크게 공항의 Terminal 및 Airside에서 수행되며 작업 내용에 대한 것은 다음과 같다.

표 14-3 지상조업표준 점검표

분 야	구 분	내 용
에어사이드	장 비 서비스	· Ramp 차량의 상태 및 서비스 능력 · Ramp 장비의 상태 및 서비스 능력 · Ramp 장비 자량의 정비 · Ramp 장비 및 차량의 통제 · 표준 및 안전 절차의 추구 · 통신
	항공기 탑승 · 하기 조업	· 항공기 외부 및 내부 상태 · 탑승 지시의 적절성 · Ramp 장비 계획 및 가용성 · 항공기 지원 장비 위치 · 탑승 및 하기 감독

분 야	구 분	내 용
		· 하중 장비의 운용 · 항공기 탑재 체제의 운용 · Ramp 안전 · Ramp 보안
	청소/기내식 조업	· 표준 조종사 및 기내 청소 배치 · 화장실/음료수 서비스 · 기내식 탑재, 하기 · 탑승교 운용
	하중 통제 조업	· 하중표 작성의 정확성 및 적절성 · 하중 계획 · 무연료 계산 및 비행 준비
	항공기 운항관리 조업	· 정확한 기록 · 재출발 준비/환승 감독 · 항공기부터 여객 하기 · 탑승 장소에서 여객 대기 시간 · 기록 및 서류철 · 항공기 출발 시간 기록의 정확성 · 비행 계획서, 기상 정보 배포
	수출조업	· 수락 절차 · 서류 : 절차 및 정확성 · 예약 : 절차 및 성능 · 저장 : 절차 및 성능 · 집의 조립 : 절차 및 성능 · 중량 점검 · 적재 : 절차 및 성능
	중요 조업	· Pallet/Container의 분해 : 절차 및 성능 · 세관 인가 서류 · 수하인 통보 · 화물의 지체 시간 · 분실/파손 화물 처리 절차 · 인도 절차의 증명 · 위험 물질의 처리 절차 · 고가 품목의 처리 절차 · 우편 처리 철차
	지상 조업 행정	· 사물실 · 집기류 및 장비상태 · 점검 기록 : Ramp 장비, 차량, 사무실, 장비 집기류 · 예산 준비 감시 · 화재 및 감시 항공권 등의 통제 · 고충처리 · 교법 및 지시철 상태

분 야	구 분	내 용
랜드사이드	탑승 수속 서비스	· 탑승수속대의 적절한 운용 · 1등석 탑승 수속 서비스 · 탑승수속의 대기시간 · 좌석선정 절차 · 운항 정보 전시 · 탑승수속 직원의 예의 및 능력 · 여객 수용 통제 · 예비통제, 지가여객과 예약, 환불 · 수하물 Tagging · 탑승권, 발권, 현금, 신용카드의 보안 · 탑승수속 시간의 최대 및 평균 · 기내식 주문 통제 · 탑승권 발급 및 예약
	보완 여객 서비스	· 여객검색 및 정밀 검사의 효율성 · 휴대 수하물 검색 효율성 · 불쾌 정도 및 대기 시간
	탑승 서비스	· 안내 및 방송의 효율성 · 대기 및 탑승지점에서의 문의에 대비한 직원 가용성 · 정부 통제지정의 지원 · 탑승절차의 통제 · 탑승수속과 기내 직원간의 협조 수준 · 특별대합실의 서비스 수준 · 신체부자유자 처리
	도착 서비스	· 비행승무원과 도착여객 서비스 직원 · 종결 및 통과 여객의 정보 · 환승 절차 · 정부통제 지점 통과 지원 · 신체부자유자 처리 · 수하물의 표준 인도 · 수하물 인도 지원
	지연, 전환, 취소 서비스	· 여객 정보 전파 절차 · 환영객 정보 전파 절차 · 목적지 및 항로 상, 지점 상 정보 · 재항로 및 목적지 변경 절차 · 식사, 음료수 및 Hotel 제공
	수하물 시설 서비스	· 분실 및 파손 보고의 수집 · 수하물 추적 절차 · 인도 요구 및 고충절차
	장비 서비스	· 관련 전 장비의 보안 및 상태 점검 (저울, 예약 인쇄기, 좌석 계획표, 항공권 인쇄기, 신용 카드 인쇄기, 계산기 등)

3. 지상조업의 종류

가. 지상조업의 종류

1) 여객업무

항공기를 이용객에 대하여 여객 터미널에서 제공되는 업무로서 터미널 조업이라고도 하며 국내의 경우 대부분 항공사에 의해 수행되어지며 일부 지방 중소 공항의 경우는 항공사의 직원과 지상조업사 직원이 공동 업무를 수행하고 있다. 공항에서 이루어지는 예약, 발권, 탑승수속, 게이트탑승업무, 환승수속업무, 항공기 입출항 보고업무, 항공기 탑재통제업무, 특수승객 취급업무, VIP 취급업무, 운항계획서 작성 및 승무원에 대한 운항브리핑, 전세항공기 제반업무를 말한다. 항공사와 항공이용 승객이 직접적으로 만나고 서비스를 주고받는 부문이며 공항 지상 조업 부문 중 서비스 색체가 항공이용 승객에게 가장 뚜렷하게 나타나는 부문이다.

표 14-4 터미널지상조업

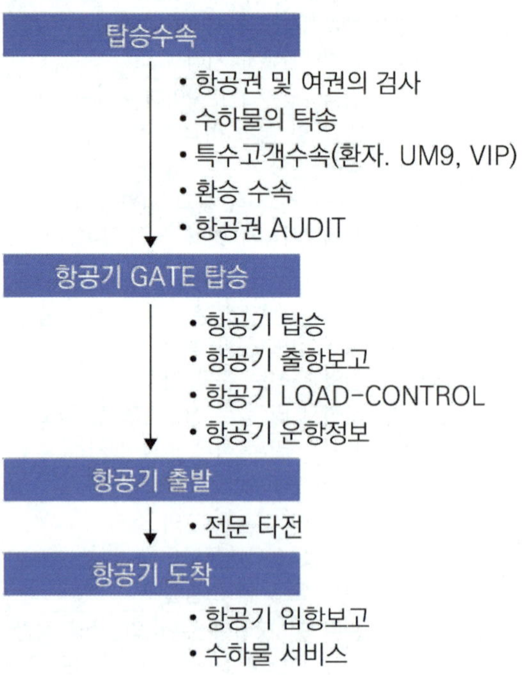

2) 램프업무

항공기가 활주로에 착륙하여 유도로를 따라 터미널에 주기 및 주기 후 출발할 때 까지 항공기, 유도로, 에어사이드에서 항공기 도착 및 출발까지 이루어지는 일련의 지상조업을 말한다.

표 14-5 램프서비스

3) 항공기 급유업무

항공유(JET A-1)를 각 정유사의 저유소로부터 수송하여 일정시간 저장탱크에 침전시킨 후 품질관리상 이상이 없는 항공유만을 하이드란트(Hydrant) 급유시설과 급유장비(Refueler)등을 이용하여 항공기에 공급하는 서비스를 말한다.

- 항공기 급유, 배유(Refueling & Defueling)
- 항공유 판매(Aviation fuel selling)
- 하이드란트 시설 운용(Hydrant system maintenance)
- 항공유 수송 및 저장(Aviation fuel transport & storage)

• 항공유 품질 관리(Aviation fuel quality control)

그림 14-2 항공기 급유서비스

하이드란트 시스템 / 품질검사 / 필터링 / 급유

출처 : 저자

4) 화물업무

수출 항공화물을 화주 또는 항공화물 대리점으로부터 접수하여 계량 및 보세창고에 보관하며 항공기 탑재·하기가 용이하도록 화물용기에 적재하는 업무 및 수입화물의 분류, 보관, 인도 업무와 통과화물의 재 적재 및 보관 업무를 말한다.

- 수출화물의 접수, 보관, 조업
  (Acceptance, Storage & Build up)
- 수입화물의 분류, 보관, 인도
  (Breakdown, Storage & Delivery)
- 통과화물 조업 및 보관
  (Transit Cargo Handling & Storage)

그림 14-3 Cargo서비스

출처 : 아시아나에어포트 사이트

5) 기내식 서비스업무

항공기에 탑재되는 기내식을 생산, 품질관리, 메뉴개발 등 기내식을 항공기에 탑재하며 항공기 도착 후 항공기의 탑재 기내식을 하기하며 항공기 기내에서 사용되는 기용품의 탑재, 하기 및 유지, 보관 업무를 말한다.

- 기내식의 생산
  (Product In-flight Meal)
- 기내식의 탑재, 하기
  (Loading/Unloading and Transport)
- 기용품의 보관, 보수, 제작
  (Storage, Repair & Manufacturing)

그림 14-4 기내식서비스

출처 : 한국공항 사이트

6) 항공기 정비업무

항공기가 RAMP에 주기하는 동안 재 운항을 위한 SPOT점검 및 정비문제 발생 시 운항사 정비본부와 협의하여 항공기 정비수행 및 각 항공기의 정비일지(LOG-BOOK) 작성을 말한다.

- 항공기 운항 SPOT정비
- 항공기 정비일지 작성
- 항공기 부품의 보관 및 조달

그림 14-5 항공기 정비

출처 : 한국공항 사이트

7) 항공기 운항관리업무

항공기 목적지까지 비행에 필요한 운항승무원의 비행계획서 작성 및 운항브리핑 등의 서비스를 말한다.

- 비행계획서의 작성 및 브리핑
- 항공기상의 정보 수집 및 브리핑

- 항공기 운항에 필요한 제반 정보(NOTAM)전달

8) 기타 지상조업 업무

- 지상조업장비(GSE :Ground Serviced Equipment)의 검사, 수리, 제작
- 탑재용기(ULD : Unit Loading Device)수리 및 결함정비
- 기내용품 세탁 및 기내청소
- 유도(Marshalling)

그림 14-6 유도(Marshalling)

출처 : 한국공항 사이트

- 지상전원공급, 냉방 및 난방
- 제빙 및 세척

그림 14-7 제빙 및 세척

세척 제빙

출처 : 한국공항 사이트

4. 지상조업 장비

가. 탑재 및 하기 조업 장비

- High Loader : 화물 및 수하물을 화물실에 ULD 단위로 탑재/하기 시 사용되는 장비로 항공기 Lowerdeck 화물실 사용 장비는 Lowerdeck high loader, Maindeck 화물실에 사용할 수 있는 장비는 Maindeck high loader라 한다.

그림 14-8 벨트로더와 하이로더

벨트로더

하이로더

출처 : 저자

• Conveyor : 수하물 및 소형화물을 소형기의 Belly나 대형기의 Bulk 화물실에 낱개 단위로 탑재/하기 시 사용되는 장비

그림 14-9 컨베이어

출처 : 한국공항 사이트

• Nose dock Loader : 화물을 ULD 단위로 화물청사와 항공기 화물실 내부 간 직접탑재 및 하기 시 사용되는 장비

그림 14-10 Nose dock Loader

출처 : 한국공항 사이트

나. 수송 장비

• Transporter : 적재작업이 완료된 ULD를 화물터미널에서 항공기까지 이동하는데 사용되는 동력 장비

그림 14-11 Transporter

출처 : 한국공항 사이트

- Dolly : Transporter와 동일한 역할을 하나 자체 기동성 없이 Tug Car와 연결되어 사용

그림 14-12 지상조업 수송 장비

터그카 Dolly

출처 : 저자, 카타르 도하공항

다. 화물적재장비

- Folk lift truck : 화물청사 내에서 화물을 적재 작업하는 데 사용되는 장비

그림 14-13 지상조업 Folk lift truck

출처 : 한국공항

라. 기타조업장비

- Step car : 승객의 탑승/하기 시 사용되는 장비
- Food car : catering item을 탑재/하기 시 사용하는 장비
- Fuel Truck : 항공기 연료를 탑재하는데 사용되는 장비
- Potable water truck : 화장실용 물을 탑재/하기 시 사용하는 장비
- Towing car : 항공기를 주기장에서 이동하는데 사용되는 장비
- G.P.U : 지상에서 항공기의 전원을 공급하는데 사용되는 장비

그림 14-14 지상조업장비

토잉바

토잉카

푸시백토잉(Pushback Towing)

소산토잉(Dispersion Towing)

스텝카

퓨얼트럭

케이터링카

출처 : 저자

section 02 지상조업 책임

1. 지상조업의 책임부서

각국의 공항 및 국내공항도 지상조업을 담당하는 조직은 상이하다. 프랑크푸르트, 홍콩, 제네바공항은 지상조업이 공항운영자의 기능으로 되어 있으며, 공항운영자의 직원들이 주기장 조업활동과 여객, 수하물 처리를 담당하고 있다. 공항운영자가 지상조업을 담당하는 경우 항공사에게는 인력감소 효과가 있는 반면에 공항운영자는 높은 고용수준을 가져온다. 공항운영자가 지상조업을 운영하면 경제적이 이점을 기대할 수 있으며 공항전체의 지상조업을 단독으로 운영할 때는 비교적 첨두시산을 시언 없이 처리할 수 있고 시설이 이중화 없이 직원과 장비를 계획할 수 있다. 또한 예비 장비를 확보할 수 있어 정기적으로 예방정비를 하는데 지장이 없다. 그러나 과도한 집중식 운영과 경쟁의 결핍으로 장점이 약점으로 될 수 있고 노사문제로 공항운영에 차질을 줄 수도 있다.

표 14-6 공항별 지상 조업 분업분포표

구분	인천공항	김포공항	히드로공항	프랑크푸르트공항
터미널지역				
수하물 체크 인	D	D	E	I
입/출 수하물 처리	D	D	E	L
수하물 수취	D	D	I	F
여객 체크 인	D	D	E	B
환승 여객 처리	I	B	B	I
연장자, 장애인 승객	B	B	E	I
비행 정보 시스템	B	E	I	A
지상환승 정보체계		E	A	A
경찰 외에 보안	J	J	L	A
에어사이드 램프서비스				
감독	A	A	L	L
마샬링	D	D	E	A
엔진 시동	D	D	E	B
램프 안전 통제	D	-	-	-
지상항공기관련조업				
항공기 점검 작업	D	E	E	B

구분	인천공항	김포공항	히드로공항	프랑크푸르트공항
연료주입	J	D	B	J
항공기 바퀴 확인	D	D	E	B
지상 전력 공급	D	D	L	L
착빙 제거	D	D	E	J
냉/온화	D	D	E	H
화장실 관련 조업	D	D	D	H
휴대용 물 제공	D	D	D	B
항공기 정기 점검	E	D	E	H
항공기 비정기 점검	D	D	E	B
항공기 외관 청소	D	D	E	J
탑승 수속 업무				
객실, 조종석 청소	D	D	E	B
기내식	D	D	B	B
비행 중 오락시설	B	B	B	B
객실맞춤 소 업무	B	B	B	B
좌석변경, 배열설정	B	B	B	B
외부램프장비공급 및 공급자	D	D	E	H
기내식 탑재기	E	D	E	B
우편 및 장비 탑재기	D	D	E	J
스텝	D	D	E	B
계류장승객용버스 및 이동식라운지	D (KAS, AAS)	D	E	-
지상조업운영 주체 구분				
A : 공항 B : 항공사 C : 공항의 조업사 D : 항공사의 조업사 E : B, D 혼용 F : A, B, D 혼용 G : A, B, C, D 혼영 H : B, C, D 혼영 I : A, B 혼영 J : C, D 혼영 K : A, B, C 혼용 L : A, D 혼용 M : B, C 혼용				

출처 : Norman Ashford, Airport Operation, 1999. 참고

주) A-M은 지상조업 운영의 주체를 구분한 것이며 실제 국내외 공항에 의뢰해 조사한 것임 (2017년)

2. 외국공항의 지상조업 특성 비교

독일의 프랑크푸르트공항과 영국의 히드로공항의 지상조업 운영에서 프랑크푸르트공항과 히드로공항의 공통점은 대형허브공항이라는 점과 대규모 여객이 이용하고, 환승률이 높은 공항으로 허브-스포크 네트워크의 구조를 갖추고 있으며 다양한 항공사들이 취항해 연결편이 풍부하다는 것이다. 독일 프랑크푸르트공항을 포함한 유럽의 대부분 공항은

지상조업의 대부분 활동이 공항운영자의 기능에 포함되기 때문에 공항당국의 직원은 계류장관리와 여객의 수하물조업에 대하여 책임을 지고 있다. 이러한 공항에서는 공항당국은 많은 인력을 고용하여야 하는 반면 항공사의 인력은 감소시키는 결과를 야기한다. 반대로 히드로공항은 지상조업의 독점적 지위를 금지 혹은 예방하는 규정을 채택하였다. 대형공항의 경우, 단일조직이 공항의 모든 지상조업장비를 운용할 수 없기 때문에 청사별 또는 항공사별로 지상조업이 이루어지고 있다. 히드로공항의 모든 지상조업사는 자체적으로 지상조업을 운영하거나 제3자에게 지상조업을 제공해 주는 방식을 사용하는데 이는 프랑크푸르트공항과는 다른 운영방식이라고 할 수 있다.

3. 국내공항과 외국공항의 지상조업특성 비교

한국의 인천공항, 김포공항의 지상조업 운영방식을 외국공항과 비교해 보면 가장 두드러지는 특징은 우리나라의 경우 아시아나항공의 자회사인 아시아나에어포트(ASS), 대한항공의 자회사인 한국공항(KAS)이 항공사의 자회사로서 지상조업사 대부분 공항의 지상조업을 담당한다. 공항 내에 취항하는 항공사 중 비율이 높은 아시아나항공의 AAS나 대한항공의 자회사인 KAS가 지상조업을 담당하는 이유는 항공사와 지상조업사 사이의 개별적인 업무처리 보다는 유기적이고 통합적인 업무처리를 위하여 이러한 구조를 채택한 것이다. 외국의 경우, 영국 히드로공항은 상당한 항공교통량의 영향으로 한국과 같이 소수의 지상조업사들이 공항 내 지상조업수요를 충족시킬 수 없다는 점이 한국의 경우와 상이하다. 영국 히드로공항에서 자체적으로 지상조업사를 운영하는 항공사의 비율이 높은 것은 바로 이러한 이유 때문일 것이다. 또 이와는 상반되게 프랑크푸르트의 경우에는 공항운영자와 제3자 지상조업사와 같이 규제완화 이전에는 두 가지 형태의 지상조업사가 담당하였는데 프랑크푸르트의 특징이라고 할 수 있다. 프랑크푸르트의 경우 지상조업을 공항당국이 직접 수행함으로써 환승시간을 최소화하는 허브공항의 장점을 갖추었다 할 수 있는데, 우리나라의 경우에도 자회사격인 제3자 지상조업사가 담당하므로, 이러한 업무의 효율화가 이루어졌다. 프랑크푸르트공항은 세계 공항중 45분의 최소 환승시간(Minimum Connecting Time)으로 운영되고 있으며, 독일의 기술이 개발한 정교한 수하물처리시스템(Baggage Handling System)과 신속하고 조직적인 업무처리기술에 의해 가능하게 되었다. 우리나라의 공항도 히드로공항과 같이 교통량을 처리해낼 수 있는 시설을 확충하고, 항공자유화시대, 무한경쟁시대의 경쟁력 있는 공항으로 발전해 나가야 할 것이다.

4. 국내공항의 지상조업 경쟁력 향상 방안

가. MRO의 경쟁력 강화와 아웃소싱

항공분야에서 항공기 정비(Maintenance, Repair and Operations 또는 Maintenance, Repair and Overhaul)의 약자이다. 우리나라 공항 지상조업의 경우, 외국항공사가 취항할시 간단한 정비나 일반적인 지상조업 외의 서비스는 제공하지 못한다. 항공사의 지상조업사는 대부분 외국항공사의 3자 지상조업사인 경우가 대부분이고 국내공항에서는 우리나라 지상조업사의 입지가 줄어들어 결과적으로 경쟁력이 약화되게 된다. 현 65개나 되는 외국국적의 항공사가 취항하는 인천국제공항의 경우, 충분히 경쟁력이 있으므로 MRO 체결이나 제3자 MRO를 통하여 국내공항의 지상조업에 경쟁력을 향상시켜야 할 것이다.

항공산업에서 아웃소싱은 기업과 기업 간의 이익을 도모한다는 점에서는 일반 기업과 기업 간과 같은 목적을 둔다. 각국의 기간산업으로 보호받고 육성되는 항공산업은 정책적 지원을 받아왔다. 그러나 각국에서 저비용항공사의 등장과 중국의 경제적 성장, 아시아 지역의 항공 자유화에 항공시장의 제반 여건이 변화됨에 따라 지금까지 항공사의 경영방식에 많은 변화가 나타나고 있다.

그림 14-15 MRO의 이해

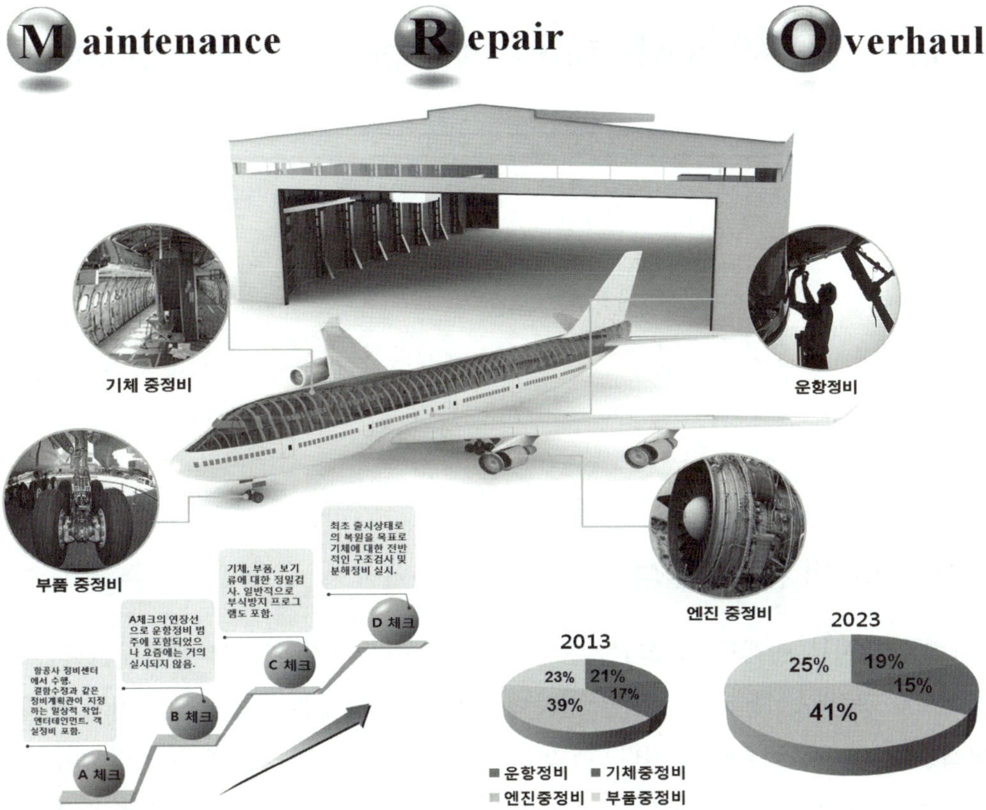

출처 : 국토교통과학기술진흥원

Chapter 15 여객청사관리(Passenger Terminal Management)

section 01 여객청사

1. 여객청사의 운용효율성

여객청사는 여객과 항공기를 중심으로 한 여러 가지 기능이 복합적인 적용을 하는 지역으로 공항을 이용하는 여객은 청사에 머무는 동안 많은 수속과정을 거치게 되며 각종 여객편의 시설을 이용하게 된다. 출발승객은 청사에서 평균 1시간을 소비하며, 도착승객은 적어도 30분을 소비하게 된다. 따라서 청사관리자는 청사운영의 효율화를 위한 제반사항을 고려하여 운영하며 이용객들의 다양한 요구사항을 충족시킬 수 있도록 서비스를 제공한다. 공항 여객청사 운용의 효율성은 다음 3개의 기본적인 항공수송기능의 수행능력에 따라 결정된다.

가. 여객 및 수하물 처리

여객 및 수하물 처리에는 발권, 탑승수속, 수하물 탑재, 수하물 인도, 정부검사, 보안검사 등이 있다.

나. 이동형태 변경에 따른 소요대비

여러 교통수단을 이용하여 공항에 도착한 여객이 신속하고 편리하게 출발 탑승 수속을 거쳐 탑승할 수 있도록 필요한 제반시설을 설계에 반영하여야 한다.

다. 형태 변경의 간편화

여객청사의 기본 기능은 Airside와 Landside의 두 가지 형태에서 상호 전환이 원활하게 이루어지도록 여객청사 시설이 적절히 설계되어야 하고 원활히 운용할 수 있어야 한다. Airside의 항공기는 여객청사와 상호연결이 되어야 하고 항공기의 요구사항은 적절하게 지원되어야 한다.

Landside에서의 여객 서비스의 요구는 Airside의 항공기에 제공하는 것과 같이 중요하다. 대형 국제여객청사는 연간 3,000만 명 이상의 여객을 처리하고 있거나, 향후 그 이상의 여객을 처리하게 될 것이다. 이와 같은 규모의 운용을 위해 종합여객청사 개념의 도입이 필요하다. 오늘날 항공여객의 급격한 증가는 대형 첨두소통을 처리할 수 있는 대형 시설의 공급이 필요하게 되었다. 연간 약 1,000만 명의 여객을 처리할 수 있는 능력으로 설계된 단일 여객청사의 게이트 간 내부 도보거리는 1,100m였으며, 연간 3,000만 명 이상의 대형 단일 여객청사 복합체인 시카고 오헤어공항 및 암스테르담 스히폴 공항의 도보거리는 약 1,500m이다.

이와 같은 문제를 극복하고 IATA의 여객 도보거리 제한 건의를 수용하기 위해서 몇 개의 복수청사(Decentralized) 설계를 발전시켰다. 이에 따라 분산통제형 여객청사는 현재 캔사스시티공항, 달라스 포트워스공항 및 파리 샬드골공항이 운용 중에 있으며, 분산통제 방식의 복수청사는 다음과 같은 기능을 수행한다.

(1) 종합여객청사 운용의 상이한 기능과 역할에 따라 몇 개의 여객 청사로 분류한다. 이는 국제선과 국내선, 항공사 단위의 여객청사, 장거리와 단거리 등이다.

(2) 출발대합실에서 중앙 통제하던 많은 여객처리 운용기능, 즉, 발권, 여객 및 수하물 탑승수속, 좌석배당 등의 기능을 게이트에 위임한다.

여객청사의 적절한 물리적 설계와 분산관리 운용개념이 결합된다면, 특히, 정규 국내선 여객의 도보거리를 획기적으로 감소시킬 수 있을 것이다. 2개 이상의 노선이 합치는 장소이거나 혹은 출발과 도착 여객을 분리하는 장소에서의 분산통제는 여행객의 편리함이 다소 떨어진다.

2. 여객청사의 기능

초대형 여객공항은 첨두시간에 1만 명 이상 소비하고, 국제선 도착여객은 최소한 30분 이상 소요한다. 여객청사에서 보내는 시간 중에 여객들은 필수적인 여러 가지 처리활동을 하지만 공항에 설치된 많은 부수적인 시설은 여객 자신에게 편안함과 편리함을 줄뿐만 아니라, 공항 이익을 위해서도 필요하다. 여객 청사 활동은 크게 다음과 같이 5개의 분야로 분류할 수 있다.

① 직접 여객 서비스

② 항공사 관련 여객 서비스

③ 정부 활동 기능

④ 여객과 무관한 공항당국의 기능

⑤ 항공사의 기능

3. 여객청사관리

안전과 연관된 공항의 기본운용절차는 세계 어느 공항이나 일반적으로 유사하지만 이 절차를 운용하는 방법과 이를 효과적으로 사용하는 조직은 근본적으로 큰 차이가 있을 수 있다. 이 두 가지의 상반된 위치를 아래와 같이 분류할 수 있다.

가. 공항 우위성

여객 청사 운용이 공항 우위성일 때는 공항 당국은 여객청사 업무운용을 위해 직접 수행한다. 여객청사내의 서비스 및 영업도 주로 공항당국에 의해 운용된다. 공항 우위운용 형태는 유럽 모델이라고 불리며, 유사한 제도는 세계 각지에서 볼 수 있다. 그 중에서도 프랑크푸르트공항은 공항 우위운용 형태의 대표적인 예이며, 이 운용형태는 양질의 공항당국 직원 수준과 높은 장비 비용이 따른다.

나. 항공사 우위성

이는 미국 모델이라고 불리는 것으로 공항당국은 대부분 중계인 역할만 하며, 여객청사 내 대부분의 기본 시설만 제공한다. 내부 비품과 모든 필요 운용 장비 및 직원의 대부분은 항공사 또는 상업시설업자에 의해 제공된다. 일부 미국 공항의 경우 항공사는 여객청사의 투자건설에 종합적으로 참여하기도 하며, 이와 같은 공항 정책을 결정하는 정책 판단은 정부가 한다. 공항 우위운용 모델과 대조적으로 항공사 우위운용은 개별 항공사 이미지와 밀접한 관계를 갖는다. 항공사 우위운용 형태의 공항에서 공항당국 직원은 현저히 감소한다.

세계의 여러 주요 공항은 공항 우위운용 형태와 항공사 우위 운용형태의 혼합 모델을 적용하고 있으며, 이런 공항에서 공항당국은 여객청사 운용만 담당하고 항공사 및 상업시설업자는 자체 시설을 설치 운용하고 있다. 일부 공항에서는 통상적으로 경쟁에서 발생하는 높은 서비스 수준을 유발하기 위해 경쟁적 시설운용을 강요하고 있다. 유럽공동체는 공항에 단일 조직으로 경쟁을 유발시키기 위한 업무지시를 하고 있다. 여기에 있어서 경쟁적 시설운용은 쟁의가 발생하였을 때 공항의 완전 운용 중단 등의 취약성을 감소시킬 수 있다. 운용형태의 최종 선정은 여러 관련 요소들에 의해 결정되며 그 요소는 다음과 같다.

① 공항당국 및 정부 당국의 정책
② 지역 노사관계
③ 예산 실태
④ 지역 노동력 및 기술의 가용성

4. 직접여객 서비스

항공여객에게 편의를 제공하거나 항공사 운영과 직접 관계가 없는 여객청사 운용은 일반적으로 직접여객 서비스로 분류한다. 이 편의는 영업 서비스와 비영업 서비스로 분류하며, 그 중 비영업 활동은 일반적으로 무료이거나 최저 가격으로 제공되는 필요 서비스로 볼 수 있다. 한편, 영업활동은 면세점과 같이 공항의 항공교통 기능에 지엽적이거나 혹은 주차장 및 차량임대와 같이 여행자의 선택에 의존하는 잠재적인 이익추구 운용이다. 대형 여객 청사에서는 전형적으로 다음과 같은 비영업 활동은 공항당국에 의해 제공된다.

- 하물 운반인
- 수하물 운송체계
- 수하물 보관소
- 운항정보
- 안내간판
- 좌석
- 화장실, 육아실
- 휴게실
- 우체국, 공중전화

- 신체부자유자 서비스

공항운용 방침에 따라 영업시설은 공항당국에서 직접 운용하거나, 전문 업체에게 임대하여 운용할 수 있다. 대형공항에서는 전형적으로 다음과 같은 영업활동을 여객청사의 운용상 주요 분야로 구분할 수 있다.

- 주차장
- 기타 매점(서점, 여행객 매점, Boutique 등)
- 보험
- 미용실, 세탁실 등
- 오락실
- 비즈니스센터(Business Center) 시설
- 면세점(Duty－Free Shop)
- 자동차 임대(Rent a Car)
- 은행
- 호텔예약
- 광고

상당수의 대형공항이 적극적인 영업활동 정책을 추진하고 있으며, 영업 정도는 공항 간에 상당한 차이가 있다. 이러한 영업활동에 적극적인 정책을 취하고 있는 공항은 프랑크푸르트공항, 마이애미공항, 올랜도공항, 암스테르담 스히폴 공항, 런던공항 및 파리 샤드골공항으로서 공항 총수입의 60% 이상이 비항공 영업수입이다. 적극적으로 영업개발을 하지 않는 기타 공항은 정책판단의 미숙이거나 기회부족으로 영업활동에서 들어오는 수입이 총수입의 10%에 불과하다. 영업활동을 반대하는 측에서는 영업시설은 주요 여객처리에 지장을 주며 장애물에 불과하다고 주장한다. 즉, 정부 교통정책의 수단인 공항이 불필요한 영업을 끌어들여서는 안 되며, 영업운용은 최소화시켜야 한다는 것이다. 영업활동을 찬성하는 측에서는 여객이 평균 1시간은 40%에 불과하므로 남은 시간을 위해 영업활동이 필요하다는 것이다. 여객, 환영객, 환송객, 방문객이 이와 같은 요구를 한다면, 평가할 수 없을 정도로 거대한 잠재 시장을 구성할 수 있다. 더욱이 영업활동에서 발생한 이윤은 정부 보조금을 낼 수 있으므로 공항의 영업화는 필수적인 것으로 판단된다. 공항은 사유화되는 경향이 있으며, 공공영역에 남아 있는 대부분의 공항은 공항운용에 있어서 더 많은 영업적 접근을 요구하고 있다. 영업화 및 민영화를 채택하는 정책은 경제적 문제로서보다 정치적 견해에 더 많이 의존하고 있다. 그러나 만일 영업 활동을 결정하고자 한다면, 많은 운용상의 정책결정을 하여야 하며, 먼저 영업 운용방법을 결정하여야 하는데, 다음과 같은 다섯 가지의 방법 중 한 가지를 택할 수 있다.

- 공항당국이 한 부서를 직접 설치
- 공항당국이 특별히 설립한 완전 독립된 자회사
- 공항당국 및 항공사로 구성된 합자 자회사
- 공항당국 및 특별 상업회사로 구성된 합자 자회사
- 독립된 영리 사업자

공공공항은 영업 활동에 있어 직접통제를 유지하는 방법을 택하고 있으나, 이 방법은 비정상적이다. 매우 성공적인 영업 활동을 하고 있는 두바이공항, 히드로공항 그리고 프랑크푸르트공항과 같은 공항들은 풍부한 영업경험을 갖고 있는 독립 사업체에 통제된 매장 사용권을 허용하는 방법을 사용하고 있다. 그러나 아이리쉬공항공단의 에어리안타공항은 또 다른 성공적인 영업의 예로서 자체 소유의 많은 상업시설을 운용하고 있으며, 다른 공항까지 확장하여 매점관리를 조직적으로 운영하고 있다. 상업시설 경영자와 공항 당국 간의 계약은 소비자에게 어떤 표준 서비스를 제공하도록 강요하고 공항당국에게 일정 수준의 이익을 보증하도록 하여야 한다. 이 보증을 초과해서 매장 경영자가 매장의 영업기회와 이익을 최대화하는 것은 자유이다. 공항당국이 항공사의 영업부서 또는 직접 특별 전문 업체와 합작하는 복합제도는 공히 성공적이었다. 공항의 상업시설은 다음과 같은 방법으로 임대한다.

- 공개입찰
- 제한입찰
- 수의계약

위 세 가지 종류는 임대 방법 가운데 두 번째 방법인 제한 입찰은 공항요구에 가장 접근시킬 수 있는 바람직한 방법이다. 수의계약은 공공기금을 처리하는데 너무 한정적인 방법이며, 특혜 비난을 유발할 수 있다. 공개입찰은 경쟁에 제한이 없으나, 필요 성능 표준에 도달시킬 능력이 없다. 그러나 일부 국가에서는 공공시설의 사용요금은 공개입찰을 법적으로 요구하고 있다. 이런 상황에서는 재정상 안전한 기업만이 입찰절차에 응할 수 있도록 사전자격 심사 제도를 때때로 허용할 수도 있다. 성공적으로 사용할 수 있는 기타 방법들은 다음과 같다.

- 임대기간
- 독점권한
- 서비스의 질

광고는 많은 공항에서 충분히 개발되지 않은 재정적 수입을 창출하는 분야이다. 광고를 유치함에 있어, 전시가 여객의 흐름을 방해하거나 필요한 정보제공 표시시설에 지장을 초래하지 않도록 주의를 기울여야 한다.

5. 항공사와 관련된 대 여객 서비스

공항 여객 청사 내에서 항공사 혹은 그들의 대행회사에 의해 많은 활동이 통상적으로 수행되고 있다. 여기에는 다음과 같은 것들이 포함된다.

- 항공사 정보제공
- 예약과 항공권 판매
- 수하물 점검과 보관
- 수하물의 항공기 탑재 및 하기
- 수하물 운반과 인도
- 항공사 귀빈시설

이러한 서비스는 항공사에 의해 여행자에게 제공되는 서비스의 한 부분이며, 항공사는 이러한 서비스 제공에 있어 강력한 통제수단을 보유하고자 한다. 이와 같은 통제는 운영상의 이 은 특정분야 업무를 수행함으로써 가장 손쉽게 취득된다. 여행의 기본적 계약은 항공사와 여객 간에 체결되는 것임을 유념하는 것이 중요하다. 공항은 이러한 계약에 있어서 제3자의 위치에 있으며 따라서 필요 이상으로 이러한 관계에 관여하여서는 아니 된다. 공항이 항공사로 하여금 일반적인 여객처리 책임을 수행하지 못하게 하는 경우, 공항과 여객 간에는 명백한 계약관계가 서비스 수행에 영향을 미치는 경우, 서비스의 수준은 훨씬 잘 유지될 것이다. 이러한 관계는 공항이 민영화되어 청사 운영이 폭넓게 상업화될 때에는 복잡하게 될 것이다. 이러한 경우 여객 또한 실질적으로 공항의 의뢰인의 위치에 서게 된다.

section 02 항공사와 관련된 운영기능

1. 운항관리(Flight Dispatch)

공항의 청사운영과 관련, 항공사 관리에 있어서 중요한 임무는 정시출발의 달성이다. 급유와 항공기 청소 및 기내식 탑재 등과 같이 출발 정시성과 관련된 많은 활동들이 계류장에서 수행되고 있으며, 이러한 활동은 모든 공항인력에게는 일상적이지만 적절한 절차가 선결되지 않으면 항공편이 출발하지 못하는 기술적인 계획이 필요할 경우도 있다. 운항관리에 따른 이러한 절차와 관련된 주요 활동에는 다음과 같은 것들이 있다.

- 운항계획의 수립
- 항공기 중량과 균형
- 승무원에 대한 브리핑
- 운항감시

미국의 경우, 이러한 업무는 전통적으로 설정된 절차이며, 업무는 항공기 기장과 긴밀한 협조 하에 운항관리사가 담당한다. 운항관리사가 수많은 국제 항공사에 의해 고용된다할지라도 이러한 업무를 수행할 인력으로 운항담당관을 지정할 수도 있다.

가. 운항계획의 수립(Flight Planning)

운항계획 수립의 주요 목적은 각각의 운항시간과 연료요구량에 대한 결정을 하는 것이다. 장거리 노선의 경우, 고도, 노선, 그리고 항공기 동력소성과 속도의 관점에서 다양한 선택방안이 있다. 기상, 바람, 그리고 온도의 변화도 마찬가지로 고려되는 요소들이다. 이러한 다양한 요소 때문에 사전 비행분석에 대한 초기평가를 수행하는 것이 일반적이다. 이것은 모든 가능한 선택방안을 검토하여 여러 가지 대안 중에서 가장 최적의 안을 결정하는 것이다. 평가에는 비교 가능한 비용을 표시하는 것이 포함된다. 속도가 보다 느린 비행은 비용의 관점에서 보면 바람직하다. 분석에는 여러 가지의 고도 선정이 포함된다. 교통의 혼잡도 때문에 항공교통관제기관이 마지막 순간에 고도변화를 요구하는 경우, 이러한 분석은 곧잘 유용한 것으로 판명된다. 일단 어떤 고도가 최적이라고 결정된다면, 운항계획 수립을 위하여 확장된 양식을 사용하여 노선 상에 있는 여러 개의 보고지점을 기준으로 구분한 각각의 비행부분을 보여주게 된다. 단거리 노선의 경우, 일반적으로 매우 적은 선택방안만이 있을 뿐이며, 매우 교통량이 혼잡한 지역에 있어서는 모든 실질적인 목적을 충족하는 노선 설정은 항공로의 체계에 의해 사전에 결정된다. 이러한 경우, 유럽의 예를 들면, 운항계획은 보통 적절한 방안이 항구적인 파일형태로 항공교통관제기관에 비치될 수 있는 범위 내에서 표준화되어 있다.

나. 항공기 중량과 균형(Aircraft Weight and Balance)

특정 운항에 요구되는 연료가 결정된 후에는 여객, 우편물, 그리고 화물(유상화중)을 운송할 수 있는 무게의 계산이 가능하다. 이러한 계산은 미국에서는 파운드(lb) 단위 또는 kg 중 어떤 단위를 채택하든 상관없다는 점에 유의해야 한다. 그러나 물리적 무게 제한과 설계제한은 반드시 고려되어야 한다.

다. 이륙(Take off)

가용 동력으로 활주로를 이륙하여 안전한 상승상태를 유지할 수 있는 최대 이륙중량의 개념이 있다. 이 수치는 온도, 압력, 활주로 표고 등에 대한 이상적인 조건과 지표면의 조건에 따라 항공기 제작사에서 설정하는 것이다. 이러한 수치와 함께 제작사는 상기 조건의 변화에 따른 자세한 성능제원을 제공한다.

라. 순항중(In Flight)

각각의 항공기 설계에 따라 날개의 유연성에는 제한이 있다. 유연성의 제한은 날개의 동체부착 부분이 파손됨이 없이 지탱할 수 있는 위로 꺾이는 부하에 의해 발생되는 것이다. 최대의 부하는 날개 속에 연료가 없는 경우에 작용되게 됨으로써 이러한 연료가 없는 경우의 하중은 동체 중량의 한계로 간주될 수 있다.

마. 착륙(Landing)

항공기 착륙장치의 충격 흡수 능력에 따라 충격을 초래하지 않고 착륙을 가능하게 하는 최대 착륙중량의 개념이 있다. 따라서 설계상 제한을 주는 세 가지 중량은 최대이륙중량, 최대연료무탑재중량 그리고 최대착륙중량이다. 보잉 747－300 기종의 전형적인 수치는 다음과 같다.

- 최대이륙중량 883,000 lb (377,850 kg)
- 최대연료무탑재중량 535,000 lb (242,630 kg)
- 최대착륙중량 574,000 lb (260,320 kg)

완전한 운항계획은 두 가지 연료량을 제공한다.

① **이륙연료(Take-Off Fuel)**: 특정 운항편에 탑재할 수 있는 최대의 연료량. 이것에는 항공기가 지상 주행 시 필요한 연료량은 포함되지 않지만 대체공항으로의 비행 혹은 공중대기(Holding) 혹은 지연에 대비한 연료량은 포함된다.

② **운항연료(Trip Fuel)**: 운항 그 자체에 요구되는 연료량, 즉 이륙시점부터 최초 착

륙지점까지 비행하는데 필요한 연료량을 말하며, 흔히 "burnoff"라고 한다.

최대허용이륙중량에 도달하기 위하여 세 가지 가능한 이륙중량을 비교할 수 있다.

- 이륙중량 1 = 최대이륙중량
- 이륙중량 2 = 연료무탑재중량 + 이륙연료
- 이륙중량 3 = 착륙중량 + 운항연료

이러한 세 가지 수치 중 가장 적은 것이 최대허용이륙중량이며, 여기서 운항중량을 감한 수치를 운송목적의 탑재허용량으로 생각할 수 있다. 이러한 수치들은 항공기 중량계산과 탑재량에 관련하여 사용되며, 또한 국제항공운송협회(IATA)에 의해 합의된 탑재양식에 기재된다. 이륙연료와 운항연료의 수치와 함께, 다음의 수치들은 탑재양식상의 계산에 포함된다.

- 순운항중량(Dry Operating Weight): 승무원과 그들의 수하물, 식품/물자, 운항에 필요한 여유품 등을 완전 구비한 항공기의 기본 중량. 그러나 연료와 유상하중은 포함되지 않는다.
- 운항중량(Operating Weight): 순운항중량과 이륙연료의 합계
- 이륙중량(Takeoff Weight) 운항중량과 유상하중의 합계
- 총운송하중(Total Traffic Load): 다양한 형태의 하중, 즉 여객, 수하물, 화물, 우편물 그리고 순운항중량에는 포함되지 않는 탑재단위장치(Unit Load Device: ULD) 무게의 합계. 이처럼 다양한 모든 중량은 중량배분의 세분화와 함께 탑재양식에 기재된다.

2. 운항통제

가. 균형/조정(Balance/Trim)

항공기 하중이 허용된 하중한계 내에 있음을 확인한 후, 무게중심이 규정된 한계 내에 위치할 수 있도록 탑재화물을 분배하는 것이 필요하다. 이것은 조정양식(Trim Sheet)에 의해 계산되는데, 이 양식은 별도의 양식이거나 혹은 탑재와 조정양식이 혼합된 형태의 한 부분으로 구성될 수 있다. 조정도표(Trim Diagram)상에는 항공기내 각각의 적재 창고가 무게단위 혹은 여객의 단위로 눈금이 그어져 있다. 순 운항색인(Dry Operating Index Scale)

으로부터 시작하여 각 적재 창고별 무게의 영향은 화살표 방향으로 눈금을 따라 요구되는 단위 숫자를 이동시킨 다음, 그 지점에서 다음 눈금으로 라인을 하향시킴으로써 나타나는데, 이러한 과정은 라인이 무게중심으로 내려갈 때까지 반복된다. 무게중심의 수치는 Wing Mean Aero Dynamic Chord(MAC)의 %로 표시됨에 유의한다. 무게중심의 바깥쪽 한계는 음영지역으로 분명히 명시되어 있다. 또한 항공기 도착지점에 전달되어야 할 사항으로서 탑재 메시지에 포함되어야 할 자료가 기재되는 탑재양식의 부분은 음영으로 표시된다. 현재 이러한 기능들은 거의 모두가 컴퓨터화 되어 있다.

나. 탑재(Loading)

수하물을 각각의 적재 창고에 분배하는 사항은 이러한 작업을 수행하는 계류장 탑재 인력이 알 수 있도록 상세하게 제시되어야 하며, 이것은 통상적으로 컴퓨터로 처리된 도표로 표시되는 탑재 지시서의 발급으로 이루어진다. 컨테이너가 사용되지 않는 경우, 출입문의 개폐와 바닥 면의 최대탑재량 측면을 고려할 것이 요구되며 탑재 지시서는 그에 따라 작성된다. 항공기로 운송되는 탑재물과 무게중심에 관련된 모든 문제는 비행안전에 직접적인 영향을 미침에 따라 사용되는 서류에 대해서 각각의 국가별로 규정을 운용하고 있다는 점에서 상당한 법적 중요성을 갖게 마련이다. 이러한 이유 때문에 이들 서류는 다양한 측면에 대하여 책임을 지고 있는 항공사 인력에 의해 반드시 서명되어야 한다.

다. 승무원에 대한 브리핑(Flight Crew Briefing)

브리핑의 목적은 승무원에게 적절한 권고와 정보를 제시함으로써 안전한 비행을 할 수 있도록 지원하는데 있다. 제공되는 정보에는 운항계획과 탑재에 대한 상세한 사항과 함께 항로상과 도착지 기상, 항행지원시설 혹은 착륙지원시설의 작동중지에 대한 고시 사항이 포함된다. 고시사항은 항공고시보(NOTAM)에 수록되어 있는데 항공고시보는 국제적으로 합의된 시스템으로서 각국의 민간항공을 담당하는 기관은 자국의 시설로서 정상적으로 작동하고 있지 아니한 시설에 대한 정보를 교환한다. 항공사의 운항관리사는 적절한 정부기관으로부터 항공고시보를 입수하여 편집하는데, 필요한 경우에는 회사시설의 사항을 추가할 수도 있다. 기상정보 또한 공항에 있는 기상부서에서 입수하여 다른 비행 승무원으로부터 수신된 운항중 보고서를 참조하여 추가된다.

라. 운항감시 혹은 통제(Flight Watch or Control)

이것은 운항관리 및 운항요원이 각각의 비행을 감시하는데 사용하는 절차를 의미한다. 이러한 이유로, 비행추적(Flight Following)이라고 자주 불려진다. 항공교통의 범세계적 성격 때문에, 그리니치표준시(Greenwich Mean Time: GMT)를 사용하며 흔히 "Z"시간으로 기재된다. 운항감시는 완전히 수동적인 것은 아니다. 따라서 기상 혹은 시설의 가용성 측면의 예상치 못한 변화에 대한 정보는 운항중인 항공기에 전송된다. 항공사의 노선망 구축범위에 따라, 운항감시의 책임은 지역별로 나누어질 수 있다. 추가로, 대부분의 대규모 항공사는 하나의 집중화된 운항조정센터를 설치하고 광범위한 통신시설을 구비하여 모든 항공기 운항에 대한 가장 최신의 정보를 제공하게 한다. 유나이티드 에어라인의 센터는 시카고에 위치하고 있으며, 에어 캐나다는 토론토 국제공항에, 영국항공은 런던 히드로공항에 각각 자신의 센터를 설치하고 있다. 공항 운영관리에 있어서 자신의 공항을 사용하는 항공사의 이러한 센터의 위치와 전화/텔렉스 주소뿐만 아니라 비행 감시를 담당하고 있는 조직에 대하여 알고 있는 것이 유용하다.

section 03 정부의 요구조건

대부분의 공항에서 합당한 수준의 처리대상 여객의 이동은 여객청사 근처에 민간 항공기관과 항공교통관제기관을 위한 사무실 및 작업공간이 제공되어야 할 것을 요구한다. 국제선 여객을 취급하고 있는 주요공항에서는 최대 네 가지의 정부통제기능을 또한 수용하여야 한다.

- 통관
- 출입국
- 검역
- 농산물 검사

대부분의 나라에서, 검역과 농산물 검사에 필요한 시설이 특별히 요구되는 것은 아니다. 반면에, 통관과 출입국 절차는 시간이 오래 걸릴 수 있으며, 검사과정에 소요되는 운영 공간 측면에서 요구조건은 매우 광범위할 수 있다. 출입국의 선별효과와 대부분 통관 검색장에서의 상대적인 신속처리로 인하여 통관시설은 항상 광범위한 공간을 필요로 하는 것은 아니다. 특히, 유럽에서 시행되고 있는 적색/녹색 통관절차는 법률상의 통관취지를 훼손함이 없이 통관에 소요되는 시간을 실질적으로 단축시키고 있다. 그러나 몇몇 나라에서는 아직도 많은 시간이 소요되며, 따라서 많은 수속대와 넓은 대기지역을 필요로 한다. 처리지역에 추가하여, 대부분의 정부기관은 사무실과 휴식, 탈의, 그리고 화장실 지역과 같은 기타 지원공간을 요구한다.

1. 공항당국의 기능

소규모 공항에서는 내부통신의 용이성을 위하여, 여객이 아닌 대상을 위한 공항당국의 기능을 여객청사 내에 배치하는 것이 곧잘 편리하다. 이러한 기능에는 다음과 같은 것들이 포함된다.

- 관리업무
- 재무업무
- 법률업무
- 홍보업무
- 항행과 관련된 공공업무(예를 들면, 소음감시)
- 구매업무
- 기술업무
- 인사업무
- 항행지원업무
- 설비와 구조물의 유지보수업무

대규모 공항에서는, 이러한 기능을 여객청사와 떨어진 별도의 건물로 격리시킴으로써 여객청사의 혼잡수준을 완화하도록 하는 것이 관례적이다. 프랑스 파리공단과 뉴욕뉴저지항만공단과 같이 다수 공항을 운영하는 공항당국에서는 관리 및 지원기능의 많은 부분을 공항외곽에서 전적으로 수행하고 있으며, 단지 운영기능의 수행에 필요한 인력만이 공항에 배치된다. 청사의 자세한 설계에는 공항당국이 시설을 운영하고자 하는 방법을 반드시 고려하여야 하는데, 그 이유는 공간에 대한 요구조건이 운영절차에 따라 결정되기 때문이다.

2. VIP의 처리(Processing Very Important Persons)

항공여행은 중요하고 유명한 그리고 매우 부유한 인사들이 아직도 선호하는 여행형태이다. 보다 복잡한 공항은 매우 중요한 인사들을 대상으로 하는 업무를 처리하고 있다. 예를 들면, 연간 6,000명 이상의 중요인사가 런던 히드로공항을 이용하고 있다고 추정된다. 이러한 사실은 특별한 시설과 인력을 필요로 하며, 도착 및 출발하는 인사들을 일반여객들로부터 격리하여 필요한 모든 의전절차를 거쳐 청사를 통과할 수 있도록 하고 있다. 결과적으로, 중요인사를 위한 시설은 별도로 관리지역 혹은 이동지역으로 통하는 통로를 가지고 있으며, 관리지역 혹은 이동지역의 교통수단을 이용하기까지 대기할 수 있는 설비가 완전하게 구비된 안락한 공간을 확보하고 있다. 이러한 시설은 반드시 상당한 규모의 사람들을 수용할 수 있는 공간을 확보하고 있어야 한다. 국가수반이 여행할 때에는 흔히 25명 이상의 중요인사를 대동하기 때문이다. 충분히 크고 적절히 구비된 공간의 필요성 이외에, 시설은 반드시 보안관점에서 안전해야 되는데 그 이유는 불법행위의 목표물이 되기 때문이다.

3. 여객정보 제공시스템

여객은 스스로 청사를 통해 이동한다. 대규모 청사에서는 기계적인 운송장치의 도움을 받는다 하더라도 여객은 화물처럼 완전히 수동적인 입장에서 이동되는 것은 아니다. 물론 특별한 지원을 필요로 하는 신체적으로 부자연스런 사람을 의미하는 것은 아니다. 마찬가지로 중요한 점으로서 대다수의 여객은 자신의 자동차를 이용하여 공항에 도착한다는 점이다. 그러므로 여객은 여행을 시작하기 위한 공항 접근단계에서부터 최소한의 어려움과 불확실성 상태 하에서 청사를 통과하고 적정시간에 정확한 항공기 게이트에 도착하는데 필요한 충분한 정보를 가져야 할 필요성이 있다. 게다가 여객은 청사 내에 있는 많은 시설, 즉, 공중전화, 화장실, 식당 그리고 면세점 등의 위치에 관한 정보를 요구한다. 그러므로 제공되는 정보는 기능적인 측면에서 방향지시 혹은 운항정보 범주로 구분된다. 방향지시는 공항으로부터 어느 정도 떨어진 지점부터 시작되며, 적합한 도로표지시설이 공항접근 도로상의 도로표지 시스템과 결합될 수 있도록 관련된 지방정부기관과의 협조가 요구된다. 이러한 표지시설에는 흔히 항공기 심벌을 삽입하여 운전자로 하여금 방향을 신속하게 인식할 수 있도록 도움을 주고 있다. 공항에 가까이 접근함에 따라 청사 접근도로 표지시설이 여객들에게 청사의 원하는 지역으로 갈 수 있도록 안내한다. 제공지점은 접근도로 시스템 상에서 안전한 자동차 운행이 가능한 지점이 되어야 함은 매우 중요하다. 운전자는 반드시 도로상에서 출발/도착, 국내선/국제선 그리고 항공사의 특정 위치와 같은 정보를 입수하여야 한다. 청사가 여러 개인 공항에서 청사별 호칭으로 혹은 항공사 단체별로 각각의 청사에 대한 표지시설에 의해 안내되며, 이러한 표지시설은 탑승수속, 정부사열, 출발장, 게이트 위치 등을 가리키게 된다. 반드시 식별되어야 할 기타 청사들은 임차지역과 공중전화, 화장실 그리고 식당과 같은 공공 서비스 시설들이다. 표지 시설은 주의깊게 설계되어야 한다. ICAO는 청사내의 표지에 대한 일련의 권고된 그림을 설정하고 있다. 많은 공항들은 고유의 표지규정을 채택하고 있다. 어떤 경우에 있어서는 사용되는 표지가 수용 가능한 표준에 미달되기도 한다. 여객에게는 충분한 표지시설의 배치는 가용할 수 있는 건물내부 높이에 따라 설계되어야 한다. 청사 내에서 출발 항공편의 상태와 위치에 관한 정보는 운항정보시스템의 출발면에 의해 전달되어진다. 통상적으로 이러한 정보는 기계식 혹은 전자기계식 혹은 전자식 출발 항공편 정보판에 표시된다. 최근에는 이러한 장치가 보완되었으며, 보다 비용이 저렴한 시각표지장치(Visual Display Units: VDUs)로 대체되었는데, 시각표지장치는 청사내의 많은 지점에 경제적으로 설치할 수 있다. 도착여객에게는 수하물 인도장과 관리지역의 승차지역으로 가는데 필요한 유사한 안내 정보가 제공된다. 국제선 여객인 경우, 이러한 과정에는 출입국과 통관 지역을 경유하는 것이 추가된다. 청사 내에는 모든 여객을 위하여 내부 순환 도로상에서는 자동차를 이용하는 여객들을 위하여 적절한 출구표지를 설치할 필요가 있다. 특정 항공편의 도착승객을 마중하기 위하여 공항에 나오는 사람들에게는 운항 상태와 위치에 관한 정보가 전통적인 도착판 혹은 시각표지장치에 의해 제공된다. 도착 및 출발용 시각표지장치는 손쉽게 컴퓨터화된 정보 시스템과 호환성이 있고 용이하게 자료를 갱신시킬 수 있는 장점을 가지고 있다. 상대적으로 저렴한 시가표지장치 그 자체는 작동이 중단되는 경우에 손쉽게 철거, 대체 그리고 수선될 수 있다. 대부분의 공항운영자는 출발용 청사별로 최소한 하나 이상의 공항정보안내데스크를 제공한다. 이와 같이 사람이 배치된 데스크에서는 시각 시스템에 의해 제공될 수 있는 범위 이상의 정보를 제공한다. 또한 여러 가지 이유로 자동 시스템을 이용할 수 없는 사람을 지원할 수 있다. 자동 시스템의 작동 중단 시, 운항 상태와 위치를 제공할 수 있는 유일한 방법은 인력이 배치된 데스크를 제공하는 것이다.

4. 공간구성과 인접성

청사가 적절히 제 기능을 하기 위해서 청사의 구성은 운영전략과 요구 조건에 밀접하게 따라야 한다고 기술되었다. 그에 따라 청사 공간의 전반적인 구분에 대한 명료한 규정이 설정될 수가 없다. 수하물용 공간을 임대지역에 포함한다면 청사지역의 절반 이상이 임대지역이 된다. 청사 공간의 요건에 대하여 자세하게 추정하고자 한다면, 설계에 관한 도서와 지침(Ashford and Wright 1992, FAA 1996, FAA 1988, FAA 1980)을 참조할 수 있다. 그러나 아직도 제공되어야 할 공간, 즉 운영적인 측면에서 바람직한 인접성의 상호관계에 대한 의문점이 남게 된다. 전형적인 청사배치에 있어 아주 근접하게 이상적으로 집단화되어야 하는 몇 개의 시설이 있다. 따라서 시설의 병렬배치는 그리 중요한 것은 아니다. 예를 들면, 임대지역에 있어서 집단화는 바람직하지만 항공사용 행정지역에 있어서는 그리 중요하지 않으나 통관지역은 수하물 인도장에 인접하여야 하는 것은 중요하다.

5. 순환의 지원

대형 운송용 항공기를 위한 다수의 게이트가 설치된 대규모 공항청사는 대규모의 내부순환거리가 존재하기 마련이다. 시카고 오헤어 공항과 같은 몇몇 대규모 단일청사의 공항에서는 양극단에 설치된 게이트간의 거리는 약 1마일(1.5km)이며, 주차지역의 중심으로부터 양극단 게이트간의 거리 또한 그 정도이다. 도보로 먼 거리를 걸어야 하는 부담을 완화시키기 위하여 몇 가지 형태의 기계화된 순환지원장치를 설치하는 것이 현재는 보편화되고 있다. 다수의 청사를 보유하고 있는 공항, 격 탑승동(Remote Pier)을 설치한 공항 그리고 원격위성청사(Remote Satellite)를 보유한 공항의 설계에 있어서 도보거리는 매우 길어질 수밖에 없으며, 기계적인 이동장치가 매우 중요하게 된다. 여객의 이동을 지원하는 세 가지 주요 방법은 다음과 같다.

- 버스: 다수의 청사가 운영되고 있는 공항에서 단위청사간의 연결에 사용
- Pedestrian Walkways : 탑승동 내에서 그리고 결기위성청사 혹은 철도역을 연결하는 데 사용
- Automatic People Movers : 격리 탑승동, 철도역 혹은 청사 간을 연결하는 데 사용

Chapter 16 항공화물관리(Air Cargo Management)

section 01 항공화물의 발달

여객과 더불어 항공화물은 항공운송의 중요한 요소로 지난 20년간 지속적으로 증가해 왔다. 2차 대전 이전 1910년 필립 팔메리에 의한 최초의 항공화물 운송 이후 2차 대전 이후 군용항공기가 민간으로 전환되며 급속한 발달을 가져 왔다. 1960년대 최초의 화물기가 등장하였고, 1970년대 B747이 개발되어 대형, 대량화물의 장거리 수송이 가능하게 되었다. 최근에는 항공수요의 고성장과 각 항공사들의 화물전용기 확보 강화에 따라 더욱 성장하고 있으며, 항공사들의 제휴를 통해 운송네트워크가 확장되었다.

1. 화물운송의 성장 이유

1) 수요증가 : 산업화로 인한 고부가가치의 공산품이 늘어났고, 수송 시 가치가 저해되는 품목이나 긴급 및 시한성화물들의 수요가 늘어났다.
2) 운송서비스 질 향상 : 대형 제트항공기 취항과 항공용 컨테이너의 개발, 보급되었고, 지상조업이 발전하며 화물운송서비스가 확대되었다.
3) 운임의 저렴화 : 항공화물 컨테이너화, 화물조업 자동화, 운송단위 표준화 등으로 항공운임의 원가가 절감되었다.
4) 운임의 저렴화 : 항공화물 컨테이너화, 화물조업 자동화, 운송단위 표준화 등으로

항공운임의 원가가 절감되었다.

5) 수요 개발 : 항공화물에 대한 수요의 적극적인 개발로 노선확대, 제휴, 신 운송 상품 개발 등 항공사의 수요 개발노력과 이를 지원하는 항공화물 대리점의 서비스 영역확대 및 해외 파트너 협력 강화로 많은 항공화물 수요가 발생한다.

6) 물류체계 발전 : JIT(just－in－time) 정책과 정시배송 등 물류체계가 확장 발전되었다.

2. 항공화물의 장점

1) 신속 정확성 : 항공운송은 해상 및 육상운송에 비해 운송기간이 짧으며 발착시간, 정시운항, 운항회수에 의한 정시성이 타 운송수단에 비해 경쟁력이 있다. 또한 항공운송은 빠르고 정확하게 최종 목적지까지 운송되는 신뢰성이 높은 편이다.

2) 안전성 : 항공화물은 다른 화물에 비해 특별한 화물취급이 요하는 운송으로 화물운송에 따른 파손 및 분실이 최소화되고 책임성도 강하다. 또한 단기간에 운송되므로 변질 및 부식 등 화물파손을 최소화 할 수 있다.

3) 경제성 : 실질적으로 운송비는 타 운송수단에 비해 높으나 포장비, 보험료, 창고료 등 직접비용과 관리비, 재고비 등 간접비용이 낮고 정시성, 신뢰성이 높아 운송에 대한 총 비용은 타 교통수단에 비해 경제적이라 볼 수 있다.

3. 항공화물 운송대상 품목

1) 긴급화물 : 상품의 수명이 배달에 직접적으로 영향을 미치는 화물
예) 기계부품, 혈액, 신문, 필름 및 정기간행물, 상품견본 등

2) 고부가가치 화물 : 중량에 비해 운임 부담력이 있는 부가가치가 높은 화물
예) 귀금속, 미술품, 시계, 전자제품, 광학제품, 반도체, 통신기기, 컴퓨터 등

3) 부패성화물 : 보관상 유통기간이 짧아 단시간의 운송이 필요한 화물
예) 생선 및 식음료, 생동물, 생화 등

4) 중량에 비해 타 운송수단에 비해 직접경비가 적게 드는 운송품

5) 물류관리를 위해 과잉재고를 막고 신속하게 고객에게 공급할 수 있는 서비스 제품

4. 항공화물 운임

항공사에 의해 공시된 구간별 항공화물요율과 이에 관련된 규정을 포함하는 개념으로 항공화물요율은 실제 판매가와 차이가 있을 수 있으나 할인율의 기준으로서 항공화물 운송장(AWB) 상 기입금액이 된다. 운송체제를 경제적으로 하기 위해 항공사는 복합운임 구조를 가지고 있으며 다음과 같다.

1) 일반운임 : 이 운임은 특별공항 쌍방 간의 일반화물에 적용한다.
2) 특정운임 : 이 운임은 어느 특정항로상의 특정물품의 이동량이 높을 때 적용되며, IATA는 특정 공항 간의 특정물품 운임을 승인한다. 일반화물 및 특정물품 운임은 그 양에 따라 할인이 있다.
3) 분류운임 : 이 운임은 지정물품에 적용하며, 이 물품의 특성 및 값은 일반물품 운임의 할인, 운임비율 또는 추가 요금을 요구한다.
4) ULD운임 : 이 운임은 화물의 특정중량까지 포함시킬 수 있도록 특별 설계한 ULD 컨테이너 또는 팰릿으로 수송하는 비용이다. ULD는 항공사 장비이며, 화물 운송업자나 항공화물 대리점에게 사용료를 받지 않는다.
   - 혼재운임 : 이 운임은 남은 공간을 항공화물 대리점에 할인운임으로 판매한다. 항공화물 대리점은 화물량과 ULD 절감의 이점을 가질 수 있기 때문에 이러한 방식을 택한다.

section 02 항공화물의 흐름

1. 화물관련 조직 간의 관계

항공화물의 흐름과 관련된 조직 및 운영자와의 관계는 다음 그림과 같다. 화물은 화주로부터 하수인에게로 이동하는데 일반적으로 화물운송업자를 통하며 이 과정에서 공항시설과 항공사가 관계한다. 공항시설은 항공사 이외에도 화물운송업자들에게도 제공된다. 항공화물 운송서비스를 제공하기 위해 운송업자는 다음과 같은 기능을 수행한다.

1) 적정요금의 결정과 최적 운송수단 및 경로의 선택
2) 필요한 서류작성과 면허 획득을 포함한 수출입 통관 수속 처리
3) 개별 위탁화물의 안전한 포장 수속
4) 저렴한 선적요금을 위한 소량 화물의 대량화물과의 혼재
5) 선적 전후의 신속한 화물 수령 및 배달업무의 수행

대부분의 항공사들은 항공화물 대리점을 필요로 하며, 이들 대리점은 항공사와 화주와 하수인 중간에 위치하여 서비스를 제공하고 있다. 필요한 절차에 익숙한 항공화물 대리점은 항공수송 준비에 전념해야 하는 항공사를 대행하여 출입국 절차 및 Landside 배달 체제에 의한 편의시설제공으로 시간낭비를 피하고자 하는 항공사들 지원하고 있다.

그림 16-1 항공화물 관련 부서간의 관계

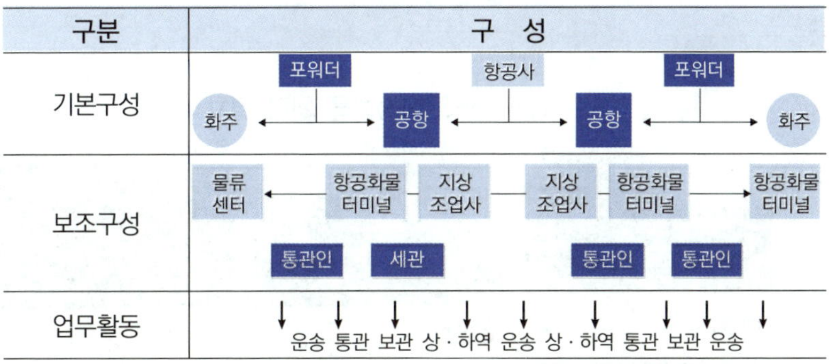

2. 화물터미널 내 화물흐름

화물터미널 내에 화물흐름을 단계별로 보면 다음 그림과 같다. 수입과정은 짧은 시간에 대규모 화물을 일괄 처리 할 수 있는데, 이 화물은 분류작업을 거쳐 다른 항공기로 옮겨지는 화물을 제외하고 검사, 저장, 처리 과정을 거친다. 수출과정은 정반대로 처리되는데 소규모 선적화물이 접수되면 처리과정을 거쳐 저장되었다가 항공기에 실릴 수 있도록 큰 화물 단위로 만든 후 탑재된다.

그림 16-2 화물터미널의 흐름도

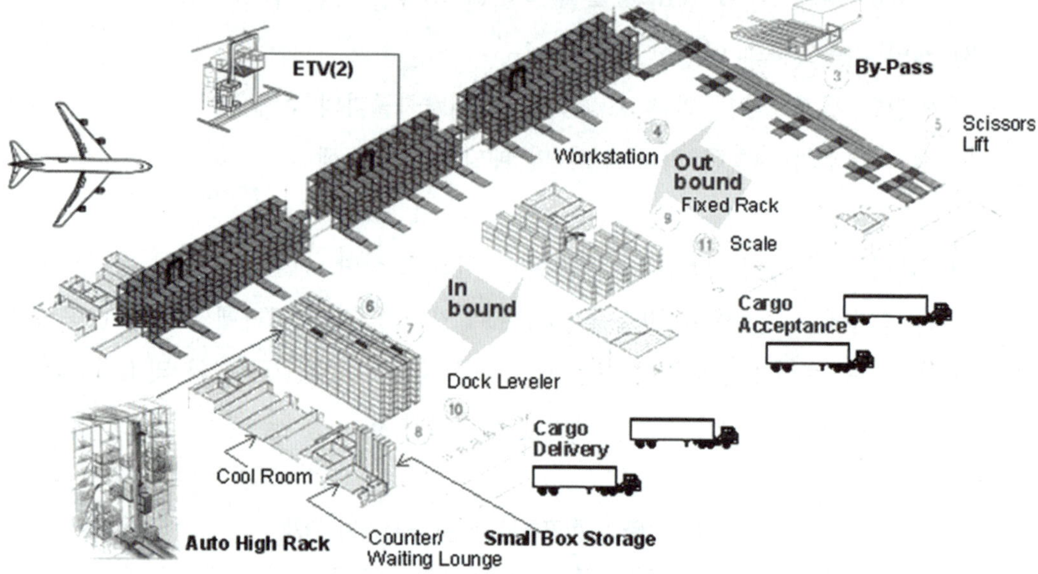

그림 16-3 항공화물 처리 절차

출처 : 노건수 외, 운항시스템의 이해, 과학기술

3. 수출화물 흐름

1) 공장에서 생산된 완제품은 Trunk에 의한 육로수송(Pick-up Service)으로 화물터미널에 도착하게 되고, 화물터미널의 Land Side에 있는 Truck Dock을 통해 수출장

그림 16-4 수출화물 흐름도

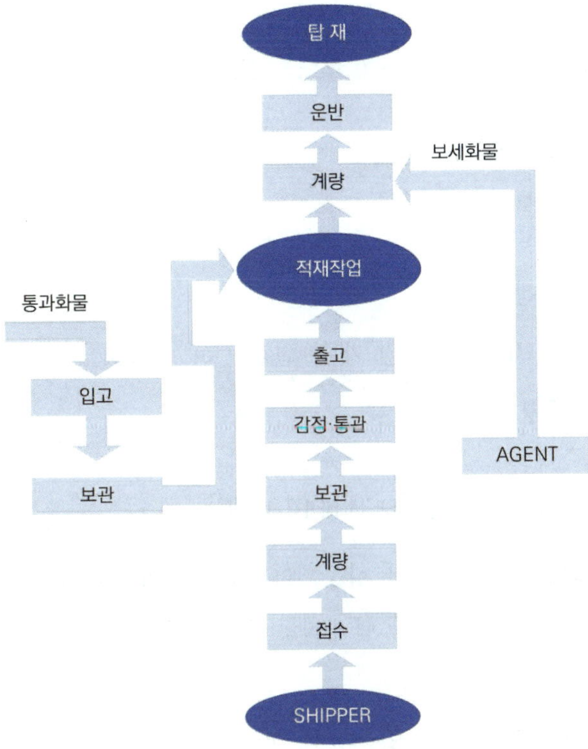

치장으로 반입된다.

2) 보세구역인 보세장치장에 화물을 반입하기 위해서는 세관 보세과에 수출화물 반입계를 제출하고 장치지정 및 승인을 받아야 한다.
3) 수출신고 : 수출신고는 물품지조 완료 전후 어느 때라도 할 수 있으며, 수출신고를 하고자 하는 경우에는 전자문서로 작성된 신고 자료를 통관시스템에 전송하여야 한다(EDI에 의한 수출신고).
4) 수출신고서 처리 및 심사
5) 수출검사 : 수출신고물품에 대한 검사는 원칙적으로 생략하나, 위조 또는 위장 수출 등 우범성 정보가 있는 경우 등은 현품검사를 할 수 있다.
6) 수출신고 수리
7) 운송장 및 화물의 인계
8) 적재 작업

9) 탑재 작업

10) 항공기 출발

11) 적하목록 제출

가. 수출화물 작업절차 및 내용

1) 적재 작업

- Build up 작업 수행
- ULD 사용 : 사용 ULD 종류 및 개수 결정
- 특수화물 작업 계획 수립

2) 적하목록 작성(Manifest Documentation)

- 적하목록의 의의 : 적하목록이란 항공기에 적재된 화물의 총괄 목록을 가리키며, 기적 ⇒ 운송 ⇒ 보관 ⇒ 통관의 각 단계별로 화물의 총량 관리를 위하여 생성된 정보를 말한다.
- 적하목록의 용도 : 항공기의 입출항시 관계당국에 제출하는 신고서로서 General Declaration(G/D), Passenger Manifest, Cargo Manifest, 기적 확인서(기용품 특성)를 제출한다.

3) 탑재 관리 (Weight Balancing)

- Load Planning : 탑재관리를 위해서는 작업 내역(ULD Tag), Load Planning Sheet, Weight & Balace MFST가 필요하다.
- 이 작업에서는 최적의 ULD Combination과 항공기 안전을 위한 각종 Weight Limitation, ACL, C.G(Center of Gravity), 작업 소요 시간들을 고려해야 한다.
- Weight & Balance 작업은 안전운항을 위한 중량 안배와 Stabilizer 조정값을 산출한 Load Sheet을 만들어야 한다.

4) 출항 수속

국토교통부, 세관, 법무부 출입국 관리소, 검역소와 같은 관련기관에 출항 수속 및 출항허가 요청해야 하며 제출서류는 General Declaration, Manifest, Air Waybill (Master/House) Copy 등이 필요하다. 또한 출항허가 득한 후 탑재사항 기장 통보 및 Flight Release를 해야 한다.

5) 사후조치

- 화물처리 관련 Message 발송
  - Booking list Irregularity MSG : 예약상황과 실제 탑재 상황 비교
  - Special Cargo Information Message
  - Irregularity Message
  - Pre Load 메시지
  - CPM/UCM

- 부적절한 화물처리
  - 관련부서에 발생 내역 통보
  - 대리점(화주)에게 통보
  - 신속/정확한 사후처리를 할 수 있도록 기록관리

4. 수입화물 흐름

그림 16-5 수입화물 흐름도

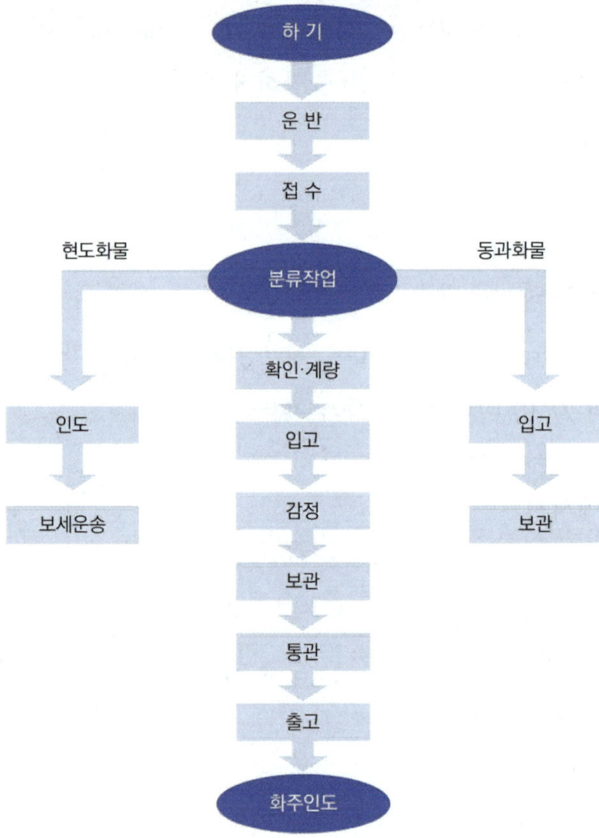

가. 수입화물 의미

외국에서 선적되어 입항한 화물이 수입국가의 적법한 절차(통관/면허)를 거쳐 국내화물로 인정된 화물로 통관절차가 완료되지 않은 화물은 보세화물이며, 수입면허를 득한 순간부터 수입화물로 취급되어 물품 인수가 가능하다.

1) 수입화물 흐름

수입화물은 수출화물과 역순으로 처리되는 절차이며 약간의 업무절차는 차이가 있다. 수입통관절차는 창고반입 → 장치확인 → 수입신고서작성 → 세관신고 → 검사 → 관세 납부 → 면장반출 → 정산 및 출고의 순이다.

2) 현도화물

수입화물절차에서는 실화물 분류 후 화주에게 현장에서 인도되는 화물로 분류 후 24시간 내에 반출되는 현도화물이 있다. 이러한 현도화물은 보세운송화물, 외교행낭, 유해/유골, 신문/잡지, 검역대상화물이 포함된다.

3) 검역

국내로 반입되는 수입화물에는 수출화물과 달리 검역절차를 거치게 된다. 검역은 식물검역, 동물검역, 식품검역을 관련 담당기관에서 수행하며 통관은 검역 후 실시한다.

5. 환적화물 흐름

- 환적화물 개념 : 환적화물에는 우리나라에 입항한 항공기에서 화물을 사기하지 않고 제3국으로 운송하는 경유화물과 항공기에서 하기하였다가 제3국으로 운송하는 화물을 포함한다.

그림 16-6 환적화물 흐름도

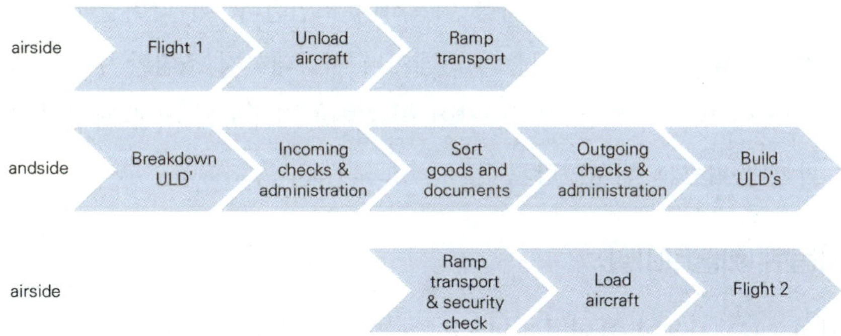

6. 화물터미널의 시설

화물은 여객과 달리 Landside에서 Airside로 물리적인 이동이 필요하며, 이러한 작업을 위해서는 여러 가지 기계 및 기구가 필요하다. 최근의 화물터미널은 자동화된 시설이 많이 있으나 몇 몇 공항에서는 아직도 자동화가 이루어지지 않고 있다. 그러나 화물터미널의 완전 자동화만이 효율적인 운영은 아니다. 예를 들면, 계류장에 접한 화물터미널의 기능은 보관기능보다는 화물의 분해, 조립 등의 작업공간이 많이 소요되므로 완전 자동화된 터미널보다는 자동과 반자동화가 혼용된 터미널이 많이 이용되고 있는 것도 이와 같은 이유에서이다. 다음은 화물터미널의 기계화 정도에 따른 분류이다.

가. 비자동화 화물터미널

이러한 화물터미널은 일반적으로 화물터미널 내 모든 화물이 무동력 Roller체제로 작업인원에 의해 조업이 이루어진다. 지게차는 터미널 내에서 사용되며 ULD를 분해한다. 화물터미널과 계류장의 높이는 동일한 지면으로 하여 무동력 Roller를 이용한 화물의 이동이 가능하도록 한다. 이러한 형태는 자동화 고비용 보다는 낮은 노동임금과 노동력확보가 쉬운 개발도상국가 등에서 매우 효과적인 운영형태이다. 그러나 이 형태는 넓은 작업공간이 요구되고 화물터미널 내에서 많은 비전문 인력이 작업하므로 대량의 화물을 처리하기에는 부적합하다.

나. 반자동화 화물터미널

화물터미널 내의 모든 항공화물의 이동은 적은 하중이거나 무거운 컨테이너 ULD를 이동시킬 수 있는 여러 종류의 지게차를 이용하여 조업한다. 이 터미널에서는 높은 Rack 장비보다는 지게차를 이용하므로 저층의 컨테이너 저장대까지 조업할 수 있도록 배치되어야 한다. 그러나 이 방식도 많은 작업공간이 필요하며 지게차에 의한 작업이 많을수록 컨테이너 및 화물의 파손도 발생한다.

다. 자동화 화물터미널

항공기의 ULD 사용이 늘어남에 따라 항공화물터미널 운영에 있어서 최소의 작업인원과 화물조업 중 화물의 파손을 최소화하기 위해 자동적으로 화물을 반송 반출할 수 있는 자동화 시설이 요구되었다. 이러한 화물터미널에는 단층에서 화물을 이동하는 장치인 TV(Transfer Vehicle)와 다층의 높은 Rack으로 이동시키는 ETV(Elevating Transfer Vehicle)를 운용한다. 이 시스템은 대량의 ULD 저장능력을 가지고 있고 화물의 파손을 최소화 할 수 있어 많은 공항에서 이용되고 있다. 최근에 건설 또는 개축된 화물터미널에는 대부분 이러한 시스템을 이용하고 있다.

1) 화물터미널 장비

화물터미널에는 화물의 운반 및 보관, 분해 작업을 위해 ETV, TV, Workstation, ETV 랙(냉장, 귀금속 등 특수랙), 자동분류시스템 등이 이용된다.

가) ETV

ULD화된 화물을 수평 또는 수직으로 이동하여 다층 Rack에 컨테이너를 입고 또는 출고할 수 있는 장치

그림 16-7 ETV

나) TV

ULD화된 화물을 수평으로 작업장까지 이동 시킬 수 있는 장비

그림 16-8 TV장비

다) Workstation

화물을 단위화하기 위해 포장하거나 ULD 화물들을 분해하기 위한 높낮이가 조절되는 자동화 작업대

그림 16-9 워크스테이션

라) AS/RS

자동으로 화물을 보관하고 필요시 출고할 수 있도록 만들어진 자동화 창고 시스템

그림 16-10 AS/RS

MEMO

PART 4

항공안전 및 항공보안산업

Chapter 17 항공안전
Chapter 18 항공 · 공항보안산업

Chapter 17

항공안전(Aviation Safety)

section 01 항공기 안전사고

1. 항공기 사고의 특성

공항을 계획하거나 운영하기 위해서는 주요 항공기사고 발생 시간, 장소, 원인에 대해 살펴볼 필요가 있다. 지난 25년간 항공사 조종사 협회가 조사한 바에 의하면 전체 항공기 사고 중 항로상의 사고는 5%에 불과하고, 공항에서 15마일 이내의 공항접근지역에서 약 15%가 발생하였고 이중에서 얼마 정도는 기상과 관련되지만 대부분은 엔진실속, 항공기의 공중 충돌 및 높은 구릉지대(산)에 충돌하는 것으로서 이러한 사고 시에 생존자가 거의 없다는 사실이다. 그 외 나머지 80%의 사고는 사용하던 활주로 또는 그 활주로의 정지로와 Clear Zone에서 발생하였다. 공항의 비상대책부서에서는 이 지역을 "구조 및 소방 대응지역(Critical Rescues and Fire Fighting Response Area)"이라고 한다. 이 지역에서 수많은 인명과 항공기가 불필요한 장애물로 인하여 피해를 입었으며, 설계를 개선함으로써 대부분 효과적으로 대응할 수 있다. 과거에는 활주로 진입표면에 돌출되는 장애물 제거 노력이 미흡하여 항공기가 정상항로나 고도를 이탈하는 경우에 심각한 피해가 발생하였을 뿐 아니라 구난 활동도 어렵게 하였다.

그림 17-1 사고의 종류 분포

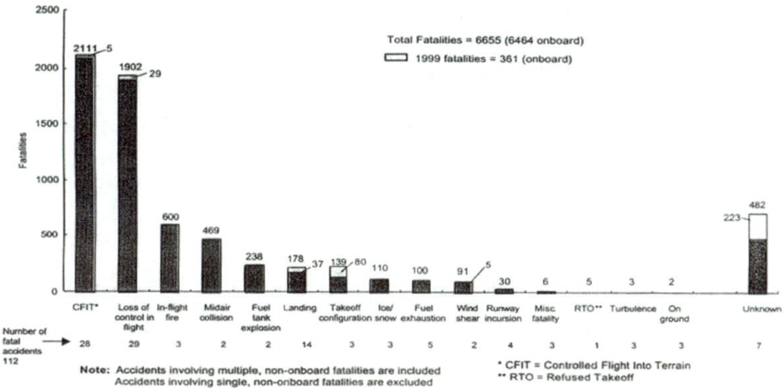

Figure 2-6 Fatalities by accident categories, fatal accidents, worldwide commercial jet fleet. (1990–1999). (*Boeing Commercial Airplanes Group.*)

출처 : Boeing Commercial Airplane Group

가. 공항의 사고 종류

(1) **사전착지(Undershoots)**: 항공기가 활주로에 도달하기 전에 지상 또는 장애물에 충돌할 때 발생하는 사고이며, 주원인은 돌풍과 조종사의 판단착오 때문이다.

(2) **활주로 이탈(Veer-offs)**: 타이어나 브레이크의 파손, 활주로의 결빙 등의 사유로 조종사가 항공기의 방향을 조종할 수 없을 때에 발생한다.

(3) **활주로 과주(Overruns)**: 공항에서 흔히 일어나는 사고로 착륙시 활주로 노면에서의 수막현상이나 결빙으로 발생하는 사고이다. 또한 이륙시 타이어의 파손이나 이륙전 엔진이 꺼지는 경우 이륙을 포기하는 경우에도 발생한다. 이러한 사고들은 공항 주변의 장애물을 제거하고나 감소시키면 충돌을 예방할 수 있다.

2. 구조 및 소방 대응지역

대부분의 공항에서의 항공기 사고는 활주로 150m, 활주로 말단에서 900m 이내에서 발생한다. 이 지역은 구조 및 소방상 특별대응지역이며, 공항기술자로서는 위험을 제거하거나 감소시켜서 사고시 발생하는 피해를 줄일 수 있는 지역이다. 또한 구조 및 소방차량의 신속한 접근이 요구되는 지역이다. 장애가 없는 안전한 접근지역을 확보하기 위하여 활주로 측면, 진입구역, Clear Zone을 따라 장애물의 높이를 제한하는 국가 및 국제적 기준이 있지만 장애물 제한 표면에 저촉되지 않는 한 진입구역의 장애물이나 건물의 형태를 제한하는 의무규정은 없다. FAA의 설계지침에는 장애물이 없는 길이 300m의 Over-run 지역을 요구하고, 이것도 신설의 경우에만 적용된다. 현재 활주로 말단 안전지역과 Clear zones의 사이를 평탄하게 정지하도록 요구하는 규정이 없으며, 수많은 활주로의 말단 착륙대는 항공기나 비상용 차량이 지나갈 수 없는 급격한 경사를 이루고 있다. 또한 활주로 말단부에는 저속으로 통과하더라도 항공기에 치명적 손상을 주고 여객을 살상시킬 수 있는 덮개없는 배수로, 자연 배수로, 강, 철도, 고속도로, 도로 및 기타 주요 장애물이 많다.

다음 사항들은 Over-run및 Clear zones지역의 위험요소를 줄일 수 있는 사항들이다.

- 연장된 활주로 말단 안전지역 및 Clear zones
- 배수로 노선의 변경 또는 배수로 덮개를 씌워 개선하는 방법
- 활주로가 물가에서 끝나는 경우 완만한 경사 처리 방법
- 도로 및 철도의 장애물의 최소화 및 도로를 활주로보다 낮추는 방법

3. 소방 및 구조활동

항공기는 많은 연료와 함께 다수의 탑승객을 운송한다. 1979년부터 1989년 사이에 발생한 21건의 항공기 화재사고에서 650인 이상의 탑승객이 폭발에 의하여 사망하였다. 모든 공항 특히, 상업용 운송공항에서는 적절하고 필요한 장비를 갖추며, 잘 훈련된 소방팀을 유지하는 것이 필수적이다. 항공기의 화재사고시에 생존기간은 매우 한정되며 동체가 손상되지 않은 경우도 3분 이내에 화재는 벽과 창문을 관통하게 된다. 이는 항공기 구조서비스가 사고지역에 신속히 대응해야 하는 우선적인 요건이다. 생존가능성이 있는 항공기 사고는 거의가 활주로 또는 Over-run 지역에서 발생하므로 소방서의 위치는 주요 요인이 된다. FAA는 가장 먼 활주로 중앙부분까지 3분 이내를 요구하고, ICAO는 항공기 이동지역의 어느 곳이든 3분 이내에 대응하기를 요구한다. 미국 소방협회(NFPA) 기준 403은 활주로의 어느 부분이든 2분 이내 Over-run 지역은 2.5분 이내에 대응하기를 요구하고 있다. 이렇게 신속히 대응해야 하는 이유는 화재가 항공기의 알루미늄 표피를 통과하

여 30~50초 이내에 번질 수 있고 또한 추가 2~3분 이내에 동체의 벽과 단열재를 통과할 수 있기 때문이다. 만약 동체가 파손되었다면 이런 시간은 상당히 감소된다. 공항의 소방 및 구조차량은 신속히 가속할 수 있도록 설계 및 제작되지만 소방서의 위치가 잘못되면 이런 성능은 의미가 없게 된다. 제트기가 출현한 이래로 계류장 지역에서 화재발생은 거의 없으며, 화재가 발생하더라도 탑승자는 외상이 없기 때문에 신속히 탈출할 수 있으므로 대응시간은 다음의 문제가 된다. 항공기가 파손된 경우에 탑승자는 방향감각이 없고 다치고 좁은 장소에 갇히게 되므로 비상 구조자의 지원 없이는 탈출할 수 없게 된다. 이런 이유로 활주로 주변에서 사고 발생 시에 항공기 동체의 파손을 방지하는 것이 무엇보다 중요하며 사고 지점까지 대응시간은 항공기 구조 및 소방직원의 일차적 책임이지만 적절한 접근로가 필요하다.

4. 구조 및 소방시설의 위치

모든 항공기 사고의 80%는 활주로 중심선에서 150m 이내와 활주로 양단에서 900m 이내의 범위 내에서 발생하며, 가장 신속치 사고에 대응하기 위하여 소방서는 활주로 중간지점의 건물제한선 외부에 배치되어야 한다. 활주로가 2개 이상 있을 때에는 대응시간 기준에 맞추기 위하여 필요하다면 복수의 소방서 또는 소방분소를 설치하도록 고려하여야 한다. FAA 설계지침 AC 150/5210-15에는 항공기 구조 및 소방시설의 위치를 선정함에 있어 고려해야 할 체크리스트를 제시하고 있으며 예를 들면 위치는 다음의 요건을 만족하여야 한다.

- Airside로 신속하고, 직선으로, 안전하게 접근할 수 있는 위치
- 최소한의 선회만으로 활주로, 유도로, 계류장 등에 방해받지 않고 접근할 수 있는 위치
- 사용중인 활주로, 유도로 또는 어려운 지형을 통과하지 않고 터미널 계류장 등으로 직접적인 접근이 가능한 위치
- 관제탑의 시야에 지장이 없는 위치
- 항공기 운영지역의 감시가 가장 용이한 위치
- 항공기 사고 가능지역에 가장 가깝게 접근할 수 있는 위치

- 향후 공항시설의 확장으로 인하여 공항감시를 제한하거나 감소시키지 않는 위치, 소방차도를 막지 않는 위치, 인접도로, 건물, 계류장, 활주로 및 유도로와의 안전간격 등에 지장을 주지 않는 위치
- 신활주로 건설 또는 기존 활주로 연장 등의 공항시설 확장으로 비상 서비스 지역에 과도한 대응거리가 발생하지 않는 위치
- 소방 및 구조차량의 통신장비가 공항의 항공보안시설에 영향을 주지 않는 위치
- 접근도로, 연료공급지역, 항공기 유도 및 주기지역과 같은 기존시설과 운영에 지장과 간섭이 최소화되는 위치

그림 17-2 구조 및 소방시설

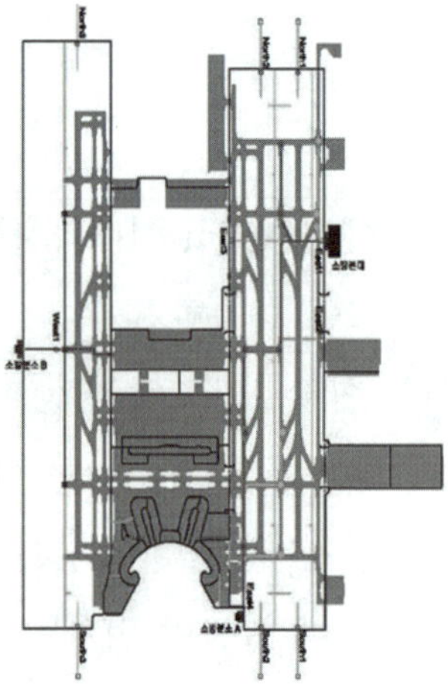

출처 : 인천공항공사 인재개발원

구조 및 소방시설의 부지규모는 현재의 소방시설뿐 아니라 구조 및 소방장비와 인원의 증가에 따른 미래의 확장에도 대비할 수 있어야 한다. 또한 구조 및 소방차량과 직원용 주차장이 설치되어야 한다. 어떤 공항은 구조 및 소방차량을 지원자 또는 공항과 항공사의 임시직원으로 운영하는 경우도 있는 바, 이런 경우에 구조 및 소방차량은 긴급 대응시간에 맞출 수 있도록 운전기사 및 기타 직원이 쉽게 접근할 수 있는 지역에 있어야 한다. 소방 및 구조 건물을 배치함에 있어 계획자는 신속한 출동이 유도중인 항공기에 의하여 방해받지 않도록 배려해야 한다. 활주로에 직접적인 접근을 위하여 소방차고에서 활주로까지 연결되는 직선형의 접근도로가 필요하다. 모든 비상차량의 무게중심이 높기 때문에

고속회전은 매우 위험하다.

가. 기타 안전 고려사항

공항의 구조 및 소방차량은 많은 양의 물과 한 번의 재충전을 위한 포말용해제를 지참하도록 설계되어 있다. 따라서 가능한 한 신속히 소방차에 물을 재공급할 수 있도록 해야 하며, 소방용 급수관 시스템이 특별대응지역 주변에 설치되어야 한다. 항공기 사고가 말단부의 공항경계선 외부에서 발생한 경우에는 소방차가 신속히 접근하는데 문제가 있다. 공항보안의 중요성이 강조되고 있음에도 불구하고 접근도로와 출구가 각 Over－run 지역의 말단에 설치되어야 한다. 이 출입문은 부서지기 쉽게 설치되어 귀중한 대응 시간이 허비되지 않아야 한다. 소방직원이 차량을 멈추고 문을 열기 위하여 열쇠를 부수는 것은 시간을 낭비하는 것이다. 공항 경계선 내부에서 사고가 발생하는 경우에도 대응 앰뷸런스가 사고 지역에 가급적 신속히 접근할 수 있는 것은 매우 중요하다.

그림 17-3 공항구조 소방차량

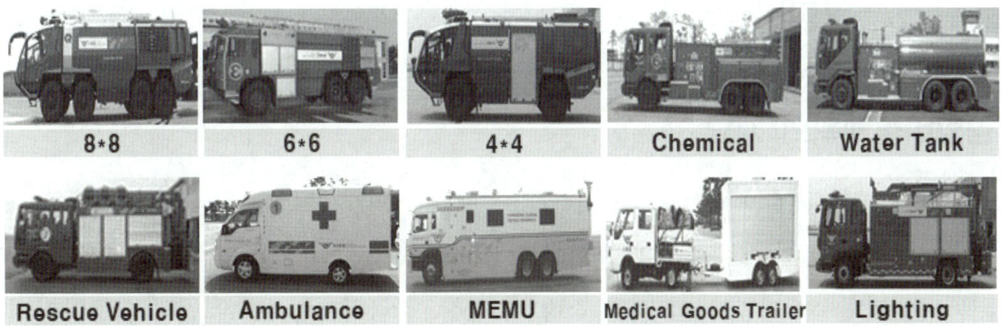

출처 : 인천공항공사 인재개발원

공항의 구조 및 소방등급의 결정기준, 등급별 구조 및 소방차량의 소요대수에 관한 ICAO 기준을 소개하면 다음과 같다.

표 17-1 소방차량의 소요대수에 관한 ICAO 기준

구 분 \ 구조 및 소방등급		1	2	3	4	5	6	7	8	9	10
등급 결정 기준	항공기 총길이(m)	1-9	9-12	12-18	18-24	24-28	28-39	39-49	49-61	61-76	76-90
	항공기최대 동체폭(m)	2	2	3	4	4	5	5	7	7	8
소방 및 구조차량 수		1	1	1	1	1	2	2	3	3	3

- 구조 및 소방등급 결정의 기준이 되는 항공기의 운항회수가 가장 바쁜 연속되는 3개월 간 700회 미만일 때는 2004년까지 1등급을 하향조정하고 2005년 이후부터는 해당등급에 따른다.
- 등급결정을 위하여 우선 항공기의 총길이를 평가하고 다음으로 동체폭을 평가한다. 즉 길이로 평가한 최대 동체폭보다 클 경우는 등급을 하나 상향조정한다.
- 등급별 소화재 용량은 ICAO 서비스 매뉴얼을 참고한다.

출처 : ICAO 공항서비스 매뉴얼

section 02 공항비상계획

1. 공항비상계획의 개요

(1) 공항 비상계획은 반드시 수립되어 비상사태 발생에 부응하여 지원하는 기관이 취하여야 할 조치와 책임을 분명하게 하여야 한다. 이 계획은 비상사태 시 참여하는 대내·외 기관 특히 지역 소방서, 경찰, 구급차제공, 병원 등의 활동지침이 된다. 공항 당국이 지역사회와 상호 지원협정을 체결하는 것은 절대적으로 필요하다.

(2) 어떠한 비상계획이라 할지라도 완전하게 모든 것을 기술할 수는 없으며, 공항에서 항공기 사고발생시 참여하는 모든 사람은 계획의 자세한 부분까지 정통하여 사고에 내포되어 있는 의미까지도 해석할 수 있어야 한다.

(3) 비상사태의 유형에 따른 계획의 수립, 참여기관의 임무 책임에 관한 사항은 공항업무 편람 7편 "공항비상계획"에 기술되어 있다.

가. 공항비상계획의 목적

(1) 비상적으로 항공기사고 혹은 기타 항공기 비상사태 발생 시 공항의 구조 및 화재 진압 부서에 경고발령을 하는 등 비상계획의 운용을 지시하는 발령권자가 된다. 공항전화교환대는 통상 항공교통관제기관에서 발령된 정보를 내·외의 참여기관에 전파하는 핵심 역할을 수행한다.

(3) 지역소방서와 기타 외부의 비상 지원기관은 항공교통관제기관에서 발령한 정보를 가능한 한 신속히 접수하여 즉각적인 조치가 시행될 수 있도록 통신망에 포함되어야 한다.

(4) 현장에서의 치료와 가능한 한 빠른 시간 내에 현장지휘소를 설치하여야 한다는 필요성은 계획에 포함되어야 한다. 주·야간 구분 없이 쉽게 식별이 가능한 현장 지휘차량을 확보하여 최단시간 내에 현장에 출동할 수 있도록 조치하는 것이 필요하다. 현장지휘차량에는 현장에서 요구되는 필요한 모든 통신장비가 구비되어야 한다. 현장지휘차량을 구심점으로 하여 공항 내·외에서 제공되는 비상 대비업무의 협조체제를 구축함으로써 지휘, 통신 및 조정이 이루어져야 한다.

(5) 비상사태 기간 중에는 지정된 비상 운영센터가 가동되어야 한다. 비상 운영센터는 공항시설의 일부분으로 구비되어야 하며 비상사태에 대응하는 모든 협조사항과 일반적인 지시사항을 발부하는 임무를 수행하여야 한다.

(6) 울타리가 설치된 사고현장에는 출입이 허용되는 통로가 설치되어야 한다. 또한 하나 이상의 이동용 텐트를 구비, 손쉽게 설치되어 부상자를 치료하는데 사용되어야 한다.

2. 공항비상계획의 책임

(1) 통상 공항의 구조 및 화재 진압업무 담당 책임자는 비상 업무를 관장하는 첫 번째 지휘관이 된다. 그는 가능한 한 빨리 항공교통관제기관과 교신할 수 있는 무선교신 설비를 갖추어야 한다. 공항의 구조 및 화재진압부서와 지역 소방서간에 사전 협정을 통하여 누가 합동구조 및 화재진압업무의 지휘권을 행사할 것인가를 결정하여 상호 비상 지원협정 형태로 공항비상계획에 기술되도록 하여야 한다.

3. 공항비상계획의 대응조치

(1) 공항과 외부기관에서 제공되는 비상사태의 대응정도는 비상사태의 등급과 사고/사건이 발생한 지역에 따라 결정된다. 항공기 사고 발생 시 외부로부터 지원되는 비상지원 업무는 상호 비상 지원협정의 형태로 사전에 체결되어야 한다.

(2) 항공기 사고와 사건은 주로 공항 내 혹은 공항 주위에서 항공기의 이착륙과 관련되어 발생한다. 공항 비상계획은 공항 내·외를 불문하고 항공기 사고 발생하였을 때에는 시행되어야 한다.

(3) 공항 내 또는 주위에서 항공기 사고/사건이 발생하였을 경우 공항의 구조 및 화재진압 부서는 전원 출동하며 부서장이 지휘한다.

(4) 공항 울타리 바깥지역에서 항공기 사고가 발생하였을 때 이를 “공항외 사고”라고 하며 공항의 구조 및 화재진압 업무가 제공되는 범위는 사고지역이 공항부터 얼마나 떨어져 있는가에 따라 결정된다.

(5) 공항의 화재진압 업무가 제공되는 공항 외 지역의 범위와 수준은 지역소방서와 협의하여 결정되어야 한다. 이러한 지역의 경계선은 지도에 표시되어야 하며 사본은 양 기관에 비치되어야 한다.

(6) 이러한 지역의 경계선은 인위적(예를 들면, 철도) 및 자연적(예를 들면, 강) 장애물과 이러한 장애물의 횡단 용이성 등에 의해 영향을 받을 수 있다. 이처럼 어떤 지역에서는 그 경계선이 공항 경계선으로부터 거리가 단지 2~3nm인 경우도 있다. 또 다른 경우에는 공항 중심으로부터 대강 8km 정도까지 연장될 수도 있다.

(7) 항공기사고가 공항으로부터 8km 이상 떨어진 지점에서 발생하였을 경우, 통상적으로 출동요청이 없는 한 공항의 구조 및 화재진압 부서는 출동할 필요가 없다.

(8) 항공기사고 혹은 공항의 비상사태에 대응하는 외부 비상 지원기관은 통상 지정된 집결지로 출동하여야 한다. 공항당국에 의해 제공된 안내차량은 이들의 도착을 기다려 항공교통관제기관으로부터 무선을 통하여 필요한 허가를 득한 후 사고현장으로 안내하여야 한다.

(9) 착륙항공기의 비상사태 발생에 대비하기 위하여 구조 및 화재진압 차량이 사전에 지정된 장소에 출동대기 할 필요성이 있는 경우, 외부 비상 지원기관은 출동요청이 없는 한 지정된 대기 장소에 있어야 한다. 이러한 경우 그들을 단지 안내를 받아 항공기 기동지역으로 출동하여야 한다.

4. 비상계획 훈련

비상계획을 점검하고 그 결과를 평가하기 위한 절차를 수립하여 최대의 효율성을 확보할 수 있도록 비상계획을 보완, 발전시켜야 한다. 내·외의 비상 지원업무의 제공과 통신체제는 1년을 경과하지 아니하는 범위에서 주기적으로 점검되고 평가되어야 한다.

- 공항의 지원기관과 공항 외 지원기관간의 협조상태는 관숙훈련과 합동연습을 통하여 완전히 점검되어야 한다.

section 03 항공기사고 처리

1. 항공기 사고처리 개요

- 사고(Accident) : 비행을 위하여 항공기에 사람이 탑승하여 하기할 때까지의 기간 중에 항공기와 관련되어 발생한 것으로서,
  (1) 사람이 사망하였거나 중상을 당한 경우,
  (2) 항공기의 손상내지는 구조상에 결함이 발생한 경우,
  (3) 항공기의 실종 등을 말한다.

- 사건(Incident) : 항공기와 관련된 사고 이외의 것으로서 안전운항에 영향을 미치거나 미칠 우려가 있는 것을 말한다. 사고와 사건에 대한 용어상의 자세한 사항은 부속서 13에 수록되어 있다.

2. 보고절차

- 보고되어야 할 사고 : 사고조사기관에 보고되어야 할 사고에 대한 공식보고업무를 담당할 책임은 항공교통관제기관에 있지만 공항직원은 가능한 한 이에 협조하여야 한다.

■ 기타 사건 : 전항에서 기술한 공식 보고절차 이외에 공항 운영부서는 운용상 중요하다고 여기는 기타 사건을 보고하여야 한다.

3. 비상사태 발생 후 조치절차

가. 항공고시보

- 사고내지는 사건의 발생으로 인하여 항공기 운용에 지장을 초래할 것이 예상되는 경우, 즉시 1등급 항공고시보(class I NOTAM)를 발송하여야 한다. 착륙대, 과주로 혹은 clearway가 손상되었을 경우 이러한 활주로에서 항공기 운용은 상황의 검사결과에 따라 유보되도록 통보하여야 한다.
- 추락 또는 기동불능 항공기의 위치와 높이는 가능한 한 신속하고 정확하게 결정되어야 한다. 사고로 인하여 어떠한 안전표면이나 지역에도 영향을 미치지 않는 경우 필요한 주의 통보의 발부 하에 활주로 운용이 가능하다고 통보되어야 한다.
- 안전표면과 지역이 추락 또는 기동불능항공기로 인하여 지장을 받는 경우, 활주로 이용거리가 축소된다는 점을 고려하여야 한다. 이용 가능한 거리는 노견과 활주로 말단을 실질적으로 만족할 만하게 도색하고 조명시설을 설치함으로써 결정된다. 또한 그러한 활주로는 착륙 혹은 이륙 중 한가지로 제한될 필요가 있다.
- 항공고시보의 준비 및 발송에 대하여 항공교통관제기관과 긴밀한 협조를 유지하여야 한다.
- 접촉이 필요한 항공사와 기타기관의 모든 인원에 대한 명단이 준비되고 지속적으로 수립 보완되어야 한다.

나. 일시적으로 수정된 거리에 대한 표시와 조명

일시적인 활주로 도색과조명의 수용 가능한 형태의 결정권한은 국가기관에 있다. 공항당국은 해당 국가기관과 예상되는 조치에 대하여 협의하고 그에 대한 규범적 승인을 득하여야 한다.

- 말단 : 일시적인 활주로말단 조명은 일시적인 wing bar에 의하여 제공된다. 진입각지시등(VASI)은 녹색 등기구를 사용할 수 있다면 활주로말단 식별용으로 사용될 수도

있다. 정상적인 활주로말단 등화는 소등되어야 한다. 24시간 내지 48시간 미만동안 일시적으로 활주로 말단의 위치가 조정되는 경우, 표준에 의거한 활주로 도색은 사용될 수 없다. 잠정적으로 폐쇄된 활주로 지역에 이동용 폐쇄 표지시설을 설치할 수 있다.

- 활주로 끝 : 활주로 끝 부분은 이동용 빨간색 등기구 또는 조립식 플러그로 접속된 등기구세트에 의해 표시된다. 폐쇄도색, 예를 들면 부속서 14와 같이 일시적인 활주로 끝부분과 격리되어 활용이 가능하지 아니한 활주로 부분에 표시되어야 한다.
- 접근등화 : 활주로 말단이 일시적으로 위치가 조정되었을 때 접근등화시설의 계속적인 사용은 상당히 의문시된다. 조정된 위치가 15m 미만인 경우에는 적절한 강도로 설치된 접근등이 활주로 중심선 방향으로 일시적인 활주로 말단까지 연장되어 질 수 있는 조건 하에서 사용될 수 있다.
- 활주로등과 중심선등 : 폐쇄부분의 활주로 중심선등과 활주로등은 반드시 소등되어야 한다.
- 항공기 착륙접지등 : 활주로 말단의 위치가 조정되었을 때 기 설치된 항공기 착륙접지등은 소등되어야 한다.
- 진입각지시등(VASI) : 활주로말단의 위치가 일시적으로 조정되었을 때 진입각 지시등은 소등되어야 한다.

다. 무선항법보조시설

활주로말단의 위치가 조정되기 전에 확인점검을 통하여 관련 활주로에 대한 계기 착륙장치의 강하각 제공업무가 중시되도록 하여야 한다.

Chapter 18 항공 · 공항보안산업 (Aviation and Airport Security Industry)

section 01 항공보안의 개요

1. 항공보안의 역사[1]

가. 항공의 개념

인간은 태고(太古)이래 새처럼 하늘을 날고 싶은 욕망을 불태워왔다. 항공의 영어 단어인 'aviation'은 '새'라는 뜻의 라틴어 'avis'에서 유래한다. 그리스신화에 나오는 다이달로스의 아들 이카로스는 새의 깃털과 밀랍으로 날개를 만들어 하늘을 날다가 너무 하늘 높이 날지 말라는 아버지의 경고를 무시하고 지나치게 높이 날다가 태양열에 밀랍이 녹아 바다로 떨어져 죽었다.

르네상스시대 이탈리아의 레오나르도 다빈치는 오늘날 헬리콥터와 비행선 등과 비슷한 항공기 모양을 고안해내기 했다. 1783년 6월 프랑스의 몽골피에 형제가 열기구를 만들었다. 그리고 피라토를 드로제가 이 기구를 타고 비행한 것이 역사상 실제로 비행기구로 하늘을 난 최초의 경우라 할 수 있다. 1890년에는 독일의 오토 릴리엔탈이 글라이더를 만들어 하늘을 나는 데 성공하였다. 그리고 1903년 12월에 미국의 라이트 형제가 인류역사상 최초로 동력을 이용한 비행기를 만들어 59초 동안 260m를 비행하여 본격적인 항공시대로 접어들게 했다.

1) 이강석 외, 항공보안학, 박영사, 2015.

항공의 역사가 이처럼 짧지 않기 때문에 항공이 무엇을 의미하는지 모르는 사람은 거의 없다. 그럼에도 '항공'을 학술적인 개념으로 설명하기는 쉽지 않다. 학술적 의미에서 용어의 개념이란 다른 용어와 중복되지 않으면서 그 용어가 담고 있는 의미를 모두 포함해야 하기 때문이다. 용어의 개념이란 이른바 배타성(exclusiveness)과 포괄성(exhaustiveness) 을 함께 충족해야 한다. 그래서 항공을 단순히 '하늘을 나는 것'으로 전제해서는 미흡할 수밖에 없다.

항공의 개념을 가장 쉽게 정의하는 방법은 사전적 의미로 살펴보는 것이다. 국어사전에서 항공은 "비행기로 공중을 날아다님"으로 정의되고 있다. 조금 더 자세하게 용어 정의를 하고 있는 백과사전에서는 항공을 "어떤 기구 또는 기계에 사람이나 물건을 태우고 공중을 비행하는 일"로 구체적으로 정의하고 있으며, 항공우주공학용어사전은 항공을 "(1) 항공기로 여객 및 화물을 운송하는 행위 (2) 공기 속을 비행하는 기계의 운용부분을 취급하는 과학, 사업, 시설 및 보급, 항공교통 또는 기술 분야"로 공학 기술적 측면을 강조하고 있다.[2] 위키피디아 사전 역시 비행기의 개발, 생산, 운항과 사용 등을 의미한다고 정의하고 있다.

항공의 개념은 우선 비행의 개념과 구분되어야 한다. 비행(飛行)이 '공중을 날아다님'이라고 정의된다는 점을 고려할 때 항공은 비행의 부분적 개념임을 알 수 있다. 즉, 단순히 몸이 공중에 떠서 나는 것을 넘어서 기계나 기구와 같은 유형의 실체를 통해 공중을 나는 행위가 '항공'의 개념이 되는 것이다. 따라서 항공의 개념이란 항공기와 같은 인위적인 장치를 통해 사람이나 물건을 태우고 공중을 비행하는 일로 정의하는 것이 적절하다고 볼 수 있다.

또 운항과 항행도 구분되어 사용되어야 한다. 항공보안법 제2조 제1항은 '운항중이란 승객이 탑승한 후 항공기의 모든 문이 닫힌 때부터 내리기 위하여 문을 열 때까지를 말한다'고 규정하고 있다. 반면, 과거에는 항공법 제157조 제1항에서 항행은 배나 비행기를 타고 항로 또는 궤도를 다니는 것으로 규정하였으며, 현재는 표준국어대사전에서 동일한 의미로 항행에 대해 정의하고 있다. 항공기의 문이 닫힌 후 아직 항행에 이르기 전까지는 운항의 개념에 속하고 착륙 후 아직 문이 열리기 전까지도 항행이 아닌 운항의 개념으로 인식되어야 하는 것이다. 즉, 항행이란 항공기가 이륙한 뒤 착륙할 때까지 비행하는 개념으로 운항의 개념보다 적용 범위가 좁다고 볼 수 있다.

---

2) 이태규, 「항공우주공학용어사전」, 새녘출판사, 2012.

항공을 사용 주체에 따라 분류하면, 크게 공공항공과 민간항공으로 구분할 수 있다. 공공항공이란 정부와 같은 공공기관이 국방, 구난경비, 조사 감시 등 공공의 목적을 위해 항공기를 사용하는 것을 의미하며, 민간항공이란 기업이나 개인이 영리사업이나 개인 편의를 위해 항공기를 사용하는 것을 뜻한다.

또 항공을 위해 사용하는 동력이라는 관점에서, 기류를 타고 비행하는 글라이더나 수소가스나 헬륨가스 등 공기보다 가벼운 물질을 이용해 비행하는 기구 등 무동력 항공과 제트 엔진이나 로켓 엔진 등 동력기관을 이용해 비행하는 동력 항공으로 구분할 수 있다. 주지하는 바와 같이 현대 항공의 주축은 엔진을 장착한 동력 항공이며 고속성과 쾌적성을 갖춘 제트기가 주로 사용되고 있다. 로켓추진기관은 대기권 밖을 비행하는 우주선에 대부분 사용되고 있으며 우주항공이 새로운 영역으로 개발되고 있다.

2. 보안의 개념

보안 역시 광범위하게 사용되고 있지만 명확한 개념이 확립되어 있다고 보기 어렵다. 무엇보다도 최근까지 보안을 학문적 관점에서 이론적으로 설명하고자 하는 시도가 많지 않았기 때문이다. 게다가 보안 개념이 갖는 중첩성, 다양성, 모호성 등으로 인해 보안의 모든 속성을 포함하면서 다른 개념과 명확한 차이를 갖는 개념 정립이 마련되어 있지 못하다. 때문에 보안을 심지어 "정의할 수 없는 용어"라고까지 말하는 학자마저 있다.[3]

사전적 개념으로 보안을 '안전을 유지하거나 사회 안녕과 질서를 지키는 것"으로 정의한다면 보안은 그 영역이 매우 넓어지게 된다. 치안을 비롯하여 국방과 방재, 해상안전은 물론이고, 금융 감독까지 사실상 정부 활동 대부분이 보안의 영역에 속하게 되는 것이다. 뿐만 아니라 기업의 손실과 피해가 결국 국가 손실과 피해로 연결되고 다시 국민들의 피해로 이어진다는 점에서 기업의 안전을 지키는 활동 역시 보안의 영역에 속한다. 아울러 국가와 기업뿐만 아니라 개인이 스스로 안전을 지키려는 자구 노력(self-help) 역시 궁극적으로 사회 안녕과 질서와 연결된다는 측면에서 넓게 보아 보안의 영역에 포함된다고 볼 수 있다.[4]

3) P. W. Tate (1997), Report on the Security Industry Training: Case Study of an Emerging Industry, Perth, Western Australian Government Publishing.

4) 이창무 · 김민지(2013), 「산업보안이론」, 서울: 법문사, p.14.

이와 같이 보안은 매우 넓은 영역을 갖고 있으며, 다양하다. 정부와 민간 영역 모든 부문과 관련 없는 곳이 없으며, 모든 영역에서 반드시 고려해야 하는 필수 요소이기도 하다. 이러한 포괄성과 모호성으로 인해 각 부문마다 영역의 특수성을 강조하기 위해 군사보안, 산업보안, 금융보안, 정보보안 등 구체적 명칭을 사용한다.

보안의 개념을 설명할 때 반드시 언급해야 하는 것이 '안전' 개념과의 차별성이다. 왜냐하면, 영어 단어로 '보안(security)'과 '안전(safety)'의 개념은 명확하게 구분되지만, 국어사전적인 '보안'의 개념이란 '안전'을 유지하고 지키는 하위 개념이기 때문이다. 다시 말해 영미권에서 'security'란 의도적인(intentional) 불법행위로부터 인명과 자산을 지키는 행위를 의미하고, 'safety'가 의도하지 않은(unintentional) 행위로부터 인명과 자산을 지키는 것을 의미하기 때문에 명확하게 구분되는 개념이다. 반면에 우리나라에서 보안은 용어 자체 의미로 '안전을 보호'하는 개념이기 때문에 중복될 뿐 아니라 궁극적으로 '안전'이라는 개념의 하위 개념이 되는 것이다.

보안과 안전을 구분하는 중요한 요소가 '법을 위반하는 행위' 곧 '범죄'라고 할 수 있다. 의도적인 행동으로 인해 피해가 발생하는 경우 범죄와 연결되기 때문이다. 항공기 납치나 폭파, 기내 난동 모두 명백한 범죄라는 점에서 항공보안이란 범죄와 연결되어 있는 것이다. 사람의 잘못이 전혀 개입되지 않은 순수한 자연재해와 사고라면 안전(safety)의 영역이지만 범죄와 같은 인위적인 잘못이 개입하면 보안(security)의 영역이 되는 것이다. 이러한 측면에서 일부 학자는 안전은 '우연한 피해(accidental harm)'를 방지하고, 탐지하고, 대응하는 노력과 관련되는데 반해 보안은 '악의적 피해(malicious harm)'를 방지하고, 탐지하고, 대응하는 노력이라고 구분하기도 한다.[5)]

아울러 사전적 정의에서도 보안과 안전을 구분하여 사용하면서 보안의 범죄 관련성을 강조하는 경향이 늘고 있다. 인터넷 백과사전은 보안을 '위험, 손실 및 범죄가 발생하지 않도록 방지하는 상태'로 정의하면서 "보안은 피해발생의 원인이 '인간의 행위'라는 점에서 '안전'이라는 개념과 구분된다"고 명시하고 있다.[6)] 이런 관점에서 '보안'이란 "범죄로부터 인명과 자산을 보호하고 사회의 안녕과 질서를 지키는 제반 활동"이라고 정의할 수 있다.

---

5) Donald G. Firesmith, Common Concepts Underlying Safety, Security, and Survivability Engineering, Pittsburgh, PA: Carnegie Mellon University, 2003, p.viii.

6) http://en.wikipedia.org/wiki/Security

3. 항공보안의 개념

항공 및 보안의 개념을 종합해보면, 항공보안이란 항공기와 같은 인위적인 장치를 통해 사람이나 물건을 태우고 공중을 비행하는 일을 범죄로부터 보호하는 것으로 생각할 수 있다. 쉽게 요약하면, 항공보안이란 항공범죄로부터 인명과 자산을 보호하는 것이다.

이미 위에서 설명한 것처럼, 의도하지 않은(unintentional) 실수나 오류에 의한 사고는 '항공안전'이란 용어를 사용하고, 의도적인(intentional) 범죄에 의한 사고와 관련해서는 "항공보안"이란 용어를 사용한다. 항공안전이란 항공기 운항과 관련하여 운항활동에 장애를 유발하는 각종 사고로부터 인적·물적 자산에 피해를 보호하기 위한 목적으로 수행되는 제반 조치로 목적이 달성된다는 점에서 항공보안과 유사한 개념이다. 그러나 항공안전의 대상은 항공기 운항에 따른 사고(accident)나 안전을 저해할 수 있는 사건(events) 등을 유발하는 수많은 환경과 요인을 모두 포함한다. 즉 항공안전의 문제는 의도적인(intentional) 범죄행위에 의한 사고뿐 아니라 단순한 실수(errors)나 의도하지 않은(unintentional) 오류나 착오 등에 의한 항공사고를 모두 대상으로 하는 개념이다. 이에 비해 항공보안은 항공과 관련하여 발생하는 의도적인 범죄행위를 대상으로 하는 제반 활동을 의미한다.[7)]

즉 항공보안은 항공과 관련한 활동이 항공기 납치, 파괴 등 범죄로부터 손실과 피해를 입지 않도록 하는 대책을 의미한다. 항공보안(aviation security)이란 항공기의 운항활동을 저해하는 각종 범죄행위로부터 항공운송을 보호하기 위해 인적, 물적 자원을 동원해서 수행하는 모든 대책을 의미하는 것이다.[8)]

이런 측면에서 국제민간항공기구(ICAO)는 국제민간항공협약 부속서 17에서 항공보안을 "불법적인 방해 행위로부터 승객, 승무원, 지상근무자, 일반인의 안전과 민간항공 및 항공관련시설을 보호하기 위한 대책 및 인적, 물적 결합(A combination of measures and human and material resources intended to safeguard international civil aviation against acts of unlawful interference)"[9)]으로 정의하고 있다. 그래서 항공보안은 항공의 안전을 유지하기 위하여 인명 및 재산의 안전에 위해를 가하거나 항공 업무를 수행하는데 중대한 영향을 미치

---

7) 이강석(2007), "세계 각국의 항공보안 관련 법 및 정책 연구", 「항공진흥」 제45호, p.108.

8) 천정이·신태섭(2011), "미국의 대테러 항공보안 전략에서 얻은 시사점 연구－미국 TSA 점검대비 및 항공보안 계획 보완" 「한국항공경영학회 2011년 추계학술발표대회 발표논문집」, 2011.11.18, p.457.

9) ICAO Annex 17, Chapter 1. Definition.

는 불법적인 행위 등을 방지하기 위한 수단이며, 불법적인 행위를 하는 자에 대한 처벌과 같은 법적 조치를 취하는 일체의 업무라 할 수 있다.

국가항공보안계획 역시 '항공보안'을 "불법방해행위로부터 민간항공을 보호하기 위한 인적·물적 요소가 결합된 대책"으로 규정하고 있다.[10] 또 항공보안법 제2조 제8항에 따르면, '불법방해 행위'란 항공기의 안전운항을 저해할 우려가 있거나 운항을 불가능하게 하는 행위로서 다음 행위를 포함한다.

① 지상에 있거나 운항중인 항공기를 납치하거나 납치를 시도하는 행위
② 항공기 또는 공항에서 사람을 인질로 삼는 행위
③ 항공기, 공항 및 항행안전시설을 파괴하거나 손상시키는 행위
④ 항공기, 항행안전시설 및 보호구역에 무단침입하거나 운영을 방해하는 행위
⑤ 범죄의 목적으로 항공기 또는 보호구역 내로 무기 등 위해물품(危害物品)을 반입하는 행위
⑥ 지상에 있거나 운항중인 항공기의 안전을 위협하는 거짓 정보를 제공하는 행위 또는 공항 및 공항시설 내에 있는 승객, 승무원, 지상근무자의 안전을 위협하는 거짓 정보를 제공하는 행위
⑦ 사람을 사상(死傷)에 이르게 하거나 재산 또는 환경에 심각한 손상을 입힐 목적으로 항공기를 이용하는 행위
⑧ 그밖에 이 법에 따라 처벌받는 행위

반면에 미국은 항공보안에 위협이 되는 요소들을 미 대통령 훈령 16호에 의해 다음과 같이 규정하고 있다.[11]

① 항공기 자체를 이용한 자살공격 또는 항공기를 사용한 화생방 및 폭발물 공격
② 휴대 미사일 또는 MANPADS(Man Portable Air Defence System) 공격
③ 항공기내 폭발물 장치 또는 항공기를 겨냥한 재래/비 재래식 공격
④ 하이재킹 또는 공중 해적행위
⑤ 항공 기간시설이나 설비에 대한 물리적, 사이버공격(항공관제시설, 네트워크, 운항설비)

10) 국가항공보안계획 2.1.

11) 미대통령훈령 16호(HSPD:Homeland Security Presidential Directive), 2006.6.20.

이와 같이 항공보안이 범죄로부터 항공운항활동을 보호하는 것으로 정의할 때 항공보안에 직접적 위해가 되는 항공범죄를 유형화하고 구체화할 필요가 있다. 우선 항공범죄는 범죄 목적에 따라, 테러형 항공범죄와 일반 항공 범죄로 구분할 수 있다. 테러형 항공범죄는 항공 테러가 목적으로 항공기 납치, 항공기 폭파, 공항 등 항공시설 테러, 항공 승객 테러, 사이버 테러 등이 포함되며, 일반 항공범죄는 공항 및 항공기내 등 항공관련 시설에서 저지르는 절도, 강도, 폭행, 사기 등을 포함한다.

표 18-1 항공범죄의 유형과 종류

유형	종류
테러형 항공범죄	항공기 납치, 항공기 폭파, 공항시설 파괴, 항공기 승객 테러, 항공관제시설 및 항공기에 대한 사이버테러 등
일반 항공범죄	절도, 강도, 폭행, 업무방해, 사기, 밀수 등

지금까지 항공보안관련 많은 연구들은 항공범죄를 항공기 납치와 폭파 등 항공테러에 국한하고자 했다. 지난 2001년 9.11 테러로 인해 항공기 테러의 심각성이 크게 부각되면서 이러한 테러형 항공범죄의 중요성이 다른 어떤 항공범죄보다 강하게 제기된 측면이 있고 실질적으로도 보다 관심을 갖고 대책 마련에 나서야 하는 측면이 강하지만, 그렇다고 항공범죄가 항공테러에만 국한될 수는 없다. 항공보안의 대상이 항공기와 공항 등 항공시설에만 제한되지 않기 때문이다. 테러형 항공범죄는 인명 피해와 정서적 충격 등에서 일반 항공범죄에 비해 월등 크고 심각하지만, 그 빈도와 전체 피해 정도를 감안할 때 공항, 항공기 등 항공관련 시설 및 지역에서 발생하는 일반 항공범죄의 비중이 훨씬 많은 것이다.

테러형 항공범죄는 경제적 목적으로 행해지는 경우도 있지만, 대부분 이념, 종교적 신념과 같은 정치적 목적을 달성하기 위해 저지르는 경우가 대부분이다. 항공테러를 정치적 요구조건을 수용하게 만드는 협박의 조건으로 이용하는 것이다. 또한 전 세계의 이목이 집중될 수밖에 없는 항공테러의 속성을 이용하여 자신들의 존재를 널리 알리고, 정치적 요구조건을 선전하는 한편 집단 구성원들의 지지와 후원, 그리고 충성도를 높이는 효과도 갖고 있다. 주로 폭발물 설치나 흉기 등을 이용해 항공기 납치나 폭파 등을 일으키기도 하지만, 탄저균, 사린가스와 같은 생화학적 무기를 이용한 테러 공격위협도 존재한다.

반면, 공항과 항공기 등 항공관련 시설 및 지역에서 발생하는 일반 항공범죄는 일시적인 심각성과 충격의 측면에서 테러형 항공범죄에 비해 미치지 못하지만, 빈도와 전체 손실피해라는 관점에서 볼 때 결코 간단한 범죄가 아니다. 더욱이 테러형 항공범죄가 매우 드물게 발생하는 데 비해 일반 항공범죄는 수시로 발생하며 적발이 되지 않아 피해사실조차 파악이 되지 않는 암수성 또한 상대적으로 훨씬 높다. 테러형 항공범죄는 발생사실을 모르는 경우가 극히 드문데 반해 공항과 항공기 등에서 발생하는 절도, 사기, 밀수, 성폭력 같은 일반 항공범죄는 모든 사례가 신고와 적발이 이뤄지는 것이 아니기 때문에 공식 범죄통계를 통해 파악하는 실태는 실제와는 많은 차이가 있을 수밖에 없고 자연스럽게 범죄의 심각성이 과소평가되어 대책 마련의 요구 또한 작게 마련이다.

따라서 항공보안의 대상이 되는 항공범죄는 항공기 납치와 폭파와 같은 항공테러뿐만 아니라 공항이나 항공기 안에서 발생하는 절도, 강도와 같은 각종 범죄는 물론이고 항공기를 이용한 밀수와 마약범죄 등 각종 범죄를 총 망라해서 포함해야 하는 것이다. 다시 말해 불법 범죄로 발생하는 항공 관련 모든 손실과 피해를 방지하고 인명과 재산을 보호하는 것이 항공보안의 개념이라고 할 수 있다.

항공보안 개념 정립의 어려움은 법률 제정과 개정에 있어서 명칭 변경을 통해서도 파악할 수 있다. 항공보안관련 법률은 지난 1974년에 '항공기운항안전법'이라는 명칭으로 처음 제정되었다. 이후 2001년 미국에서 9.11 테러가 발생하자 2002년 '항공안전 및 보안에 관한 법률'로 명칭이 변경되었다. 그러나 '안전'과 '보안'이라는 용어의 혼동을 없애기 위해 2013년 '항공보안법'으로 법률명을 바꾸고 2014년 4월 6일부터 시행되었다. 다시 말해 '항공안전'과 '항공보안' 용어의 중첩성과 혼동의 문제점을 해결하기 위해 '항공보안'으로 통일된 것이다. 항공안전에 저해되는 거의 대부분의 행위가 사실 '의도적인 범죄행위'와 관련된다는 점에서 '항공보안'으로 명칭이 통일되었다고 볼 수 있다.

가. 항공보안의 광의의 의미

국제민간항공기구(ICAO)의 정의에 의하면 항공보안이란 항공운항활동을 저해하는 범죄행위로부터 항공운송산업을 보호하기 위해 인적, 물적, 자원을 동원해서 수행하는 모든 대책을 의미한다. (A combination of measures and human and material resources intended to safeguard international civil aviation against acts of unlawful interference. ICAO Annex 17, Chapter 1, Definition) 또한, ICAO는 항공보안활동의 목적을 항공여객, 승무원, 지상조업자, 일반대중, 항공시설 및 기타 자산을 항공범죄로 보호하는 것으로 규정하고 있다.

나. 항공안전과의 차이

인명 및 재산에 피해를 주거나 운항활동에 장애를 주는 항공사고를 유발하는 요인 또는 환경은 무수히 많고 복잡할 것이지만 이를 간단하게 두 개의 범주로 분류할 수도 있을 것이다. 즉, 실수 또는 의도하지 않은(unintentional) 오류에 의해서 발생한 사고와 의도된(intentional) 범죄에 의한 사고로 이분(二分)할 수 있을 것이다. 항공안전(aviation safety)이라는 말이 넓은 의미로 쓰일 때는 위와 같은 두 가지 요인에 의한 항공사고 모두가 연관된 것이지만 보다 구체적이고 좁은 의미로 쓰일 때는 정확한 개념 구분을 필요로 한다. 의도하지 않은 (unintentional) 실수나 오류에 의한 사고와 관련해서는 항공안전(aviation safety)이라는 말을 사용하고, 의도적인(intentional) 범죄에 의한 사고와 관련해서는 항공보안(aviation security) 이라는 말을 사용한다.

다. 항공보안 현황

다른 공공시설과 마찬가지로, 공항은 전통적인 범죄(파괴, 절도, 침입 등), 인명에 대한 범죄에 항상 취약한 면을 보이고 있다. 세계적인 항공교통시스템의 한 부분으로서, 공항은 특히, 테러와 관련된 사악한 범죄의 목표가 되고 있다. 그러한 범죄행위에는 비행 중에 있는 항공기의 폭파, 화기 및 미사일을 이용한 지상의 항공기 및 시설에 대한 공격, 항공기 납치 등이 포함된다. 항공기 납치는 여객과 승무원을 인질로 억류하게 되며, 결국은 공항당국이 개입하여 인질을 석방시키고 납치범을 체포하게 된다.

민간항공교통시스템의 구성요소로서 운영되고 있는 다른 기관과 마찬가지로, 공항관리 또한 건물과 장비(항공기 포함)의 보호수준을 높일 수 있는 필요한 조치가 요구되어지며, 추가로 이러한 시스템을 사용하는 여객과 인력의 개인적 안전과 보안을 확보하여야 한다. 이러한 조치는 정상적인 운영패턴에 가능한 최소한의 영향을 미치는 방법으로 이루어져야 하며, 전반적인 공항시스템에 적용되는 수용 가능한 표준을 유지하여야 한다. 현대의 보안운영에 대한 이 같은 기본적 목표를 달성하기 위하여, 중앙과 지방정부기관, 공항당국, 항공사, 기타 공항입주업체, 경찰과 보안기관, 그리고 일반대중의 헌신과 협조가 요구된다.

4. 항공보안 관련 국제협약

항공사와 공항을 대상으로 한 불법행위의 위협은 대처방법이 국제적인 차원이 아니면 안 된다는 점을 인식하게 하고 있다. 미국 대통령 직속의 항공보안과 테러 위원회의 보고서는 정부차원의 의지필요성을 강조하고 있다. "법을 준수하는 국가 간에 테러는 분쇄될 수 있으며, 또한 분쇄되어져야만 하는 공격적인 행위라는 점에 공감대가 형성되지 않으면 안 된다." 이러한 공감대를 모색하고자 일련의 협약에서 이 문제가 논의되어 왔다.

① Tokyo 1963. 항공기 내에서 발생하는 공격과 기타 행위에 대한 협약 – 항공기상에서의 모든 범죄와 특히, 항공기와 탑승여객에 대한 안전에 관하여

② The Hague 1970. 항공기의 불법상악에 대한 신압을 위한 협약 – 항공기 납치사건의 처리와, 특히, 납치범인의 인고를 권고.

③ Montreal 1971. 민간 항공에 대한 불법행위의 진압을 위한 협약 – 헤이그 협약을 확대하고 파괴행위를 추가.

④ 국제민간항공기구는 1974년에 시카고 회의에서 ICAO 부속서 17 항공보안을 채택하였다. "불법방해 행위로부터 국제민간항공의 보호"라는 표제의 부속서는 국제적인 항공표준을 설정하고 사례를 권고하였다. 추가로, 몬트리얼 협정의 보충협약인 '국제민간항공에 공하는 공항에서의 불법적인 폭력행위의 진압을 위한 몬트리얼 의정서'는 1988년에 성안되었다. 이 의정서는 1971년의 몬트리얼 협약에서는 다루지 않았던 공항과 탑승권 판매소에서 발생되는 민간항공에 대한 폭력 행위를 다루고자 하였다. 이러한 협약 보충의 필요성은 로마와 비엔나 공항에 대한 테러 공경에 의해 촉발되었다.

5. 각국의 항공보안관련 제도

파괴행위, 항공기 납치, 테러, 그리고 기타 민간항공에 반하는 행위의 위협에 대처하는 가장 효과적인 방법 중의 하나는 각국 정부가 그러한 협약을 비준하고, 그러한 행위를 예방하거나 처벌할 수 있는 법을 시행하는 것이다. 세 가지 보안에 관한 협약을 모든 국가가 비준하지는 않았다 할지라도, 대부분의 국가는 필요한 자국 법령을 제정, 정부의 행정부서와 법원의 규정을 통하여 시행하고 있다. 모든 국가들이 참여할 필요성은 불법적인 방해행위의

성격이 다양하다는 점과 발생지점이 세계에 걸쳐 있다는 점에 의해 예증되고 있다.

① 법적 구속력을 강화하기 위하여, 미국 정부는 '항공보안증진법(Aviation Security Improvement Act 1990)'을 제정하여 교통성과 연방 항공청내에 새로운 고위 보안담당관직을 신설하였다. 캐나다 연방정부는 훨씬 강력한 단기 14년 장기 종신의 투옥을 할 수 있는 의회법(An Act of Parliament)을 제정하였다.

② 영국은 도쿄협약을 1967년 도쿄협약법에 의해 비준한 반면, 나머지 두 개의 협약에 대해서는 1990년 항공과 해양보안법을 제정함으로써 비준하였다. 1989년의 공항법은 정부장관에게 특정의 국가 간 보안협정(예를 들면, 미국의 연방항공청 요건)의 준수를 공항에 요청할 수 있는 명령권을 부여하고 있다.

③ 국내에도 항공기 안전과 관련하여 이미 여러 가지 법과 규정을 정하고 있다. 항공법과 시행령, 시행규칙에 명시하고 있으며 최근 항공기 운항안전법을 통하여 항공보안을 강화하고 있다.

section 02 보안계획의 구조

보안의 목적은 공항의 관할범위를 넘어서 중앙정부자체의 영역에까지 미치는 광범위한 의미를 분명히 갖고 있다. 보안비상사태의 필요성을 충족시키는 계획의 수립에는 다음과 같은 수많은 기관의 참여를 필요로 한다.

1) 공항당국
2) 취항항공사
3) 민간항공을 관장하는 국가기관(FAA, CAA 등)
4) 경찰
5) 의료기관
6) 보안기관
7) 노동조합
8) 세관
9) 정부부처

국제적으로 국제민간항공기구는 가입국은 위에서 열거한 조직의 대표로 구성되는 국가항공보안위원회를 통하여 국가차원의 항공보안계획을 개발할 것을 권고한다. 이러한 기구와 공항이 보안상의 위협을 대처하는데 효과적인 경우에는 국가적 차원의 정책발표에 따라 가동되는 명백한 차를 설정하고, 이러한 범주 내에서 개별공항이 채택한 절차를 확실하게 운영할 수 있도록 하여야 한다. 국가정책은 국가보안계획 혹은 전반적인 보안실시계획으로 구체화된다. 국가보안계획은 인력, 장비 그리고 공항 및 기타 민간지역에서의 훈련의 실시 등으로 보완된다. 전반적 차원 혹은 개별적인 시설차원, 특히, 보안운영은 점검, 평가, 그리고 수정되어 적절한 성능표준을 확보할 수 있어야 한다.

이러한 속성에 대한 검토는 자질 있는 보안 담당관과 운영요원에 의해 수행되어야 하며, 평가에는 결점의 심각성과 이점이 전반적인 공항보안과 어떻게 연계되는지에 관한 정보를 포함하여야 한다. 특히, 만족스럽지 못한 여건에 개인의 부주의 혹은 시스템 차원의 문제를 보여주고 있는가에 대한 여부를 결정하는데 노력을 기울여야 한다. 분석적인 접근절차를 채택한 이러한 방법에 의해서만이 보안 시스템의 강점과 약점이 평가될 수 있다. 주요 정책방향에 대한 변경은 변화하는 보안여건의 지속적인 상황평가에 의하여야 한다. 특정국가 혹은 공항에서의 보안위협을 급격하게 변화시킬 수 있는 요인은 정치적 동요 혹은 불안과 다른 보안사건에 대한 광범위한 확산 등이다.

1. 보안계획 수립 과정

[그림 18-1]은 보안계획 수립과정의 개념적인 구조를 보여주고 있다. 위협의 재평가는 위협의 수준뿐만 아니라 인지된 추세, 특히, 사용되는 폭발물의 형태와 채택된 기술 및 전술까지도 반드시 고려하여 실시되어야 한다. 예방적 차원에서 의미가 있는 경우, 재평가는 테러분자가 공항에 도착하기 전에 가지고 있었던 의도, 능력 그리고 행동에 관하여 정확하고도 적절한 정보에 기반을 두어야 한다. 여기서 또한, 국제적 협조가 아주 중요한 역할을 하는데, 이 사실은 미국이 1985년의 국제보안과 개발협조법(The International Security and Development Cooperation Act of 1990) 조항에 의거하여 부처간을 조정하는 새로운 기구가 미국정부내에 설치된 것은 이와 같은 정보 요건을 지원하기 위한 것이다.

그림 18-1 보안 계획(ICAO, 1971)

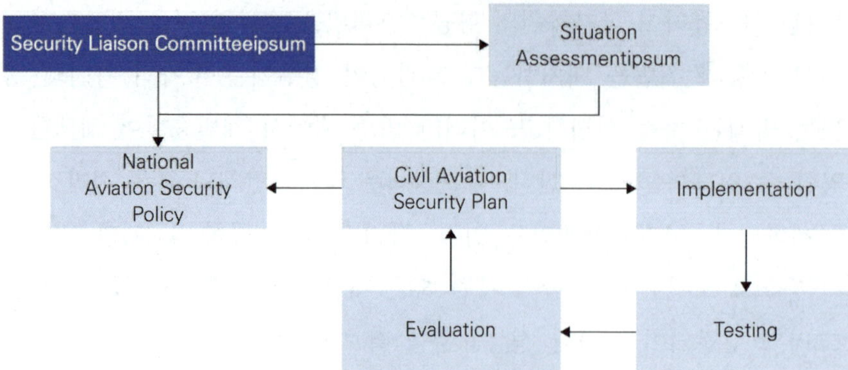

출처 : The International Security and Development Cooperation Act of 1990

2. 책임과 조직

민간항공에 대한 불법행위의 성격은 적절한 즉각 조치를 필요로 한다는 점은 일반적으로 합의된 사항이다. 많은 무고한 집단의 안전이 자주 관련된다. 불법행위에 대한 적절하고도 신속한 대응은 사전에 구성되어 명백하게 지정된 책임을 가진 조직체가 존재하는 경우에 한하여 이루어질 수 있다. 공동체에서 법규를 유지시키는 일반적인 책임은 이미 설정되어 있다. 민간항공에 대한 위협은 이러한 책임에 추가하여 또 다른 차원의 책임을 부여함으로써, 법률에 적절한 추가와 개정을 필요로 한다. 정부부처는 필요한 지시를 성안하여 공표하고, 또한 지시문건을 제공함으로써 각 공항과 항공사가 자신들의 특성에 적합한 보안시스템을 개발할 수 있도록 하여야 한다. 여객, 화물, 그리고 우편물의 운송에 관련된 모든 사람들은 필요한 보호 대책을 취할 책임이 있다는 점을 인식하고 각 국가별로 다르게 설정된 절차는 항공보안을 위한 국가적 절차상의 요소를 수정함으로써 실행성이 있도록 한다.

- 실행 가능성(Feasibility) : 보안 실행계획은 국가, 공항, 그리고 항공사가 가용할 수 있는 자원과 관련되어져야만 하며, 현실적인 시스템 제약조건을 인식하지 않으면 안 된다.
- 책임(Responsibility) : 중앙과 지방정부에 적절하고도 모호하지 않은 책임의 지정이 이루어지지 않으면 안 된다.
- 효율성(Efficiency) : 민간항공교통의 효율성은 가능한 한 범위 내에서 유지되지 않으

면 안 된다. 보안문제에 대한 중앙통제가 국가정부의 소관이라 할지라도, 권한의 위임이 적절히 이루어져 여객을 효율적으로, 안락하게, 그리고 경제적으로 수송하고자 하는 전반적인 목적이 달성되도록 하지 않으면 안 된다.

- 협조(Cooperation) : 적절한 보안표준과 실행은 참여기관간의 협조가 지속되는 경우에 한하여 설정, 유지 그리고 최신의 상태로 갱신될 수 있다. 양호한 협조관계는 관련기관간의 굳건하고도 양호한 관계의 형성을 의미한다.
- 자원(Resources): 적절한 자원은 반드시 공급되어 특정 보안성능 표준을 유지하도록 하여야 하며, 운영자는 장비와 인력의 사용이 최적화 되도록 하여야 한다.

공항관리의 구조 내에서, 보안책임자의 위치는 공항별로 매우 다르다. 한 가지 일반적인 규칙은 반드시 준수되어야 한다. 즉, 비상사태의 경우, 보안담당관은 신속하고도 잠재적으로 어려운 결정을 하여야 하는 공항운영책임자와 바로 접촉하여야 한다. 다단계의 지휘사슬에서 전형적으로 나타나는 지연과 우유부단 현상을 제거하기 위한 직보 시스템의 구축이 권고된다.

항공기 납치와 같은 심각한 사고가 공항 내 그리고 관할 구역에서 발생되는 경우 공항보안에 있어서 의심 할 바 없는 가장 어려운 측면은 그러한 정보의 공개 및 대중매체를 다루는 일이다. 민간항공은 속성상 국제적이기 때문에 그러한 상황이 발생하면, 공항 또는 민간항공의 고위책임자와 함께 고위직의 정부대표 및 장관이 현장에 출두하는 것이 통상적이며, 대중 홍보·매체 관계자도 포함된다. 현장에 있는 사람 중 누가 대중매체에게 발표할 것인가에 관해서는 발표에 관한 광범위한 지침과 함께, 지시가 제시되어야 한다.

3. 항공이동지역 보안절차

공항의 항공이동지역은 보통 항공기가 이착륙하고 지상이동을 하는 지역으로 정의되며, 여기에는 인접한 모든 지형과 건물이 포함된다. 또한 이러한 지역으로의 출입은 통제된다. 공항운영자는 이동지역이 항공기와 승무원 혹은 여객에 대하여 불법 행위를 자행하고자 하는 사람들에게는 중요한 목표지역이 된다는 점을 인식하고 있다. 그러므로 이동지역은 모든 비인가된 침범에 대해서 보호되어야 하는 것이 매우 중요하며, 이러한 침범은 잠재적인 위험요소로 간주되지 않으면 안 된다. 따라서 다양한 측면에서 특별한 조치가 요구된다.

가. 울타리(Fencing)

이동지역에는 반드시 적절한 보안 울타리를 설치함으로써 보호지역으로 명백히 지정되어 있음을 알리고, 침입자의 억제, 불법적인 입장의 지연 및 가능한 한 금지, 그리고 출입구에서의 출입통제 등의 다중적 기능을 수행하도록 하여야 한다. 이와 같은 출입구는 최소한으로 설치하여야 한다. 출입이 열쇠 혹은 출입시스템의 자동통제 이외의 방법으로 통제되는 경우, 출입구는 반드시 사람이 배치되어야 하며, 조명장치와 경보장치가 부설되어야 한다. 그 외에 출입구에는 중앙보안통제기관과 교신할 수 있는 시설을 갖추어야 한다. 울타리 자체가 출입을 실질적으로 억제할 수 있어야 한다. 통상적으로 울타리는 높고, 가능한 한 오를 수 없는 금속수조에 상단부분은 가시철망이 씌어져 있다. 울타리 밑부분을 통과하는 암거, 하수구, 그리고 기타 송수관 및 파이프는 이동지역으로 통하는 입구가 되지 않도록 주의를 기울여야만 한다.

나. 인원식별(Identification of Persons)

이동지역은 테러리스트의 공격에 취약한 잠재지역임을 인식하고, 출입은 반드시 식별된 인원으로 한정되어야 한다. 입무수행을 위하여 출입이 필요한 공항과 항공사의 모든 지상인력과 항공기 승무원들은 이동지역을 출입할 수 있는 통행증을 반드시 소지하여야 한다. 조작이 불가능한 커버로 씌운 사진과 인적사항이 기재된 식별카드는 공항당국의 보안 부서에서 해당직원에게 발급되어야 한다. 출입이 요청되는 경우에 한해서 허가되어야 하며, 카드는 이동지역 내 어느 지역이라도 출입할 수 있도록 발급될 필요는 없다. 이러한 지역에 출입 가능한 인원은 꼭 필요성이 있는 인원에 한정되어야 한다. 이동지역의 방문이 필요한 방문자는 특별한 출입증을 소지하여야 한다. 모든 출입증은 일정기간별로 점검되어야 한다. 이것은 1년을 경과하지 않는 한도 내에서 효력을 제한하는 만기일을 설정함으로써 가장 효율적으로 이루어진다. 모든 인력은 이동지역 내에 있는 동안에는 항상 자신의 출입증을 패용하고 있어야 하는 점이 특히 중요하다.

다. 장비식별(Identification of Vehicles)

마찬가지로, 이동지역 출입은 임무를 수행함에 있어 이동지역 내에 있어야만 하는 장비에 한해서 허용되어야만 한다. 출입은 개별적으로 장비 출입증을 발급하는 것과 공항의 중앙보안기관에 의해 유지되는 통제에 의해 제한시킬 수 있다. 출입증은 유효기관과 장비 출입증은 물론 장비운영요원도 출입증이 요구되는 엄격한 규정을 설정하여야 한다. 출입증 소지자의 등록은 정기적으로 점검되어 계속적으로 자격을 부여하여야 한다.

라. 계류 항공기의 보호(Protection of Aircraft on Apron)

이동지역이 출입의 제한으로 안전한 상태가 유지된다면, 항공기가 계류장에 수기하고 있는 동안에는 항공기를 특별히 보호할 필요성이 없다. 일반적인 보안상의 예방조치는 계류장을 조명함으로써 침입자를 저지한다거나. 항공기 출입문의 시건(Locking), 그리고 항공기에 승무원이 탑승하지 않은 채로 장기간 주기하고 있는 항공기로부터 사다리나 스텝카의 제거 등의 조치를 통하여 이루어져야 한다. 기타 예방조치에는 모든 항공기의 입구에 대한 커버의 일시적 사용 등이 포함된다. 다양한 침입자 검색장치 또한 계류장의 보전을 확보하는데 사용될 수 있다.

마. 일반 항공의 통제(Control of General Aviation)

일반 항공은 아무런 보안 검색 없이 출발지로부터 바로 이동지역에 도착한다. 이러한 검색을 받지 않은 항공기 및 인원과 보안검색을 완료한 항공교통운영체제와의 혼재는 별도의 일반항공기 주기장의 지정, 격리된 유도로의 배정, 그리고 일반비행용 유도로와 계류장에 보안 점검 장소의 설치 등을 통하여 예방할 수 있다. 일반 항공용 항공기 주기장의 지정, 격리된 유도로의 배정, 그리고 일반 항공용 항공기가 이동지역 내 다른 항공기와 혼재되는 경우, 항공교통관제기관은 일반 항공용 항공기의 도착을 중앙보안부서에 경고함으로써 계류장내에서 보안 검색이 수행되도록 할 수 있다. 이러한 허가절차는 중앙보안부서, 보안 점검 장소 그리고 항공교통관제기관 간에 조심성 있는 무선통신망을 필요로 한다.

바. 여객, 수하물, 화물의 이동과 항공기간의 환승

항공편의 운항구간이 위험이 높은 지역인 경우, 환승교통은 공항에 보안상의 위험을 제공할 수 있다. 또한 문제는 보안이 고의적이든 고의적이 아니든 느슨한 지역의 공항에서 출발한 통과여객이 있는 경우에 발생된다. 분명히, 세계의 몇몇 지역에서 출발하는 항공편은 더 이상 보안상으로 완전하지 못 할뿐 아니라, 당해 항공편의 여객과 승무원이 이 동지역의 검색을 거친 다른 개인들과 혼재되기 전에 도착과 동시에 대책을 강구하여야 한다. 유사한 예방조치가 수하물과 화물의 측면에서도 취해져야 할 것이 요구된다.

사. 항공기 격리주기 위치와 처리장소

공항당국은 파괴행위가 의심되거나 불법적으로 항공기가 장악된 것으로 보일 때, 그러한 항공기를 주기시키는데 사용될 수 있는 격리 주기장의 위치를 지정하여야 한다. 이러한 위치는 최소한 다른 항공기의 주기 위치, 건물, 공공장소 혹은 공익설비로부터 100m(325ft) 이상 떨어져야 한다. 추가로는 파괴행위나 불법장악의 과정에서 발견된 장치를 처리하거나 폭발시키기 위하여 공항 내에 지정되어야 한다. 이러한 처리 장소는 또한 모든 다른 기상용하고 있는 장소(항공기 격리 주기장 포함)로부터 최저 100m(325ft) 이상 떨어져야 한다. 공항은 다양한 유형의 사고에 사용되는 몇 개의 지정된 격리위치를 필요로 한다. 이러한 위치는 은밀한 접근을 할 수 있는 여건을 갖추어야 한다.

4. 여객터미널 보안절차

공항의 어느 다른 지역보다도 여객청사에서의 보안대책은 항공에 대하여 계속되는 불법행위를 예방하는데 가장 효과적이다. 일반대중이 일반적인 관점에서 보안실행계획이 가동 중에 있음을 알고 있다면, 공격의 발생빈도는 낮아지고 결과적으로 억제효과를 가져오게 된다. 보안시스템이 실체를 드러내지 않은 채 청사 내에서 운영되고 있다는 사실을 공표하는 것도 여전히 가능하다. 주요 국제공항은 이러한 효과를 기대하여 청사 내에 안내문을 비치하는 것을 중요하게 여기고 있다. 보안대책의 이해도가 낮을수록, 실행계획은 가장 확고한 공격자를 제외한 모든 행위를 억제하는 분위기를 많이 조성할 것이다. 이상적인 차원에서 보안시스템은 발권, 여객과 수하물의 탑승수속 그리고 탑승의 전 과정을 통하여 운영된다. 발권과 탑승수속 단계에서의 비정상적인 행위은 직원들에게 잠재적인 문제의 발생을 경고하는 것으로 생각하여야 한다. 탑승과정에서의 보안절차는 공격잠재자가 무기를 항공기내로 반입하지 못하도록 하여야 한다. 시각적으로 효율성이 높은 보안시스템의 설치만으로도 사고의 발생 가능성을 감소시킨다.

보안을 성공적으로 수행하기 위하여 이동지역과 관리지역의 경계선은 확연히 구분되어져야 하되, 여객청사의 검색이 완전무결한 지역을 통하여 연결되어져야 함을 필요로 한다. 이동지역으로의 출입구 개수는 매우 강력하게 제한되어야 한다. 여객이 이용하는 출입구에는 반드시 보안요원이 배치되어야 한다. 직원이 사용하는 지역을 통한 이동지역으로의 출입은 곧바로 연결되어져서는 안 되고, 일반대중의 이용은 금지된다는 분명한 표지시설을 하여야만 한다. 또한 이동지역 혹은 제한지역으로 통하는 여객 출입구에서 사용되는 것과 동일한 보안 검색방법이 채택되어야 한다. 여객청사에서 계류장으로 출입할 수 있는 출입문은 반드시 잠겨 있어야 한다. 비상구를 통하여 계류장으로 출입할 수 있는 경우, 그러한 비상구는 경보장치가 설치되어져야 한다. 탑승교와 기타 계류장 연결 장치를 통한 계류장의 출입에 대한 보안에도 동일한 정도의 주의가 반드시 요구된다. 여객에 대한 보안검색은 각각의 항공기 게이트에서 분산식의 방법으로 수행될 수 있다. 그러나 분산식 검색은 보다 많은 검색장비와 인력을 요구하고, 탑승지연을 초래하는 경향이 있으며, 무장인원 혹은 단체의 도발이 항공기 근처에서 발생한다는 약점이 있다. 중앙의 출발라운지에 입장하기 전에 실시되는 중앙식 검색방법은 보다 적은 인력을 필요로 하고, 장비 수량은 적지만 보다 정교한 검색장비를 활용할 수 있다. 중요한 단점은 검색을 받지 않은 인원이 계류장으로부터 혹은 직원용 통로를 통하여 바로 중앙의 출발대합실로 스며들 수 있다는 점이다. 기타 다른 보안대책에는 일반대중이 비표, 항공권 탑승권을 불법적으로 취득하는 것을 예방할 수 있도록 발권 및 수속카운터를 설계하는 것도 포함된다.

여객검색은 물리적인 신체검색과 전자 기계식, 전자식, 그리고 X-ray 장비에 의해 수행된다. 검색과정은 휴대수하물을 한 개로 검색되거나 여객검색이 검색대를 도보로 통과함으로써 수행되는 동안에 촉수검색이 시행되며, 필요한 경우에는 신체검색도 병행하여 실시된다. 일반적으로 보안요원은 무기, 폭발물, 인화물질, 독극물, 그리고 부식물질을 갖고 있어야 한다. 이러한 물품의 소지가 탑승지 국가의 법률에 위배되는 경우에는 항공사의 보호아래 용기에 담아 운송된 후 비행종료 후에 반환된다.

항공기의 보호는 계류장에 주기되어 있는 모든 항공기에 대한 접근은 반드시 위험성이 없어야 함을 의미한다. 공항에 근무하는 인원은 테러조직도 공항운영 절차를 공항직원 못지 않게 잘 알고 있다는 점을 깨닫고 있다. 계획된 공격의 경우, 공항의 측정배치와 운영절차는 검토대상이 된다. 그러므로 보안시스템의 효율성에 대한 체계적인 점검은 중요하다. 한 가지 방법은 공식적인 보안전문가를 초빙하여 보안 시스템의 침투를 시도하게 하는 것이다. 추가로, 은밀한 감시는 공공연한 검색장비와 마찬가지로 유용할 수 있다. 이러한 사실은 잠재적 위반자의 마음에 불확실성 요소를 불러일으킨다. 결과적으로 보안시스템의 완전한 범위는 운영상의 관점에서 가능한 한 최소한의 사람만 알고 있어야 한다.

5. 화물터미널 보안절차

화물청사는 공항에서 고도로 활성화되어 있는 지역으로 이동지역과 여객기 및 화물기에 대한 불법접근이 잠재되어 있다. 이러한 사실을 일단 알게 되었다면, 여객청사의 보안계획에 추가하여 화물청사 보안계획이 필요하다는 것은 명백해지며, 양자 모두 효과적이다. 화물청사는 여객을 처리하지 않기 때문에 보안 절차는 상대적으로 단순하며 일반적으로 다음과 같이 기술될 수 있다.

- 식별 : 이동지역의 출입권을 가진 모든 인원은 반드시 보안출입증을 소지하여야 한다.
- 모든 출입문과 창문에 대한 보안 : 청각을 이용한 경고 신호기를 출입문에 설치함으로써 출입문이 개방된 상태로 있는 것을 인지할 수 있게 한다. 출입문 혹은 창문은 환기를 위하여 개방된 상태로 있어야 할 경우에는 쇠창살을 설치할 수도 있다.
- 출입문의 통제 : 전형적으로 자동차 전용 출입문을 통한 보행자의 출입은 허용되어서는 안 된다. 보안 요원은 청사에 들어가는 모든 인원에 대하여 증명서를 조사하여야 한다. 화물청사로 들어가고자 하는 장비와 인원 모두를 통제하는 것이 일반적이다.

화물청사 내의 하나의 훌륭한 보안수준 측정수단은 절도와 좀도둑질의 수준을 관찰하는 것이다. 전통적인 범죄가 많은 청사에는 테러리스트와 파괴분자의 침입에 취약한 보안 취약지역이 있을 것이다.

6. 보안장비와 시스템

항공여객 교통서비스를 제공하는 모든 공항은 국제적인 시스템에 속하게 된다. 그들의 특정한 취약성 때문에 거대한 여객 처리량을 가진 대규모 공항은 정교한 장비시스템과

능력 있는 인력을 갖춘 세련된 보안상의 예방조치를 필요로 한다. 매우 작은 공항의 요구조건은 덜 엄격하지만 예방조치는 필요한데 그 이유는 작은 공항이라 할지라도 취급여객이 다른 항공사로 환승하는 경우에는 세계적인 시스템으로 여객을 보낼 수 있기 때문이다. 광범위한 보안 운영을 하고 있는 주요공항은 다음과 같은 장비의 전부는 아니지만 많은 부분을 보유하고 있다.

- 보안 울타리와 인력배치 : 이미 논의한 바와 같이, 출입구에 인력이 배치된 보안울타리는 이동지역과 관리지역에 대한 보안 개념의 통합성을 유지하는데 중요하다.
- 침입자 검색 : 전자 기계식과 전자 경고시스템은 보안 울타리를 넘어 불법적으로 빌딩과 이동지역으로 침입하는 자를 검색하기 위하여 설치될 수 있다.
- 조명시설 : 계류장과 기타 이동지역에는 어떠한 불법행위도 은폐되기 어렵도록 조명시설이 확보 되어야 한다.
- 금속탐지기 : 여객이 소지하고 있거나 객실과 보안검색이 완료된 수하물에 들어있는 무기류와 금속성 폭발장치를 검색하기 위하여 다양한 금속탐지기가 활용된다. 이들 탐지기는 다음과 같은 범주로 구분된다.
  ① Flux gate magnetometers(Passive)
  ② Inductive Loops(Active)
  ③ Eddy Current Devices(Active)
  ④ Hybrid Inductive and Eddy Current Devices(Active)
  ⑤ Gamma Spectrographs(Active)
  ⑥ X ray
- 폭발물과 인화성 장치 탐지기 : 금속용기로 인하여 추적되지 않는 폭발물과 인화성 장치는 다음과 같은 장치에 의해 검색될 수 있다.
  ① Vapor Analysis Detectors
  ② Neutron Active Equipment
  ③ Trained Explosive Detecting Dogs
- 압력실 : 진공 모의실이라고 불리며 기압을 이용한 도화장치를 가진 폭발장치를 처리하기 위하여 사용될 수 있다. 폭발의 잠재성 때문에 압력실은 격리주기장을 포함한 모든 시설물로부터 최소한 100m는 떨어져 있어야 한다.

- 벙커 : 폭발물과 인화성 장치의 처리를 위하여 압력실을 둘러 싼 보호용 벙커는 흙과 목재로 보통 건축되며, 기타 모든 시설물로부터 상당히 떨어져 있어야 한다.
- 사무실의 보안장비 : 보안상의 모든 기밀문서, 편람, 그리고 계획은 보호되어져야 한다. 안전한 금속 캐비닛이 반드시 사용되어야 하고, 사용할 수 있는 열쇠의 숫자는 제한하는 방법에 의하여 접근을 통제하도록 하여야 한다.

7. 보안운영

공항은 주요 사고 없이 수 년 동안 운영되는 보안태세를 유지할 책임이 있으나, 보안 비상사태가 발생한 때에는 즉각적으로 대처하여야 한다. 항공교통이 국제적이라는 사실은 단지 어려움을 더해 줄뿐이다. 한 나라에서 발생한 항공기 공중납치나 폭발물 탑재와 같은 비상사태는 수 천마일 떨어진 다른 나라에 있는 공항에서 결국 사고를 취급하도록 하는 것이다. 1993년 2월 11일 프랑크푸르트 공항에서 이륙 후 카이로로 운항 중이던 루프트한자공항 592편의 공중납치는 결국 11시간 30분 후에 케네디공항에서 처리되었다.

물론, 보안태세의 목적은 초기단계에 그러한 사고를 예방하는 것이다. 위협을 가하고자 하는 사람을 억제하는데 가장 효과적인 방법 중의 하나는 보안운영이 예측 가능한 것이 아니라는 사실일 것이다. 이 같은 불확실성은 운영절차를 변경함으로써 도입될 수 있다. 그러나 일상적으로 공항에서의 대부분의 보안운영은 터미널 내 및 주변의 활동과 공항을 통한 여객 및 승무원의 안전을 보장하기 위하여 취해지는 조치들을 취급하는 것이다. 위협을 가할 수 있는 사람을 저지하는 가장 효과적인 방법 중 하나는 보안운영은 예측되지 않는다는 것을 인식하도록 하는 것이다. 이러한 불확실성은 운영절차를 다양하게 함으로써 도입할 수 있다. 이것은 체크인 절차, 여객검색과 심지어 여객탑승 시 기내에서 취해지는 절차에 적용이 가능하다. 주요한 보안관심 분야의 하나는 개별 탑승자와 그들의 수하물을 일치시키는 것이다. 이러한 분야에서의 보안운영은 최근의 정교한 분류시스템의 유용성에 의하여 크게 지원되어 왔다. 그러나 이러한 방법들은 일반화되지 못했고 비교적 덜 정교한 방법들이 여전히 많은 공항에서 사용되고 있다. 한 가지 방법은 여객이 소지한 검색된 수하물의 확인을 요구하는 것이다. 여객이 검색절차를 통과한 후에 그들은 최종적인 탑승 전에 개인의 휴대품을 확인할 것이 요청된다. 이러한 절차를 거친 후에도 남아 있는 휴대품을 명백히 의심스러운 것이다. 이러한 검색은 운항편을 임의로 선정한 후 몇 개의 물품을 대상으로 수행될 수 있음으로써 운항편에 대한 통상적인 검색절차는 다양한 양상을 띠게 된다. 간혹, 공항당국은 검색된 수하물은 봉인되고 끈으로 묶어 보안 상태를 유지하고 보안과정을 통과한 수하물임을 확인하는 것이다.

여객 자체에 대한 조사/검색의 측면에서 이러한 절차는 또한 변화될 수 있다. 여객은 검색장치를 이미 통과한 경우라 할지라도 대인 검색을 위하여 임의로 선정될 수 있다. 다시 말하건대, 이러한 절차가 임의의 표본추출 형식으로 이루어진다면 여객은 자신이 추가로 검색대상이 될 것인지 아닌지를 예상할 수가 없다. 물론, 이러한 경우에는 남성용과 여성용으로 격리된 시설에서 대인검색을 수행할 수 있도록 적절하게 보안이 이루어진 지역을 필요로 한다. 여객과 수하물을 검사하는 보안요원에게 요구되는 집중력 때문에 전반적인 보안운영을 감시하는 예비인력을 배치함으로써 보안절차를 우회하고자 하는 개인의 시도를 검사할 수 있도록 하는 것이 바람직하다.

이러한 절차의 실질적인 범위와 정도는 각각의 공항이 처하고 있는 여건에 따라 변한다. 보안절차의 범위와 정도를 결정하는 중요한 요소는 보안상의 위협에 대한 가능성과 성격의 평가이다. 따라서 위협의 정도가 낮은 경우의 상대적으로 단순한 검색절차로부터 위협이 심각한 수준이라고 판단되는 경우의 세밀한 대인 검색과 모든 휴대 및 기 검색된 수하물의 내용물에 대한 검사와 함께 출발승객 개개인에 대한 인터뷰 시행까지 보안 절차의 유형은 변화될 수 있다.

section 03 항공보안산업

1. 항공보안산업의 현황

항공보안산업은 그 특성상 기술수준이 매우 높고 부가가치가 매우 높은 분야이다. 또한 다양화되는 보안위험에 대해 지속적인 대응기술이 필요하므로 산업의 역동성 또한 매우 높은 분야이다. 항공보안장비 산업분야에서는 유럽, 미국 등 소수 개발업체들이 시장을 독점하고 있다. 주요 항공보안장비 제작국의 보안장비 개발현황과 우리나라의 항공보안장비 현황을 살펴보기로 하자.

가. 해외 항공보안장비 개발현황[12][13]

미국의 라피스켄, L3 커뮤니케이션, 스미스-하이만디텍션, 모포디텍션 등이 장비개발 등 전반적인 시장을 이끌고 있으며 전 세계 다수의 공항에서 해당 장비를 운용 중이다. 라피스켄의 경우 모회사인 OSI시스템 시절부터 약 35년 동안 보안검색장비, 의료용 검사기 등을 개발·생산했으며, 스미스디텍션의 경우도 스미스그룹 산하의 전문 검색장비사로 약 17년 동안 해당분야 장비 제작 중이며 모포디텍션의 경우도 프랑스 사프란그룹의 계열사로 현재 세계 보안장비시장을 선도하고 있는 등 북미, 유럽지역의 보안장비제작사들 대부분은 역사나 제작·개발경험이 풍부하고 모 그룹 등의 계열사로 제작사 규모도 무시 할 수 없는 상황이다. 북미, 유럽지역 장비제작사의 시장현황은 [표 18-2]와 같다.

표 18-2 북미, 유럽지역 장비제작사의 시장 현황

제작사명	주요사업분야	납품처	제작국가 및 기타
라피스켄 (Rapiscan)	· Baggage and Parcel Inspection · Cargo and Vehicle Inspection · Hold Baggage Screening · People Screening · Radiation Detection · Trace Detection · Industrial and Mining · Rapiscan Screening Solutions · Research and Development	· Aviation · Critical Infrastructure · Customs and Border Protection · Defense · Event Security · Law Enforcement · Ports	· 미국 · 모 그룹 OSI 시스템은 1978년부터 분야기술개발 및 제작 · 라피스켄은 1993년부터 사업 시작
스미스 -하이만 디텍션 (Smith & Heimann)	· Biological Agents Detection · Cargo & Vehicle Inspection · Chemical Agents Detection · Chemical Identification · Integrated Systems · Explosives Detection (Liquids) · Explosives / Narcotics Trace Detection · People Screening Systems · Radiation Detection	· Transportation Security · Critical Infrastructure · Ports & Borders · Emergency Responders · Military	· 영국(UK) · 1997년부터 사업 (스미스디텍션) · 독일 유명장비 제작사인 Heimann사 인수 후 사명을 스미스&하이만 디텍션으로 개명

12) 김준혁, 항공보안장비성능기준 개선 및 국내개발 활성화 방안, 한국교통연구원, 2016 참조 및 인용
13) 이강석 외, 항공보안학, 박영사, 2015.

제작사명	주요사업분야	납품처	제작국가 및 기타
	· Security Checkpoint Solutions · X-ray Inspection		
L3 커뮤니케이션	· ADVANCED PEOPLE SCREENING · CARGO SCREENING SYSTEMS · EXPLOSIVES DETECTION SYSTEMS · EXPLOSIVES TRACE DETECTION · METAL DETECTORS · X-RAY SYSTEMS	· Transportation Security · Ports & Borders · Military	· 미국 · 1997년부터 사업 · 국내를 포함한 9개 해외지사 (호주, 캐나다, 덴마크, 독일, 이탈리아. 한국, 노르웨이, UAE, 영국 등)
모포디텍션 (Morpho)	· CTX Explosives Detection · XRD Explosives Detection · Trace Detection · X-Ray	· Transportation · Military · Ports and Borders · Emergency Responders · Critical Infrastructure · Corrections · Drug Interdiction · Hospitality · Venue Security	· 프랑스 · 세계 31개국 지사 운영 (국내는 없음)
오토클리어 (Auto Clear)	· X-ray Inspection · Metal Detection · Trace Detection · Backscatter	· Military · Customs and Borders · VIP/Event Security · Transportation · Mail and Shipping · Law Enforcement · Corrections · Government · Critical Infrastructure · First Responders · Schools	· 미국
AI (American Innovation bomb detection)	· Computerized X-Ray Inspection Systems · Mobile X-Ray Inspection Systems · Explosives Detection		· 미국

각 제작사들은 엑스레이 검색기부터 폭발물 탐지기까지 전 분야에 걸쳐 다양한 제품을 출시하고 공항 및 기타 보안검색이 필요한 분야에 납품 중이다. 현재까지 파악된 장비별 제작현황은 다음과 같다.

표 18-3 엑스레이 검색기(AT급 엑스레이 포함)

장비명	제작사 및 모델명	성능	비고
화물 엑스레이 검색기	L3 Security & Detection Systems PX™ 15.17-MV 200	TSA Air Cargo 인증 DfT Air Cargo 준수 Transport Canada 인증 스키드 및 팔렛트 적재 화물 검색 폭발물, 무기, 마약, 허위신고품 탐지 Multiview 검색	
엑스레이 검색기	Morpho Detection HRX 500™	소형 수하물 검색	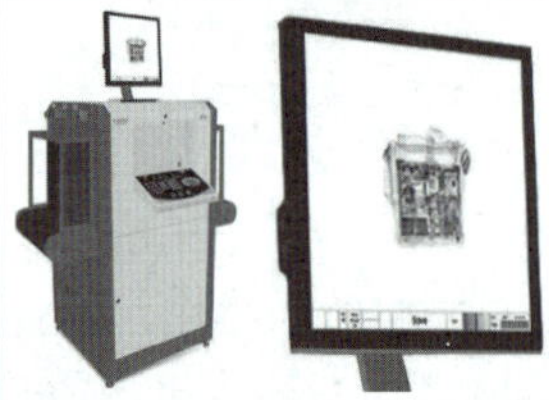
AT급 엑스레이	Rapiscan 620DV	고체 액체 폭발물, 마약 자동 탐지 ECAC, DfT, STAC의 Type C Standard 2 Liquid Explosive Detection Systems(LEDS) 승인 및 인증 / TSA AT, DfT Advanced Cabin Baggage 승인 / TSA Air Cargo 인증 Transport of Canada 인증	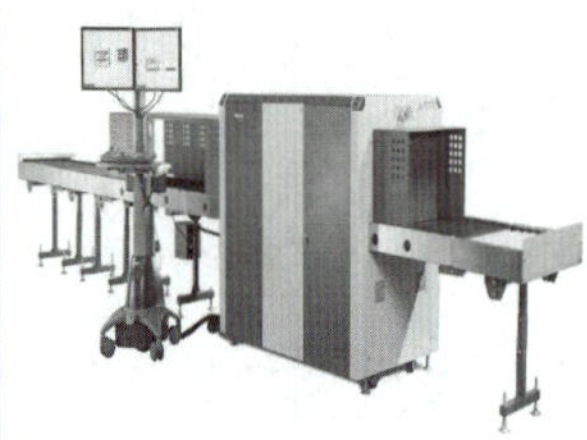
	Smith Detection HI-SCAN 7555aTiX	폭발물 자동 탐지 ECAC Doc. 30, Part 2에 따른 LAGs 자동 탐지 Standard 2 LEDs Type C 성능 충족	

출처 : 이강석 외 항공보안학, 박영사, 2015

표 18-4 금속탐지기

장비명	제작사 및 모델명	성능	비고
문형 금속탐지기	L3 SDS Protocol™ PD 6500i	EU Standard 2 준수	 
	Rapiscan Metor 6M	금속탐지기능	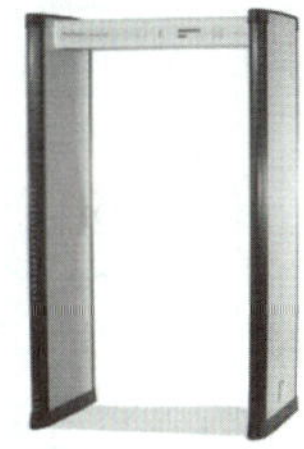
	Smith Detection HI-PE MZ	금속탐지기능 FAA "3-Gun-Test" 준수 EC 규정 및 EMC 국제 기준 만족	 
휴대용 금속탐지기	Rapiscan Metor 28	금속탐지기능	
	Smith Detection PD140 V / VR	금속탐지기능	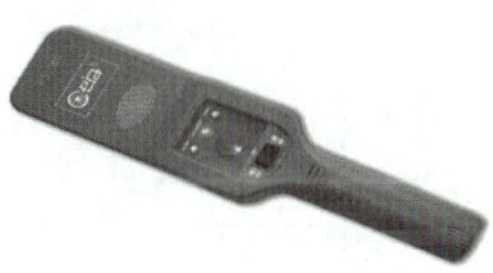

출처 : 이강석 외 항공보안학, 박영사, 2015

표 18-5 폭발물 탐지기

장비명	제작사 및 모델명	성능	비고
EDS	L3 SDS eXaminer® SX	TSA 인증 EU Standard 3 CEP 승인 STAC 승인 CT 기술을 이용 3D 이미지 구현	
EDS	L3 SDS eXaminer® 3DX	TSA 인증 EU Standard 3 CEP 승인 Transport Canada 승인 CT 기술을 이용 3D 이미지 구현	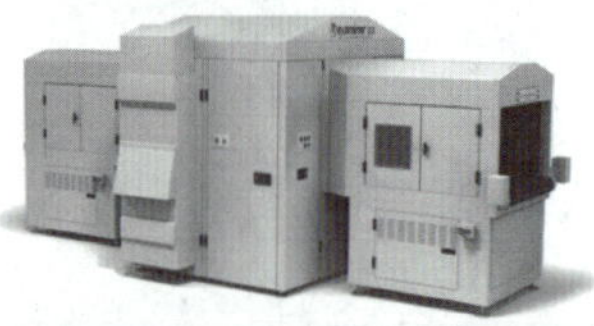
EDS	SAFRAN XRD 3500™	폭발물 탐지 기능	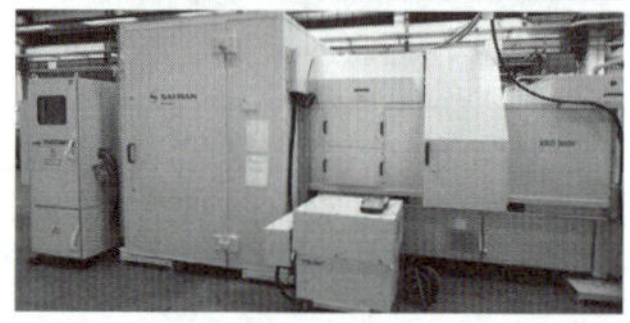
EDS	SAFRAN CTX 5500 DS™	TSA 인증	

출처 : 이강석 외 항공보안학, 박영사, 2015

표 18-6 폭발물 흔적탐지기

장비명	제작사 및 모델명	성능	비고
ETD	L3 SDS Explosives Trace Detection	DfT 승인	
	Rapiscan HE50		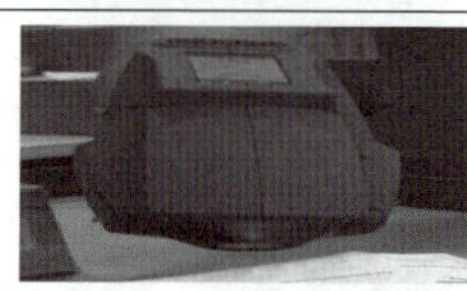
	Smiths Detection MULTI-MODE THREAT DETECTOR	폭발물, 마약, 독극물 탐지	

출처 : 이강석 외 항공보안학, 박영사, 2015

표 18-7 액체류 탐지기

장비명	제작사 및 모델명	성능	비고
LEDS	Smiths Detection ResponderR BLS	액체성분 분석기능	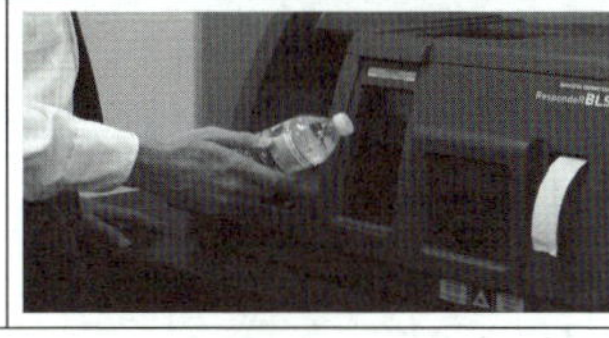

표 18-8 신발검색기

장비명	제작사 및 모델명	성능	비고
신발검색기	IDO Security / Magshoe	금속탐지기술방식 / TSA 인증	

출처 : 이강석 외 항공보안학, 박영사, 2015

표 18-9 전신검색기

장비명	제작사 및 모델명	성능	비고
Body Scanner	L3 SDS ProVision® 2	EU checkpoint 승인 MMW 사용 검색	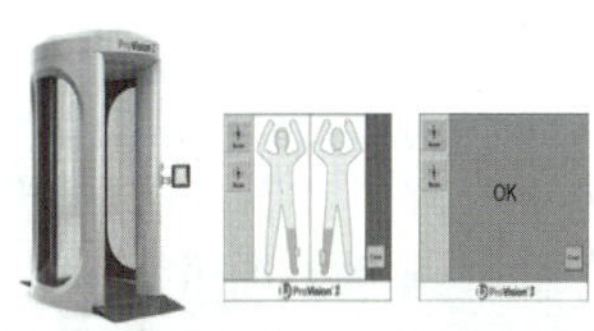
	Rapiscan Secure 1000 SP	TSA 인증 X-ray 사용	
	Smiths Detection eqo	ECAC Standard 2 승인 MMW 사용 검색	

출처 : 이강석 외 항공보안학, 박영사, 2015

2. 한국의 항공보안장비 개발현황

우리나라는 1980년 한국공항공사의 전신인 한국공항공단이 설립되었고 1980년 8월 국제선 운항이 시작되면서 경찰관할의 공항업무가 공단으로 이관되었다. 당시 대인검색장비로는 Mark3, 위탁수하물 검색장비로는 Bendix－500, 600형이 있었으면 문형금속탐지기로 Design－500, 43형, 휴대용 금속탐지기로는 Caratter가 사용되었다. 당시 보안검색장비는 낮은 수준의 반도체 기술로 방사선 발생장치에 형광막, 거울, 흑백적외선 카메라를 이용해서 실시간 영상을 판독요원이 판독하는 방식이었으나 당시 1982년 코스타리카 국회의원의 위탁 수하물 내 권총을 적발하는 등 당시엔 상당한 위력을 발휘하였다. 이후 1985년 향상된 반도체기술을 적용한 System－2라는 장비로 교체, 제2청사에는 System－V가 설치되었고 문형탐지기는 JIS－88이 개발되어 88서울올림픽 당시 국내 독자개발 장비가 배치되었다. 이후 1986년 노후장비 교체시기에는 독일의 BIS CW 900A와 Linescan－105 등이 도입되어 엑스레이 검색에 처음으로 컬러 장비가 설치되었다. 물질의 밀도를 이용하여 폭발물을 탐지하는 Linescan105－EScan, Heimann－7555, Rap 527DV, Zscan－7 및 FAA에서 인정한 정밀 검색장비인 ctx－9000과 ETD 장비가 사용되었다. 이후 인천공항개항과 함께 휴대용 금속탐지기로는 JI89, 문형 금속탐지기로는 PMD2를, 휴대 수하물 엑스레이는 Linescan－105, 위탁 수하물 검색기로는 ZScan－7 및 CTX－9000 장비가 설치되었으며 폭발물 탐지기로 Iontrack, Ionscan 400B 등이 설치되었다. 국내보안장비 제작은 전술한 바와 같이 1988년 서울 올림픽을 계기로 장비 개발붐이 일어나기도 했었지만 이후 시장성 및 경제성 문제로 특히 엑스레이 검색기의 경우, 공항용 검색장비 개발사는 전무한 상황이며 다만, 의료용·산업용 엑스레이 및 CT 기술력을 확보한 업체가 소수 있으며 그 외 금속탐지기 및 폭발물 흔적탐지기 개발사의 경우는 교정기관이나 경호기관 등에 제품을 납품하는 현실이다. [표 18－10]은 의료용, 산업용 엑스레이 장비를 포함한 검색(검사) 장비의 개발 및 운영현황이다.

국내제작 항공보안장비의 경우 현재 공항에 적용할 수 있을 만큼의 기술력 및 완성도를 확보하고 있는 장비는 휴대용금속탐지기와 ETD, 액체탐지기 정도로 볼 수 있으며 재래식 엑스레이 장비의 경우는 공항용으로의 개량은 가능해보이지만 향후 보안검색은 국제사회의 흐름에 따라 엑스레이에서 EDS장비로의 교체 추세이다.

표 18-10 한국의 국내보안장비 종류별 개발 및 운영현황

장비명	제작사 및 모델명	성능	비고
엑스레이 검색기 (CT 포함)	엠피스엑스선 / AXIS 7260	· ISO9001:2000인증을 받은 비파괴 검사 장치로써 유물 검사 등에 쓰이며 공항 검색용 개량도 가능	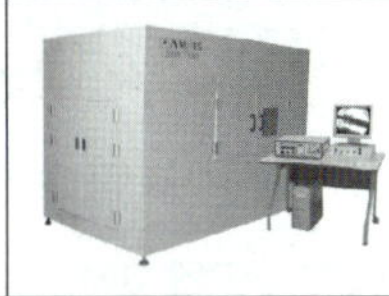
	테크벨리 / IMT160CT, TVX 160CT	· 가로 세로 500x500mm까지의 검사대상을 720view 기준 5분안에 고속스캔이 가능한 컴퓨터 단층촬영 검색 장비	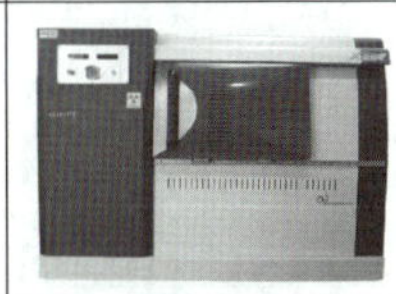
	쎄크 / X-eye6200, X-eye6300	· 가로 세로 330x250mm 두께 3.0mm의 대상을 초당 최대 1200εp mm 검사하는 검색 장비	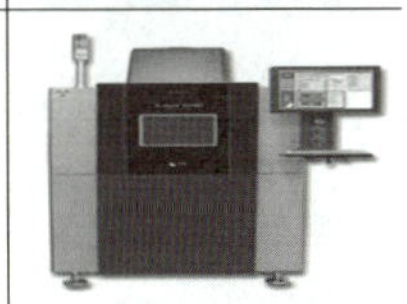
휴대용 금속 탐지기	제원 시큐리티 / PC130,PC150	· 가로, 두께, 세로 55x35x405mm 무게 290g의 휴대가 가능한 금속 탐지 검색 장비	
	에스코스 / ESH-10, TZ-20V, AD15	· 가로, 두께, 세로 77x375x26mm 무게 220g의 휴대가 가능한 금속 탐지 검색 장비 및 건물의 벽면, 천장, 바닥 등에 은닉된 금속 물체를 탐지하는 검색 장비	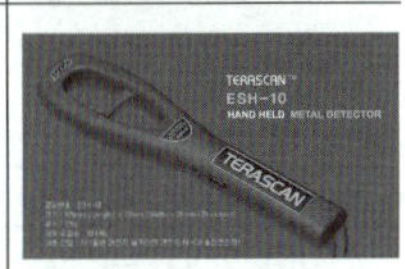
문형 금속 탐지기	제원시큐리티/ PC12000, PC130000, PC130000s,	· 가로, 세로 750X2000mm의 통과 구역을 33존으로 나누어 정교한 탐지로 금속을 탐지하는 검색 장비	
	에스코스 / ESW-618	· 가로, 세로 750x2000의 통과 구역을 18개존으로 나누어 금속을 탐지하는 장비	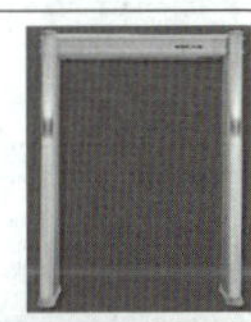
액체 폭발물 탐지기	인텍텔레콤 / MEGASCAN , SCAN-R2	· 가로, 새로, 두께 70x453x55mm, 무게555g의 휴대용 장치로 2초 이내 실시간으로 금속 및 액체를 탐지하는 검색 장비	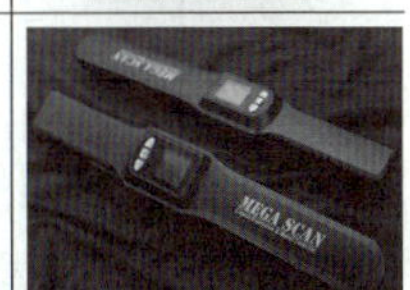
폭발물 흔적탐지기	IMS테크 / IONAB	· 양/음 이온 2가지 모드 검출 · 5초 이내 탐지 · 분리형으로 휴대성 강화 · 방사능 제로	

출처 : 이강석 외 항공보안학, 박영사, 2015

3. 전 세계 항공보안산업의 발전방향

전 세계 항공보안산업의 발전에 대해서는 주요 선진국의 항공보안장비 법령 및 규정을 고찰이 필요하다. 항공보안산업의 특성 상 다수의 수요처가 존재하지 않고 주요 항공보안 선진국의 항공보안장비 정책에 따라 항공보안장비 개발의 큰 방향이 결정되기 때문이다.

가. 미국의 항공보안장비 규정

미국 TSA의 항공보안장비 관련 법령 및 규정(이하 규정)은 과거 미연방항공청(FAA) 시기부터 마련된 규정을 TSA 출범이후 시기까지 업데이트 하여 고시하고 있다. 접근할 수 있는 정보를 통해 습득한 TSA의 장비 운용규정은 금속탐지기, 엑스선검색기, 폭발물탐지기 이며 그 규정은 [표 18－11]과 같다.

표 18-11 TSA 장비운영 규정

1544.209 금속탐지장비의 사용

(a) 만일 특정 보안프로그램 하에 특별하게 인가되어 있지 않다면, 어떤 항공기운용자도 미국내에서 금속탐지장비를 사용할 수 없으며 미국 외에서 항공기 운영자의 통제 하에 승객을 대상으로 금속탐지장비를 사용할 수 없다. 어떠한 항공기 운영자도 이 장비를 금속탐지장비의 보안프로그램에 상반되게 사용될 수 없다.

(b) 금속탐지장비는 TSA의 측정기준을 반드시 만족하여야 한다.

1544.211 엑스레이 시스템의 사용

(a) TSA 승인이 요구됨. 만일 특정 보안프로그램 하에 특별하게 인가되어 있지 않다면, 어떤 항공기운용자도 미국내에서 엑스레이장비를 사용할 수 없으며 미국 외에서 항공기 운영자의 통제 하에 휴대수하물 또는 위탁수하물을 대상으로 엑스레이장비를 사용할 수 없다. 어떠한 항공기 운영자도 이 장비를 엑스레이 장비의 보안프로그램에 상반되게 사용될 수 없다. 만일, 항공기 운영자가 다음을 제시할 수 있다면, 특정 보안프로그램 하에서 TSA는 휴대수하물 또는 위탁수하물 검색을 위한 엑스레이 시스템의 사용을 승인한다.

(1) 엑스레이 시스템이 FDA[14)]의 검색용 캐비닛 엑스레이 시스템의 표준을 만족할 때,

(2) 방사선안전과 엑스레이 시스템의 효율적 사용 및 무기, 폭발물 인지 등의 교육을 포함한 검색요원의 교육훈련 프로그램이 수립되었을 때,

(3) 엑스레이 시스템이 ASTM[15)] 표준 규정된 step wedge(시편)를 이용한 이미지 요구조건을 만족하고 세션(g)에 포함된 표준을 만족할 때

(b) 연간방사선조사. 이전 12개월 동안 성능표준의 만족여부를 보여주는 방사선조사가 수행되지 않았다면, 어떤 항공기

운영자도 엑스레이시스템을 사용할 수 없다.

(c) 설치 혹은 이동 후 방사선조사. 검색지점에 설치된 후 또는 이동 후에 성능표준의 만족여부를 보여주는 방사선조사가 수행되지 않았다면, 어떤 항공기 운영자도 엑스레이시스템을 사용할 수 없다. 엑스레이 시스템이 휴대용으로 제작되었고 항공기 운영자가 성능변경 없이 이동할 수 있다는 사실을 보여줄 때, 해당 엑스레이시스템에 의한 검색은 허용되지 않는다.

(d) 결점공지 및 변경주문. 만일, FDA가 TSA에게 시스템 결점/실패가 유전적 피해를 포함한 중요한 인적피해위험을 발생하지 않는다고 제시하지 않았을 경우, 어떤 항공기 운영자도 FDA가 발행한 결점공지 및 변경주문에 부합되지 않는 엑스레이시스템을 사용할 수 없다.

(e) 촬영 장비와 필름의 안내판과 조사.

(1) 항공기 운영자는 화물 화물검색 시 검색대의 눈에 잘 띄는 장소에 '항공기 운영자나 TSA는 화물검색시 엑스선 장비를 사용한다'는 안내판(sign)이 걸려있다는 것을 확인해야 한다.

(3) 안내판은 개인들에게 엑스선에 의해 조사되는 물품에 대해 알려야 하며 수화물 및 검색 진행 시 가능한 사유물이 조사되기 전 모든 엑스선, 고속 필름 등을 제거해 줄 것을 당부해야 한다. 이러한 안내판은 또한 개인들이 엑스선 시스템에 노출되지 않고 검색된다는 점을 알려야 한다. 만약 엑스선 시스템이 조사 중 어떠한 처리 가능한 사유물 혹은 수하물에 일 밀리뢰트겐 이상을 노출한다면 안내판은 개인들에게 조사 전 필름이나 모든 종류의 물품을 제거하도록 당부해야 한다.

(4) 이러한 여객의 별도 요청이 있다면, 촬영 장비와 필름 패키지는 엑스선 시스템에 노출 없이 조사되어야 한다.

(a) 설치나 이동 이후 방사선 조사 확인. 각각의 항공기 운영자들은 최소한 본 섹션의 문단 (b)나 (b) 에 의해 가장 최근의 방사능 조사의 결과 복사물을 보관해야 하고 다음의 장소의 각각의 TSA의 요청이 있을 때 조사를 위한 사용이 가능해야 한다.

(5) 엑스선 시스템의 운용장소

(g) 실질법적 지정. (ASTM) 기준에 의해 "보안구역에서의 금지된 물품에 대한 방사선 장비 이온화의 사용과 설계" 기준은 국립문서기록보관소(NARA)에서 확인할 수 있다. 더불어 ASTM 기준 은 미국 재료 시험 협회를 통해 확인 할 수 있다.

(h) 의무 시간 제한. 각각의 항공기 운영자들은 보안 프로그램에 규정된 엑스선 운영자 의무 시간 제한을 준수해야 한다.

1544.213 폭발물 탐지 시스템의 사용

폭발물 탐지 시스템의 사용. 만약 TSA가 항공기 운영자 보안 프로그램의 개정에 따른 추가사항을 요청한다면 각 항공기 운영자는 TSA가 승인한 국제선 수화물에 대한 폭발물 탐지 시스템 사용 보안 프로그램을 실행해야 한다.

---

14) FDA(Food and Drug Administration, 미 식품의약품안전국)

15) ASTM(American Society for Testing and Material, 미국시험재료협회) : 표준시험방법 등 130여 분야에 6가지 표준(Standard)를 개발보급 미국의 합의체

TSA의 규정 중 주목할 만한 사항은 금속, 엑스선, 폭발물 탐지장비 모두 내외항사를 불문하고 TSA의 인증 장비(엑스선 장비의 경우 FDA기준 만족장비는 허가)를 사용하도록 하는 것이며, '항공교통보안강령'(ATSA : Aviation and Transportation Security Act)를 통해 2002년 12월 31일부터 위탁수하물은 전면 EDS검색을 하도록 하고 있다. 앞서 제1절에서 살펴본 바와 같이 MSP라는 외항사 보안규정(MSP : Model of Security Program)을 통해서는 ETD, EDS 등 폭발물 관련 장비의 정의 또한 TSA 승인장비로 규정하는 등 전 세계 국가 중에서 항공테러위협을 가장 심각하게 우려하고 있는 미국정부의 대표적인 정책기조라고 할 수 있다.

나. 유럽의 항공보안장비 규정

유럽은 EU의 출범과 함께 항공분야도 EU 주도의 규정(EU Regulation)을 통한 통일된 프레임워크에 따라 진행되고 있으며 그 중 항공보안장비는 EU Regulation을 기본으로 1955년 ICAO 유럽항공운송협력회의를 통해 설립된 유럽민간항공위원회(ECAC : European Civil Aviation Conference)가 주도적인 역할을 하고 있다. ECAC는 항공보안장비에 대해 유럽표준(EU Standard)를 정해 기술개발과 보안환경 등을 고려하여 표준(Standard)과 기능(Type)으로 구분하여 운영하고 있다. Standard는 장비의 기술진화별로 Standard 1부터 현재 Standard 4까지 운용 및 권고, Standard 별 장비의 기능을 type으로 분류하여 구성하고 있다. 예를 들면 일반재래식 엑스레이를 Standard 1이라면 Standard 3는 현재 유럽기준 기술개발을 진행 중인 액체류 및 폭발물담지가 가능한 어객용 EDS장비를 말하며 Type은 그 기능별 차이를 의미한다.

표 18-12 ECAC 장비 구분의 예

장비설명	장비
Easy and inexpensive enhancement of an entire X-ray fleet to EU LEDS Standard 2 Type C : 조작이 쉽고 EU 표준 2 타입 C 제품들 중 저렴한 LEDS(엑체폭발물탐지장비) 겸용 엑스레이 장비	

구분	장비의 특징 (LEDS; Liquid Explosive Detector System)
TYPE A	직접 액체류 개봉 후 확인
TYPE B	엑체류에 외부접촉을 통해 확인
TYPE C	X-ray 방식으로 다른 물품과 분리하여 확인
YPE D	별도 분리없이 EDS 방식으로 확인

출처 : 이강석 외 항공보안학, 박영사, 2015

ECAC는 EU Regulation을 통해 장비 운용에 대한 통일된 프레임 워크를 권고하고 있다. 장비관련 EU의 규정은 최근 규정인 (EU) No.185/2010과 개정인 2011에 나타나 있다. [표 18－13]은 185/2010 그리고 2011중 항공보안장비 관련 규정이다.

표 18-13 ECAC 장비 운용규정

4.1 승객검색

4.1.1.1 검색 전, 여객의 코트와 자켓은 탈의되어야 하며 휴대물품과 동일하게 검색되어야 한다.

4.1.1.2 승객은 다음 수단에 의해 검색되어야 한다:

(a) 수검색 또는

(b) 문형금속탐지기

검색자가 승객이 금지품목 소유여부에 대해 결정을 내리지 못할 때는, 제한구역으로의 승객 접근은 거부되어야 하며 검색자가 만족할 때까지 재검색 되어야 한다.

4.1.1.4 문형금속탐지기의 경보가 울렸을 때는 경보음의 원인은 해결되어야 한다.

4.1.1.5 휴대용금속탐지기는 오직 검색의 보조수단으로만 사용되어야 한다. 이 장비는 수검색을 대체할 수 없다.

4.1.2 휴대수하물 검색

4.1.2.1 검색 전, 휴대용 컴퓨터와 대형 전기아이템은 휴대수하물에서 분리되어 검색되어야 한다.

4.1.2.2 검색 전, 검색장비가 수하물에 포함된 액체류를 검색할 수 있는 능력이 없다면, 액체류는 수하물과 분리되어야 하고 분리검색이 되어야 한다. 액체류가 수하물에서 분리되었을 때, 승객은 다음을 제시하여야 한다:

(a) 100밀리리터 미만의 개별 용기에 들어있는 모든 액체류와 1리터 미만의 투명용기(재밀폐가 가능한)에 들어 있는 액체류

(b) 기타 분리된 액체류

4.1.2.3 휴대수하물은 다음의 방법으로 검색되어야 한다:

(a) 수검색 또는

(b) 엑스레이 장비

(c) EDS 장비

검색자가 승객이 금지품목 소유여부에 대해 결정을 내리지 못할 때는, 보안구역으로의 승객 접근은 거부되어야 하며 검색자가 만족할 때까지 재검색 되어야 한다.

4.1.2.4 휴대수하물의 수검색은 그 내용물을 포함한 수하물의 전면체크를 통하여 금지품목이 포함되지 않았다는 확신을 줄 수 있어야 한다.

4.1.2.5 엑스레이 또는 EDS 장비가 사용될 때, 각 이미지는 검색자에 현시되어야 한다.

4.1.2.6 엑스레이 또는 EDS 장비가 사용될 때, 모든 알람경보는 검색자의 만족을 얻을 때 까지 해결되어야 하며 모든 금지품목이 보안구역과 항공기에 탑재되지 않았다는 사실을 확인해야 한다.

4.1.2.7 엑스레이 또는 EDS 장비가 사용될 때, 어떤 아이템의 밀도가 수하물의 내용물검색기준과 맞지 않는다고 판단될 때는, 해당 아이템은 수하물에서 분리되어야 한다. 수하물은 재검색되어야 하며 그 수하물의 내용물은 분리되어 재검색되어야 한다.

4.1.2.8 대형 전자제품을 포함한 가방은 아이템이 가방에서 제거 후 재검색되어야 하며, 전자제품은 분리하여 검색하여야 한다.

4.1.2.9 탐지견과 ETD는 오직 보조검색 수단으로 사용될 수 있다.

4.1.3 액체류 검색

4.1.3.1 액체류는 다음의 방법으로 검색되어야 한다:

(a) 엑스레이 장비

(b) EDS 장비

(c) ETD 장비

(d) 화학반응 테스트스트립

(e) 비개봉 액체 스캐너

5. 위탁수하물

5.1 위탁수하물 검색

5.1.1 다음 방법이 개별적 혹은 조합되어 검색되어야 한다

(a) 수검색

(b) 엑스레이 검색

(c) EDS 장비

(d) ETD 장비

검색자가 승객이 금지품목 소유여부에 대해 결정을 내리지 못할 때는, 제한구역으로의 승객 접근은 거부되어야 하며 검색자가 만족할 때까지 재검색 되어야 한다.

장비의 운용규정은 ICAO나 TSA 그리고 ECAC 모두 일반적인 내용을 규정하고 있으며 액체폭발물 등 EDS장비와 폭발물의 흔적을 찾을 수 있는 ETD장비의 중요성을 나타내고 있다.

4. 한국의 항공보안산업 발전방향

국내 공항의 경우 인천, 김포, 제주, 김해 공항이 년 성장률이 5~11% 증가추세에 있으나, 나머지 공항의 경우는 최대 -12% 까지 감소하는 성향을 보이고 있으며 전반적으로 인천공항을 비롯한 국내의 국제공항들의 성장률이 두드러진다. 반면 나머지 국내 공항들의 경우 KTX 등 육로 교통의 발전에 따른 영향으로 시장이 감소하는 추세이다. 항공 보안 검색에 대한 해외 기준 강화 및 이에 따른 보안검색장비 제조사들의 신제품들이 지속적으로 출시되면서 공항의 구매 수요가 지속적으로 유지될 것으로 예측되며, 2D 검색장비의 경우 AT 기능을 도입한 장비로의 교체, 3D 검색장비의 경우 EDS급으로의 전면 교체 규정 등이 꾸준한 구매 수요를 유지하게 하는 원동력이 될 것이다. 특히 7년에서 10년 주기로 노후화 장비에 대한 교체 시장이 있어 완만하지만 안정적인 성장이 기대된다.

그림 18-2 국내 공항 및 항공보안 장비 시장 조사

Rank	Airport	Location	2011	2012	Annual Growth
1	Incheon International Airport	Seoul/Incheon	17.55	19.5	11.15%
2	Gimpo International Airport	Seoul	9.25	9.7	4.94%
3	Jeju International Airport	Jeju	8.6	9.2	7.22%
4	Gimhae International Airport	Busan	4.35	4.6	5.11%
5	Gwangju Airport	Gwangju	0.7	0.7	0.31%
6	Cheongju International Airport	Cheongju	0.65	0.65	-2.15%
7	Daegu International Airport	Daegu	0.6	0.55	-5.76%
8	Yeosu Airport	Yeosu	0.3	0.3	0.76%
9	Ulsan Airport	Ulsan	0.3	0.25	-12.62%
10	Pohang Airport	Pohang	0.15	0.15	0.83%
11	Gunsan Airport	Gunsan	0.1	0.1	-6.57%
12	Sacheon Airport	Sacheon/Jinju	0.05	0.05	-3.69%
	Total		42.6	45.8	

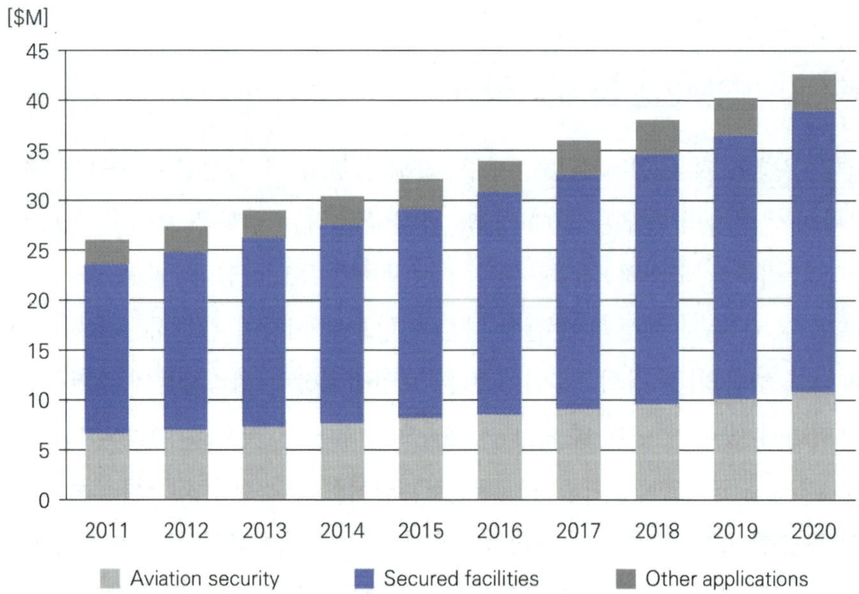

출처 : 이강석 외 항공보안학, 박영사, 2015

5. 미래의 해외 보안장비 시장

항공보안검색장비 시장은 미국을 중심으로(전체시장의 30~40% 수준) 시장이 형성되어 있으며, 아시아 지역이 다른 지역에 비해 두드러진 성장을 보이고 있으며, 특히 중국의 경

표 18-14 주요국 보안장비 시장 예측

	2012	2013	2014	2015	2016	2017	2018	2019	2020
U.S.	-0.5%	-2.5%	-2.5%	-2.5%	-2.5%	-3.0%	5.0%	10.0%	12.0%
Canada	3.0%	3.0%	1.0%	0.0%	0.0%	0.0%	4.0%	9.0%	10.0%
Mexico & Brazil	10.0%	11.0%	13.0%	17.0%	-20.0%	-12.0%	5.0%	6.0%	7.0%
U.K., Germany, France, Spain and Italy	3.7%	3.5%	3.3%	2.5%	2.0%	2.5%	5.0%	7.0%	8.0%
Turkey, Israel, Saudi Arabia, UAE & Qatar	9.0%	8.0%	10.0%	8.0%	9.0%	10.0%	5.0%	2.0%	0.0%
China	12.0%	11.0%	10.5%	10.0%	9.5%	9.0%	8.5%	8.3%	7.8%
Japan	0.5%	-0.2%	0.3%	0.5%	1.1%	1.3%	3.4%	4.0%	5.0%
India, South Korea, Indonesia & Australia	5.0%	5.3%	5.7%	6.0%	6.2%	6.5%	8.0%	10.0%	11.0%
R.O.W.	4.0%	4.2%	4.3%	4.4%	4.6%	4.7%	5.0%	5.1%	5.2%
Total	3.6%	2.9%	3.3%	3.5%	1.8%	2.6%	5.6%	7.0%	7.6%

우 전체 시장 평균성장률의(4.5%) 약 두 배의 성장이(9.1%) 예상되는 시장이다. 중국 시장의 성장은 타 국가 대비 높은 인구의 영향도 있지만 국가차원의 빠른 경제 성장에 기인한 것으로 예측되고 있다. L3 communication, RAPISCAN, Smith 등 미국, 유럽 중심의 소수의 해외 제조사들이 ECAC, TSA 인증을 기반으로 하여 전체 시장을 선점하고 있으며, 중국에서 항공보안검색장비의 국산화에 성공하여 시장 진입을 진행 중에 있다.

미래 항공보안시장 규모는 지속적으로 성장할 것으로 예측되며, 이에 따라 항공보안 기술 개발 또한 지속적인 발전을 이룰 것이라고 예측된다. 특히, 미래에는 테러위협 및 기술이 더욱 더 고도화, 다양화 될 것으로 예측되며 항공보안검색 기술도 이에 대응하는 방향으로 발전할 것이다. 우리나라의 경우 IT등 기반기술이 매우 잘 갖추어져 있어 향후 충분한 발전 원동력은 가지고 있다고 판단된다. 2019년 말에 국토교통부 산하 항공안전기술원에서 보안장비인증제도를 도입함에 따라 미국과 한국의 상호인정 등 보안장비 시장 활성화에 대한 국가적 차원의 지원이 진행되고 있는 것은 고무적이다.

section 04 항공 · 공항보안 전문인력 양성[16)]

항공·공항보안전문인력은 항공보안의 유효성 및 효율성을 증진시키기 위한 필수적 요소이고 이는 민간항공보안운영자의 모든 측면에 적용되어야 한다.

1. 항공 · 공항보안 전문인력 양성 및 운용현황

현재 항공·공항보안 전문인력 구분에 대한 구체적으로 명시한 법률적 규정은 없으나, ICAO 부속서 17과 항공보안 매뉴얼 Doc. 8973과 우리의 '항공보안법', '항공안전 및 보안에 관한 세부운영지침', '국가민간항공보안 수준관리지침' 및 '국가민간항공보안 교육훈련지침' 등에서 규정하고 있다. 항공안전 및 보안의 측면에서 항공보안 인력이라 함은 항공 전 분야에 걸친 인력이라고 해도 틀리지 않다. '국가민간항공보안 교육훈련지침'에 의하면 다음의 항공보안 안력에 대한 교육훈련을 명시하고 있다.

- 공항보안책임자 또는 공항보안감독자
- 항공사보안책임자 또는 항공사보안감독자
- 보안검색감독자 또는 항공경비감독자
- 항공보안교관 및 사내보안교관
- 보안검색요원
- 항공경비요원
- 항공기승무원
- 화물보안 업무요원
- 폭발물처리요원
- 폭발물 위협분석관
- 항공교통관제사
- 탑승수속 담당 직원
- 공항운영자 및 항공운송사업자의 전화 접수자 및 안내요원
- 공항운영자의 보안 유관 부서의 장 또는 이와 동등한 직급을 가진 자

16) 이강석 외 1인(2015), 항공보안검색요원의 근무환경 개선 및 업무 스트레스 감소를 위한 방안 모색, 한국항공경영학회 추계학술대회 Vol.2015 No−2015, 2015

- 항공운송사업자의 보안 유관 부서의 장 및 중간관리자
- 공항운영자 및 항공운송사업자의 중간관리자급
- 화물터미널운영자의 각 부서의 장 또는 이와 동등한 직급을 가진 자
- 기내식 시설 운영자 각 부서의 장 또는 이와 동등한 직급을 가진 자
- 지상조업체 조직 내의 각 부서의 장 또는 이와 동등한 직급을 가진 자
- 급유시설 조직 내의 각 부서의 장 또는 이와 동등한 직급을 가진 자
- 공항 및 항공기 청소업체의 각 부서의 장 또는 이와 동등한 직급을 가진 자
- 공항운영자의 공항 운영 관련 근무 직원
- 승객운송 직원, 항공기 정비사
- 승객과 위탁수하물의 일치여부 확인 직원 및 위탁수하물 수송허가 직원
- 항공운송사업자의 총기류 등 무기류 운송 접수 담당 직원
- 화물터미널 운영 요원
- 기내식 요원, 지상조업체 직원, 급유업체 요원, 공항지역 및 항공기 청소요원
- 이동지역 안전관리자
- 공항운영자, 항공운송사업자 등 일반 직원
- 항공안전보안장비 유지보수요원

협의의 항공보안 측면에서 항공보안 전문 인력을 구분하면 일반적으로 보안검색요원과 항공경비요원으로 구분한다. 보안검색요원은 공항운영자의 위탁을 받아 승객과 수하물에 대한 보안검색을 실시하는 보안검색요원과 감독자, 항공사의 항공화물에 대한 보안검색을 실시하는 보안검색요원과 감독자가 있고, 항공경비요원에는 공항 내 공항시설과 항공사의 중요시설 및 항공기 보호하고, 보호구역내 출입 통제업무를 담당하는 청원경찰과 특수경비원으로 구분할 수 있다.

2. 항공 · 공항보안 전문인력 교육

항공·공항보안 전문 인력에 대한 교육은 초기교육, 직무교육 및 정기교육으로 구분된다. 초기교육은 항공보안 관련 신규 채용자 또는 최초 임명자 등에게 직무를 부여하기 이전에 직무와 관련한 기본적인 지식과 기량을 전수하기 위한 교육을 의미하며, 직무교육은 초기교육을 이수한 자를 대상으로 업무의 시범 및 관찰과 실제업무의 수행을 통하여 받는 교육, 그리

고, 정기교육은 소관 업무 내용의 변경 또는 추가와 신기술의 도입 등에 따라 필요한 지식과 기량을 전수하기 위하여 정기적으로 실시하는 교육으로 정의된다. 현재 우리나라의 '국가 민간항공 교육훈련지침'에는 모든 항공보안 인력들에 대한 교육시간 및 내용 등이 규정되어 있다. 이 중 보안검색요원과 항공경비요원의 교육에 대한 규정은 다음과 같다.

가. 보안검색요원의 교육

보안검색요원의 초기교육은 최소 40시간 이상의 교육기간으로 편성되며 교관요건은 ① ICAO 감독자 과정 이수자, ② 보안검색요원 초기교육 과정이수자, ③ 항공보안 경력 2년 이상이며 항공보안 전반에 관한 지식과 경험을 갖춘 자 중 최소 한 가지 이상의 요건을 갖춘 자이다. 보안검색요원 초기교육 최소 포함내용은 다음과 같다.

- 항공보안의 목적
- 보안검색 관련 법적근거 및 검색원 권한
- 국가, 공항 및 항공사 보안 조직
- 공항보안 현황 : 공항배치도, 검색대 위치, 보호구역 설정 등
- 항공보안 위협 관련 현황
- 보안검색 업무 : 검색이유 및 목적, 검색요원 임무 및 승객 대응방법
- 승객, 휴대물, 위탁수하물 보안검색 관련 규정 및 절차
- 위해물품 식별 요령
- X-ray장비 및 폭발물 탐지시스템의 운영 및 장비 테스트 지식
- 문형 금속탐지기, 휴대형 금속탐지기, 신체·물리적 수색 등을 이용한 승객 보안검색
- 휴대물에 대한 물리적 검색방법
- 특수승객 검색 : VIP, 외교요원, 보안요원, 어린이, 전기카트 사용자, 장애인 등
- 특수물품에 대한 검색 : 종교물품, 외교행랑, 서류, 전자장비 등에 대한 검색 방법
- 비상사태 시 경보, 통보 절차
- 검색 업무에 필요한 영어 및 예절교육
- 검색요원에 대한 인적요소 관련 사항
- 「항공위험물운송기술기준」에서 정한 보안검색요원이 받아야 할 기본교육

보안검색요원의 직무교육은 최소 80시간 이상의 교육기간으로 편성되며 교관요건은 보안검색과정 및 감독자 과정을 수료하고, 검색 경험을 갖춘 감독자 또는 이에 준하는 자격을 갖춘 자이다. 보안검색요원 직무교육 최소 포함내용은 다음과 같다.

- 검색장비 사용방법
- 위험물 및 위해물품 식별방법
- 승객 신체 및 휴대물품 보안검색 방법
- 비정상 상황의 보안검색
- 위탁수하물, 화물, 우편물 등에 대한 보안검색 방법
- 상주직원 및 물품 보안검색방법
- 수 검색방법
- 위해물품 적발 시 행동 및 처리절차
- 적발 시 해당지역 폐쇄조치 및 승객대피방법

보안검색요원의 정기교육은 연 1회 8시간 이상의 교육기간으로 편성되며 교관요건은 ① ICAO 항공보안 기초과정 이수자, ② 보안검색요원 초기교육 과정이수자, ③ 항공보안 경력 2년 이상이며 항공보안 전반에 관한 지식과 경험을 갖춘 자 중 최소 한 가지 이상의 요건을 갖춘 자이다. 보안검색요원 정기교육 최소 포함내용은 다음과 같다.

- 관련 법 및 규정 변경사항
- 항공보안 관련 새로운 위협
- 위협상황에 대한 정보 및 보안 위해물품
- 보안관련 사고·사례 분석
- 기본 검색 절차 및 기법 반복
- 미신고 항공위험물 인지 및 승객·승무원에 관한 규정 등

나. 항공경비요원의 교육

항공경비요원의 초기교육은 최소 30시간 이상의 교육기간으로 편성되며 교관요건은 ① ICAO 기초 과정 이수자, ② 항공경비요원 초기교육 과정이수자, ③ 항공보안 경력 2

년 이상이며 항공보안 전반에 관한 지식과 경험을 갖춘 자 중 최소 한 가지 이상의 요건을 갖춘 자이다. 항공경비요원 초기교육 최소 포함내용은 다음과 같다.

- 항공보안의 목적
- 관련 법령 및 항공경비요원 권한
- 국가, 공항 및 항공사 보안 조직
- 공항 및 항공사 보안 시행계획 및 절차 관련 부분
- 공항보안현황 : 공항배치도, 검색대 위치, 보호구역 설정 등
- 항공보안위협 관련 현황
- 위법자들이 사용하는 보안대책 및 절차 회피방법
- 공항 출입통제 : 출입통제 시스템 사용방법, 보호구역 구분, 출입증 종류 및 확인 방법, 접근통제 방법
- 초소근무, 순찰방법
- 수상한자 발견요령 및 질문 방법, 체포요령
- 인원 및 물품, 차량 수색요령, 건물수색
- 폭발물 및 위해물품 인지 및 수상한 물건 발견 시 조치
- 보안장비 사용방법 및 유지 보수 요청 방법
- 문형 금속탐지기, 휴대형 금속탐지기, 수 검색, X－ray(필요시) 등을 이용한 보안검색 방법
- 공항 내 정상 및 비상시 통신
- 항공기 경비 및 출입통제 업무
- 우발계획에 의한 대처방법
- 군중통제 기법
- 사고관리 경보절차, 사고보고 기록관리 등
- 분쟁해결 기법
- 항공경비요원에 대한 인적요소 관련사항

항공경비요원의 직무교육은 최소 24시간 이상의 교육기간으로 편성되며 교관요건은 항공경비요원 초기과정을 수료하고 항공경비요원을 갖춘 관리자급 항공경비 감독자급 또는

이에 준하는 자격을 갖춘 자이다. 항공경비요원 직무교육 최소 포함내용은 다음과 같다.

- 검색대, 초소배치
- 검색장비 사용방법
- 신체 및 휴대물품 보안검색 방법
- 위해물품 식별방법 적발 시 행동 및 처리절차
- 보안강화 시 보안검색
- 수 검색방법
- 폭발물 적발 시 해당지역 폐쇄조치 및 주변 지역 대피방법
- 현장순찰

항공경비요원의 정기교육은 연 1회 8시간 이상의 교육기간으로 편성되며 교관요건은 ① ICAO 항공보안 기초과정 이수자, ② 항공경비요원 초기교육 과정이수자, ③ 항공보안 경력 2년 이상이며 항공보안 전반에 관한 지식과 경험을 갖춘 자 중 최소 한 가지 이상의 요건을 갖춘 자이다. 항공경비요원 정기교육 최소 포함내용은 다음과 같다.

- 항공보안 관련 법령내용
- 보안절차 관련 변경사항
- 항공테러유형 및 새로 입수된 위험 정보 전파
- 보안사고 사례·분석
- 보고절차
- 최신 위해물품
- 변경된 보안 통제절차 등
- 항공보안 인적요소
- 기본 검색절차 및 기법 반복

3. 항공 · 공항보안 인력 전문성 강화

ICAO는 보안인력의 전문성 강화를 위해 항공보안 매뉴얼 Doc. 8973에 보안인력에 대한 인증(Certification)제도를 규정하고 있다. 인증이 요구되는 보안인력은 보안검색요원,

항공보안교관, 국가 점검관·평가관, 보안관리자이다. 인증 및 역량평가는 항공보안 인력 전문화를 위한 필수적인 것으로 역량평가는 인증절차를 뒷받침하고 적합한 항공보안기준을 보장해야 하는 목표 하에 지속적이고, 신뢰성 있는 방식으로 달성되어야 한다. 보안인력 인증은 담당 업무를 수행할 수 있는 능력이 정부 및 감독기관에 의해 정해진 허용수준에 도달하는 지에 대해 알 수 있는 공식적인 평가이자 확인 절차라고 볼 수 있다. 또한 ICAO는 제37차 ICAO 총회에서 항공보안평가(USAP : Universal Security Audit Programme)의 성공적 이행을 위해 평가관의 일정수준 이상의 전문성 확보의 중요성을 강조하였다. ICAO는 향후 USAP활동에 '필요한 경우, 평가관 훈련 과정'을 포함하도록 하였으며 이와 관련하여 평가관 별 수준차이 감소를 위해 평가관의 자격·인증 및 정기적인 교육제공에 관한 지침 개발의 필요성이 제기되었다. 따라서 현재 우리나라 보안검색요원의 신분 불안으로 인한 높은 이직률과 전문성 유지가 곤란한 문제가 있는 만큼, 이의 보완을 위해 보안검색요원의 초기인증 및 정기인증제도 도입에 대한 적극적 검토가 필요하다. 또한 보안검색요원 등 현장의 항공보안 전문 인력의 전문화를 위하여 항공보안 평가관 및 기타 교관의 전문성 확보를 위한 프로그램 개발이 필요하다. 항공보안 전문 인력 처우가 개선된다면 이직률이 저하가 예상되며 무엇보다도 전문화에 대한 현장요원의 동기부여를 줄 수 있으며 결과적으로 국가 항공보안 수준 상승 및 전문화에 대한 효과를 기대할 수 있다.

가. 항공 · 공항보안 전문 인력 운용현황

항공·공항보안 전문 인력은 지속적인 항공보안 수준 확보 측면에서 국가 정책적으로 매우 중요하게 다루어져야 한다. 미국 등 주요 항공보안 선진국의 경우, 항공보안의 업무 중요도를 감안하여 국가가 직접 운용하는 형태를 띠고 있는 데 반해, 우리나라는 대부분 국내 주요공항의 위탁형태로 인력을 운용 중에 있다. 최근 ICAO 정책기조 중 내부자 위협(Insider Threat)이 강조되고 있는데 그 이유 중 하나는 항공보안을 담당하는 내부자의 위협이 그 만큼 중대한 사안이라는 것을 대변한다. 즉 항공보안 전문 인력의 처우가 안정되어 있지 못한다면, 외부 보안 위협주체와 결속력이 높아질 수 있다는 의미로 볼 수 있다.

4. 드론과 PAV산업과 안전 및 보안[17]

2016년 Teal Group에 따르면, 군수 위주로 성장한 무인항공기 시장은 소형 드론 활용의 증가에 따라 민간 드론 시장 역시 급속도로 성장하고 있다. 현재 전 세계 상업용 드론 시장의 규모는 작으나 IoT·데이터, 무인모빌리티와 연계한 신시장 창출을 선도하면서 2016년 약 3.9억 달러에서 2025년 약 65억 달러(약 17배 성장, 32.6%/year)로 성장하여 지속적인 성장세를 보일 것으로 전망하고 있다.[18] 최근 국내에서도 드론을 국토교통 7대 신산업 중 하나로 선정하여 관련 법과 제도를 보완하는 등 다양한 정책 지원 방안 제시를 통해 활성화를 주도하고 있다.

현재 국내 드론 산업은 초기 단계이며 매년 드론의 수가 급증하고 있음에도 불구하고 이를 전담 관리하고 비행 상황을 모니터링 하는 등 안전 관련 활동이 부족하다. 또한 국내의 경우 다양한 이해관계에 따라 공역이 다소 협소한데 이러한 상황에서 민간 드론이 높은 안전성을 가지고 운용되기 위해서는 드론이 내포하고 있는 다양한 특성을 고려한 교

그림 18-3 Teal Group 민간 무인기 형태별 시장전망(2016년 기준)

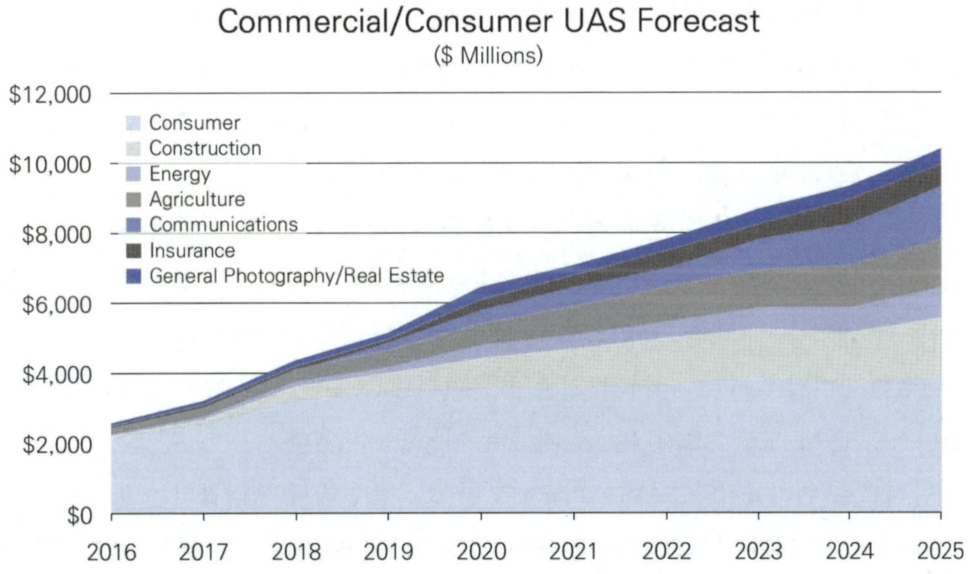

17) 이강석(2019), 드론과 PAV산업과 안전 및 보안, 월간교통, 한국교통연구원

18) 한국교통연구원(2017), 2017 드론 활성화 지원 로드맵

통관리체계를 형성함으로서 드론 교통 흐름의 안전성을 확보하는 것이 필요하다.

드론산업에서 최근 지상수단의 다양한 한계상황인 교통정체의 극복방안에 대한 필요, 막대한 인프라구축 비용, 도심근접운항을 위한 교통수단의 필요 및 친환경 운송수단의 사회적 필요가 대두되고 있는 상황에서 배터리의 기술발전, 모터기술의 발전 및 비행체 제작기술의 발전은 항공교통관리 체계를 이용하는 PAV(Personal Aerial Vehicle, 개인용 항공기)형태의 개념이 본격적으로 등장하는 계기가 되었다고 보여진다.

개인항공기를 활용하여 비즈니스모델을 만들어 이윤을 창출하려는 대표적인 기업이 Uber이다. 기존의 차량공유 서비스를 통하여 Urban Origin and Destination(O&D) 데이터베이스를 축적해왔다. Uber는 사용자 중심의 효율적인 이 데이터베이스를 활용 하여 에어택시 서비스인 Uber Elevate를 운항하고 있다. 이 서비스의 목표는 수직이착륙이 가능한 소형 전기 항공기를 통하여 구축된 네트워크는 교외와 도시 간 궁극적으로 도시 내에서 빠르고 안정적인 운송을 가능하게 하는 것이다.

Uber Elevate는 환경과 안전, 소음 등을 고려하여 분산전기추진 방식을 적용하였다. 고정익과 틸팅 기술이 함께 적용되어 시속 150~200mph인데 조종사 1명을 포함하여 4명이 탑승가능하다. Uber는 도심지 이외에도 호수나 강가의 부유식 바지선, 인터체인지 내부, 옥상 등에서 이착륙을 가능하도록 만들어 활용의 폭을 넓히고 있다. Uber의 궁극적인 목표는 Uber Elevate의 운행요금을 획기적으로 낮추어 기존의 운송수단을 대체하는 것이며 조종사를 내체하기 위해 사율주행 항공전자시스템을 개발 하고 있으며, 배터리 기술을 지속적으로 개발하여 효율을 높이려는 노력을 기하고 있다.

PAV는 현재 교통운송수단과 같은 자유로운 이동, 손쉬운 조정 등의 장점을 보유한 항공기를 의미하여 도심에 접근공간을 터미널로 이용할 수 있으며 우선 탑승예약, 탑승장으로 이동, PAV탑승 및 비행, 터미널도착 및 환승, 목적지도착의 순서로 진행되며 도심에 근접한 PAV 터미널(Verti-Port)까지 기존의 근거리 교통수단으로 이동 후 PAV를 이용한 항공서비스를 통해 도심주요지역을 연계하여 이동할 수 있다.

일반적으로 헬리콥터와 PAV를 비교해보면 소음측면에서 헬리콥터는 메인로터, 테일로터, 트랜스미션, 엔진 등으로 인해 소음이 있는 반면 PAV는 프로펠러만 있기 때문에 소음이 적다는 장점이 있으며 안전측면에서 헬리콥터는 1개의 로터만 있는 반면 PAV는 다수의 로터와 낙하산이 이용가능하기에 더 안전하다고 할 수 있다. 비용적인 측면에서 헬리콥터는 고가의 정비비와 로터와 엔진의 기계적인 복잡성이 있는 반면 PAV는 저가의 정비비가 소요되는 장점이 있다.

PAV는 기체최적화 관련 설계/분석/M&S/시험평가기술의 기체설계, 추력발생을 위한 전기모터/프로펠러 성능의 고도화 기술에 대한 추진, 비행지속시간 향상을 위한 에너지 저장 및 관리기술의 에너지원, 외란에 대한 강건성, 조종사 의도에 부합하는 모션 제어 및 자율비행에 대한 비행제어, 통신, 항법, 암호화기법 등을 포함한 정보교환 및 유출방지기술에 대한 통신 등의 5대 기술로 구분되어지고 있다.

PAV는 기존에 구축된 지상 및 항공 인프라를 이용하면서 효율의 확대, 시간절약과 공간 활용의 장점과 함께 도어 투 도어(door to door) 이동이 가능한 서비스가 진행될 것으로 보이며 이동거리는 약 20km에서 약 80km, 요금은 약 2만 원에서 7만 원 미만으로 책정될 수 있다고 판단되며 이는 택시, 기차, 렌터카, 항공요금 등과 비교하여 적절한 요금이 산정될 것으로 보인다.

PAV를 항공교통측면에서 영역을 구분하게 되면 첫째, 항공교통관제소를 중심으로 항공교통관제를 지원하는 공공영역과 PAV를 활용하여 비행계획 및 승인요청, 비행허가에 대한 운항관리와 여객지원, 화물지원, 교육/훈련, 운항, 정비사업을 수행하는 운항사 영역, 지상플랫폼(Verti－Port)을 이용한 지상연결과 조업서비스에 대해 기존공항과 같은 역할을 지지하는 기반 인프라 영역으로 구분할 수 있다.

PAV는 일반적인 항공기 형태에 VTOL(Vertical Take Off and Landing) 기능을 추가한 형태로 구조 및 제어가 상대적으로 복잡하며 고속/고고도에서 효율이 높아 장거리이동에 적합한 날개를 포함한 Winged type이 있으며 이 타입은 이륙, 순항모드별 전용로터로 구동되고 효율이 중간정도인 Lift Cruise와 주요업체로는 보잉사를 포함한 15개 업체가 있으며, 이륙, 순항모드 시 로터를 회전시켜 구동하고 효율이 높은 Vectored Thrust로 주요업체로는 벨사와 에어버스를 포함한 약 50여 개가 있다. 기존상업용 드론의 형태인 쿼드콥터[19]의 확장형 형태로 구조 및 제어가 비교적 단순하고 저속 저고도에서 효율이 높아 단거리 이동수단에 적합한 날개가 없는 Wingless type으로 구분할 수 있고 드론타입의 기체인 멀티콥터가 그 예이며 효율은 매우 낮고 주요업체로는 벨로콥터, EHANG 등 약30여개 업체가 있으며 공통적으로 VTOL 기능을 포함하고 있다.

---

19) 쿼드콥터 : 프로펠러가 4개 달린 기체로 각 프로펠러 간 상대적인 회전수를 조절하여 기체의 자세와 움직임을 제어

항공 OEM 포함 다수의 Start-Up들은 다양한 유형의 기체를 경쟁적으로 개발 중이며 최근 3년간 글로벌 관점에서 약 $700M 규모의 투자가 이루어지고 있다. 주요 개발업체로는 보잉이 인수한 Aurora가 약 $150M 규모의 투자가 이루어지고 있고 에어버스 벤처 설립의 A^3가 자체투자를 하고 있으며 Atomico의 LILIUM이 $101.4M를 투자하고 있다. Larry Page가 소유하고 있는 KITTYHAWK이 $100M, GGV와 GP의 주요 개발업체인 EHANG이 $52M, Daimler와 Intel의 VOLOCOPTER가 31.2M 유로를 투자하고 있다.

비효율 및 사업성을 고려해보면 PAV형태 중 도시 내(Urban)는 50-100km/h인 Wingless가 유력하고 도시 간(Inter-City)에는 100~200km/h의 Lift+Cruise 또는 200~300km/h의 Vectored Thrust의 기체가 유력하다. 3대 민수항공기 제작사의 PAV개발 동향을 살펴보면 보잉사는 Aurora Flight Science를 인수하였고 10년간 보잉의 혁신시제기 제작협력을 하였으며 18년간 Full Scale의 시제기 제작 및 Uber Elevate의 기체협력을 진행해온 바 있는데 Lift+Cruise 타입의 기체로서 180km/h의 속도와 0.8시간 체공시간의 기체를 제작하고 있다. 에어버스사는 미국의 독립자회사인 A^3의 프로젝트이며 에어버스의 벤처캐피탈 지분으로 1918년 1월 1인승 Vectored Trust 타입 기체의 시제 비행을 한 바 있는데 속도는 200km/h, 체공시간은 1시간이다. Embraer사는 미국의 자회사인 EmbraerX가 자체 개발을 하였으며 Uber Elevate의 기체협력을 통해 1918년 기체 컨셉을 발표한 바 있고 속도는 150km/h, 체공시간은 0.8시간이다.

해외개발 현황을 살펴보면 미국, 유립, 중국이 2020년 전후하여 인증체계를 정립 후 2025년 전후해서 상용화 추진을 계획하고 있다. 미국은 주요업체인 Uber, Aurora, Bell, Embraer는 2023년, Kitty Hawks는 2024년 상용화를 목표로 하고 있으며 유럽은 Lilium Jet는 2024년, VAelocopter, A^3 Vahana가 2023년 상용화를 목표로 진행하고 있다. 중국도 Ehang이 2023년 상용화를 준비하고 있다.

국내의 PAV 사업화 동향을 살펴보면 항공우주연구원, LIG, 대한항공, 세종대, 건국대에서 PAV 관련 기체, 요소기술 개발 관련하여 연구가 진행되고 있는 상황이다. 다행히 최근 유무인기 통합(OP-PAV)의 연구가 산업자원부와 국토교통부를 중심으로 한국항공우주연구원이 주축이 되어 연구 및 실용화 계획이 진행되는 것은 고무적이라고 할 수 있다. 플라잉카, 에어택시 등으로 잘 알려진 개인용 항공기(PAV)가 미래 도심형 이동수단으로 주목받고 있는 가운데 한국항공우주연구원도 최대 시속 200km의 1~2인승 PAV 개발에 착수했다. 기획 연구를 토대로 3년간 시제품을 개발한 뒤 2025년에는 상용 수준까지 성능을

그림 18-4 한국항공우주연구원이 개인용항공기(PAV)로 개발 예정인 1~2인승 전기수직이착륙기(eVTOL)

출처 : 한국항공우주연구원

높일 계획을 진행 중이다. 한국에서 초기 PAV 사업 모델은 B2B 중심의 도심 지역의 항공운송수단(Urban Mobility)을 위한 에어택시 서비스 형태로 진행될 것으로 전망된다. 대분류로는 제조, 인프라, 서비스 측면으로 구분될 것이고 제조 측면에는 기체제조와 정비/수리/부품공급의 MRO, 인프라 측면에서는 이·착륙시설이나 지상지원시설의 지상 인프라, 서비스 측면에서는 운항(구입 또는 리스의 기체운용), PAV 관련 항행교통관제(ATM), 예약이나 지상시설 연계와 같은 지상 플랫폼으로 역할이 이루어질 것이 바람직하다고 보인다.

항공우주연구원은 최근 PAV용 전기수직이착륙기(eVTOL) 개발 계획을 공개했는데 eVTOL은 모든 동력을 전기 모터에서 얻고 헬리콥터처럼 건물 옥상에서 수직이·착륙이 가능하면서 순항 속도가 일반 무인기나 헬리콥터 대비 두 배 이상 빠른 소형 항공기다. 어디든 이동할 수 있고 속도도 빠르기 때문에 복잡한 교통 체증을 피해 이동시간을 크게 단축할 수 있다.

전기를 동력원으로 사용하기 때문에 오염물질 배출이 없다. 작은 프로펠러 여러 개를 사용해 분산 추진하는 만큼 저고도에서도 소음이 거의 없는 게 장점으로 작은 트럭의 절반 수준이다. 현재 전 세계에서 개발 중인 eVTOL은 알려진 것만 130종에 달한다. PAV 전체로 확대하면 300종 이상이다. 현재 PAV는 유인기와 무인기(자율항공기)가 복합된 형태로 누구나 자동차 면허 수준의 자격 조건만 갖추면 조종할 수 있도록 하는 게 목표이다.

개발중인 PAV용 eVTOL 시제품은 조종사 1명 또는 승객 1명까지 탑승할 수 있는 1~2인승으로 검토 중인데 시속은 200km 수준으로 피크타임에 자동차로 1시간 13분 가량 걸리는 김포공항에서 잠실 롯데월드 타워까지 거리를 12분 만에 주파할 수 있다. 지난해

9월 자체 개발한 무인 eVTOL을 최대 시속 180km 이상으로 시험 비행하는 데 성공한 바 있다. eVTOL이 상용화되면 서울 시내 자동차 평균 이동 시간이 약 70% 줄고 이 같은 시간 절약으로 얻을 수 있는 사회적 비용 절감 효과가 서울은 연간 429억 원, 국내 대도시 전체는 연간 총 2,735억 원에 이를 것으로 전망된다.

최근 한화시스템은 미래 새로운 교통수단으로 주목 받고 있는 에어택시 시장 진입을 위해 해외 선도 PAV(Personal Air Vehicle) 기업인 미국의 Over Air에 2,500만 달러(한화 약 295억 원)를 투자하였다. 미국 캘리포니아주에 위치한 Over Air는 고효율 저소음의 PAV를 구현할 다수의 특허를 가지고 있으며, 특히 전기 추진식 PAV 제품 개발에 기반이 될 기술 라이선스도 보유하고 있는 기업인데 특히 최근 배터리·모터 기술의 발전과 충돌 회피, 자율비행 등 첨단 기술의 등장으로 PAV를 새로운 운송수단으로 개발하려는 업계 및 각국 정부의 움직임이 활발하다.

미래 사업 발굴 차원에서 PAV 분야 진출을 적극적으로 모색해 왔기 때문에 항공전자, 시스템통합, 사이버보안 기술 등을 활용해 개발에 참여하게 되는데 이를 통해, 항공전자 부품 등 새로운 분야로 사업기회를 확대할 수 있다고 본다. PAV는 항공전자·ICT 기술력을 활용해 새로운 분야로 사업을 확대해 나갈 수 있는 대단히 매력적인 사업 아이템이기에 글로벌 투자와 선도 기업 협력을 통해 한국의 미래 성장 동력으로 적극적으로 육성하는 것이 필요하다고 판단된다.

PAV와 항공보안에 대한 영향은 어떻게 해결해야 할 것인지에 대한 논의도 필요하다. 인구 밀집지역이나 대도심 등에서 소규모로 빈번히 운용되는 PAV 운항 서비스는 기존 항공기의 운항과는 다른 방식의 보안검색이 요구될 것으로 예측된다. 소규모의 도심 터미널(Verti-Port)에서 기존과 같은 수준의 보안검색이 요구될 경우 다양한 장애 요인이 발생할 것으로 예상되기에 PAV운항에 요구되는 항공보안검색에 대한 현실적인 검토가 이루어져야 된다. PAV와 항공보안과 연결해서 살펴보면 PAV를 이용하는 항공이용자의 측면에서는 대중교통을 이용하여 신속하게 목적지에 도착을 해야 하는 상황에서 일반적인 기존의 보안검색 절차를 동일하게 해야겠지만 보다 선진화된 보안검색 방법에 대한 고민이 필요하다. PAV를 이용하는 항공이용객의 경우는 보안검색은 필수적으로 진행하되 사전에 모든 정보를 PAV사에 제공하고 Big Data를 활용한 방법으로 목적지로 이동하면서 보안인터뷰를 진행하며 시간을 단축시키는 방안과 행동탐지(Behavioural Detection)를 통한 프로파일링 기법은 공항뿐만 아니라 항공산업 전반에 걸쳐서 활용되는 방안이 될 수 있다. 슈퍼

마켓과 은행 및 가차역과 관광명소에 이르기까지 사회 전체에서 구현할 수 있다. 이는 전적으로 경험이 풍부한 행동 탐지 책임자 (BDO)로 구성된 팀이 고용 된 경우에만 진정한 역량을 실현할 수 있고 적대적인 의도를 가지고 있는지 식별 할 수 있는 특정 기술을 가지고 있다.

해외에서는 정부에서 인정하고, 시험하고, 승인 된 행동 탐지 기술을 훈련받고 있다. 특히 영국의 게트윅공항에서는 2013년에 BDO(Behavioural Detection Officer)를 도입했으며 이 팀은 공항 환경에서 정상적인 모습을 이해하기 위해 승객평가 심사 교육을 받는다. BDO는 행동이 부자연스럽다고 의심이 되면 정보는 경찰이나 테러와 같은 다른 보안 전문가에게 전달이 된다. 이는 프로파일링이면서 행동에 기초해 진행하며 인종, 성별, 종교와 상관없이 진행된다. 행동 탐지가 항공보안의 모든 문제에 대한 답은 아니지만 중요하며 공항직원 및 대중을 보호하기 위한 보다 광범위한 항공보안의 전략으로 사용하는 것이 필요하다고 판단된다.

특히 주변의 PAV 혹은 지상의 장애물과 충돌위험 없이 목적지까지 안전하게 비행할 수 있어야 하기에 PAV가 안전하게 운용될 수 있는 항공교통법규와 항공안전운용을 위한 인프라 시설, 항공사고에 대비한 항공보험 등이 필수적이다. 유·무인겸용 PAV 가 운항 중 파일럿의 비상상황에서 어떻게 비상절차를 진행할지에 대한 구체적인 SOP가 만들어져야 하는데 이 상황에서 조종사의 조종권을 박탈하고 원격으로 직접 조종하는 절차 등에 대한 철저한 규정이 갖추어져야 한다. PAV 상용화를 위해 선결해야 할 과제 중 기존 항공교통체계에서 여러 종류의 다양한 항공기가 운항하게 되면 유인기와 무인기의 통합적인 새로운 항공안전관리시스템(SMS)과 PAV면허 승인체계가 필요하며 저고도에 항공기가 자주 운항하면서 발생할 수 있는 항공보안 측면에서 개인정보 침해 가능성에 대해서도 제도적인 보완이 필요하다.

PART 5

공항혁신과 스마트공항경영

Chapter 19 공항경영
Chapter 20 공항용량과 지연
Chapter 21 스마트공항과 셀프백드롭시스템
Chapter 22 수하물처리시스템
Chapter 23 공항마케팅
Chapter 24 버티포트와 UAM
Chapter 25 공항과 공항도시

Chapter 19

공항경영(Airport Business)

section 01 공항의 비용과 수입 구조[1]

1. 공항비용의 구조

공항비용의 분석과 비교는 국가별로 또는 공항별로 다양하게 나타날 수 있고 동일한 지리적 범위 내의 공항에서도 다르게 나타나며 공항의 비용구조는 인건비, 자본비용, 서비스비용, 기타비용, 유지보수비, 관리비 등으로 구성된다. 이러한 공항비용을 분석한 연구는 1980년대에 런던의 폴리테크닉(현 Westminster University)이 1년 이상에 걸쳐 서유럽 20여개 공항의 회계사항을 조사하여 이것의 공통비용기준을 다음과 같이 정리하였다.

그림 19-1 유럽공항의 평균 비용구조

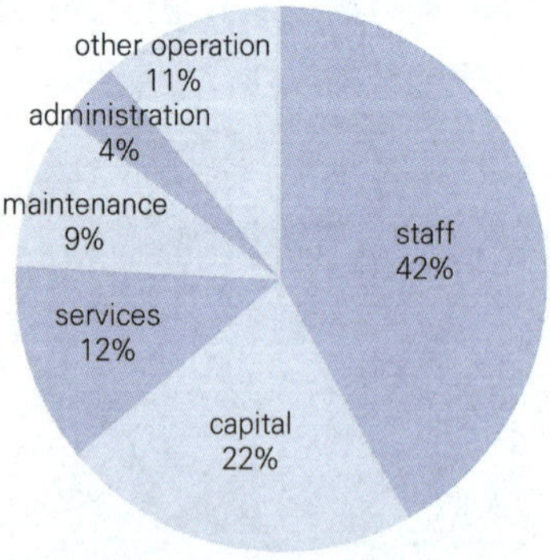

출처 : Transport Studies Group

---

1) 유광의·유문기, 공항운영론, 대왕사, 제2판, 2015년

가. 공항비용구조의 특성

공항당국의 공항의 운영에 관여정도가 크면 클수록 인건비가 차지하는 비율은 점점 더 높아진다. 유럽공항중에서 직원 및 인건비가 전체의 42%로 가장 큰 부분을 차지하고 있고 몇몇 공항은 45% 이상으로 올라가나 30% 이하로는 잘 내려가지 않는다. 일부 경우 인건비는 총 비용의 거의 65% 또는 그 이상을 차지하기도 하는데 다른 공항에서는 구내 업체나 항공사가 수행하는 공항 내 제반활동을 공항당국이 직접 수행하는 경우이다. 이러한 활동에는 승객 및 수하물, 화물취급, 캐터링, 면세매점 또는 판매시설의 운영 등이 포함된다. 이러한 분야는 특히 노동집약적인 분야이다. 지불이자와 감가상각을 포함한 높은 자본비용을 갖는다. 극히 일부공항에서 해당국가의 회계처리 관행으로 인해 10% 또는 그 이하를 나타내고 있다. 그러나 다수의 경우 공항들은 그들 자산의 일부에 대해 적절한 감가상각을 하고 있지 않기 때문에 상대적으로 낮은 비용을 나타내고 있다. 이러한 사례는 정부의 보조금이나 다른 외부의 자금으로 조성된 재산의 경우 빈번하게 나타나고 있다. 예를 들어 Milan 또는 Vienna공항은 전통적으로 정부가 재정 지원한 재산에 대해 감가상각을 하지 않기 때문에 자본비용이 총지출의 20% 이하를 나타내고 있다. 모든 재산에 대해 충분한 감가상각을 하지않아 자본비용을 줄이고 반면에 다수의 노동집약적인 분야에 관여하고 있는 공항의 경우는 인건비가 단연 눈에 띄게 나타난다. Milan의 경우가 그렇다. 유럽공항과 미국공항의 비용구조 차이는 유럽공항은 인건비 및 자본비용이 대부분의 유럽공항의 경우 비용의 거의 2/3를 차지하고 있다. 총 36%의 다른 운영비용은 중요성이 덜하다. 장비 및 공급품을 구매하는 서비스비용(수도, 전기 등 포함)은 12%이고 유지 및 수선비용은 관리비가 4%인데 반해 9%를 차지하고 있으며 기타 운영비용이 평균 11%를 차지한다. 반면 미국공항의 비용구조는 유럽공항과는 상당히 상이한데 이는 공항의 운영 및 자금조달방식의 차이 때문이다. 다수의 미국공항에서 청사와 시설물들은 세계의 다른 지역 공항에서 대부분 공항당국이 직접 운영하고 있는 것과는 달리 항공사나 다른 업체에 임대되어 있다. 몇몇 경우 청사는 항공사가 소유하고 있다. 이러한 시설물들이 주로 공항당국이 아닌 비공항 직원들에 의해 운영되고 있기 때문에 공항의 인건비는 줄어들게 된다. 동시에 승객과 수하물의 취급을 직접 담당하고 있는 공항당국은 거의 없으며 대부분의 기능들은 항공사가 담당하고 있다. 미국공항들 중 특히 규모가 큰 공항들은 그들의 수익수준과 관계없이 매년 이자를 지불해야 하는 수입증서를 통해 시설개선을 위한 자금의

그림 19-2 미국공항과 유럽공항의 비용구조 차이

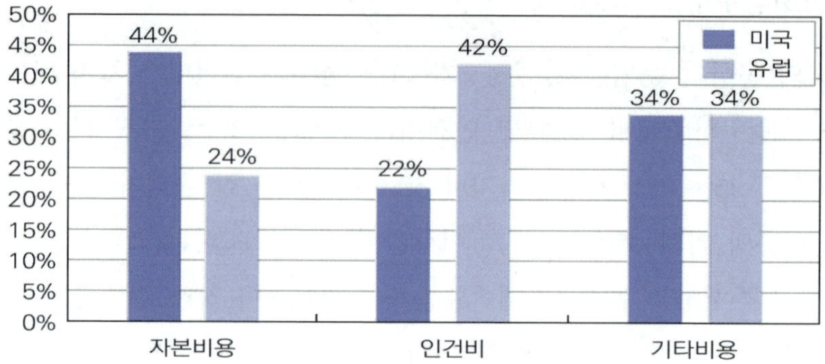

출처 : Transport Studies Group

상당부분을 조달해오고 있다. 반면 일부 공항들은 공항개량계획(AIP : Airport Improvement Program)을 통한 연방정부기금으로부터 도움을 받고 있는데 AIP에 가장 의존하고 있는 공항은 수입증서를 통한 자금을 확보할 수 없는 소규모공항들이다.

미국공항은 총지출 중 자본비용은 평균 24%를 차지하고 있고 인건비는 평균 42%이지만 유럽공항은 자본비용이 40% 또는 그 이상을 상회하는 비용구조를 보이고 있어 분명한 차이를 보여주고 있다. 유럽공항과의 또 다른 대비는 유지 및 수선이다. 다수의 미국공항들은 토지나 시설물들에 대해 임대주처럼 행동하기 때문에 직접운영비가 낮은 경향이 있지만 비율면에서 볼 때 높은 유지 및 수선비를 보이고 있다. 확실히 미국공항은 총비용에 대한 비율측면에서 볼 때 유지 및 수선비가 평균 9%를 보이고 있는 유럽공항보다 훨씬 높다.

나. 공항의 경제적 특성

첫째, 규모의 경제가 존재하는데 공항에서 수송량이 증가하면 수송단위 당 비용은 줄어든다. 영국공항의 사례로는 수송량이 증가함에 따라 특히 승객이 100만 또는 15만 명에 도달할 때까지 단위비용은 급격히 하락하고 있음을 보여주고 있다. 수송량이 약 300만명 이상에 도달함에 따라 단위비용은 더 이상 하락하지 않고 공항규모에 따라서도 많이 변화하지 않는 듯이 보인다.

공항의 장기비용곡선은 내부규모의 비경제 현상을 나타내지는 않는다. 규모의 경제가 있어 규모가 커질수록 단위비용이 하락하는 현상을 보이며 혼잡이 과도하거나 소음공

그림 19-3 영국공항의 장기비용곡선

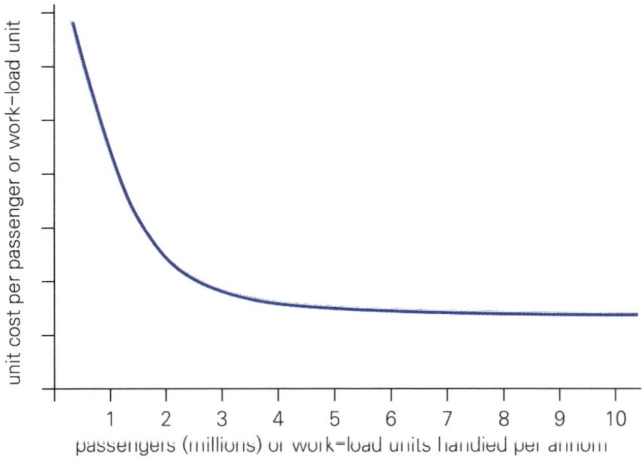

해 등이 발생할 경우 단위비용이 증가할 수 있다. 즉 외부의 비경제가 발생하며 소수의 대형공항들이 다수의 소형공항들 보다 단위비용을 낮출 수 있다.

둘째, 다른 공항의 경제적 특성은 중요사업 수행시 단위비용 증가한다는 것이다. 공항이 수송수요에 비해 너무 크거나 수요에 너무 앞선 확장 및 개발 계획을 수행하는 곳에서 중단기적으로 단위비용을 증가시키는 효과를 가져온다. 이것은 공항의 감가상각과 다른 자본비용을 상승시킬 뿐만 아니라 운영비용도 상승하기 때문이며. 새로운 터미널은 이용승객수가 설계용량에 훨씬 못 미친다 하더라도 난방과 조명, 청소, 유지보수를 위한 인력이 증가하기 때문이다. 셋째, 상충된 공항 경제적 특성으로 여객수요의 증가로 인한 단위비용이 감소하는 규모의 경제가 존재하는 반면 규모의 경제를 높이기 위해 대규모 확장을 하면 단위 비용이 증가한다는 상충된 경제적 특성이 존재한다.

다. 공항의 수입원

공항수입은 항공수입(Aeronautical Revenue)과 비항공수입(Non Aeronautical Revenue)으로 구분하는데 항공수입은 항공기, 승객 또는 화물운영과 관련하여 직접 발생하는 수입이며 비항공수입은 터미널 또는 공항토지상에서 항공기와 관련 없는 상업 활동으로부터 창출되는 수입이라고 할 수 있다.

표 19-1 공항의 수입원

항공수입 (Aeronautical Revenue)	비항공수입 (Non Aeronautical Revenue)
항공기 착륙료 여객 이용료 항공교통관제 이용료 항공기 주기 및 격납고 이용료 지상조업관련 이용료	사무실 및 데스크 임대료 상점 구내업장 수입 주차료 전기, 급수 사용료 기타 비항공관련 활동 비용

주) 유류 추가 비용 또는 승객, 화물, 수하물 관련 처리비용은 항공수입과 비항공 수입 구분이 서비스 제공주체에 따라 차이가 있다.

1) 공항수입의 변화

유럽공항들은 그림에서와 같이 평균 항공수입에서 총 수입의 56%를 벌고 있고, 44%는 상업 또는 비항공수입에서 벌어들이고 있다. 1970년대에 항공기 착륙이용료는 항공수입의 가장 중요한 부분을 차지했으나 다음 10년 동안 공항들은 승객관련 이용료에서 수입 창출에 더 큰 중요성을 두었다. 1990년 초기 항공기 관련 착륙료와 승객관련 요금은 각각 총 수입의 비슷한 비율을 차지하고 있었다. 독일의 프랑크프르트공항, 이탈리아의 로마공항과 밀라노공항, 오스트리아 비엔나국제공항 등과 같이 지상조업 분야에 깊이 관여하고 있는 공항들은 총 수입의 35~50%를 수입으로 벌어들이고 있지만 대부분의 유럽공항들은 지상조업서비스를 직접 제공하고 있지 않고 아웃소싱으로 외주로 운영하기 때문에 항공수입이 이 분야에서 발생하고 있지 않다. 만약 지상조업수입을 제외한다면 항공수입은 감소

그림 19-4 공항의 수입구조

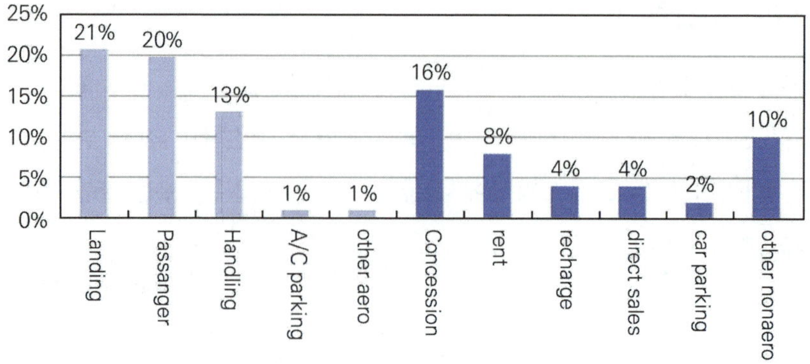

하고 비항공수입은 증가할 것이다.

2) 수입개발의 변화

1970년대 공항을 상업기준으로 운영하라는 환경변화는 많은 영국공항이 착륙료와 여객시설이용료가 빠른 속도로 증가시켰다. 이 결과 많은 공항들이 항공수입이 비항공수입보다 빠른 속도로 증가하였고 총수입에서 차지하는 비중도 커졌다. 그러나 그 후 십여 년에 걸쳐 항공사의 압력으로 공항사용료의 증가속도는 늦어졌고 상업활동에서 수입극대화에 초점을 맞춰왔다.

2. 항공이용료와 가격 정책

가. 항공이용료의 중요성

세계적인 추세가 상업수입을 극대화하는 방향으로 나가고 있지만 착륙료나 승객이용료 등에서 발생하는 항공수입은 다음과 같은 이유에서 중요성을 가질 것이다.

(1) 대부분의 공항에 있어서 항공관련 이용료는 총수입의 절반이 넘기 때문이다. 이 수입은 특히 규모가 작은 공항이나 국제선 운항편이 없어 상업수입의 중요성이 덜한 공항에서 중요하다.

(2) 비용의 증가나 수입의 부족에 가장 신속하게 대응할 수 있는 조정이 가능한 수입의 원천이기 때문이다. 상점이나 다른 영업시설로부터의 구내영업수입은 수송량이 증가하거나 계약이 재협상되거나 혹은 새로운 시설이 신축되어 운영되어야 매우 서서히 증가될 수 있기 때문이다. 반대로 착륙료나 여객이용료는 만약 필요하다면 이상적으로는 몇 개월 전에 항공사에 통고만 한다면 일시에 인상할 수가 있다. 그러므로 유럽통합으로 유럽공항으로 면세점이 없어져 버릴 때 수입 감소를 보전하는 단기 방법으로 공항들은 항공관련 이용료를 급격하게 인상할지도 모른다. 점차 시간이 지나면서 다른 상업수입원천이 유럽공동체의 관세 및 면세점을 대신하여 생겨날 수도 있을 것이다.

나. 항공 이용료의 전통적 구조

유상운송용 항공기의 공항착륙은 여러 가지의 공항이용료를 지불한다. 여기에는 보통 항공기 착륙료와 출발승객이 지불하는 이용료, 항공기 주기료와 그 밖의 다양한 특별 이용료 등이 있다.

1) 항공기 착륙료

대부분의 공항에 있어서 주요 단일 수입원은 전통적으로 항공기에 부과되는 착륙료에서 발생하는 수입이었다. 이것은 특히 소규모의 공항에서 더욱 그러하다. 일찍부터 착륙료는 항공기의 무게 즉 최대이륙중량(MTOW) 또는 최대승인중량(MAW)에 기준을 두어 왔었다. 일부 미국 공항에서는 최대착륙중량(MLW)이 사용되고 있다. 단위중량(톤, 1000lbs, 500kg)당 요금을 부과하고 요금기준은 다음 한 가지이다.

① 총중량과 관계없이 톤당 또는 다른 중량단위 당 고정요금

② 무게분기점에 의한 톤당 요금

i) 총 무게가 증가하면 요금도 단계별로 증가, 요금은 해당무게의 톤당 요금에 중량을 곱해 산출

ii) 위와 다르게 요금이 누적됨. 즉 처음 15톤은 그 무게범위의 요금 그 다음 15톤은 그 해당범위의 요금 등등. 일부 공항에서는 항공기 중량이 증가함에 따라 톤당 요금은 실제 감소

③ 톤당 요금은 고정액(①) 또는 운항내용에 따라 달라지는 무게 분기점(②-i 또는 ②-ii)방식. 통상 국내신과 국제선을 구분하는 2가지의 방식 사용. 일부 국가에서는 항공기의 형식보다는 sector의 길이로 단위요금을 구분하는 데 이용. 구분의 기준이 무엇이든지 간에 목표는 장거리 취항노선의 항공기가 더 높은 단위비용을 지불하게 하는 데 있음.

④ 일부 공항은 무게중심의 착륙료를 크기에 상관없이 항공기당 단일 고정요금으로 변경. 1990~1991년에 Heathrow 공항의 피크 시간에 착륙하는 항공기는 소형 쌍발 터보프롭이든 대형 제트기이든 모두 400파운드(그러나 16톤 이하는 380파운드)를 지불. 이 비용은 이동지역 이용료(movement charge)로 불릴 수도 있음.

세계 각국 대부분 공항에서 항공기 착륙료는 보통 다음 시설들의 사용대가로 징수하여 왔다.

① 항공기 접근, 착륙, 출발 등에 사용되는 관제시설, 일부 공항은 터미널 항행 보안

시설 사용료(terminal navaid charge)를 별도로 부과하기도 함.

② 착륙시설(활주로, 유도로 등)

③ 별도의 주기료 부과 후 분명하게 명시된 시간동안(보통 적어도 2시간) 계류장 또는 주기장에 항공기의 계류.

④ 하기하는 승객들이 사용하는 청사에 부착된 탑승교, 핑거 또는 기타 시설, 출발승객은 이러한 시설 사용료를 별도 출발여객 이용료를 통해 지불할 수도 있음.

⑤ 출발을 위한 이륙시설들

* 다수의 공항에서 요금은 도착 착륙 시 지불하며 출발항공기에 대한 별도의 요금 징수는 없다.

2) 추가비용 및 리베이트

기본 착륙료에 비용의 할증 및 환불(surcharge and rebates)이라는 복잡하고 다양한 시스템이 여러 공항에서 운영되고 있다. 여기에는 보통 3가지가 있는데 항공기의 비행거리 또는 형식, 소음수준, 야간착륙과 관계를 가지고 있다.

가) 비행거리 및 형식

국내선 운항과 아주 단거리 운항에 대한 환불은 훈련비행과 기타 유상비행에도 리베이트를 주고 있는 것처럼 일반적이다. 반대로 일부공항은 국제선이나 대륙 간 횡단비행에 할증요금을 부담시키고 있다. 영국을 제외한 대부분의 유럽공항들은 더 높은 국제선 착륙료 체제를 가지고 있는데 이러한 국제선의 중량에 근거한 착륙료 할증은 점차 사라져가는 경향에 있다.

나) 소음수준

최근에 유럽의 일부공항은 더 조용한 항공기의 사용을 장려하기 위하여 소음과 관련한 할증 또는 환불 요금체제를 도입하고 있다. Amsterdam과 규모가 큰 프랑스의 공항들은 여러 가지 항공기 형식에 대한 아주 복잡한 소음관련 할증요금체제를 가지고 있는데 반해 대부분의 독일 공항들은 더 간단한 할증체제를 가지고 있다. 흥미 있는 것은 1987년 11월 프랑스의 고등법원은 ADP의 소음관련 할증요금은 실제로 공항승객들을 위해 공항이 제공하고 있는 서비스와 관련이 없기 때문에 재량권을 넘는 것이라고 선고했다.

다) 야간 이·착륙

24시간 운영을 하고 있지 않는 공항에서는 빈번히 항공기 운항 종료 이후 착륙 또는 이륙을 하려는 항공기에게 추가 할증요금을 부과하고 있다. 공항이 24시간 운영을 한다 하더라도 야간의 활주로 등과 같은 시설의 사용비용을 보전하기 위해 Athens 공항이나 이태리 또는 제 3세계의 공항들은 특별비용을 징수하기도 한다. 일반적으로 유럽 또는 북미 공항의 조명료는 다른 지역보다 훨씬 일반적이지 못하다.

다. 항공기 주기 및 격납고 요금

착륙료에 포함된 무료 주기의 범위 2시간 내지 6시간을 초과한 항공기는 공항 계류장이나 램프 및 격납고 등에 주기 할 때 이용료를 납부하여야 한다. 이 요금은 항공사가 임대 받았거나 항공사가 소유한 계류장이나 정비지역에 항공기가 주기 할 때만 면제가 가능하다.

1) 주기료 체계

주기료는 시간당이 보통이나 또는 시간대별 요금체제인데 일단 무료 주기 시간이 초과하면 24시간 단위로 사용된다. 무료주기 이후 1시간이든 23시간이든 요금은 같다. 항공사 입장에서는 일단 24시간짜리 주기 스탠드를 사용한다면 주기장을 빨리 비워주어야 할 이유가 없다. 만약 공항당국이 필요한 주기 스탠드의 비용과 숫자를 줄이기 위해 이용도를 향상시키기를 원한다면 아주 단기의 무료 주기 시간과 항공기의 스탠드 주기 시간을 시간당 또는 분당 주기 요금체제로 하여야 한다. 일부 공항이 이렇게 하고 있다.

2) 주기요금 산정방법

가) 항공기 중량

주기요금은 보통 항공기의 중량이나 또는 날개길이 곱하기 동체길이가 차지하는 면적기준으로 계산된다. 만약 무게 기준이라면 주기요금은 대부분의 경우에 Dublin이나 Frankfurt처럼 톤당 또는 단위 중량당 고정금액이 될 것이며 빈번하지는 않지만 단위 요금은 실제로 항공기의 중량이 증가함에 따라 감소할 수도 있는데 Cario나 Jordan공항이 여기게 속한다. 그러나 Athens공항은 중량이 증가함에 따라 단위요금이 올라가고 있다.

나) 착륙료 비율

주기요금을 자체가 중량기준으로 산정된 착륙료의 몇 %로 나타내는 것이다. 예를 들어 Tel Aviv 는 주기료로 착륙료의 25%를 받고 있는데 Vienna의 7%에 비해 상당히 고율이다. 이것은 항공기 중량에 근거하여 주기료를 지불하는 것이 아닌 경제적 합리성을 결여한 듯이 보인다.

다) 점유면적 및 위치

항공기의 점유면적에 의한 접근 방식이다. Khartoum, Kuala Lumpur 등이 항공기 점유 면적 기준으로 주기료를 부과하는 몇 안 되는 공항들이다. 일부 공항은 격납고를 상용 또는 개인 항공기용으로 제공하는 데 요금은 옥외 주기보다 훨씬 비싸고 보통 항공기 점유 면적 기준이며 Amsterdam, Oslo 공항이 해당된다. 다른 공항에서 주기료는 공항의 주기 위치에 따라 변하는데 청사에 가까운 주기 스탠드가 더 비싸다.

라. 여객 이용료

여객이용료는 2차 세계대전 이후 항공기 중량에 따른 요금에 추가하여 공항의 수입원으로서 부과되기 시작했다. 이후 여객이용료는 특히 공항의 시설 이용자로부터 공항의 시설에 대한 투자금액을 보전하는 것을 목적으로 하였다는 주장이 있었다.

1) 미국의 공항이용료 사례

주요 공항수입원인 여객 이용료는 미국공항들을 제외하고 전 세계에 걸쳐 폭넓게 채택되어 왔다. 미국은 1990년 10월 의회가 새로운 여객시설이용료를 1991 연방예산의 일부로 승인할 때까지 법률에 의해 승객 1인당 이용료를 받는 것이 금지되어왔다. 일단 연방규정이 자리를 잡자 공항들은 특정자본계획(specific capital projects)의 비용을 보전하기 위해 1달러, 2달러, 3달러짜리 여객이용료를 부과할 수 있게 됐다. 징수를 원하고 있는 공항들은 1992년 이전에 여객시설 이용료를 부과할 수 있으리라고 기대하지 않았다. 미국의 국제선공항에는 전통적으로 공항에서 부과하는 여객 이용료가 없었던 반면 전국적으로 동일한 일련의 연방공항 이용료가 있다. 1990년도의 이 이용료는 도착 승객 당 5달러의 입국 심사료와 5달러의 세관검사료, 출발 승객 당 6달러의 국제여객 운송세가 있었는데 여기서 발생한 수입은 공항이 아닌 관련연방기관으로 귀속되었다.

2) 부과 방법

여객이용료는 보통 출발승객에게만 부과되지만 일부 소수의 영국공항들(Birmingham, Belfast 등)은 도착승객 기준으로 부과하고 있다. 이처럼 항공기는 착륙당 지불하는데 반해 승객은 출발당 지불하고 있는데 아마도 이것은 청사처리 능력과 크기가 도착시 바로 빠져나가는 도착승객보다 청사에서 더 많은 시간을 보내는 출발승객에 의해 우선 결정된다는 이유로 설명될 수 있을 것이다. 여객이용료는 다음 3가지 방법으로 부과된다.

- 출발여객이 공항당국에 직접 지불하는 방법으로 체크인 지역에 별도의 징수용 책상이나 시설을 필요로 한다.
- 공항을 대신하여 승객이 항공권을 사거나 체크인시 항공사가 징수하는 방법으로 항공사는 나중에 공항에 이것을 지불한다. 아시아, 아프리카, 남미, 호주 등의 대부분 공항이 이 방법이나 앞의 방법을 사용하고 있다.
- 공항에 의해 항공요금에 포함시켜 직접 부과하는 방법으로 별도의 이용료가 승객에게 부과되지 않으며 유럽공항에서 일반적이다.

3) 여객이용료에 대한 ICAO와 IATA의 견해

여객이용료는 항공사와 이용료를 항공사에 직접 부과하는 공항 당국 사이에 주요 갈등의 원인이 되고 있다. IATA를 통해 항공사들은 이용료는 출발 승객에게 직접 부과되어야지 그것이 항공료 인상 요인이 되므로 항공사에 부과해서는 안 된다고 강력하게 주장하면서 항공료에 이용료를 포함시키는 것은 부정적인 결과를 가져온다고 말하고 있다. 이것은 높아진 항공료에 대해 더 많은 수수료를 항공권 판매대리점에 지불하여야 하고 여객이용료를 취급하는 과정에서 발생하는 관리비용을 보전하기 위해 그만큼 항공료를 인상하여야 하므로 승객은 공항이 실제로 징수하는 것보다 더 많은 금액을 지불하게 된다는 것을 의미한다. 한편으로 ICAO는 특히 대규모의 공항에서 출발승객에게 이용료를 징수하는 것은 청사혼잡을 악화시키고 지연의 가능성을 증가시킨다고 주장해 오고 있다.

4) 국내선과 국제선 이용료 차이

국제선과 국내선 이용료의 차이는 소요시설과 여객이 차지하는 면적의 관점에서 볼 때 국제선 여객이 취급 비용이 더 들기 때문이라고 설명할 수 있다. BAA plc를 포함한 다수의 공항들은 국내선승객의 청사관련비용은 주로 점유 면적의 과소로 인해 기껏 국제선 승객의 약 40~50%수준이라고 예상해 왔었다. 그러나 일부 공항들은 비용의 관점에서 볼 때 차별적인 여객 이용료를 도입하고 있는데 이것은 역사적인 배경에 의해 발생하며 말레이시아공항과 싱가폴공항 간을 오가는 승객에 대한 아주 낮은 여객 이용료 적용이 그 한 예이다. 또는 특정 교통의 흐름을 자극하기 위한 시도일 수도 있는데 Dublin공항은 유럽행 승객의 경우 대서양 횡단 승객보다 이용료를 덜 부과하고 있으며 근처의 북아일랜드의 Belfast공항은 그 반대의 경우이다. 시리아의 다마스커스공항은 3종류의 요금 구조를 가지고 있는데 다른 아랍국가로 여행하는 국제선 여객의 이용료는 국제선 이용료의 절반 이하로 떨어진다. 그러나 다른 아랍국가로 여행하는 승객이 시리아 사람이라면 이용료는 국제선이용료의 20% 이하로 떨어진다. 분명히 이러한 요금의 차등은 공항의 비용 구조와 거의 관계없이 운영되고 있다. 이스라엘과 이태리의 일부공항은 화물 kg당 화물이용료를 부과하고 있는데 그리 일반적인 것은 아니다.

마. 기타 항공 이용료

전 세계 대부분의 공항들은 위에서 개략한 3가지 형태의 이용료를 부과하고 있는데 과거에 예외적으로 미국에서는 공항이 부과하는 여객 이용료가 없었다. 일반적이지는 않지만 개별공항에 의해 선택적으로 부과되는 다양한 종류의 부가 이용료가 있다.

1) 터미널 항행보조 이용료

터미널 항행보조 이용료(terminal navaid charge)는 접근관제 서비스의 비용이 항공기 착륙 요금에 포함되지 않는 소수의 공항이나 미국처럼 별도의 자금이 지원되지 않는 공항에서 부과된다. 일부 경우 공항은 이용료를 징수하여 이 서비스를 제공하는 항공 당국에 넘겨주기도 한다. 런던의 Heathrow와 Gatwick 그리고 주요 프랑스공항이 이에 해당된다.

2) 급유작업 이용료

급유작업 이용료(fuel throughput charge)를 통해 다수 공항은 부가 수입을 올리고 있는데 이것은 본질적으로 급유 회사가 점유한 면적에 대한 임대료에 추가하여 급유영업 허용에 대한 특허료이다. 이 특허료는 다른 영업권료와 같이 매출액의 몇 %가 아니라 헥터리터나 갤런당 급유작업량에 대해 고정액을 받고 있다. 이것은 유럽과 그 밖의 일부공항에서 받고 있었는데 남미공항에서는 널리 운영되어 총 수입의 상당부분을 차지하고 있다. 멕시코공항은 이 이용료가 총수입의 약 15%를 차지하고 있다. 이 이용료는 항공기와 관련은 있지만 항공수입이 아닌 상업수입으로 간주되어야 한다.

3) 탑승시설 및 라운지 이용료

공항당국은 승객을 싣거나 내리는데 사용되는 특정시설에 대한 별도의 이용료 부과를 시작하고 있는데 여기에는 탑승교, 버스 및 모빌라운지 등에 대한 이용료가 있다. 일부 공항은 영국의 버밍햄 공항처럼 계류장 서비스에 대한 이용료나 캐나다 공항의 청사 시설 사용료처럼 더 일반적인 이용료를 부과할 수도 있다.

4) 지상조업관련 이용료

일부 공항은 직접 승객, 수하물, 화물 취급과 항공기 세척 등의 서비스를 제공하기도 한다. 공항당국과 그 직원에 의해 제공되는 이러한 서비스의 범위는 공항에 따라 많은 차이를 보이고 있는데 일부 공항은 모든 서비스를 제공하는가 하면 어떤 공항은 모든 서비스를 항공사나 지상조업체에 맡기기도 한다. 지상조업서비스를 제공하는 공항에서는 일반적으로 승객당 또는 운항편당 기준으로 요금을 징수하는 데 후자의 경우 요금은 항공기의 크기나 형태에 따라 달라질 수 있다.

5) 보안이용료

보안이용료(security charge)도 또한 점차 확산되어 가고 있다. 보안강화에 따른 비용에 대해 대부분 정부나 항공사가 부담하였지만 일부 경우 이 이용료는 공항당국에 의해 승객에게 부과된다.

section 02 공항의 성과측정

1. 성과측정의 필요성

가. 성과측정의 조건

- 완전 경쟁하에서는 최적업무 수행과 수익성 일치 가능성 파악
- 공항은 지리적, 사회적, 정치적 환경에 따라 경쟁에 제한 요소
- 공항서비스 수요는 상대적으로 비탄력적
- 제조업에 비해 서비스업은 상대적으로 객관적인 평가가 곤란

나. 상호비교

공항사업에서 성과지표는 경영의 도구로서 공항자체를 위한 것이어야 한다. 다양한 지표들은 과거와 현재의 성과를 분석하고 측정하는데 사용되어야 한다. 그러나 공항의 성과측정치만으로는 성과가 향상되었는지 분석할 수 없으므로 비교하기 위한 기준과 표준이 설정되어야 한다. 개별공항의 성과는 다음과 같이 비교되어야 한다.

- 개별공항 성과의 상호비교
- 공항 집단 간의 비교
- 최선의 성과 수준과 비교

다. 비교에 따른 제약요소

공항의 주요분야에서 성과를 다른 공항의 성과와 비교할 수 있는 것은 상당한 이점이 있는 반면 비교성의 문제가 발생한다. 공항의 비교성 문제는 다음의 6개 부분으로 나눌 수 있다

1) 수행업무의 차이

- Airside와 Landside 영역 구분
- 관리지향적 및 운영지향적 공항의 차이

2) 정부관여도의 정도

- 대부분 공항은 정부소유로 이용료 정책에 관여
- 동일공항 동일 이용료 정책 고수 경향

3) 회계관행의 차이

- 국가별 회계표준과 절차의 차이

4) 직 · 간접 정부 보조

- 일부 공항업무의 국가 수행
- 공항당국에 정부당국의 직원 파견 근무

5) 제원의 조달

- 정부의 지원
- 공항당국의 직접 조달
- 우대금리의 적용

6) 설계 및 서비스 표준의 차이

- 경제적 성과와 서비스 성과 사이에 취사선택의 문제 존재
- 경영외적인 제약요소로 인한 문제
- 조직의 추구 목표에 따라 변경

7) 각국 통화의 공통단위로 변환 문제

• 구매력지수를 사용

2. 성과측정의 각종 지표

공항자체 성과를 예산예측과 관련하여 측정하거나 또는 공항간 비교를 실시하거나 전체적인 성과 뿐만 아니라 공항내의 개별 활동분야의 성과와 효율을 측정하는 것이 필요하다. 1970년대 Transport Studies Group은 공항성과를 측정하는 방법의 개발을 시작하였고 1989년 자세한 성과지표가 마련되어 총 6개의 개별분야로 구분하였다.

가. 전체 비용성과 측정

전체적인 성과지표를 살펴봄으로써 어떤 성과분석이 적절한 것인가 판단해 볼 수 있다. 다음의 측정치들의 개별분야를 각각 조사하여 공항전체에 대한 상호이해관계를 파악한다.

① WLU당 총비용

② WLU당 운영비용

③ WLU당 자본비용

④ WLU당 노동비용

⑤ 총 비용의 비율로서의 노동비용

⑥ 총 비용의 비율로서의 자본비용

⑦ WLU당 항공비용

※ WLU : Work Load Unit은 한 사람 또는 100kg의 화물을 취급하는 업무단위로 공항이 취급한 여객과 화물의 양을 측정한다.

나. 노동생산성

노동과 자본은 공항의 주요 2개 비용이기 때문에 노동과 자본생산성의 지표를 이용한다. 이러한 지표는 WLU당 노동비용에 더하여 노동생산성을 측정하는데 사용될 수 있다.

① 직원당 WLU

② 직원당 총 수입

③ 직원당 부가가치

④ 직원 단위 및 자본비용당 부가가치

⑤ 직원비용 단위당 부가가치

다. 사용자본의 생산성

이 지표는 공항의 재산이 공항운영자에 소유되지 않는 곳에서는 문제점이 있다. 그러나 자본은 주요한 투입요소이기 때문에 개별 공항의 재산 가치를 산정하기 위해 유용한 지표이다. 따라서 사용자본의 효율성을 평가하는 것은 공항운영자와 정부 또는 투자자본의 제공과 관련 있는 다른 단체에도 유용하게 사용된다.

① 자본비용 단위당 부가가치

② 1,000파운드의 순 재산가치당 WLU

③ 1,000파운드의 순 재산가치당 총 수입

라. 수입발생 성과

이 지표는 발생수입에 대해 공항의 전체적인 성과를 측정하는 것이다. 공항수입관련 자료는 더 쉽게 이용가능하고 더 정확하고 비교성의 문제가 거의 없다. 그러므로 수입-성과지표는 비용-효율지표보다 계산이 더 쉽고 실제 발생 수치보다 더 큰 신뢰성을 가진다.

① WLU당 총 수입

② WLU당 조정 수입

③ 총 수입의 비율로서 항공수입

④ WLU당 항공수입

⑤ WLU당 비항공수입

마. 상업활동 성과

수입창출의 전체적인 지표에 더하여 공항의 여러 가지 상업적 또는 비항공 활동의 성과를 더 유용하게 파악하기 위해 개별지표를 사용한다. 비용을 할당하는 것보다 특정 수입흐름의 원천을 확인하는 것이 더 쉽다는 사실로 개별 수입분석이 개별 비용분석보다 더 정확하고 더 의미가 있다는 것을 알 수 있다.

① 여객당 구내 영업료 및 임대수입

② 여객당 구내영업 수입

③ 여객당 임대 또는 리스수입

④ 제곱미터당 구내영업 수입

⑤ 제곱미터당 임대 또는 리스 수입

⑥ 구내업자의 매출액에 대한 비율로서 공항구내 영업수입

바. 수익성 측정

공항들이 연간 이익 또는 손해의 측면에서 자체의 전체성과를 측정할 수 있지만 이러한 지표는 관리의 노구로서 충분치 않을 수 있나. 공항수익의 직집직인 비교는 공항들이 다루는 교통량이 다르면 별의미를 갖지 못하므로 이러한 문제점을 극복하기 위해 다음과 같은 달성된 이익의 폭을 평가할 필요가 있다.

① WLU당 흑자 또는 적자

② 수입대 지출의 비율

Chapter 20

공항용량과 지연

section 01 용량과 지연[1]

항공운송체제의 용량은 각 부서의 용량에 의존하고 있으므로 전반적인 항공운송체제 용량을 판단하려면 각 부서의 능력을 평가할 필요가 있다. 그러므로 항공운송체제의 효율성은 비효율적인 부서의 문제요소를 발견하고 이를 제거하여 계속적인 활동을 가능케 함으로써 향상된다. 항공운송의 효율성 결정요인으로서 특별히 관심을 가질 사항은 공항과 비행체제를 통한 항공기, 여객, 지상접근수단, 화물의 이동으로 구분할 수 있다. 항공여객은 비행지연, 초과예약, 연결실패, 지상혼잡, 주차장 부족, 여객청사내 대기선에 초점을 두고 있다. 항공운송의 수요가 증가함에 따라 수요자에게 적절한 편의를 제공할 수 있는 시설용량을 초과하게 되었다. 이로 인하여 주요 공항에서는 심각한 서비스 악화를 초래하였고 각 공항은 지연 없는 효율적 공항을 위해 용량결함수준과 원인의 분석이 필요하였다.

1. 공항용량의 정의와 특성

가. 공항용량의 정의 및 특성

공항의 용량의 정의는 "일정기간 동안에 시설의 처리능력을 말하는 것"으로 시설의

1) Norman J. Ashford·H.P. Martin Stanton·Clifton A. Moore, Pierre Coutu·John R. Beasley(2013), Airport Operations. McGraw－Hill, third edition.

최대 수용능력을 처리하기 위해서는 서비스할 수 있는 계속적인 수요가 있어야 한다. 공항용량의 특성은 시설설계에 있어서 서비스의 수용능력이나 질에 따라 변동되는 수요를 충족하기 위해 충분한 용량을 갖추어야 하는 문제에 직면한다. 지연의 최소화는 비교적 높은 공급용량을 필요하므로 충분한 용량을 구비할 수 있도록 공항설계규격이 작성되어야 한다. 그러므로 용량과 지연간의 관계를 인식해야 하는데 지연 없이 만족스러운 서비스가 보장되는 충분한 용량을 갖추려다 보면 경제적인 어려움이 발생하게 된다. 따라서 설계는 사용자와 운용자 양자가 수용할 수 있는 지연수준범위에서 수립해야 하며, 지연기준에의 적합 여부를 확인한 가용용량을 바탕으로 공항체제 구성요소를 선정하여야 한다.

나. 비행장 계획상 용량과 지연

공항용량은 공항 효율성을 측정하는 중요 요소이지만 단독기준으로 사용하지는 않는다. 수요가 용량에 근접하였을 때 항공기 지연은 급속히 증가하고 수요가 용량에 잠시라도 접근하였을 때 지연의 증가와 연관되어 혼잡이 발생한다. 공항용량과 지연을 연구하는 목적은 공항용량을 증가시키고 지연을 감소시키기 위한 효율적이고 능률적인 방안을 결정하는데 있다. 실질적으로 수요의 특성상 변화관계, 비행장의 운용배치, 그리고 이 수요에 공급되는 서비스의 질을 통해서 시설개선의 극적효과를 이루기 위해 수요와 공급요인을 분석한다. 이 분석에서의 적용사항은 다음과 같다.

(1) 활주로 체제 용량상 선택 활주로의 현 위치 및 기하학적 배치효과

(2) 항공기 처리속도에 있어서 소음감소 절차, 제한된 활주로 용량 또는 부적절한 공항항법 보조시설 때문에 발생하는 비행장 제한 영향

(3) 공항에서 항공기의 혼합 운용으로 대형항공기 운항에 미치는 영향 및 항공기 혼합을 서비스하는 선택기구의 시험

(4) 항공기 처리 용량상 선택 활주로의 사용형태

(5) 항공기 처리를 촉진하는 새로운 활주로 또는 유도로 건설대안

(6) 항공 교통량이 많은 중추지역에서 초과 항공수요를 인접공항에 분산시킴으로써 체제용량 또는 지연감소의 현실화

2. 용량과 지연 분석의 접근방법

용량과 지연의 분석은 활주로, 유도로 및 계류장 지역으로 구성된 비행장 또는 항공기 운용지역으로 국한되며, 종합적인 Computer Simulation 기법을 사용하여 평가한다.

가. 수학적 분석 기법

공항운용의 수학적 기법은 체제운용에 영향을 주는 주요 매개변수를 이해하고 특정 관심체제에 있어서 특수 상호작용을 찾아내기 위한 도구이다. 이 기법은 체제의 혼합성 때문에 많은 상황을 취급한 방법보다 적은 비용으로 신속하게 연구할 수 있다.

나. 시뮬레이션 기법

복잡한 체제를 취급해서 쉬운 수학적기법으로 만들기 위해 여러가지 단순화한 가정을 설정하나, 비현실적 결과를 초래할 수도 있어 이러한 경우에 Computer Simulation 기법을 사용한다. Computer Simulation 기법은 방정식으로 묘사할 수 없는 복잡한 체제 연구에 대단히 유효하며, 공항계획을 포함하여 항공교통의 여러 문제를 해결하는데 성공적으로 사용되어 왔다. Computer Simulation 사용의 주된 이유는 실제상황과 추상적인 상황간의 차이를 감소시키는데 있다는 것이다.

다. 비행장 용량 측정방법

공항계획을 위한 비행장 용량은 두 가지 방법에 의해서 규정하고 있다.

① 실용용량(Practical capacity) : 과거 미국에서 광범위하게 사용되어 왔던 것으로서 특정시간 중 수용할 수 있는 수준의 평균지연에 해당되는 항공기 운용수치로 평가하는 것이다.

② 최대용량(Ultimate capacity) : 비행장이 계속적인 서비스 수요가 있는 특별시간 중 제공하는 항공기 운용의 최대수치이다. 계속적인 서비스 수요는 이륙하거나 착륙하기 위해 준비하고 있는 항공기를 뜻하며, 이 정의는 최대용량, 포화용량 및 최대 처리율 등과 같이 여러 명칭으로 부른다.

그림 20-1 실용용량과 최대용량과의 관계

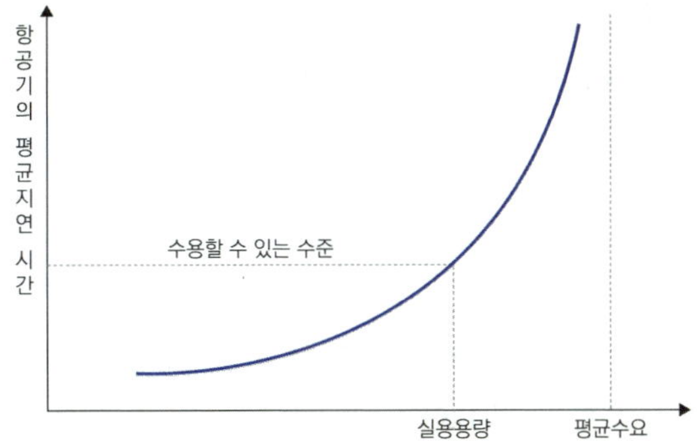

라. 실용용량과 최대용량의 차이점

두 가지 용량측정방법의 중요한 차이점은 지연측면을 정의한 것과 하지 않은 것의 차이다. 두 가지의 능력 정의를 고려하여야 할 이유는 모든 공항과 비행장에 적용할 지연의 수용수준의 규격에 관한 합의가 부족하다는 것이다. 공항의 정책, 가능성 및 강제성이 공항마다 차이가 있기 때문에 수용 가능한 지연도 공항마다 차이가 있다. 최대용량의 정의에는 지연을 포함시키지 않고 피크시간대 중 항공기의 편의를 제공하는 비행장 용량에 반영시키고 있다. 그러나 혼잡과 지연은 명확하게 측정을 할 수 없으며 지연의 크기는 수요형태에 따라 크게 영향을 받는다. 예를 들면, 여러 항공기가 같은 시간대에 비행장의 사용을 원한다면 항공기가 일정간격을 두고 사용할 때 보다 지연이 월등히 증가될 것이다. 어느 시간 내의 수요변동은 광범위하게 변경하므로 시간당 항공기 요구의 동일 수준에 의한 평균지연에 크게 변동이 있을 수 있다.

3. 비행장과 지연

비행장은 항공기를 운용하는 체제로서 크게 활주로, 유도로 및 주기장·Gate로 구성되며, 인접공역도 포함할 수 있다.

(1) 활주로 능력과 지연은 활주로 수, 설치형태, 기상 및 활주로 주변공역에 따라 결정되며 항공교통관제 절차도 큰 영향을 미치는 요소이다.

(2) 유도로 능력은 통상적으로 활주로와 유도로가 서로 교차되지 않는 한 활주로 또

는 주기장·Gate 능력보다 크기 때문에 활주로 또는 주기장·Gate에 서 지연 현상이 발생하지 않으면 유도로 자체의 지연현상은 발생하지 않으나, 활주로-주기장 간의 거리에 따라 Taxi 시간이 결정된다.

(3) 주기장·Gate 지역의 지연 분석은 일반적으로 항공기의 주기장 및 Gate에 한하여 실시하며, 능력과 지연은 가용 주기 Gate·Slot 공간 수와 소요주기 항공기 대수 간의 차이에서 발생한다.

(4) 비행장 능력과 지연의 결정은 공항의 활주로, 유도로 및 Gate에서 운용상태를 종합하지 않고 개별적으로 분석한다. 계획 목적상 활주로 능력은 Gate와 유도로 운용에 영향을 미치지 않는다고 가정하여도 문제가 없다. 한 비행장의 운용은 일반적으로 다른 구성요소의 능력에 영향이 미치지 않기 때문에 종합적인 비행장 능력은 각 구성요소의 능력으로 결정하며, 비행장의 종합적 항공기 지연은 각 비행장 구성요소의 항공기 지연을 합하면 예측할 수 있다.

가. 시간당 능력에 미치는 요소

비행장 능력에는 많은 요소가 영향을 미치지만 일반적인 능력은 활주로의 배치, 항공기운용환경, 항공보안시설의 가용성과 정교성, 항공교통 관제시설 및 절차에 따라 결정되며, 가장 중요한 요소는 다음과 같다.

① 활주로 체제의 배치, 수, 간격 및 배치

② 유도로 및 활주로의 출구 수 밑 배치

③ 주기장 지역의 배치, 크기 밑 Gate·Slot 수

④ 도착 및 출발 항공기의 활주로 점유시간

⑤ 기상 특히 시정과 운고 등이 양호 기상 시와 불량 기상시간의 항공교통관제절차의 차이

⑥ 항공기의 활주로 사용을 제한하는 바람 상태

⑦ 가용 활주로 사용의 형태와 시간을 제한하는 소음감소 절차

⑧ 바람의 제약과 소음감소 절차로 활주로체제를 운용하기 위한 관제사의 선택 절차

⑨ 출발 항공기 대수와 연관된 도착항공기 대수

⑩ 항공보안시설의 실태와 특성

⑪ 도착 및 출발 항로를 수립하기 위한 공역의 가용성과 구조

⑫ 항공교통 관제시설의 현황과 특성

활주로 능력에 영향을 미치는 요소가운데 가장 중요한 요소는 항공기간의 공간으로서 이 공간은 기상 상태, 항공기의 크기 및 후류, 항공기의 혼합 상태 그리고 활주로간의 간격에 따라 결정된다.

나. 시간당 최대능력(Ultimate Capacity)의 적용기술

1) 최대능력의 정의와 특성

최대능력의 정의는 "항공기를 처리할 수 있는 활주로 체제의 물리적인 최대능력"을 의미한다. 설정된 특별상황에서의 최대능력 또는 최대항공기 운용비율을 말하며, 평균 항공기 지연수준과는 관계가 없다. 항공교통량이 시간당 능력수주에 도달하였을 때 평균 항공기 지연은 2분에서 10분 범위로 인정되고 있다. 지연은 평균 시간당 수요가 시간당 능력보다 적을 때도 발생할 수 있다.

최대능력의 특성은 지연이 어떤 시간에 수요가 능력보다 증가되었을 때 발생한다. 만일 수요의 크기, 특성 및 형식이 고정되어 있다면 능력을 증가시키는 것만이 지연을 감소시킬 수 있으나, 수요를 더 획일적으로 창출하기 위해 조작할 수 있다면 지연은 능력증가 없이도 감소시킬 수 있다. 따라서 예상능력은 항공기 지연을 결정하는 데 필수 단계이다.

2) 시간당 능력

시간당 능력의 정의는 활주로 체제의 시간당 능력은 한 시간에 활주로 체제상 처리할 수 있는 항공기 운용의 최대횟수이며 시간당 능력의 특성은 항공기 운용의 최대횟수로 주로 아래와 같은 상황에 따라 결정된다.

① 운고 및 시정상태

② 활주로 체제의 물리적 배치

③ 항공교통 관제체제의 분리규칙

④ 활주로 사용정책

⑤ 활주로 체제 사용의 항공기 혼합 상태

⑥ 착륙과 이륙 비율

⑦ 활주로체제에서 이탈 유도로의 수 및 위치

다. 활주로 시간당 용량 산출

활주로체제의 시간당 능력은 통상적으로 이 목적을 위해 개발한 전산 Program을 사용하여 산출한다. 이 Program은 공항에서 활주로 사용형태를 실질적으로 제공할 수 있으며 활주로 능력에 영향을 미치는 모든 매개변수의 변동도 고려한다. 이 Program의 사용을 기초로 하여 현 운용 Scenario 와 일치시키기 위해 많은 변동을 적용함으로써 활주로 능력의 실질적인 예측계산을 산출할 수 있는 공항능력편람을 개발하였다. 이 자료는 활주로의 시간당, 능력을 결정하기 위해 공항능력 편람기술을 기초로 하였다. 이와 관련된 도서는 FAA Airport Capacity and Delay AC 150/5060－5 및 Techniques for Determining Airport Airside Capacity and Delay FAA－RD－74－124등이 있다.

라. 용량과 지연 항목

FAA Airport Capacity and Delay AC 150/5060－5 및 Techniques for Determining Airport Airside Capacity and Delay FAA－RD－74－124에서는 공항의 용량과 지연에 대한 산정방법을 기술하고 있으며 다음과 같은 항목에 대하여 설명하고 있다.

1) 용량계산

- Hourly capacity of the runway component.
- Hourly capacity of the taxiway component.
- Hourly capacity of gate group components.
- Airport hourly capacity.
- Annual Service Volume

2) 지연계산

- Hourly delay.
- Daily delay.
- Annual delay.

section 02 활주로 용량 산출

1. 용량산출의 매개변수

활주로체제의 시간당 능력을 결정하기 위해 능력에 영향을 미치는 매개변수를 규명할 필요가 있다. 항공기 분리규칙은 시계기상상태(VMC) 및 계기기상상태(IMC)의 기상에 따라 차이가 있기 때문에 먼저 운고 및 시정상태를 결정할 필요가 있으며 비행조건에 적용할 분리규칙을 결정하여야 한다. 따라서 활주로의 시간당 능력은 통상적으로 IFR 또는 VFR 조건에 따라 구분하여 산정한다. 공항의 물리적 활주로 형태는 여러 방안으로 사용할 수 있다. 예를 들면 2개의 평행활주로에 있어서 한 활주로는 착륙항공기만 사용하고, 다른 활주로는 이륙항공기만 사용할 수 있다. 또는 한 활주로는 대형기만을, 다른 활주로는 중·소형항공기만을 사용할 수도 있다.

가. 활주로 사용정책

활주로 사용배치는 기상조건, 항공기 종류 및 활주로간의 간격 등에 따라 결정되며 이를 활주로 사용정책이라 한다. 활주로 사용정책은 사용시간의 백분율로 구분할 필요가 있으며, 또한 활주로 길이 등의 제한조건으로 주어진 활주로만 사용할 수 있도록 항공기 종류를 분리할 필요가 있다. 활주로 사용항공기는 혼합목록(Mix Index)으로 정의한다. 이 목록은 초대형 및 대형항공기로 활주로의 운용수준을 단순히 표현한다. 이 절차에 따라 항공기는 아래 표와 같이 분리하며 Mix Index인 MI는 다음과 같은 공식이 주어진다.

$$MI = C + 3D$$

MI : Mix Index

C : 활주로 사용항공기의 혼합에서 C종류 항공기의 백분율

D : 활주로 사용항공기의 혼합에서 D종류 항공기의 백분율

표 20-1 근본능력기술을 위한 항공기 분류

항공기 혼합종류	항공기 후반난기류 종류	엔진 수	최대 이륙 중량(lbs)
A	소 형	단 일	12,500 이하
B	소 형	다 수	12,500 이하
C	대 형	다 수	12,500~300,000
D	초대형	다 수	300,000 이상

나. 착륙운용 백분율

이륙과 착륙의 공간간격규칙에 차이가 있기 때문에 착륙운용의 백분율이 필요하다.

다. 활주로 운용

활주로 운용에는 세 가지 종류가 있다. 즉 이륙, 착륙 및 Touch and Go이다. Touch and Go 운용은 일반적으로 경항공기 조종사의 훈련접근, 착륙 및 이륙에 사용된다. 이 운용은 기상 불량 시에는 허용하지 않는다.

라. 도착운용

능력을 결정할 목적으로 사용하는 도착비율(Percent Arrivals)은 활주로에서 발생하는 각 종류의 운용목적을 결정하는 데 사용된다. VFR상태에서 Touch and Go 운용을 발견할 필요가 있다. 이때 소형 경비행장은 모든 운용의 30% 가량을 Touch and Go로 운용할 수도 있다.

마. 활주로 이탈 위치

도착항공기의 활주로 이탈위치는 활주로 점력시간에 영향을 미친다는 것을 알아야 한다. 항공기 특성에 따라 사용되는 활주로 이탈유도로는 활주로 점령시간의 최소화에 기여할 수 있도록 위치하여야 한다. 만일 활주로 이탈유도로가 적절하지 못하면 과도한 활주로 점령시간 때문에 활주로 능력이 감소된다.

바. 활주로 능력계산 식

C = CbET

C : 시간당 운용에 따른 활주로 사용형태별 시간당 능력

Cb : 활주로 사용형태별 기본능력

E : 활주로 이탈유도로의 수 및 위치에 대한 이탈 조정요소

T : Touch and Go 조정요소

2. 활주로 용량 산출의 시간당 용량

■ 예제1) 활주로의 시간당 용량을 구하여라(IFR, VFR 용량).

• 조건

항공기는 13대 single engine, 10대 light twin engine, 25대 transport type, 2대 widebody 항공기가 VFR하에서 운용되었다.

도착운용은 45%이고 3번의 touch－and－go 운영이 있다. IFR 하에서는 2대 single engine, 5대 light twin engine 항공기가 운영되었고 도착운용은 55%. touch－and－go는 IFR 상황에서 없었다. 활주로는 하나는 도착이고 하나는 출발로 운영된다.

* 계산에 이용되는 테이블과 계산식은 FAA AC 150/5060－5, Airport capacity and delay 참고

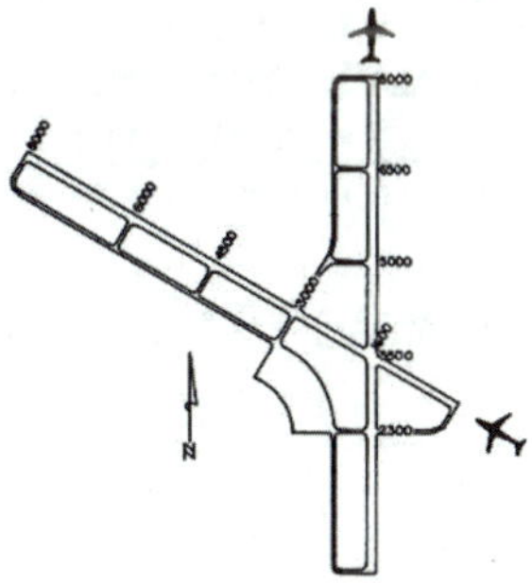

표 20-2 항공기 등급, VFR, IFR MIX

Aircraft		VFR Mix		IFR Mix	
Description	Class	No. Ops.	% Ops.	No. Ops.	% Ops.
Single engined	A	13	26	2	6
Light twins	B	10	20	5	15
Transport type	C	25	50	25	73
Widebodied	D	2	4	2	6
Totals (No. Ops. &% Ops.)		50	100	34	100

• **해답**

MI를 구한다.

⇨ 활주로 형태를 구분하여 시간당 활주로 사용 다이어그램을 선택한다.

⇨ 다이어그램상에서 활주로 운용, Touch and Go 조정요소, 이탈위치 산출

MI = C+3D

VFR = 50 + 3 (4) = 62

IFR = 73 + 3 (6) = 91

표 20-3 활주로 형태 사용 다이어그램

Runway-use Diagram	Diag. No.	Runway Intersection Distance in Feet		Figure No.			
				For Capacity		For Delay	
		(x)	(y)	VFR	IFR	VFR	IFR
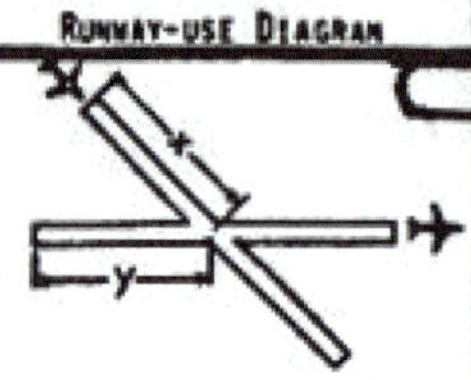	43	0 to 1999	- 4000	3-27	3-59	3-85	3-91
	44	2000 to 4999	- 4000	3-28	3-60	3-86	3-99
	45	5000 to 8000	- 4000	3-29	3-61	3-86	3-99
	46	0 to 1999	• 4000	3-30	3-62	3-86	3-99
	47	2000 to 4999	• 4000	3-31	3-63	3-71	3-102
	48	5000 to 8000	• 4000	3-32	3-64	3-71	3-102
	49	[illegible]	[illegible]	[illegible]	[illegible]	[illegible]	[illegible]

• 활주로 형태에 따른 시간당 활주로 사용 다이어그램 선택

그림 20-2 Hourly Capacity of Runway-Use Diagram Nos.:43,49,55 for IFR Conditions

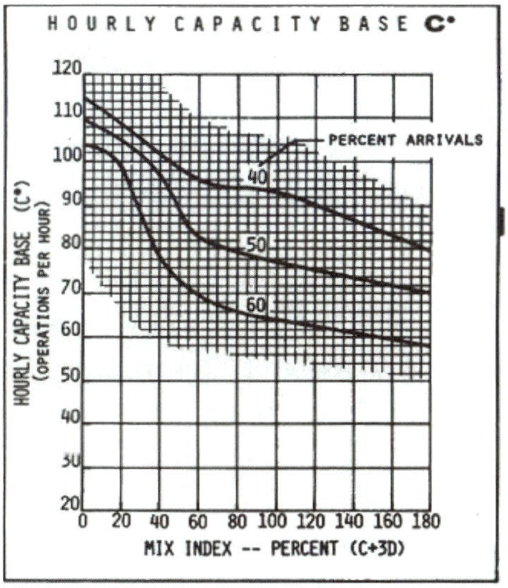

TOUCH & GO FACTOR T

Percent Touch & Go	Mix Index--Percent(C+3D)	TOUCH & GO FACTOR T
0	0 to 180	1.00
1 to 10	0 to 70	1.03
11 to 20	0 to 70	1.06
21 to 30	0 to 40	1.13
31 to 40	0 to 10	1.26
41 to 50	0 to 10	1.33

C* x T x E = Hourly Capacity

EXIT FACTOR E

To determine Exit Factor E:

1. Determine exit range for appropriate mix index from table below
2. For arrival runways, determine the average number of exits(N) which are: (a) within appropriate exit range, and (b) separated by at least 750 feet
3. If N is 4 or more, Exit Factor = 1.00
4. If N is less than 4, determine Exit Factor from table below for appropriate mix index and percent arrivals

Mix Index--Percent(C+3D)	Exit Range (Feet from threshold)	EXIT FACTOR E 40% Arrivals N=0	N=1	N=2 or 3	50% Arrivals N=0	N=1	N=2 or 3	60% Arrivals N=0	N=1	N=2 or 3
0 to 20	2000 to 4000	0.86	0.88	0.94	0.80	0.85	0.93	0.71	0.83	0.93
21 to 50	3000 to 5500	0.84	0.91	0.98	0.71	0.85	0.92	0.71	0.85	0.92
51 to 80	3500 to 6500	0.81	0.91	0.97	0.76	0.85	0.91	0.75	0.84	0.91
81 to 120	5000 to 7000	0.83	0.90	0.95	0.80	0.86	0.92	0.80	0.87	0.92
121 to 180	5500 to 7500	0.93	0.99	1.00	0.84	0.94	0.98	0.85	0.94	0.98

- 그림으로부터 다음 변수들을 산출
  - Touch－and－Go Factor(T) : 1.06과 1.00
  - 이탈조정변수 : 0.94와 0.97
  - 용량 계산 :

    VFR 용량 = 89 x 1.06 x 0.94 = 89

    IFR 용량 = 53 x 1.00 x 0.97 = 51

- 결과 요약

Work sheet for runway hourly capacity

Weather	Runway-use Diagram	Runway-use No.	Capacity Figure No.	Aircraft Mix %A	%B	%C	%D	Mix Index %(C+3D)	Percent Arrivals	Percent Touch & Go	Runway Exits (00 feet) Location			No.	Hourly Capac. Base C	T&G Factor T	Exit Factor E	Hourly Capacity C*빛E
1	2	3	4	5	6	7	8	9	10	11	12			13	14	15	16	17
VFR IFR		43	3-27 3-59	26 6	20 15	50 73	4 6	62 91	45 55	12 0	45 60	60		2 1	89 53	1.06 1.00	.94 .97	89 51

3. 활주로의 지연계산

가. 지연 개념 정의 및 측정방법

항공기 지연의 정의는 "활주로 체제에서 이동하는 항공기가 소비하는 실제시간과 타 항공기의 간섭없이 이동하는 항공기가 취하는 시간 사이의 차이로 결정"한다. 활주로는 접근 및 출발공역까지 포함된 전체 활주로 체제로써 정의한다.

활주로 측정방법은 활주로체제의 지연을 측정하기 위해 소요 요구에 대한 각 활주로 사용 배치를 분석할 필요가 있다. 연간 사용한 각 활주로 사용배치의 시간 백분율을 결정하기 위해 일반적으로 다음과 같은 자료가 요구된다.

① VFR 및 IFR 상태의 활주로사용개념의 시간당 능력

② 설계연도의 시간당, 일일당, 월간항공기 수용의 형태

③ 설계시간 중 첨두 수요

④ 활주로 사용개념, 운고, 시정상태의 발생빈도

그림 20-3 활주로사용 다이어그램

RUNWAY-USE DIAGRAM	DIAG. NO.	RUNWAY INTERSECTION DISTANCE IN FEET (x)	RUNWAY INTERSECTION DISTANCE IN FEET (y)	FIGURE NO. FOR CAPACITY VFR	FIGURE NO. FOR CAPACITY IFR	FIGURE NO. FOR DELAY VFR	FIGURE NO. FOR DELAY IFR
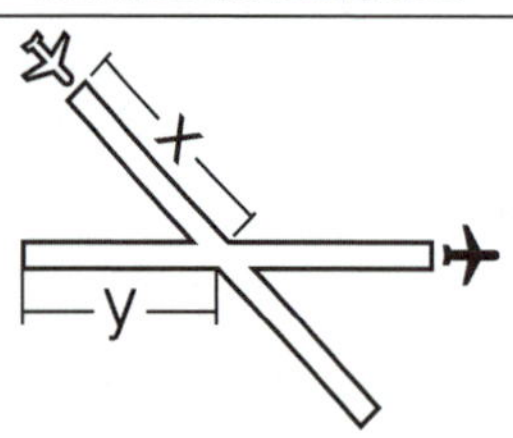	43	0 To 1999	<4000	3-27	3-59	3-85	3-91
	44	2000 TO 4999	<4000	3-28	3-60	3-86	3-99
	45	5000 TO 8000	<4000	3-29	3-61	3-86	3-99
	46	0 TO 1999	≥4000	3-30	3-62	3-86	3-99
	47	2000 TO 4999	≥4000	3-31	3-63	3-71	3-102
	48	5000 TO 8000	≥4000	3-32	3-64	3-71	3-102
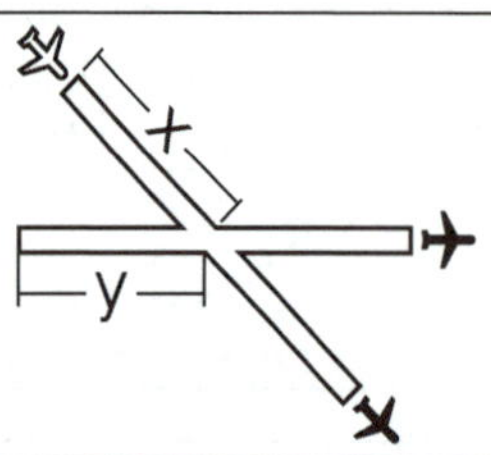	49	0 TO 1999	<4000	3-27	3-59	3-85	3-91
	50	2000 TO 4999	<4000	3-28	3-60	3-86	3-99
	51	5000 TO 8000	<4000	3-29	3-61	3-86	3-99
	52	0 TO 1999	≥4000	3-30	3-62	3-86	3-29
	53	2000 TO 4999	≥4000	3-31	3-65	3-71	3-90
	54	5000 TO 8000	≥4000	3-3	3-43	3-71	3-90

나. 수요/용량 비율 계산

D/C ratio VFR = 50/89 = 0.56

D/C ratio IFR = 34/51 = 0.67

지연지표를 이용하여 Arrival delay index(ADI)와 Departure delay index(DDI)를 산출한다. <예제 1>의 Mix indices(62 VFR, 91 IFR)와 도착비율(45% VFR, 55% IFR)을 이용하여 아래의 표로부터 산출한다.

VFR	ADI	at 40% = 0.90	VFR	DDI	at 40% = 0.90
"	"	50% = 1.00	"	"	50% = 0.67
"	"	45% = 0.95	"	"	45% = 0.78

IFR	ADI	at 50% = 1.00	IFR	ADI	at 50% = 0.57
"	"	60% = 1.00	"	"	60% = 0.38
"	"	55% = 1.00	"	"	55% = 0.47

Figure 3-91 Delay indices for runway use diagram nos.:
2, 3, 5, 9, 32 - 35, 37 - 43, 49, 55, 61 - 68, 72 - 74, 76, 77,
79, 80, 82 - 85, 87 - 89, 91, 92, 94, 95, 97 - 100, 102 for IFR conditions

ARRIVAL DELAY INDEX = 1.00

DEPARTURE DELAY INDEX

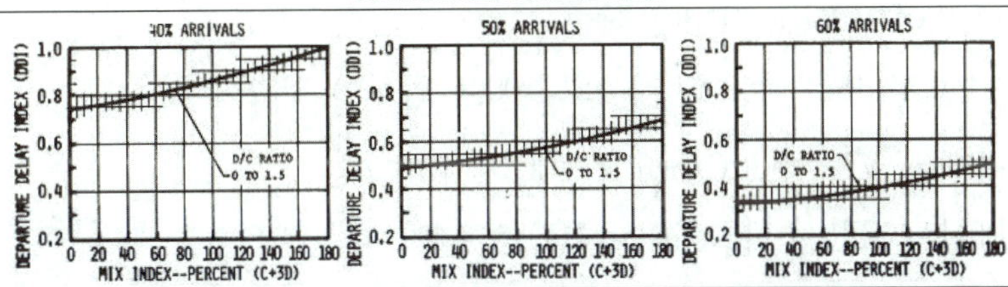

Figure 3-85 Delay indices for runway use diagram nos.: 43, 49, 55, 61 for VFR conditions

ARRIVAL DELAY INDEX

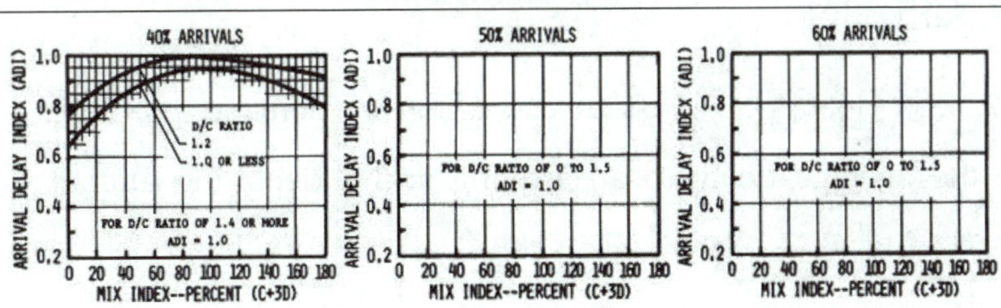

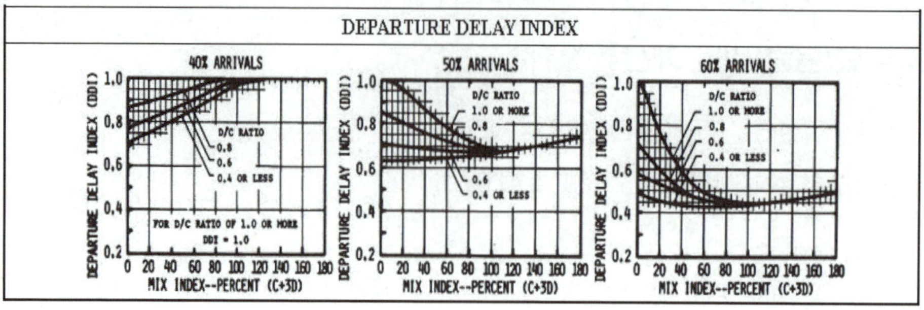

다. 지연요소 산출

Arrival delay factors(ADF)와 Departure delay factors(DDF)를 다음 식을 이용하여 산출한다.

- Arrival delay factors(ADF) 산출

  (식) ADF = ADI x (D/C) and DDF = DDI x (D/C)

  ADF for VFR = 0.95 x 0.56 = 0.53

  ADF for IFR = 1.00 x 0.67 = 0.67

  DDF for VFR = 0.78 x 0.56 = 0.44

  DDF for IFR = 0.47 x 0.67 = 0.31

- Demand Profile Factor(DPF) 산출

  시간당 수요로 15분 수요를 나누고 100을 곱하여 산출한다.

  DPF for VFR = (20/50) x 100 = 40%

  DPF for IFR = (15/34) x 100 = 44%

라. 평균 지연 결정

아래의 도표를 이용하여, 지연요소(delay factors)와 demand profile factors을 참조하여 determine the average delay to an arriving and a departing aircraft for VFR과 IFR 항공기의 도착과 출발 평균 지연을 결정한다.

FIGURE 3-69. AVERAGE AIRCRAFT DELAY IN AN HOUR.

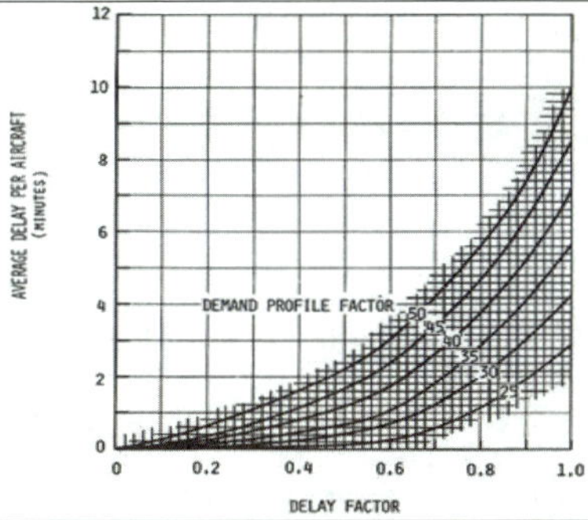

마. 시간당 지연

Hourly delay = Hourly demand [(% arrivals x average arrival delay)

+ (% departures x average departure delay)]

Delay in VFR = 50 [(0.45 x 1.3) + (0.55 x 0.95)] = 55분

Delay in IFR = 34 [(0.55 x 2.8) + (0.45 x 0.06)] = 53분

바. 대략 지연산출을 위한 도면 계산방법

수요가 능력을 초과하였을 때 대략적인 지연산출을 위한 비교적 간단한 방법이 항공연구에 사용되어 왔다. 이 방법은 외적 원인에 따라 결정하고 기법은 적용하고 있으며, 이 방법에서 시간 수치는 분석할 시간 기간의 표시를 X축에 하고 Y축 상에 어떤 시간에 도착하는 항공기의 누적 수를 표시한다. 그렇게 함으로써 도면상 표시된 지점은 그 시간에 도착한 총 항공기 수를 표시하고 이 지점을 연속 전시하여 얻어진 곡선이 실질적으로 수요의 표시이다. 동일 도면상에 서비스 능력을 표시하기 위해 일정한 선을 그려서 수요율이 서비스율 또는 능력을 초과하기 시작하는 시간을 표시한다. 이러한 분석은 공항계획에서 지연량, 지연항공기 수, 주어진 운용여건항의 지연비용을 예측하는 데 유효하다. 그러나 평균수요가 능력보다 적었을 때 발생하는 지연은 표시되지 않는다. 이와 같은 사항은 통상적으로 먼저 언급한 공식 또는 방법으로 계산한다.

4. 연간 서비스량

가. 연간 서비스량 계산

연간 서비스량은 공항기본계획 수립에 참조하기 위한 연간 항공기운용 수준이다. 연간 항공기운용이 연간 가용 서비스 수준에 접근하게 되면 비교적 적은 항공기 운용의 증가에도 각 항공기의 지연을 급속히 악화시킬 수 있다. 비행장의 연간 항공기 운용이 연간 가용 서비스량과 동일하게 되면 연간 항공기의 평균지연은 약 1~4분이 된다. 만일 계획 적용상 어떤 특정 공항이 항공기의 실제 평균지연의 더 정확한 수치를 원한다면, 연간 서비스량 계산법을 사용하여 얻어야 한다. 이때 연간 운용량이 연간 가용 서비스량을 초과한다면 세계 주요공항에서 경험한 바와 같이 심한 혼잡이 발생할 것이다. 연간 항공기운용수준이 연간 가용서비스 수준보다 크다면 항공기 지연은 심각해질 수 있으므로 비행장 개선을 계획하고 평가하는 데 항공기 지연은 높은 비중을 두어야 한다.

나. 산출공식

공항에서 처리할 수 있는 연간 서비스량을 결정하기 위해 공항에서 각 활주로 사용형태의 시간당 가중능력을 산출해야 한다. 평균 시간당 가중용량 Cw(Weighted Hourly Capacity)의 식은 다음과 같다.

$$Cw = \frac{\sum PnWnCn}{\sum PnWn}$$

Cw : 연간 활주로체제의 평균시간당 가중 용량

Cn : 활주로 사용형태 n의 시간당 용량

Pn : 활주로 사용형태 n을 연간 사용하는 시간으로 환산한 백분율

Wn : 여러 활주로 사용형태에서 발생한 상이한 지연수준을 계산하기 위해 활주로 사용형태 n에 배당한 가중치

공항에서 가중요소 Wn은 시험과 경험을 주요바탕으로 한 연구에서 나온 다음 [표 20-4]의 수치에서 대략적으로 알 수 있다.

표 20-4 시간당 가중능력의 연간 서비스량 가중요소

지배능력의 백분율	VFR 하의 Mix Index (0~180)	IFR 하의 Mix Index		
		0~20	21~50	51~180
91 이상	1	1	1	1
81~90	5	1	3	5
66~80	15	2	8	15
51~65	20	3	12	20
0~50	25	4	16	25

활주로체제의 시간당 가중능력을 알면 연간 서비스량(ASV)은 다음 공식에서 계산할 수 있다.

ASV = CwHD

Cw : Cw 산출공식에서 얻은 연간 활주로체제의 가중 시간당 능력

H : 시간당 비율 또는 첨두달의 평균일일운용 대 첨두달의 첨두시간 운용의 비율

D : 일일비율 또는 연간 운용 대 첨두 달의 평균 일일운용의 비율

위에서 정의한 시간당 비율 H 및 일일비율 D는 공항에서 수요형태의 변동을 모의시험하는 데 사용되고 이 비율은 현행기록에서 혹은 예측을 통해 통상적으로 확인한다. 이 비율의 개략적 수치는 공항의 형태를 결정하며 예상목적을 위해 사용된다.

표 20-5 개략 연간 서비스 수를 위한 시간당 및 일일 비율

Mix Index	시간당 비율 (H)	일일비율 (d)
0 ~ 20	7 ~ 11	280 ~ 310
21 ~ 50	10 ~ 13	300 ~ 320
51 ~ 180	11 ~ 15	310 ~ 350

다. 연간 서비스 용량 및 지연 개략 산출

연간 서비스 용량은 평균항공기수준에 대한 특별지연기준과 관계가 있다. 이를 위해 비행장의 연간수요는 특별평균지연 기준의 상위 및 하위 경계선이 표시된 수치범위 이상으로 선택된다. 평균항공기 지연 대 연간수요를 대비하여 얻어진 곡선은 연간 수요기능으

로서 평균 항공기지연의 변동을 볼 수 있다. 지연기준과 상응하는 연간수요를 산출함으로써 연간 서비스량을 결정한다. 이 같은 과정은 활주로사용형태의 실질적인 능력을 계산하는 근거로 사용할 수 있다. 항공기 지연을 계산하기 위해 활주로체제의 시간당 수요, 각 활주로 사용형태의 시간당 능력, 각 기상조건에서 각 활주로 사용형태의 운용시간 백분율을 예측할 필요가 있다. 이 과정은 기준날짜, 수일간, 한 달간 또는 연간기준으로 계산할 수 있다. FAA는 공항의 연간 지연을 결정하는 전산 Program을 개발하였고 이 Program은 일일, 주간, 월간, 연간 단위로 활주로 사용형태 및 기상조건별 평균 항공기지연 표준을 편집하였으며 공항에 지연량의 연간분포를 표시하고 있다.

1) 연간 서비스량 산출

계산절차는 공항계획에서 공항의 활주로 형태에 따라 연간 서비스 용량 및 평균 항공기 지연을 산출하여 계산한다. 이 절차는 단지 예비판단 목적을 위해서만 사용되어야 하며 이 절차로 대략 다음과 같은 자료를 얻을 수 있다.

- VFR 및 IFR 조건의 시간당 활주로 능력
- 활주로의 연간 가용 서비스량
- 활주로 체제상의 연간 항공기 지연

계산절차는 AC150/5060－5의 자료를 참고 하여 얻을 수 있으며, 제시된 결과는 다음과 같다. [표 20－6]을 기준으로 하여 연간 서비스 용량을 계산해보면 MI가 70이라고 가정해보면, 1번 형태의 단일 활주로 경우 205,000회, 근접평행 260,000회, 원거리 평행 275,000회의 용량을 갖는다. 만일 연간수요가 220,000으로 산출되었다면, 연간 수요대 연간 서비스 용량의 비율은 220,000/275000 = 0.8로 산출할 수 있다.

다음의 평균항공기 지연과 연간 수요대 연간 서비스량 비율간의 관계도표를 보고 지연을 산출해 낸다. 그림의 색칠한 부분은 상위한계와 하위한계이고 가운데선은 평균이다. 주로 항공사 운영을 서비스로 하는 공항이 윗부분이고 일반항공은 아랫부분이다. 수요대 용량의 비가 0.8이므로 원거리 평행의 경우 지연은 1.2~1.7분의 지연이다. 이러한 절차는 개략적인 것으로 정책적 판단을 위한 보조 자료로 이용되며 실제분석에서는 더욱 복잡한 방법이 이용된다.

표 20-6 시간당 및 연간 서비스 능력 예비판단

FIGURE 3-69. AVERAGE AIRCRAFT DELAY IN AN HOUR.

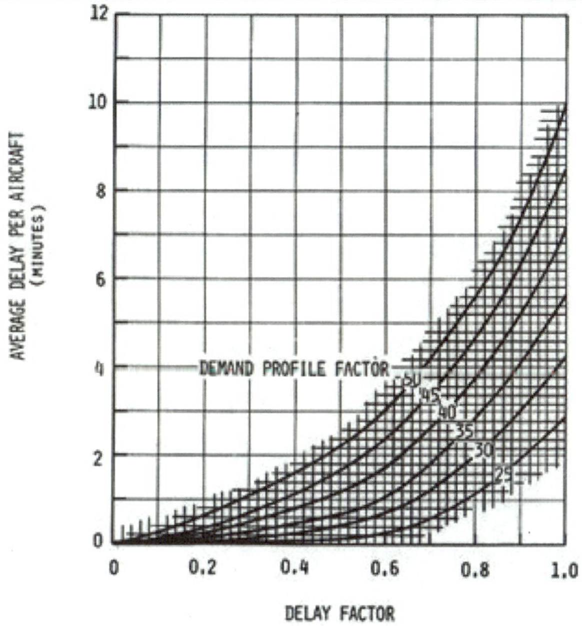

주) 활주로 형태 1~15까지 있음(AC 150/5060-5, Figure 2-1 Capacity and ASV for long range planning 참조)

2) 진보된 산출 방법

지난 수년간에 공항의 지연판단과 관련된 가장 진보된 개발은 Simulation Model (SIMMOD)이다. 이 SIMMOD는 공항의 여러 가지 운용 Scenario의 Simulation을 위해 인가한 Simulation 기법이다. 이 기법은 공항주변 공역, 비행장, Gate 지역을 Simulation 할 수 있다. 이 기법을 위해 공역은 공역의 도착 및 출발통로를 표시한 도면에서, 비행장은 Gate 지역을 표시한 도면에서 산출한다. 항공사운항계획은 분석할 기간의 표본을 개발하여야 한다. 일반적으로 이 기법을 여러 번 모의 실시하여 공항성능의 자료가 나오도록 한다.

5. 주기장 Gate 능력

가. Gate 능력

Gate 능력이란 항공기의 주기 서비스를 계속적으로 요구되고 있을 때, 일정 Gate가 특정기간에 수용할 수 있는 항공기의 최대 수이다. 이 Gate 능력은 서비스 할 모든 항공기의 가중평균에 의한 Gate 점유시간의 역산으로 계산할 수 있다. 예를 들면, 항공기가 평균 30분간 Gate를 점유한다면 Gate 능력은 시간당 2대의 항공기다. Gate 능력에 영향을 미치는 요소는 다음과 같다.

① 일정항공기에 가용한 Gate의 수 및 종류

② 주기장 Gate를 요구하는 항공기종류별 Gate 점유시간

③ 항공기가 Gate 위치로 들어가고 나가는 이동에 소요되는 시간과 항공기의 Gate 점유가능시간을 빈번히 어기게 하는 지연요소를 반영한 Gate 사용 시간의 백분율

④ Gate 사용의 제한사항

나. Gate 점유시간

항공기의 크기와 비행의 종류 및 시발, 재출발 또는 통과에 따라 Gate 점유시간이 변화한다. [표 20-7]은 항공기 Gate 점유시간의 일반적 수치이며, 이 시간은 최소점유시간으로 고려되어야 한다. 항공기 제작사가 제시한 점유시간은 항공기기술도서에 명시되어 있으나 각 항공사 및 공항의 운용절차에 따라 변경될 것이다.

표 20-7 일반적 항공기 Gate 점유시간

항 공 기	Gate 점유시간(분)	
	재출발 준비	항로 기착
A-300-600	30	20
B-737	28	22
B-747-200	60	30
B-757-100	30	20
B-767-200	30	20
B 777	45	25
MD-11	52	24
MD-87	25	14

다. Gate 능력분석 기법

Gate 능력분석의 기초는 항공기 종류에 의해 결정된 Gate 시간이 가용 Gate 시간과 같거나 적어야 한다. 공항에서 Gate 능력을 판단하기 위해 두 가지 분석기법을 개발하였다.

1) 무제한Gate사용기법

모든 항공기가 공항의 모든 Gate를 공용할 수 있다는 가정에서 분석하는 것으로 무제한 Gate 사용기법(Unrestricted Gate–Use Strategy)이라 한다.

2) 제한Gate 사용기법

특정 크기의 항공기나 지정 항공사에 특별히 배당된 Gate만을 사용할 수 있도록 한 가정에서 분석하는 것으로 이를 제한 Gate 사용기법(Restricted Use Strategy)이라 한다.

3) 계산방법

대부분의 상황은 2개의 기법 중 하나를 통해 접근하게 된다. Gate 사용에 제한이 없을 때 모든 항공기는 어느 Gate나 사용할 수 있으며, Gate 능력 Cg는 다음과 같이 정의된다.

가용 Gate 시간 ≥ 요구 Gate 시간

$$\mu kNk \geq E(Tg)Cg$$

μk : Gate 활용요소 또는 Gate 종류 k를 항공기 종류 i가 사용하는 1시간 내 점유시간의 백분율

Nk : 항공기 종류 i에 가용한 Gate 종류 k의 수

E(Tg) : k의 Gate가 사용할 수 있는 항공기 Gate 점유시간의 기대치

Cg : 항공기의 시간당 종류 k의 Gate 능력

$$E(Tg) = \Sigma MiTgi$$

Mi : 공항에서 Gate를 사용하는 항공기 종류 i의 백분율

Tgi : 공항에서 항공기 종류 i 가 요구하는 Gate 점유시간

라. Gate 능력의 도표 계산 기법

Gate 능력을 결정하기 위한 도표계산 기법은 FAA에 의해 개발되었으며, 이 기법은 Gate 이용 요소를 1.0으로 가정하였으므로 이 기법은 또한 Wide Bodied 항공기를 처리할 수 있는 모든 Gate는 다른 모든 항공기도 처리할 수 있다고 가정한다. Wide Bodied 항공기를 처리할 수 없는 Gate는 Wide Bodied 항공기를 처리하지 않을 것이다. 이 기법을 사용하는 데 요구되는 매개변수는 Gate 수, Wide Bodied 와 Non－Wide Bodied 항공기 및 Gate의 비율, 그리고 Wide Bodied와 Non－Wide Bodied 항공기를 위한 점유시간에 포함된다. 이 기법에 의한 Gate 능력을 계산한다.

Figure 3-68 Hourly capacity of gates

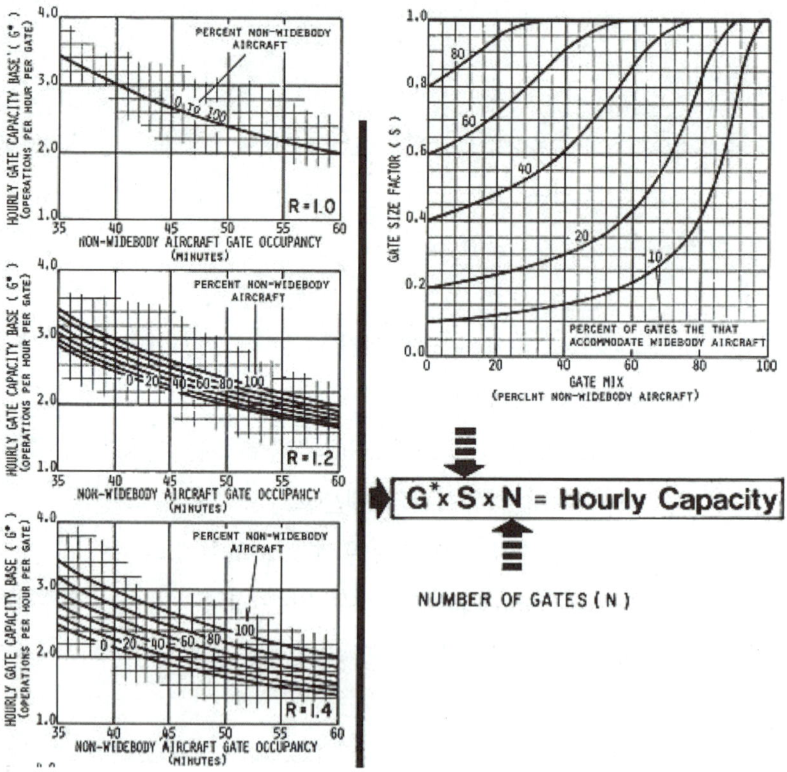

6. 유도로 능력

활주로 능력에 관해 위에서 기술한 작업과 관련하여 활동활주로와 교차하는 유도로 능력을 결정하기 위해 기법을 개발하고 있다. 이 능력은 사용활주로를 사용하는 항공기 혼합, 활주로이륙 전의 유도로 길이, 사용활주로, 출발, 도착 혹은 혼합운용상의 운용특성과 관련이 있다. 요구율이 높고 첨두시간 중에 교차하지 않으면 안 되는 유도로 및 활주로의 배치가 되어 있는 공항에서 유도로 능력의 이와 같은 기법은 대단히 중요하다. 철저히 유도로 능력평가를 하지 않는 것은 일반적으로 활주로 및 Gate 체제의 능력보다 유도로 능력이 항상 크기 때문이다.

표 20-8 용량 및 지연 산출방법

OUTPUT	INPUT NEEDED
1. 활주로 시간당 용량 계산식 : C = CbET	a. Ceiling and visibility (VFR, IFR, or PVC) b. Runway use configuration c. Aircraft mix d. Percent arrivals e. Percent touch-and-go f. Exit taxiway locations
2. 유도로 시간당 용량	a. Intersecting taxiway location b. Runway operations rate c. Aircraft mix on runway being crossed
3. 게이트 시간당 용량 G = G*SN	a. Number and type of gates in each gate group b. Gate mix c. Gate occupancy times
4. 공항시간당 용량	Capacity outputs from 1, 2, and 3 above
5. 연간 서비스 용량 ASV = Cw x D x H	a. Hourly capacities of runway component b. Occurrence of operating conditions
6. 시간당 활주로 지연 DTH = HD (PA x DAHA + (100 − PA) x DAHD) / 100	a. Hourly demand b. Hourly capacity of the runway component c. Demand profile factor
7. 일일 활주로 지연 DTS = (HD1 + HD2 + ... + HDn) x (PAS x DASA + (100 − PAS) DASD) / 100	a. Hourly delay b. Hourly demand c. Hourly capacity

OUTPUT	INPUT NEEDED
8. 연간 활주로 지연	a. Annual demand b. Daily delay c. Hourly demand d. Hourly capacities e. Percent VFR/IFR conditions f. Runway use configuration

Chapter 21

스마트공항과 셀프백드롭시스템

section 01 스마트공항화를 위한 과제

1. 초격차공항을 위한 인천공항 스마트공항 추진

가. 스마트공항을 위한 노력

1) 세계항공산업 동향

국제항공운송협회(IATA)는 글로벌 항공 및 항공사 대상 프로그램 지속 확산을 통한 여객프로세스 자동화를 전면구축(Fast Travel)하고 있으며 출입국 프로세스 상 단일 신분확인 방식을 도입(One ID), 신분검사 절차 간소화 및 여객대기시간을 최소하려는 노력을 기울이고 있다. 또한 2035년 미래공항에 대한 비전으로 공항 외 수속확대, 디지털 ID 관리 및 자동화를 통한 고도화된 항공기, 여객, 화물처리, 실시간 데이터 연결을 통한 대화형 의사결정 등을 제시하고 있다. 국제민간항공기구(ICAO)에서는 전 세계 미래항공교통시스템 환경구축을 위한 가이드라인으로 미래항공교통시스템 전환계획(ASBU : Aviation System Block Upgrade)을 마련하였고 각 체약국의 이행을 권고하였다. 국제공항협의회(ACI)는 항공산업의 혁신과 개발지원을 통해 보안강화, 운영효율화, 승객경험제고 등이 목표이며 스마트보안프로그램(Smart Security)으로 첨단기술을 활용한 CT 검색, 금지물품 자동탐지, 생체인식 등을 제시하고 있다.

2) 정부의 혁신성장의 흐름

정부는 글로벌한 혁신성장의 기조 및 ICT 변화에 대응하기 위하여 대통령직속 4차산업혁명위원회를 구성하여 첫째, AI분야 경쟁력확보와 사회적 혜택을 강화하고 둘째, 디지털경제변화에 대응하고 스마트공장을 선도하며 셋째, AI차세대 성장 동력화와 사회문제 해결을 위하며 넷째, 전 분야의 기술혁신과 경제사회문제 해결을 위해 노력한다.

3) 스마트공항 종합계획 수립 및 국정과제 채택(6개 분야, 34개 과제)

- 스마트접근교통 : ① 자택발권 및 백 태깅 ② 항공－철도 연계서비스 ③ 주차장·리무진 편의증대 ④ 수하물 배송서비스
- 스마트프로세스 : ① 생체인식기반 프로세스 ② 공용여객처리시스템 ③ 보안검색 개선 ④ 항공물류시스템고도화
- 스마트정보서비스 : ① 챗봇 맞춤형 정보제공 ② 스마트 사이니지 ③ VR 체험관 ④ 스마트면세점
- 스마트운영 : ① 빅 데이터 여객흐름관리 ② IoT 기반 공항시설관리 ③ 청사 내 보안강화 ④ 관제시스템 고도화
- 스마트테스트베드 : ① 로봇도입 확대 ② 드론활용 시설관리 ③ 무인 자율 주행차 셔틀 ④ 수소차 도입
- 스마트공항 해외진출 : ① 한국형 스마트공항 모델 ② 스마트공항 인증제 ③ 다양한 분야의 해외진출 ④ 관계기관 협의체 운영

4) 4차 산업혁명 및 패러다임의 변화

- Airport 1.0 : 수동/아날로그 운영(유인체크인 카운터)
- Airport 2.0 : 분야별 여객처리 자동화(자동출입국심사, 셀프체크인)
- Airport 3.0 : 운영전반 흐름 최적화(여객흐름관리, 인천공항 가이드 맵)
- Airport 4.0 : 예측기반 실시간 운영(스마트공항)

5) 단계별과제/기술 맵핑

표 21-1 단계별과제/기술 맵핑

구분	Airport 1.0	Airport 2.0	Airport 3.0	Airport 4.0
무인/ 자동화 프로 세스	아날로그운영	셀프서비스· 생체인식도입	생체인식고도화·AI 도입	완전무인자동화
	유인체크인 유인출입국심사 문형검색기	셀프체크인/ 백드랍 자동출입국 (지문 · 안면) 원형검색기	스마트패스(안면) AI X-ray검색 자율주행PM AI로봇도입	출입국완전자동(DNA) 국가 간 수속 면제 워킹스루터널보안 검색 AI 운영 (비상 시 사람개입)
맞춤형 서비스	1:N 서비스	1:1 서비스	실시간안내서비스	AI맞춤형서비스
	혼잡도관리인력 홈페이지/ 헬프 데스크 고정 사이니지	안내채널다변화 모바일 앱 가이드 양방향안내 (KIOSK) 디지털 사이니지	비콘 활용 맞춤정보 가상체험 (VR/AR/홀로그램) 음성안내스마트 사이니지 Home to Airport (시간관리)	AI 가상 비서 맞춤형 (쇼핑/안내지원) 가상현실 사이니지 Home to Departure(초연결)
예측 기반 운영 관리	시설물정보공유	실시간이벤트관리	Data기반관리	예측기반관리
	시설 상태측정/ 이력관리 도면디지털화 (CAD) 웹기반업무처리	IOC이벤트관리 운영시설 일부자동화 시설물독립관리	빅 데이터 기반관리 IoT 센싱 (온습도, 화재) 정비예측모델 플랫폼 시설현황공유, 재난알림	예지적 시설관리 디지털트윈 자동화된 유지보수(AI) 시설관리 완전통합 (IOC)
실시간 운항 서비스	비행장안전관리	운항항행종합감시	ASBU BLOCK2	ASBU BLOCK3
	근거리통신망 정보시스템구축 전파감시기술 지상관제중심	A-CDM/SMGCS 모니터링/즉각 대응 EAI연계	운항환경 예측플랫폼 출발관리시스템 항공교통/기상관측	AI기반 A-CDM 4D운항/정밀계기접근 원격조정/1인항공기 SWIM(통합정보체계)

2. 스마트공항 구현을 위한 인천공항 TOP 과제

가. 생체인증 기반 출입국(싱글토큰)

- 여권/탑승권/생체정보를 1개 토큰(One-ID)으로 생성하여 검색/심사/보딩까지 생체정보로 통과(별도 연권, 탑승권 제시절차 없음)
- 단기적으로는 등록 후 체크인/검색하고 장기적으로는 법무부 정보공유, 심사/면세점

/보딩 일원화

나. 홈 체크인/백 드랍/딜리버리(No Baggage)

- 집에서 공항까지 짐 없이 간편하게 떠나는 여행 구현
- (출국) 집/호텔에서 택배사(항공사 제휴)를 통해 짐 픽업(사전 검색완료)
- (입국) 세관검사 완료한 짐을 집/호텔까지 픽업

다. 터널형 보안검색

- 첨단소자를 활용하여 여객행동을 분석하고 금속/폭발물/바이오 테러스캐닝(국토교통부 합동연구)
- (단기) 기획연구 (중기) 핵심부품개발 (장기) 장비/시스템개발을 통한 최초 세계 상용화

라. 출입국 최적경로/시간안내

- 집에서 출국, 입국에서 집까지 전 구간/일정 사전 스케줄링을 통해 공항에 정시도착 지원
- 인천공항 전용 네비(편명입력 방식)로 최적 주차장 추천 및 빈 주차 공간 안내

마. 개인가상서비스(에어 봇)

- 24시간 장소에 구애 없이 공항이용/시설/일정 종합안내(범용메신저 활용)
- 면세품, 즐길 거리 등 AI기반 추천, 음성, 위치기반 실시간 비서 수행(언어장벽이 없음)

바. 소통형첨단로봇(에어스타)

- 출입국장 시설 안내, 수하물 수취대, 교통안내, 에스코트(제1터미널 8대, 제2터미널 6대), (여객수하물 카트로봇, 딜리버리 로봇, 수하물조업로봇 등 2기 로봇검토)

사. 대기 없는 상업시설

- 상업시설(면세점/식음료)의 사전예약/구매/VR 쇼핑을 구축하고 면세품 인도장, 무인오픈스토어 등을 대기 없이 이용할 수 있도록 제공

아. 세계최고수준 스마트운항관리

- 100% 지상관제와 악천 후 기상시뮬레이션 및 스마트이벤트관리, 모바일 실시간협업으로 운항관리시스템을 최첨단화. 특히 차폐지역 없는 지상관제, 악기상 운항지연 예측모델을 제공

자. BHS 예측정비/흐름관리

- 이중적재 방지 등 수하물의 안정화를 위해 수하물 흐름을 시각화 하며 위험수준을 경고하는 시스템을 구축
- BHS 예지적 고장관리 및 병목현상의 구간관리 등을 통하여 설비 고장 사전적 진단 플랫폼을 제공

그림 21-1 인천스마트공항의 혁신사례

출처 : 인천공항공사 인천공항발전포럼 자료

차. 스마트공항 체험

- 복합문화공연을 통해(드론/홀로그램/미디어파사다 등 복합문화체험, 무인스토어, 헬스 케어, 자율주행, 3D 프린팅)스마트공항을 체험할 수 있는 기회를 제공
- 출국 전 건강상태를 확인하고 교통약자 이동서비스를 제공

section 02 셀프백드롭시스템의 구현1)

1. 셀프백드롭시스템(Self Bag Drop(SBD))의 이해

국제민간항공기구(ICAO)는 2011년~2030년 국제선 + 국제선여객인 킬로 기준으로연 평균 4.6%가 증가할 것이라고 예측하였다. 이러한 항공교통량과 공항이용객의 수요증가는 단순하게 공항 인프라의 확충만으로는 감당하는데 한계가 있다. 이러한 이유로 대부분의 선진공항 들에서는 공항의 여객처리절차를 간소화하여 공항운영의 효율화를 최우선으로 해결해야 할 중요한 항목으로 추진하고 있다. 여객처리철차의 간소화를 위해 선진공항들에서는 셀프백드롭시스템(SBD : Self Bag Drop)의 구축이 활발히 진행되고 있다. 셀프백드롭시스템은 무인수하물처리시스템으로 수하물처리시스템(BHS : Baggage Handl- ing System)중 셀프서비스의 대표적인 기술로 해외 대형공항들에서 사용이 확대되고 있다. 공항을 이용하는 탑승객들은 공항에 설치된 셀프키오스크 또는 웹사이트를 통해 탑승권을 발행하고, 셀프백드롭시스템을 통해 위탁수하물용 백 태그(Bag Tag)을 발행하고 직접 가방에 부착하여 수하물을 자동으로 위탁처리하고 있다. 이렇게 함으로써 체크인에 필요한 시간을 줄이고, 서비스의 수준과 승객의 높이면서 항공사의 경비절감에도 기여할 수 있다.

미국, 유럽과 같은 해외 항공선진국의 경우 자국의 발전된 IT 융합기술을 접목한 공항수하물처리시스템의 개발 및 실용화를 통해 세계 공항산업을 선점하고 있다. 반면, 국내공항들은 공항수하물처리시스템 기술 분야 대부분을 해외에 의존하고 있는 실정이다.

---

1) 이강석·지민석, 공항운영 향상을 위한 self bag-drop system(무인수하물처리시스템)적용가능성 연구, 한국항공운항학회지 제24권 제1호, 2015년 12월, 인용

해외 공항수하물처리시스템 제작사들의 폐쇄적인 공급정책과 제한된 기술 제공으로 시스템 설치에서 운영, 유지보수 등에 해외시장에 비해 상대적으로 비싼 비용과 다양한 불합리한 문제들이 발생하고 있다. 특히 해외에서 수입한 수하물처리시스템은 부품의 변경 및 현장최적화에 많은 한계가 있어 공항운영에 많은 비효율적인 문제들을 초래하고, 장애 발생 시 신속한 대응에 한계로 항공기 운항 및 효율적인 공항운영에 심각한 영향을 초래하고 있다.[2] 동북아 허브경쟁에서 우위를 선점하려는 인천공항에서는 항공수요 증가에 따라 현재의 시설이 포화될 것으로 전망되어 확장사업을 통해 공항 인프라를 단계적으로 확장추진 진행 중이다. [표 21－2]는 인천공항의 확장 계획현황이다.

표 21-2 인천공항의 건설 확장계획

<table>
<tr><th colspan="2">구 분</th><th colspan="2">1, 2단계</th><th>3단계</th><th>4단계</th><th>비 고 (누계)</th></tr>
<tr><td colspan="2">여객터미널</td><td colspan="2">제1터미널, 탑승동
(54백만 명)</td><td>제2터미널
(+23백만 명)</td><td>제2터미널 확장
(+29백만 명)</td><td>1.06억 명</td></tr>
<tr><td colspan="2">활 주 로</td><td>1, 2,
3활주로</td><td>-</td><td>4활주로</td><td>활주로 4본</td><td>활주로 4본</td></tr>
<tr><td rowspan="2">계류장</td><td>여 객</td><td colspan="2">109개소
(접현 74)</td><td>54개소
(접현 37)</td><td>62개소
(접현 34)</td><td>225개소
(접현 145)</td></tr>
<tr><td>화 물</td><td colspan="2">36개소</td><td>13개소</td><td>13개소</td><td>62개소</td></tr>
<tr><td colspan="2">B H S</td><td colspan="2">88km</td><td>53km</td><td>43km</td><td>184km</td></tr>
<tr><td rowspan="3">랜드사이드</td><td>철 도</td><td colspan="2">서울역↔T1
(61km)</td><td>T1↔T2
(6.4km)</td><td>-</td><td>-</td></tr>
<tr><td>진입도로</td><td colspan="2">왕복 8차로</td><td>왕복 6~8차로</td><td>왕복 8차로
(확장)</td><td>-</td></tr>
<tr><td>연결도로</td><td colspan="2">-</td><td>T1 ↔ T2
(4차로)</td><td>내부 연결도로
(4차로)</td><td>-</td></tr>
<tr><td colspan="2">교통센터</td><td colspan="2">제1교통센터</td><td>제2교통센터</td><td>제2교통센터
증축</td><td></td></tr>
<tr><td colspan="2">사업비(억원)</td><td>56,323</td><td>29,688</td><td>45,754</td><td>48,405</td><td>18조 170억 원</td></tr>
</table>

출처: 인천국제공항공사(2025)

2) 이강석 외 2명(2013), 항공산업론, 대왕사

2. 해외공항별 셀프백드롭시스템의 동향

가. 홍콩국제공항

홍콩 국제공항은 홍콩 시내에서 약 25km인 책랍콕 섬에 위치해 있다. IATA 약어는 HKG이며, 1998년 7월 6일에 개항하였다. 공항 면적은 1248만㎡로, 활주로는 3,800m x 60m 크기의 2개가 있고, 수용 능력은 시간당 54회 운항할 수 있다. 계류장은 항공기 88대가 동시에 머무를 수 있으며, 주차장은 3,000대가 동시에 주차할 수 있는 규모이다. 여객터미널은 1동(51만 5000㎡)으로 연간 3500만 명을 수용할 수 있으며, 화물 터미널은 2동(32만㎡)으로 연간 300만 톤을 처리할 수 있다. 취항 항공사는 66개사이며, 104개 도시로 취항하고 있다. 1998년 개항 당시 기준으로 항공기 운항 횟수는 연간 17만 회이고, 여객 수는 3500만 명이며, 화물 수송량은 110만 톤이다. 도심에서 공항으로는 홍콩 역에서 공항까지 운행되고 있는 철도가 있으며, 해상으로는 공항페리서비스가 공항과 튠문(Tuen Mun)을 왕복한다. 그밖에 셔틀버스와 공항, 철도역, 페리보트, 도심 등을 잇는 특별버스서비스(franchised buses), 택시 등이 있다. 여객 편의 시설에는 750m 길이의 궤도를 무인으로 왕복하는 차량인 여객자동수송차(Automated Passenger Mover)가 있다. 차량 내부에는 시청각장애인들을 위한 시각적인 정보 안내 및 종합적인 안내 방송을 하고 있으며 휠체어를 위한 공간도 확보되어 있다. 홍콩 국제공항은 1995년 12월 1일 설립한 AAHK(Airport Authority Hong Kong : 홍콩공항관리국)에서 관리 및 운영하고 있다.

1) 셀프백드롭 운영 현황

기존 운영 중인 체크인카운터의 수는 고정되어 있으나 이용승객의 증가로 인해 물리적으로 터미널을 늘리지 않고 체크인카운터를 효율적으로 활용하기 위해 2013년 11월 말 터미널1 E카운터에 Type22사의 제품 4대를 2-step 방식으로 파일럿 운영 중이다. 향후 웹체크인/모바일체크인으로 체크인프로세스가 변경 될 경우 탑승객은 체크인 없이 수하물만 위탁하게 될 것으로 예측하고 있다. 이 경우 SBD System은 공항운영에 필수적인 항목으로 판단하고 있어 보인다.

SBD System은 하드웨어 외에도 공항의 공용시스템, 항공사들의 DCS와의 소프트웨어적인 인페이스를 지원하는 기능 등이 중요한데, ARINC사와 연계하여 이러한 복잡하고

다양한 인터페이스를 해결하고 있다.[3)]

빠른 수하처리와 시스템을 단순화하기 위해 초과중량 수하물 또는 예외상황이 발생하는 경우 해당 탑승객과 수하물을 유인체크인 카운터로 유도하고 있다. 전체 승객 중 초과중량 수하물은 위탁 고객은 20%정도로 이러한 탑승객은 유인카운터를 통해 추가요금을 지불하도록 하고 있다.[4)]

2) 셀프백드롭 장비 및 시스템 현황

홍콩국제공항에서는 Type22사 SBD System을 설치하여 시범운영하고 있다. Type22사의 SBD System은 기존 체크인카운터를 변경하지 않고 손쉽게 설치가 가능한 형태를 취하고 있다. 기존 체크인 카운터를 그대로 활용하는 방식으로 SBD System의 설치/철거/이동에 용이한 구조를 가지고 있다. 아울러, 시스템의 도입 및 설치/철거 비용 또한 저렴하며, 기존 체크인 카운터 1개에 2대의 SBD를 설치하여 수하물처리 용량을 2대로 늘릴 수 있는 장점도 가지고 있다.

그림 21-2 홍콩공항 셀프백드롭(Type22 제작사)

출처 : 이강석·지민석, 공항운영 향상을 위한 self bag-drop system(무인수하물처리시스템) 적용가능성 연구, 한국항공운항학회지 제24권 제1호, 2015년 12월, 인용

3) Anne Graham, Managing Airports, outledge, 2014, pp.158－163

4) C. H Yang · Michael D. Santonino Ⅲ, A Kano Analysis on the Adoption of Self－Service Bag Drops at Singapore Changi Airport. ATRS 2014 Conference Proceeding.

나. 프랑스 오를리공항

오를리공항은 파리 중심지에서 남쪽으로 9㎞ 떨어진 곳에 위치하고 있다. 1918년 군용 비행장으로 시작하여 1946년 민간 비행장으로 개항하였다. IATA약어는 ORY이다. 공항면적은 1541만㎡이며, 활주로는 2,400m × 60m와 3,650m × 45m, 3,320m × 45m 길이의 3개를 운용하고 있으며, 수용 능력은 시간당 70회 운항할 수 있다. 계류장 면적은 90만㎡로 항공기 105대가 동시에 머무를 수 있는데, 터미널 지역에 41대, 터미널 이외 지역에 64대가 가능하다. 관제탑은 높이 50m로 1966년부터 운영되었으며, 여객 터미널은 서부 및 남부 터미널로 2동(37만 1500㎡)이 있으며 연간 3100만 명을 수용할 수 있다. 화물터미널도 2동(16만 7621㎡)이 있으며 연간 30만 톤을 수용할 수 있다. 취항 항공사는 33개사이며, 204개 도시로 취항하고 있다. 항공기 운항 횟수는 연간 24만 1702회이고, 여객 수는 2505만 6321명이며, 화물 수송량은 23만 7197톤이다. 1945년에 설립된 파리공항관리공단(ADP : Aeroports de Paris)에서 공항을 운영하고 있다.

1) 셀프백드롭 운영 현황

2011년부터 약 1년간의 오를리 공항에 SBD System Prototype을 시범 운영을 시작하여, 2012년 12월 오를리 공항에 총 5대의 BAGXpress 모델(Alstef사)을 운영하고 있다. 현재 Air France 항공사가 국내선 위주로 Bag Drop 시스템을 운영 중이며, 타 항공사는 이용이 불가능한 상태이다. 탑승객이 Self Bag Drop 시스템을 이용하기 위해서는 별도의 구역으로 구성된 Self Bag Drop Zone의 진입게이트에서 보안요원으로부터 본인 확인 절차를 거친 후 이용이 가능하게 된다. 본인확인 및 SBD System의 이용지원을 위하여 총 6명의 운용요원이 배치되어 있다. 6명의 구성은 보안요원 2명, 항공사직원 2명, 보조업무 2명으로 구성 되어 있다.

2-step 방식으로 운영하기 때문에 공항 전체에 산재되어 있는 Self-Kiosk에서 체크인을 진행한 후 SBD 구역으로 이동한 후 보안요원의 확인을 거쳐 SBD 절차를 진행하게 된다.

그림 21-3 프랑스 오를리공항의 셀프백드롭(Altstef 제작사)

출처 : 이강석 외, 공항운영 향상을 위한 self bag-drop system(무인수하물처리시스템)적용가능성 연구

2) 셀프백드롭 장비 및 시스템 현황

SBD System을 운영하기 위해서 Self Bag Drop Zone이 별도로 구성되어 있으며, 기존 유인 체크인카운터 공간을 Self Bag Drop으로 변경 시 서비스를 위한 장비의 필요공간이 넓어 운영측면에서는 효율성이 타 장비에 비하여 다소 떨어질 것으로 보인다. 승객의 확인부터 수하물 위탁까지 3번의 터치로 처리가 가능하도록 되어있으며, 작동을 위한 메뉴가 매우 직관적으로 이루어져 있어 처음 사용하는 승객도 부담 없이 사용이 가능하도록 되어 있다. Self Bag Drop Zone 안에는 6명의 요원이 상주하고 있어 언제든 필요 시 도움을 청할 수 있도록 되어 있다. 수하물 적재 시 수하물을 측면에서 적재하도록 되어 있다. 크기, 무게 등을 측정하여 초과 시 유인카운터로 유도하고 있다. 수하물을 SBD

그림 21-4 프랑스 Alt Stef사 제품(크기 확인 센서와 중량측량기)

출처 : 이강석 외, 공항운영 향상을 위한 self bag-drop system(무인수하물처리시스템)적용가능성 연구

System에 위탁하면 SBD System의 컨베이어가 회전하여 가방을 메인컨베어로 이동 시키게 되며, 전면 차단도어를 통해 진행 중 예외상황 발생과 보안확보를 통해 완전한 폐쇄형 Bag Drop 시스템을 구성하고 있다.

다. 독일 프랑크푸르트공항

프랑크푸르트 공항은 2009년 51백만 명이 이용하였고, 국제적인 허브공항으로써 환승여객이 60% 전후를 기록하고 있으며, 수하물처리시스템 측면에서는 1972년부터 세계 최초로 트레이 시스템을 설치하여 운영하고 있어, 구 시스템에 대한 개량공사를 지속하고 있고 제2여객터미널 준공 이후 시스템 총 연장은 73km에 이르고 있다. 조기수하물이 전체 수하물의 35% 정도이므로 10,000개의 수하물을 동시에 저장할 수 있으며, 여객편의를 위하여 통과여객의 수하물이 너무 무겁거나 클 경우 별도의 게이트에서 처리할 수 있다. 제1, 2 터미널을 연결하는 구간은 최대 속도가 5m/sec이며, 수하물처리시스템에 대한 장래 운영전략으로서 여객수요에 따라 체크인카운터와 조기수하물 저장용량은 증설하고, 공항부지 남측에 위치할 제3터미널과 지하터널로 BHS 연결방안을 검토, A380, B747-800 등 초대형 항공기 운항에 대비하여 시스템 처리능력 확충, 터미널 확장에 따라 시스템의 길이와 처리량이 많아지더라도 수하물 운송시간, 철저한 보안 및 환승연결시간 45분을 고수하는 정책을 유지하고 있다.[5)]

1) 셀프백드롭 운영 현황

Economic Class를 위한 체크인카운터를 자동화 하려는 계획의 일환으로 최대한 항공사 직원의 투입을 줄이기 위해 SBD System을 도입하였다. SBD를 도입함으로써 카운터의 인력을 효율적으로 분산배치시키고, 인력운용의 효율성을 높이이고자하는 목적을 가직있다. 탑승객이 집에서도 BagTag 발행이 가능하나, BagTag 상에 유럽을 나타내는 녹색띠의 색깔 차이로 약간의 문제가 발생하고 있는 상태이다. 터미널 1에 16대의 Materna IPS사의 SBD System이 국내선 및 국제선에 2-Step방식으로 모두 적용되어 운영하고 있다. SBD System은 기존 체크인카운터를 리모델링하여 적용하고 있다. 2014년 5월부터 11대

5) Jarache, D(2005) Airport Marketing : Strategies to cope with the New Millenium Environment, Farnham, Ashgate.

그림 21-5 독일 프랑크푸르트공항 셀프백드롭(독일 Materna IPS 제작)

출처 : 이강석 외, 공항운영 향상을 위한 self bag drop system(무인수하물처리시스템)적용가능성 연구

를 추가하였고 총 27대의 SBD System을 운영하고 있다. Self－Kiosk와 Bag Drop System으로 이원화 되어 있는 2－Step 방식으로 체크인을 하고 옆으로 이동하여 Bag Drop을 할 수 있도록 이동 동선을 최소화 하도록 구성하고 있다. 한쪽 면을 따라 셀프 체크인, Self Bag Drop 유인 카운터를 구성하여 공간소모를 최소화 했으며, 일반 체크인 카운터와 유사한 형태의 Zone구성을 취하고 있으며, 항공사 및 보안요원에 의해 통제/운영되고 있다. SBD System 처리 후 메인컨베어로 수하물이 이송되기 전에 ATR(Automatic Tag Reader)를 설치하여 수하물의 Bag Tag를 확인 하고, 수하물의 위치를 컨베어의 중앙으로 오도록 조절하는 장치(Butterfly)를 추가적으로 운용하고 있다.

2) 셀프백드롭 장비 및 시스템 현황

FRA공항의 공용시스템에 인터페이스 되어 있는 항공사라면 FRA공항에 설치되어 있는 SBD System에 연동이 가능하도록 설계되어 있다. 현재는 Star Alliance 항공사와 연계되어 있고, 동일한 체크인시스템을 사용하는 항공사 들은 설치되어 있는 SBD System을 공동으로 사용하고 있다.

SBD System의 내부는 Scanner Bridge, 중량측정기, Self－Kiosk Main 컴퓨터, Bag Tag 및 baggage Receipt 프린터 등으로 구성되어 있으며, 대부분의 구성품은 기존 상용부품으로 구성되어 유지보수의 편의를 도모하고 있다.[6]

6) Jarrel, J.(2007) Self Service Kiosks: museum pieces or here to stay? Journal of Airport

그림 21-6 셀프백드롭 내부 부품

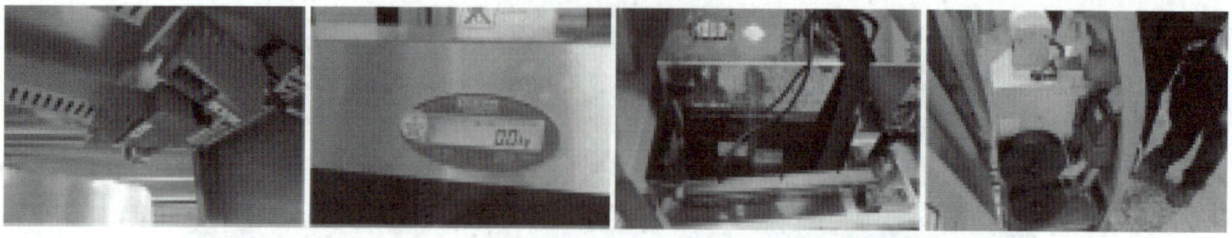

출처 : 이강석 외, 공항운영 향상을 위한 self bag-drop system(무인수하물처리시스템)적용가능성 연구

라. 네덜란드 스키폴공항

암스테르담 도심에서 남서쪽으로 17㎞ 떨어진 곳에 있다. IATA약어는 AMS이다. 1916년 9월 16일 군용비행장으로 개항하였으며, 1920년 KLM(Koninklijke Luchtvaart Maatschappij : 네덜란드항공)에서 운항하기 시작하였다. 2005년 6월부터 셀프체크인 데스크를 운영해 오고 있으며, 시스템의 총연장은 26km이고 환승여객이 많아 동시에 5,000개 이상의 조기수하물을 저장할 수 있는 시스템을 갖추고 있으며, 리니어 모터로 구동되는 콤비 트랙스라는 고속시스템은 직선구간에서 최대 5~6m/sec로 운행된다. 시스템에 대한 설계 및 설치는 10년 동안 장기계약 업체를 선정하여 공항 당국에서는 설계와 테스트 기준만을 정하여 발주하면 시공사가 공급하는 체제로 운영되고 있어 시스템의 안정적인 확장이 가능토록 운영 되고 있다. 지상조업 상의 어려움을 감안하여 2006년부터 수하물을 컨테이너에 탑재하거나 하역하는 작업을 로봇이 실시하는 방안을 시험 운영하는 등 수하물처리효율화를 도모하고 있고, 오랜 기간 사용한 구형시스템은 계속적으로 현대화 작업을 추진할 계획을 가지고 있다. 시스템 관리 핵심 포인트는 여객증가에 맞추어 시스템의 용량을 증설하고, 잘못 처리되는 수하물의 비율을 최소화하며 수하물당 처리비용을 낮추고 최상의 MCT를 달성하는 것을 핵심으로 하고 있다. 제2차 세계대전으로 공항이 붕괴되었으나 1945년 이후 암스테르담 시(市)에서 공항을 재건하였다. 1967년 5월 현재의 스히폴공항으로 공식 개항하였다. 공항은 스히폴공항 관리국(Schiphol Airport Authority)에서 관리 및 운영하고 있다.

Management, 2(1): pp.23-29

1) 셀프백드롭 운영 현황

2011년 1개월의 시험 운행을 시작으로 현재는 3개의 구역에서 BagDrop사의 제품을 21대 설치하여 운영하고 있으며, 국내선/국제선에 모두 적용하여 사용하고 있다. 2011년 8월 터미널2에, 2012년 3월 터미널3에 순차적으로 SBD System이 도입되었다. SBD는 별도의 공간에 SBD Zone으로 구성되어 있으며, 보안 요원과 항공사 요원이 상주하여 운영, 통제, 사용지원을 하고 있다. 특히 모든 Economic Class탑승객은 기본적으로 SBD System을 사용하도록 강제하고 있다. 체크인 카운터 입구에서 KLM 항공사 직원의 통제를 통해 특별한 사유가 없는 한 Self-Kiosk와 SBD System을 사용하도록 강제로 유도되고 있다.

그림 21-7 네덜란드 스키폴공항 셀프백드롭(네덜란드Bag Drop사 제작)

출처 : 이강석 외, 공항운영 향상을 위한 self bag-drop system(무인수하물처리시스템)적용가능성 연구

2) 셀프백드롭 장비 및 시스템 현황

KLM, 에어프랑스, 델타항공 등 SkyTeam 위주로 SBD System을 운용 중에 있으며, Skyteam에 속해있거나 연관된 모든 항공사에서 운영이 가능하도록 설계되어 있다. 현재 타 공항과 비교 시 가장 많은 항공사와 인터페이스 되어있으며, 이용객 또한 가장 많다고 판단된다.

돔 형태의 기구물, 17인치 모니터, 출입 셔터, BarCode 스캐너, Bag Tag Printer 등으로 구성되며, Conveyer Belt를 이중화하여 실제 무게를 측정하게 하는 부분과 이송컨베어 부분으로 구성 되어 있다. 승객이 짐을 SBD System에 올려놓게 되면 시스템은 수하물의 크기 등을 측정한 후 후 출입셔터가 닫히고, 수하물의 무게, Bagtag 정보 등을 측정하

그림 21-8 네덜란드 스키폴공항 셀프백드롭(네덜란드 Bag Drop사 제작) 내부 부품

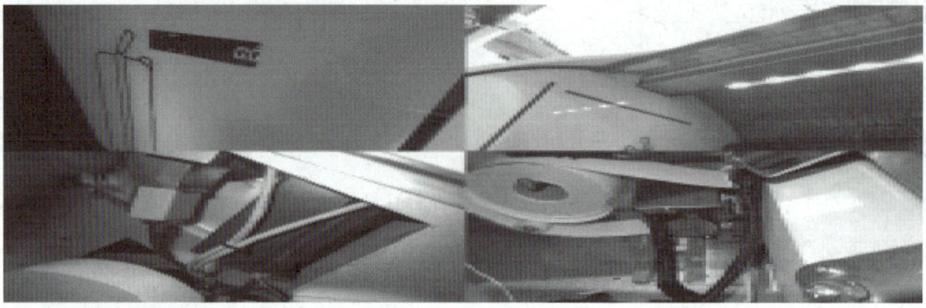

출처 : 이강석 외, 공항운영 향상을 위한 self bag-drop system(무인수하물처리시스템)적용가능성 연구

는 과정을 거친 후 문제가 없이 처리되면 컨베어가 뒤쪽으로 뒤집히면서 승객의 짐은 메인 컨베어로 이동하게 된다. 만일 문제가 발생할 경우 출입셔터가 열리고 짐은 탑승객에게 돌아오게 되어 있다. 장비의 구조와 기능이 Altsef사의 시스템과 유사한 구조로 되어 있으며, 컨베어 상에서의 수하물의 위치를 잡아주는 기능은 FRA공항의 Butterfly방식과 비교하여 보다 안정적인 운용특성을 보이고 있다.

마. 벨기에 브뤼셀공항

브뤼셀 도심에서 14km 떨어진 곳에 있다. IATA약어는 BRU이다. 1994년 여객 터미널을 완공하였다. 공항은 벨기에공항 항공국(Belgian Airports & Airways Agency)에서 관리 및 운영하고 있다. 운영 시간은 24시간이며, 공항 면적은 1245만㎡로, 활주로는 2,984m, 3,638m × 45m, 3,211m × 45m 크기의 3개가 있다. 수용 능력은 시간당 64회 운항할 수 있다. 계류장은 항공기 129대가 동시에 머무를 수 있다. 여객 터미널은 시간당 9,260명을 수용할 수 있으며, 화물 터미널은 1동으로 면적이 109만㎡이다. 1999년 기준으로 항공기 운항 횟수는 연간 31만 4000회이며, 여객 수는 2000만 명이고, 화물 수송량은 72만 톤이다.

1) 셀프백드롭 운영 현황

공항 이용객이 많아짐에 따라 효율적인 Bag Drop에 대한 관심이 증가되었고, 2011년 Type22사 제품의 시범운영을 시작하였다. 시범운영기간 동안 제작사와의 긴밀한 협조를 통해 지속적인 최적화와 업그레이드를 통해 현재 한 개의 체크인지역에서 6대의 SBD를 운영하고 있다. 운영 인력은 탑승객을 normal 승객과 abnormal 승객으로 구분하고 있

그림 21-9 벨기에 브뤼셀공항 셀프백드롭(Type 22)

출처 : 이강석 외, 공항운영 향상을 위한 self bag-drop system(무인수하물처리시스템)적용가능성 연구

으며, normal 승객은 SBD System을 사용하도록 안내하고 전체 승객 중 약 20%에 해당하는 abnormal 승객은 유인카운터로 유도하고 있다. 브뤼셀 항공사에서 운영 중인 SBD System은 중량 및 크기를 초과하는 수하물에 대한 과금 기능을 설치하여 사용 중에 있다.

탑승객에게 시간절약 및 효율적인 안내를 위해 Bag Drop에 대한 동영상을 사용 전에 제공하여 처리 불가능한 수하물의 종류, Boarding Pass의 사용, 수하물을 놓는 방법, Bag Tag 부착방법 등을 동영상을 통해 사전에 안내하고 있다.[7]

2) 셀프백드롭 장비 및 시스템 현황

브뤼셀공항에 설치된 SBD System(Type22사 제품)은 6대 장비의 운용 인력은 현재 기준으로 3명이지만 실제 최대 효율은 6대 운용에 인력 1명이 담당하는 것을 권장하고 있다. 현재 Star Alliance 소속의 항공사 DCS에 대해서만 SBD System이 운용되고 있고, 장비 사용 중 도움을 주기 위한 보안요원과 항공사 직원이 배치되어 있고, 장비 운용매뉴얼 및 동영상이 장비 상단 모니터와 장비패널에서 반복적으로 상영되면서 이용객에게 전달되고 있다.

장비내부는 9.4인치 모니터, 카드 리더기, 바코드 리더기, Payment, Bag Tag Printer, 영수증 Printer 등으로 구성되어 있으며, 장비의 구조를 가능한 간단하게 하기 위해 최소한의 하드웨어로 이루어져 있다. Bag Tag의 인식도 별도의 ATR을 통하지 않고 이용객이 직접 핸드스캐너를 사용하여 수행하도록 되어 있다. 이러한 간단한 시스템과 적은 비용투자에도 불구하고, 공항이용객의 높은 활용수준과 공항당국과 브뤼셀항공의 적극적인 적용노력으로 성공적인 운용환경을 구축하고 있다.

7) SITA(2012a) Airline IT Trends Survey 2012, Geneva: SITA/Airline Business

그림 21-10 벨기에 브뤼셀공항 셀프백드롭 시설

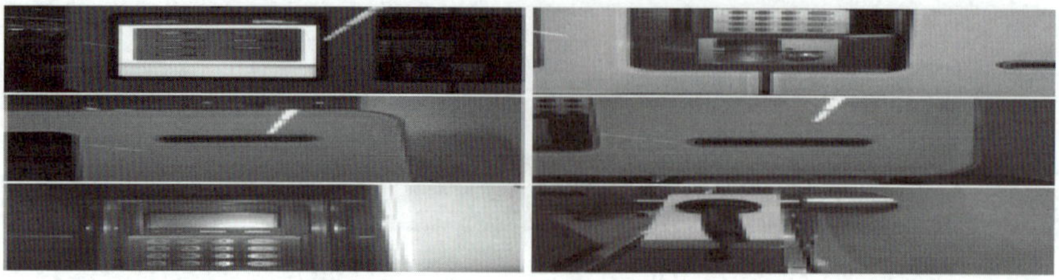

출처 : 이강석 외, 공항운영 향상을 위한 self bag-drop system(무인수하물처리시스템)적용가능성 연구

바. 런던 히드로공항

히드로공항의 IATA 약어는 LHR이며, 영국 미들섹스 하운스로우에 위치하고 있다. 잉글랜드 런던에 중요한 공항으로, 1946년 5월 31일 개항하였으며, 영국에서 규모가 가장 크고 유럽에서 제1의, 세계에서는 3번째로 혼잡한 공항이다. 활주로 시설은 평행으로 나 있는 3,901× 45m, 3,660 × 45m 길이의 주 활주로 2개가 있다. 여객 터미널은 2008년 완공된 제5터미널을 포함하여 총 5개의 터미널로 이루어져 있다. 제5터미널은 너비 176m, 길이 396m, 높이 40m로 단일 건물로는 영국 최대 규모이며, 연간 여객 처리능력은 약 3500만 명이다. 화물 터미널의 처리 능력은 연간 125만 톤이다.

1946년 개항 당시 18개 도시로 취항하였으나 2008년에는 90개 항공사가 100여 개의 도시로 취항하고 있으며, 연간 이용객수는 6800만 명(2007)이다. 1965년에 설립된 영국공항공단(BAA : British Airports Authority)에서 운영하고 있으며, 운영 시간은 24시간이다.

1) 셀프백드롭 운영 현황

히드로공항의 SBD System은 ICM사의 Auto Bag Drop 제품을 사용하고 있다. 현재 터미널1에 1대, 터미널3에 2대, 터미널 5에 trial로 2대가 설치되어 운영되고 있다. 초과 수하물에 대해 과금 또는 repack 선택 기능이 있고, 수하물 처리는 2-step 방식으로 이루어져 있다. 히드로공항에서는 수하물에 대한 보안확보를 위해 철저한 본인 확인 절차를 요구함으로 인해 타 공항과 달리 별도의 얼굴인식을 통한 본인확인 기능을 추가하여 운영하고 있다. 이러한 본인확인 기능은 ICAO에서 표준으로 권고하고 있는 전자여권을 기반으로 하고 있으나, 아직까지 인터페이스에 많은 문제를 가지고 있어 활용에 한계가 있는 상황이다. 다른 공항들과 마찬가지로 수하물의 무게, 크기, 기타 예외상황이 발생할 경우

그림 21-11 영국 히드로공항 셀프백드롭(호주 ICM사 제작)

출처 : 이강석 · 지민석, 공항운영 향상을 위한 self bag-drop system(무인수하물처리시스템)적용가능성 연구, 한국항공운항학회지 제24권 제1호, 2015년 12월, 인용

유인카운터로 탑승객을 유도하고 있다.

당초 2014년 6월에 리모델링을 통해 재 오픈한 터미널2의 Economic Class 체크인 카운터에 많은 수량의 SBD System을 도입하려 했으나, 재정상의 문제로 구축이 보류된 상태이다.

2) 셀프백드롭 장비 및 시스템 현황

Terminal 1에서는 Star Alliance Terminal 3에서는 British Airways, Qantas 등의 항공사 DCS[8])와 연동되어 있다. 장비는 다른 System과 달리 영상처리를 통한 복수개의 짐 구분, 이물질 투입감지, 본인확인 기능 등 다양한 부가기능을 지원하고 있다.

Terminal 2와 5의 Test 장비의 경우 본인 확인절차를 여권과 Boarding Pass 그리고, 카메라 촬영을 통한 이미지 Matching을 통해 진행하고 있다. 또한 본인 확인을 카메라로 촬영한 이미지를 전자여권 이미지와 비교하고 전자 여권이 아닌 승객이 진입했을 경우, Agent가 본인확인 및 이용지원을 하도록 장비가 개발되고 운용되도록 절차가 수립되어 있다.[9])

---

8) DCS : Distributed Control System

9) Norman J. Ashford · H.P. Martin Stanton·Clifton A. Moore, Pierre Coutu · John R. Beasley (2013), Airport Operations. McGraw−Hill, third edition, pp.183−203.

그림 21-12 영국 히드로공항 셀프백드롭 장비 및 시스템

출처 : 이강석 외, 공항운영 향상을 위한 self bag-drop system(무인수하물처리시스템)적용가능성 연구

3. 셀프백드롭시스템의 정책 방향

해외 선진공항에서 사용되고 있는 셀프백드롭시스템의 운용 방식 및 특징은 유럽지역의 항공선진국인 프랑스, 독일, 네덜란드의 경우는 자국의 제작사에 의해 제품이 공급되어지는 시스템을 구축하고 있다. 프랑스 오를리공항에서는 자국의 Altstef사에서 셀프백드롭시스템을 구축하였고 독일의 프랑크프르트공항에서는 Materna IPS사에서 네덜란드의 스키폴공항에는 BagDrop사가 제작한 제품이 설치되어 있다. 또한 유럽의 심장이라고 일컬어지는 벨기에의 브뤼셀공항과 아시아지역의 홍콩에서는 네덜란드의 Type22사 제품이 구축되어 있다. 그리고 영국의 히드로공항은 자국의 셀프백드롭이 아닌 호주 ICM이 제작한 시스템이 시범적으로 운영되고 설치되었다. 따라서 정책적인 시사점은 유럽의 항공선진국이 자국의 부인체크인카운터시스템을 자체적으로 개발하여 자국의 공항에서 설치 및 운영하고 있다는 것을 통해 한국도 자체적으로 셀프백드롭시스템을 국산화하여 공항, KTX역사 및 도심공항터미널에서 사용할 수 있는 환경을 조성하는 것이 필요하다.

4. 한국의 셀프백드롭시스템 현황

가. 인천공항의 셀프백드롭시스템 설치

인천공항공사는 2015년 5월 20일에 Scan & Fly라고 하는 네덜란드 제작사인 Type22를 설치하였으며 온라인체크인 시스템인 CUSS시스템을 가지고 있는 대한항공과 아시아나항공이 여객터미널 3층 출발층에서 대한항공 A 체크인카운터와 아시아나항공의 M 체크인카운터에 2대씩 설치하였다. 2015년 10월부터는 다수의 항공사들이 Type22 셀프백드롭시

그림 21-13 인천공항 셀프백드롭 최초설치(2015년)

출처 : 구글, 아시아나항공

스템이 사용가능하게 되었다.

나. 인천공항의 SBD 운영형태

한국에 처음으로 셀프백드롭이 설치되어 무인자동화체크인카운터시스템이 운영되고 있으며 셀프체크인과 셀프백드롭의 2스텝의 운영형태로 사용되어 지고 있다. 공항의 여객들이 신속하고 특별한 서비스를 제공받음으로써 공항운영의 효율적인 측면이 향상되어 질 것이며 스마트한 공항으로서의 면모가 갖추어 질 것으로 판단된다.[10]

그림 21-14 2015년 인천공항에 설치된 초기 셀프백드롭(Scan&Fly 제작사)

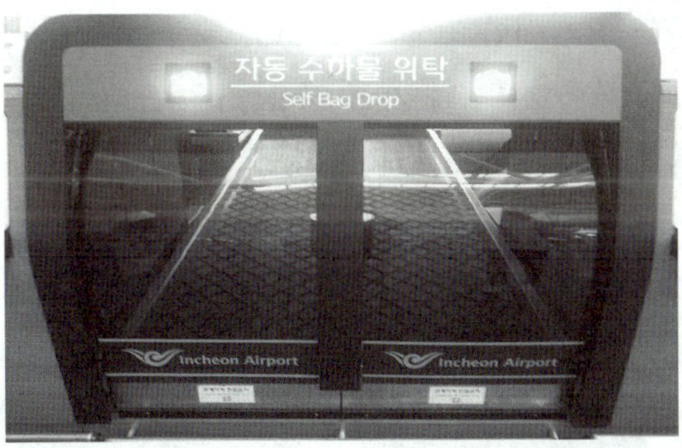

출처 : 인천공항공사

10) Young · Wells, Airort Planning & Management, Six Edition, pp.254－266.

표 21-3 전 세계 주요공항에 설치된 셀프백드롭시스템의 특징과 운영방법

공항	SBD 시스템 제작사	운용 대수	운용 방식	DCS 연계현황	비고
홍콩 공항	Type22	파일럿 운용 4대	2-step	CX만 지원	입구에 운영 인원 배치
오를리 공항	ALt Stef	5대 운용	2-step	Air France의 국내선만 적용	Self Bag Drop Zone이 별도 구성
프랑크푸르트 공항	Materna IPS	16대 운용	2-step	Star Aliance 항공사 연계, 동일한 체크인 시스템을 사용하는 항공사만 사용	키오스크 전용 공간 설치하여 체크인 승객 분산
스키폴 공항	Bag Drop	21대 운용	2-step	Skyteam에 속한 모든 항공사 운용 가능	입구에 운영 인원 배치
브뤼셀 공항	Type22	6대 운용	2-step	Star Aliance DCS만 운용	입구에 운영 인원 배치
히드로 공항	ICM	3대 운용 trial 2대 운용	2-step	Star Aliance British Airways Qantas	Terminal 5의 trial 장비의 경우 카메라 촬영을 통해 본인확인 절차 진행

5. 셀프백드롭시스템의 국산화

가. 초기 셀프백드롭 프로토타입 제작

한국에서도 셀프백드롭에 대한 자료조사, 연구 및 해외제품들에 대한 벤치마킹을 통하여 공항에서 이용객의 동선 흐름이나 제품 사용 시 이용객의 편리성과 같은 각 장·단점들에 대해 분석하고 분석한 결과를 토대로 하여 셀프체크인 키오스크와 셀프백드롭이 결

그림 21-15 셀프백드롭 프로토타입 실제 이미지

셀프백드롭 프로토타입 1 (국토교통대전 설치)

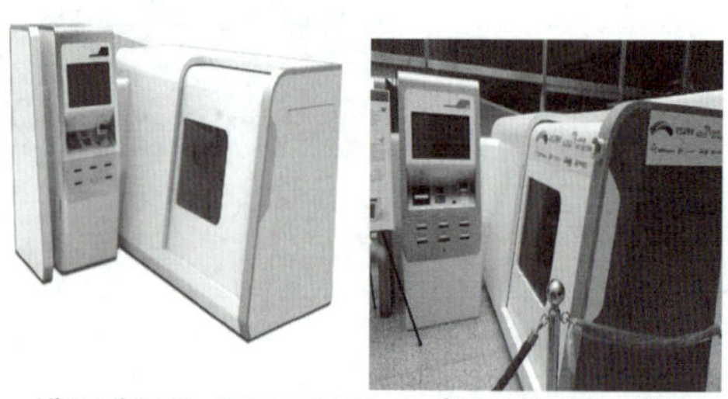

셀프백드롭 프로토타입 2 (한서대학교 설치)

출처 : 국토교통과학기술진흥원

그림 21-16 셀프백드롭 프로토타입 3 한국도심공항 설치]

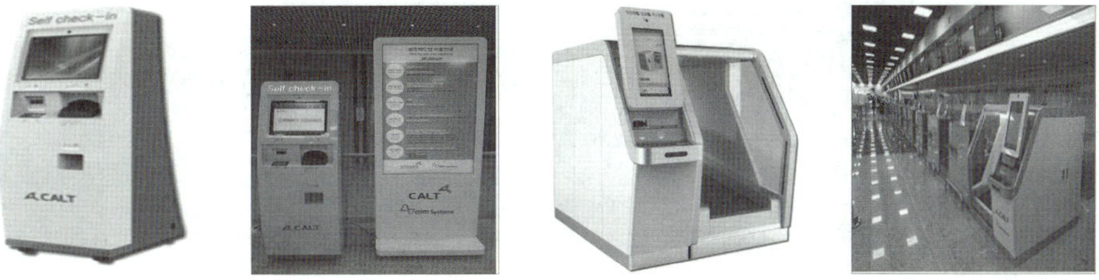

셀프체크인 키오스크 프로토타입 3　　　　　　셀프백드롭 프로토타입 3

출처: 에임시스템즈

합되어 1-Step으로 진행 가능한 2가지 프로토타입을 개발하였다.

셀프백드롭 프로토타입 3호기 제작 및 한국도심공항에 테스트베드용 제품 시범운영 공항과 유사한 환경을 지닌 한국도심공항에서 셀프체크인 키오스크와 셀프백드롭이 분리된 방식의 2-Step 제품을 개발 및 시범 운영을 수행하였다.

2015년 12월에 한국도심공항에 셀프체크인 키오스크 및 셀프백드롭을 설치하여 시범 운영을 진행하였고 운영 시 문제점 및 개선점을 도출하여 프로토타입 4호기 제작 방향을 수립 및 제작 완료하였다. 2025년 현재 김포국제공항과 인천국제공항의 제2터미널에는 국내에서 생산된 셀프체크인 키오스크 및 셀프백드롭이 설치되었다.

그림 21-17 김포국제공항 셀프백드롭

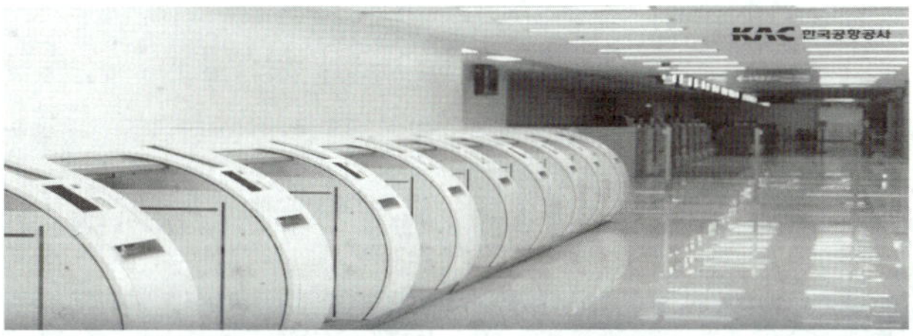

출처: 한국공항공사

그림 21-18 인천국제공항 제1터미널 셀프백드롭

출처: 인천공항공사

그림 21-19 인천국제공항 제2터미널 셀프백드롭

출처: 인천공항공사

외산 장비를 구매하여 설치되어있는 셀프백드롭에 대한 문제점들이 도출되고 있는데 공항 내에 확장이 요구되는 단독적인 공간이 필요하고 이에 따른 건설비용이 추가로 발생한다. 외산 장비 도입 시 과다한 구매 비용지출 및 고비용의 유지보수 비용 필요하게 되며 고객에게 공항 및 항공사 상황에 맞추어 발생하는 문제점들의 보완사항에 대한 커스터마이징이 어렵고 즉각적인 대응에 대한 어려움이 존재한다. 이러한 문제점들을 해결하고자 기존 유인 체크인카운터를 활용하여 추가공간이 필요 없고, 체크인카운터용 컨베이어 등 기존 설비를 활용할 수 있는 하이브리드형 셀프백드롭이 점차적으로 확대고 있는 추세이다. 우리나라도 셀프체크인 키오스크에 대한 기술력 및 셀프백드롭 R&D 수행을 통한 충분한 개발능력이 있다고 보인다. 기존의 셀프백드롭 시스템의 대표적인 해외회사는 Bag Drop, SITA, IBM, ALSTEF 등을 들 수 있으며, 대표적 시스템 특성은 아래와 같다.

그림 21-20 셀프백드롭] 시스템

Bag Drop사 제품

SITA사 제품

출처: 에임시스템즈

① Bag Drop사 제품은 개폐문이 있는 폐쇄된 구조이며 여권/탑승권/IC카드 등 인식 가능하며 1기씩 모듈형태로 구성가능하다. 탑승권을 인식하여 Bag-Tag를 발행하고, 탑승객이 직접 수하물에 Tagging한다.

② SITA사 제품은 개폐문이 없는 개방형 구조이며 탑승권/RFID/생체인식(지문) 가능하고 셀프체크인 기기에서 Bag-Tag 발행하며 탑승객이 직접 수하물에 Tagging한다.

- 두 회사 모두 키오스크와 셀프 백 시스템이 따로 있어 접근성이 떨어짐
- 유인 체크인카운터를 활용하여 추가공간이 필요 없고, 체크인카운터용 컨베이어 등 기존 설비를 사용할 수 있는 하이브리드형 셀프백드롭 필요

표 21-4 해외공항 Self Bag Drop 설치 및 운영 방식

구분	방식	내용
설치 방식 구분	전용 구역 구성	• 보안강화 측면에서 유리하며, 여객이 Bag Drop에 집중할 수 있고 Self Check-In과 별도관리 용이 • 별도 컨베이어 벨트를 사용하여야 해서 넓은 공간을 차지
	일반형 구성	• 여객 동선에 따른 사용유도로 적은공간으로 운용가능 • 한쪽벽면 설치로 많은 수량의 동시 설치가 어렵고 한쪽 벽면으로 여객 동선의 이동이 필수적일 때 가능
운영 방식 구분	이원화 구성	• Self Check-In과 Self Bag Drop의 수행 공간을 구분하여 단일작업 소요시간이 적고, 작업별 진행시간 차에 의해 다음 진행작업 공간의 혼잡완화가 가능하나 이전작업 오류 발생 시 다시 최초부터 시작해야 하는 불편이 있음
	일원화 구성	• 동일 장소에서 Self Check-In과 Self Bag Drop을 동시에 수행하는 One-Step Check-In 처리로 수행 작업별 별도공간을 구성할 필요가 없으나 많은 시간이 소요될 수 있음.

- 15개 항공사에서 적용하고 있으며, 2010년부터 18개 항공사가 도입을 하고 있음. 공항수준에서 시작되어 항공사 차원에서 발전되고 있다.
- IATA 조사에서는 아프리카와 러시아를 제외하고 국제적 수준에서 셀프체크인이 진행 중이며, 최근 중국이 이러한 셀프체크인 서비스 체계에 참여하고 있다.

그림 21-21 Self Document Check 참여 현황

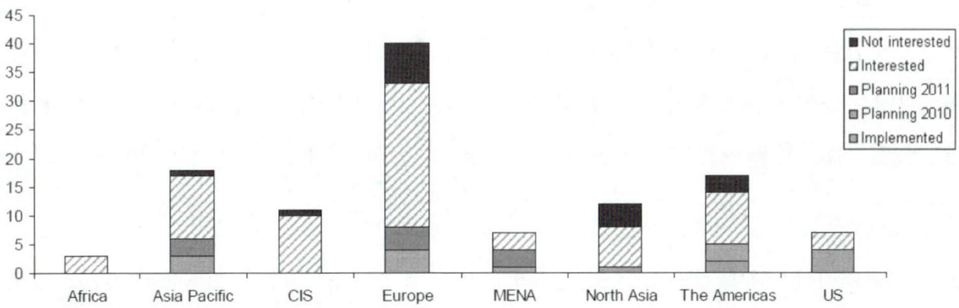

해외선진공항에서 운영하는 Self Bag Drop 시스템의 시스템과 운용사례 분석을 통해 선진공항의 동향 및 향후 운영방향을 분석하였다.

이러한 분석결과를 바탕으로 향후 국내도입이 확실시 되나 국내에 관련기술 및 제품이 전혀 없어 해외에 의존할 수밖에 없는 SBD System을 벤치마킹하여, 국내에 시스템을 도입 시 효율적인 구축을 도모하고자 한다. 나아가 국내제품의 개발로 이어질 경우 개발에 대한 방향과 사업접근 전략수립에 효율적인 방향을 제시하고자 한다. 이러한 노력을 통해 이제 막 도입을 시작하려하는 국내와 동남아 시장에서 SBD System관련 산업의 활성화 및 가격 경쟁력을 확보하고, 세계시장에서의 우위를 선점할 수 있기를 기대한다.

section 03 전 세계 주요공항의 셀프백드롭 적용현황

1. 싱가폴 창이공항의 셀프백드롭 운영[11)]

싱가폴 창이공항의 제1터미널의 경우 2번 카운터에 위치한 호주의 저비용항공사인 Jet Star항공사가 셀프백드롭시스템(two step)을 구축하여 운용중이며 제작사는 네덜란드의 Vandelion사 모델로 셀프키오스크 19대, 벡드롭 10대를 운용중이다. 5번 카운터에서는 호주의 Qantas항공사가 시범적으로 제작사인 호주의 ICM사의 모델로 셀프키오스크 7대, 백드롭 3대를 배치하여 운용중이다. 셀프키오스크와 백드롭의 기능을 구분하여 two step 과정으로 각자 독자적인 방법으로 운영 중이다. 아시아나항공 등 국적항공사가 위치한 제2터미널의 경우 셀프백드롭시스템이 운용되고 있지는 않으나 제4터미널이 건설 중에 있어 Self Check-in System을 도입할 예정이다. 싱가포르 창이 국제공항에서 운용중인 셀프백드롭시스템의 디자인은 매우 간결하고 단순하여 항공이용객들에게 거부감이 없으며 수하물의 제한을 중량으로 통일하여 최초 결재 시 설정한 중량이내에서 개수 제한 없이 수하물 위탁이 가능하다. 화면 구성 Menu가 매우 직관적이고 다양한 언어 지원(한국어 포함)으로 처음 사용하는 승객도 부담 없이 사용 가능하며 백드롭존에는 항공사 직원이 상

11) 공항수하물처리시스템 핵심부품 기술 및 self bag drop 시스템 개발, 국토교통과학기술진흥원, 해외출장보고서

주하고 있어 언제든 도움을 청할 수 있다.

그림 21-22 Self Check-in 키오스크

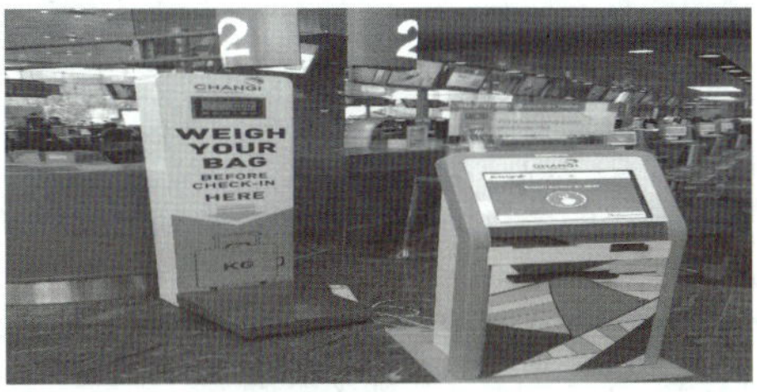

제트스타

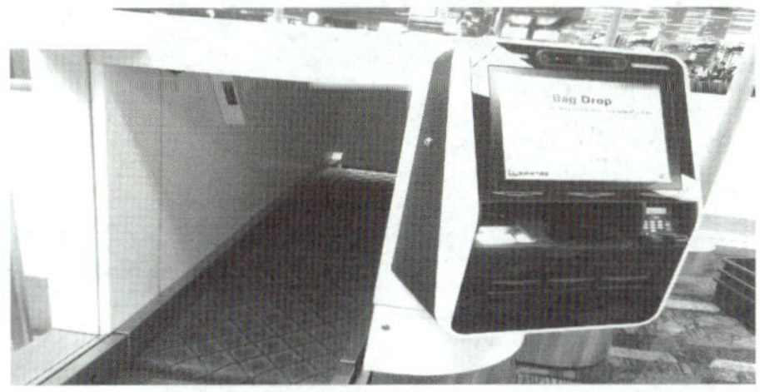

콴타스

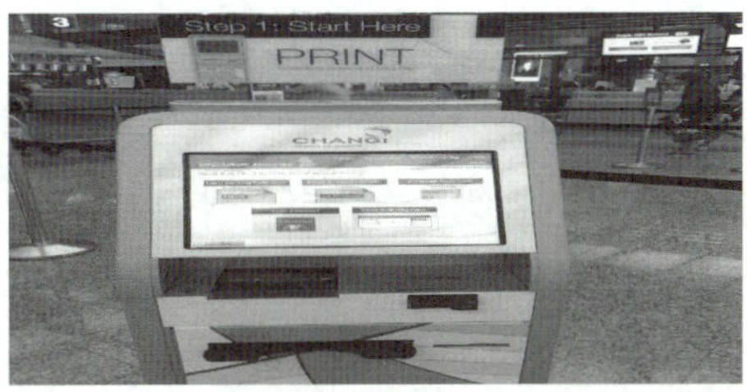

싱가폴항공 실크항공

출처 : 국토교통과학기술진흥원 해외출장보고서

제3터미널에는 Fast Check-in Area가 있어서 싱가포르 항공사와 Silk AIr 항공사가 3번, 4번 카운터에서 제작사인 네덜란드의 Type22사의 모델을 도입하여 운용중인데, 3번 카운터에서는 두 항공사가 공용으로 셀프키오스크와 백드롭을 운용중이고, 4번 카운터에서는 Silk Air 항공사가 셀프키오스크와 백드롭을 운용중이다. 2015년 7월 셀프백드롭시스템을 위한 Zone이 구성되었으며 운영시간은 24시간 운영되고 있다. Self Kiosk에는 직원이 2명 배치되어 지원을 하며, 백도롭 존에는 4명이 직원이 배치되는데, 입구에 안내요원 1명, 그리고 백드롭 존 진입 전 서류(여권, 비자, 항공권 등) 확인을 위한 직원이 1명 배치되어 최종확인을 하고, 백드롭 존에는 2명의 직원이 수하물을 부치는 절차를 보조한다. 1인당 수하물의 위탁 개수에는 제한이 없고 중량을 기준으로 제한을 두어, 중량 초과 시 바로 옆에 위치한 별도의 유인카운터에서 결재 후 SBD 시스템 사용이 가능하다. 온라인으로 전산 공유되어 결제정보가 키오스크와 공유하고 있다. 영어, 중국어 등 4개 국어를 지원하며 셀프백드롭시스템을 이용하기 위해서는 예약번호, 티켓번호, 여권, 항공권, 싱가포르 또는 Silk Air 항공사 회원카드 중 1가지 방법으로 이용이 가능하다.

그림 21-23 제3터미널 Fast Check-in Area 전경

창이국제공항 제1터미널의 콴타스항공 카운터에서는 시범적으로 호주의 제작사인 ICM사의 모델을 도입하여 운영 중으로 셀프키오스크. 백드롭을 배치하여 운용중이다. 항공사 수속시간에 따라 탄력적으로 운영되나, 주로 오후 3시부터 체크인 승객이 방문하여 운영이 시작된다. 샐프키오스크에는 직 원이 배치되어 지원을 하며, 백드롭에는 2명의 직원이 짐을 부치는 절차를 보조하고 있으며 셀프백드롭시스템을 이용하여 중량 제한에 따라 수하물 위탁이 가능하며, 중량 초과 시 초과금을 카드를 이용하여 결재할 수 있는 시스템이 추가되어 있으며 수하물 개수에는 제한이 없다. 백드롭시스템에 안면인식 카메라 기능이 탑재되어 있으나 개인 프라이버시 문제로 운용되지는 않고 있다.

그림 21-24 제1터미널 Qantas 항공사 운영 현황

창이국제공항 제1터미널 2번 카운터에서는 2013년 7월부터 네널란드 제작사인 Vandelon사의 모델을 도입하여 24시간 운영 중으로 도입 초기에는 셀프키오스크와 백드롭을 배치하여 운용을 시작으로 각종 에러 및 개선사항을 보완하여, 현재는 셀프키오스크와 백드롭을 대폭 증가시켜 활발한 운용실적을 보여주고 있다. 영어, 중국어 2개 국어를 지원하며 SBD 시스템을 이용하기 위해서는 비자가 있어야 사용이 가능하며, 시스템 이용을 위해서는 예약번호, 티켓번호, 여권, 항공권 중 1가지 방법으로 이용이 가능하다. SBD 시스템을 이용하여 중량 제한에 따라 수하물 위탁이 가능하며, 수하물 개수에는 제한이 없다. 셀프키오스크에는 직원이 8명이 대기하며 맨투맨 방식으로 승객의 수속을 원활하게 지원하며, 백드롭 존에는 직원이 배치되는데, 백드롭 존 진입 전 서류(여권, 비자, 항공권 등) 확인을 위한 직원이 배치되어 최종확인을 하고, 백드롭 존에는 직원이 수하물을 부치는 절차를 보조한다. 가장 많은 수의 셀프백드롭시스템 운영을 하며 이용률은 하루 평균 약 67%를 보이고 있다.(하루 대략 35편의 비행편이 취항/편당 180여 명 승객이 이용)

그림 21-25 제1터미널 Jet Star 항공사 운영 현황

공항의 셀프백드롭의 효율적 운영을 위한 공항당국·항공사의 노력으로 싱가포르 창이국제공항 당국에서는 셀프백드롭시스템 활성화를 위해 운영하는 항공사를 대상으로 이용률 70% 달성 시 인센티브를 지급하는 캠페인을 실시하였으며 싱가포르항공사가 Fast Check-in 카운터를 이용하는 승객들을 분산시키기 위해서 스크린을 통해 Bag Drop 이용 방법을 홍보한다.

셀프백드롭 이용 시 수화물 기준 무게를 초과하였을 경우에는 바로 옆에 위치한 유인 카운터에서 중량 초과분을 결재한 후 셀프백드롭시스템과 전산 공유되어 있어 이용이 가능하도록 되어 체계화 되어있다. 미국행 비행편은 비자와 ESTA(Electronic System for travel authorization)에 대한 문제로 인하여 셀프백드롭 이용이 불가능하기 때문에 서류를

그림 21-26 SBD 시스템 이용방법 홍보 모니터

카운터에서 확인 후 처리가 가능하다. SBD 시스템을 처음 사용하는데 익숙하지 않아 시간이 지체되는 부분이 제일 빈번한 불편사항이다. Jet Star 항공사의 셀프백드롭시스템의 경우 언어 종류가 영어와 중국어 2종류여서 불편을 초래하는데 이를 해소하기 위해 대표적인 언어를 추가옵션으로 입력되는 것이 필요하다. 다수의 여행객 일행이 셀프백드롭시스템 사용 시 백태그를 타인의 짐에 교차로 부착하는 경우 수하물 분실시 추적과 신원확인이 가장 우려된다. 목적지가 동일하지 않은 경우 상호 확인과 정보 확인에 상당한 시간이 걸리고, 특히 신원확인 등 원격 업무 협조에 상당한 제약이 따르는 게 사실이다. 이러한 부분은 직원이 일일이 확인하기 힘든 부분이므로 이용객이 본인의 짐에 본인의 백태그를 부착하도록 신중할 필요가 있다. 제3 터미널의 Fast Check-in Zone의 시스템은 온라인으로 공유가 되어 있어 시스템 고장 시 원격으로 수리할 수 있는 체계를 구축하고 있고, 고장이 발생할 경우 매뉴얼 체크인으로 전환하여 수하물 처리를 하며, 운영 시작 이래 현재까지 시스템 오류에 대한 건수가 있었지만 용이하게 복구되었다. 제3터미널의 Fast Check-in Zone의 시스템은 온라인 또는 모바일 예약에 대하여 진행이 불가하고 단지 공항에 배치된 셀프 키오스크로 수속 시 사용이 가능하여, 온라인/모바일 체크인 이용자들이 이용 제한에 대한 개선이 필요하며 셀프백드롭시스템으로 VISA 스캔이 불가능한 경우(예, 인도비자) 사용은 제한된다. 컨베이어 벨트의 고장 등이 수하물 위탁 과정에서 중요한 확인사항이다.

2. 미국 시카고오헤어공항의 셀프백드롭 운영

시카고 오헤어국제공항 1터미널에서는 국내선 위주의 Two Step(셀프키오스크로 발권 및 백태그 출력 및 백드롭)시스템으로 운영 중이며 2터미널에서는 유나이티드항공(7개 아일랜드구조로 6대씩 총 42대 운영), 제2터미널 델타항공, 3터미널 에서는 알래스카항공사, 아메리칸항공에서 운영중이다. 여객의 100%가 셀프키오스크와 백드롭시스템을 이용하며 유인카운터는 미운영중이다.

그림 21-27 유나이티드항공의 유인카운터/셀프 키오스크 운영 비교

시카고 오헤어국제공항 1터미널 United 항공에는 총 42대의 셀프키오스크와 백드롭시스템이 설치되어 운영 중이며 탑승객이 셀프키오스크와 백드롭시스템을 이용하기 위해서는 반드시 본인이 확인하는 절차가 필요하며, 이를 위하여 운용요원이 배치되어 있는데 키오스크 6대 기준 7개 Island 형식으로 운영되고 있으며 첨두시 추가 운용요원이 배치된다. 물론 유나이티드항공 주관으로 시스템이 운영된다.

그림 21-28 4터미널 Self Kiosk + Bag Drop 시스템 구축현장

시카고 오헤어 공항 1터미널에는 7개의 아일랜드로 구성된 셀프키오스크에서 발권수속을 운영하며 자동화에 타 항공사보다 적극적으로 운영하고 있다. 공간의 효율적 운영 측면에서는 터미널의 충분한 공간을 확보하여 혼잡을 최소화 하고 있다. 셀프키오스크 메뉴가 매우 직관적이고 다양한 언어 지원(한국어 포함 12개 국어)으로 처음 사용하는 승객도

부담 없이 사용 가능하며 백드롭 존에는 항공사 직원이 상주하고 있어 언제든 도움을 청할 수 있다. 특이사항으로는 위탁 수하물 개수의 제한이 없이 처리가 가능하며 수하물 위탁에 추가 비용이 발생(1개 $25 USD, 2개 $60 USD 등)하고 수하물 탁송 후 보안검색 구역으로의 수하물 이동은 컨베이어 벨트에 의해 운영된다. 백태그(Bag tag) 용지 예비 슬롯을 보유하고 있어 용지 조기 부족에 대응이 가능하다. 발권 구역의 혼잡을 완화하기 위해 공항 진입로(주차장, 전철역으로 통하는 길목 등)에 셀프키오스크를 설치하여 운영하고 있다.

그림 21-29 공항 진입로에 배치된 셀프키오스크

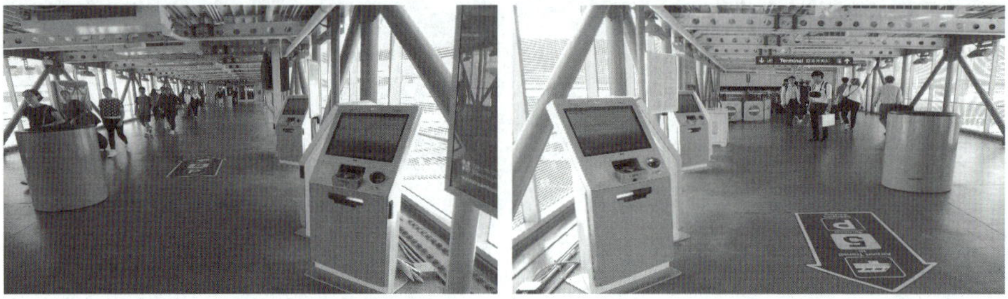

탑승권 및 백태그 발권, 본인확인 등 필요한 기능이 모두 탑재된 형태의 제품으로 탑승권 분실 시 재발행 가능하며 수하물의 크기와 중량에 상관없이 일괄적으로 백테그 출력이 가능하다. 또한 셀프키오스크 옆 중량측정 장치가 있어 중량 확인이 가능하나 단점으로는 키오스크와 연동이 되지 않아 중량초과 요금에 대한 조치가 없으며 백태그 발권 후 중량측정으로 추가요금 재결재로 번거로움과 추가시간 소요가 발생하게 된다.

그림 21-30 KIOSK 중량 측정 장치

현재 시카고 오헤어 공항에서는 유나이티드항공이나 아메리칸항공의 국내선 취항 항공사들은 two－Step 기준으로 각자 독자적인 방법으로 운영 중이다. 효율적 운용을 위한 운용방식으로는 이용자의 혼란을 최소화하기 위한 표준화(절차, 디자인 등) 필요하며 셀프체크인키오스크에 중량 측정 기능 및 추가요금 징수 기능 추가로 이중결재의 번거로움을 최소화할 필요가 있다. 미국의 경우 현재 시카고 오헤어 공항은 국내선 터미널에만 Self Kiosk + Bag Drop 시스템을 적용하고 있으며, 국제선은 적용하고 있지 않다. 원스텝 셀프백드롭시스템을 적용하지 않는 사유는 출국 시 필요한 확인 서류(비자 등)가 많아 SBD 시스템 연동에 애로사항이 발생하게 되기 때문에 국제선 이용객의 대부분이 환승객으로 이용 빈도가 낮을 것으로 예상하고 있어 적용하지 않고 있다.

그림 21-31 국제선 터미널의 전통적인 체크인 카운터 운영

Chapter 22

수하물처리시스템(Baggage Handling System)

section 01 수하물처리시스템(BHS)의 의미

1. 수하물처리시스템의 정의[1)]

수하물처리시스템(BHS)은 공항을 이용하는 출발, 도착, 환승여객들이 기내로 휴대하지 않고 위탁하는 수하물을 공항터미널 내에서 해당 여객이 탑승한 항공기로 신속, 정확하게 분류, 운송서비스를 제공하는 시스템으로서 "Airport Operation"에서는 "Within the total operations system, an essential element is the handling of passenger' luggage. If there are any difficulties with the processing of baggage, either or departure or ar-rival, it can have repercussions across a wide range of airport operations"라고 기술되어 있으며[2)] Airport Design and Operation에는 "Baggage handling is becoming a crit-ical activity"[3)]라고 표현되어 있다.

2. 수하물처리시스템의 필요성

수하물처리시스템은 여객의 수하물을 신속하고 정확하게 분류하여 해당 항공기로 운반하는 시설로써 고도의 정밀성과 신뢰성이 요구되며, 더욱이 환승여객 비율이 높은 HUB

1) 공항수하물처리시스템 핵심부품 기술 및 self bag drop 시스템 개발, 국토교통과학기술진흥원.

2) Norman Ashford, Airport Operation,

3) Kazda, Caves, Airport Design and Operation, Emerald

공항에서는 그 중요성이 더욱 강조되고 있으며, 공항의 서비스 수준을 결정하는 여객터미널의 핵심적인 시설이다. 수하물처리시스템은 컨베이어, 자동제어, 분류시스템 등으로 구성되며 수하물처리시스템을 결정하는 중요한 요소는 터미널 배치 형태와 여객처리 능력이다. 항공기술이 급속히 발전하면서 대형공항에서 국제선 터미널의 경우 항공편당 평균 210명이 탑승하고 있으며 위탁수하물의 무료허용량이 여객당 20kg까지 허용하는 것을 기준으로 할 때 약40분 동안에 8톤의 수하물이 싣고 내려야 하며 최근에는 공항서비스품질 측정항목중의 하나로 도착 후 수하물을 찾는데 소요되는 시간도 반영되고 있다. 대규모 공항의 경우 대부분 수동으로 수하물을 처리하고 있으며 동시에 몇 편이 출발하는 중형급 공항의 경우 수하물이 목적지별로 분류될 수 있는 시스템을 갖추어야 한다. 인천공항과 같이 대형공항의 경우 자동화된 수하물분류시스템이 요구되며 이와 함께 수하물을 이용한 항공기테러를 예방하기 위하여 수하물검색을 위한 X-Ray 검색장비가 자동으로 연계 되도록 설치하고 있는 추세이다. 나날이 증가하는 항공수요에 따라 세계적으로 공항 확장 및 대형화가 이루어지고 있어, 보다 신속하고 안전한 공항 여객 편의제공과 경제적이고 친환경적인 공항운영시스템 구축을 위해 친환경 공항운영기술 개발 추진이 필요하다.

3. 수하물처리시스템의 흐름

- 출발 Flow : BHS 흐름은 수하물인 체크인 카운터를 통하여 Landside(이용객이 접근할 수 있는 터미널 지역)에 진입하고, 컨테이너(또는 Cart)에 적입(Bulid/ Make-up)되어 Airside로 이동하여 출발항공기에 싣게 되는 흐름이다.
- 도착 Flow : 도착한 수하물은 하기되어 분류(Break)지역에서 분산되어 터미널로 운송됨. 승객들은 수취지역(Reclaim area)에서 수하물을 수취하게 되며, 수하물 흐름이 종료되는 지점이다.
- 환승 Flow : 환승수하물은 도착된 수하물 중 분류되어 출발 수하물 컨테이너에 적입된다.

그림 22-1 BHS 도착/환승/출발 Flow

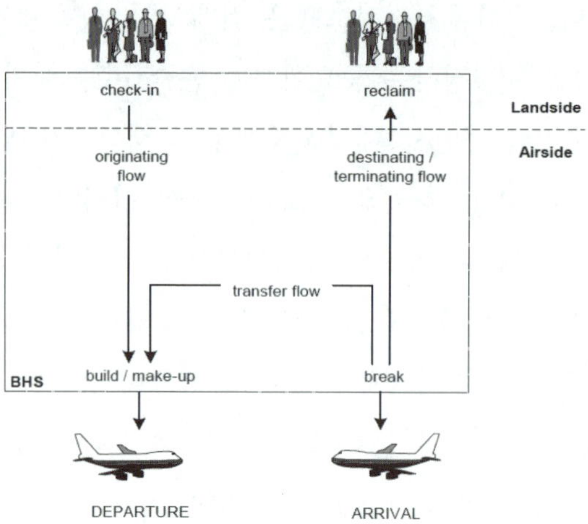

4. 수하물처리시스템 처리과정

일반적인 BHS 처리 과정은 다음과 같다.

그림 22-2 BHS 처리 순서 및 과정

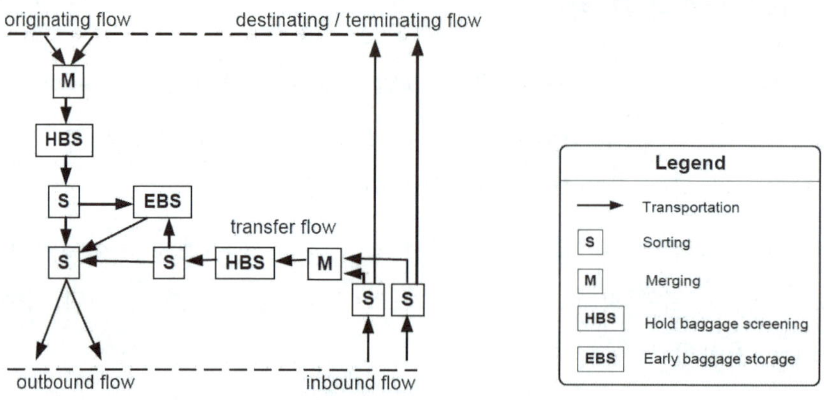

가. Outbound BHS 처리 과정

- 체크인 후 서로 다른 체크인 데스크로부터 수하물이 합류
- 출발 수하물은 항공기 안전을 위해 검사(HBS : Hold Baggage Screening)

• 출발시간 최소 2시간 이전에 입고된 조기수하물과 일반 수하물을 분류하고, 조기수하물은 저장(EBS : Early Baggage Storage). 항공사의 정기출발시간(STD : Scheduled Time of Departure)에 맞추어 보관하거나 수하물 flow 상에 일시적 보관 후 반출
• 항공기 출발별 수하물의 분류 후 Make-up 지역에서 수화물 컨테이너에 반입
• 출발수하물의 경우 환승 수하물이 아닌 경우 분류 후 컨테이너에 반입
• 환승 수하물은 분류 후 적재

나. Inbound BHS 처리 과정

• 항공기로부터 도착한 수하물은 Break area에서 분류 처리
• 환승 수화물은 분류단계에서 도착 수하물과 분리되어 처리. 수하물의 항공편에 따라 분류되고 필요시 검색 후 분류장치로 이동. 조기 입고된 환승 수하물은 EBS로 전달되어 보관
• 도착수하물은 도착여객 수하물 수취지역의 캐로셀로 이동

section 02 수하물처리시스템(BHS)의 연계

1. 수하물처리시스템의 정보

BHS는 다양한 정보시스템과 여객, 운영자 등이 수하물과 연결되어 있다. DCS (Departures Control System)는 IATA(International Air Transport association)에 의해 관리되며, 관련 공항들과 연결되어 있다. 수하물이 체크인 되었을 때, BHS에서 BSM(Baggage Source Message)를 DCS와 등록된 항공편으로 보내어진다.

■ BMS는 고유의 10자리 IATA number(License Plate)를 포함하고 모든 공항의 수하물을 인식할 수 있도록 한다.

■ BMS는 여객의 이름과, 항공편, 날짜, 여행일정, 수하물 보안상태 정보를 포함하고 있다.

■ 이러한 정보는 BTM(Baggage Transfer Message)에 의해 목적공항으로 정보가 전달된

다. FIS(Flight Information System)은 항공기 스케줄과 출발, 도착 항공기에 대한 정보를 제공한다.

- 이러한 정보에 기초하여 BHS는 수하물 흐름과 분류를 통하여 수하물 수취 및 수집할 수 있도록 수하물을 할당한다. 정보는 공항과 관련된 운영정보를 가지고 있는 MIS(Management Information System)으로부터 전달된다.

MMS(Maintenance Management system)은 BHS 유지보수를 위해 일정 운영시간에 기준하여 지원될 수 있도록 구축된다. 공항 행정시스템은 BHS 사용에 따른 항공사의 이용료 청구와 관련한 시스템임. 수하물의 처리량과 개수에 따라 항공사에게 사용료를 청구한다. Airport Time Server는 BHS와 연계된 시스템으로 공항의 시간을 관리하여 스케줄과 관련하여 공항 내의 시간 관리에 이용되는 시스템이며 BHS는 여객 및 운영자 등 인적요소와도 연계된다. 여객은 체크인 데스크와 수하물 수취대에서 직접 수하물과 연결되며 BHS 운영자들이 활동하고 있고 체크인에는 수하물 등록, 라벨링, 계량 등을 지원하고 있으며, 보안을 위한 인력도 지원된다. 대부분의 수하물은 자동적으로 검색되지만, 의심 화물에 대해서는 별도의 분류 후 X-ray 검사 후 개장하여 검색한다. 수하물의 정해진 루트에 따

그림 22-3 BHS 시스템 연계 체계

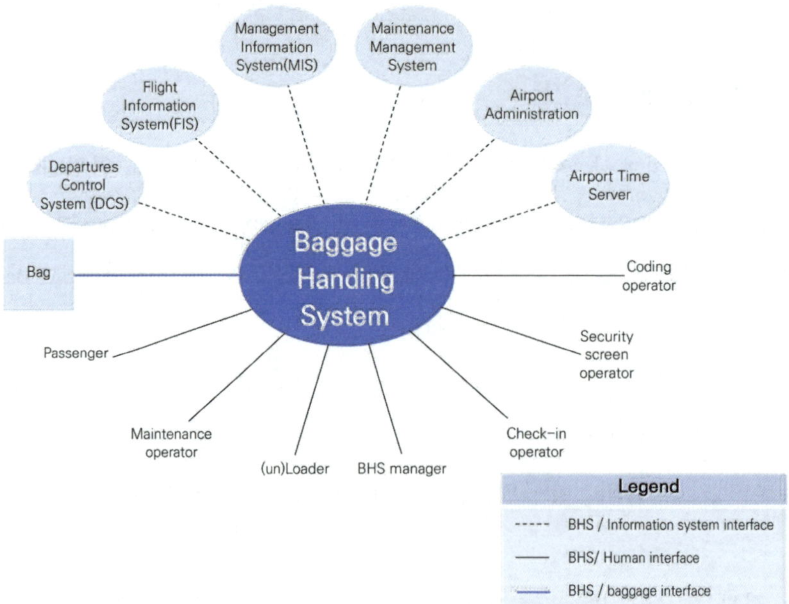

라 분류되지만, 화물의 인식에 문제가 발생할 경우 수동으로 직접 수작업으로 인식할 수 있도록 지원된다. 수하물이 항공기에 싣거나 내릴 때 수작업으로 BHS에 수하물을 연계시키는 작업 역시 사람에 의해 이루어진다.

2. 공항운영시스템 분야별 기술[4)]

공항을 운영하기 위한 시스템(정보통신, IT, S/W 등)의 기반에 체계로, 여객, 화물, 차량 및 장비와 Airside와 Landside에서 운영되는 아래와 같은 각종 시스템들이다. 공항운영시스템 중 BHS는 수하물을 처리하는 체계로 체크인 카운터에서부터 수하물 탑재까지를 연결하는 수하물 운영시스템이다. BHS는 항공사의 정보와 수하물의 정보를 가지로 수하물을 해당 항공편으로 탑재하기 위해 컨베이어와 분류기 장치를 이용하여 수하물을 처리하며 모든 수하물 정보는 비행정보 시스템(FIS : Flight Information System) 및 CUS (Common User System)과 연계되어 공항 서버(Sever)를 통해 정보를 주고받음. 모든 BHS 서버는 중요도에 따라 1개 또는 2개의 백업 시스템이 제공되며, 일반적인 BHS 운영시스템 개념은 [그림 22-4]와 같다.

표 22-1 공항운영시스템의 종류

구분	시스템 명	세부 시스템
Airline & Airside Operations Systems	Airport Operational Database (AODB)	
	Resource Management System (RMS)	Resource Management System (RMS) Gate Management System Ticket Counter Management System
	Electronic Visual Information Display Systems (EVIDS)	Visual Paging & Emergency Display Systems Flight Information Display Systems (FIDS) Gate Information Displays System (GIDS) Ramp Information Display Systems (RIDS)

4) 공항수하물처리시스템 핵심부품 기술 및 self bag drop 시스템 개발, 국토교통과학기술진흥원.

구분	시스템 명	세부 시스템
		Tug Drive Information System Baggage Information Display Systems (BIDS) Parking Information Display Systems Advertising Information Display Systems Wayfinding Information Display Systems
	Passenger Check in and Boarding	Transportation Information Self-Service Kiosks Common Use Passenger Processing Systems (CUPPS) Common Use Self-Service (CUSS) Kiosks Common Use Terminal Equipment (CUTE) Departure Control Systems(DCS) Local DCS & Weight and Balance Common Language Facility(CLF) Airline Gateway Server Systems
	Baggage Handling Systems (BHS)	Baggage Sortation System Baggage Reconciliation System Baggage Tracking System
	Cargo Processing Systems	ULD & LD3 - Unit Load Device Tracking
	Passenger Loading Bridge Systems	
	Air Traffic Control & Navaid Systems	Apron and AirBridge Operation Visual Docking Guidance System Daily Operations Log and Emergency Checklists Runway Monitoring System
	Flight Tracking Systems	
	Noise Monitoring Systems	
	Meteorological Information	
	Weather Tracking Systems (AWOS)	
	Aircraft Refueling Systems	
	Aircraft Servicing	
	De-Icing Systems	

구분	시스템 명	세부 시스템
	Runway Lighting	
Airport Landside Operations Systems	Parking Systems	Parking Revenue Control Electronic Parking Toll (e.g., E-Pass) License Tag Identification System Parking Space Management System
	Automated Vehicle Identification (AVI)	
	Taxi Dispatch System	
	Surface Vehicle Monitoring System	
	Fuel Management	Fuel Charge backs Fuel Reordering and Monitoring of Fuel Levels
	Lightning Detection Systems	
Airport Safety & Security Systems	Command & Control Center Systems	
	Mobile Command Post Systems	
	Computer Aided Dispatch (CAD)	
	e-119	
	Closed Circuit Television (CCTV)	
	Camera Systems	
	In-Line Explosives Detection Systems (EDS)	
	Screening Systems	
	Biometrics Systems	
	Access Control Systems	
	Badging Systems	
	Perimeter Intrusion Detection Systems (PIDS)	
	Fire Fighting & Alarm Systems	
	Natural Disaster Operation	
	Emergency Response System	
	Customs/Immigration	
	Passenger Screening Systems	

구분	시스템 명	세부 시스템
	Baggage Screening Systems-EDS	
	APIS for inbound, international flights	
	US Visit Systems	
	Access Control	
	Perimeter Security	
	Video Surveillance	
	Voice Communications	
	Building Management Systems	Electric Power, HVAC, Lighting Supervisory Control and Data Acquisition (SCADA)
	Utilities Metering Systems	
	Computerized Maintenance Management System (CMMS)	
	Signage Management System	
Airport Facilities & Maintenance Systems	People Mover Systems	Elevators, Escalators, Moving Walkways, Light Rail, Turnstiles
	Material Management	Maintenance and Construction Management
	Energy Management	
	Air Bridge Maintenance	
	Vehicle Parking Access Maintenance	
	Waste Management	Sewage Processing, Waste Burning Management Storm Water Run-off
	Airport Vehicle Maintenance	
Airport Development Systems	Project Management System	
	Drawings Management System	
	Environmental Management System	
	Pavement Management System	
	Airspace & NAVAID Obstruction	

구분	시스템 명	세부 시스템
	Management System	
	Computer Aided Design & Drafting (CADD)	
	Geographic Information System (GIS)	
	Three Dimensional Visualization System	
	Circulation Flow Analysis & Simulation System	
	Marketing	Community Outreach Support, Passenger Outreach Support, Tenant Outreach Support, Business Intelligence Support, Advertising Decision-making Systems, Certification Laboratory
Airport Admini-stration Systems	Financial Management System	
	Procurement Management System	
	Asset Inventory Management System	Financial Assets, Intellectual Property Assets, IT Assets, Cable Locations and Asset Management
	Human Resources Management System	Airport Staff Rostering, Payroll, Insurances and Benefits Management, Staff Records Management, Recruitment Management Systems
	Space & Lease Management System	
	Property Management System	
	Time and Attendance	
	Meeting Management	
	Library and Regulation Management	
	Noise Monitoring Systems	
	Airport Revenue Management	
	E-Commerce Web-site	
	Tenant Relations-Business	Contract/Lease Administration, Product

구분	시스템 명	세부 시스템
	Services	Catalog Management, Billing Administration, Product Provisioning, Electronic Bill Payment, Point of Sale & Revenue Management Systems
	Database Management Systems	Public Addressing, Spatial Database, Enterprise Content Management System (ECMS)

그림 22-4 일반적인 BHS 구성형태

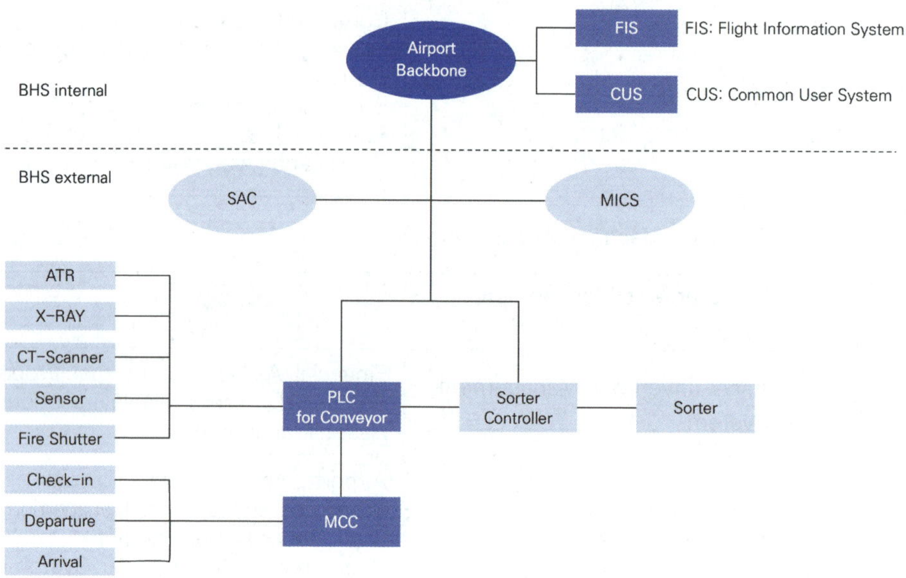

SAC(Sortation Allocation Computer)와 MICS 하에 BHS 장치들이 구성되어 있다.

컨베이어는 각종 인식장치 및 검사장치(ATR, X-ray, CT-scanner 등)로 수하물을 검사하며, 센서를 통해 바코드를 읽어 수하물의 정보를 인식하고 분류를 위한 정보로 활용하며 수하물처리시스템과 항공사는 여러 가지 인터페이스가 있으며 여러 가지 사항을 고려하여 인터페이스 관계를 정의하여야 한다.

체크인 컨베이어 및 수하물 무게측정, 자동분류를 위한 컴퓨터 및 슈트/래터럴 사용, 시스템 디스플레이, 비상 및 대기 제어 인터페이스, 지상조업실내의 휴대용 항공편 스캐너 인터페이스, 수동코드 스테이션 운영, 레이스 트랙 운영, 수하물검색 제어 경로, 시스템 운영 제어 그래픽 디스플레이 및 키보드, 계류장의 시스템 제어 등이다.

section 03 BHS 부문별 기술

1. 수하물 처리 단계별 기술

가. 출발시스템

- 출발 수하물은 여객이 공항에 도착하여 체크인 카운터에서 탑승 수속 시 위탁수하물을 컨베이어에 올려놓으면 항공사의 체크인 오퍼레이터가 항공사의 체크인 시스템인 CUS로부터 발급되는 수하물 꼬리표를 부착하여 시스템에 투입하고, BHS내에서 수하물에 부착된 꼬리표의 정보에 따라 자동으로 해당 목적지까지 운송되면 지상조업사에 의해 컨테이너에 실려진 후 항공기에 탑재됨.

그림 22-5 체크인 카운터(출발시스템) 형태

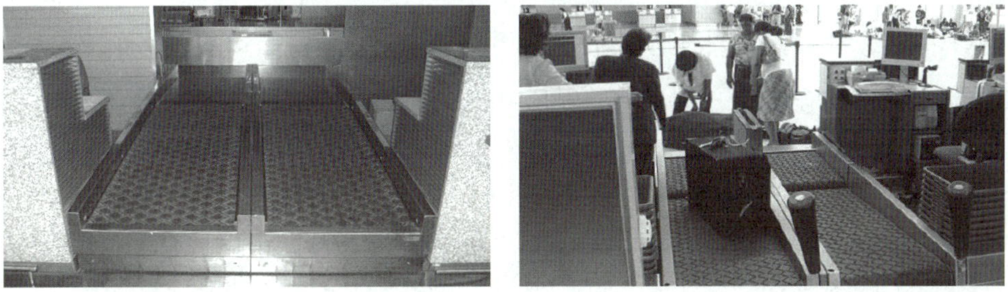

출발시스템은 전통적으로 가장 복잡한 공항 운영시스템중의 하나로서 시스템의 성능조건이 항공사, 조업사 및 공항 운영자의 요구사항과 일치하는 것이 매우 중요하며 출발시스템은 항공사가 담당하는 체크인(check-in) 시스템으로 수하물의 크기와 무게를 계측하는 것이며, 대부분 수작업으로 수행되며, 부분적으로 반자동(semi- automated systems)장비를 이용한다. 체크인시스템은 CUTE(Common Use Terminal Equipment)으로 설치되며, 이 장비는 카운터와 항공사 시스템을 연결하는 장치로 각 수하물을 인식하여 여객의 여행 일정에 따라 BHS시스템에 BSM(Baggage Sortation Message) 연결하는 역할을 하는데 최근 체크인 시스템의 경우, self-service 기능을 갖춘 장비를 공항에 도입함으로써 대기시간을 줄이고 여객의 편의를 제공하기 위한 첨단장비를 도입하고 있음. 이러한 장비는 무선장치를 이용하여 self-check-in kiosk를 활용하거나 자동 수하물처리 장비를 설치하여 피크

시간대에 여객에게 편의를 제공하는 것이다. 이러한 첨단장비를 이용하기 위해서 IATA에서는 RFID를 적용하도록 권고하고 있으며, 이를 위한 표준을 설정하였음. 국내에서도 체크인 카운터에서 수하물을 자동인식하기 위한 RFID 적용을 2005년에 수행하였다.

2. 환승시스템

환승 수하물처리는 출발 수하물처리보다 더욱 복잡하고 긴급한 처리가 요구되는 경우가 있으며 환승 수하물은 도착 수하물과 혼재되어 있을 수 있고, 판독이 불가능한 수동으로 발행한 태그나 지상조업 과정에서 훼손되거나 구겨진 태그가 부착될 수 있기 때문에 BHS 구축 시 이러한 현실을 감안하여야 하며 항공사는 환승 수하물을 전용 컨베이어에 적재하거나 항공기내에 정해진 부분에 적재함으로서 지상 조업자가 환승 수하물을 확인 가능토록 하여야 한다. 환승수하물이 출발 수하물과 연계되기 이전에 환승 수하물에 대한 검색 등 여러 가지 선행 처리과정이 요구되며 환승 수하물은 타 항공편으로의 신속한 연결을 위하여 항공기로부터 가능한 신속하게 하역되어야 한다. 특히 환승 시스템은 국제선간 환승과 국내선환승으로 구분될 수 있으며, 도착시스템과 연계된다.

- 국제선간 환승시스템
  - 환승 수하물 투입대 : 지상조업 요원이 환승 수하물을 수하물처리시설 내로 투입하는 벨트 컨베이어
  - 환승 분류기(Transfer Sorter) : 환승수하물 처리를 위한 자동분류기

- 국내선 환승시스템
  - CIQ recheck 카운터 : 국제선에서 국내선으로 환승시 카운터
  - CIQ Recheck 시스템 : 국제선에서 국내선 환승 시스템

환승분류 시스템은 소팅기술이 활용되며, 수하물이 도착되어 컨베이어에 싣게 되면, 수하물에 부착된 Tag가 인식되어 도착인지 환승인지 구분하여 소터에서 분류된다.

그림 22-6 환승 분류시스템

3. 조기수하물 처리 시스템(EBS)

조기수하물(EBS : Early Bag Storage System)은 여러 지점으로부터 공항에 도착하게 되는데 주로 대형 국제공항에서 많이 발생함. 항공기 출발 24시간 전에 체크인 되거나 환승을 위하여 시스템에 투입된 수하물은 조기수하물로서 어느 지점에서 어떠한 방식으로 시스템적으로 저장할 것인지는 항상 항공사와 공항의 딜레마에 있다. 공항과 항공사는 수하물을 Just In Time 방식으로 처리하기 위하여 탑승객이 출발 2~3시간 전에 체크인하는 것을 선호함. 수하물이 조기에 체크인 될 경우 시스템 및 건축적으로 공간을 차지하게 되며 공항 및 항공사에 추가적으로 보안적인 요구사항이 추가될 수 있다. 수하물은 시스템에 투입됨과 동시에 수하물의 내용물을 안전하게 보관하고 궁극적으로 목적지로의 적절한 운송을 위해 운영자와 함께 항공사의 책임이 됨. 수하물이 오래 보관 될수록 문제 발생 소지는 당연히 증가하게 되며, 또한 수하물을 분류, 저장하기 위한 공간 점유 비용이 증가하게 된다.

EBS는 BHS 형태에 따라 다르지만, 효율적 운영을 위해 위 그림처럼 컨베이어 상에 그대로 저장하거나 랙장비의 다단계로 저장할 수 있다. 효율성의 측면에서는 라인 컨베이어에 그대로 두고 항공편 운영에 따라 컨베이어를 가동하여 소팅할 수 있으나 조기수하물이 많을 경우 다단계 랙장비 저장이 효과적이다. EBS에 저장되는 수하물은 항공편, 승객명, 출발 게이트, 바코드(License Plate Number), 출발 시간 정보에 의해 저장되며 저장된 수하물은 EBS 루프 컨베이어에 일시적인 저장 후 해당 정보에 따라 소터에 전달된다. EBS는 컨베이어로 구성된 하드웨어와 제어시스템으로 구성되어 있으며, 개별 수하물의 특성에 따라 정적, 동적 저장이 가능하도록 되어 있다. EBS의 하드웨어는 저장, 유입, 유출 모듈로 구성되어 있으며 각 모듈의 형태는 공항에서 조기에 유입된 수하물을 처리하기 위해 컨베이어에 일시적 저장하는 장치이다. EBS 제어시스템은 소팅 시스템과 EBS 시스템 사이에 벨트 컨베이어와 루프 컨베이어를 조절하여, 수하물을 처리하는 장치이며 제어장치는 소팅 시스템 제어장치와 연결되어 있으며, 수하물 주제어 장치의 제어를 받는다.

그림 22-7 EBS 형태 및 장치

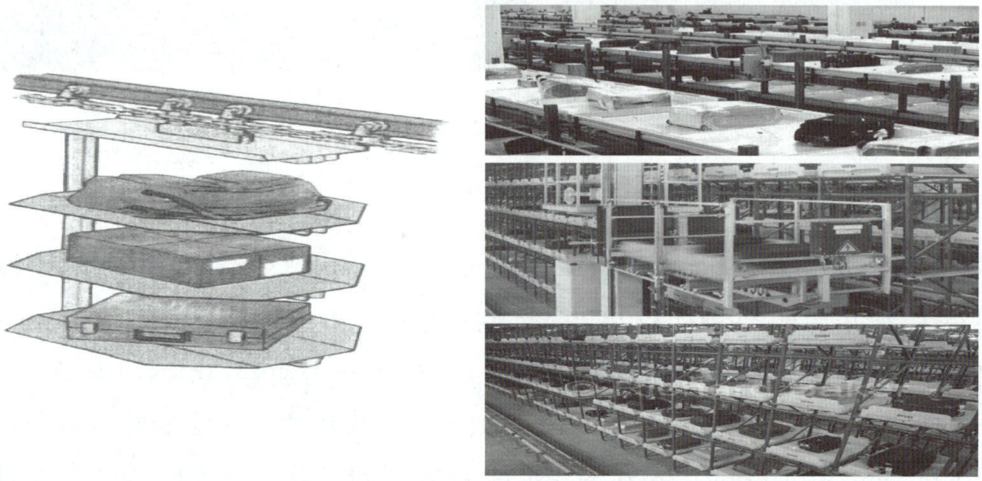

출처 : 노건수 외 운항시스템의 이해, 과학기술

그림 22-8 BHS에서 EBS 구성

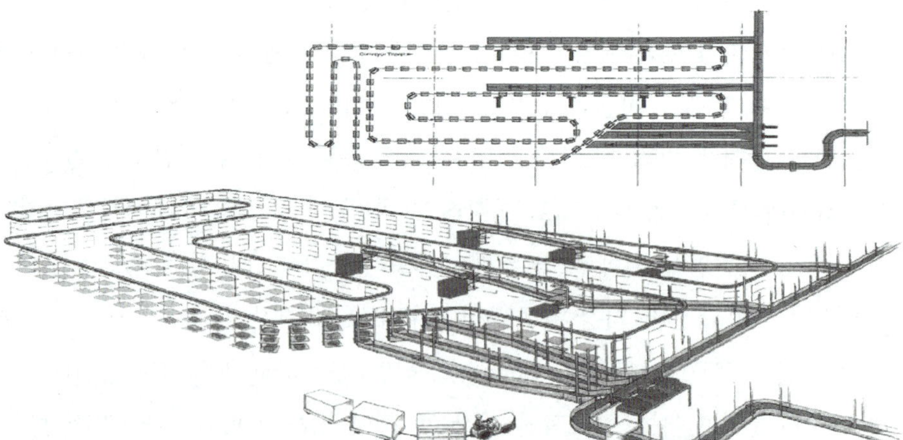

4. 도착시스템

도착항공기는 도착수하물, 환승수하물 및 도착과 환승수하물이 혼재된 상태로 도착하며, 게이트에 항공기가 접현하면 조업자는 항공기 화물칸의 도어를 오픈하고 우편물, 경량 화물, 도착 및 환승 수하물을 확인한다. 도착수하물은 도착여객이 수취대에서 신속하게 자신의 수하물을 수취할 수 있도록 여객터미널의 형태와 구조 및 서비스 레벨 등을 감안하여 별도의 도착 수하물 처리를 위한 시스템 없이 Tug & Dolly를 이용한 수동처리부터, 컨베이어, 틸트트레이 등 여러 가지 방법으로 구성 할 수 있다.

그림 22-9 도착시스템(Inbound Baggage Belt conveyor) 형태

그림 22-10 수하물 출발/도착/환승 체계

도착수하물 시스템은 구성은 도착수하물 투입대와 수취대로 구성됨. 컨베이어 운송(Tunnel)은 탑승동으로 도착한 수하물을 벨트컨베이어로 여객터미널까지 고속으로 운송하여 여객의 수하물 수취대기시간을 단축하며 도착수하물 투입대는 도착항공편으로부터 하역한 수하물은 지상조업 요원이 수하물처리시설 내로 투입하는 벨트 컨베이어. 도착수하물은 별도의 분류가 필요 없이 수하물 수취대와 1:1로 연결되어 운송하고 도착수하물 수취대는 도착 여객이 수하물을 수취하는 케로셀이다.

Chapter 23

공항마케팅

section 01 마케팅의 정의와 마케팅 개념[1]

1. 마케팅의 의미

마케팅이란 용어가 의미하는 바는 무엇인가? 이런 질문을 300개 대학의 관리자들에게 했을 때 응답자의 90%는 판매, 광고, PR이라고 대답하고 단지 10% 정도만이 소비자 욕구의 파악, 마케팅조사, 제품개발, 가격결정 및 유통을 포함하는 것이라고 대답했다. 대부분의 사람들이 마케팅은 판매와 촉진으로 잘못 알고 있는 것이다. 마케팅에서 판매는 빙산의 일각에 불과하며 중요한 기능이 아니라고 말 할 수 있는 이유는 만일 마케팅담당자가 소비자욕구의 파악, 관련제품의 개발, 가격결정, 유통 및 촉진에 관한 이를 효과적으로 해내면 그 제품은 매우 쉽게 판매될 것이기 때문이다. 일반적으로 판매 개념과 마케팅 개념이 혼동되는데 레비트(T. Levitt)는 두 개념을 구분하기를 "판매는 판매자의 필요에 초점을 둔 것이고 마케팅은 구매자의 필요에 초점을 둔 것이다. 판매는 제품을 현금으로 바꾸려는 판매자의 필요에 몰두한 것인데 비해 마케팅은 제품과 제품의 생산, 배달, 최종적인 소비와 관련된 전반적인 일을 통해 고객의 욕구를 충족시키자는 생각에 몰두한 것이다".[2] 따라서 마케팅의 정의(definition)는 교환과정을 통하여 소비자의 기본적인 욕구(needs)[3]와 2차적 욕구(wants)[4]를 충족시키려는 인간의 활동이라고 할 수 있다. 이러한 맥

1) 김찬병 외, On Off Line 마케팅, 한경사, 2007

2) Etzel·Walker·Stanton, Marketing, 12th Edition Mc Graw－Hill

락에서 마케팅의 개념(concept)은 조직의 목표를 달성하는 열쇠는 표적시장의 기본적 욕구와 2차적 욕구를 말아서 경쟁자보다 효과적이고 효율적인 방법으로 요구되는 만족을 배달해 주는 것이다. 조직의 기업 활동의 기능 측면에서 본다면 재화와 서비스의 생산자로부터 소비자 내지 사용자에게 전달되는 것을 관리하는 일체의 기업 활동의 수행을 마케팅활동이라 할 수 있다. 그러나, 기업의 경쟁이 심해지고 소비자 욕구가 다양해진 요즘에 와서는 "소비자 욕구를 파악하고 이를 만족시켜줄 수 있는 재화와 서비스 제공을 통하여 이윤을 창출하기 위한 활동"이라고 대체적으로 마케팅을 정의하고 있다. 즉, 오늘날의 마케팅 개념은 매우 고객지향적인 특성을 갖는다고 할 수 있다.

2. 공항 마케팅

2공항은 재화의 판매보다는 서비스를 제공하는 장소라 할 수 있다. 공항은 항공운송산업이 실제로 이루어지는 현장으로서 항공기를 이용한 여객 및 화물의 집적과 분산 기지로서의 기능을 수행한다. 공항의 기능을 공항지역을 중심으로 살펴볼 수 있는데 공항은 운항업무지역인 에어사이드(Airside)와 일반 업무지역인 랜드사이드(Landside)로 구분될 수 있다. 에어사이드는 항공기 운항과 직접 관련되는 활주로, 유도로, 정비고 등 항공기 이동이 가능한 지역을 말하며 이를 다시 이착륙 지역(Landing Area)과 정비지역(Maintenance Arca)으로 구분하기도 한다.[5] 운항업무지역에서는 항공기 이착륙 지원을 위한 관세, 기상, 통신, 보안, 수색 및 구조를 포함한 소방, 활주로 관리 등의 업무와 함께 기타 지상조업서비스로서 항공기 청소, 전원공급, 화물의 탑재 및 하기 등의 업무가 이루어진다. 일반 업무지역인 랜드사이드는 여객 및 화물청사 지역(Terminal Area)과 주차장 등 운항업무지역 이외의 지역을 말하는데 이 지역을 중심으로 터미널 유지 업무, 면세점, 식당 등 구내영

3) 인간의 기본적 욕구는 인간이 결핍 또는 박탈감을 느끼는 상태를 의미한다.
이는 의식주, 따뜻함, 안전에 관한 기본적인 생리적인 욕구, 소속감, 영향력, 사랑에 관한 사회적 욕구, 지식과 자기표현에 관한 개인적 욕구 등을 포함한다.

4) 기본적 욕구를 충족시키기 위한 형태로서 문화와 개성에 의해서 형성된다. 발리섬에 사는 사람은 배고플 때 망고, 아기돼지, 콩 등을 원하지만 미국에 사는 사람은 햄버거, 프렌치프라이, 콜라 등을 원한다. 즉 2차적 욕구란 기본적 욕구를 충족시킬 수 있는 것으로 문화적으로 정의된 것을 뜻한다.

5) 이착륙 지역이라 함은 항공기 운항이 이루어지는 공항의 중추지역으로서 활주로, 유도로, 이동지역을 말하며, 정비지역은 항공기의 정비목적으로 활용되는 시설이 있는 곳으로서 격납고, 정비소 등이 있는 곳을 말한다.

업, 편의시설 등 각종의 부대 및 지원 기능이 이루어진다.[6] 이와 같은 공항의 기능을 크게 3가지 정도로 분류할 수도 있는데 이는 [표 23-1]에서 보는 바와 같다.

표 23-1 공항의 3대 기능

구분	운영서비스/시설	항공교통처리	상업활동
주요 내용	· 항공관제 · 보안경비 · 의료, 소화, 재난구조 · 유지보수 · 개개 공항시설 운영 (터미널, 탑승교 등)	· 항공기 운항서비스 (연료공급, 램프, 격납고) · 수하물 및 화물처리 · 여객처리 · 통관 및 출입국 심사	· 면세점 및 쇼핑시설 · 기내식 및 식당 · 주차 · 렌트카 · 기타(은행, 호텔 등)

공항은 다음과 같은 특성을 지닌다. 첫째, 공항은 독점적 혹은 준독점적 성격을 가지고 있다. 공항은 그 지역 및 주변지역의 수요를 기반으로 하여 항공교통서비스를 제공할 수 있는 단 하나의 주체로서 운영되기 때문에 독점적 특성을 가진다. 최근에는 동일지역의 항공수요를 기반으로 하여 2개 이상의 공항이 서로 경쟁하는 경우[7]가 증가하고 있어 독점적 성격이 어느 정도 완화되고 있으나 아직도 대부분의 공항들은 독점적 혹은 준독점적 성격을 유지하고 있다. 둘째, 공항은 그 독점적 지위 때문에 파산할 수가 없다. 만약 공항을 운영하는 민간 기업이 파산하는 경우 국가가 부담을 져야 한다. 국내선의 경우 대체 교통수단을 찾을 수도 있겠으나 국제선의 경우 이를 쉽게 대체할 수 있는 교통수단이 없기 때문이다. 셋째, 공항은 하나의 작은 정부이다. 인천국제공항 만해도 CIQ 기관 등 16개 정부기관에서 관계 직원이 파견되어 근무하고 있다. 이와 같이 많은 정부기관들이 공항운영 및 지원에 참여하고 있기 때문에 이들 기관간 긴밀한 협조가 있어야 원활한 공항 운영이 가능하다. 넷째, 공항은 최첨단 기술의 집약체인 항공기 및 관제, 통신 기타 지상

---

6) Regas Doganis, *The airport business*, Routledge, 1992, pp.7-9.

7) 우리나라 김포공항과 인천공항의 경우도 수도권 지역의 항공수요를 기반으로 하고 있다. 국제선과 국내선으로 전담기능이 각각 분리되어 있기는 하지만 상호 경쟁관계에 있다고 할 수 있다. 일본 동경의 나리타공항과 하네다공항, 오사카의 간사이공항과 이타미공항도 이와 유사한 관계이다. 하네다 공항의 경우 정치적 이유에 의해 대만에 대한 국제선 노선을 운항하여 왔으며 최근에 추가적으로 심야 및 새벽시간대에 일부 국제선 운항을 하고 있다. 이는 나리타공항의 심각한 슬롯 부족에서 기인한다. 중국 상해의 상해공항과 푸동공항은 모두 국제선을 운항하고 있다. 유럽과 북미 등의 지역에서도 거대도시의 항공수요를 기반으로 2개 이상의 공항이 서로 경쟁하고 있는 경우를 찾아볼 수 있다.

조업 등 복잡하고 다양한 기능이 혼재되어 있는 공간이다. 원활한 공항 운영을 위해서는 고도의 기술적, 운영적 전문성이 요구되며 이를 확보해야 만 고객인 항공사, 여객, 화주 등이 요구하는 각종 서비스를 만족스럽게 제공할 수 있다. 다섯째, 공항은 주변지역에 적지 않은 사회경제적 파급효과를 미친다. 공항은 그 운영을 위하여 수많은 인력을 고용함은 물론 각종 부대산업을 유발하여 주변지역의 고용증대 효과를 가져온다. 또한 주변지역의 상업, 부동산, 교통, 환경 등에도 적지 않은 영향을 미친다. 최근에는 공항을 중심으로 주변 지역을 개발하는 소위 '공항도시(Airport City)'의 개념[8])도 확산되어 공항이 주변지역 경제의 핵심 기능을 수행하는 경우도 증가하고 있다.[9]) 마지막으로 공항 건설은 다른 사회기반시설과 같이 막대한 고정자본이 투입되어야 할뿐만 아니라 조기에 자본 회수가 곤란하여 대부분 정부가 건설하고 운영하는 것이 일반적이다. 다만 1980년대 이후 영국을 효시로 하여 민영화가 추진되거나 공항건설에 민간자본의 참여가 확대되는 추세가 두드러지게 나타나고 있다. 따라서 이러한 공항의 특성에 따른 공항마케팅은 서비스 마케팅의 관점에서 다루는 것이 바람직하며 서비스는 무형성(intangibility)[10]), 비분리성(inseparability)[11]), 변화성(variability)[12]), 소멸가능성(perishability)[13])의 특성을 갖음에 유의해야 한다. 또한 항공운송산업은 안전에 대한 평판이 비즈니스에 미치는 영향이 크므로 공항 마케팅에서도 안전과 소비자 욕구 충족을 동시에 고려해야한다는 특성이 추가된다. 공항이 마케팅을 통

8) 인천미래정책포럼 공항경제권 1부, 공항경제권 세션 발제3, 인천국제공항의 공항경제권 구상, 김명진, 2019

9) 한편으로 공항은 주변지역 환경에 부정적 영향을 미치기도 한다. 특히 항공기 운항에 따른 소음문제는 주변 지역 주민들의 고정적인 민원대상이다. 공항 주변지역 주민의 반대로 심야시간대 항공기 운항이 금지되거나 고소음 항공기 운항이 제한되는 경우가 많다. 김포공항의 경우 23:00부터 이튿날 06:00까지 항공기 운항이 금지되고 있다. 심지어 활주로의 확장 또는 신설계획이 주민의 반대에 부딪쳐 무산되거나 축소되는 경우도 있다. 일본 나리타공항의 경우 당초 신설하는 제2활주로를 장거리 국제선 운항을 위한 3,000m 급으로 계획했으나 주민 반대에 부딪쳐 2,100m 급으로 건설된다. 2002년 5월부터 사용 개시될 이 제2활주로는 중단거리 국제선에 이용될 예정이다. 이러한 이유들 때문에 대부분의 공항들이 주변지역과의 다양한 교류 및 상호 이해 활동을 강화하고 있다.

10) 구매하기 전 보거나 맛보거나 만져보거나 소리를 듣거나 냄새를 맡아볼 수 없다. 인지도 있는 상표명으로 신뢰도를 높일 수도 있다.

11) 서비스란 소비자가 원하면 언제나 제공될 수 있도록 선반에 쌓아 두는 것이 아니다. 서비스의 제공자와 분리 될 수 없다.

12) 서비스는 누가, 언제, 어디서 제공하는가에 따라 달라질 수 있다.

13) 서비스는 저장이 불가능하다. 의사는 약속을 지키지 않은 환자에게도 청구서를 내밀 수 있다. 환자가 나타나지 않았어도 그 시점에 서비스 가치는 존재하였기 때문이다.

해 이윤을 창출하기 위해서도 공항자체의 잠재력을 키워야 하는데 성공적인 공항의 운영 전략으로는 다양한 고객세분화, 공항의 지원시설에 대한 효과적인 제공, 공항의 환승여객과 목적 공항에 도착하는 여객에게 매력을 줄 수 있는 공항이 되어야 하며 이러한 고객의 반응과 요건을 이해하는데 초점을 맞추는 것이 관건이라 할 수 있다.

3. 공항 마케팅과 고객

마케팅개념은 소비자 욕구를 파악하고 그것을 만족시킬 수 있는 방향으로 관리 운영을 유도하는 것이다. 연구에 의하면 4명의 고객이 불만을 표시한 서비스나 재화에 대해서는 또다른 96명이 동일한 불만을 느꼈으나 그것을 표출하지 않았으며, 그들은 모두 동일 서비스나 재화를 다시 소비하기를 꺼려한다고 한다. 반면에 좋은 서비스는 수혜자에 의해 쉽게 전파되는 특성을 갖는다. 또한 서비스 마케팅에서 고객(소비자)에 대한 고려를 할 때는 "고객에 의하여 인지된 서비스의 질"이 중요하다는 것이다. 공항에서는 서비스 제공주체가 다양하다. 공항당국, 항공사, 하청업체, 정부기관 등이 공항 서비스 제공 주체가 되는데 공항 서비스에 대한 소비자의 "인지된 서비스 수준"은 공항 서비스의 각 요소들이

표 23-2 IATA의 "Airport Monitor Survey"에 사용되는 항목

- overall passenger convenience(여객의 편의성)
- sign posting(안내표지)
- ground transportation(육상교통)
- speed of check-in and efficiency, behavior of staff
- (체크인의 신속성, 효율성, 직원의 고객에 대한 태도)
- special services for overseas visitors(해외 방문객에 대한 특별 업무)
- customs and immigration services(세관 및 이민 업무)
- passport and visa inspector(여권 및 비자 검색)
- baggage delivery-speed(수화물 처리 속도)
- baggage trollies-availability(수화물의 운반을 위한 트롤리 이용 가능성)
- shoppings(쇼핑)
- restaurants(레스토랑)
- lounge and waiting areas(라운지 및 대기실)
- availability of connecting flights(비행연결편의 이용가능성)
- low fares available(저렴한 운임)
- ease of making connections(비행연결편의 용이성)
- on time departure(적시 출발)

결합되어 하나의 이미지로 각인된다는 점에 유의해야 한다. 따라서 성공적 공항 마케팅을 위해서는 공항 서비스를 제공하는 타 기관과의 협조가 중요한 요인으로 작용한다. 다음은 공항 서비스의 질을 결정하는 요인들로서 IATA의 "Airport Monitor Survey"에 사용되는 항목들이다. 이러한 서비스들은 제공주체가 누구이든 고객들의 공항 서비스 질 인식에 영향을 준다는 점을 주시하고 있어야 한다.

4. 공항마케팅 측면에서의 마케팅 믹스

마케팅 믹스란 기업이 표적고객들로부터 원하는 반응을 얻을 수 있도록 하기 위하여 사용하는 통제 가능한 마케팅 변수의 집합을 의미하며 회사가 제품 수요에 영향을 주기 위해 사용 할 수 있는 모든 것으로 구성되어 있다. 따라서 마케팅 관리에서 직면하게 되는 네 가지 기능 즉, "4Ps" – 제품계획(product planning), 유통경로(place or channel of dis–tribution), 가격결정(pricing), 판매촉진(promotion)을 의미한다. 마케팅 믹스를 공항 마케팅 관점에서 살펴보자. 공항이 제공하는 제품(서비스)에 대해서는 위에서 이미 설명이 되었으므로 "place"부터 설명하겠다.

가. Place (유통경로)

공항 서비스의 판매를 위한 유통 경로는 항공사, 여행주선업자(tour operator), 여행사(travel agent)등이 된다. 이들 기관과의 접촉은 개인별 접촉, 회의나 전시, 판매를 위한 소개 활동 등을 통해 이루어진다. 또한 최종소비자인 잠재적 항공 여객과의 접촉도 있는데 여행사, 홍보물, 인테넷, 전시회 등을 통해 접촉이 이루어질 수 있다.

나. Pricing (가격결정)

항공사는 항공기 착륙료, 핸들링 요금 및 기타 공항사용료를 지불하며 항공여객도 여객 공항 이용료를 부담하게 되는데 공항은 이러한 요금들의 가격 결정을 해야 한다. 항공기 중량, 피크·오프 피크 시간, 소음기준 등을 기준하여 가격구조를 결정할 수 있다. 항공사가 정하는 항공요금도 항공여객의 공항 이용 항공 선택 시 고려하게 되지만 이는 공항 당국의 통제권을 벗어난다. 공항 내 입주한 상점들도 가격결정을 하는데 대개 컨세션 형태로 운영되는 역내 상점의 상품가격에 대해서는 공항이 직·간접으로 영향력을 행사할 수 있다. 공항 마케팅에서 고려하는 가격들은 위의 것들이 포함된다.

표 23-3 공항 마케팅에서 고려하는 가격에서 포함되는 항목들

- Landing Fee(착륙료)
- Fuel flow charge(연료료)
- Parking charge(주차료)
- Handling Ramp/Passenger(램프조업료)
- Cleaning(청소료)
- Security(보안료)
- Passenger Charge(여객공항이용료)
- Restaurant/Bar(레스토랑/바)
- Duty Free(면세점)
- Shops(샵)

다. Promotion (판매촉진)

판매 촉진 활동은 눈에 띄는 마케팅 활동 중의 하나이다. 판매촉진 활동은 모든 단위 활동의 목적이 명확히 정의되고, 예산이 구체적으로 배정되어야 하며 세밀한 감독이 필요한 분야이다. 공항은 다양한 기관이 운영에 참여하므로 공동 판매 촉진 활동이 필요하며 이때 공항은 "corporate image"나 "brand image"의 형성과 보호를 고려해야 한다. 공항의 판매 촉진 활동으로는 다음과 같은 예를 들 수 있다.

표 23-4 공항의 판매 촉진 활동

광고	판촉(Sales promotion)	홍보
· TV · 라디오 · 인쇄매체 · 포스터 · 직접우편(direct mail)	· Free Car Parking · 소형선물 · 경품	· 브로셔 · 비행시간표 · 인쇄매체를 통한 광고 · 전시 · 행사후원

라. Adverse PR

대중 매체에 공항에 대해 부정적 이미지를 부각할 수 있는 기사가 게재되거나 확대되어 게재되는 것을 막기 위해 언론매체 기자들과 개인적 우호관계를 유지하는 것도 필요하다. 특히, 다음과 같은 부정적인 사건은 항시 발생할 수 있으므로 이를 공항 운영자에게 유리하게 보도할 수 있도록 해야 한다.

표 23-5 Adverse PR

• 사고 • 사건 • 공항 취항 항공사의 도산 • 지연 • 초과예약 • 수하물 분실 • 대체 비행장 이용

마. Public Relations

공항이 지역사회와 좋은 관계를 유지하기 위한 활동이 필요하다. 특히, 소음 등의 환경문제에 대한 대처와 공항이 지역사회 발전에 미치는 긍정적 영향을 파악하여 홍보해야 할 것이다.

section 02 공항민영화를 통한 공항운영 변화 형태

1. 공항마케팅 개념과 배경

가. 항공운송산업의 규제완화 환경

1970년대 말 미국을 중심으로 시작된 항공운송산업의 규제완화는 항공사가 노선망 구성을 자유롭게 할 수 있는 여건을 조성해 주게 되었다. 그 결과 미국의 대형 항공사들은 대도시의 주요 공항을 축으로 하는 허브-스포크 노선망을 구성하여 적은 비행편수로 많은 도시에 서비스를 제공할 수 있고 탑승률의 향상으로 경제적 효율성을 달성할 수 있게 되었다. 이에 따라 항공사에 의해 허브로 지정되고 그 항공사가 성공하는 경우 해당 공항도 항공교통 처리량이나, 공항 수입 측면에서 고도성장을 하게 되고 그렇지 못한 경우는 저 성장률에 머무르게 되었다[표 23-6 참조]. 이러한 이유로 공항들은 항공사 및 잠재적

항공여객들을 상대로 마케팅 활동을 할 필요성을 느끼게 되었으며, 항공운송산업의 수요 기반 시설로서 공공성을 강조하던 공항관리에 마케팅개념이 도입되게 되었다. 국내선 규제완화에 의해 미국 항공사들이 경쟁력을 갖추게 되자 미국 정부는 국제선 규제완화를 2국간 항공협정의 개정을 통하여 실현하기 시작했다. 유럽 주요국 및 아시아 일부국가(예: 싱가포르)를 상대로 국제적 규제완화가 이루어지자 유럽 및 아시아 지역에서도 허브-스포크 노선망이 적용되기 시작했고 미국 내에서와 똑같은 이유로 미국 외의 유럽, 아시아 지역의 주요 공항들도 공항관리에 마케팅 개념을 도입하게 된 것이다.

표 23-6 허브공항과 비 허브공항의 교통량 증가율 비교(미국)

구분	도시(공항)명	여객 수(천 명)		증가율 (%)
		1977	1991	
허브공항	Salt Lake city	3,579	12,478	249
	St. Louis	6,680	19,151	187
	Minneapolis	7,797	20,601	164
비허브 공항	Kansas city	4,783	7,108	49
	Cleveland	6,377	8,143	28
	New Orleans	5,401	6,590	22

나. 정부의 공항 개발 금융 부담 완화 추구

공항의 시설 확장에는 막대한 일시적 자금이 필요하게 되어 공항을 소유하고 있는 정부부처나 기관(주로 공공기관)은 공항 수용 능력 확장을 위한 자금조달에 고심하게 되었다. 이와 같은 문제의 해결을 위해 공항의 수입능력을 공항 시설 개선 및 운영자금 조달에 이용하려는 노력이 시도되었고, 공항의 수입 증대를 위해 공항운영에 마케팅 개념을 도입하게 된 것이다. 공항 운영을 항공교통 처리를 위한 기능 수행으로만 인식하고 항공교통 처리에 의한 수입(Aeronautical Revenue)에만 의존하게 되면 항공교통 수요가 예측대로 증가하지 않는 경우 공항 수입의 증가가 부진할 것이다. 또한 항공교통처리에 대한 서비스 료율 책정에는 각종 제약이 따르게 되므로 항공교통수요가 증가하더라도 Aeronautical Revenue의 규모에는 제한이 있게 된다. 이의 극복을 위해 공항 운영진이나 소유기관은 공항 청사 내 소매활동에 의한 수입(Non-Aeronautical Revenue) 증대에 관심을 갖게 되고 이것은 소매업에서 적용하고 있는 마케팅 개념 도입으로 이어지게 된 것이다. 그러나 공항을 출입하는 항공여행자나, 환영, 환송객, 공항 근무자들의 욕구는 시내 쇼핑센터 고객들과는 다를 것이므로 공항이 상업 활동에 의한 수입을 증대시키기 위해 적용해야할 마케팅이라는 특별한 개념이 최근부터 회자되기 시작한 것이다. 공항은 다양한 상업 활동에 의한 수입을 개발하여 재정의 안정을 꾀해야 하는데 공항의 기본업무인 항공교통처리의 효율성을 저해하지 않는 범위에서 상업 활동을 펼쳐야 할 것이다. 항공사와 공항의 협조를 통해서 이 두 가지 목적이 조화롭게 달성 될 수 있을 것이다. 이에 따라 공항마케팅이 항공사를 대상으로 하기도 하고 동반자로 삼기도 하는 특성을 갖게 되는 것이다.

다. 항공수요의 증가와 마켓 세그먼트별 욕구 다양화

항공수요의 급격한 증가와 함께 서민층 및 젊은이들이 새로운 수요자가 되고 관광여객의 비중이 커짐에 따라 항공수요자의 욕구도 다양하게 되었다. 여행목적 및 연령별, 소득 수준별로 다양한 계층이 수요자로 편입됨에 따라 이들의 욕구를 충족시키기 위한 공급자들의 전략도 복잡해 질 수밖에 없게 되었다. 항공여객들이 공항서비스에 대하여 기대하는 바도 다양하게 되어 공항의 운영에도 마케팅 개념을 도입해야지만 수입증대와 이윤확보라는 공항의 목적 중 하나를 효과적으로 달성할 수 있게 되었다.

전통적으로 공항의 기본적인 목표고객은 여객이나 항공사이며 이러한 공항은 고객위주와 상이한 시장세분화의 목표를 정의하는데 있어서 더욱 복잡해지고 있다. 이러한 공항운영 방식은 여객시설사용료 기준의 설정과 같은 정치적 영향을 반영하는 것이며 공항운영자들은 공항수익의 확장을 위해 항공기 착륙료와 같은 항공관련수익이 주요한 원천이었다. 공항운영의 성공을 위해서는 상업전략적인 측면에서 공항소유자와 운영자들은 2개중 전략적인 선택을 해야만 한다. 하나는 전통적인 공항모델로 제 1의 임무를 승객, 항공사, 화물운송업자, 및 기타 공항 이용자들의 기본적이고 필수적인 요구를 만족시켜 주는 것인데 이 전략은 공항의 계획과 설계에 중요한 의미를 지닌다. 이것은 주로 공항이 승객의 취급과 처리를 간소화 하고 신속하게 수행하도록 되어 있고 관련 없거나 불필요한 활동에는 공간을 할당하지 않아 최소한의 유지를 위한 것이다. 또 하나는 상업적 공항모델이다. 공항에서의 적절한 상업 활동으로부터 수입을 최대화하는 것이다. 이것은 공항을 상업기회로 보는 것으로 직접적이고 전통적인 고객인 항공사, 승객, 화물운송인 등과 넓은 범위의 잠재적 고객인 공항 및 항공사 직원, 방문객, 환송영객, 환승여객, 공항주변 거주자 및 지역산업체를 위한 운영전략이다. 이러한 전략이 가지는 의미는 공항을 통한 승객과 화물의 이동이 신속하게 이루어지도록 하면서 상업 활동으로부터 수입을 극대화 하는 노력이라고 할 수 있다. 이 전략은 공항청사와 건물 내부 및 외부에 충분하고 유연성 있는 공간이 필요하다.

이러한 전통적인 방법과 상업적인 측면을 고려하는 모델 중 공항 고객 개념에 대한 변화는 목표여객과 환승 여객, 공항직원, 심지어 공항주변거주자, 사업체에 대한 특정전략을 개발하기 위한 노력이 확대되고 있으며 이러한 전략을 잘 개발한 공항으로는 런던, 프랑크푸르트, 암스테르담 공항이라고 할 수 있다. 예를 들어 프랑크푸르트공항은 쇼핑, 기내식, 레저, 비즈니스, 서비스시설은 광범위한 잠재고객에 목표를 맞추고 광범위한 개발을 하였는데 심지어는 디스코텍과 같은 시설도 공항에 포함되고 있다.

이러한 모델의 실례로 유럽공항의 예를 들면 정부가 운영하며 전통적인 방식을 취하고 있는 그리스의 아테네공항과 공항공단이 운영하며 상업공항의 모델이 될 수 있는 독일의 프랑크프르트공항을 들 수 있다. 독일에서 공항거주자들은 공항의 상업 시설을 저녁시간이나 주말시간에만 이용할 수 있도록 법적으로 제한하고 있으며 프랑크푸르트공항의 상업수익에 대한 최근 연구로는 전체수익 중 약 70%가 여객에 의해서 창출되어지며 놀랍게도 13%는 공항직원, 11%는 기타공항방문자(환승객, 공항주변거주자 등)에 의해 수익을 거두어들인 것은 시사하는 바가 크다고 할 수 있다. 공항운영자와 상업관리자는 청사지역 내외에서 다양한 시설과 서비스를 필요로 하는 9개 집단의 잠재고객을 목표로 설정할 수 있다.

① 여객 : 구매력의 관점에서 볼 때 가장 중요한 시장집단으로 적절한 상품의 효용과 진열에 의해 자극을 받으면 동시적이고 충동적으로 구매에 쉽게 반응한다.

② 환승여객 : 공항에서 다른 항공기에 탑승하기 위하여 대기하는 기간을 잘 활용하기 원하는 잠재 고객이다.

③ 항공사 : 특별한 수요를 가지고 있으며 여객청사 측면에서 사무실 공간, 체크인, 카운터, 귀빈실 등이 있고 화물 취급 및 보관을 위한 면적, 유지시설, 기내식 및 직원시설이 있다.

④ 공항근무자 : 항공사, 공항공단, 구내업체를 위해 공항에서 근무하는 인원으로서 원거리인 시내까지 갈 필요 없이 휴식시간을 이용하여 정상적인 쇼핑을 할 수 있는 편의성이다. 프랑크푸르트의 경우 가계수입의 15%를 공항의 상점과 서비스 시설을 사용하고 있다.

⑤ 항공사 승무원 : 승무원 고유의 일에서 발생하는 특별수요와 다른 공항직원들이

필요로 하는 시설 외에 세탁, 구두수선, 미용실, 양복점 등에 관심이 있다.

⑥ 환송영객은 동반객으로 공항에 오며 구매를 목적으로 오지는 않지만 공항의 쇼핑 상품 구매의 용이성과 경제성이 있다면 구매를 할 것이다.

⑦ 관광목적의 관광객 : 항공사와 관련이 있는 기념품에 관심이 많다.

⑧ 지역주민 : 공항에서의 상점과 서비스에 대한 구색이 갖추어져 있고 이용이 편리하다면 공항을 이용할 것이다.

⑨ 지역사업 분야 : 청사 근처에 위치하며 상점보다는 공항이 항공연계망을 이용할 수 있는 사무실, 회의실 등을 필요로 한다.

표 23-7 공항의 고객 세분화에 대한 재정의

고객 그룹	항공사	여객	환승여객	공항근무자 지방거주자 사업
공항 시설과 서비스	•필수적인 운영 •항공기 취급업 •항공사 시설 •사무실 공간 •기내식	•필수품 •구매 •면세점 •외환 •레스토랑	•지역 •레스토랑서비스의 확장 범위 •연결시설 편리성 •호텔시설	•슈퍼마켓 •은행업무 •오락, 레저 시설 •사무실과 회의장 시설 •창고 업무 •미용실, 이발관 •세탁소

공항을 장기적으로 발전시키기 위해서는 장기간에 걸쳐 주변지역에서와 시설을 개발시키려는 용량을 가지고 있다. 공항을 거주민과 비즈니스계뿐만 아니라 국제적 또는 기타 비즈니스를 위한 집합지로서 매력을 줄 수 있을 것이다, 이 시설들의 유형은 회의, 모임, 집회시설, 쇼핑센터, 호텔, 분배와 조립, 조명제조센터, 비즈니스공원, 오락과 레저시설, 전문사무실 등이 포함되어 증가할 것이다. 또한 훌륭한 도로와 철도 연결시스템은 공항의 매력을 증가시키는 기회를 제공할 것이다.

비록 이러한 공항개발이 운송하부구조에서 중요한 투자가 필요하게 될 것인데 이는 공항의 장기간 생존 가능성을 위해 확실하게 할 수 있을 것이며 더욱 경제적이 될 것이다. 이것은 민단자본투자에 매력을 줄 것이며 공항에 대한 정부의 의존성 감소, 공항전체 수익의 증가가 나타날 것이다.

2. 공항 마케팅의 특성

가. 공공과 민간의 혼합 운영에 따른 특성

상업용 항공사 항공기가 취항하는 공항은 대부분 공공분야에서 소유하고 있으나 실질적인 공항운영에는 다양한 공공조직과 민간 조직이 참여하고 있으며, 공항 운영의 세부 주체들이 추구하고 있는 목적도 모두 다르다. 1980년대 유럽에서부터 시작된 공항운영의 형태변화는 세계적으로 전환기를 맞고 있는데, 정부개혁과 공공부문의 효율성 제고가 시대적 목표가 된 오늘날 공항의 운영형태는 민간 기업이 참여한 공항의 성공여부에 따라 여러 유형으로 발전하고 있다. 항공기가 여객과 화물을 운송하는 주요 운송수단으로 발전하면서, 공항운영이 공공부문에서 민간부문에 의해 운영하게 되는 것은 획기적인 변화이며 공항의 운영문제로써 주요 이슈로 부각되고 있다.

나. 공항운영의 변화 배경

1980년대 이후 영국의 경우, 그 동안의 경제적 번영이 한계에 도달하고 기존 시스템에서 나타나는 만성적인 제도적 비효율성을 개혁하기 위한 돌파구로 시작한 공항운영 사업은 상당한 효과를 거두었다. 1985년 6월 공항정책에 대한 백서와 1986년 공항법에 의거하여 영국공항공단(BAA)이 영국공항회사(BAA plc)로 전환된 것은 공항운영 변화의 전주곡이었는데 그러한 공항운영의 변화는 다음과 같다. 첫째, 공항의 상대적인 항공교통량의 증가이다. 공항의 수입은 공항을 이용하는 항공사와 승객 및 화물의 총량에 비례한다. 최근 항공사에 대한 규제완화 정책으로 엄청난 성장속도를 보이고 있는 곳은 북미항공사들인데 그보다 더욱 빠른 성장세를 나타내고 있는 곳이 우리나라를 포함한 동북아시아에 위치한 공항들이다. 동북아시아 및 태평양 지역 공항들의 연간 성장률은 10% 이상으로 나타나고 있으며 이러한 성장률로 보아 항공사와는 다르게 공항은 규모의 경제(Economy of Scale)로부터 현저한 수익을 올릴 수 있다는 것이다. 둘째, 공항운영과 관련하여 정부의 공항운영·관리에 대한 시각변화라 할 수 있다. 다시 말하면 공항은 과거에는 고속도로처럼 중앙정부 또는 지방정부에서 운영되어 재정지원의 필요성이 제기되었으나 현재는 공항이 영리주체로서 운영될 수 있다는 견해가 지배적이다. 셋째, 쌍무협정에 의해 지정된 국제관문공항(International Gateways)은 공항당국이 공항수익 외에 독점적인 위치를 활용하면서 면세 구내영업 등을 이용하여 다른 비항공관련수익(Non－Aeronautical Revenue)으로부터 상당한 수입을 올리고 있다. 따라서 공항에서 수익이 차지하는 비율은 공항관련수익(Aeronautical Revenue)에 비하여 상대적으로 크게 증가하고 있으며 장래에도 더욱 커질 전망이며 대다수 공항들이 재정성과를 현저히 개선할 수 있는 주요소가 된다.

3. 공항운영의 변화 추세 14)

가. 영 국

1996년 영국공항공단은 초기에 히드로, 게트윅, 스텐스테드, 프레스트윅 공항의 소유·운영을 시작으로 프레스트윅 공항을 매각하였으나 에브딘, 에든버러, 글라스고우공항 취득 후 영국공항회사는 1987년에 주식을 상장했으며, 7개 공항을 각각 자회사 형태로 소유하는 공항회사로 발족하였다. 현재 영국공항회사는 영국회사법(UK Companies Act)에 의해 공항운영을 하고 있다. 영국의 버밍햄국제공항의 경우는 민간투자로 터미널을 건설하였으며 250,000ft^{2}의 터미널빌딩은 컨소시엄의 21% 지분을 소유하고 있는 브리티시 에어웨이즈가 운영하고 있다.

영국공항회사(BAA plc)는 1998년 현재 미국 인디아나 폴리스공항 및 헤리스버그공항을 10년간 위탁관리하며 피츠버그공항, 뉴왁공항의 청사에 대한 컨세션 계약을 15년간 체결하였다 . 또한 이태리의 나폴리공항회사의 지분을 70% 소유하고 있고 호주 멜버른공항과 루스톤공항운영회사의 지분을 15% 소유하고 있다.

나. 미 국

미국에서는 신공항 건설에 대하여 공항의 자본투자 증대 방안, 운송측면에서의 비용절감 방안, 서비스의 시장가격 구조변화, 자본비용 감소 방안, 소음감소 절차 유지 및 승객 서비스 향상과 관련한 주제들이 논의되었다. 미국은 공공업무와 시설에 대한 민영화계획수립을 착수중인데 1990년대 초반의 민영화는 화재예방업무에서부터 시작하여 미국의 지방정부정책으로 채택되었고, 1980년대에는 기간산업의 완전민영화가 나타났다. Airport Group International Inc는 21개 공항을 운영하며 주요 공항으로는 캐나다 토론토의 피어

14) 공항민영화의 효과와 공항수익에 관한 연구, 한국항공운항학회지 제6권제1호, 1998년 12월

슨공항 제3청사, 중국의 Haikou–Meilan, 미국의 애틀랜타 하츠필드, 호주의 퍼스(16% 지분 소유), 다윈 엘리스 스프링스, 테넌트공항 모두 49%의 지분을 소유하고 있다.

다. 캐나다

캐나다에서는 민간 컨소시엄이 형성되어 공항민영화 계획에 참가하고 있는데 토론토의 피어슨국제공항의 제3터미널 운영이 그 좋은 예이다.

이것은 BTO(Build-Transfer–Operate)와 Wraparound Addition 모델의 결합형으로 캐나다 정부는 직접적으로 연방정부 소유 중 모든 시 소유 공항에 대한 공항운영전략을 지속적으로 발전시켜 왔다. 비록 캐나다 정부가 시 소유 공항 전부를 변화시키지는 못하였지만, 시 소유 공항은 지방기업과 정부의 대표를 포함한 지방공항공단에서 리스로 운영하였다. 소규모공항을 리스 또는 민간부문에 매각하였으며, 토론토공항도 민영화 준비에 만전을 기하고 있다

라. 프랑스

프랑스 ADP 파리공항공단은 파리지역의 14개 공항을 소유 및 운영하고 있으며 캄보디아의 프놈펜공항에 60%의 지분참여를 하고 있으며 아프리카 카메룬공항공단(7개 공항운영)의 지분 35%와 마다가스카르공항공단(12개 공항운영)의 지분 34%를 소유하고 있다.

마. 네덜란드

네덜란드의 암스테르담, 렐리스타드, 로테르담공항의 소유 및 운영을 하고 있으며 아인드호벤공항의 지분을 51% 취득하고 있고 스키폴공항의 국제마케팅업무 부서를 통해 호주의 브리스베인공항과 콜롬비아의 캐타제나공항의 운영파트너이며 인도네시아의 앙카사프라(9개 공항 운영) 및 아프리카 감비아의 반쥴공항과 운영계약을 체결하였다. 또한 자회사인 스키폴 USA를 통하여 케네디공항의 국제선 청사를 관리하게 된다.

바. 독 일

프랑크푸르트공항은 독일 Hahn 화물공항의 지분을 64.9% 소유하고 있으며 독일의 Saarbrucken공항의 지분 51% 소유하고 있다. 아랍 에미리트와 그리스 아테네공항 및 건설 중인 스파타신공항의 자문을 담당하고 있으며 6개의 스페인공항에 대한 지상조업운영

권을 보유하고 있다.

사. 일본

일본은 공항을 소유하는 주식회사와 터미널 밀 부대시설을 관리 및 운영하는 법인을 세워 공항을 운영하고 있다. 도쿄 나리타 공항의 경우, 일본 정부에서 나리타 국제공항 주식회사를 설립하여 지분 100%를 소유하고 있다. 도쿄 하네다 공항의 경우, 공항은 정부가 소유하고 있지만, 터미널과 부대시설은 일본 공항 터미널 주식회사를 설립하여 민간 소유로 전환하였고, 주요 주주의 보유 비율은 ANA 홀딩스와 일본항공이 각각 4.71%, 미즈호은행 3.54% 등이 있다. 홋카이도 공항의 경우 신치토세 공항과 하코다테 공항, 메만베쓰 공항을 포함하여 총 7개의 공항을 홋카이도 공항 주식회사에서 소유하고 운영한다. 홋카이도 공항 주식회사의 지분은 미쓰비시 토지 주식회사, 일본항공, ANA 홀딩스와 같은 민간 기업이 소유하고 있다.[15)]

section 03 공항마케팅의 전략[16)]

1. 공항선택의 주요요소

항공여객을 위하여 공항의 구조는 대규모보다는 여객에게 편안함을 제공하는 것이 우선이다. 또한 공항에 안전하게 출·도착할 수 있도록 항공교통관제와 비행장의 공항운영 및 관리가 중요하며 정시 출·도착을 위한 항공기 정비 등 공항과 항공기의 기술적인 사항을 처리할 수 있는 시간을 고려하여야 한다. 예를 들면 승객이 공항에 도착해서 체크인 절차를 마치고 보안검색과 출국수속을 마치면 수하물이 Airside 지역으로 가기 위해 여러 가지 절차와 안전검사가 진행된다. 그리고 이러한 절차 후에는 탑승권에 명시된 탑승구에서 탑승시간까지 대기한다. 이러한 여러 가지 활동에 각 공항마다 유사한 차이점이 존재하며 공항의 서비스와 기술적 외관이 우세한 공항 환경이 산업과 연관하여 세련된

15) NAA, Japan Airport Terminal, 네이버페이 증권, 홋카이도 공항 주식회사

16) Nigel Halpern·Anne Graham, Airport Marketing, Routledge, 2013.

방식으로 공항서비스를 제공한다. 제2차 세계대전의 이후에는 세계적인 추세가 공항에서 높은 임대료를 책정했으며 다양한 방법으로 효율적인 공항운영을 위해 영업 손익을 줄이는 노력을 기울였다. 또한 공항은 운영적인 측면에서 항공사들의 입찰에 대해 다음과 같은 형태로 서비스를 제공했다.

① 항공사 관심의 사용가능한 슬롯 제공(항공기 이착륙시간대)

② 정기항공에 필요한 주기장과 터미널 공간 제공

③ 착륙료와 지상조업비용의 평가는 항공사 착륙료에 영향을 준다.

④ 요금에 대한 할인 제공(여분의 횟수와 방법)

공항의 마케팅관련 부서는 마케팅이 조직의 중요한 활동임에도 불구하고 항상 인원부족이었으며 충분치 못한 재원이었으며 과거에는 마케팅부서도 존재하지 않았다. 그러나 최근에는 부서를 신설하거나 광고를 통해 공항을 홍보하는 가시성을 강화하는 방법으로서 최고 경영자가 직접 관리하고 실행하게 되었다. [표 23-8]은 영국공항의 마케팅부서의 양적변화에 관한 것이다.

표 23-8 영국공항의 마케팅부서 규모

구분	직원	직원	승객 당 직원비율	승객당 직원비율
공항	1991년	1997년	1991년	1997년
Manchester	16	27	631,000	562,000
Birmingham	10	24	325,000	227,000
New castle	4	6	382,000	428,000
East Midlands	7	9	164,000	202,000
Bristol	7	6	392,000	248,000
Cardiff	2	6	257,000	185,000
Bournemouth	1	4	250,000	41,000
Norwich	1	5	215,000	54,000
Humberside	1	4	163,000	70,000

공항마케팅의 전략적 의사결정은 공항의 상업적 측면에 중심적인 역할을 한다. 일관된 마켓 포지셔닝 전략은, 각 공항의 경영상 공항마케팅의 설계단계 중 사전단계이다.

- 가치제안의 수준과 내용의 정의, 이러한 제안은 가치사슬의 중간 소비자들과 최종 소비자들에 의해 잠재적인 이용자에게 제공될 것이다.

- 공항은 서비스상품에 대해 중간소비자에게 가격수준 또는 브랜드가치를 제공한다.
- 공항은 운영자 또는 정치적인 이해관계자의 주의를 끌기 위해 통신 캠페인을 구현한다.
- 공항은 주요 관련지역과 여타 산업경쟁자가 통제하는 경쟁지역으로 확대하는 전략을 구사한다.

공항은 자신의 정확한 마켓 포지셔닝을 위해 시장에 대한 조사연구가 필요하며 잠재적인 구매에 대한 의지와 현재 교통량의 양적, 질적 분석에 목표를 두어야 한다. 이러한 방침은 안정된 가치 시스템을 기초로 목표로 한 타깃의 필요에 적합하게 발생된다. 또한 공항을 선택하는 중요한 요소는 [표 23-9]에 나타나 있다.

표 23-9 공항선택의 주요 요소

공항선택의 주요 요소
• 관련 지역의 폭, 밀도, 잠재시장의 성장
• 이용 가능한 슬롯
• 경쟁공항의 변화
• 사용 중인 네트워크의 일관성
• 공항사용료(연료가격을 더한 공항 사용료와 수수료 등)
• 최소 환승시간(Minimum Connecting Time)
• 지상조업운영 개시의 경제적이고 상업적인 측면
• 공항 하부조직의 시설이용료
• 공항으로의 접근과 출발을 위한 운송조직의 통합 및 해결범위와 이용도
• 환경기준(일일 화물 서비스의 경우)의 미비
• 공항에서 유지, 보수 센터의 이용도
• 24시간 지속 운영(화물의 경우 중요)
• 공항운영의 향상을 위한 터미널확장
• 지상조업운영에 의한 계류장지역의 낮은 사고비율

공항은 다음의 세 가지 다른 포지셔닝 전략 중 어느 것이든 선택해야 할 것이다. 첫 번째 전략은 경쟁적인 마켓 포지셔닝과 관련된다. 공항은 공개되어 있고 직접적인 경쟁적 위치에 있는 다른 공항들과 지리적으로 근접하거나 또는 공항의 운영형태가 유사한 공항과 경쟁을 해야 한다. 예를 들면 point to point를 중점적으로 하는 공항과 허브공항의 역할을 하는 공항과 경쟁관계가 있다. 두 번째 전략은 틈새 마켓 포지셔닝 전략과 관련된다.

이는 다른 경쟁공항들과 경쟁하는 것을 피하는 것을 목표로 한다. 이러한 선택은 금융과 관리자원이 부족할 때 채택된다. 기술적으로 또는 하부구조가 약할 때 성공적인 방법이 될 것이다. 세 번째 전략은 최종선택으로 공항들이 다른 공항과의 제휴를 통하여 특별한 마켓 포지셔닝 전략을 사용하는 것이다. 이 포지셔닝 전략은 제휴를 맺은 공항들끼리 서로 보완하게 될 것이다. 공항은 이러한 포지셔닝 전략 내에서 하나를 선택할 것이며 다음의 다섯 가지 다른 대안들을 산출할 것이다.

2. 공항의 마켓 포지셔닝 전략

가. 주요 허브전략공항(Primary Hub Airport)

공항은 다국적으로 여객과 화물의 운송을 용이하게 하는 것을 허브공항에 초점을 맞춤으로써 공항운영의 목표를 두고 있다. 이 목표를 우선으로 하되 한 개 또는 다수 항공사들을 유치함으로써 효과적으로 성취될 것이며 공항운영의 중요한 기반으로 발전할 것이다. 이러한 측면에서 중대한 역할은 허브공항의 주요항공사의 전략과 성과에 의하여 주요 허브전략공항의 잠재적인 성장과 장기적인 이익의 가능성이 공항운영 성공의 관건이다. 네트워크의 합리화는 목적지공항이 지속적으로 증가하는 동안 가시적으로 공항의 연결교통(Connecting Traffic)이 개선될 것이다. 주요 허브전략공항은 역사적으로 잠재적이고 중요한 상업지역에 위치하여 발전해 왔다. 이러한 공항의 위치는 허브항공사들이 O&D(Origin & Destination : 출발지와 목적지) 교통의 중요한 기반으로 포함될 수 있을 것이다. 항공사는 공항의 목적지간에 여러 라인으로 연결되어있기 때문에 연계나 환승을 향상시키기 위해 기회를 많이 제공하게 된다. 제공될 수 있는 시스템 용량과 허브항공사에 의해 허브전략공항의 타깃은 비즈니스승객과 레저승객 모두를 유치할 수 있다. 그럼에도 불구하고 몇몇 공항은 허브전략공항으로써의 역할 외에도 화물허브공항으로의 타깃에까지 역할을 확대하고 있다. 이를테면 네덜란드 암스테르담 스키폴공항, 런던 히드로공항, 독일 프랑크푸르트공항, 프랑스 파리의 샬드골공항은 1순위를 여객교통량에 초점을 맞추더라도 주요고객은 화물사업자이다. 화물량의 증가는 전용 화물기와 승객과 화물을 동시에 적재할 수 있는 혼합항공기의 이용 덕택이라고 할 수 있다.

나. 보조 허브전략공항(Secondary Hub Airport)

보조 허브전략공항(Secondary Hub Airport)은 주요 허브전략공항(Primary Hub Airport) 보다 지리적, 상업적 범위가 제한되어 있다. 이러한 공항은 지역을 기반으로 연계운송(Connecting Traffic) 목표로 두고 있다. 보조 허브전략공항의 위치는 주요 허브전략공항과 유사한 측면이 있다. 지역의 사업 또는 레저중심으로 강한 출발지와 목적지(Origin & Destination)와 입출국(Inbound & Outbound)의 교통흐름을 갖는다. 이러한 예로는 바르셀로나·클레르몽페랑·바젤·시애틀·세인트루이스·뭄바이·나이로비 공항이 있다. 종종 보조 허브전략공항은 지역수요 또는 허브공항 운송업자들의 도산으로 이전 주요 허브전략공항 사업이 무너졌기 때문이며 이러한 예로는 스위스 취리히공항과 벨기에 브뤼셀공항에 나타난다. 보조 허브전략공항의 상업적인 성공은 환승시간(Minimum Connecting Time)을 유연하게 운영하고 있으며 공항의 혼잡과도 관련이 있다. 이런 예로는 프랑스의 클레르몽페랑공항을 들 수 있다. 이러한 작은 공항은 보조 허브전략공항으로써 운영되었다. 이러한 공항의 전략은 소수 항공기의 운영과 효율적이며 기술적인 허브절차, 강력한 상대운송사와 지역항공사가 있기에 가능하게 되었다. 이러한 항공사가 에어프랑스를 인수했을 때 프랑스 국적항공사는 클레르몽페랑공항이 파리의 샬드골 허브공항과(Charles De Gaulle) 심각한 노선 경쟁을 줄이기 위해서 클레르몽페랑공항에서의 허브공항으로서의 운영을 제한하기로 하였다.

다. 지역 공항(Regional Airport)

지역공항은 매년 평균적으로 천만 내지 천오백만 명의 승객을 처리한다. 이 공항들은 특정 허브운송사를 소유하지 않고 주요 항공사들의 네트워크 내에서 전통적으로 부분적인 역할을 수행한다. 지역공항들은 지역운송사를 장려하고 독립적으로 또는 항공사들과 새로운 유형의 제휴를 진행한다. 지방공항들은 point－to－point 운송에 초점을 맞추는 경향이 있고 매우 낮은 연계운송(connecting traffic)을 갖추고 있다. 지역공항의 상업적 성공은 주로 유리한 지정학적 위치와 도심과의 근접성으로 이루어진다. 이러한 예로 이탈리아의 튜린공항과 베니스공항, 스페인의 발렌시아공항, 독일의 뒤셀도르프공항과 슈트트가르트공항, 프랑스의 니스공항, 뉴욕 라가디아공항들이 있다. 지역공항모델의 하위범주는 도심공항에 의해 제공된다. 이러한 공항은 도시경계 내에서 운영되고 있기에 이륙과 착륙절차에서 공항운영상 제한된 야간시간 이·착륙금지(Curfew Time, 오후 11시부터 오전 6시까지)와 같은 제한이 있으며 항공기의 형식도 소음과 연계되기 때문에 사전에 허가가 이루어져야 한다. 도심 공항은 고가의 탑승비용을 지불하는 비즈니스수요를 충족시키기 위해서는 신속한 지상조업을 제공하고 주요 지역 금융 단지들로 많은 양의 point to point 서비스를 제공한다.

전통적으로 도시공항들은 보조공항(Secondary Airport)인 공항들이었고 도시의 경계와 근접해 있거나 그 울타리 내에 위치한다. 또한 다음과 같은 이유로 인해 다른 공항들보다 낮은 수의 이동과 승객을 처리한다.

- 공항의 기반시설은 소규모 활주로, 또는 소규모터미널과 계류공간을 유지해야 하는 제한이 있다.
- 이륙, 착륙 절차상 충돌가능한 장애물로 인해 기술적인 제한사항이 있다.
- 공항주변 거주민 삶의 질 보호를 위해 공항운영상, 환경적 규제가 따른다.

도심공항은 공항기능을 활성화하기 위해 지역항공사를 주요 파트너로써 함께 운영하고 있다. 이러한 항공사들은 소형항공기인 터보플롭항공기나 소규모 제트항공기를 보유하고 있다. 주로 지역 또는 상업지역 간 point to point 연결에 관심이 있다. 타깃 승객은 전통적으로 비즈니스여객이고 허브공항에서의 환승보다는 직항편을 선호하며 직항편을 이용하기 위해 기꺼이 더 높은 운임을 지불한다. 도심공항은 전략적인 측면에서 비지니스 고객에게 다양한 항공운임의 차별적인 전략을 가지고 있다. 예를 들면 비즈니스여객은 업무에 대한 최대한 효과를 얻기 위해 시간에 민감하고 제한된 시간을 최대한 활용하기 원하기 때문에 터미널 내에서 머무르는 시간을 최소화 하려는 경향이 있다. 이러한 여객의 니즈를 감안하여 영국 런던시티공항에서는 출발 전 체크인까지 10분 정도 밖에 소요되지 않는다. 또한 여객에 대한 핵심성과지표(KPI : Key Performance Index)[17]를 파악한다. 예를 들어 입국하는 승객들의 수화물 운송시간은 공항당국과 지상 조업자의 효율적인 협력을 통해 허브공항보다 더 짧은 시간이 소요되게 하는 것이다. 도심공항은 대체노선(Alterative Route)은 없으며 다른 공항들에 비해 특별한 공항비스를 제공하지는 않는다. 다만 비즈니

17) Key Performance Index(핵심성과지표) – 기업의 전략을 달성하기 위한 활동의 성과를 측정하는 지표로서 성과 도출이 미진한 경우 이의 원인이 무엇인지를 신속하게 파악하여 개선조치가 이루어 질 수 있도록 한다.

스승객인 타깃의 특별한 필요(needs)를 파악하여 계획안을 재설계하는데 이러한 노력은 공항운영의 중요한 역할이라고 할 수 있다. 지역공항의 두 번째 범주는 계절적 교통흐름에 영향 받는 전세운송사로부터 이용되는 전세공항(charter airports)이다. 전세공항의 타깃은 레저승객이며 이러한 범주에 포함된 공항은 저비용공항에 포함된다.

라. 화물전용공항(All Cargo airport)

화물전용공항의 중요한 특징은 각종 교통운송기관을 통합하여 이용하는 방법(철도, 육상, 해상)으로 인해 화물사업에 전념하는 점이다. 공항주변의 여러 제한사항인 소음 등의 요인을 피하여 도심과 떨어져 있도록 공항의 위치를 정함으로써 공항기반시설을 24시간 동안 운영하는 장점을 가지고 있다.

3. 다양한 공항의 마켓 포지셔닝 전략 기준(More Positioning Criteria)

공항의 포지셔닝 전략은 공항의 상황을 단순화한 것이며 이러한 전략은 내부, 외부적인 원인의 결합 때문에 많은 변화가 있을 수 있다. [표 23-10]은 19가지의 다양한 공항 마켓 포지셔닝 전략을 보여준다. 이는 실제조사를 기초로 한 것이다.

표 23-10 다양한 공항 마켓 포지셔닝 전략

구분	시장 위치	정의된 등급에 해당되는 예시 공항
1	도시의 마케팅 계획에 통합된 공항	영국 맨체스터공항
2	지역(연방국가)의 마케팅 계획에 통합된 공항	독일 뮌헨공항
3	물리적 제약으로 인해 제한되지만 잠재 성장력이 있는 공항	벨기에 브뤼셀공항, 미국 샌프란시스코공항, 네덜란드 암스테르담 스키폴공항
4	시스템 내 통합되고 동일 허브항공사가 관리하는 공항	프랑스 오를리공항, 샤드골공항, 런던 히드로공항, 게트윅공항
5	규칙에 의해서 시스템 내 통합된 공항	이탈리아 밀라노공항, 리나테공항, 말펜사공항, 일본 도쿄 하네다공항, 나리타공항, 미국 워싱턴 델레스공항, 레이건공항
6	다른 가치제안을 갖고 있지만 동일 캐치먼트 지역 내에서 운영되는 공항	미국 시카고 오헤어공항, 미드웨이공항, 스웨덴 스톡홀름 알란다공항, 브로마공항 이탈리아 밀라노 말펜사공항, 오리오공항

구분	시장 위치	정의된 등급에 해당되는 예시 공항
7	많은 교통량을 유인하는 공항	영국 런던 비긴힐공항, 프랑스 파리 르부르제공항, 이탈리아 로마 참피노공항
8	저비용 공항과 같은 대안을 갖고 있는 공항	영국 런던 루톤공항, 스텐스테드공항, 프랑스파리 보브와공항, 벨기에 브뤼셀 샤를루아공항, 이탈리아 밀라노 오리오공항, 독일 프랑크푸르트 한공항
9	인접지역, 국가와 공동정책을 실행하고 있는 공항	독일 프랑크푸르트공항, 네덜란드 암스테르담 스키폴공항, 일본 도교 나리타공항
10	기술적인 제한사항을 갖는 공항 (city airports)	영국런던 시티공항, 플로렌스공항, 캐나다 토론토 시티공항, 프랑스 꾸슈벨공항, 성베히사부아몽블랑공항, 독일 뒤셀도르프공항, 이탈리아 아오스타공항
11	허브운송사의 포기로 인한 경영혁신 공항	미국 세인트루이스공항, 롤리 더럼국제공항 영국 런던 게트윅공항, 스위스 제네바공항
12	국가 또는 지역 관문공항으로 지정된 공항(primary, secondary hubs)	오스트리아 빈공항, 미국 마이애미공항, 캐나다 토론토공항, 뉴욕 존에프케네디공항 남아프리카공화국 요하네스버그공항, 아랍에미레이트 두바이공항, 미국 로스엔젤레스공항,
13	화물에 초점을 둔 공항 (all cargo airports)	샬론베이트리공항, 네덜란드 로테르담공항, 미국 멤피스공항, 벨기에 리에주공항
14	미개발지역의 공항	독일 뮌헨공항, 노르웨이 오슬로공항, 대한민국 서울공항, 그리스 아테네공항
15	이전 기본시설들을 기초로 업그레이드된 공항	영국런던 히드로공항, 이탈리아 밀라노 말펜사공항, 카타르 도하공항, 아랍에미레이트 두바이공항, 바레인의 바레인공항, 스페인 마드리드공항, 프랑스 파리 샬드골공항
16	공항 기본시설 제한에 따른 항공서비스 제공 범위의 제한을 갖는 공항	미국 뉴욕 라가디아공항, 일본 도교 나리타공항, 워싱턴 레이건공항
17	국가의 유일한 관문공항으로서의 역할을 하는 공항	싱가폴 창이공항, 홍콩공항, 몰타공항, 키프로스 라르나카공항, 니코시아공항
18	군에서 민으로 운영전환을 경험한 공항	스페인 마드리드 토레혼공항, 미국 캘리포니아 엘토로공항, 이탈리아 그라자니즈공항
19	제1공항(국가 유일한 관문공항은 아니지만 대부분 시장을 통제한다.)	핀란드 헬싱키공항, 덴마크 코펜하겐공항, 이스라엘 텔아비브공항, 오스트리아 빈공항, 푸에르토리코 산후안공항, 아일랜드 더블린공항

출처 : Nigel Halpern·Anne Graham, Airport Marketing, Routledge, 2013.

4. 공항개발을 위한 파트너에 대한 인정

공항기업은 공항운영을 공동으로 계획하고, 새로운 항공 업무를 발전시키고자 정기항로 파트너를 통해 개선 노력을 할 것이다. 공항은 시장조사 연구와 지역경제와 연계하여 공항이 새로운 관계의 정립을 위하여 지원 및 공항종합정책을 제공할 것이다. '마케팅지원시스템 계획'이라고 할 수 있다. 첫째로, 승객 수의 관점에서 공항에서 저비용항공사의 영향은 크다고 할 수 있다. 승객을 통한 세수확보에 긍정적인 효과를 올리게 되고, 터미널에서 비항공관련 수익을 위해 구매를 자극할 수 있다. 둘째, 저비용항공사는 지역에 긍정적인 경제적 영향을 준다. 공항주변의 관광객 수가 증가하면 호텔, 별장 등 부동산 가격이 개선되게 된다. 셋째, 공항교통의 빠른 증가는 터미널 확대를 필요로 한다. 이를 통해 지방의 일자리가 창출될 것이다. 넷째, 저비용사업자는 보조공항을 통해 중요한 정치적인 영향을 미치게 된다. 특히 공공소유 및 관리공항의 경우, 저비용사업자는 지방의 정치를 통해 공항운영 지원의 핵심이 될 수 있다.

5. 공항기업으로서 새로운 마케팅 패러다임의 변화

복합운송의 허브공항에서 승객은 항공과 육상, 철도, 페리를 공항권 안에서 연결할 수 있게 되는데 업그레이드 된 공항인프라(고속철과 고속도로)의 통합 사용으로 공항의 시장능력을 촉진할 수 있는 기회가 활성화 된다. 이러한 복합운송은 해당 지역 또는 국가 경계를 넘어선 승객 유치의 확대기회 뿐 아니라 비즈니스에서 비즈니스 무역의 수적인 증가가 이루어졌다. 예를 들면 FedEx는 화물운송에 필요한 통합 인프라로 인해 파리 샬드골공항(Paris Charles de Gaulle(CDG))을 유럽의 허브공항으로 선택하였으며 세계에서 가장 뛰어난 통합공항중 하나로 여겨진다. 터미널 빌딩 내부로 직접 연결되는 TGV와의 연계 덕분에, 샬드골공항은 유치지역을 프랑스 전 지역 그리고 벨기에로 확대할 수 있었다. 이러한 통합 효율성은 공항으로의 교통량 증대라는 측면에서 강력한 효과뿐 아니라 주요 공항들의 네트워크 결정에도 영향을 끼쳤다.

6. 저비용 공항 : 공항기업을 위한 진화 통로

저비용이라는 용어는 일반적으로 항공운송산업에서 일부 부가적인 서비스를 제거하고 제한된 일부 부가적인 운송서비스를 제공자가 조정하는 것으로 인식되었다. 저비용 항공사는 무료 식사 혹은 차별화된 서비스를 제공하지 않지만 일부는 [표 23-11]에 나타난 바와 같이 상용 고객에게 포상한다. 지상조업서비스와 최소 좌석배정과 같은 기본적인 부가서비스를 유지하여야 한다. 이러한 제한된 서비스 제공 결과 고객으로 하여금 경쟁적이고 공격적인 운임 측면에서 비용절감의 중요한 부분이며 미국과 영국과 같은 일부 항공운송시장에서 큰 성과를 거두었다.

표 23-11 저비용 항공사의 상용고객우대 프로그램

저비용 항공사	상용고객우대 프로그램	파트너십
에어트란	○	
캔제트	○	
사우스웨스트	○	
젯블루	○	
프론티어	○	
ATA	○	
V-버드	○	
웨스트젯		○
스피리트		○
송에어라인		○
테드		○
집		○

출처 : AEA, IATA, Mercer

저비용 항공사들은 저비용으로 이익을 창출할 수 있는 주요 지역에 서비스 가능한 공항을 선택하게 된다. 항공사는 도심으로부터 먼 거리로 인해 승객들이 불편을 조금이라도 덜 느낄 수 있는 혼잡하지 않은 공항을 이용하게 할 것이다. 또한 적은 수의 체크인 데스크로 인해 체크인 시간이 길더라도 수용할 수 있다. LCC 시장 급증 전략으로, 새로운 종류의 공항 포지셔닝이 가능해진다. [표 23-12]는 저비용 공항 포지셔닝 전략에 대해 주요 유럽 공항을 중심으로 나타나있다.

표 23-12 유럽의 저비용 공항 포지셔닝

저비용 공항	경쟁 공항	공항 당국
파리 보베공항	프랑스 파리 샬드골공항, 오를리공항	비동일
밀라노 오리오공항	이탈리아 밀라노 리나테공항과 말펜사공항	동일
샤를루아공항	벨기에 브리쉘공항과 내쇼날공항	비동일
카르카숀공항	프랑스 뚤르즈공항	비동일
파리 세흐지 뽕뚜와스공항	프랑스 파리 샬드골공항, 오를리공항	비동일
독일 한공항	독일 프랑크프르트 마인공항	동일
영국 리버풀공항	영국 맨체스터공항	비동일
영국 런던 루톤공항	영국 런던 히드로공항과 게트윅공항	비동일
영국 런던 스텐스테드공항	영국 런던 히드로공항과 게트윅공항	동일
영국 프레스트윅공항	영국 글라사고 인터내셔날공항	비동일
이탈리아 로마 참피노공항	이탈리아 로마 피우미치노공항	동일
노르웨이 샌드피오르드 토르공항	노르웨이 오슬로 가르데르모엔공항	비동일
스웨덴 스카브스타공항	스웨덴 스톡홀름 알란다공항	비동일

출처 : Nigel Halpern·Anne Graham, Airport Marketing, Routledge, 2013.

저비용 항공사는 B2B 협약에서 공격적이며 공항의 경우, 사업초기 투자 자본을 신속하게 메우기 위하여 저가의 지상조업, 착륙료, 주차비용, 짧은 턴어라운드시간을 가능케 해줄 지상에서의 효율성 등 경제적인 부분을 중요시한다. 예를 들면, 유럽 저비용항공사인 라이언에어는 모든 취항공항에 25분의 짧은 턴어라운드시간을 요구한다. 저비용 공항은 첫째 간소화된 제도와 기능적 책임을 통한 복잡함을 줄여야하고, 둘째, 지상 작동에서의 스텝의 융통성이 필요하다. 그리고 일일 첨두시간(peak time)과 항공사의 서비스 효용성을 증가시키기 위해 시간제임금 노동자들의 활용이 필요하다. 셀프 티켓팅과 셀프 체크인을 위한 공간이 필요하며 동시에 고객을 지원하기 위한 스텝의 지속적인 관찰이 필요하다. 키오스크는 보안 절차와 결합될 때, 최종 고객만족 도구가 되고 비행시간에 관하여 승객에게 개별 정비를 제공할 수 있으며 실시간 정보를 보안스텝에게 제공할 수 있다. 마지막으로 공항들은 평균적으로 저비용항공사를 이용하는 승객들이 공항에서 적은 비용을 지출하기를 바란다는 사실에 주목 해야 한다. 저비용 공항은 승객의 저비용 여행 콘셉트와 거리가 먼 패션 스토어 그리고 보석상과 같은 상점들을 지양해야 하며, 일상용품점, 약국, 인터넷 카페 그리고 패스트푸드 식당과 같은 충동적 물품의 판매에 초점을 맞추어야 할 것이다.

7. 공항 제휴

1980년대 이후로, 회사의 시장 존재를 강화하기 위해 사용되는 가장 유행한 도구중 하나는 가치사슬과 같이 관련된 회사를 포함시킴으로써 제휴 방침을 이용하는 것인데 회원을 창출하는 이점은 다음과 같다.

1) 요구되는 재정부양의 범위가 감소하였고 독립적 상황과 비교해 위험 단계가 크게 감소되었다.
2) 공항사업과 관련한 운영비와 마케팅비용의 상호 공유가 가능해진다.
3) 항공운송산업과 같이 수요의 범위와 부가가치시장으로 접근 기회가 주어진다.
4) 또는 과점에서부터 산업을 움직이는 기업체까지 산업의 행동 패턴의 변화, 이 경우 수용 가능한 신뢰의 형태는 기업체들이 투자 보다 높은 수익을 달성하게 된다.

다국적 공항 제휴를 위한 시도에 관한 가장 좋은 예는 '파트너공항'이다. 이 제휴는 네덜란드 암스테르담 스키폴공항, 독일 프랑크프르트공항, 이탈리아 로마공항 당국을 포함하고 있다. 다른 경우는 파트너들은 프랑스 파리공항공단, 코펜하겐공단, 달라스포트워스공항공단, 휴스톤공항공단, 영국공항공단 그룹이며 B2B와 B2C 모두를 창조해내는 것을 목표로 하고 있는 것이다.

표 23-13 주요 항공사 제휴 현황(2024년)

제휴사	제1항공사 그룹	기타 관련 항공사
스타얼라이언스	루프트한자, 유나이티드항공	에게항공, 에어캐나다, 에어차이나, 에어인디아, 에어뉴질랜드, 전일본공수, 오스트리안항공, 아비앙카항공, 브뤼셀항공, 코파항공, 크로아티아항공, 이집트항공, 에티오피아항공, 에바항공, LOT폴란드항공, 선전항공, 싱가폴항공, 사우스아프리카항공, 스위스항공, TAP포르투갈항공, 타이항공, 튀르키예항공
스카이팀	에어프랑스, 델타항공	아르헨티나항공, 에어로멕시코, 에어유로파, 중화항공, 중국동방항공, 가루다인도네시아항공, 알리탈리아항공, 케냐항공, KLM, 대한항공, MEA 레바논항공, SAS스칸디나비아항공, 사우디아항공, 타롬항공, 베트남항공, 버진애틀랜틱항공, 샤먼항공
원월드	아메리칸항공, British Airways	알래스카항공, 캐세이퍼시픽, 핀에어, 이베리아항공, 일본항공, 말레이시아항공, 콴타스항공, 카타르항공, 로얄에어모로코, 로얄요르단, 스리랑카항공, 피지항공, 오만항공

가. 두 지점 간 제휴 (Point-to-Point Alliances)

동일한 종류의 시장에 위치하지 않은 한 쌍의 공항들 사이의 협력에 있다. 이 제휴범위는 관리감독의 범위와 공동 처리, 생산에서부터 공동 소매상품 구입에까지 포함된다. 각 사업의 차이점이 있는 경우 또는 IT Solution에 관한 특별한 지식조항의 유지 또는 위험 있는 관리절차와 관련된 자격 능력에서 관리인, 직원 또는 기계 관련의 파트너항공사로 일시적인 이동도 의미한다. 이러한 제휴는 단일 또는 다양한 방식으로 이루어 질 수 있는데 단일조직브랜드(single umbrella branding)로 창출 될 수도 있고 각각의 기업은 시장에서의 주체성을 유지 할 수도 있다.

나. 지역 간 제휴 (Multi-point Alliances)

지역 간 제휴 관점은 국경을 넓힐 수 있고 공항운영의 일부기능을 전문적으로 공유하기 위해서 공항운영정책을 파트너들처럼 3자간 제휴로 불려 질 수 있으며 하나의 위치를 유지할 수 있는 단일 상표명을 선택할 수도 있다. 이 지역 간 제휴 협정서의 전략적 목적은 중요한 집단의 범위뿐만 아니라 다른 지역적 환경으로부터의 참여는 복잡함을 야기시킬 수 있기에 파트너 사이에 협력비용이 증가 될 수 있다. 제휴의 범위 안에서 보다 협력적 요소가 필요하게 될 것이다.

다. 관리, 경영계약

공항 사업의 관계로 '관리경영 계약' 이라 불린다. 소유권이 없는 조항들이 포함돼 있고 협정서는 보통 정부와 개인 기업 간 발생한다. 계약자는 공항운영과 공항의 실적과 관련된 연간관리비용 지불에 대한 동의와 책임이 있다. 정부는 계약자의 능력으로 공항의 최대 경제적 잠재력을 도출해 낼 수 있고, 장기간 관점에서 정부는 공항관리에 대한 지식을 향상시킬 수 있다. 계약자는 외국인 직접투자가 허용되지 않는 제한 사항이 많은 국가의 접근이 유용하게 될 것이다. 이 방법은 계약자에게 지역제한 사항이 제거되었을 때 직접투자를 할 수 있도록 결정할 수 있게 된다.

Chapter 24

버티포트와 UAM

section 01 버티포트의 개요 및 정의

항공기가 원활하게 운항하기 위해 공항이 필수적이듯, 도심항공교통(Urban Air Mobility, 이하 UAM)의 운항을 위해서는 이를 지원하는 핵심 인프라인 버티포트(Vertiport)의 구축이 필수적이다. 버티포트는 단순히 UAM을 이착륙시키기 위한 목적만으로 설계되는 것이 아니며, UAM이 도심 내에서 안전하고 효율적으로 운용될 수 있도록 설계된다. 이러한 버티포트는 새로운 형태의 교통거점으로, 향후 도시 교통망과 긴밀히 연계되는 미래의 스마트 모빌리티 허브로서의 역할이 기대될 뿐만 아니라, 도심항공교통 생태계의 한 축으로서 자리 잡고 있다.

버티포트는 도시 내의 교통 혼잡 문제를 해결하고, 친환경적이며 지속 가능한 교통수단을 제공하고자 등장했다. 특히, 전기 수직이착륙기(Electrical Vertical Take-Off and Landing, 이하 eVTOL)의 효율적인 운영을 위해 필수적이며, 충전 및 정비 시설, 승객의 탑승과 환승, 더 나아가 복합시설로서의 역할을 수행한다. 미국과 유럽을 중심으로 버티포트에 관한 연구가 진행 중이며, 특히 대한민국에서는 도심항공교통 활용 촉진 및 지원에 관한 법률(약칭 : 도심항공교통법)과 한국형 도심항공교통 운용개념서 1.0을 통해 버티포트를 아래와 같이 정의하고 있으며, 이러한 법적·제도적 기반은 UAM의 상용화를 위한 기반 인프라 마련을 위해 핵심적인 역할을 한다. 국내에서도 버티포트의 설계 및 운영 기준에 대한 구체적인 논의가 이루어지고 있고, 이를 통한 발전이 이루어져야 할 것이다.

1. 버티포트 및 UAM의 정의[1)]

버티포트란 도심형항공기의 이륙·착륙 및 항행을 위하여 사용되는 일정한 시설과 사무시설 등 대통령령으로 정하는 시설로서 국토교통부장관이 지정·고시한 시설이다. 또한 버티포트 및 UAM에 관한 내용을 담고 있는 한국형 도심항공교통(K-UAM) 운용개념서 1.0에 따르면, 버티포트는 UAM 항공기가 이착륙하기 위한 기반시설(교통시설), 육상, 수상, 또는 건물 옥상 등에 위치할 수 있으며 필요에 따라 정비 지원이나 승객 탑승·하기·환승 및 화물 적재·적하 등을 위한 시설 등을 포함할 수 있다고 정의되어 있다. 결과적으로 버티포트란 UAM이 운항할 수 있도록 지원하는 핵심 기반시설로, 기존의 항공기가 이착륙하는 공항과 유사하지만, UAM이라는 미래 항공모빌리티를 위한 장소이며, 그 이름에 맞게끔 도심 친화적인 형태로 개발되는 것이 특징이다.

버티포트는 수직이라는 뜻의 Vertical과 공항이라는 뜻의 Airport가 합쳐진 합성어로 수직 이착륙이 가능한 UAM(eVTOL)이 이착륙할 것으로 예상되는 건설 인프라를 의미한다. 이는 기존의 공항과 유사한 기능을 수행하지만, 도심이나 도심 외곽에서도 효율적으로 운영될 수 있도록 설계된다는 점에서 차이를 보인다. 버티포트의 형태는 크게 세 가지로 구분되며, 이는 아래와 같다.

1) 독립형 버티포트(Standalone Vertiport) : 별도의 부지에 단독으로 건설된 형태로, 도심 또는 교외 지역에 위치하는 형태이며, 비교적 넓은 공간의 확보가 가능하기에 다수의 UAM 기체를 이착륙시킬 수 있다는 장점이 있다.
2) 고가형(건물 일체형) 버티포트(Elevated Vertiport) : 헬리패드와 유사한 형태로, 기존 건물의 옥상 등에 위치하여 공간을 효율적으로 활용하는 형태이며, 도심 내 주요 교통 거점과 직접적인 연결이 가능하다는 특징을 가지고 있다.
3) 수상 버티포트(Water Vertiport) : 수상에서 VTOL-Capable Aircraft(이하 VCA)의 착륙과 이륙을 위해 사용되도록 하는 구조물의 형태이다.[2)]

버티포트를 확실하게 이해하려면 UAM이란 무엇인지, 해당 교통에 대한 지식 또한

1) 도심항공교통 활용 촉진 및 지원에 관한 법률(약칭 : 도심항공교통법), 제1장제2조, 2024년
2) EASA SC-VTOL-01, Issue 1, EASA 2019.

필수적이다. UAM이란 도시의 수많은 지상·육상교통들로 인해 발생하는 교통혼잡을 해결하고자 부상한 차세대 교통수단을 말한다. 이는 기체·운항·서비스를 모두 총칭하고 있으며, 지금까지와는 다른 변화한 교통의 형태를 보임으로써 교통이라는 분야에 있어 새로운 혁신을 유발할 것으로 예상된다. K-UAM 운용개념서 1.0에서는 UAM이 도심 안팎에서 승객 · 화물 운송을 비롯하여 공공목적(긴급의료 등)과 관광사업 등을 위해 운용될 것이라 전망하고 있다.

2. 버티포트 시설의 구성

버티포트는 주요시설과 부수시설 그리고 보조시설로 구분되며, 이에 추가적으로 eVTOL 항공기의 안전한 운항을 지원하기 위한 장애물 제한 표면을 가진다. 버티포트 시설들은 다음과 같은 구성요소들을 갖는다.

가. 주요시설 (Encapsulation)

주요시설은 버티포트를 구성하는 가장 주된 요소로 그 용도, 제한 사항 및 특성에 따라 구분된다. 주요시설의 종류에는 접지 및 부양구역, 최종 접근 및 이륙 구역, 충전 주기장, 유도로가 있다.

1) 접지 및 부양 구역(TLOF : Touchdown and Liftoff Area)

접지 및 부양 구역(이하 TLOF)은 항공기의 접지 및 부양을 위해 최종 접근 및 이륙 구역 중간에 위치하는 포장된 구역으로, UAM 기체를 받치는 가장 작은 부분이며 일반적으로 해당 구역의 길이는 UAM 기체 하나가 존재할 수 있는 정도이다.

추가적으로 해당 구역은 eVTOL 항공기 최대이륙중량의 150%에 달하는 무게를 버틸 수 있도록 설계되어야 하며, 이는 최종 접근 및 이륙 구역에서도 동일하다. TLOF는 UAM이 계속하여 이착륙함에 따라 반복적인 하중을 받는 구조물이기 때문에, 특히 높은 수준의 내구성과 안전성이 필요하다.

2) 최종 접근 및 이륙 구역(FATO : Final Approach and Takeoff Area)

최종 접근 및 이륙 구역(이하 FATO)은 항공기가 착륙하기 위해 최종 접근을 완료하여 체공하거나 착륙하는, 혹은 이륙을 시작하기 위한 역할을 하는 구역을 의미한다. 해당 구역은 TLOF의 2배에 해당하는 길이를 보인다.

3) 충전 주기장(Stand)

충전 주기장과 같은 시설이 있는 버티포트에서는 승객과 화물의 안전한 탑승과 하기가 보장된다. 이를 위해 충전 주기장은 장애물로부터 자유로운 넓은 구역이 필요하며, eVTOL 항공기가 기동하며 발생하는 내리흐름(Downwash)에 의해 주기장의 시설이 훼손되어서는 안 된다. 또한 승객의 안전한 탑승, 더 나아가 화물의 적재 및 하기를 위한 지상조업 장비들의 무게까지 감당할 수 있도록 설계되어야 한다.

4) 유도로(Taxiway)

버티포트의 유도로에는 eVTOL 항공기가 안전하게 통행할 수 있도록 움직이는 물체, 장애물이 없어야 하며, 기체가 기동함에 있어 충분한 폭을 갖춰야 한다. 또한 eVTOL 항공기는 수직 이착륙이 가능하다는 특징으로 인하여 지상 유도 경로(Ground Taxi-Route)와 공중 유도 경로(Air Taxi-Route) 두 종류의 유도 방식(그림 24-1 참조)을 보인다. 다만 공중 유도 경로의 경우 지상 유도 경로와 비교했을 때 내리흐름으로 인해 영향을 받는 범위가 더 넓기에 더 큰 폭을 필요로 한다.

그림 24-1 GND Taxi-Route & Air Taxi-Route

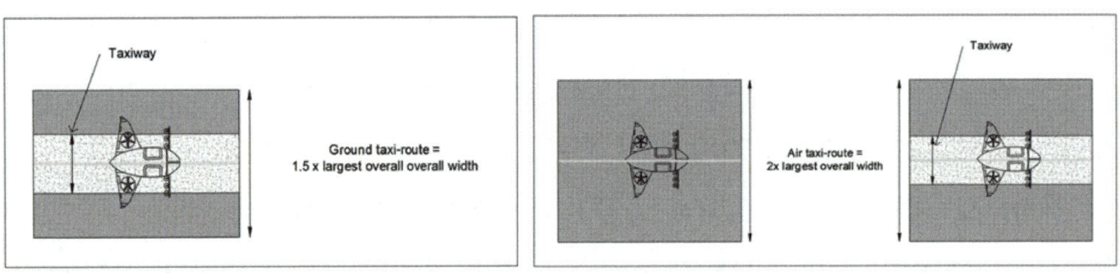

출처 : Prototype Technical Design Specification for Vertiport, EASA, 2022.

FAA는 현재의 항공기가 사용하는 유도로 및 헬리패드의 유도로를 참고(AC 150/5300-13, AC 150/5390-2)하여 버티포트의 유도로를 설계할 것을 권고하고 있다.

나. 부수시설 (Subsidiary)

항공기의 이착륙뿐만 아니라, 운항의 효율성과 안전성을 강화하기 위해 버티포트에는 부수시설이 필요하다. 부수시설에는 안전 구역, 개방 구역, 그리고 충전 주기장을 둘러싸는 보호 구역이 존재한다.

1) 안전 구역(Safety Area)

안전 구역은 eVTOL 항공기를 장애물로부터 보호하고 eVTOL 항공기가 우발적으로 FATO에서 벗어났을 때 항공기의 안전을 보장하기 위한 목적으로, FATO를 둘러싸고 있는 구역을 말한다. 기본적으로 FATO와 동일한 모양을 가지며, 고정되어 있거나 움직일 수 있는 물체가 설치되어서는 안 된다. 만약 불가피하게 안전 구역에 물체가 설치되어야 하는 경우 쉽게 부서지도록 설치해야 한다.

2) 개방 구역(Clearway)

현재의 항공기가 이용하는 공항과 달리 버티포트에 개방 구역이 반드시 필요한 것은 아니다. 개방 구역의 경우 안전 구역의 바깥에 eVTOL 항공기가 부양한 후 수평비행을 하기 위한 속도로 가속함에 있어, 기체가 안전하게 가속할 수 있도록 만들어진 영역이다. 때문에 개방 구역 내에도 eVTOL이 항행함에 있어서 반드시 필요한 물체를 제외한 다른 장애물이 존재해서는 안 되는 구역이라고 할 수 있다.

3) 보호 구역(PA : Protection Area)

보호 구역은 UAM을 위한 버티포트 내에서 eVTOL의 충전 및 지상 운영 시 안전을 확보하기 위해 설정된 공간으로 충전 주기장을 둘러싸고 있는 특정한 장소를 의미한다. 해당 구역은 기체가 충전 주기장에서 이탈하는 것을 방지하고 충돌 및 손상의 위험을 줄이는 역할을 하며, eVTOL의 크기와 운영 방식에 따라 그 범위가 변화할 수 있다. FAA에서는 보호구역에 대한 내용을 별다르게 명시하고 있지 않으며, EASA 문서에서만 이를 규정하고 있다. 때문에 버티포트가 발전해 나감에 따라 충전 주기장을 둘러싸는 보호 구역에 대한 국제적인 표준화와 개발이 필요하다. 더 나아가 보호 구역은 지상 요원과 탑승객의 안전을 위해 접근이 제한되어야 하며, 예상치 못한 기체의 움직임이나 비정상 상황이 발생하는 경우 이를 신속하게 대응할 수 있는 기반을 마련해야 한다.

그림 24-2 TLOF, FATO, Safety Area의 길이 및 관계

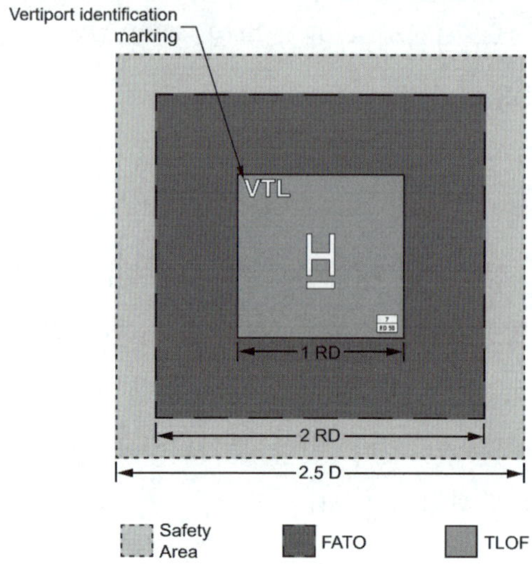

출처 : Engineering Brief #105A Vertiport Design, FAA, 2024.

다. 보조시설

8장(공항보조시설 및 기타시설)에서 작성한 바와 같이 공항에도 주요시설과 보조시설이 존재함을 확인할 수 있다. 버티포트에서는 공항에서의 보조시설인, 표지와 함께 항공등화 또한 해당 시설에 포함하고 있다.

1) 표지(Marking)

표준 버티포트 표지에는 해당 장소가 버티포트로 사용됨을 알리는 Vertiport Identification Marking(VTL)을 비롯하여, TLOF 및 FATO Edge Marking, Optional TDPC(Touchdown Positioning Circle), TLOF Size/Weight Limitation Box 등이 존재함을 확인할 수 있다. 버티포트 모양에는 차이가 존재할 수 있으나 해당 표지의 존재 여부에 있어서는 차이가 존재하지 않는다.

그림 24-3 표준 버티포트 식별 표지

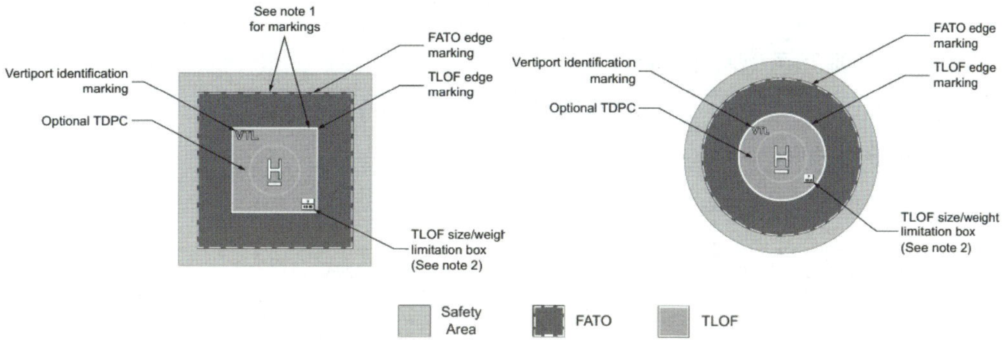

출처 : Engineering Brief #105A Vertiport Design, FAA, 2024.

2) 항공등화(Lighting)

야간에도 운항하는 UAM이 안전하게 운항할 수 있도록 이를 지원하기 위해서는 버티포트에 항공등화가 설치되어야 한다. 항공등화는 UAM 기체가 버티포트에 원활하게 접근하고 착륙할 수 있도록 하며, 버티포트의 위치와 그 경계를 명확하게 알리도록 한다. 버티포트는 특히 도시 환경에서 운영되기 때문에 제한된 공간과 주변 장애물로 인해 어두운 상황에서도 특히 명확하게 식별될 필요성이 존재한다.

라. 장애물 제한 표면

버티포트의 장애물 제한은 두 개의 표면들로 이루어진다. Approach / Departure (Primary) Surface, Transitional Surface가 그 표면들이며, UAM이 안전하게 운용되기 위해선 이 표면을 뚫고 나오는 장애물이 존재해서는 안 된다.

먼저 Approach / Departure(Primary) Surface는 장애물 제한에 있어서 기준이 되는 가장 주된 표면으로, FATO의 끝부분에서 FATO와 동일한 폭으로 시작하여 1,219m(약 4,000ft)의 거리까지 12.5%의 경사도를 가지며 외측 상방으로 뻗어나가는 표면을 의미한다. 다음으로 Transitional Surface는 Departure(Primary) Surface의 중심에서 외측으로 각각 76m(약 250ft) 뻗어나가며, 상방 50%의 경사도를 가지는 표면을 말한다. EASA의 경우 Slope Design Category(표 24-1 참조)를 정함으로써 장애물 제한 표면의 규격을 더욱 세분화하고 있을 뿐만 아니라 Obstacle Free Volume에 대한 내용을 포함함으로써 장애물이 존재하지 않는 깔때기 모양의 공간이 형성됨을 보여주고 있다.

표 24-1 카테고리에 따른 경사각 디자인

표면 & 규모 (Surface & Dimension)	카테고리에 따른 경사각 디자인(Slope Design Categories)		
	A	B	C
길이(Length)	3,386m(11,100ft)	245m(800ft)	1,220m(4,000ft)
경사각(Slope)	4.5%(1 : 22.2)	8%(1 : 12.5)	12.5%(1 : 8)

출처 : Prototype Technical Design Specification for Vertiport, EASA, 2022.

마. Obstacle Free Volume

Obstacle Free Volume(무장애 입체 공역, 이하 OFV)의 목적은 혼잡한 구역 또는 장애물이 많이 존재하는 구역에 위치한 버티포트에 eVTOL 항공기가 수직이착륙을 수행함에 있어, 해당 기체를 안전하게 버티포트로 안내하기 위한 역할을 하는 특수한 공역을 의미한다. 해당 공역은 버티포트의 FATO에서 수직으로 연결된 깔때기 모양의 수직이착륙 표면에 기반을 두고 형성되며, 진입 방향이 지정되는 방식에 양방향 입체 공역과 무지향 입체 공역으로 구분할 수 있다.

OFV는 안전 구역으로부터 외측 상방의 경사를 가지는 깔때기 모양으로 형성된다(그

그림 24-4 Obstacle Free Volume

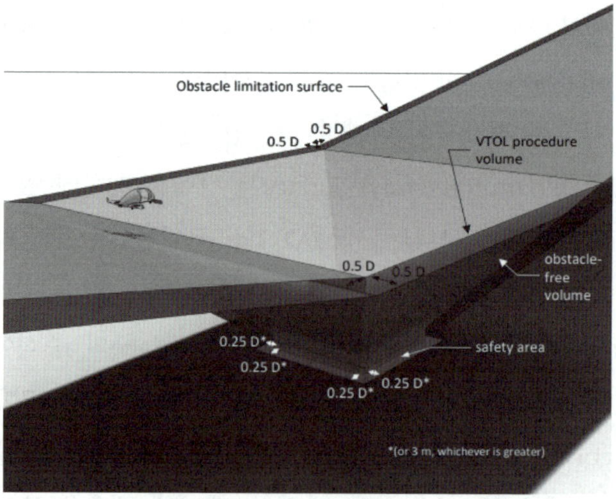

출처 : Prototype Technical Design Specification for Vertiport, EASA, 2022.

림 24-4 참조). 깔때기 형태의 OFV의 외곽 영역은 버티포트로 진입하거나, 버티포트로부터 출발하는 eVTOL 항공기들이 장애물과 충돌하지 않고 안전하게 움직일 수 있도록 설계된 장애물 제한 표면과 연결된다.

1) 양방향 입체 공역(Bidirectional Volume)

양방향 입체 공역이란 OFV의 외측으로 연결된 버티포트 장애물 제한 표면의 출발하는 표면과 도착하는 표면에 모두 사용되는 경우의 입체 공역을 의미한다. 해당 양방향 입체 공역을 설정하는 경우의 경사도는 가장 낮은 수치를 사용해야 하며, 해당 입체 공역에는 안전 구역이 추가된다.

2) 무지향 입체 공역(Omnidirectional Volume)

무지향 입체 공역이란 기존에 각진 모양을 갖는 깔때기 형태의 OFV를 곡선 형태로 변형한 입체 공역(그림 24-5 참조)으로, 모든 방향에 위치한 장애물로부터 분리를 제공하여 안전을 보장한다.

그림 24-5 Omnidirectional Volume

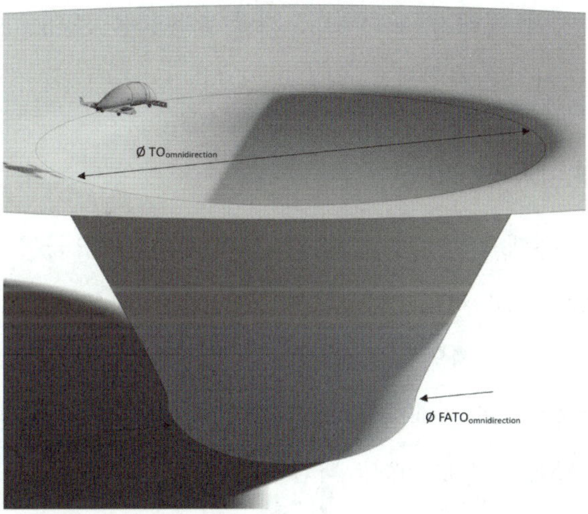

출처 : Prototype Technical Design Specification for Vertiport, EASA, 2022.

section 02 국가별 사례 및 연구

1. 국가별 사례

버티포트의 설계 그리고 구성은 UAM 운영에 있어 필수적인 요소이며, 이를 효과적으로 운영하기 위해 여러 국가에서 연구와 실증을 진행 중에 있다. 이러한 연구의 일환으로 버티포트의 설계와 관련한 문서는 FAA의 Engineering Brief No. 105A, Vertiport Design을 비롯하여, EASA의 Prototype Vertiport Design이 존재한다. 각각의 문서에서는 앞서 작성된 버티포트의 각 요소가 보여야 하는 규격에 대한 내용과 함께 표식, 등화, 더 나아가 공항에 버티포트가 결합되는 경우 어떠한 방식으로 설계가 되어야 하는지 해당 내용을 담고 있다. 버티포트의 경우 특히 고심의 제한된 공간을 효율적으로 활용할 수 있도록 설계되어야 하기에, 건물의 옥상, 기존 헬리패드를 개조하는 방식 등의 형태가 고려되고 있다.

버티포트를 효율적으로 운용하기 위해 여러 인프라들이 필수적으로 도입되어야 하며, 그 운영 방식에 따라 소형 UAM 전용 버티포트부터 여러 버티스톱들을 연계하는 버티허브에 이르기까지 다양한 형태가 구축된다. 해당 내용들을 토대로 하여 버티포트를 주도하고 있는 대표적인 국가 및 기업들은 다음과 같다.

가. 미 국 (Uber, Skyport)

Uber는 운전자와 승객을 중개하여 승객이 이용할 때 요금을 지불하고, 회사에서는 수수료 이익을 얻는 방식으로 서비스를 제공하고 있는 미국의 종합 운송 네트워크 기업이다. Uber는 기존의 모빌리티 사업을 확장하여 미래 항공모빌리티로서 자리 잡을 것으로 예상되는 UAM을 이용한 새로운 교통 인프라와 운영 방식을 개발하고 있다. 또한 지금의 네트워크 서비스에 UAM을 연계하고자 핵심 인프라인 버티포트 또한 설계 중에 있으며, 이를 통해 현재의 육상교통과 UAM을 연결하는 Mobility as a Service(이하 MaaS)를 이루고자 한다.

2019년 Uber는 Corgan과 협업하여 버티포트 디자인을 설계함으로써 UAM과 기존의 교통수단(버스, 택시, 철도, 자가용 등)이 혼합된 Seamless 형태의 교통서비스를 구현하고자 하고 있다. 이는 앞서 작성한 MaaS의 개념을 반영한 것으로, 다양한 이동 수단들이 마치하나의 교통수단처럼 한 개의 네트워크 상에서 유기적으로 연결되는 형태를 의미한다.

또한 2020년에는 Texas Dallas 시내의 기존 헬리패드 및 회전익항공기의 운용루트(Skylanes)를 이용하여 시험비행을 개시하였으며, 추가적으로 UAM을 위한 Skyport와 같은 인프라가 기존의 도로, 철도, 교량, 터널과 같은 대규모의 인프라 투자 방식보다 비용 및 공간의 측면에서 더욱 효율적이라고 주장하고 있다. 이에 따라 기존 헬리패드 및 주차장 상부 공간을 활용하는 버티포트, Skyport를 설계하고 있으며, 이를 통해 도심 전역에 UAM 네트워크 구축을 목표로 하여 효율적인 UAM 운용을 위한 기반을 마련하고 있다.

나. 독 일 (Volocopter, VoloPort)

Volocopter는 독일의 UAM 개발사로 UAM의 개발뿐만 아니라, 버티포트의 개발에 있어서 전기동력의 배터리로 이루어지는 UAM의 배터리 교체 및 충전, 유지보수 등을 위한 인프라 개념으로 VoloPort라는 이름의 버티포트 개발을 병행하고 있다. 2019년 Skyport 그리고 싱가포르와 협력하여 싱가포르 마리나 지역에 VoloPort를 구축하였으며, UAM 기체 시험비행 등의 시험 장소로 활용 중에 있다.

Volocopter의 경우, 싱가포르, 두바이 지역에 해당 인프라를 확충하고 상업용 에어택시 서비스를 제공할 예정이다. 추가적으로 VoloPort를 통해 UAM을 위해 즉각적으로 활용할 수 있는 독립형 버티포트의 개념으로 도심 내에서 운용하는 eVTOL 인프라의 구축을 가속화하고, UAM의 수용을 촉진하며, 그 생태계를 확장하고자 하고 있다. VoloPort는 최소한의 공간에서 효율적으로 운영될 수 있도록 설계되었으며, 이를 통해 밀집 지역에서도 구축이 가능하다. 25㎡의 규모에서 시작되는 VoloPort는 필요에 따라 추가적인 착륙 구역과 작업을 위한 공간 또한 확장이 가능하다는 특징을 보인다.

다. 중 국 (Ehang)

Ehang은 중국의 UAM 및 버티포트 개발 기업으로, eVTOL과 이를 지원하는 버티포트와 같은 인프라를 개발·연구하고 있다. 자율 비행이 가능한 EH 216 무인 비행체 모델을 통해 UAM 산업에 이바지하고 있으며, 이를 활용한 EH 216F 모델을 통해 도심 건물에서의 화재에 대한 새로운 해결책을 마련하고 있다.

Ehang은 UAM 운영을 위한 핵심 인프라인 버티포트의 개발과 사회적인 수용성 그리고 인식의 개선에도 적극적으로 임하고 있다. 버티포트를 포함하는 UAM 전시 센터의 개설과 함께 해당 전시 센터에 UAM을 주기할 수 있는 주기장과 탑승 구역을 마련함으로써 UAM을 이용하게 될 이용객들에게 새로운 경험을 제공하고 있다. 또한, 신속한 충전을 통해 UAM을 효율적으로 운용하고, UAM 운항자들을 지원하는 방식을 연구 중이다.

추가적으로 유럽의 버티포트 인프라 개발업체인 Vertiports Network와의 협업을 통해 유럽 내에서의 UAM 운용과 이를 활용한 산업 및 경제의 발전을 이루어내고자 하고 한다. Ehang과 Vertiports Network 간의 협력을 통해 EH 216 기체를 유럽의 버티포트 생태계에 통합함으로써 유럽 시장에서의 입지를 강화하고 있으며, 이를 통해 도심 내에서의 UAM 운용을 현실화하기 위해 노력하고 있다.

2. 버티포트 설계 및 규정에 관한 국가별 연구 동향

가. 미 국(미국 연방항공청, FAA)

미국은 향후 미국 내에 지어질 버티포트에 대해 규정하기 위해 Engineering brief 105A를 통해 버티포트의 구역, 표지, 등화, 장애물 제한 등에 대해 명시하고 있다. 특히, FAA의 이 규정은 버티포트의 설계 대한 참고개념으로써 활용할 것을 권고하고 있다. 주요한 특징으로는 헬리패드의 권고 회람서(AC)를 참고하여, 버티포트의 표지와 구성이 헬리패드와 상당 부분 유사하다는 점에 있다. 특히, 버티포트 식별 표지의 경우 기존에 [그림 24－6](Standard Vertiport Marking)에서 위의 보조시설에 첨부된 [그림 24－3](Standard Vertiport Identification Marking)과 같이 변경되었는데, 이는 FAA에서 규정하고 있는 헬리패드에 대한 식별 표지를 기반으로 버티포트만의 식별 부호가 부가된 형식으로 구성되어 있다.

그림 24-6 좌: 표준 버티포트 표지 / 우: 그림 24-3 재첨부 표준 버티포트 식별 표지

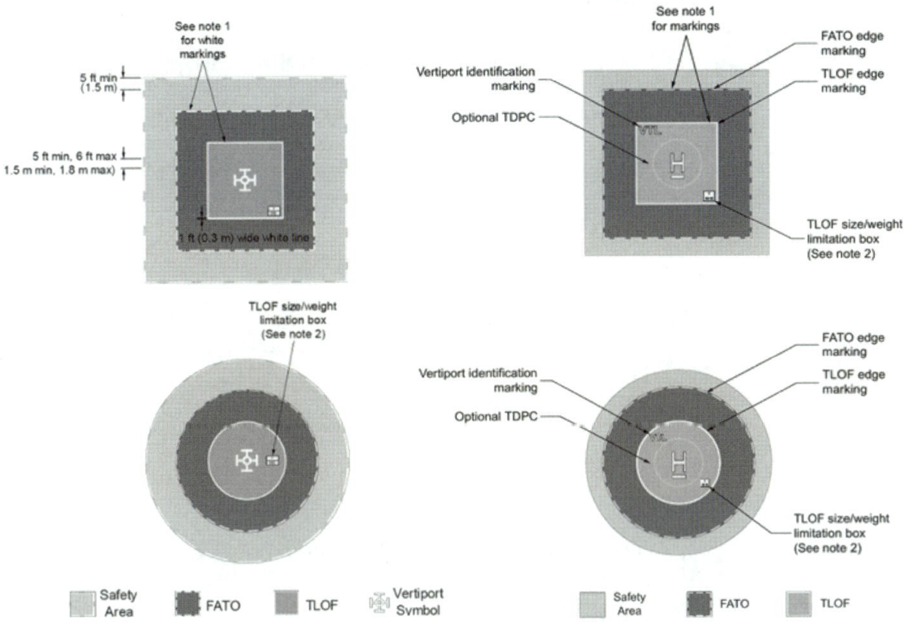

출처 : (좌) Engineering Brief #105 Vertiport Design, FAA, 2022.
(우) Engineering Brief #105A Vertiport Design, FAA, 2024.

나. 유럽(유럽 항공안전기구, EASA)

버티포트는 UAM을 이착륙시키기 위한 장소이자, UAM을 위한 기반이 되는 인프라로, UAM이 비행할 것으로 예상되는 구역 내에 장애물이 존재해서는 안 된다. 때문에 버티포트에 대한 문서에 있어서 장애물 제한에 대한 내용은 필수적이다.

EASA는 FAA와 비교했을 때 장애물 제한과 관련한 부분에서 더 상세한 내용을 담고 있다. FAA에서는 장애물에 있어서 UAM(eVTOL)이 이로부터 안전하기 위해 안전을 위한 이격거리를 마련해야 한다고 정의하고 있다. 그러나 EASA의 경우 Obstacle Limitation Surface(이하 OLS)를 비롯 장애물에 있어서 더욱 세밀하고, 세분화하여 이를 규정하고 있다.

다. 일본(일본 항공국, JCAB)

일본 항공국(Japan Civil Aviation Bureau, 이하 JCAB)에서 작성한 Vertiport Design Guidelines의 경우 전반적으로 유럽 항공안전기구, EASA의 Vertiport design development 문서를 상당 부분 참고하고 있다. JCAB의 해당 문서는 버티포트의 구성요소를 아래 (표 24-2)와 같이 구분하고 있다.

표 24-2 일본(JCAB)의 버티포트 구성요소 구분

필수 구성요소	FATO TLOF Safety Area Markings - FATO markings and Wind Direction indicator Firefighting and Emergency facilities
비필수 구성요소	Aircraft stand and Protection area Taxiway Taxiway Strip Markings(other than the types listed in (1) above) Lights Fall prevention facilities Charging facilities Drainage, Fence, Roads, Car parking, and other facilities

출처 : Vertiport Design Guidelines, JCAB(Japan Civil Aviation Bureau), 2023.

해당 표를 통해 미국 및 유럽과는 달리 일본은 버티포트의 필수 구성요소와 그 이외에 필요한 경우 구성될 수 있는 요소로 나누어 버티포트의 구성을 결정하였고, 버티포트에 표시되는 Marking 또한 필수 구성요소와 선택적으로 넣을 수 있는 비필수 구성요소로 나누어 구분하고 있다.

라. 호주(호주 민간항공안전국, CASA)

UAM 기체가 명확히 나오지 않은 시점에서 FAA 및 EASA의 경우 UAM 기체에 대한 별도의 구분 없이 회전익항공기(헬리콥터)를 기반으로 버티포트 설계를 규정하고 있다. 그러나 호주의 민간항공안전국(Civil Aviation Safety Authority, 이하 CASA)에서는 버티포트 디자인에 대한 이해를 돕고자, Conventional Aircraft와 함께 VCA로서 이를 구분하고 있다. 이를 통해 새로이 등장하는 미래 항공모빌리티, UAM에 대한 분류체계에 대해 설명하였으

며, VCA 내에서의 구분은 총 세 가지로 아래와 같다.

그림 24-7 Aircraft Classification

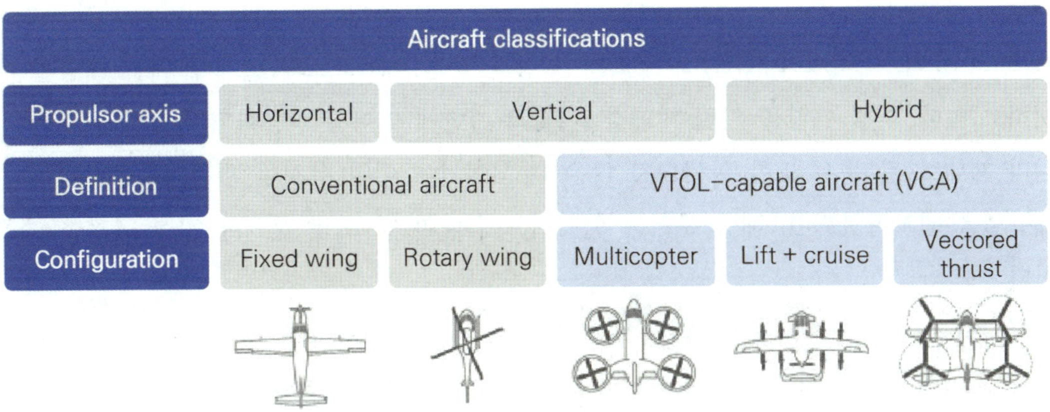

출처 : Guide to Vertiport Design, CASA(Civil Aviation Safety Authority), 2024.

1) Multicopter : 수직 이착륙 할 수 있는 능력을 갖춘 항공기로, 양력을 생성하는 프로펠러를 두 개 이상 보이며, 수평비행을 위한 고정익 표면(Fixed-Wing)이 없는 항공기
2) Lift + Cruise : 수직으로 비행하기 위한 양력을 생성하는 프로펠러, 그리고 수평비행 시 순항을 위한 고정익(Fixed-wing)과 이를 위한 추가적인 프로펠러를 갖는 형태의 항공기
3) Vectored Thrust : 비행하는 도중에 추진 장치의 방향을 변경할 수 있어, 수직 비행에서 수평비행으로 전환하는 방식으로, 추진 장치 또는 장치가 부착된 날개가 기울어지는 방식을 통해 양력과 순항을 모두 담당하는 항공기

CASA는 다음과 같이 운용방식에 따라 세 종류로 VCA를 구분함으로써 UAM을 정리하였다. 이는 향후 도심 내에서 운용될 다양한 형태의 eVTOL 기체들이 요구하는 인프라 기준을 사전에 설정하는 데 도움이 된다. 추가적으로 에어버스 사의 A380 기체가 등장함에 따라 공항의 구조와 운영 방식 및 Marking 등에 있어서 중대한 변화가 생겼듯, UAM의 발전을 통해 등이 변화한 것을 토대로 시간이 흐름에 따라 버티포트의 규모, 형태, 기능 또한 점진적으로 변화할 수 있다는 가능성을 제시하고 있다.

마. 인도(인도 민간항공총국, DGCA)

인도의 민간항공총국(Director General of Civil Aviation, 이하 DGCA)은 EASA의 Vertiport Design 문서와 ICAO Doc 9261(Heliport Manual) 상에 존재하는 내용을 기반으로 FATO, TLOF의 규격, 이격거리 및 안전 구역의 설정과 같은 버티포트의 설계에 대한 개념을 제시하고 있다. 아직 운항을 위한 제도적·기술적 기반에 있어서 상용화되지 않았을 뿐만 아니라 제대로 된 문서 또한 확립되지 않은 UAM이기에 이와 유사한 회전익항공기에 대한 매뉴얼을 참고하였으며, 해당 문서는 헬리패드에 대한 설계 및 운영에 관한 규정을 제공한다.

DGCA는 추가적으로 FAA 문서를 토대로 하여 Passenger Walkway, Allignment Line, Apron Safety Line에 대해 작성하였으며, 이를 다음 그림과 같이 나타냄으로써 버티포트 안전 구역 표식에 있어 이해를 돕고 있다.

그림 24-8 Geometry-Based Stands

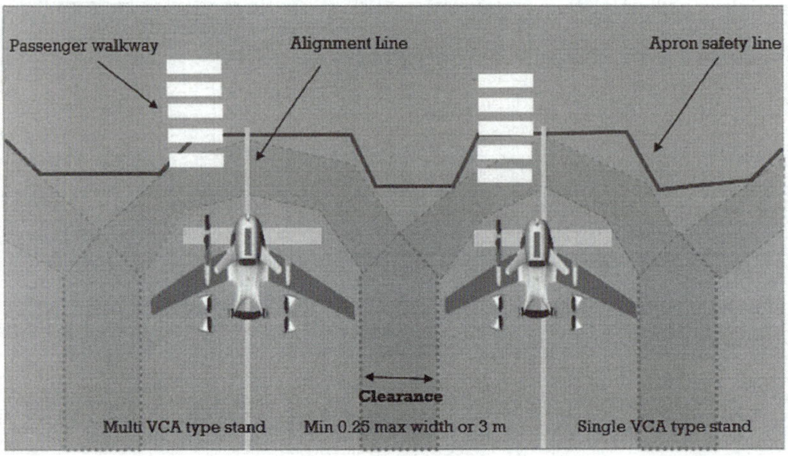

출처 : Government of India Aerodrome Advisory Circular on Vertiport, DGCA, 2024.

section 03 버티포트 발전 방향

UAM의 상용화를 위해 이를 지원하는 인프라, 버티포트의 구축은 필수적이다. 버티포트는 UAM이 이착륙하고 승객 및 화물을 처리하는 거점으로, 기존 공항과 유사한 기능을 수행하지만 도심 내에서도 운용이 가능하도록 설계된 새로운 형태의 미래 항공모빌리티를 위한 인프라라고 할 수 있다. 기존의 항공기들을 위한 공항과 회전익항공기를 위한 헬리패드와는 또 다른 특징을 가지며, 때문에 UAM의 특성을 고려한 독자적인 설계 및 운영 기준이 필수적이다. 버티포트 수용량과 입출항 절차 등에 대한 연구를 비롯하여, 해당 지역에 정기적인 운항이 가능할지에 대한 입지 선정과 그 근거에 대한 연구가 필요하다.

1. 버티포트 입지 선정

버티포트의 입지는 UAM의 효율적인 운항과 직접적으로 연결되며, 도심 내 접근성, 기존 교통망과의 연계성, 안전성, 환경적인 영향 등이 주된 고려 요소라고 할 수 있다. 도심에서의 UAM 네트워크가 성공적으로 운영되기 위해서는 버티포트가 현재의 교통수단들과 밀접하게 연계(MaaS)될 필요성이 존재하며, 원활한 환승 역시 이루어져야 한다. 때문에 버티포트는 철도역, 지하철, 버스터미널 등 현재의 교통수단이 존재하는 장소와 가까운 곳에 설치되는 편이 이상적이라고 할 수 있다. 이를 통해 다양한 이동수단을 활용하여 빠르게 버티포트까지 접근할 수 있고, 더 나아가 이동시간의 단축과 교통혼잡의 완화까지 기대할 수 있다.

또한, UAM 기체의 운항에 있어서 안전성을 확보하기 위해 현재 존재하는 주변 공역과의 조화, 기상 조건, 장애물 여부 등의 평가 또한 필수적이다. 도심 내에 위치할 버티포트가 보일 큰 문제 중 하나는 소음[3)]이라고 할 수 있다. 기존의 회전익항공기와 비교했을 때 UAM 기체는 45~65dB의 소음을 보일 것으로 예상된다. 그러나 새로운 교통수단이 이착륙하는 경우 보이는 새로운 소리는 분명히 소음으로 작용할 수 있으며, 실제로 UAM 상용화 단계에서의 연구에 따르면 우려되는 사항에 소음과 관련한 문제가 존재한다.

3) 유럽 도심항공모빌리티(UAM)의 사회적 수용성 분석, 국토교통과학기술진흥원.

해당 설문조사를 통해 알 수 있듯, 도심 내에서 발생하는 소음 문제와 보안 및 환경적 영향을 최소화하는 방안이 특히 마련되어야 하며, 이를 위해 국가별 항공 규제 및 공역 관리 정책과 연계된 버티포트 배치 전략과 도시 계획에 맞춘 적절한 입지 선정이 요구된다.

그림 24-9 초기상용화 단계에서 가장 우려되는 사항

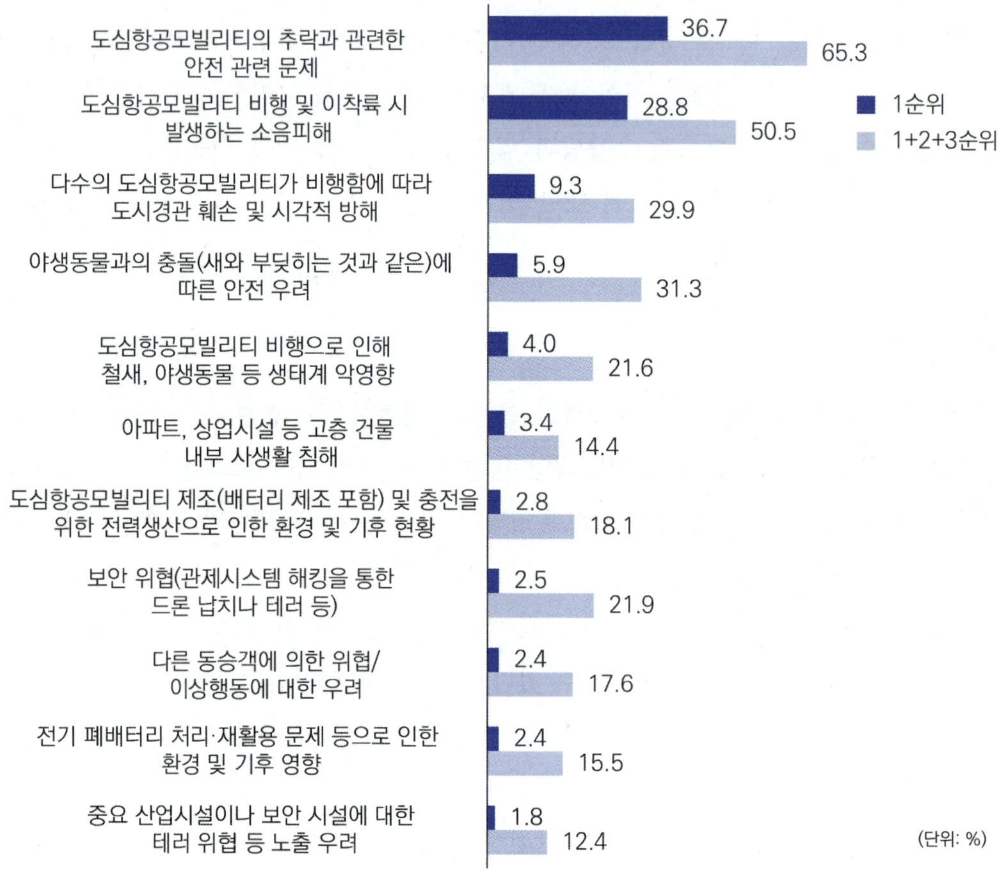

출처 : 2023 도심항공모빌리티(UAM) 지원 연구사업, 한국교통연구원, 2023.

2. 버티포트 수용량 고려

UAM이 대중화되기 위해서는 버티포트의 수용량 또한 중요한 요소로 작용한다. 이는 단순히 UAM 기체가 이착륙할 수 있는 물리적 공간에 대한 확보뿐만 아니라, 효율적인 운

영과 안전한 운항을 위한 버티포트 설계와도 직접적으로 연관된다. 버티포트는 도심 내의 제한된 공간에서 다수의 eVTOL이 원활하게 이착륙할 수 있도록 설계되어야 하며, 이와 함께 충전 및 정비 인프라, 승객 및 화물 처리 속도에 있어서 최적화가 필요하다.

버티포트는 기존 공항과 비교했을 때 작은 규모로 설계되기에, 공간 활용에 있어서 그 효율성이 극대화되어야 한다. 이를 위해 평면적인 공간의 확장보다는 수직 공간 활용에 대한 접근이 요구되며, 이에 따라 엘리베이터 등을 활용한 다층 구조의 고가형 버티포트(Elevated Vertiport)가 고려되고 있다. 또한 버티포트 자체의 효율성을 위해 기존의 항공사와는 다른 새로운 스케줄링 시스템 및 기단 배치[4]를 활용하여 짧은 시간 내에 다수의 eVTOL이 원활하게 운항할 수 있도록 하는 방안에 대한 연구 또한 필요하다.

앞서 작성한 바와 같이 전기 기반의 UAM, eVTOL은 그 특성상 신속한 배터리 충전 인프라를 필요로 한다. 이에 급속 충전 시스템 및 배터리 교체 방식에 대한 연구 또한 병행되고 있다. UAM의 경우 도심에서 짧은 거리를 여러 번 운항할 것이라 예상되는 만큼, 충전 시간의 단축 및 배터리의 성능은 Turn Around 시간을 줄일 수 있는 가장 중요한 요소라고 할 수 있다.

일각에서는 배터리 교체형 eVTOL을 통해 빠른 Turn Around 시간을 확보하고자 하고 있으며, 빠른 회전율을 확보하기 위해 버티포트는 간소화된 승객 탑승 및 하기 절차와 유연한 운영 방식에 대한 고려 또한 이루어져야 한다. 이를 위해 자동화된 예약 시스템, 생체 인증을 활용한 보안 절차 등이 연구되고 있으며, 현재 공항에서 사용되고, 연구되는 내용을 버티포트에 적용할 수도 있을 것이다.

3. 버티포트 운영 절차

버티포트의 운영 절차 역시 기존 공항과는 다른 방식으로 설계되어야 한다. eVTOL의 운항 특성을 고려하여 최적화된 이착륙 절차와 지상에서의 운영 프로세스가 마련되어야 하며, MaaS를 이루어내기 위해 도심 내의 기존교통 흐름과도 조화를 이루어야 한다. 항공기, 회전익항공기와 비교했을 때 상대적으로 단거리에서 진행되는 이착륙과 잦은 운

4) 기단 배치(Fleet Assignment) – 항공사가 보유하고 있는 다양한 기종의 항공기를 노선별 수요, 거리, 공항의 조건 등을 고려하여 어떻게 효율적으로 배분 및 운용할지 결정하는 전략.

항 빈도를 고려하여 공중 및 지상에서의 동선 또한 효율적으로 관리되어야 할 것이다.

특히 도심 내에서 운영되는 버티포트는 화재 발생, 정전의 발생 등 문제가 발생했을 때 더 큰 사고로 이어질 수 있기 때문에 문제 해결을 위한 대비책이 더욱 상세하게 마련해야 한다. 이를 위해 버티포트와 UAM만을 위한 별도의 소방·구조 및 의료 대응 시스템을 구축하여 비정상 상황에서도 원활한 대응이 가능하도록 해야 한다. 또한 지금까지의 항공기들이 이용하는 입출항 및 실패접근 절차 등 기존의 절차를 UAM에 동일하게 적용할 수 없기에 UAM만을 위한 새로운 절차 그리고 이를 이용한 UAM 운항자들을 위한 항공도에 대한 연구[5])도 진행되어야 할 것이다.

5) 박서현 · 이재환 · 이준혁 · 이승준(2024), "호남지역을 중심으로 하는 UAM 성숙기 단계에서의 노선 및 차트 구성"「한국항공교통학회 2024년 추계학술발표대회 발표논문집」, 2024.12.20, p.23.

Chapter 25 공항과 공항도시

section 01 공항도시

1. 공항도시의 개념[1)]

전통적 개념에서 공항이란 항공기의 이착륙을 위하여 사용되는 공공의 육상이나 수상의 비행장을 의미하였다. 또는 공항이란 단순히 항공기의 이착륙 장소를 의미하는 것이 아니라 항공사가 여객과 화물을 운송하는 데 필요한 각종 시설과 장비를 갖추고 비행을 위한 공역이 확보되어 있는 상태의 비행장이라고 정의되기도 한다.

그러나, 오늘날 공항의 개념은 전통적 개념과 달리 공항과 도시의 개념을 복합적, 통합적으로 바라보는 시각이 생겨나기 시작했다. 과거 공항의 개발은 공항 자체의 이윤을 얻기보다 항공교통의 발전을 위한 시설의 확충을 의미했다. 그러나 최근 공항의 개념은 국가 관문으로서 항공운송의 이용 장소뿐만 아니라 국가 간 통상, 문화예술, 과학기술 발달의 선도 역할을 담당하는 공항도시 개념으로 바뀌어 가고 있다.

공항도시(Airport city)란, 도시 및 국가 발전에 필요한 물류, 교통, 자본, 정보가 가장 빠르게 움직이는 곳에 공항 이용객의 요구에 맞춘 레저, 업무, 산업시설 등의 입지를 통해 기존의 단순한 여객, 물류 이동 외에 다양한 고부가가치 산업 기능을 가진 복합도시로 성장 · 개발되는 곳을 일컫는다. 공항 지역에서 일어나는 경제활동은 항공교통패턴, 육상 교통 확보, 토지 가격과 지역 시장의 특성(산업구조, 인근 주민의 상업적 수요)에 의해 큰 영향을

1) 이강석, 공항마케팅론, 도서출판 공간아트, pp.342−357 인용 및 참조.

그림 25-1 Rise of the Aerotropolis

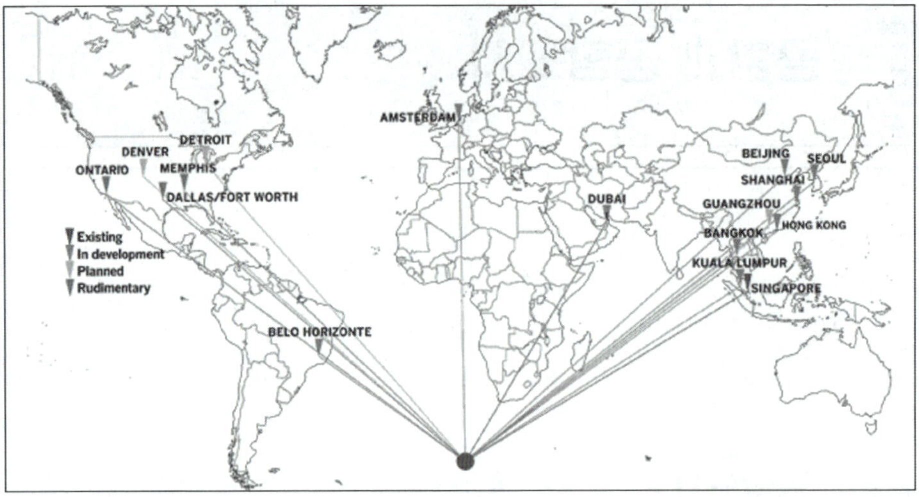

출처: Rise of the Aerotropolis, Greg Lindsay, 2006 July(www.fastcompany.com).

받고 있다. 더하여, 공항 권역 외곽의 개발을 통한 부가가치의 창출은 공항도시로의 발전의 핵심이다. 비항공 부문의 역할과 기능이 커짐에 따라 공항은 운영 측면의 관리를 변화시키고 있다. 새로운 운영 시스템은 기본적인 항공 기반 시설에서 벗어나 항공수요와 수익이 창출되는 상업 발달을 지원하는 다기능 복합 기업으로 진화하고 있다.

공항 중심의 상업이 급격하게 발달하는 과정에서 공항 자체가 고용, 쇼핑, 기업 회의와 레저 목적지로 성장하여, 도시 성장의 주동력을 유치하는 관문으로 변화하고 있다. 이와 같은 비항공 기능과 상업 용도의 진화는 수많은 도시공항(City Airport)을 공항도시(Airport City)로 전환시켰다.

우리나라 공항시설법 제2조 정의에서는 공항이란 공항시설을 갖춘 공공용 비행장이며 공항구역이란 공항으로 사용되고 있는 지역과 공항·비행장 개발 예정 지역 중 「국토의 계획 및 이용에 관한 법률」 제30조와 제43조에 따라 도시군사계획시설로 결정된 지역을 말한다. 초기의 공항은 항공기 이착륙을 위한 시설 수준에 불과하였지만, 세계화 등의 급격한 사회적 변화에 따라 단순 시설이라는 이미지를 넘어 공항도시라는 개념의 확장을 이루었다. 공항 기능의 변화는 공항을 중심으로 한 경제구조에도 영향을 미치고 있는데 공항 인근 지역을 넘는 지역까지 개발이 확대되고 있다. 최근 공항에서 수행하는 터미널과 랜드사이드 지역에서 상업적 경제활동을 정리하면 다음과 같다.

① 면세점(duty free shop)

② 레스토랑과 전문 소매점(restaurant and specialty retail)

③ 문화관광 명소(cultural attractions)

④ 호텔 및 숙박시설(hotel and accommodation)

⑤ 비즈니스 오피스 복합센터(business office complex)

⑥ 컨벤션과 전시센터(convention and exhibition center)

⑦ 여가, 레크레이션과 피트니스(leisure, recreation, fitness)

⑧ 물류와 유통(logistics and distribution)

⑨ 제조업과 조립(light manufacturing and assembly)

⑩ 상하기 쉬운 물품보관창고 및 냉장창고(perishables and cold storage)

⑪ 케이터링 서비스와 음식 서비스(catering and other food services)

⑫ 자유무역구역과 관세자유지역(free trade zones and customs free zones)

⑬ 골프 코스(golf course)

⑭ 공장 아울렛 매장(factory outlet stores)

⑮ 보건 및 탁아소와 같은 개인과 가족 서비스(personal and family services such as health care and child daycare)

공항은 이러한 신기능의 집적을 통해 대도시의 중심업무지구(Metropolitan Central Business District : CBD)의 상업적 기능을 수행하고 있으며, 확장된 개념에서 도시공간의 중심지로 발전하는 양상을 보이고 있다. 이러한 도시기능의 확대와 중심업무지구로서의 역할과 관련해 '공항도시'라는 용어가 1970년대에 미국에서 처음 등장하였으며 이후 유럽에서는 새로운 비즈니스 발전의 기반으로서 공항도시라는 개념으로 발전하게 되었다.[2)]

대표적인 공항도시는 페덱스의 허브공항인 멤피스 공항과 유피에스의 허브공항인 루이빌이다. 미국 텍사스주의 댈러스포트워스공항 주위에는 라스콜리나스(Las Colinas)라는 부유한 도시가 형성되어 있는데 이곳에는 액손모빌, 킴벌리클라크를 비롯한 40개 이상의 기업 본사가 위치하고 있다. 이 밖에 시카고, 두바이, 홍콩, 베이징, 암스테르담, 디트로이트, 방콕 브라질의 벨로호리존테, 아프리카의 르완다, 인천공항 주위의 송도나 청라신도시가 여기에 해당된다.

---

2) 구성관 · 배정환 · 임명재(2020), 포틱스산업론, 윤성사, pp.118－125 인용 및 참조.

그림 25-2 공항도시의 전경

출처 : 포틱스산업론, 윤성사, 2020.

그림 25-3 미국 아틀란타공항 Blueprint 공항도시 대상지

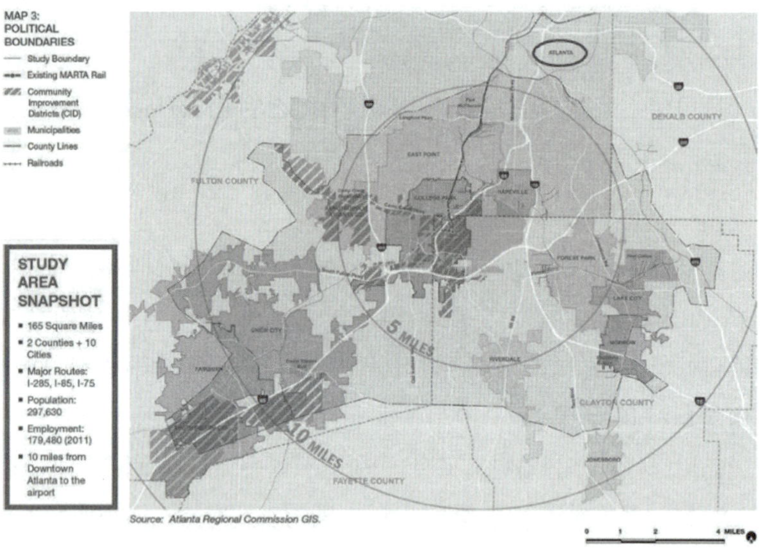

출처 : https://aeroatl.org.

귈러와 귈러(Guller & Guller, 2006)는 공항도시는 운영상 공항과 관련된 활동뿐만 아니라 공항 플랫폼과 그 주변에서 이루어지는 상업적이고 비즈니스적인 활동의 밀집된 클러스터로 정의했다. 초기의 공항도시는 공항이 기본시설과 지원시설을 포함하여 주변지역을 포함하는 개념이었다. 공항 내에 비즈니스시설인 사업시설, 호텔, 컨벤션센터, 의료시설

그림 25-4 아틀란타공항 공항도시를 조성하는 Blueprint의 역할

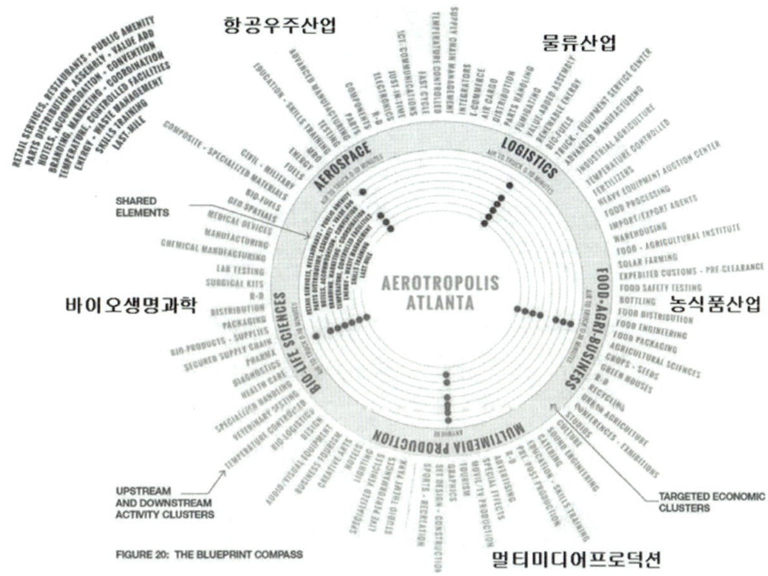

출처 : https://aeroatl.org.

그림 25-5 미국 아틀란타공항의 에어로트로폴리스 아틀란타

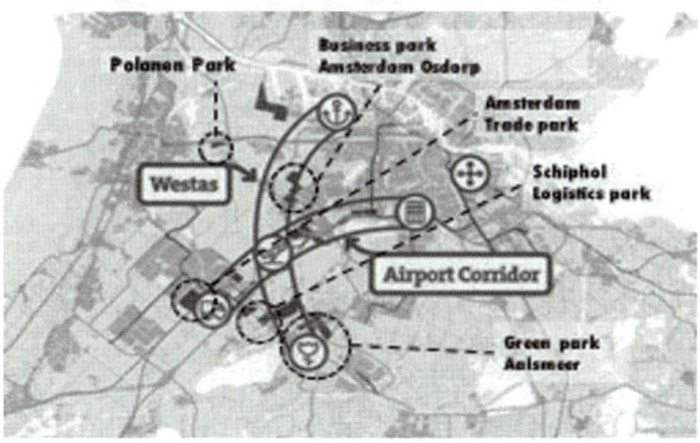

출처 : https://aeroatl.org.

등이 구축되었다는 것이다. 1990년대부터는 공항의 역할과 영향력이 지역적 개념을 포함하면서 공항복합도시(aerotropolis)라는 개념으로 확대되었다.(김제철 외, 2018)

공항도시라는 개념을 통해 접근하고자 하는 부분은 초기 공항의 개념인 활주로 수용량 및 승객 수와 같은 양적인 측면을 넘어 공항과 연계된 복합수송(intermodality)과 공항의 새로운 기능 및 역할에 대한 통합적 접근이다. 공항의 복합수송 관련 인터체인지의 역할

그림 25-6 미국 아틀란타공항의 에어로트로폴리스 아틀란타

출처 : https://aeroatl.org.

은 공항도시 개념의 중요한 요소이며 공항 랜드사이드에서 교통 네트워크의 복잡성, 국가간 연결성에서의 다양한 기능을 함께 고려하는 것이다. 새로운 랜드사이드 비즈니스 개발을 통해 도시의 새로운 성장동력을 확보하는 측면으로 공항운영자는 기능적으로 혹은 재정적으로 보완적인 활동을 유치함으로써 공항의 지속적인 성장과 지역발전의 핵심적인 축으로 성장하는 개념도 포함하고 있다.

2. 공항복합도시와 공항클러스터

가. 공항복합도시

전통적인 공항의 역할이 급격하게 변화하면서 공항의 역할이 지역 개념을 포함하면

서 공항도시(airport city)에서 공항복합도시(aerotropolis)로의 개념으로 확장되고 있다. 공항은 도시계획의 중심으로 항공산업과 클러스터가 조성된 도시로서 발전하게 되었으며 도시계획의 핵심요소로 부각되면서 지역적 범위는 한 지역권 전체를 포괄하게 되었다.

카사르다와 애폴드(Kasarda & Appold)는 속도의 경제에 의존하는 기업이나 도시지역은 허브공항이 제공하는 높은 수준의 이동 관련 서비스의 유연성, 다양한 서비스 업체의 전문가가 원하는 소비자와 기업파트너와의 접근성, 그리고 이러한 이점을 활용한 효과적인 국제노동분업 체계에의 참여 등을 통해 공항복합도시의 발전을 새롭게 개념화하였다.

공항도시는 공항도시 중심부와 항공관련 비즈니스와 비즈니스관계자의 주거 개발단지를 포함하는 회랑(corridor)과 클러스터(cluster)를 포함한 도시지역을 의미하였으나 공항복합도시는 공간적 요소, 기능적 요소, 접근성이라는 세 가지 기반 요소를 갖춘 도시를 말한다. 공간적 요소로는 항공지향 비즈니스와 관련된 주거지 개발의 공항주변의 집적, 물리적으로 관찰 가능한 형태의 교통회랑을 따라 외부로 확대되는 경향을 의미하고 기능적 요소로는 원거리 공급자, 소비자, 그리고 기업파트너 등에 대한 신속한 접근에 대한 의존도가 높은 비즈니스와 관계자의 활동을 의미한다. 접근성은 고속도로, 철도, 지상교통망(신교통수단 포함)을 통해 공항복합도시의 내부적 외부적 접근성 강화를 의미한다.

그림 25-7 인천공항과 공항 주변의 기능 개발에 대한 다이어그램

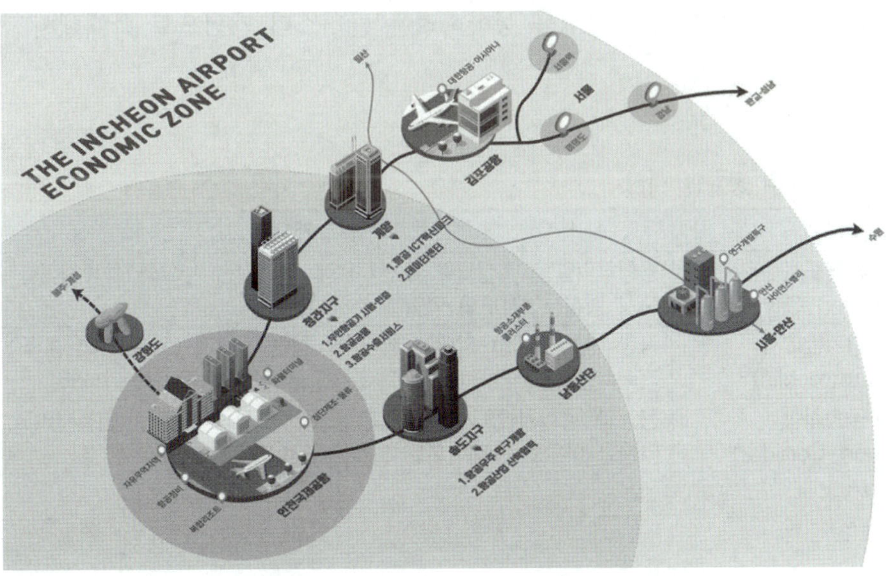

출처 : Incheon Airport Economic Zone “Concepts and Strategy“, 인천발전연구원, 2021.

나. 공항회랑도시

2000년대부터 공항의 역할과 개념이 확대된 공항 회랑(airport corridor)으로 연결되고 있다. 이는 개발 규모를 도시권까지 확대한 도시권역을 개발할 때부터 공항의 역할을 정립하여 공항과 공항 기반도시 사이 지역으로 도시와 공항을 연결시키고 복수의 타운을 아우르는 테마화 된 도시로 개발하면서 서로 간을 신속하고 편리한 접근 교통수단으로 연결하는 것이다. 공항과 배후중심도시를 잇는 교통축을 중심으로 공항 관련 기능과 연계된 도시의 기능이 집적해 형성되는 형태의 집적지를 공항회랑도시라고 개념적으로 정의한다. 대체로 도심에 가까이 있던 공항이 확장 과정에서 외곽으로 이동하게 되고 이동한 공항을 중심으로 공항 관련 기능과 도심의 기능이 부분적으로 이동하는 과정을 거친 후 공항과 도심을 잇는 지역이 전체적으로 회랑형태의 도시로 성장하는 것이다.

이러한 공항회랑도시로의 진화에 더해 최근 중국에서는 공항회랑도시보다 더 확대된 개념으로의 공항클러스터(airport cluster) 개념으로 접근을 시도하고 있다.

비즈니스클러스터라는 개념은 경영이론 및 전략가로 유명한 포터교수(Michael Porter)가 1990년에 제시했다. 그는 특정분야의 경쟁에서 협력관계인 기업, 전문공급업체, 용역업체, 관련 산업 기관이 인접하고 있는 결합체를 클러스터로 정의하고 이런 클러스터 개념을 최근 중국에서는 공항 운영에서도 적용함으로써 대도시권 안에 개별적인 공항 운영과 공항개발이 아닌 대도시권 단위를 통합하려는 클러스터 개념으로 확대해서 접근하고 있다.

표 25-1 공항도시의 분류별 개념

분류	개념
공항도시 (Airport City)	공항터미널을 중심으로 주변지역에 여객관련 수요와 물류처리를 위해 대도시 중심상업지구의 역할을 수행하는 곳
공항기반도시 (Aerotropolis)	공항 반경 20km 이내에 항공 및 첨단 고부가가치 산업의 클러스터와 주거배후단지를 개발한 곳으로 고속도로 및 철도로 공항과 연결
공항회랑 (Airport Corridor)	공항과 공항기반도시 사이 지역으로 도시와 공항을 연결시키고, 복수의 타운을 아우르는 테마화된 도시로 고속도로와 철도로 연결

다 공항복합도시의 핵심적 성공요인

카사르다와 애폴드(Kasarda & Appold, 2014)가 공항복합도시 개발과 관련하여 말한 공항복합도시의 핵심적 성공요인을 만들기 위한 10가지 원칙은 다음과 같다.

(1) 공항도시는 단지 미래에 금융수익을 제공해야 하는 거대한 자본 투자일 뿐만 아니라 거대한 공공재화이다. 따라서 이용자, 투자자, 인근 커뮤니티, 대도시 지역과 국가 등 관련 이해당사자에게 최대의 가치를 보장할 수 있는 신중한 장기계획이 필요하다.

(2) 공항도시 개발은 좀 더 광범위한 투자 및 상업적 입지 시스템의 일부이다. 공항도시계획은 국지적인 도시개발의 방향 및 경쟁관계에 있는 시설에 대해서도 인지하고 있어야 한다.

(3) 성공적인 공항도시 발전을 위해서는 이해당사자간의 합의가 필수적이다. 공항도시 개발은 근본적으로 토지소유자, 투자자, 개발자, 인프라 및 항공서비스 제공자간의 협업벤처이다. 따라서 단순히 비즈니스의 비용 및 시장에 대한 고려뿐만 아니라 정부와 항공사의 결정도 이해해야 한다.

(4) 지역경제 상황과 부동산 시장수요는 공항도시와의 특징과 개발속도를 결정한다. 기능이 형태를 결정하므로 지역의 비즈니스 수요와 지역부동산 수요에 대한 분석과 공항의 상업부동산 계획과 공항복합도시 시설계획은 상호조율이 필요하다.

(5) 공항도시 모델에서는 상업부동산 개발 원리로서 접근성이 입지에 우선한다. 시간비용이 효율적인 공항도시 계획에 주요 목표이다.

(6) 성공적인 공항도시는 테넌트(tenant), 이용자, 투자자, 비즈니스 그리고 지역에 혜택을 제공할 때 속도, 규모, 범위의 경제에 의존할 것이다. 그러한 외부경제는 개발이 거의 성숙했을 때 가능하다. 따라서 도시 및 공항계획가와 관리자는 단기간 투자수익과 지속적인 인프라 개선을 도모할 수 있어야 한다.

(7) 공항도시의 주거 커뮤니티는 장소성을 제공하고 편리한 서비스와 도시 어메니티(emenity, 쾌적성)를 제공할 수 있는 형식으로 개발되어야 한다. 공간적으로 이러한 커뮤니티는 비행기 항로에서 벗어나 있으면서 공항도시의 일자리와 지상교통에 대한 접근성이 높은 곳에 위치해야 한다.

(8) 공항도시 개발과 스마트도시 성장은 동시에 진행되어야 한다. 공항중심의 재집중화와 계획된 클러스터 개발은 공항지역의 가능성, 지속가능성 그리고 이미지를

혼란시키는 무계획적인 개발에 대한 처방이 될 수 있다.

(9) 공항도시의 궁극적인 성공은 공항도시가 기업에 제공하는 항공으로 가능해진 이점과 지역과 지역주민에게 가져다주는 가치에 있다.

(10) 공항도시를 바르게 건설하기 위해서는 공항계획, 도시계획, 비즈니스 입지계획을 통합하는 것이 필요하다.

라. 해외공항의 공항도시 사례

1) 네덜란드 스키폴 국제공항

그림 25-8 네덜란드 스키폴 국제공항 터미널

가) Schiphol 공항의 특징

네덜란드 암스테르담시 남서쪽 15km 부근의 스키폴 공항은 전체 면적 4만 1,500㎢, 인구 1,700여 만 명에 불과한 작은 나라를 세계로 이끄는 관문이다. 1998년 세계에서 처음으로 공항도시라는 컨셉을 내세워 네덜란드의 수도 공항이자 유럽의 관문으로 급성장했다. 스키폴 공항은 유럽 항공 화물 시장의 10%를 차지하고 있다. 네덜란드 경제의 선진화된 수송 네트워크는 암스테르담의 스키폴 공항을 중심으로 발달하였다. 공항을 전출입하는 20개의 화물 수송 항공사가 있고, 5개의 지상 운송 기업이 있다. 수송과 통신 분야가 네덜란드 GDP의 7.3%를 차지하고 인구의 6.6%를 고용하고 있다.

스키폴 공항은 유럽 주요 공항의 하나로 역사적으로 항공 화물의 보관과 환적 활동을 주된 목적으로 건설되어 대규모 단위의 인구와 활동의 집적지이다. 스키폴 공항은 대륙과 대륙 간의 상품, 여객과 정보의 이동의 교차점이다. 스키폴 공항은 A380도 쉽게 이착륙할 만큼 길고 넓은 5번째 활주로를 가지고 있으며, 항공 화물 시설의 개발로 공항의 화물 취급 능력을 증가시키고 있으며, 667에이커에 달하는 항공 화물과 물류 운영을 위한 'Cargo World Schiphol'를 조성하고 있다. 이와 함께 스키폴 공항 주위 지역을 'Business City Schiphol'을 조성하고 기업의 공항 입지를 장려하기 위해 정보통신과 정보기술 발달에 주력한 결과 정보기술 네트워크를 구축하고 있다. 이를 위해 공항, KLM과 PTT 텔레콤이 동등한 비율로 벤처회사를 형성하고 있다.

암스테르담은 유럽의 배송센터와 아시아 기업의 유럽 배송센터가 입지하고 있으며 콜센터, 국제적 은행과 법률회사를 포함한 많은 기업들의 전초기지이다. 정보 및 통신기술회사의 증가가 인접지역에서 일어나고 있다. 주공항 외에도 공항은 지능항(Brainport) 기능을 제공하고 있다. 또한 두 개 이상의 수송 네트워크, 항공화물허브, 첨단 기술통신시설과 물류산업이 관세 중개, 창고업, 재고관리와 수송 에이전트들로 완비되고 있다. 이와 같은 기반 시설을 조성하는 데 성공한 네덜란드는 항공물류뿐만 아니라 물류 분야에 있어 세계적으로 경쟁력을 가진 나라이다.

나) 스키폴 공항도시

네덜란드 정부는 암스테르담을 유럽의 가장 효율적인 수송 서비스, 효율적인 비즈니스 허브로 발전시키려는 목적을 이루기 위해 스키폴 공항을 허브공항으로서 뿐만 아니라 스키폴 그룹과 스키폴 공항도시(Schiphol Airport City)의 이름 아래 수송과 물류서비스, 소매, 오피스와 호텔 개발, 부동산, 매니지먼트컨설팅과 다른 공항 관련 서비스를 취급하는 기업연합으로 운영하고 있다. 도심에서 스키폴 공항까지 15분 정도 걸리는 공항철도가 벨기에, 프랑스, 독일의 주요 도시와도 연결되면서 유럽의 교통허브 역할을 하고 있으며, 물류센터와 공항 관련 산업, 다국적 기업 유치를 통해 공항 배후 스키폴 공항도시를 형성하면서 유럽의 비즈니스 허브로 자리 잡고 있다. 또한 네덜란드 정부는 자유화된 외국 투자, 무역과 항공정책을 채택하였다. 네덜란드의 국제 항공서비스 정책은 여객이나 항공 화물 운영 모두 세계에서 가장 자유화되었다고 평가받고 있다. 스키폴에 대한 투자와 계획은 지속되고 있다.

암스테르담 공항의 소유 및 운영자인 스키폴 그룹은 여행과 완벽한 기착지로서 방문

그림 25-9 스키폴 공항도시의 개념도

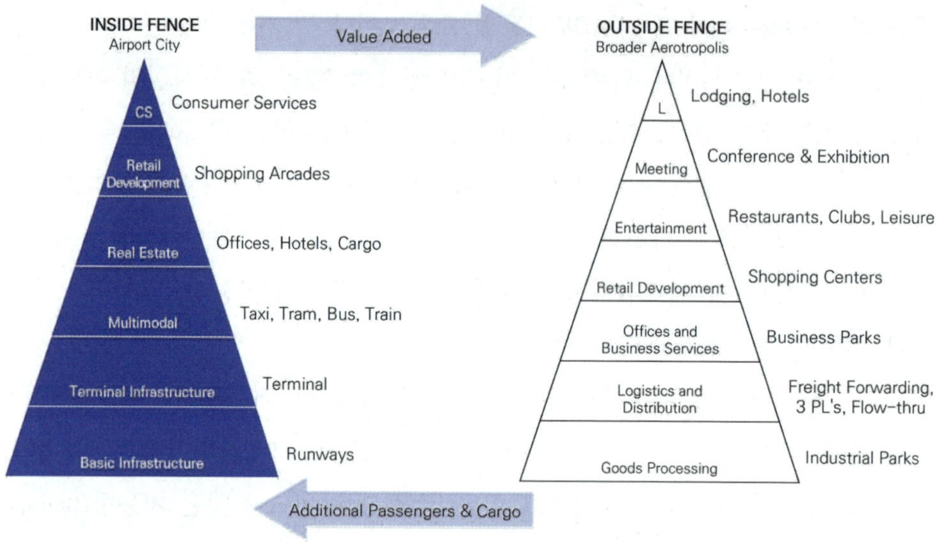

Source: Schiphol Group and Dr. John D. Kasarda

객에게 각별한 경험을 제공하려고 하는 Airport City 컨셉을 가지고 있다. 스키폴 그룹이 명명한 Airport City의 정의는 "사람과 비즈니스, 물류와 상점, 정보와 엔터테인먼트를 한 곳에 모이게 하여 각 개별요소가 시너지 효과를 갖게 하는 것"이다. 단순히 능률적인 것이 아니라 복합운송(Multi-modal) 교통(항공, 철도, 도로) 허브로서 방문객 및 기업에 그들이 원하는 모든 서비스를 일일 24시간 내내 제공하는 것이다.

이러한 컨셉은 더 나아가 스키폴 그룹이 공항을 하나의 도시로 바라보고 아주 다양한 사용자에게 적합한 맞춤형 시설을 제공함을 의미한다. 스키폴 공항과 외곽지역에는 물류단지, 업무단지 등의 개발을 위하여 스키폴 공항이 민관의 다양한 기관과 공동출자하여 SADC(Schiphol Area Development Company)를 설립하여 부동산 개발사업 및 시설 임대사업을 하고 있으며 5만 8천여 명의 일자리를 창출하여 경제성장의 주요 역할을 해오고 있다.

스키폴 공항에서부터 암스테르담 시티 센터지역까지 공항회랑으로 지정하여 전략적 비즈니스 시설을 유치하고, 공항 인접 스키폴 이스트(EAST) 지역은 업무와 호텔 등이 입지해 공항 기능을 연계하는 도시공간 구조 전략을 마련하고 있다. 항공물류와 해운물류의 결합, ICT, 자동차, 바이오, 의료기기, 광학, 항공과 관련된 조립·가공·생산을 담당하는 다국적 기업본부를 유치했고, 암스테르담을 연계하는 공항 경제권에는 1,800여 개의 다국적 기업이 입주했다.

2) 벨기에의 오스텐데-브뤼즈 공항, 리에쥬 공항, 프랑스 파트리 공항

유럽의 소형 공항으로서, 수요창출을 위해 화물 전용 공항으로 기능을 변경하였고, 육상 및 해상 교통과 연계, 다국적 기업 유치 등을 통해 화물 수송 산업 특화 공항도시로서 입지를 굳혔다.

3) 독일 베를린 브란덴부르크공항 공항복합도시 개발 계획

베를린 신공항은 철도 역사가 터미널 지하로 직접 연결되어 철도를 이용하여 베를린 도심, 국내 철도 노선, 지역 철도망 그리고 국제항공 노선망의 연결이 용이하다. 다양한 교통수단을 이용한 공항진출입을 돕기 위해 AIRVIS라는 교통사고 및 정보 시스템을 공항 내외부에 설치해 공항 진출입에 따른 이동시간 및 거리를 최적화할 수 있도록 교통정보를 제공하고 있다. 최근 공항 간 경쟁이 날로 격화되면서 각 공항마다 공항내의 시설 임대를 통한 비항공 수입의 비중을 확대해 나가고 있다. 베를린 공항에서도 터미널 중앙에 150여 개의 세계 최고 브랜드와 지역 특산물 상점을 유치하였을 뿐 아니라 공항 터미널 정면에 공항 이용객들이 도보로 이동할 수 있는 거리에 16헥타르의 "공항도시"를 조성하여 식당, 카페, 호텔, 사무실, 컨퍼런스 시설 등을 유치할 계획이다.

4) 중국 시안 셴양공항 공항복합도시 개발 계획

중국국가민항국은 시안 셴양공항 주변 경제구역 및 시셴 신지구 개발을 중심으로 하는 '시안 공항도시 시범지구 발전 계획'을 통과시켰다. 이는 중국이 최초로 시도하는 내륙형 국제공항도시 시범지구로서, 종합적인 지역 교통 허브로 발전해 갈 전망이다. 중국 정부는 시안 셴양공항과 샨시성 유일의 대외 개방 항구를 활용하여 서북 아시아 자유무역지대 창설, 일류 항공물류 허브 구축, 실크로드 하늘길 건설 등을 개발 목표로 하고 있다. 셴양공항 인근에 공항서비스산업 선도구역과 첨단 항공제조연구단지를 건설할 계획이다. 공항 관련 첨단 제조산업 및 문화, 관광 등의 분야에서 연간 성장률 20% 이상을 달성할 계획이다.

5) 인천국제공항의 공항도시 개발 계획

인천국제공항 Air-City 개발구역은 Dream 2030 계획에 의거, 공항의 향후 확장을

그림 25-10 인천국제공항의 에어로트로폴리스 개념도

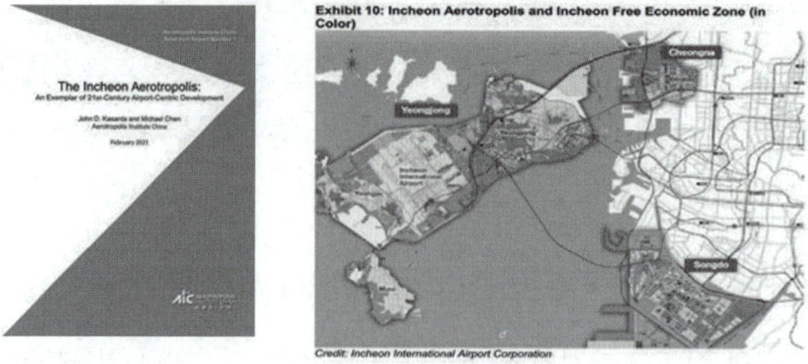

대비한 공항의 기본시설 배치 및 직접 연관시설 확장을 위한 충분한 부지를 확보하고, 기존의 공항 마스터플랜에 따른 국제업무기능을 유지하며, 항공기 안전을 위한 공역 절토로 인한 부지와 공항부지를 연계하여 개발 계획을 검토하였다. 공항 주변 지역은 영종도, 청라, 송도 등 3개 지역으로 기능을 분리해 개발된다.

가) 영종도

영종지구는 인천국제공항과 연계한 국제공항/물류도시 건설과 용유/무의도를 중심으로 하는 국제적 레저/관광지역 조성을 목표로 영종하늘도시, 미단시티, 용유무의 문화/관광/레저/복합도시, 영종 복합리조트 등에 대한 개발 사업을 추진하고 있다.

LH와 함께 영종하늘도시 유보지를 공동 개발해 항공화물 창출과 처리를 위한 첨단 복합산업단지를 짓고, 국내 복귀 기업을 유치하겠다는 구상이다.

나) 송도지구

송도지구는 국제비즈니스와 IT/BT/R&D 중심 국제도시 조성을 목표로 지식정보산업단지, 바이오 단지, 첨단산업 클러스터, 송도랜드마크시티, 인천 신항 등에 대한 개발 사업을 추진하고 있다. 특히, 기반시설 공사에서 지식정보산업단지 진입도로 개설 및 인천대교 준공으로 제2경인고속도로와 연계를 통해 송도지구와 영종지구까지의 광역 교통망을 구축하게 되었다.

다) 청라지구

청라지구는 국제금융 및 관광/레저의 개발을 목표로 국제업무타운, 금융허브, 첨단산업단지, 로봇랜드, 농업복합단지 등에 대한 개발 사업을 추진하고 있다.

section 02 공항도시(Airport City)로서의 역할 및 공항 마케팅 노력

1. 공항도시로서의 역할

공항은 최근 공항도시(AIRPORT CITY), Aerotropolis, Airport Corridor 등 새로운 용어가 등장하면서 공항이 지역과 함께 상생 발전하려는 노력을 하고 있다. 해외공항의 공항도시 사례를 활용하여 각자가 원하는 국내공항을 타깃으로 하여 공항도시로서의 변화를 위해서는 노력이 필요하다. 전 세계적으로 항공업계는 여객, 화물, 면세점 등 산업에 대한 의존만으로는 발전이 어렵다. 이런 어려운 상황을 극복하기 위해서는 대외적 요인에 흔들리지 않도록 공항이 있는 주변 도시와 연계해 여객과 화물 운송량을 창출할 수 있도록 노력을 하여야 한다. 공항복합도시란 도시 및 국가발전에 필요한 물류, 교통, 자본, 정보가 가장 빠르게 움직이는 곳에 공항 고객의 요구에 맞춘 레저, 업무, 산업시설 입지로 기존의 단순한 승객, 물류 이동 외에 다양한 고부가가치 산업 기능을 가진 복합도시로 성장, 개발되는 곳을 말한다. 공항복합도시가 되기 위해서는 광범위한 항공교통네트워크와 충분한 공항시설 용량 및 확장 가능성과 주변지역 대규모 여유 부지 등이 있다. 에어로트로폴리

그림 25-11 네덜란드 스키폴 공항도시 계획

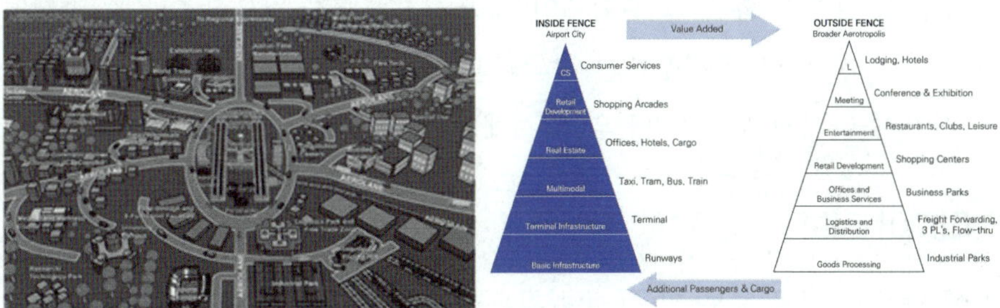

Source: Schiphol Group and Dr. John D. Kasarda

스(aerotropolis)가 빠르게 증가하고 있으나, 공항복합도시나 공항도시라는 용어가 일반화되어 있지는 않다. 글로벌 경제 환경과 더불어 공항의 기능과 역할이 과거와 달라지면서, 공항복합도시의 개념과 트렌드 역시 변화하고 있기 때문이다.

미국 노스캐롤라이나대학교 존 카사르다 교수는 공항운영자가 직접 또는 간접적으로 연계되어 있는 공항도시 주변의 새로운 개발 지역과 함께 주변지역에 대한 개발 단계의 모델로서 에어로트로폴리스라는 용어를 제안하였다. 카사르다 교수는 에어로트로폴리스는 전통적인 메트로폴리스 모델과 유사하며 이 모델은 다운타운이나 도시 중앙에 형성되어 있으며, 에어로트로폴리스는 공항복합단지나 공항도시, 다양한 기능의 복합단지와 다양한 교통수단과 함께 연결되어 있다.

2. 국내 공항도시로의 발전을 위해 필요한 마케팅 측면의 노력

가. 항공 육상 해상교통을 잇는 융복합교통체계 구축

도시화가 급진전되면서 에너지 수요는 지속적으로 증가하고 있어 에너지 부족 및 지구 온난화 문제가 미래 한층 심화될 전망이다. 따라서 교통부문에 있어서도 교통기술과 정보통신기술을 결합한 에너지 효율화 기술이 개발될 전망이며, 스마트 그리드, 지능형교통체계, 빌딩에너지관리시스템 등의 적용이 요구된다.

나. 공항복합도시 브랜드 개발

도시브랜드란 도시를 하나의 상품으로 인식하고, 타 도시와 차별화된 해당 도시의 특성과 이미지를 상징하는 수단 또는 특정 도시나 지역만이 가지고 있는 자연환경, 역사적인 특성, 문화적인 매력, 행정서비스나 다른 도시와 확연히 구별하기 위해 사용하는 도시의 명칭, 상징물, 디자인 혹은 그 결합체이다. 도시브랜드가 필요한 이유는 마케팅의 도구로서 브랜드의 가치에 따라 경쟁력이 강화되고, 지역에서 생산되는 특산품, 공산품 등의 원산지 가치가 올라가게 되며, 기업의 입지에도 영향을 주기 때문이다.

다. 미디어 홍보

도시에 대한 국제적 홍보 및 마케팅 활동과 글로벌 브랜드 이미지 확보 등의 전략 수립이 요구된다. 소셜미디어서비스가 성행하고 있기 때문에 다양한 종류의 매체를 통해 홍보 및 마케팅 활동을 하는 것이 효과적이라고 본다. 예를 들면, 전 세계적으로 유명 연예인을 광고 모델로 하여 국제적 홍보를 하는 것이다.

3. 공항경제권

공항경제권은 지역혁신을 주도하기 위해 공항을 중심으로 산업발전, 인적자원 개발, 기업육성, 기술개발, 도시정책 등이 여러 혁신기관의 거버넌스를 통해 이루어지고 있는 곳이라고 할 수 있다. 2014년에 계획된 멤피스 공항 기반 도시 계획에서도 나타나듯이 공항을 기반으로 시민에게 다양한 교통선택권의 제공, 균등하고 저렴한 주택의 제공, 경제적 경쟁력 강화, 지역사회 커뮤니티 강화, 도시정책 개선 및 투자, 건강하고 안전한 공동체 및 지역 만들기를 중요한 목적으로 설정하고 공항 경제권에 대한 미래 비전을 설정하고 있다(Memphis Aerotropolis, 2014).

멤피스 공항 기반 도시는 공항 경제권을 형성하기 위한 비전으로 "지속 가능한 경제와 공동체 발전을 위해 커뮤니티, 연계, 경쟁력, 협력을 통해 새로운 일자리 창출과 공항경제권 형성"을 설정하고 있다. 이것은 공항이 지역에서 지역혁신의 주체로 새로운 경제구조 형성과 지역의 일자리 창출, 그리고 도시문제 해결의 효율적 수단으로 활용되고 있다는 것을 의미한다. 공항 경제권의 주요 특징은 첫째, 공항 중심의 광역적 경제권을 형성한다는 것이며 둘째, 항공산업뿐만 아니라 비즈니스, 지원 서비스 기능 등을 포함하는 포괄적 접근을 통해 공항구역과 관련된 경제활동이 이루어지는 업무단지, 산업단지, 경제자유구역 등을 포함하는 배후지역, 신성장거점으로서의 공항과 지역산업 거점 등을 계획에 포함해 지역개발 및 도시 성장을 위한 종합적 계획으로 진행된다는 것이다. 셋째, 기능적 측면에서 공항 적합성 산업생태계 구축(물류기능, 연계교통기능 중심에서 첨단산업 집적화, 업무기능, 지식서비스[주택, 의료, 교육, 통신] 등의 강화, 경제자유구역 및 첨단산업단지) 등 기존 산업거점과 연계성 강화를 통해 기존 도시의 성장 기반 강화를 동시에 추진한다는 것이다. 넷째, 공항 경제권의 중요한 업종으로 물류업종(구매, 조달, 생산, 유통, 운송, 재고 관련 업종 등), 비즈니스 지원(국제, 금융, MICE 산업 등), 첨단산업(경박단소형[IT · BT]) 업종, 소재산업, 조립완제품 산업 등 기존의 산업과 연계해 발전할 수 있는 새로운 전략적 산업을 공항 경제권에 유치한다는 것이다. 다섯째, 추진체제로 보면 중앙정부, 지방자치단체, 공항공사, 항공사, 민간 등 협력적 거버넌스로 추진체를 구성해 진행되며 여러 가지 법률적 지원을 받을 수 있다는 점이다.

MEMO

APPENDIX

부록 1 국제민간항공조약원문 및 번역본
부록 2 국제민간항공협약 부속서
부록 3 국제항공업무통과협정

CONVENTION ON INTERNATIONAL CIVIL AVIATION[1)]

(CHICAGO CONVENTION) Signed at Chicago on 7 December 1944

Preamble

PART I	**Air Navigation**
Chapter I	General principles and application of the Convention
Chapter II	Flight over territory of contracting States
Chapter III	Nationality of aircraft
Chapter IV	Measures to facilitate air navigation
Chapter V	Conditions to be fulfilled with respect to aircraft
Chapter VI	international Standards and Recommended Practices
PART II	**The International Civil Aviation Organization**
Chapter VII	The Organization
Chapter VIII	The Assembly
Chapter IX	The Council
Chapter X	The Air Navigation Commission
Chapter XI	Personnel

1) 홍순길·이강석, 신항공법정해, 동명사, 2015. 인용

Chapter XII	Finance
Chapter XIII	Other international arrangements

PART Ⅲ **International Air Transport**

Chapter XIV	information and reports
Chapter XV	Airports and other air navigation facilities
Chapter XVI	Joint operating organizations and pooled services

PART Ⅳ **Final Provisions**

Chapter XVII	Other aeronautical agreements and arrangements
Chapter XVIII	Disputes and default
Chapter IXX	War
Chapter XX	Annexes
Chapter XXI	Ratification, adherences. amendments. and denunciations
Chapter XXII	Definitions

FOREWORD

1. This document contains, except for the seven Articles mentioned in paragraph 2(a) and (b) below, at pages 1 to 38:

- the text of the Convention on International Civil Aviation in the English language, as signed at Chicago on 7 December 1944, and

- the text of the said Convention in the French and Spanish languages annexed to the Protocol on the Authentic Trilingual Text of the Convention on International Civil Aviation (Chicago, 1944) which was signed' at Buenos Aires on 24 September 1968 and which came into force, as among the States which had signed it without reservation as to acceptance, on 24 October 1968(the Protocol being hereinafter referred to as the "Buenos Aires Protocol").

In addition, this document contains, at pages 39 to 42, the text of the above-mentioned Buenos Aires Protocol.

Note. Under Article I of the Buenos Aires Protocol the text of the Convention in the French and Spanish languages annexed to the Protocol, together with the text of the Convention in the English language, constitutes the text equally authentic in the three languages as specifically referred to in the last paragraph of the Convention.

2. in the body of the above-mentioned texts of the Convention, in English, French and Spanish, as presented in this document, are incorporated all the amendments made to the Convention which are in force at this date, 30 November 1985, namely in respect of the Articles specified in (a) and (b) below:

(a) Articles 45, 48(a), 49(e), 50(a), 56 and 61 of the Convention were partly amended by the Assembly at its 8th, 13th, 14th, 17th(A), 18th and 21st Sessions and the wording of the amended parts of these Articles is of equal authenticity in English, French and Spanish. In this document, the English text of these Articles is the text signed at Chicago, as so amended; and the French and Spanish texts of these Articles are the texts thereof as annexed to the Buenos Aires Protocol but after including therein the amendments in question. Attention is invited to the footnotes to these Articles.

(b) Article 93 bis was adopted by the Assembly at its First Session in English, French and Spanish, each text being of equal authenticity. The Article is incorporated in this document.

3. The Assembly, at its 22nd Session, approved a further amendment to the Convention to replace the present text of the final paragraph of the Convention by a new text which provides for the authentic Russian text of the Convention. This amendment is not incorporated in this document because the amendment has not yet entered into force.

4. At its 23rd Session the Assembly approved a further amendment to the Convention, namely a new Article 83 bis, relating to transfer of certain functions and duties in case of lease, charter or interchange of aircraft.

5. At its 25th(Extraordinary) Session the Assembly approved a further amendment to the Convention, namely Article 3 bis. This amendment is also not incorporated in this document because the amendment has not yet entered into force.

CONVENTION* ON INTERNATIONAL CIVIL AVIATION

Signed at Chicago on 7 December 1944

PREAMBLE

WHEREAS the future development of international civil aviation can greatly help to create and preserve friendship and understanding among the nations and peoples of the world, yet its abuse can become a threat to the general security; and

WHEREAS it is desirable to avoid friction and to promote that cooperation between nations and peoples upon which the peace of the world depends;

THEREFORE, the undersigned governments having agreed on certain principles and arrangements in order that international civil aviation may be developed in a safe and orderly manner and that international air transport services may be established on the basis of equality of opportunity and operated soundly and economically;

Have accordingly concluded this Convention to that end.

Came into force on 4 April 1947, the thirtieth day after deposit with the Government of the United States of America of the twenty-sixth instrument of ratification thereof or notification of adherence thereto, in accordance with Article 91(b).

PART I AIR NAVIGATION

CHAPTER I
GENERAL PRINCIPLES AND APPLICATION OF THE CONVENTION

Article 1

Sovereignty

The contracting States recognize that every State has complete and exclusive sovereignty over the airspace above its territory.

Article 2

Territory

For the purposes of this Convention the territory of a State shall be deemed to be the land areas and territorial waters adjacent thereto under the sovereignty, suzerainty, protection or mandate of such State.

Article 3

Civil and state aircraft

(a) This Convention shall be applicable only to civil aircraft, and shall not be applicable to state aircraft.

(b) Aircraft used in military, customs and police services shall be deemed to be state aircraft.

(c) No state aircraft of a contracting State shall fly over the territory of another

State or land thereon without authorization by special agreement or otherwise, and in accordance with the terms thereof.

(d) The contracting States undertake, when issuing regulations for their state aircraft, that they will have due regard for the safety of navigation of civil aircraft.

Article 3 bis

(a) The contracting States recognize that every State must refrain from resorting to the use of weapons against civil aircraft in flight and that, in case of interception, the lives of persons on board and the safety of aircraft must not be endangered. This provision shall not be interpreted as modifying in any way the rights and obligations of States set forth in the Charter of the United Nations.

(b) the contracting States recognize that every State, in the exercise of its sovereignty, is entitled to require the landing at some designated airport of a civil aircraft flying above its territory without authority or if there are reasonable grounds to conclude that it is being used for any purpose inconsistent with the aims of this Convention; it may also give such aircraft any other instructions to put an end to such violations. For this purpose, the contracting States may resort to any appropriate means consistent with relevant rules of international law, including the relevant provisions of this Convention, specifically paragraph (a) of this Article. Each contracting State agrees to publish its regulations in force regarding the interception of civil aircraft.

(c) Every civil aircraft shall comply with an order given in conformity with paragraph (b) of this Article. To this end each contracting State shall establish all necessary provisions in its national laws or regulations to make such compliance mandatory for any civil aircraft registered in that State or operated by an operator who has his principal place of business or permanent residence that State. Each contracting State shall make any violation of such applicable laws or regulations punishable by severe penalties and shall submit the case to its competent authorities in accordance with its laws or regulations.

(d) Each contracting State shall take appropriate measures to prohibit the deliberate use of any civil aircraft registered in that State or operated by an operator who has his principal place of business or permanent residence in that State for any purpose inconsistent with the aims of this Convention. This provision shall not affect paragraph (a) or derogate from paragraphs (b) and (c) of this Article.

Article 4

Misuse of civil aviation

Each contracting State agrees not to use civil aviation for any purpose inconsistent with the aims of this Convention.

CHAPTER II
FLIGHT OVER TERRITORY OF CONTRACTING STATES

Article 5

Right of non-scheduled flight

Each contracting State agrees that all aircraft of the other contracting States, being aircraft not engaged in scheduled international air services shall have the right, subject to the observance of the terms of this Convention, to make flights into or in transit non-stop across its territory and to make stops for non-traffic purposes without the necessity of obtaining prior permission, and subject to the right of the State flown over to require landing. Each contracting State nevertheless reserves the right, for reasons of safety of flight, to require aircraft desiring to proceed over regions which are inaccessible or without adequate air navigation facilities to follow prescribed routes, or to obtain special permission for such flights.

Such aircraft, if engaged in the carriage of passengers, cargo, or mail for remuneration or hire on other than scheduled international air services, shall also, subject to the provisions of Article 7, have the privilege of taking on or discharging passengers, cargo, or mail, subject to the right of any State where such embarkation or discharge takes place to impose such regulations, conditions or limitations as it may consider desirable.

Article 6

Scheduled air services

No scheduled international air service may be operated over or into the territory of a contracting State, except with the special permission or other authorization of that State, and in accordance with the terms of such permission or authorization.

Article 7

Cabotage

Each contracting State shall have the right to refuse permission to the aircraft of other contracting States to take on in its territory passengers, mail and cargo carried for remuneration or hire and destined for another point within its territory. Each contracting State undertakes not to enter into any arrangements which specifically grant any such privilege on an exclusive basis to any other State or an airline of any other State, and not to obtain any such exclusive privilege from any other State.

Article 8

Pilotless aircraft

No aircraft capable of being flown without a pilot shall be flown without a pilot over the territory of a contracting State without special authorization by that State and in accordance with the terms of such authorization. Each contracting State undertakes to insure that the flight of such aircraft without a pilot in regions open to civil aircraft shall be so controlled as to obviate danger to civil aircraft.

Article 9

Prohibited areas

(a) Each contracting State may, for reasons of military necessity or public safety, restrict or

prohibit uniformly the aircraft of other States from flying over certain areas of its territory, provided that no distinction in this respect is made between the aircraft of the State whose territory is involved, engaged in international scheduled airline services, and the aircraft of the other contracting States likewise engaged. Such prohibited areas shall be of reasonable extent and location so as not to interfere unnecessarily with air navigation. Descriptions of such prohibited areas in the territory of a contracting State, as well as any subsequent alterations therein, shall be communicated as soon as possible to the other contracting States and to the International Civil Aviation Organization.

(b) Each contracting State reserves also the right, in exceptional circumstances or during a period of emergency, or in the interest of public safety, and with immediate effect, temporarily to restrict or prohibit flying over the whole or any part of its territory, on condition that such restriction or prohibition shall be applicable without distinction of nationality to aircraft of all other States.

(c) Each contracting State, under such regulations as it may prescribe, may require any aircraft entering the areas contemplated in subparagraphs (a) or (b) above to effect a landing as soon as practicable thereafter at some designated airport within its territory.

Article 10

Landing at customs airport

Except in a case where, under the terms of this Convention or a special authorization, aircraft are permitted to cross the territory of a contracting State without landing, every aircraft which enters the territory of a contracting State shall, if the regulations of that State so require, land at. an airport designated by that State for the purpose of customs and other examination. On departure from the territory of a contracting State, such aircraft shall depart from a similarly designated customs airport. Particulars of all designated customs airports shall be published by the State and transmitted to the International Civil Aviation Organization established under Part EI of this Convention for communication to all other contracting States.

Article 11

Applicability of air regulations

Subject to the provisions of this Convention, the laws and regulations of a contracting State relating to the admission to or departure from its territory of aircraft engaged in international air navigation, or to the operation and navigation of such aircraft while within its territory, shall be applied to the aircraft of all contracting States without distinction as to nationality, and shall be complied with by such aircraft upon entering or departing from or while within the territory of that State.

Article 12

Rules of the air

Each contracting State undertakes to adopt measures to insure that every aircraft flying over or maneuvering within its territory and that every aircraft carrying its nationality mark, wherever such aircraft may be, shall comply with the rules and regulations relating to the flight and maneuver of aircraft there in force. Each contracting State undertakes to keep its own regulations in these respects uniform, to the greatest possible extent, with those established from time to time under this Convention. Over the high seas, the rules in force shall be those established under this Convention. Over the high seas, the rules in force shall be those established under this Convention. Each contracting State undertakes to insure the prosecution of all persons violating the regulations applicable.

Article 13

Entry and clearance regulations

The laws and regulations of a contracting State as to the admission to or departure from its territory of passengers, crew or cargo of aircraft, such as regulations relating to entry, clearance, immigration, passports, customs, and quarantine shall be complied with by or on behalf of such passengers, crew or cargo upon entrance into or departure from, or while within the territory of that State.

Article 14

Prevention of spread of disease

Each contracting State agrees to take effective measures to prevent the spread by means of air navigation of cholera, typhus (epidemic), smallpox, yellow fever, plague, and such other communicable diseases as the contracting States shall from time to time decide to designate, and to that end contracting States will keep in close consultation with the agencies concerned with international regulations relating to sanitary measures applicable to aircraft. Such consultation shall be without prejudice to the application of any existing international convention on this subject to which the contracting States may be parties.

Article 15

Airport and similar charges

Every airport in a contracting State which is open to public use by its national aircraft shall likewise, subject to the provisions of Article 68, be open under uniform conditions to the aircraft of all the other contracting States. The like uniform conditions shall apply to the use, by aircraft of every contracting State, of all air navigation facilities, including radio and meteorological services, which may be provided for public use for the safety and expedition of air navigation. Any charges that may be imposed or permitted to be imposed by a contracting State for the use of such airports and air navigation facilities by the aircraft of any other contracting State shall not be higher,

(a) As to aircraft not engaged in scheduled international air services, than those that would be paid by its national aircraft of the same class engaged in similar operations, and

(b) As to aircraft engaged in scheduled international air services, than those that would be paid by its national aircraft engaged in similar international air services.

All such charges shall be published and communicated to the International Civil Aviation Organization: provided that, upon representation by an interested contracting State, the charges imposed for the use of airports and other facilities shall be subject to review by the Council, which shall report and make recommendations thereon for the consideration of the State or States concerned. No fees, dues or other charges shall be imposed by any contracting State in respect solely of the right of transit over or entry into or exit from its territory of any aircraft of a contracting State or persons or property thereon.

Article 16

Search of aircraft

The appropriate authorities of each of the contracting States shall have the right, without unreasonable delay, to search aircraft of the other contracting States on landing or departure, and to inspect the certificates and other documents prescribed by this Convention.

CHAPTER III
NATIONALITY OF AIRCRAFT

Article 17

Nationality of aircraft

Aircraft have the nationality of the State in which they are registered.

Article 18

Dual registration

An aircraft cannot be validly registered in more than one State, but its registration may be changed from one State to another.

Article 19

National laws governing registration

The registration or transfer of registration of aircraft in any contracting State shall be made in accordance with its laws and regulations.

Article 20

Display of marks

Every aircraft engaged in international air navigation shall bear its appropriate nationality and registration marks.

Article 21

Report of registrations

Each contracting State undertakes to supply to any other contracting State or to the International Civil Aviation Organization, on demand, information concerning the registration and ownership of any particular aircraft registered in that State. In addition, each contracting State shall furnish reports to the International Civil Aviation Organization, under such regulations as the latter may prescribe, giving such pertinent data as can be made available concerning the ownership and control of aircraft registered in that State and habitually engaged in international air navigation. The data thus obtained by the International Civil Aviation Organization shall be made available by it on request to the other contracting States.

CHAPTER IV
MEASURES TO FACILITATE AIR NAVIGATION

Article 22

Facilitation of formalities

Each contracting State agrees to adopt all practicable measures, through the issuance of special regulations or otherwise, to facilitate and expedite navigation by aircraft between the territories of contracting States, and to prevent unnecessary delays to aircraft, crews, passengers and cargo, especially in the administration of the laws relating to immigration, quarantine, customs and clearance.

Article 23

Customs and immigration procedures

Each contracting State undertakes, so far as it may find practicable, to establish customs and immigration procedures affecting international air navigation in accordance with the practices which may be established or recommended from time to time, pursuant to this convention. Nothing in this Convention shall be construed as preventing the estalishment of customs-free airports.

Article 24

Customs duty

(a) Aircraft on a flight to, from, or across the territory of another contracting State shall be admitted temporarily free of duty, subject to the customs regulations of the State. Fuel, lubricating oils, spare parts, regular equipment and

aircraft stores on board an aircraft of a contracting State, on arrival in the territory of another contracting State and retained on board on leaving the territory of that State shall be exempt from customs duty, inspection fees or similar national or local duties and charges. This exemption shall not apply to any quantities or articles unloaded, except in accordance with the customs regulations of the State, which may require that they shall be kept under customs supervision.

(b) Spare parts and equipment imported into the territory of a contracting State for incorporation in or use on an aircraft of another contracting State engaged in international air navigation shall be admitted free of customs duty, subject to compliance with the regulations of the State concerned, which may provide that the articles shall be kept under customs supervision and control.

Article 25

Aircraft in distress

Each contracting State undertakes to provide such measures of assistance to aircraft in distress in its territory as it may find practicable, and to permit, subject to control by its own authorities, the owners of the aircraft or authorities of the State in which the aircraft is registered to provide such measures of assistance as may be necessitated by the circumstances. Each contracting State, when undertaking search for missing aircraft, will collaborate in coordinated measures which may be recommended from time to time pursuant to this Convention.

Article 26

Investigation of accidents

In the event of an accident to an aircraft of a contracting State occurring in the territory of another contracting State, and involving death or serious injury, or indicating serious technical defect in the aircraft or air navigation facilities, the State in which the accident occurs will institute an inquiry into the circumstances of the accident, in accordance, so far as its laws permit, with the procedure which may be recommended by the International Civil Aviation Organization. The State in which the aircraft is registered shall be given the opportunity to appoint observers to be present at the inquiry and the State holding the inquiry shall communicate the report and findings in the matter to that State.

Article 27

Exemption from seizure on patent claims

(a) While engaged in international air navigation, any authorized entry of aircraft of a contracting State into the territory of another contracting State or authorized transit across the territory of such State with or without landings shall not entail any seizure or detention of the aircraft or any claim against the owner or operator thereof or any other interference therewith by or on behalf of such State or any person therein, on the ground that the construction, mechanism, parts, accessories or operation of the aircraft is an infringement of any patent, design, or model duly granted or registered in the State whose territory is entered by the aircraft, it being agreed that no deposit of security in connection with the foregoing exemption from seizure or detention of the aircraft shall in any case be required in the State entered by such aircraft.

(b) The provisions of paragraph (a) of this Article shall also be applicable to the storage of spare parts and spare equipment for the aircraft and the right to use and install the same in the repair of an aircraft of a contracting State in the territory of any other contracting State, provided that any patented part or equipment so stored shall not be sold or distributed internally in or exported commercially from the contracting State entered by the aircraft.

(c) The benefits of this Article shall apply only to such States, Parties to this Convention, as either (1) are parties to the International Convention for the Protection of Industrial Property and to any amendments thereof; or (2) have enacted patent laws which recognize and give adequate protection to inventions made by the nationals of the other States parties to this Convention.

Article 28

Air navigation facilities and standard systems

Each contracting State undertakes, so far as it may find practicable, to:

(a) Provide, in its territory, airports, radio services, meteorological services and other air navigation facilities to facilitate international air navigation, in accordance with the standards and practices recommended or established from time

to time, pursuant to this Convention;

(b) Adopt and put into operation the appropriate standard systems of communications procedure, codes, markings, signals, lighting and other operational practices and rules which may be recommended or established from time to time, pursuant to this Convention;

(c) Collaborate in international measures to secure the publication of aeronautical maps and charts in accordance with standards which may be recommended or established from time to time, pursuant to this Convention.

CHAPTER V
CONDITIONS TO BE FULFILLED WITH RESPECT TO AIRCRAFT

Article 29

Documents carried in aircraft

Every aircraft of a contracting State, engaged in international navigation, shall carry the following documents in conformity with the conditions prescribed in this Convention:

(a) Its certificate of registration;

(b) Its certificate or airworthiness;

(c) The appropriate licenses for each member of the crew;

(d) Its journey log book;

(e) If it is equipped with radio apparatus, the aircraft radio station license;

(f) If it carries passengers, a list of their names and places of embarkation and destination;

(g) If it carries cargo, a manifest and detailed declarations of the cargo.

Article 30

Aircraft radio equipment

(a) Aircraft of each contracting State may, in or over the territory of other contracting States, carry radio transmitting apparatus only if a license to install and operate such apparatus has been issued by the appropriate authorities of the State in which the aircraft is registered. The use of radio transmitting apparatus in the territory of the contracting State whose territory is flown over shall be in accordance with the regulations prescribed by that State.

(b) Radio transmitting apparatus may be used only by members of the flight crew who are provided with a special license for the purpose, issued by the appropriate authorities of the State in which the aircraft is registered.

Article 31

Certificates of airworthiness

Every aircraft engaged in international navigation shall be provided with a certificate of airworthiness issued or rendered valid by the State in which it is registered.

Article 32

Licenses of personnel

(a) The pilot of every aircraft and the other members of the operating crew of every aircraft engaged in international navigation shall be provided with certificates of competency and licenses issued or rendered valid by the State in which the aircraft is registered.

(b) Each contracting State reserves the right to refuse to recognize, for the purpose of flight above its own territory, certificates of competency and licenses granted to any of its nationals by another contracting State.

Article 33

Recognition of certificates and licenses

Certificates of airworthiness and certificates of competency and licenses issued or rendered valid by the contracting State in which the aircraft is registered, shall be recognized as valid by the other contracting States, provided that the requirements under which such certificates or licenses were issued or rendered valid air equal to or above the minimum standards which may be established from time to time pursuant to this Convention.

Article 34

Journey log books

There shall be maintained in respect of every aircraft engaged in international navigation a journey log book in which shall be entered particulars of the aircraft, its crew and of each journey, in such form as may be prescribed from time to time pursuant to this Convention.

Article 35

Cargo restrictions

(a) No munitions of war or implements of war may be carried in or above the territory of a State in aircraft engaged in international navigation, except by permission of such State. Each State shall determine by regulations what constitutes munitions of war or implements of war for the purposes of this Article, giving due consideration, for the purposes of uniformity, to such recommendations as the International Civil Aviation Organization may from time to time make.

(b) Each contracting State reserves the right, for reasons of public order and safety, to regulate or prohibit the carriage in or above its territory of articles other than those enumerated in paragraph (a): provided that no distinction is made in this' respect between its national aircraft engaged in international navigation and the aircraft of the other States so engaged; and provided further that no restriction shall be imposed which may interfere with the carriage and use on aircraft of apparatus necessary for the operation or navigation of the aircraft or the safety of the personnel or passengers.

Article 36

Photographic apparatus

Each contracting State may prohibit or regulate the use of photographic apparatus in aircraft over its territory.

CHAPTER VI

INTERNATIONAL STANDARDS AND RECOMMENDED PRACTICES

Article 37

Adoption of international standards and procedures

Each contracting State undertakes to collaborate in securing the highest practicable degree of uniformity in regulations, standards, procedures, and organization in relation to aircraft, personnel, airways and auxiliary services in all matters in which such uniformity will facilitate and improve air navigation.

To this end the International Civil Aviation Organization shall adopt and amend from time to time, as may be necessary, international standards and recommended practices and procedures dealing with:

(a) Communications systems and air navigation aids, including ground marking;

(b) Characteristics of airports and landing areas;

(c) Rules of the air and air traffic control practices;

(d) Licensing of operating and mechanical personnel;

(e) Airworthiness of aircraft;

(f) Registration and identification of aircraft;

(g) Collection and exchange of meteorological information;

(h) Log books;

(i) Aeronautical maps and charts;

(j) Customs and immigration procedures;

(k) Aircraft in distress and investigation of accidents;

and such other matters concerned with the safety, regularity, and efficiency of air navigation as may from time to time appear appropriate.

Article 38

Departures from international standards and procedures

Any State which finds it impracticable to comply in all respects with any such international standard or procedure, or to bring its own regulations or practices into full accord with any international standard or procedure after amendment of the latter, or which deems it necessary to adopt regulations or practices differing in any particular respect from those established by an international standard, shall give immediate notification to the International Civil Aviation Organization of the differences between its own practice and that established by the international standard. In the case of amendments to international standards, any State which does not make the appropriate amendments to its own regulations or practices shall give notice to the Council within sixty days of the adoption of the amendment to the international standard, or indicate the action which it proposes to take. In any such case, the Council shall make immediate notification to all other states of the difference which exists between one or more features of an international standard and the corresponding national practice of that State.

Article 39

Endorsement of certificates and licenses

(a) Any aircraft or part thereof with respect to which there exists an international standard of airworthiness or performance, and which failed in any respect to satisfy that standard at the time of its certification, shall have endorsed on or attached to its airworthiness certificate a complete enumeration of the details in respect of which it so failed.

(b) Any person holding a license who does not satisfy in full the conditions laid down in the international standard relating to the class of license or certificate which he holds shall have endorsed on or attached to his license a complete enumeration of the particulars in which he does not satisfy such conditions.

Article 40

Validity of endorsed certificates and licenses

No aircraft or personnel having certificates or licenses so endorsed shall participate in international navigation, except with the permission of the State or States whose territory is entered. The registration or use of any such aircraft, or of any certificated aircraft part, in any State other than that in which it was originally certificated shall be at the discretion of the State into which the aircraft or part is imported.

Article 41

Recognition of existing standards of airworthiness

The provisions of this Chapter shall not apply to aircraft and aircraft equipment of types of which the prototype is submitted to the appropriate national authorities for certification prior to a date three years after the date of adoption of an international standard of airworthiness for such equipment.

Article 42

Recognition of existing standards of competency of personnel

The provisions of this Chapter shall not apply to personnel whose licenses are originally issued prior to a date one year after initial adoption of an international standard of qualification for such personnel; but they shall in any case apply to all personnel whose licenses remain valid five years after the date of adoption of such standard.

PART Ⅱ
THE INTERNATIONAL CIVIL AVIATION ORGANIZATION

CHAPTER Ⅶ
THE ORGANIZATION

Article 43

Name and composition

An organization to be named the International Civil Aviation Organization is formed by the Convention. It is made up of an Assembly, a Council, and such other bodies as may be necessary.

Article 44

Objectives

The aims and objectives of the Organization are to develop the principles and techniques of international air navigation and to foster the planning and development of international air transport so as to:

(a) Insure the safe and orderly growth of international civil aviation throughout the world;

(b) Encourage the arts of aircraft design and operation for peaceful purposes;

(c) Encourage the development of airways, airports, and air navigation facilities for international civil aviation;

(d) Meet the needs of the peoples of the world for safe, regular, efficient and economical air transport;

(e) Prevent economic waste caused by unreasonable competition;

(f) Insure that the rights of contracting States are fully respected and that every contracting State has a fair opportunity to operate international airlines;

(g) Avoid discrimination between contracting States;

Legal capacity

The Organization shall enjoy in the territory of each contracting State such legal capacity as may be necessary for the performance of its functions. Full juridical personality shall be granted wherever compatible with the constitution and laws of the State concerned.

(h) Promote safety of flight in international air navigation;

(i) Promote generally the development of all aspects of international civil aeronautics.

Article 45*

Permanent seat

The permanent seat of the Organization shall be at such place as shall be determined at the final meeting of the Interim Assembly of the Provisional International Civil Aviation Organization set up by the Interim Agreement on International Civil Aviation signed at Chicago on December 7, 1944. The seat may be temporarily transferred elsewhere by decision of the Council, and otherwise than temporarily by decision of the Assembly, such decision to be taken by the number of votes specified by the Assembly. The number of votes so specified will not be less than three-fifths of the total number of contracting States.

Article 46

First meeting of Assembly

The first meeting of the Assembly shall be summoned by the Interim Council of the above-mentioned Provisional Organization as soon as the Convention has come into force, to meet at a time and place to be decided by the Interim Council.

This is the text of the article as amended by the Eighth Session of the Assembly on 14 June 1954; it entered into force on 16 May 1958. Under Article 94(a) of the Convention, the amended text is in force in respect of those States which have ratified the amendment. In respect of the States which have not ratified the amendment, the original text is still in force and, therefore, that text is reproduced below:

"The permanent seat of the Organization shall be at such place as shall be determined at the final meeting of the Interim Assembly of the Provisional International Civil Aviation Organization set up by the Interim Agreement on International Civil Aviation signed at Chicago on December 7, 1944. The seat may be temporarily transferred elsewhere by decision of the Council."

CHAPTER VIII
THE ASSEMBLY

Article 48

Meetings of Assembly and voting

(a) The Assembly shall meet not less than once in three years and shall be convened by the Council at a suitable time and place. An extraordinary meeting of the Assembly may be held at any time upon the call of the Council or at the request of not less than one-fifth of the total number of contracting States addressed to the Secretary General.*

(b) All contracting States shall have an equal right to be represented at the meetings of the Assembly and each contracting State shall be entitled to one vote. Delegates representing contracting States may be assisted by technical advisers who may participate in the meetings but shall have no vote.

This is the text of the Article as amended by the 14th Session of the Assembly on 14 September 1962; it entered into force on 11 September 1975. Under Article 94(a) of the Convention, the amended text is in force in respect of those States which have ratified the amendment. The previous text of this Article as amended by the 8th Session of the Assembly on 14 June 1954 and which entered into force on 12 December 1956 read as follows:

"(a) The Assembly shall meet not less than once in three years and shall be convened by the Council at a suitable time and place. Extraordinary meetings of the Assembly may be held at any time upon the call of the Council or at the request of any ten contracting States addressed to the Secretary General."

The original unamended text of the Convention read

as follows:

"(b) The Assembly shall meet annually and shall be convened by the Council at a suitable time and place. Extraordinary meetings of the Assembly may be held at any time upon the call of the Council or at the request of any ten contracting States addressed to the Secretary General."

(c) A majority of the contracting States is required to constitute a quorum for the meetings of the Assembly. Unless otherwise provided in this Convention, decisions of the Assembly shall be taken by a majority of the votes cast.

Article 49

Powers and duties of Assembly

The powers and duties of the Assembly shall be to:

(a) Elect at each meeting its President and other officers;

(b) Elect the contracting States to be represented on the Council, in accordance with the provisions of Chapter IX;

(c) Examine and take appropriate action on the reports of the Council and decide on any matter referred to it by the Council;

(d) Determine its own rules of procedure and establish such subsidiary commissions as it may consider to be necessary or desirable;

(e) Vote annual budgets and determine the financial arrangements of the Organization, in accordance with the provisions of Chapter XII;*

(f) Review expenditures and approve the accounts of the Organization;

This is the text of the Article as amended by the Eighth Session of the Assembly on 14 June 1954; it entered into force on 12 December 1956. Under Article 94(a) of the Convention, the amended text is in force in respect of those States which have ratified the amendment. In respect of the States which have not ratified the amendment, the original text is still in force and, therefore, that text is reproduced below:

(g) Vote an annual budget and determine the financial arrangements of the Organization, in accordance with the provisions of Chapter XII:".

(h) Refer, at its discretion, to the Council, to subsidiary commissions, or to any other body any matter within its sphere of action;

(i) Delegate to the Council the powers and authority necessary or desirable for the discharge of the duties of the Organization and revoke or modify the delegations of authority at any time;

(j) Carry out the appropriate provisions of Chapter XIII;

(k) Consider proposals for the modification or amendment of the provisions of this Convention and, if it approves of the proposals, recommend them to the contracting States in accordance with the provisions of Chapter XXI;

(l) Deal with any matter within the sphere of action of the Organization not specifically assigned to the Council.

CHAPTER IX
THE COUNCIL

Article 50

Composition and election of Council

(a) The Council shall be a permanent body responsible to the Assembly. It shall be composed of thirty-three contracting States elected by the Assembly. An election shall be held at the first meeting of the Assembly and thereafter every three years, and the members of the Council so elected shall hold office until the next following election.*

(b) In electing the members of the Council, the Assembly shall give adequate representation to (1) the States of chief importance in air transport; (2) the States not otherwise included which make the largest contribution to the provision of facilities for international civil air navigation; and (3) the States not otherwise included whose designation will insure that all the major geographic areas of the world are represented on the Council. Any vacancy on the Council shall be filled by the Assembly as soon as possible; any contracting State so elected to the Council shall hold office for the unexpired portion of its predecessor's term of office.

(c) No representative of a contracting State on the Council shall be actively associated with the operation of an international air service or financially interested in such a service.

Article 51

President of Council

The Council shall elect its President for a term of three years. He may be reelected. He Shall have no vote. The Council shall elect from among its members one or more Vice Presidents who shall retain their right to vote when serving as acting President. The President need not be selected from among the representatives of the members of the Council but, if a representative is elected, his seat shall be deemed vacant and it shall be filled by the State which be represented. The duties of the President shall be to:

(a) Convene meetings of the Council, the Air Transport Committee, and the Air Navigation Commission;

(b) Serve as representative of the Council; and
This is the text of the Article as amended by the 21st Session of the Assembly on 14 October 1974; it entered into- force on 15 February 1980. The original text of the Convention provided for twenty-one Members of the Council. The text was subsequently amended at the 13th(Extraordinary) Session of the Assembly on 19 June 1961; that amendment entered into force on 17 July 1962 and provided for twenty-seven Members of the Council; a further amendment was approved by the 17th(A)(Extraordinary) Session of the Assembly on 12 March 1971 providing for thirty Members of the Council; this amendment entered into force on 16 January 1973.

(c) Carry out on behalf of the Council the functions which the Council assigns to him.

Article 52

Voting in Council

Decisions by the Council shall require approval by a majority of its members. The Council may delegate authority with respect to any particular matter to a committee of its members. Decisions of any committee of the Council may be appealed to the Council by any interested contracting State.

Article 53

Participation without a vote

Any contracting State may participate, without a vote, in the consideration by the Council and by its committees and commissions of any question which especially affects its interests. No member of the Council shall vote in the consideration by the Council of a dispute to which it is a party.

Article 54

Mandatory functions of Council The Council shall:

(a) Submit annual reports to the Assembly;

(b) Carry out the directions of the Assembly and discharge the duties and obligations which are laid on it by this Convention;

(c) Determine its organization and rules of procedure;

(d) Appoint and define the duties of an Air Transport Committee, which shall be chosen from among the representatives of the members of the Council, and which shall be responsible to it;

(e) Establish an Air Navigation Commission, in accordance with the provisions of Chapter X;

(f) Administer the finances of the Organization in accordance with the provisions of Chapters XII and XV;

(g) Determine the emoluments of the President of the Council;

(h) Appoint a chief executive officer who shall be called the Secretary General, and make provision for the appointment of such other personnel as may be necessary, in accordance with the provisions' of Chapter XI;

(i) Request, collect, examine and publish information relating to the advancement of air navigation and the operation of international air services, including information about the costs of operation and particulars of subsidies paid to airlines from public funds;

(j) Report to contracting States any infraction of this Convention, as well as any failure to carry out recommendations or determinations of the Council;

(k) Report to the Assembly any infraction of this Convention where a contracting State has failed to take appropriate action within a reasonable time after notice of the infraction;

(l) Adopt, in accordance with the provisions of Chapter VI of this Convention, international standards and recommended practices; for convenience, designate them as Annexes to this Convention; and notify all contracting States of the action taken;

(m) Consider recommendations of the Air Navigation Commission for amendment of the Annexes and take action in accordance with the provisions of Chapter XX;

(n) Consider any matter relating to the Convention which any contracting State refers to it.

Article 55

Permissive functions of Council The Council may:

(a) Where appropriate and as experience may show to be desirable, create subordinate air transport commissions on a regional or other basis and define groups of states or airlines with or through which it may deal to facilitate the carrying out of the aims of this Convention;

(b) Delegate to the Air Navigation Commission duties additional to those set forth in the Convention and revoke or modify such delegations of authority at any time;

(c) Conduct research into all aspects of air transport and air navigation which are of international importance, communicate the results of its research to the contracting States, and facilitate the exchange of information between contracting State on air transport and air navigation matters;

(d) Study any matters affecting the organization and operation of international air transport, including the international ownership and operation of international air services on trunk routes, and submit to the Assembly plans in relation thereto;

(e) Investigate, at the request of any contracting State, any situation which may appear to present avoidable obstacles to the development of international air navigation; and, after such investigation, issue such reports as may appear to it desirable.

CHAPTER X
THE AIR NAVIGATION COMMISSION

Article 56

Nomination and appointment of Commission

The Air Navigation Commission shall be composed of fifteen members appointed by the Council from among persons nominated by contracting States. These persons shall have suitable qualifications and experience in the science and practice of aeronautics. The Council shall request all contracting States to submit nominations. The President of the Air Navigation Commission shall be appointed by the Council.*

Article 57

Duties of Commission The Air Navigation Commission shall:

(a) Consider, and recommend to the Council for adoption, modifications of the Annexes to this Convention;

(b) Establish technical subcommissions on which any contracting State may be represented, if it so desires;

(c) Advise the Council concerning the collection and communication to the contracting States of all information which it considers necessary and useful for the advancement of air navigation.

CHAPTER XI
PERSONNEL

Article 58

Appointment of personnel

Subject to any rules laid down by the Assembly and to the provisions of this Convention, the Council shall determine the method of appointment and of termination of appointment, the training, and the salaries, allowances, and conditions of service of the Secretary General and other personnel of the Organization, and may employ or make use of the services of nationals of any contracting State.

This is the text of the Article as amended at the 18th Session of the Assembly on 7 July 1971; it entered into force on 19 December 1974. The original text of the Convention provided for twelve members of the Air Navigation Commission.

Article 59

International Character of personnel

The President of the Council, the Secretary General, and other personnel shall not seek or receive instructions in regard to the discharge of their responsibilities from any authority external to the Organization. Each contracting State undertakes fully to respect the international character of the responsibilities of the personnel and not to seek to influence any of its nationals in the discharge of their responsibilities.

Article 60

Immunities and privileges of personnel

Each contracting State undertakes, so far as possible under its constitutional procedure, to accord to the President of the Council, the Secretary General, and the other personnel of the Organization, the immunities and privileges which are accorded to corresponding personnel of other public international organizations. If a general international agreement on the immunities and privileges of international civil servants is arrived at, the immunities and privileges accorded to the President, the Secretary General, and the other personnel of the Organization shall be the immunities and privileges accorded under that general international agreement.

CHAPTER XII
FINANCE

Article 61*

Budget and apportionment of expenses

The Council shall submit to the Assembly annual budgets, annual statements of accounts and estimates of all receipts and expenditures. The Assembly shall vote the budgets with whatever modification it sees fit to prescribe, and, with the exception of assessments under Chapter XV to States consenting thereto, shall apportion the expenses of the Organization among the contracting States on the basis which it shall from time to time determine.

Article 62

Suspension of voting power

The Assembly may suspend the voting power in the Assembly and in the Council of any contracting State that fails to discharge within a reasonable period its financial obligations to the Organization.

Article 63

Expenses of delegations and other representatives

Each contracting State shall bear the expenses of its own delegation to the Assembly and the remuneration, travel, and other expenses of any person whom it appoints to serve on the Council, and of its nominees or representatives on any subsidiary committees or commissions of the Organization.

This is the text of the Article as amended by the Eighth Session of the Assembly on 14 June 1954; it entered into force on 12 December 1956. Under Article 94(a) of the Convention, the amended text is in force in respect of those States which have ratified the amendment. In respect of the States which have not ratified the amendment, the original text is still in force and, therefore, that text is reproduced below:

"The Council shall submit to the Assembly an annual budget, annual statements of accounts and estimates of all receipts and expenditures. The Assembly shall vote the budget with whatever modification it sees fit to prescribe, and, with the exception of assessments under Chapter XV to States consenting thereto, shall apportion the expenses of the Organization among the contracting States on the basis which it shall from time to time determine."

CHAPTER XIV
OTHER INTERNATIONAL ARRANGEMENTS

Article 64

Security arrangements

The Organization may, with respect to air matters within its competence directly affecting world security, by vote of the Assembly enter into appropriate arrangements with any general organization set up by the nations of the world to preserve peace.

Article 65

Arrangements with other international bodies

The Council, on behalf of the Organization, may enter into agreements with other international bodies for the maintenance of common services and for common arrangements concerning personnel and, with the approval of the Assembly, may enter into such other arrangements as may facilitate the work of the Organization.

Article 66

Functions relating to other agreements

(a) The Organization shall also carry out the functions placed upon it by the International Air Services Transit Agreement and by the International Air Transport Agreement drawn up at Chicago on December 7, 1944, in accordance with the terms and conditions therein set forth.

(b) Members of the Assembly and the Council who have not accepted the International Air Services Transit Agreement of the International Air Transport Agreement drawn up at Chicago on December 7, 1944 shall not have the right to vote on any questions referred to the Assembly or Council under the provisions of the relevant Agreement.

PART III
INTERNATIONAL AIR TRANSPORT

CHAPTER XIV
INFORMATION AND REPORTS

Article 67

File reports with Council

Each contracting State undertakes that its international airlines shall, in accordance with requirements laid down by the Council, file with the Council traffic reports, cost statistics and financial statements showing among other things all receipts and the sources thereof.

CHAPTER XV
AIRPORTS AND OTHER AIR NAVIGATION FACILITIES

Article 68

Designation of routes and airports

Each contracting State may, subject to the provisions of this Convention, designate the route to be followed within its territory by any international air service and the airports which any such service may use.

Article 69

Improvement of air navigation facilities

If the Council is of the opinion that the airports or other air navigation facilities, including radio and meteorological services, of a contracting State are not reasonably adequate for the safe, regular, efficient, and economical operation of international air services, present or contemplated, the Council shall consult with the State directly concerned, and other States affected, with a view to finding means by which the situation may be remedied, and may make recommendations for that purpose. No contracting State shall be guilty of an infraction of this Convention if it fails to carry out these recommendations.

Article 70

Financing of air navigation facilities

A contracting State, in the circumstances arising under the provisions of Article 69, may conclude an arrangement with the Council for giving effect to such recommendations. The State may elect to bear all of the costs involved in any such arrangement. If the State does not so elect, the Council may agree, at the request of the State, to provide for all or a portion of the costs.

Article 71

Provision and maintenance of facilities by Council

If a contracting State so requests, the Council may agree to provide, man, maintain, and administer any or all of the airports and other air navigation facilities including radio and meteorological services, required in its territory for the safe, regular, efficient and economical operation of the international air services of the other contracting States, and may specify just and reasonable charges for the use of the facilities provided.

Article 72

Acquisition or use of land

Where land is needed for facilities financed in whole or in part by the Council at the request of a contracting State, that State shall either provide the land itself, retaining title if it wishes, or facilitate the use of the land by the Council on just and reasonable terms and in accordance with the laws of the State concerned.

Article 73

Expenditure and assessment of funds

Within the limit of the funds which may be made available to it by the Assembly under Chapter XII, the Council may make current expenditures for the purposes of this Chapter from the general funds of the Organization. The Council shall assess the capital funds required for the purposes of this Chapter in previously agreed proportions over a reasonable period of time to the contracting States consenting thereto whose airlines use the facilities. The Council may also assess to States that consent any working funds that are required.

Article 74

Technical assistance and utilization of revenues

When the Council, at the request of a contracting State, advances funds or provides airports or other facilities in whole or in part, the arrangement may provide, with the consent of that State, for technical assistance in the supervision and operation of the airports and other facilities, and for the payment, from the revenues derived from the operation of the airports and other facilities, of the operating expenses of the airports and the other facilities, and of interest and amortization charges.

Article 75

Taking over of facilities from Council

A contracting State may at any time discharge any obligation into which it has entered under Article 70, and take over airports and other facilities which the Council has provided in its territory pursuant to the provisions of Articles 71 and 72 by paying to the Council an amount which in the opinion of the Council is reasonable in the circumstances. If the State considers that the amount fixed by the Council is unreasonable it may appeal to the Assembly against the decision of the Council and the Assembly may confirm or amend the decision of the Council.

Article 76

Return of funds

Funds obtained by the Council through reimbursement under Article 75 and from receipts of interest and amortization payments under Article 74 shall, in the case of advances originally financed by States under Article 73, be returned to the States which were originally assessed in the proportion of their assessments, as determined by the Council.

CHAPTER XVI
JOINT OPERATING ORGANIZATIONS AND POOLED SERVICES

Article 77

Joint operating organizations permitted

Nothing in this Convention shall prevent two or more contracting States from constituting joint air transport operating organizations or international operating agencies and from pooling their air services on any routes or in any regions, but such organizations or agencies and such pooled services shall be subject to all the provisions of this Convention, including those relating to the registration of agreements with the Council. The Council shall determine in what manner the provisions of this Convention relating to nationality of aircraft shall apply to aircraft operated by international operating agencies.

Article 78

Function of Council

The Council may suggest to contracting States concerned that they form joint organizations to operate air services on any routes or in any regions.

Article 79

Participation in operating organizations

A State may participate in joint operating organizations or in pooling arrangements, either through its government or through an airline company or companies designated by its government. The companies may, at the sole discretion of the State concerned, be state-owned or partly state-owned or privately' owned.

PART Ⅳ
FINAL PROVISIONS

CHAPTER XVII
OTHER AERONAUTICAL AGREEMENTS AND ARRANGEMENTS

Article 80

Paris and Habana Conventions

Each contracting State undertakes, immediately upon the coming into force of this Convention, to give notice of denunciation of the Convention relating to the Regulation of Aerial Navigation signed at Paris on October 13, 1919 or the Convention on Commercial Aviation signed at Habana on February 20, 1928, if it is a party to either. As between contracting States, this Convention supersedes the Conventions of Paris and Habana previously referred to.

Article 81

Registration of existing agreements

All aeronautical agreements which are in existence, on the coming into force of this Convention, and which are between a contracting State and any other State or between an airline of a contracting State and any other State or the airline of any other State, shall be forthwith registered with the Council.

Article 82

Abrogation of inconsistent arrangements

The contracting States accept this Convention as abrogating all obligations and understandings between them which are inconsistent with its terms, and undertake not to enter into any such obligations and understandings. A contracting State which, before becoming a member of the Organization has undertaken any obligations toward a non-contracting State or a national of a contracting State or of a non-contracting State inconsistent with the terms of this Convention, shall take immediate steps to procure its release from the obligations. If an airline of any contracting State has entered into any such inconsistent obligations, the State of which it is a national shall use its best efforts to secure their termination forthwith and shall in any event cause them to be terminated as soon as such action can lawfully be taken after the coming into force of this Convention.

Article 83

Registration of new arrangements

Subject to the provisions of the preceding Article, any contracting State may make arrangements not inconsistent with the provisions of this Convention. Any such arrangement shall be forthwith registered with the Council, which shall make it public as soon as possible.

Article 83 bis

Transfer of certain functions and duties

(a) Notwithstanding the provisions of Articles 12, 30, 31 and 32(a), when an aircraft registered in a Contracting State is operated pursuant to an agreement for the lease, charter or interchange of the aircraft or any similar arrangement by an operator who has his principal place of business or, if he has no such place of business, his permanent residence in another Contracting State, the State of Registry may, be agreement with such other State, transfer to it all or part of its functions and duties as State of Registry in respect of that aircraft under Articles 12, 30, 31 and 32(a). The State of Registry shall be relieved of responsibility in respect of the functions and duties transferred.

(b) The transfer shall not have effect in respect of other contracting States before either the agreement between States in which it is embodied has been registered with the Council and made public pursuant to Article 83 or the existence and scope of the agreement have been directly communicated to the authorities of the other Contracting State or States concerned by State party to the agreement.

(c) The provisions of paragraphs (a) and (b) above shall also be applicable to cases covered by Article 77.

CHAPTER XVII
DISPUTES AND DEFAULT

Article 84

Settlement of disputes

If any disagreement between two or more contracting States relating to the interpretation or application of this Convention and its Annexes cannot be settled by negotiation, it shall, on the application of any state concerned in the disagreement, be decided by the Council. No member of the Council shall vote in the consideration by the Council of any dispute to which it is a party. Any contracting State may, subject to Article 85, appeal from the decision of the Council to an ad hoc arbitral tribunal agreed upon with the other parties to the dispute or to the Permanent Court of International Justice. Any such appeal shall be notified .to the Council within sixty days of receipt of notification of the decision of the Council.

Article 85

Arbitration procedure

If any contracting State party to a dispute in which the decision of the Council is under appeal has not accepted the Statute of the Permanent Court of International Justice and the contracting States parties to the dispute cannot agree on the choice of the arbitral tribunal, each of the contracting States parties to the dispute shall name a single arbitrator who shall name an umpire. If either contracting State party to the dispute fails to name an arbitrator within a period of three months from the date of the appeal, an arbitrator shall be named on behalf of that State by the President of the Council from a list of qualified and available persons maintained by the Council. If, within thirty days, the arbitrators cannot agree on an umpire, the President of the Council shall designate an umpire from the list previously referred to. The arbitrators and the umpire shall then jointly constitute an arbitral tribunal. Any arbitral tribunal established under this or the preceding Article shall settle its own procedure and give its decisions by majority vote, provided that the Council may determine procedural questions in the event of any delay which in the opinion of the Council is excessive.

Article 86

Appeals

Unless the Council decides otherwise any decision by the Council on whether an international airline is operating in conformity with the provisions of this Convention shall remain in effect unless reversed on appeal. On any other matter, decisions of the Council shall, if appealed from, be suspended until the appeal is decided. The decisions of the Permanent Court of International Justice and of an arbitral tribunal shall be final and binding.

Article 87

Penalty for non-conformity of airline

Each contracting State undertakes not to allow the operation of an airline of a contracting State through the airspace above its territory if the Council has decided that the airline concerned is not conforming to a final decision rendered in accordance with the previous Article.

Article 88

Penalty for non-conformity by State

The Assembly shall suspend the voting power in the Assembly and in the Council of any contracting State that is found in default under the provisions of this Chapter.

CHAPTER XIX
WAR

Article 89

War and emergency conditions

In case of war, the provisions of this Convention shall not affect the freedom of action of any of the contracting States affected, whether as belligerents or as neutrals. The same principle shall apply in the case of any contracting State which declares a state of national emergency and notifies the fact to the Council.

CHAPTER XX
ANNEXES

Article 90

Adoption and amendment of Annexes

(a) The adoption by the Council of the Annexes described ' in Article 54, subparagraph (1), shall require the vote of two-thirds of the Council at a meeting called for that purpose and shall then be submitted by the Council to each contracting State. Any such Annex or any amendment of an Annex shall become effective within three months after its submission to the contracting States or at the end of such longer period of time as the Council may prescribe, unless in the meantime a majority of the contracting States register their disapproval with the Council.

(b) The Council shall immediately notify all contracting States of the coming into force of any Annex or amendment thereto.

CHAPTER XXI
RATIFICATIONS, ADHERENCES, AMENDMENTS, AND DENUNCIATIONS

Article 91

Ratification of Convention

(a) This Convention shall be subject to ratification by the signatory States. The instruments of ratification shall be deposited in the archives of the

Government of the United States of America, which shall give notice of the date of the deposit to each of the signatory and adhering States.

(b) As soon as this Convention has been ratified or adhered to by twenty-six States it shall come into force between them on the thirtieth day after deposit of the twenty-sixth instrument. It shall come into force for each State ratifying thereafter on the thirtieth day after the deposit of its instrument of ratification.

(c) It shall be the duty of the Government of the United States of America to notify the government of each of the signatory and adhering States of the date on which this Convention comes into force.

Article 92

Adherence to Convention

(a) This Convention shall be open for adherence by members of the United Nations and States associated with them, and States which remained neutral during the present world conflict.

(b) Adherence shall be effected by a notification addressed to the Government of the United States of America and shall take effect as from the thirtieth day from the receipt of the notification by the Government of the United States of America, which shall notify all the contracting States.

Article 93

Admission of other States

States other than those provided for in Articles 91 and 92 (a) may, subject to approval by any general international organization set up by the nations of the world to preserve peace, be admitted to participation in this Convention by means of a four-fifths vote of the Assembly and on such conditions as the Assembly may prescribe: provided that in each case the assent of and State invaded or attacked during the present war by the State seeking admission shall be necessary.

Article 93 bis*

Notwithstanding the provisions of Articles 91, 92 and 93 above:

(1) A State whose government the General Assembly of the United Nations has recommended be debarred from membership in international agencies established by or brought into relationship with the United Nations shall automatically cease to be a member of the International Civil Aviation Organization;

(2) A State which has been expelled from membership in the United Nations shall automatically cease to be a member of the International Civil Aviation Organization unless the General Assembly of the United Nations attaches to its act of expulsion a recommendation to the contrary.

(3)* On 27 May 1947 the Assembly decided to amend the Chicago Convention by introducing Article 93 bis. Under Article 94(a) of the Convention the amendment came into force on 20 March 1961 in respect of States which ratified it.

(4) State which ceases to be a member of the International Civil Aviation Organization as a result of the provisions of paragraph (a) above may, after approval by the General Assembly of the United Nations, be readmitted to the International Civil Aviation Organization upon application and upon approval by a majority of the Council.

(5) Members of the Organization which are suspended from the exercise of the rights and privileges of membership in the United Nations shall, upon the request of the latter, be suspended from the rights and privileges of membership in this Organization.

Article 94

Amendment of Convention

(a) Any proposed amendment to this Convention must be approved by a two-thirds vote of the Assembly and shall then come into force in respect of States which have ratified such amendment when ratified by the number of contracting States specified by the Assembly. The number so specified shall not be less than two-thirds of the total number of contracting States.

(b) Denunciation shall take effect one year from the date of the receipt of the notification and shall operate only as regards the State effecting the denunciation.

Article 95

Denunciation of Convention

(a) Any contracting State may give notice of denunciation of this Convention three years after its coming into effect by notification addressed to the Government of the United States of America, which shall at once inform each of the contracting States.

(b) DONE at Chicago the seventh day of December 1944, in the English language. A text drawn up in the English, French and Spanish languages, each of which shall be of equal authenticity, shall be open for signature at Washington, D.C. Both texts shall be deposited in the archives of the Government of the United States of America, and certified copies shall be transmitted by the Government to the governments of all the States which may sign or adhere to this Convention.

CHAPTER XXII
DEFINITIONS

Article 96

For the purpose of this Convention the expression:

(a) "Air service" means any scheduled air service performed by aircraft for the public transport of passengers, mail or cargo.

(b) "International air service" means an air service which passes through the air space over the territory of more than one State.

(c) "Airline" means any air transport enterprise offering or operating an international air service.

(d) "Stop for non-traffic purposes" means a landing for any purpose other than taking on or discharging passengers, cargo or mail.

(e) If in its opinion the amendment is of such a nature as to justify this course, the Assembly in its resolution recommending adoption may provide that any State which has not ratified within a specified period after the amendment has come into force shall thereupon cease to be a member of the Organization and a party to the Convention.

SIGNATURE OF CONVENTION

IN WITNESS WHEREOF, the undersigned plenipotentiaries, having been duly authorized, sign this Convention on behalf of their respective governments on the dates appearing opposite their signatures.

국제민간항공조약(시카고조약) 번역본

전　　문

국제민간항공의 장래의 발달은 세계 각국 및 각 국민 간에 있어 우호적이고 상호 이해를 창조하고, 또한 유지할 것을 조장할 수 있으나, 국제민간항공의 남용은 일반적 안전에 대한 위협이 되는 수가 있기 때문에 각국 및 각 국민 간에 있어 마찰을 피하고, 또한 세계평화의 기초가 되는 각국 및 각 국민 간에 있어 협력을 촉진하는 것이 바람직하므로, 다음의 정부는 국제민간항공이 안전하고 또한 정연한 발달을 하도록, 그리고 국제항공운송업무가 기회균등주의에 근거하여 확립되고, 건전하고 경제적으로 운영되도록 일정한 원칙 및 협약에 합의를 하고, 그 목적을 위해 이 조약을 체결하였다.

제1부　항　공

제1장　일반원칙 및 조약의 적용

제1조(주권) 체약국은 각국이 그 영역상의 공간에 있어 완전하고 배타적인 주권을 갖는 것을 승인한다.

제2조(영역) 이 조약의 적용상 국가의 영역이란, 그 국가의 주권, 종주권 보호 또는 위임통치하에 있는 육지 및 이에 인접하는 영수를 말한다.

제3조(민간항공기 및 국가항공기)

① 이 조약은 민간항공기에만 적용하는 것이며, 국가항공기에는 적용하지 않는다.

② 군, 세관 및 경찰의 업무에 사용하는 항공기는 국가항공기로 간주한다.

③ 체약국의 국가항공기는 특별협정, 기타의 방법에 의한 허가를 받고, 또는 그 조건에 따르지 않으면 다른 국가의 영역의 상공을 비행하거나 그 영역에 착륙하여서는 아니 된다.

④ 체약국은 자국의 국가항공기에 관한 규제를 설정함에 있어, 민간항공기의 항행의 안전에 관하여 타당한 고려를 할 것을 약속한다.

제4조(민간항공의 남용) 각 체약국은 이 조약의 목적과 양립하지 않는 목적을 위해 민간항공을 사용하지 않을 것에 동의한다.

제2장 체약국의 영역상공의 비행

제5조(부정기비행의 권리) 각 체약국은 다른 체약국의 항공기로서 정기국제항공업무에 종사하지 않는 모든 항공기가 사전의 허가를 얻은 것을 필요로 하지 않고, 또한 그 항공기가 상공을 비행하는 국가의 착륙요구권에 따른 것을 조건으로 하며, 그 나라의 영역 내에 비행 또는 동영역의 무착륙 횡단비행을 하고, 또한 운수 이외의 목적으로 착륙을 하는 권리를 이 조약의 조항을 준수할 것을 조건으로 유보할 것에 동의한다. 다만, 각 체약국은 비행의 안전을 위하여 접근이 곤란한 지역, 또는 적당한 항공시설이 없는 지역의 상공의 비행을 희망하는 항공기에 대하여 소정의 항공로를 비행할 것과, 또는 이와 같은 비행을 위하여 특별한 허가를 받을 것을 요구하는 권리를 유보한다.

전기한 항공기는 정기국제항공업무로서가 아니고 유상 또는 전세로 행하는 여객화물, 또는 우편물의 운송에 종사하는 경우에는 제7조의 규정에 따를 것을 조건으로, 여객·화물·우편물의 적재, 또는 하기를 하는 특권을 갖는다. 다만, 적재 또는 하기가 행하여지는 나라는 그것이 바람직하다고 인정하는 규제, 조건, 또는 제한을 부과하는 권리를 갖는다.

제6조(정기 항공업무) 정기국제항공업무는 체약국의 특별한 허가, 기타의 허가를 받고, 또는 그 허가의 조건에 따를 경우를 제외하는 이외에, 그 체약국의 영역의 상공을 통과 또는 그 영역에 진입을 행할 수 없다.

제7조(국내영업) 각 체약국은 다른 체약국의 항공기에 대하여, 유상 또는 전세로 자국영역 내에서 다른 지점을 향하여 운송되는 여객, 우편물 및 화물을 그 영역 내에서 하기하는

허가를 부여하지 않는 권리를 갖는다. 각 체약국은 다른 나라 또는 다른 나라의 항공기업에 대하여, 배타적인 기초 위에 그와 같은 특권을 특히 부여하는 협약을 하지 않을 것과, 다른 나라로부터 그와 같은 배타적인 특권을 획득하지 않을 것을 약속한다.

제8조(무조종자 항공기) 조종자 없이 비행할 수 있는 항공기는 체약국의 특별한 허가를 받고, 또는 그 허가의 조건에 따르지 않으면 그 체약국의 영역의 상공을 조종자 없이 비행하여서는 아니 된다. 각 체약국은 민간항공기에 개방되어 있는 지역에서와 같이, 무조종자 항공기의 비행이 민간항공기에 미치는 위험을 예방하도록 그 관제가 행하여질 것을 약속한다.

제9조(금지구역)

a. 각 체약국은 군사상의 필요 또는 공공의 안전을 위하여, 다른 나라의 항공기가 자국의 영역 내의 일정한 구역의 상공을 비행할 것을 일률적으로 제한하고 또는 금지할 수 있다. 다만, 이것에 관하여서는 당해영역이 속하는 나라의 항공기로서, 정기국제항공업무에 종사하는 항공기와 다른 체약국의 항공기로서 같은 업무에 종사하는 것과의 차별을 하여서는 아니 된다. 이 금지구역은 항공을 불필요하게 방해하지 않는 적당한 범위와 위치의 것이라야 한다. 체약국의 영역 내에 있어 이 금지구역의 명세 및 그 변경은, 가능한 한 신속하게 다른 체약국 및 국제민간항공기구에 통지하여야 한다.

b. 각 체약국은 또한 특별한 사태에 있어, 또는 긴급한 기간 또는 공공의 안전을 위해 즉시 그 영역의 전부, 또는 일부의 상공의 비행을 일시적으로 제한하고, 또는 금지하는 권리를 유보한다. 다만, 그 제한 또는 금지는 다른 모든 나라의 항공기에 대해 국적의 여하를 불문하고 적용하는 것이라야 한다.

c. 각 체약국은 그 설정한 규제에 의하여 전기한 ① 또는 ②에서 정하는 구역에 진입하는 항공기에 대하여, 그 후 가능한 한 신속하게 그 영역 내의 지정공항에 착륙하도록 요구할 수 있다.

제10조(세관공항에의 착륙) 항공기가 이 조약의 조항 또는 특별허가의 조건에 의하여 체약국의 영역에 무착륙 횡단을 허가받은 경우를 제외하고, 체약국 영역에 진입하는 모든 항공기는 그 나라의 규제가 요구할 때에는 세관검사, 기타의 검사를 받기 위해 그 나라가

지정하는 공항에 착륙하여야 한다. 그 항공기는 체약국 영역으로부터 출발에 있어서는 같은 지정된 세관공항에서 출발하여야 한다. 지정된 모든 세관공항의 명세는 그 나라가 발표하여야 하며, 또는 다른 모든 체약국에 통지하기 위해 이 조약의 제2부에 의해 설립된 국제민간항공기구에 전달하여야 한다.

제11조(항공에 관한 규제의 적용) 체약국의 법령으로 국제항공에 종사하는 항공기의 당해 체약국의 영역에의 입국, 혹은 그 곳으로부터 출국 또는 동영역 내에 있는 동안은, 운항 및 항행에 관한 것은 이 조약의 규정에 따를 것을 조건으로 국적의 여하를 불문하고 모든 체약국의 항공기에 적용되는 것이며, 또한 그 나라의 영역에 입국 혹은 그 곳으로부터 출국에 있어, 또는 동 영역 내에 있는 동안 당해 항공기에 의해 준수되어야 한다.

제12조(항공규칙) 각 체약국은 그 영역의 상공을 비행하고, 또는 동영역 내에서 작동하는 모든 항공기 및 소재의 여하를 불문하고, 그 국적기호를 게시하는 모든 항공기가 당해영역에서 시행되고 있는 항공기의 비행, 또는 작동에 관한 규칙에 따를 것을 확보하는 조치를 취할 것을 약속한다. 각 체약국은 이러한 점에 관해 자국의 규칙을 이 조약에 의해 수시 설정되는 규칙에 가능한 한 일치하도록 할 것을 약속한다. 공해상공에 있어서 시행되는 규칙은 이 조약에 의해 설정되는 것이라야 한다. 각 체약국은 적용되는 규칙에 위반한 모든 자의 소추를 확보할 것을 약속한다.

제13조(입국 및 출국에 관한 규제) 체약국의 법령으로 항공기의 승객, 승무원 또는 화물의 당해 체약국의 영역에의 입국 또는 그로부터 출국에 관한 것은, 예를 들면 입국, 출국, 이민, 여권, 세관 및 검역에 관한 규제는, 그 나라 영역에의 입국 혹은 그 곳으로부터 출국에 있어, 또는 동 영역 내에 있는 동안 그 여객, 승무원 혹은 화물에 의해, 혹은 그러한 명칭에 의해서 준수되어야 한다.

제14조(질병의 만연의 방지) 각 체약국은 콜레라, 장티푸스, 천연두, 황열, 페스트 및 체약국이 수시 결정하여 지정하는 기타의 전염병의 항공에 의한 만연을 방지하는 효과적인 조치를 취할 것에 동의하고, 따라서 체약국은 항공기에 적용되는 위생상의 조치에 관한 국제규제에 관계있는 기관과 항상 긴밀하게 협의를 행한다. 이 협의는 이 문제에 관한 현존의 국제조약이 체약국으로 하여금 그 당사국이라는 적용을 방해하지 않는다.

제15조(공항의 사용요금, 기타의 사용요금) 체약국 내의 공항에서 그 나라의 항공기의 사용에 공개되어 있는 것은 제 68 조의 규정에 따를 것을 조건으로 하여, 다른 모든 체약국의 항공기에 대해서도 동등하게 균등의 조건하에서 공개되어야 한다. 동등한 균등의 조건은 각 체약국의 항공기가 무선 및 기상의 시설을 포함하는 모든 항행안전시설이 항공의 안전 및 신속화를 위해 공공의 용에 공하여지는 것을 사용하는 경우에도 적용된다.

체약국이 다른 체약국의 항공기에 의해 이러한 공항 및 항행안전시설의 사용에 관해 부과하고, 또 부과할 것을 허용한 요금은 다음의 요금보다 고액이 되어서는 아니 된다.

① 정기국제항공업무에 종사하지 않는 항공기에 관해서는, 유사한 운항에 종사하는 자국의 동급의 항공기가 지불하는 요금

② 정기국제항공업무에 종사하는 항공기에 관해서는 유사한 국제항공업무에 종사하는 자국의 항공기가 지불하는 요금, 전기한 요금은 모두 공표를 하고 또는 국제민간항공기구에 통지하여야 한다. 다만, 관계 체약국의 신립이 있을 때에는 항공, 기타의 시설의 사용에 관하여 부과되는 요금은 이사회의 심의를 받아야 하며, 이사회는 1 또는 2 이상의 관계국의 고려를 구하기 위하여 이것에 관해 보고를 하고, 또는 권고를 하여야 한다. 어느 체약국도 다른 체약국의 항공기 또는 그 항공기상의 사람, 혹은 재산이 자국의 영역상공의 통과국 같은 영역에의 입국, 또는 그 곳으로부터 출국을 하는 권리에 한한 것에 대해 수수료, 사용료, 기타의 과징금을 부과해서는 아니 된다.

제16조(항공기의 검사) 각 체약국은 당국이 부당하게 지체함이 없이 다른 체약국의 항공기를 착륙 또는 출발할 때에 검사하고, 혹은 이 조약에서 정하는 증명서, 기타의 서류를 검열하는 권리를 갖는다.

제3장 항공기의 국적

제17조(항공기의 국적) 항공기는 등록을 받은 나라의 국적을 갖는다.

제18조(2중 등록) 항공기는 2 이상의 나라에서 유효하게 등록을 받을 수 없다. 다만, 그 등록은 한 나라에서 다른 나라로 변경할 수 있다.

제19조(등록에 관한 국내법) 체약국에 있어 항공기의 등록 또는 등록의 변경은, 그 나라의 법령에 따라 행해져야 한다.

제20조(기호의 표시) 국제항공에 종사하는 모든 항공기는 그 적정한 국적 및 등록의 기호를 게시하여야 한다.

제21조(등록의 보고) 각 체약국은 요구가 있을 때에는, 다른 체약국 또는 국제민간항공기구에 대해 자국에 등록된 특정한 항공기의 등록 및 소유권에 관한 정보를 제공할 것을 약속한다. 또한, 각 체약국은 국제민간항공기구에 대해, 동기구가 정하는 규칙에 따라 자국에 등록되고, 또한 일반국제항공에 종사하는 항공기의 소유 및 관리에 관한 입수 가능한 관계 자료를 게시한 보고서를 제공하여야 한다. 국제민간항공기구는 다른 체약국이 요청하였을 때에는, 이와 같이하여 입수한 자료를 그 용에 공하여야 한다.

제4장 항공을 용이하게 하는 조치

제22조(수속의 간이화) 각 체약국은 영역에 있어 항공기의 항행을 용이하게 하고, 또는 신속하게 하기 위해 특히 입국, 검역, 세관 및 출국에 관한 법령의 시행에 있어 항공기승무원, 여객 및 화물에 대해 발생하는 불필요한 지연을 방지하기 위해, 특별한 규제의 설정, 기타의 방법에 의해 모든 실행이 가능한 조치를 취할 것에 동의한다.

제23조(세관 및 출입국의 수속) 각 체약국은 실행이 가능하다고 인정하는 한 이 조약에 의해 수시 설정되고, 또는 권고되는 방식에 따라 국제항공에 관한 세관 및 출입국의 수속을 정할 것을 약속한다. 이 조약의 여하한 규정도 자유공항의 설치를 방해하는 것으로 해석하여서는 아니 된다.

第24条(관세)

① 다른 체약국의 영역에 비행을 하고 또는 동 영역을 횡단하여 비행하는 항공기는, 그 나라 세관의 규제에 따를 것을 조건으로 잠정적으로 세관의 면세를 인정받는다. 체약국의 항공기가 다른 체약국의 영역에 도착하였을 때에 하기한 연료, 윤활유, 예비부품, 정규의 장비품 및 항공기 저장품으로서 그 나라의 영역으로부터 출발할 때에 하기한 것은, 관세, 검사 수수료 또는 그러한 것에 유사한 나라 혹은 지방공공단체가 부과하는 조세, 기타의 과징금을 면제한다. 이 면제는 적하된 양 또는 물품에는 적용되지 않는다. 다만, 그 양 또는 물품을 세관의 감시 하에 둘 것을 요구하는 그 나라의 세관의 규제에 따를 경우 이에 한하지 아니한다.

② 국제항공에 종사하는 다른 체약국의 항공기에 부착하기 위해, 또는 그 항공기가 사용하기 위해 체약국의 영역에 수입되는 예비부품 및 장비품은, 이러한 물품을 세관의 감시 및 관리 하에 둘 것을 규정하는 관계국의 규제에 따른 조건으로 관세의 면세를 인정받는다.

第25条(조난 항공기) 각 체약국은 그 영역 내에서 조난당한 항공기에 대해 실행이 가능하다고 인정하는 구원조치를 취하고, 또한 자국당국의 감독에 따를 것을 조건으로 그 항공기의 소유자 또는 그 항공기가 등록을 받은 나라, 당국의 상황에 따라 필요로 하는 구원조치를 취하도록 허가할 것을 약속한다. 각 체약국은 행방불명의 항공기의 수색에 종사할 경우, 이 조약에 의해 수시 권고되는 공동조치에 협력한다.

第26条(사고의 조사) 체약국의 항공기가 다른 체약국의 영역에서 사고가 발생하였을 경우에 있어, 그 사고가 사망 혹은 중상을 수반할 때 또는 항공기 혹은 항공시설의 중대한 기술적 결함을 제시할 경우, 그 사고가 발생한 나라는 자국의 법령이 허가하는 한 국제민간항공기구가 권고하는 수속에 따라 사고의 사정에 대한 조사를 행하는 것으로 한다. 그 항공기가 등록을 받은 나라는 조사에 입회할 자를 임명하는 기회를 부여받도록 하여야 하며, 조사를 행하는 나라는 그 나라에 대하여 그 사항에 관한 보고 및 소견을 통지하여야 한다.

第27条(특허권에 의해 청구되는 차압의 면제)

① 국제항공에 종사하고 있는 한, 체약국의 항공기가 허가를 받고 다른 체약국의 영역에 진입할 경우, 또는 허가를 받고 그 영역의 착륙을 수반하는, 혹은 무착륙의 횡단을 하는 경우에 그 나라 혹은 그 나라에 있는 사람 또는 그들의 대리인은 항공기의 구조, 기계 장치, 부품, 부속품 혹은 운항이, 항공기가 진입한 영역이 속하는 나라에서 정당하게 허가되고, 또는 등록된 특허, 의장 평면도형의 침해라는 이유로 항공기의 차압 또는 억류, 항공기의 소유자 혹은 운영자에 대한 청구 또는 항공기에 대한 기타의 간섭을 행해서는 아니 된다. 이 경우에 있어 항공기의 차압 또는 억압의 면제에 관한 담보의 공여는, 그 항공기가 진입한 나라에서는 여하한 경우에도 요구되지 않는 것으로 한다.

② 본 조 ①의 규정은 또한 체약국의 항공기를 위한 예비부품 및 예비장비품이 다른 체약국의 영역 내에서 보관, 그리고 이러한 체약국의 항공기가 다른 체약국의 영역 내에서 수리를 위해 사용하고, 또는 장치하는 권리에 관해서도 적용된다. 다만, 이와 같이하여 보관되는 여하한 특허부품 또는 특허장비품도 항공기가 입국하는 체약국의 국내에서 판매하거나 혹은 분배, 그 체약국으로부터 상업상의 목적으로 수출을 하여서는 아니 된다.

③ 본조의 이익은 이 조약의 당사국으로서, ㉠ 공업 소유권의 보호에 관한 국제조약 및 개정조약의 당사국의 것일 것, 또는 ㉡ 이 조약의 다른 당사국의 국민이 행한 발명을 승인하고, 또한 이것에 적당한 보호를 부여하는 특허법을 제정한 것에 한하여 적용한다.

第28条(항공시설 및 표준양식) 각 체약국은 실행이 가능하다고 인정하는 한 다음의 것을 약속한다.

① 이 조약에 의하여 수시 권고되고 또는 설정되는 표준 및 방식에 따라, 국제항공을 용이하게 하기 위해 그 영역 내에 공항, 무선시설, 기상시설 기타의 항공시설을 설정할 것

② 이 조약에 의해 수시 권고되고 또는 설정되는 통신수속, 부호·기호·신호 및 조명의 적당한 표준양식, 그리고 기타의 운항 상의 방식 및 규칙을 채택하고 또한 실시할 것

③ 이 조약에 의해 수시 권고되고 또는 설정된 표준에 따를 항공지도 및 항공도의 간행을 확보하기 위한 국제적 조치에 협력할 것

제5장 항공기에 비치하여야 할 요건

제29조(항공기가 휴대할 서류) 국제항공에 종사하는 체약국의 모든 항공기는, 이 조약에서 정하는 요건에 합치되는 다음의 서류를 휴대하여야 한다.

① 등록증명서

② 감항증명서

③ 각 승무원의 적당한 면장

④ 항공일지

⑤ 무선기를 정비할 때에는 항공기국의 면허장

⑥ 여객을 운송할 때에는 그 성명, 탑승지 및 목적지의 기록표

⑦ 화물을 운송할 때에는 하기목록 및 화물의 세목 신고서

제30조(항공기의 무선장비)

a. 각 체약국의 항공기는 등록을 받은 나라의 당국으로부터 무선송신기를 장비하고, 또한 운용을 하기 위한 면허장의 발급을 받았을 때에 한해 다른 체약국의 영역 내에서 또는 그 영역의 상공에서 그 송신기를 휴대할 수 있다. 영역의 상공을 비행하는 체약국의 영역에 있어, 무선송신기의 사용은 그 나라가 설정하는 규제에 따라야 한다.

b. 무선통신기는 항공기가 등록을 받은 나라 당국이 발급한 특별한 면장을 소지하는 항공기승무원에 한해 사용할 수 있다.

제31조(감항증명서) 국제항공에 종사하는 모든 항공기는 등록을 받은 나라가 발급하고, 또는 유효하다고 인정하는 감항증명서를 비치하여야 한다.

제32조(항공종사자의 면장)

① 국제항공에 종사하는 모든 항공기의 조종자와 기타의 운항승무원은, 그 항공기가 등록을 받은 나라가 발급하고 또는 유효하다고 인정한 기능증명서 및 면장을 소지하여야 한다.

② 각 체약국은 자국의 영역상공의 비행에 관해서는, 자국민에 대해 다른 체약국이 발급한 기능증명서 및 면장을 인정할 것을 거부하는 권리를 유보한다.

第33条(증명서 및 면장의 승인) 항공기가 등록을 받은 나라가 발급하고 또는 유효하다고 인정한 감항증명서, 기능증명서 및 면장은, 그 증명서 또는 면장을 발급하고 혹은 유효하다고 인정한 요건이 이 조약에 따라 수시 설정되는 최저표준과 동등, 또는 그 이상의 것이 되는 한, 다른 체약국에 대해서도 유효하다고 인정하여야 한다.

第34条(항공일지) 국제항공에 종사하는 모든 항공기에 관해서는, 이 조약에 따라 수시 설정하는 형식으로 항공기, 그 승무원 및 각 비행의 세목을 기입한 항공일지를 보지하여야 한다.

第35条(화물의 제한)

① 군수품 또는 군용기재는 체약국의 허가를 받은 경우를 제외하고, 국제항공에 종사하는 항공기로서 그 나라의 영역 내 또는 영역의 상공을 운송하여서는 아니 된다. 각국은 통일을 기하기 위해 국제민간항공기구가 수시 행하는 권고에 대해 타당한 고려를 한 후, 본조에서 말하는 군수품 또는 군용 기재란의 어떠한 규칙에 의해서 결정되어야 한다.

② 각 체약국은 공공의 질서 및 안전을 위해 ①에서 게시하는 물품 이외의 물품을 그 영역 내 또는 영역의 상공에서 운송할 것을 제한하고, 또는 금지하는 권리를 유보한다. 다만, 이 점에 관해서는 국제항공에 종사하는 자국의 항공기와 다른 체약국의 같은 항공기 간에 차별을 설정하여서는 아니 되며, 그리고 항공기의 운항, 승무원 혹은 여객의 안전을 위해 필요한 장치의 휴대 및 항공기상에 있어 그 사용을 방해하는 제한을 부과해서는 아니 된다.

第36条(사진기) 각 체약국은 그 영역의 상공에 있는 항공기에 대해 사진기를 사용할 것을 금지하고, 또는 제한할 수 있다.

제6장 국제표준 및 권고방식

第37条(국제표준 및 수속의 채택) 각 체약국은 항공기, 항공종사자, 항공로 및 부속업무에 관한 규칙, 표준, 수속 및 조직의 실행 가능한 최고도의 통일화를, 그리고 그 통일이 항공을 용이하게 하고 또한 개선할 모든 사항에 관해 확보하도록 협력할 것을 약속한다. 그러

므로, 국제민간항공기구는 다음 사항에 관한 국제표준, 그리고 권고되는 방식 및 수속을 필요에 따라 수시채택하고 또한 개정한다.

① 통신조직 및 항행안전시설(지상표지를 포함)

② 항공 및 착륙장의 성질

③ 항공규칙 및 항공교통관제방식

④ 운항관제 및 정비관계의 항공종사자의 면허

⑤ 항공기의 감항성

⑥ 항공기의 등록 및 식별

⑦ 기상정보의 수집 및 교환

⑧ 항공일지

⑨ 항공지도 및 항공도

⑩ 세관 및 출입국의 수속

⑪ 조난 항공기 및 사고의 조사

그리고, 항공의 안전 확보 및 능률에 관계있는 기타의 사항으로서 수시 적당하다고 인정하는 것

제38조(국제표준 및 수속상의 차이) 모든 점에서 국제표준 또는 수속에 따라야 할 사항, 혹은 국제표준, 수속의 개정 후 자국의 규제 또는 방식을 이것에 완전히 일치시킬 것이 불가능하다고 인정하는 나라 또는 국제표준에 의해 설정된 규칙 또는 방식과 특정한 점에 있어, 상이한 규제 혹은 방식을 채택한 것이 필요하다고 인정하는 나라는, 자국의 방식과 국제표준에 의해 설정된 방식과의 차이점을 즉시 국제민간항공기구에 통고하여야 한다. 국제표준의 개정이 있었을 경우에 자국의 규제 또는 방식에 적당한 개정을 가하지 않는 나라는, 국제표준의 개정을 채택한 날로부터 60일 이내에 이사회에 통고하고, 또는 자국이 취하고자 하는 조치를 명시하여야 한다. 이 경우에는 이사회는 국제표준의 1 또는 2 이상의 특이점과 이에 대응하는 그 나라의 국내방식과의 차이점을 즉시 모든 나라에 통고하여야 한다.

제39조(증명서 및 면장의 이서)

① 감항성 또는 성능의 국제표준이 존재하는 항공기 혹은 그 부품으로서 그 증명을 할

때 어떠한 점에서 그 표준에 합치되어 있지 않는 것은, 그 불합치점의 완전한 명세가 그 감항증명서에 이서되고 또는 이것에 첨부되어야 한다.

② 면장을 소지하는 자로서 그 소지하는 면장 또는 증명서의 등급에 관하여 국제표준이 요구하는 조건을 완전히 충족하고 있지 못한 것에 대해서는, 그 조건을 충족하고 있지 못한 점을 그 면장에 이서하거나 또는 이것에 첨부하여야 한다.

제40조(이기된 증명서 및 면장의 효력) 전기한 바와 같이 이기된 증명서 또는 면장을 갖는 항공기 또는 항공종사자는, 그 진입하는 영역이 속하는 1 또는 2 이상의 나라의 허가를 받은 경우를 제외하고 국제항공에 참가하여서는 아니 된다. 그 항공기 또는 증명을 받은 항공기 부품이 최초로 증명을 받은 나라 이외의 나라에 있어서, 등록 또는 사용은 그 항공기 혹은 부품을 수입하는 나라가 임의로 정한다.

제41조(감항성의 현행표준의 승인) 이 장의 규정은 항공기 및 항공기장비품으로서 이러한 국제표준의 채택일로부터 3년 이내에, 원형식이 당해국 당국에 증명을 위해 제출되는 형식의 것에는 적용되지 않는다.

제42조(항공종사자의 기능의 현행표준의 승인) 이 장의 규정은 항공종사자로서 그 자격증명의 국제표준의 채택일로부터 1년 이내에 처음으로 면장의 발급을 받는 자는 적용되지 않는다. 다만, 이 표준의 채택일로부터 5년을 경과하여도 아직 유효한 면장을 보유하는 모든 항공종사자에는 여하한 경우라도 적용된다.

제 2 부 국제민간항공기구

제7장 기 구

제43조(명칭 및 구성) 이 조약에 의해 국제민간항공기구라는 기구를 조직한다. 이 기구는 총회, 이사회, 기타의 필요한 기관으로 구성된다.

제44조(목적) 이 기구의 목적은 다음의 것을 위해 국제항공의 원칙 및 기술을 발달시키고,

또한 국제항공운송의 계획 및 발달을 조장하는 것이다.

① 세계를 통해 국제민간항공의 안전하고 또한 정연한 발전을 확보하는 것

② 평화적 목적을 위해 항공기의 설계 및 운항의 기술을 장려하는 것

③ 국제민간항공을 위한 항공로, 공항 및 항행안전시설의 발달을 장려하는 것

④ 안전하고 정확하고 능률적이고, 또한 경제적인 항공운송에 대한 세계의 전 국민의 요구에 응하는 것

⑤ 불합리한 경쟁에 의해 발생하는 경제적인 낭비를 방지하는 것

⑥ 체약국의 권리가 충분히 존중을 받아야 하며, 모든 체약국이 국제항공기업을 운영하는 공정한 기회를 가질 것을 확보하는 것

⑦ 체약국간의 차별대우를 피하는 것

⑧ 국제항공에 있어 비행의 안전을 증진하는 것

⑨ 국제민간항공의 모든 부분의 발달을 전반적으로 촉진하는 것

제45조(항구적 소재지) 이 기구의 항구적 소재지는 1944년 12월 7일에 시카고에서 서명된 국제민간항공 중간협정에 의해 임시 국제민간항공기구의 중간총회의 최종회합에서 결정되는 장소로 한다. 그 소재지는 이사회의 결정에 의해 일시적으로 다른 장소에, 또는 총회의 결정에 의해 일시적이 아닌 다른 장소에 이동할 수 있다. 그 총회의 결정은 총회에서 정하는 표수에 의해 행해지는 것으로 하고, 총회가 정하는 표수는 체약국의 총수의 5분의 3 미만이 되어서는 아니 된다.

제46조(총회의 제1회 회합) 총회의 제1회 회합은 전기한 임시기구의 중간 이사회가 결정할 때 또는 그 결정하는 장소에서 회합하도록, 이 조약의 효력발생 후 즉시로 중간 이사회가 소집한다.

제47조(법률상의 행위능력) 이 기구는 각 체약국의 영역 내에서 임무의 수행에 필요한 법률상의 행위 능력을 보유한다. 이 기구는 관계국의 헌법 및 법률과 양립하는 한 완전한 법인격을 부여받는다.

제8장 총 회

제48조(총회의 회합 및 표결)

① 총회는 적어도 3년에 1회 회합하기로 하고 이사회가 적당한 시기와 장소에 소집한다. 임시총회는 이사회의 소집 또는 체약국의 총수의 5분의 1 이상이 사무국장 앞으로 요청이 있을 때에 언제든지 개최할 수 있다.

② 모든 체약국은 총회의 회합에 대표자를 참가시킬 평등한 권리를 가지며, 각 체약국은 1개의 투표권을 갖는다. 체약국을 대표하는 대표는 기술고문의 원조를 받을 수 있다. 기술고문은 회합에 참가할 수 있으나 투표권은 갖고 있지 않다.

③ 총회의 회합정족수를 구성하기 위해서는 체약국의 과반수를 필요로 한다. 총회의 결정은 이 조약에 별도로 정하는 것이 없는 한 투표의 과반수에 의해 행해진다.

제49조(총회의 권한 및 임무) 총회의 권한 및 임무는 다음과 같다.

① 매 회합마다 의장, 기타의 역원을 선거하는 것

② 제9장의 규정에 따라 이사회에 대표자를 출석시킬 체약국을 선거하는 것

③ 이사회의 보고를 심사하여 적당한 조치를 취하고, 또한 이사회가 총회에 부탁한 사항에 관해 결정하는 것

④ 그 수속규칙을 결정하고, 또한 필요하고 혹은 바람직하다고 인정하는 보조적인 위원회를 설립하는 것

⑤ 제12장의 규정에 따라 이 기구의 연차적인 예산을 표결하고, 또한 이 기구의 제정상의 조치를 결정하는 것

⑥ 이 기구의 지출을 검사하고, 또한 이 기구의 결산보고를 승인하는 것

⑦ 이 활동범위 내의 사항을 이사회, 보조적인 위원회, 기타의 기구에 임의로 부탁하는 것

⑧ 이 기구의 임무수행에 필요하고 또는 바람직한 권한을 이사회에 위임하고, 그 권한의 위임을 언제든지 취소하고 또는 수정하는 것

⑨ 제13장의 관계규정을 실시하는 것

⑩ 이 조약의 규정의 수정 또는 개정에 따라 이것을 체약국에 권고하는 것

⑪ 이 기구의 활동범위 내의 사항으로서 특히 이사회의 임무가 아닌 것을 처리하는 것

제9장 이 사 회

제50조(이사회의 구성 및 선거)

a. 이사회는 총회에 대하여 책임을 부담하는 상설기구로 한다. 이사회는 총회가 선거하는 33개의 체약국으로 구성된다. 선거는 총회의 제1회 회합에서 행하고, 그 후에는 매 3년마다 행한다. 이와 같이하여 선출된 이사회의 구성원은 다음 선거까지 재임한다.

b. 이사회의 구성원의 선거에 있어 총회는 (1) 항공운송에 있어 가장 중요한 나라, (2), (1) 또는 (3)에 포함되지 않는 나라로서 국제민간항공을 위한 시설의 설치에 최대의 공헌을 하는 나라 및 (3), (1) 또는 (2)에 포함되지 않는 나라로서, 그 나라를 지명하면 세계의 모든 주요한 지리적 지역이 이사회에 확실히 대표가 될 수 있는 가망성이 있는 것이, 적당히 대표가 되도록 하여야 한다. 이와 같이하여 이사회에 선출된 체약국은 전임자의 잔임 기간 중 재임한다.

c. 이사회를 구성하는 체약국의 대표는 국제항공업무의 운영에 적극적으로 참여하고, 또한 그 업무에 재정적으로 관여하여서는 아니 된다.

제51조(이사회의 의장) 이사회는 그 의장을 3년 임기로 선거하고, 의장은 재선될 수 있다. 의장은 투표권을 갖지 않는다. 이사회는 그 구성원 중에서 1인 또는 2인 이상의 부의장을 선거한다. 부의장은 의장대리가 되었을 때에도 투표권을 보유한다. 의장은 이사회의 구성원의 대표자 중에서 선정될 것을 필요로 하지 않으나, 대표자가 의장에 선출되었을 경우 그 의석은 공석으로 간주하고, 그 대표자가 대표하는 나라에 의해 보충된다. 의장의 임무는 다음과 같다.

㉠ 이사회, 항공운송위원회 및 항공위원회의 회합을 소집하는 것

㉡ 이사회의 대표자가 되는 것

㉢ 이사회가 지정하는 임무를 이사회를 대신하여 수행하는 것

제52조(이사회에 있어 표결) 이사회의 결정은 그 구성원의 과반수의 승인을 필요로 한다.

이사회는 특정사항에 관한 권한을 그 구성원으로 성립되는 위원회에 위임할 수 있다. 이사회의 위원회의 결정에 관해서는 이해관계가 있는 체약국은 이사회에 이의를 제기할 수 있다.

제53조(투표권을 수반하지 않는 참가) 체약국은 자국의 이해에 특히 영향을 주는 문제에 관해 이사회 및 그 위원회가 행하는 심의에 투표권없이 참가할 수 있다. 이사회의 구성원은 자국이 당사자로 되는 분쟁에 관해 이사회가 행하는 심의에 있어서는 투표권을 갖지 않는다.

제54조(이사회의 의무적 임무) 이사회는 다음의 것을 행하여야 한다.

① 총회에 연차보고를 제출하는 것

② 총회의 지령을 수행하고, 그리고 이 조약이 부과되는 임무 및 의무를 이행하는 것

③ 그 조직 및 수속규칙을 결정하는 것

④ 항공운송위원회를 설치하고 또한 그 임무를 정하는 것 그리고 그 위원회의 위원은 이사회의 구성원의 대표자 중에서 선출되고, 그 위원회는 이사회에 대해 책임을 부담하게 된다.

⑤ 제10장의 규정에 따라 항공위원회를 설치하는 것

⑥ 제12장 및 제15장의 규정에 따라 이 기구의 회계를 관리하는 것

⑦ 이사회의 의장의 보수를 결정하는 것

⑧ 제11장의 규정에 따라 사무국장이라고 칭하는 수석행정관을 임명하고, 또한 기타의 필요한 직원의 임명에 관한 규정을 작성하는 것

⑨ 항공의 발달 및 국제항공업무의 운영에 관한 정보를 요청·수집·심사하고 또한 공표하는 것. 그리고 그 정보에는 운영의 비용에 관한 정보를 포함한다.

⑩ 이 조약의 위반 및 이사회의 권고 또는 결정의 불이행을 체약국에 보고하는 것

⑪ 이 조약의 위반을 통고한 후 상당한 기간 내에 체약국이 적당한 조치를 취하지 않았을 경우에는, 그 위반을 총회에 보고하는 것

⑫ 이 조약의 제6장의 규정에 따라 국제표준 및 권고방식을 채택하고, 편의상 이러한 것을 이 조약의 부속서로서, 또한 취한 조치를 모든 체약국에 통고하는 것

⑬ 부속서의 개정에 관한 항공위원회의 권고를 심의하고, 또한 제20장의 규정에 따라 조치를 취하는 것

⑭ 이 조약에 관해 체약국이 부탁하는 문제를 심의하는 것

第55조(이사회의 임의적 임무) 이사회는 다음의 것을 행할 수 있다.

① 적당하고 또한 경험상 바람직하다고 인정되는 경우에는, 지역적 기초, 기타의 기초에 의해 항공운송소위원회를 창설하고, 또는 이사회가 이 조약의 목적의 수행을 용이하게 하기 위해 직접 또는 간접으로 교섭할 수 있는 나라, 혹은 항공기업의 집단을 정하는 것

② 이 조약에서 정하는 임무에 추가되는 임무를 항공위원회에서 위임하고, 또한 그 권한의 위임을 언제든지 취소하고 또는 수정하는 것

③ 국제적 중요성을 갖는 항공운송 및 항공의 모든 부면에 관해 조사를 행하고, 그 조사의 결과를 체약국에 통지하며, 그리고 항공운송 및 항공상의 문제에 관한 체약국간의 정보의 교환을 용이하게 하는 것

④ 국제간선 항공업무의 국제적인 소유 및 운영을 포함하는 국제항공운송의 조직 및 운영에 관한 문제를 연구하고, 그리고 이에 관한 계획을 총회에 제출하는 것

⑤ 피할 수 있는 장해가 국제항공의 발달을 방해하고 있다고 인정되는 사태를 체약국의 요청에 의해 조사하고, 그 조사를 한 후 이사회가 바람직하다고 인정하는 보고를 발표하는 것

제10장 항공위원회

第56조(위원의 지명 및 임명) 항공위원회는 체약국이 지명하는 자 중에서 이사회가 임명하는 15 인의 위원으로 구성된다. 체약국이 지명하는 자는 항공의 이론 및 실제에 관해 적당한 자격 및 경험을 갖는 자라야 한다. 이사회는 모든 체약국에 대해 피지명자 명부의 제출을 요청할 수 있다. 그리고 항공위원회의 위원장은 이사회가 임명한다.

第57조(위원회의 임무) 항공위원회는 다음의 것을 행하여야 한다.

① 이 조약의 부속서의 수정을 심의하고, 또한 그 채택을 이사회에 권고하는 것

② 바람직하다고 인정되는 경우에는 어떠한 체약국도 대표자를 참가시킬 수 있는 전문부회를 설치하는 것

③ 항공의 발달에 필요 또는 유용하다고 인정하는 모든 정보의 수집 및 체약국에의 통지

에 관해 이사회에 조언하는 것

제11장 직 원

제58조(직원의 임명) 총회가 정하는 규칙 및 이 조약의 규정에 따를 것을 조건으로, 이사회는 사무국장, 기타 이 기구의 직원의 임명 및 임기종료의 방법·훈련, 그리고 봉급, 수당 및 근무조건을 결정하여야 하며, 또한 체약국의 국민을 고용하고 또는 그 역할을 이용할 수 있다.

제59조(직원의 국제적 성질) 이사회의 의장, 사무국장 기타의 직원은 그 책임의 수행에 관해 이 기구 외의 여하한 당국으로부터라도 지시를 구하거나 또는 받아서는 아니 된다. 각 체약국은 직원의 책임의 국제적 성질을 충분히 존중할 것과, 또한 자국민이 그 책임을 수행함에 있어서 이것을 좌우하는 일이 없을 것을 약속한다.

제60조(직원의 면제 및 특권) 각 체약국은 그 헌법상의 수속에 의해 가능한 한 이사회의 의장과 사무국장, 기타 이 기구의 직원에 대해 다른 공적 국제기구의 상당직원에 부여되어 있는 면제 및 특권에 관한 일반적 국제협정이 체결되었을 경우, 의장·사무국장 기타의 이 기구의 직원에게 부여된 면제 및 특권은, 그 일반적 국제협정에 의해 부여되는 면제 및 특권이라야 한다.

제12장 회 계

제61조(예산 및 경비의 할당) 이사회는 연차예산, 연차 결산서 및 모든 수지에 관한 계산을 총회에 제출한다. 총회는 적당하다고 인정하는 수정을 가하여 예산을 표결하고, 또한 제15장에 의한 동의국(同意國)에의 할당금을 제외하는 외에, 이 기구의 경비를 총회가 수시 결정하는 기초에 의해 체약국에 할당한다.

제62조(투표권의 정지) 총회는 이 기구에 대한 재정상의 의무를 상당한 기간 내에 이행하지 않는 체약국의 총회 및 이사회에 있어 투표권을 정지할 수 있다.

제63조(대표단 기타의 대표자의 경비) 각 체약국은 총회에서의 자국의 대표단의 경비, 그리

고 이사회 근무를 명한 자 및 이 기구의 보조적인 위원회에 대한 피지명자, 또는 대표자의 보수, 여비, 기타의 경비를 부담하여야 한다.

제13장 다른 국제협약

제64조(안전보장 협약) 이 기구는 그 권한 내에 있는 항공문제로서 세계의 안전보장에 직접으로 영향을 미치는 것에 관해, 총회의 표결에 의해 세계 각국이 평화를 유지하기 위해 설립하는 일반적인 기구와 적당한 협약을 체결할 수 있다.

제65조(다른 국제단체와의 협약) 이사회는 공통의 업무의 유지 및 직원에 관한 공통의 협약을 위해, 이 기구를 대신하여 다른 국제단체와 협정을 체결하고, 그리고 총회의 승인을 얻어 이 기구의 사업을 용이하게 할 수 있도록 기타의 협약을 체결할 수 있다.

제66조(다른 협정에 관한 임무)

① 이 기구는 또한 1944년 12월 7일에 시카고에서 작성된 국제항공업무통과협정 및 국제항공운송협정에 의해 부과된 임무를 이러한 협정이 정하는 조항 및 조건에 따라 수행한다.

② 총회 및 이사회의 구성원으로서 1944년 12월 7일에 시카고에서 작성된 국제항공업무통과협정 또는 국제항공운송협정을 수락하지 않고 있는 자는, 관계협정의 규정에 의해 총회 또는 이사회에 부탁되는 문제에 관해서는 투표권을 갖지 않는다.

제 3 부 국제항공운송

제14장 정보 및 보고

제67조(이사회에의 보고의 제출) 각 체약국은 그 국제항공기업이 운수보고, 지출통계, 그리고 회계 보고서로서 특히 모든 수입 및 그 원천을 표시하는 것을 이사회가 정하는 요건에 따라 이사회에 제출할 것을 약속한다.

제15장 공항 기타의 항공시설

제68조(항공로 및 공항의 지정) 각 체약국은 이 조약의 규정에 따를 것을 조건으로 하여, 국제항공업무가 자국의 영역 내에서 비행해야 할 항공로 및 그 업무가 사용하는 공항을 지정할 수 있다.

제69조(항공시설의 개선) 이사회는 체약국의 공항, 기타의 항공시설(무선 및 기상의 시설을 포함)이 현존 또는 계획 중에 있는 것으로서 국제항공업무의 안전하고 정확하고 능률적이고, 또한 경제적인 운영을 위해 합리적인 판단을 하여 적당하지 않다고 인정하는 경우에는, 그 사태를 구제하는 방법을 발견하기 위해 직접 관계국 및 영향을 받는 기타의 나라와 협의하여야 하며, 또한 이 목적을 위해 권고할 수 있다. 체약국은 이 권고를 실행하지 않을 경우에도 이 조약위반의 책임을 부담하지 않는다.

제70조(항공시설의 비용의 부담) 체약국은 제69조에 규정하는 사정 하에 있을 때에는, 전기한 권고를 실시하기 위해 이사회와 협약을 체결할 수 있다. 그 나라는 그 협약에 수반하는 모든 비용을 부담할 수 있다. 그 나라가 이것을 부담하지 않을 경우에는, 이사회는 그 나라의 요청에 의해 비용의 전부 또는 일부를 부담할 것에 동의할 수 있다.

제71조(이사회에 의한 시설의 설치 및 유지) 이사회는 체약국이 요청하는 경우에는 공항, 기타의 항공시설(무선 및 기상의 시설을 포함)의 일부 또는 전부로서, 그 영역 내에서 다른 체약국의 국제항공업무의 안전하고 정확하고 능률적이고 또한 경제적인 운영을 위해 필요로 하는 것의 설치, 인원배치, 유지 및 관리를 하는 것에 동의하고, 또한 설치한 시설의 시용에 관해 공정하고 합리적인 요금을 정할 수 있다.

제72조(토지의 취득 또는 사용) 체약국의 요청에 따라 이사회가 비용의 전부 또는 일부를 부담하는 시설을 위해 토지가 필요한 경우, 그 나라가 희망할 때에 소유권을 보유하면서 토지자체를 제공하고, 또는 이사회가 공정하고 합리적인 조건으로, 또한 당해국의 법률에 따라 토지를 사용할 것을 용이하게 하여야 한다.

제73조(자금의 지출 및 할당) 이사회는 총회가 제12장에 의해 이사회의 사용에 공하는 자

금의 범위 내에서 이 장의 목적을 위해 이 기구의 일반자금에서 경상적 지출을 할 수 있다. 이사회는 이 장의 목적에 필요한 설비자금을 상당한 기간에 걸쳐 사전에 협정한 비율로 그 시설을 이용하는 항공기업이 속하는 체약국으로서, 이것에 동의하는 것에 할당하여야 한다. 이사회는 또한 필요로 하는 운전자금을 동의하는 나라에 할당할 수 있다.

第74조(기술적 원조 및 수입의 이용) 이사회가 체약국의 요청에 의해 자금을 선불하고 또한 공항, 기타의 시설의 전부 혹은 일부를 설치할 경우에는, 그 협약은 그 나라의 동의를 얻어 그 공항, 기타의 시설의 감독 및 운영에 관한 기술적 원조에 관해, 그리고 그 공항, 기타시설의 운영비, 그리고 이자 및 할부상환금이 그 공항, 기타시설의 운영에 의해 발생하는 수입에서 지불할 수 있는 것에 관하여 정할 수 있다.

第75조(이사회로부터의 시설의 인계) 체약국은 언제든지 상황에 의해 합리적이라고 이사회가 인정하는 금액을 지불함으로서, 제70조에 의하여 부담한 채무를 이행하고, 그리고 이사회가 제71조 및 제72조의 규정에 따라 자국의 영역 내에 설치한 공항, 기타의 시설을 인계할 수 있다. 체약국은 이사회가 정하는 금액이 부당하다고 인정할 경우에는, 이사회의 결정에 관해 총회에 이의를 제기할 수 있다. 총회는 이사회의 결정을 확인하고 또는 수정할 수 있다.

第76조(자금의 반제) 이사회가 제75조에 의한 변제, 그리고 제74조에 의한 이자 및 할부상환금의 영수에 의해 얻은 자금은, 제73조에 의해 체약국이 최초로 자금을 선불하고 있을 경우, 최초로 출자를 할당한 나라에 대해 이사회가 결정한 그 할당액에 비례해서 반제하여야 한다.

제16장 공동운영조직 및 공동계산 업무

第77조(공동운영조직의 허가) 이 조약의 여하한 규정도 2 이상의 체약국이 공동의 항공운송운영조직 또는 국제운영기구를 조직하고, 또한 어떠한 노선 또는 지역에 있어 항공업무를 공동계산으로 하는 것을 방해하지 않는다. 다만, 그 조직 또는 기구 및 그 공동계산 업무는 협정의 이사회 등록에 관한 규정을 포함하는 이 조약의 모든 규정에 따라야 한다. 이사회는 국제운영기구가 운영하는 항공기에 대해 항공기의 국적에 관한 이 조약의 규정을 어떠한 방법으로 적용할 것인가를 결정하여야 한다.

第78조(이사회의 임무) 이사회는 어떠한 노선 또는 지역에 있어 항공업무를 운영하기 위해, 공동조직을 작성할 것을 관계 체약국에 제의할 수 있다.

第79조(운영조직에의 참가) 국가는 그 정부를 통하여 또는 그 정부가 지정하는 1 혹은 2 이상의 항공회사를 통해 공동운영조직 또는 공동계산협약에 참가할 수 있다. 이러한 항공회사는 주로 관계국의 재량에 의하여 국유, 일부국유 또는 사유 등의 것이라고 할 수 있다.

제4부 최 종 규 정

제17장 다른 항공협정 및 항공협약

第80조(파리조약 및 하바나조약) 각 체약국은 1919년 10월 13일에 파리에서 서명된 항공법규에 관한 조약 또는 1928년 2월 20일에 하바나에서 서명된 상업항공에 관한 조약의 어느 쪽의 당사국인 경우, 그 폐기를 이 조약의 효력발생 후 즉시 통고할 것을 약속한다. 이 조약은 체약국간에 있어서는 전기한 파리조약 및 하바나조약에 대신하는 것으로 한다.

第81조(현존협정의 등록) 이 조약의 효력이 발생할 때에 체약국과 다른 국가간, 또는 체약국의 항공기업과 다른 국가 혹은 다른 국가의 항공기업간에 존재하는 모든 항공협정은, 즉시 이사회에 등록하여야 한다.

第82조(양립하지 않는 협약의 폐지) 체약국은 이 조약이 이 조약의 조항과 양립하지 않는 상호간의 모든 의무 및 양해를 폐지한다는 것을 승인하고, 또한 그와 같은 의무 및 양해를 성립시키지 않을 것을 약속한다. 이 기구의 가맹국이 되기 전에 이 조약의 조항과 양립하지 않는 의무를 비체약국에 대해, 또는 체약국 혹은 비체약국의 국민에 대해 약속한 체약국은, 그 의무를 면제할 조치를 즉시 취해야 한다. 체약국의 항공기업이 이와 같은 양립하지 않는 의무를 부담하고 있을 경우에는, 이 기업의 국적이 속하는 나라는 즉시 이 의무를 종지할 것을 확보하기 위해 최선의 노력을 하고, 또한 어떠한 경우라도 이 의무를 종지시킬 조치가 이 조약의 효력발생 후 적법이 가능하여졌을 때에는 즉시 이 조치를 취해야 한다.

제83조(새로운 협약의 등록) 체약국은 제82조의 규정에 따를 것을 조건으로 이 조약의 규정에 위배하지 않는 협약을 체결할 수 있다. 이 협약은 즉시 이사회에 등록하여야 하며, 이사회는 가능한 한 신속하게 이것을 공표하여야 한다.

제18장 분쟁 및 위약

제84조(분쟁의 해결) 이 조약 및 부속서의 해석 또는 적용에 관한 2 이상의 체약국간의 의견의 차이가 교섭에 의하여 해결되지 않을 경우에는, 그 의견의 차이는 이에 관계있는 나라의 신청에 의해 이사회가 해결한다. 이사회의 구성원은 자국이 당사자인 분쟁에 관해 이사회가 행하는 심의에 있어 투표권을 갖지 아니 한다. 체약국은 제 85 조에 따를 것을 조건으로 이사회의 결정에 관해 다른 분쟁 당사자와 협정하는 특별중재재판소 또는 상설 국제사법재판소에 제소할 수 있다. 이 제소는 이사회의 결정의 통고를 수령한 날로부터 60일 이내에 이사회에 통고하여야 한다.

제85조(중재수속) 분쟁 당사자인 어느 체약국으로서 그 분쟁에 관한 이사회의 결정에 관해 제소되어 있는 것이 상설 국제사법재판소 규정을 수락하지 않고, 또한 분쟁 당사자인 체약국이 중재재판소의 선정에 관해 협의할 수 없을 경우에는 분쟁 당사자인 각 체약국은 1명의 중재위원을 지명하여야 한다. 이러한 중재위원은 1명의 심판위원을 지명하는 것으로 한다. 그 분쟁의 당사자인 어떠한 체약국이 제소의 날로부터 3개월의 기간 내에 중재위원을 지명하지 않았을 경우에는, 중재위원은 이사회가 비치하고 있는 유자격자의 현재원명부 중에서 이사회의 의장이 그 나라를 대신하여 지명하여야 한다. 중재위원이 심판위원에 관해 30일 이내에 합의할 수 없었을 경우에는 이사회의 의장은 전기의 명부 중에서 심판위원을 지명하여야 한다. 다음은 중재위원 및 심판위원을 중재재판소에서 공동으로 구성하여야 한다. 본조 또는 제84조에 의해 설치된 중재재판소는 그 수속을 정하고, 또한 다수결에 의해 결정을 행하여야 한다. 다만, 이사회가 심히 지연되었다고 인정될 경우에는 수속문제를 결정할 수 있다.

제86조(제소) 이사회가 별도로 정하는 경우를 제외하고 국제항공기업이 이 조약의 규정에 따라 운영되고 있는지의 여부에 관한 이사회의 결정은, 제소에 의해 파기되지 않는 한 계속 유효하다. 기타의 사항에 관해서는 이사회의 결정이 이에 관해 제소된 경우에는, 그 제소가 결정될 때까지 정지되어야 한다. 상설 국제사법재판소 및 중재재판소의 결정은 최종적이고 또한 구속력을 갖는다.

제87조(항공기업의 위반에 대한 제재) 각 체약국은 자국의 영역상의 공간을 통과하는 체약국의 항공기업이, 제86조에 따라 행하여진 최종적 결정에 위반이 있다고 이사회가 결정하였을 경우에는, 그 항공기업의 운영을 허가하지 않을 것을 약속한다.

제88조(국가의 위반에 대한 제재) 총회는 이 장의 규정에 의해 위약국으로 인정된 체약국의 총회 및 이사회에 있어 투표권을 정지해야 한다.

제19장 전 쟁

제89조(전쟁 및 긴급 상태) 이 조약의 규정은 전쟁의 경우에 교전국이나 중립국이나를 불문하고, 관계 체약국의 행동의 자유에 영향을 미치게 하지 않는다. 동일한 원칙은 국가긴급사태를 선언하고 그 사실을 이사회에 통고한 체약국의 경우에도 적용된다.

제20장 부 속 서

제90조(부속서의 채택된 및 개정)

① 제54조 ①에 언급된 이사회에 의한 부속서의 채택은, 그 때문에 소집된 회합의 이사회에 있어 3분의 2의 투표를 필요로 하며, 다음은 이사회가 각 체약국에 송부해야 한다. 그 부속서 또는 부속서의 개정은 각 체약국에 송부한 날로부터 3개월 이내에, 또는 이사회가 정하는 그 이상의 기간의 종료 시에 효력이 발생한다.

다만, 체약국의 과반수가 이 기간 내에 그 승인을 거부하는 뜻을 이사회에 제출하였을 경우는 그러하지 아니한다.

② 이사회는 부속서 또는 개정의 효력의 발생을 모든 체약국에 즉시 통고하여야 한다.

제21장 비준, 가입, 개정 및 폐기

제91조(조약의 비준)

① 이 조약은 서명국에 의해 비준되어야 한다. 비준서는 미합중국 정부의 기록에 기탁한다. 동 정부는 그 기탁의 일자를 각 서명국 및 가입국에 통고한다.

② 이 조약은 26개국이 이것을 비준하고, 또는 이것에 가입하였을 때에는 26번째의 문서의 기탁한 날로부터 30일이 경과되면, 그러한 나라 간에 있어 효력이 발생한다. 이 조약은 그 후 비준하는 각국에 있어서는 그 비준서의 기탁한 날로부터 30일이면 효력을 발생한다.

③ 미합중국 정부는 이 조약이 효력을 발생시킬 일자를 각 서명국 및 가입국의 정부에 통고하도록 한다.

제92조(조약에의 가입)

① 이 조약은 연합국 및 이들과 연합하여 있는 나라, 그리고 제2차 세계대전 중 중립이었던 나라의 가입을 위해 개방된다.

② 가입은 미합중국 정부에 대해 통고함으로써 행하며, 또한 미합중국 정부가 통고를 수령한 날로부터 30일이면 효력을 발생한다. 동 정부는 모든 체약국에 그 취지를 통고한다.

제93조(기타의 가입승인) 제91조 및 제92조 ①에 규정하는 나라 이외의 나라는, 세계의 각국의 평화를 유지하기 위해 설립하는 일반적인 국제기구의 승인을 얻은 것을 조건으로, 총회의 5분의 4의 투표에 의해 또한 총회가 정하는 조건으로써 이 조약에 가입하는 것을 승인한다. 다만, 각 경우에 있어 승인을 구하는 나라에 있어서는 제2차 세계대전 중 침략을 당하였거나 또한 공격을 당한 나라의 동의를 필요로 한다.

제94조(조약의 개정)

① 이 조약의 개정안은 총회의 3분의 2의 투표에 의해 승인되어야 하며, 또한 총회가 정하는 수의 체약국이 비준하였을 때에는 그 개정을 비준한 나라에 관해 효력이 발생한다. 총회가 정하는 수는 체약국 총수의 3분의 2 미만이면 아니 된다.

② 총회는 전기한 개정의 성질상 정당하다고 인정하는 경우에는 채택을 권고하는 결의에

있어 개정의 효력발생 후 소정의 기간 내에 비준을 하지 않았던 나라가, 즉시로 이 기구의 가맹국 및 이 조약의 당사국이 될 수 없다는 것을 규정할 수 있다.

제95조(조약의 폐기)

① 체약국은 이 조약의 효력발생 후 3년을 경과하였을 때에는 미합중국 정부에 대해 통고함으로써 이 조약의 폐기의 통고를 할 수 있다. 동 정부는 즉시로 각 체약국에 그 취지를 통보한다.

② 폐기는 그 통고의 수령일로부터 1년이면 그 효력이 발생하며, 또한 폐기를 행한 나라에 한하여 유효하다.

제22장 정 의

제96조(이 조약의 적용상)

① 「항공업무」란 여객, 우편물 또는 화물의 공중용의 운송을 위해 항공기로 행하는 정기항공업무를 말한다.

② 「국제항공업무」란 2 이상의 나라의 영역상의 공간에서 행하는 항공업무를 말한다.

③ 「항공기업」이란 국제항공업무를 제공하고 또는 운영하는 항공운송기업을 말한다.

④ 「운수 이외의 목적으로 착륙」이란, 여객·화물 또는 우편물의 하기 또는 적하 이외의 목적으로 착륙하는 것을 말한다.

「국제민간항공조약의 개정에 관한 의정서」

제48조 ① 중「매년 1회」를「적어도 3년에 1회」로 개정한다.

제49조 ⑤ 중「연차계산」(an annual budget)을「연차계산」(annual budgets)으로 개정한다.

제61조 「연차예산」(an annual budget)을「연차예산」(annual budgets)으로,「예산을 표결하고」(vote the budget)를「예산을 표결하고」(vote the budgets)로 개정한다.

「국제민간항공조약의 개정에 관한 의정서」

제45조 후단을 다음과 같이 개정한다.

그 소재지는 이사회의 결정에 의해 일시적으로 다른 장소에, 또한 총회의 결정에 의해 일시적이 아니고 다른 장소에 이전할 수 있다. 그 총회의 결정은 총회가 정하는 표수에 의해 행해지는 것으로 하고, 총회가 결정하는 표수는 체약국의 총수의 5분의 3 미만이면 아니 된다.

국 제 민 간 항 공 협 약   부 속 서

(ANNEXES TO THE CONVENTION ON INTERNATIONAL CIVIL AVIATION)

부 속 서	영 문 명	국 문 명
Annex 1	Personnel Licensing	항공종사자 면허
Annex 2	Rules of the Air	항공규칙
Annex 3	Meteorological Service for International Air Navigation	국제항공항행용 기상업무
Annex 4	Aeronautical Charts	항공도
Annex 5	Units of Measurement to be Used in Air and Ground Operation	공중 및 지상업무에 사용하기 위한 측정단위
Annex 6	Operation of Aircraft	항공기 운항
Part 1	International Commercial Air Transport - Aeroplanes	국제상업항공운송 - 비행기
Part 2	International General Aviation - Aeroplanes	국제일반항공 - 비행기
Part 3	International Operations - Helicopters	국제운항 - 헬기
Annex 7	Aircraft Nationality & Registration Marks	항공기 국적 및 등록기호
Annex 8	Airworthiness of Aircraft	항공기의 감항성
Annex 9	Facilitation	출입국 간소화
Annex 10	Aeronautical Telecommunications	항공통신
Vol. 1	Radio Navigation Aids	무선항법보조시설
Vol. 2	Communication Procedures	통신절차
Vol. 3	Part 1 - Digital Data Communication Systems	디지털 데이타통신시스템
	Part 2 - Voice Communication Systems	음성통신시스템
Vol. 4	Surveillance Radar and Collision Avoidance Systems	감시레이더 및 충돌회피 시스템
Vol. 5	Aeronautical Radio Frequency Spectrum Utilization	항공무선 주파수 스펙트럼 이용
Annex 11	Air Traffic Services	항공교통업무
Annex 12	Search and Rescue	수색 및 구조
Annex 13	Aircraft Accident and Incident Investigation	항공기 사고조사
Annex 14	Aerodromes	비행장
Vol. 1	Aerodrome Design & Operations	비행장 설계 및 운용

부 속 서	영 문 명	국 문 명
Vol. 2	Heliports	헬기장
Annex 15	Aeronautical Information Services	항공정보업무
Annex 16 Vol. 1 Vol. 2	Environmental Protection Aircraft Noise Aircraft Engine Emissions	환경보호 항공기 소음 항공기 엔진배출
Annex 17	Security	항공 보안
Annex 18	The Safe Transport of Dangerous Goods By Air	위험품 항공안전 수송
Annex 19	Safety Management	안전관리

국제항공업무통과협정

이 국제항공업무통과협정에 서명하고, 또한 이것을 수락하는 국제민간항공기구의 가맹국은 다음과 같이 선언한다.

제1조

제1항 : 각 체약국은 정기 국제항공업무에 관해 다음과 같은 공간의 자유를 허가한다.

① 자국의 영역을 무착륙으로 횡단비행하는 특권

② 운수 이외의 목적으로 착륙하는 특권 : 이 항의 특권은 여하한 정기 국제항공업무라도 배제하며, 군사상의 목적에 사용하는 공항에 관해서는 적용되지 않는다. 실제로 적대행위가 행해지고 있든가, 또는 군사 점령 하에 있는 지역(전시에는 이러한 지역에 통하는 보급로를 포함한다)에 있어서는 그러한 특권은 권한이 있는 군당국의 승인을 얻어 행사하여야 한다.

제2항 : 전기한 특권은 모두 1944년 12월 7일에 시카고에서 작성된 국제민간항공조약이 효력을 발행하였을 때, 동 조약의 규정에 따라 행사하여야 한다.

제3항 : 운수 이외의 목적으로 착륙하는 특권을 다른 체약국의 항공기업에 허가하는 체약국은, 당해 항공기업에 대해 그 착륙을 행하는 지점에 있어 합리적인 상업상의 업무를 제공하도록 요구할 수 있다. 전기한 요구를 행함에 있어서는 동일 노선상에서 운영하고 있는 항공기업간에 여하한 차별도 하여서는 아니 되며, 항공기의 하기량을 고려하여야 하고, 또한 관계 국제항공업무의 통상적인 운영 혹은 체약국의 권리 및 의무를 해하지 않는 방법으로 행하여야 한다.

제4항 : 각체약국은 이 협정에 따를 것을 조건으로 다음의 것을 행할 수 있다.

① 자국의 영역 내에서 국제항공업무가 비행을 할 항공로 및 그 업무가 사용하는 공항을 지정하는 것

② 전기한 국제항공업무에 대해 전기한 공항, 기타시설의 사용에 관해 공정 또는 합리적인 요금을 부과하고, 혹은 부과할 것을 허가하는 것. 이러한 요금은 유사한 국제업무에 종사하는 자국의 항공기가 당해공항, 기타시설의 사용에 있어 지불할 요금보다도 고액의 것이어서는 아니 된다, 다만, 관계 체약국의 신립이 있을 때에는 공항, 기타시설의 사용에 관해 부과되는 요금은 전기한 조약에 의해 설립되는 국제민간항공기구의 이사회의 심사를 받아야 하며, 동이사회는 1 또는 2 이상의 관계국의 고려를 구하기 위해, 이에 관해 보고하고 또한 권고해야 한다.

제5항 : 각 체약국은 다른 체약국의 항공운송사업의 실효적인 소유 및 실효적인 지배가 당해 체약국의 국민에 속하지 않다고 인정하였을 경우, 또한 그 항공운송기업이 상공을 운항하는 나라의 법령을 준수하지 않고, 혹은 이 협정에 의한 의무를 이행하지 않았을 경우에는, 그 항공운송기업에 대한 면허 또는 허가를 부여하지 않으며, 또한 취소하는 권리를 유보한다.

제2조

제1항 : 체약국은 이 협정에 의한 다른 체약국의 조치가 자국에 대하여 부정 또는 지장을 미치게 하고 있다고 인정할 때에는, 이사회에 대하여 사정을 조사하도록 요구할 수 있다. 이사회는 그 요구가 있을 때에는 문제를 조사하고, 또한 관계국에 대해 협의를 행하도록 하여야 한다. 그 협의에 의해 곤란을 해결할 수 없었을 경우에는 이사회가 관계 체약국에 대해 적당한 인정 및 권고를 행할 수 있다. 이사회는 그 후 관계 체약국이 적당한 시정조치를 부당하게 취하지 않았음을 인정할 경우에는, 전기한 기구의 총회에 대해 당해 체약국의 그 조치를 취할 때까지 이 협정에 의한 그 권리 및 특권을 정지하도록 권고할 수 있다. 총회는 3분의 2의 투표에 의해 총회가 적당하다고 인정하는 기간 중, 또는 당해 체약국이 시정조치를 취하였음을 이사회가 인정할 때까지 당해 체약국에 대해 정기의 정지를 행할 수 있다.

제2항 : 이 협정은 해석 또는 적용에 관해 2 이상의 체약국간의 의견의 차이가 교섭에 의해 해결되지 않을 경우에는, 전기한 조약의 제18장의 규정이 동 조약의 해석, 또는 적용에 관한 의견의 차이에 관해 이 장에서 정하는 방법과 같은 방법으로 적용된다.

제3조 : 이 협정은 전기한 조약이 효력을 갖는 동안 계속 효력을 갖는다. 다만, 이 협정의 당사국인 체약국은 미합중국 정부에 대한 1년의 예고에 의해 이 협정을 폐기할 수 있다. 동 정부는 즉시로 그 예고 및 탈퇴를 다른 모든 체약국에 통고하여야 한다.

제4조 : 전기한 조약이 효력을 발생할 때까지 이 협정에 전기한 조약이라 함은, 제2조 제2항 및 제5조에 언급한 것을 제외하고, 1944년 12월 7일에 시카고에서 작성된 국제민간항공 중간협정을 말하는 것으로 간주하고, 또한 국제민간항공기구, 총회 및 이사회라고 말할 때에는, 각각 임시 국제민간항공기구, 중간총회 및 중간이사회를 말하는 것으로 간주한다.

제5조 : 이 협정은 적용상 「영역」은 전기한 조약이 제2조에 정의되는 것과 같은 정의로 하는 것으로 본다.

제6조 (협정의 서명 및 수락)

1944년 11월 1일에 시카고에서 개최된 국제민간항공회의에 대한 다음의 대표는, 이 협정에 서명한 각 정부가 동 정부를 위한 서명이 당해정부에 의한 이 협정의 수락 및 동 정부를 구속하는 의무를 의미하는 것인지의 여부를, 가능한 한 신속하게 미합중국 정부에 통고하여야 한다는 양해 하에 이 협정에 서명하였다.

국제민간항공기구는 가맹국인 국가가 미합중국 정부에 대해 수락통고에 의한 자국을 구속하는 의무로써 이 협정을 수락할 수 있다. 그 수락은 동 정부가 그 수령한 일자에 효력을 발생한다.

이 협정은 각 체약국이 이 협정을 수락하였을 때에 그러한 체약국간에 효력을 발생한다. 그 후는 이 협정은 미합중국 정부에 수락을 통고하는 기타의 각국에 관해서는, 동 정부가 그 통고를 수령한 날로부터 구속력을 갖는다. 미합중국 정부는 모든 서명국 및 수락국에 대해 이 협정의 모든 수락의 일자 및 수락국에 대한 효력발생의 일자를 통고하여야 한다.

참고문헌

국내문헌

1. 교통개발연구원, 『교통부문민영화에 관한 영국의 경험과 그 교훈』, 1995.
2. 구성관 · 배정환 · 임명재, 『포틱스 산업론』, 윤성사, 2020.
3. 국토교통과학기술진흥원, 항공정비산업(MRO) 중장기 발전방안 기획, 2013.
4. 국토교통과학기술진흥원, 공항수하물처리시스템 핵심부품기술 및 self bag drop 시스템개발.
5. 국토교통과학기술진흥원, 유럽 도심항공모빌리티(UAM)의 사회적 수용성 분석.
6. 국토교통부·한국생산성본부 · 한서대학교, 공항운영민간위탁방안 연구, 2008.
7. 삼성경제연구소, 『민영화와 한국경제』, 1997.
8. 박서현 · 이재환 · 이준혁 · 이승준, 『호남지역을 중심으로 하는 UAM 성숙기 단계에서의 노선 및 차트 구성』, 한국항공교통학회 2024년 추계학술대회, 2024.
9. 박정학, 『항공기 지상 조업 인력 스케줄링에 관한 연구』, 2001.
10. 박용화, 『우리나라 공항운영체계의 개편방향과 외국공항의 민영화 사례』, 1997. 7, 교통학회 항공분과위원회 발표자료.
11. 방연근, 『공항 간 경쟁과 공항당국의 역할 변화』, 교통물류, 제4호, 1996 겨울호.
12. 유광의 · 유문기, 공항운영 및 관리, 백산출판사, 2004.
13. 인천국제공항공사, 『인천국제공항 재무분석용역 종합보고서』, 2023.
14. 인천국제공항공사, 『A World Best Air Hub』, 2008.
15. 인천발전연구원, 『Incheon Airport Economic Zone Concepts and Strategy』, 2021.
16. 유광의 · 이강석, 『항공산업론』, 대왕사, 2023.
17. 유광의 · 유문기, 『공항운영론』, 제2판, 대왕사, 2015.
18. 이강석 · 이승창, 『MCJ를 이용한 공항서비스 품질지수평가에 관한 연구』, 대한교통학회지 제23권 제1호(통권 79호).
19. 이강석 · 황호원 · 이창무 · 김준혁 · 정태황, 『항공보안학』, 박영사, 2015.
20. 이강석, 『공항운영관리론』, 박영사, 2021.
21. ______, 『공항운영시스템에서 Airside지역의 항공안전 향상을 위한 연구』, 한국항공운항학회 2005년 춘계 학술발표회, 2005.
22. ______, 공항확장에 따른 인천공항 접근수단 선택에 관한 연구, 한국항공경영학회지 제4권 제1호, 2006.

23. ______, 주요국가의 항공보안 관련 법 및 제도의 변화 연구, 한국항공우주법학회지 제21권 제2호, 2006.
24. ______, 항공안전기술 전문기관을 활용한 MRO 산업의 발전 연구, 한국항공우주법학회지 제29권 제2호, 2014.
25. ______, 공항운영 향상을 위한 self bag-drop system(무인수하물처리시스템) 적용가능성 연구, 한국항공운항학회지 제24권 제1호, 2015.
26. ______, 드론과 PAV산업과 안전 및 보안, 월간교통, 한국교통연구원, 2019.
27. ______, 인천국제공항의 MCT 향상을 통한 환승율 제고의 탐색적 연구, 한국항공운항학회 제15권 제4호, 2007. 12.
28. ______, 수도권공항으로서 김포공항의 역할 연구 – 김포공항의 항공 이용자 특성 조사 및 역할에 대한 분석을 중심으로, 한국항공경영학회 학술발표회, 2007.
29. ______, 한국에서 자동수하물위탁시스템의 실행가능성에 대한 연구, 동중앙아시아학회, Vol 28, No1-33, 2017.
30. ______, 공항발전과 지역경제, 인천광역시, 2018.
31. ______, 공항민영화의 효과와 공항수익에 관한 연구, 한국항공운항학회지 제6권 제1호, 1998.
32. ______, 한국항공경영학회 공항경영 분야 발표 논문에 대한 분석 및 고찰, 한국항공경영학회지 제22권 제2호, 2024.
33. 이승준·이강석, 공항 입지선정 요인 척도 정량화 및 가중치를 고려한 복수공항 입지선정 연구, 한국항공경영학회지 제21권 제4호, 2023.
34. 한국공항공단『해외정보』 2018.
35. 한국공항공사,『Sustainablility Report 2008』, 2008
36. 한국공항공사,『세계주요공항』, 2006
37. 한국교통연구원,『2023 도심항공모빌리티(UAM) 지원 연구사업』, 2023.
38. 한국항공협회,『항공통계』, 2023.
39. 한국항공협회, 포켓항공현황, 2023.
40. 홍순길·이강석, 신항공법정해, 동명사, 2022.

국외문헌

1. AAAE/ARDF 『*Airport Privatization an Update, January*』, 1997 : An Airport Executive's Guide To Privatization.
2. Anne Graham, Managing Airports, Routledge, 2014. pp.158－163
3. C. H Yang·Michael D. Santonino Ⅲ, A Kano Analysis on the Adoption of Self－service Bag Drops at Singapore Changi Airport. ATRS 2014 Conference Proceeding.
4. *Jane's Airport Review*, July－August, 1997.
5. Jarache, D.(2005) Airport Marketing : Strategies to cope with the New Millenium Environment, Farnham, Ashgate.
6. Jarrel, J.(2007) Self Service Kiosks: museum pieces or here to stay? *Journal of Airport Management*, 2(1): pp.23－29
7. Kang－Seok Lee · Ha－Na Kim, Improving the Security and Efficiency of Self Bag Drop Systems: Proposals Based on the Current State of the Technology and Aviation Accident Cases, *Journal of Astrophysics & Aerospace Technology*, ISSN: 2329－6542 Open 2008.
8. Max Hirsh, Airport Urbanism, Univversity of Minesota Press, 2016.
9. Nigel Halpern · Anne Graham, Airport Marketing, Routledge, 2013.
10. Norman J. Ashford 、 H.P. Martin Stanton · Clifton A. Moore, Pierre Coutu · John R. Beasley (2013), Airport Operations. Mc Graw Hill, third edition, pp.183－203.
11. Norman Ashford, Clifton A. Moore 『*Airport Finance*』, 1992.
12. Norman Ashford, Clifton A. Moore, HP Martin Stanton, 『*Airport Operation*』, 1991.
13. Paul Stephen Dempsey, 『*Airport Planning & Development handbook*』, 1999.
14. Rigas Doganis, 『*The Airport Business*』, 1992.
15. SITA(2012a) Airline IT Trends Survey 2012, Geneva: SITA/Airline Business
16. University of Westminster, 『*Airport Economics and Finance System*』, 1998.
17. Wells, Alexander T. Young, Seth B, 『*Airport Planning & Management 5th Ed*』, 2003
18. World Bank and Public Works Financing.
19. Young 、 Wells, Aiport Planning & Management, Six Edition, pp.254－266.

저자소개

이강석

1965년 서울 출생
한국항공대학교 항공경영학과 및 동 대학원 졸업(이학석사 : 항공관리)
한국항공대학교 대학원 졸업(이학박사 : 항공교통)
한서대학교 항공교통물류학과 교수
한서대학교 항공학부장, 기획예산처장 및 항공정보산업대학원장(전)
미국 오하이오 주립대학교(Center for Aviation Studies) 객원교수
사단법인 한국항공진흥협회 책임연구원
국토교통부 자체평가위원(전)
국토교통부 행정처분심의위원회(항공분야) 위원
국토교통부 항공보안장비인증위원장
국토교통부 중앙건설기술심의위원회 위원(전)
국토교통부 항공분야 공무원 시험출제 및 채점위원
기획재정부 공기업·준정부기관 경영평가위원(전)
기획재정부 재정사업평가위원회 분과위원
광주광역시 군공항이전 자문위원회 공항정책자문위원
가덕도신공항건설공단 정책자문위원
부산광역시 가덕도신공항 기술위원회 위원
사단법인 공항운송기계협회 부회장
보건복지부 경영평가위원(전)
인사혁신처 중앙선발시험위원회 시험위원
인천공항공사 인천공항발전포럼 분과위원(전)
인천광역시 항공정책위원회 전문위원(전)
항공안전기술원 비상임이사(전)
한국공항공사 건설기술자문위원회 자문위원
동중앙아시아경상학회 상임이사(부회장)
한국공항학회 부회장
한국항공보안학회 부회장(전)
한국항공우주정책법학회 이사
한국항공경영학회 이사
한국관광학회 이사

저서 및 논문

항공안전이 항공이용자 행동에 미치는 영향 (박사학위논문)(The Impact of Aviation Safety over the Consumer's Behaviour)
김포국제공항의 수용력 확장에 관한 연구(석사학위논문)
민간항공 교관조종사의 리더십 핵심역량 모델링 및 중요도와 수행도 비교 연구
항공교통문화지수 개발에 관한 연구
외국의 항공법 체계 비교를 통한 국내항공법 개정 변화 추이
한국의 공항운영 현황과 민영화에 대한 법적 고찰(세계공항의 운영형태 변화와 인천국제공항사법을 중심으로)
한국의 항공장애물관리규정 적용에 관한 연구
MCJ를 이용한 공항서비스 품질지수 평가에 관한 연구
SHELL 모델에 근거한 학생조종사의 인적 요인에 관한 연구
주요국가의 항공보안 관련 법 및 제도의 변화 연구
공항경영 분야 발표 논문에 대한 분석 및 고찰
공항 입지선정 요인 척도 정량화 및 가중치를 고려한 복수공항 입지선정 연구
직무만족도 조사에 따른 항공보안검색 요원의 전문성 제고 방안에 대한 연구
내부자 위협의 국제 기준에 대한 국내 적용 방안 연구
비정상 상황에서 '놀람과 깜짝놀람의 영향(Surprise and Startle Effect)'이 헬리콥터 조종사의 작업부하(Workload)에 미치는 영향에 관한 연구
군 항공 조종사의 직무몰입 증진 방안에 대한 연구-공군 전투기 조종사를 중심으로

SBD(Self Bag Drop) Systems의 보안 및 운영 개선 방안에 대한 연구
Safety perceptions of trainning pilots based on trainning institution and experience
Improving the Security and Efficiency of Self Bag Drop Systems: Proposals Based on the Current State of the Technology and Aviation Accident Cases
A Study on the Legal and Institutional Military UAV Rules in the National Airspace System
항공산업론(대왕사)
신항공법정해(동명사)
항공보안학(박영사)
공항마케팅론(도서출판 공간아트)

제2판
공항운영관리론

초판발행 2021년 3월 24일
제2판발행 2025년 8월 30일

지은이 이강석
펴낸이 안종만 · 안상준

편 집 전채린
기획/마케팅 정연환
표지디자인 BEN STORY
제 작 고철민 · 김원표

펴낸곳 (주) 박영사
서울특별시 금천구 가산디지털2로 53, 210호(가산동, 한라시그마밸리)
등록 1959. 3. 11. 제300-1959-1호(倫)
전 화 02)733-6771
f a x 02)736-4818
e-mail pys@pybook.co.kr
homepage www.pybook.co.kr
ISBN 979-11-303-2410-4 93320

정 가 40,000원